백점 맞는
핵심노하우가
백점의 신   들어 있는
백신 과학
중등 3-2

초판 3쇄	2024년 9월 30일
초판 1쇄	2024년 4월 1일
펴낸곳	메가스터디(주)
펴낸이	손은진
개발 책임	배경윤
개발	이지애, 김윤희
디자인	이정숙, 윤인아
마케팅	엄재욱, 김세정
제작	이성재, 장병미
주소	서울시 서초구 효령로 304(서초동) 국제전자센터 24층
대표전화	1661-5431 (내용 문의 02-6984-6915 / 구입 문의 02-6984-6868,9)
홈페이지	http://www.megastudybooks.com
출판사 신고 번호	제 2015-000159호
출간제안/원고투고	메가스터디북스 홈페이지 <투고 문의>에 등록

메가스터디BOOKS

'메가스터디북스'는 메가스터디㈜의 교육, 학습 전문 출판 브랜드입니다.

초중고 참고서는 물론, 어린이/청소년 교양서, 성인 학습서까지 다양한 도서를 출간하고 있습니다.

- **제품명** 백점 맞는 핵심 노하우가 들어 있는 백신 과학 중등 3-2
- **제조자명** 메가스터디㈜ · **제조년월** 판권에 별도 표기 · **제조국명** 대한민국 · **사용연령** 11세 이상
- **주소 및 전화번호** 서울시 서초구 효령로 304(서초동) 국제전자센터 24층 / 1661-5431

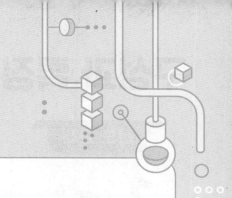

머리말

과학을 준비하는 중학생 여러분, 반갑습니다!
언제나 즐거운 과학 **장풍**입니다!

개정 교육과정에 따라 바뀐 새로운 교과서에 우리 학생들과 학부모님은 무엇을, 어떻게, 어디서부터 공부해야 할지 파악하기가 매우 어려워졌을 것입니다. 이러한 혼란한 시기에 중등 과학만큼은 제가 기준이 되어야겠다고 다짐하며 **"백신 과학"** 교재 작업을 시작하였습니다.

15년 이상 강의를 하면서 많은 학생들이 과학을 단순 암기 과목이라 생각하고 넘어가는 것을 봐왔습니다. 과학은 암기는 기본!!! 이해를 바탕!!! 으로 해야 하는 과목입니다. 암기와 이해를 같이 한다는 것은 정말 어려운 일입니다. 그래서 저희 ZP COMPANY(장풍과학 연구소)에서는 과학을 흥미롭게 접근해야 한다는 것에 초점을 맞추어 교재를 만들었습니다.

이번 **"백신과학"** 교재는 새 교육과정에 기초하여 체계적인 내용으로 구성되어 있습니다. 교과서에 나오는 핵심 내용들이 모두 녹아 있으며, 강의를 하면서 학생들이 궁금해 했던 내용을 바탕으로 저의 비법을 모두 넣었습니다.

중등 과학과 고등 과학은 매우 밀접하게 연계되어 있습니다. **중등 과학의 내용을 잘 정리해 두어야 고등 과학을 쉽게 공부할 수 있다는 점을 꼭 강조하고 싶습니다.** 고등 과학의 밑거름이 될 수 있는 중등 과학을 체계적으로 공부할 수 있도록 정말 열심히 만들었습니다. 교재를 잘 활용하여 과학이라는 과목이 내 인생 최고의 과목이 될 수 있기를 희망합니다.

감사합니다.

구성과 특징

진도 교재

1 이해 쏙쏙 개념 학습

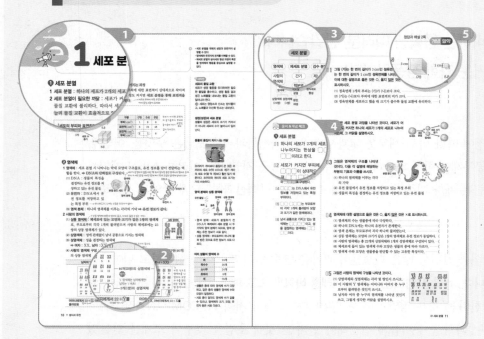

❶ **교과서 개념 학습**
5종 교과서를 철저히 분석하여 중요한 개념을 꼭꼭 챙겨서 이해하기 쉽게 정리하였습니다.

❷ **강의를 듣는 듯 친절한 첨삭 설명**
어려운 용어와 보충 설명 : 자주색 첨삭
꼭 암기해야 할 내용 : 빨간색 첨삭

❸ **필수 비타민**
핵심 개념을 한눈에 볼 수 있도록 정리하였습니다.

❹ **용어&개념 체크**
핵심 용어와 개념을 정리하고 갈 수 있도록 하였습니다.

❺ **개념 알약**
학습한 개념을 문제로 바로 확인할 수 있도록 하였습니다.

2 탐구·자료 정복!

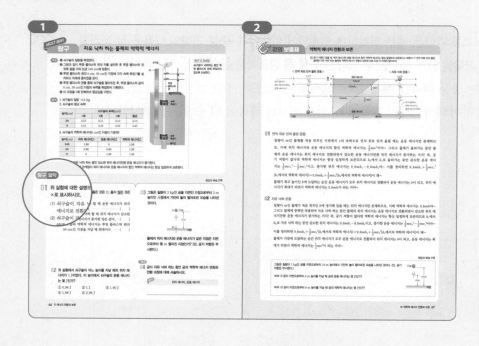

❶ **MUST 해부 탐구 & 탐구 알약**
교과서에서 중요하게 다루는 탐구를 자세히 설명해 주고, 관련된 탐구 문제를 제시하여 어떤 형태의 탐구 문제가 출제되어도 자신 있게 해결할 수 있도록 하였습니다.

❷ **강의 보충제**
이해하기 어려운 개념이나 본문에서 설명이 부족했던 부분을 추가적으로 더 설명해 주었습니다.

3 유형 잡고, 실전 문제로 실력 UP!

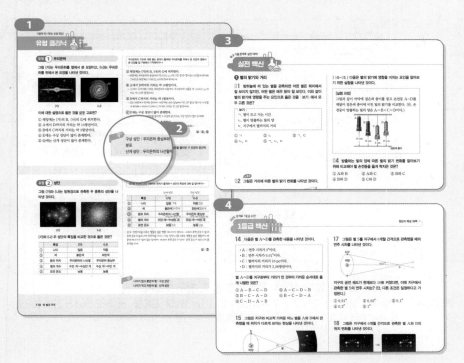

❶ 유형 클리닉
학교 시험 문제를 분석하여 자주 출제되는 대표 유형 문제를 선별하였으며, 문제 접근 방식과 문제와 개념을 연결시키는 방법 등을 자세히 설명해 주었습니다.

❷ 장풍샘의 비법 전수
문제 풀 때 필요한 비법을 정리해 주었습니다.

❸ 실전 백신
학교 시험 실전 문제로 실력을 다질 수 있도록 하였습니다. 중요는 시험에 꼭 나오는 문제이므로 꼼꼼히 체크하도록 합니다.

❹ 1등급 백신
고난도 문제를 통해 실력을 한 단계 더 높일 수 있습니다.

4 1등급 도전 단원 마무~리

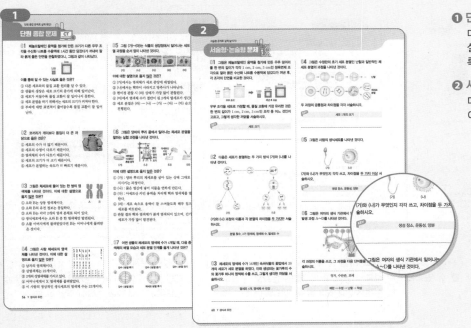

❶ 단원 종합 문제
다양한 실전 문제로 지금까지 쌓아온 실력을 점검하고 부족한 부분을 채우도록 합니다.

❷ 서술형·논술형 문제
다양한 서술형 문제를 완벽하게 소화하여 과학 100점에 도전해 봅시다.

구성과 특징

부록

1 수행평가 대비

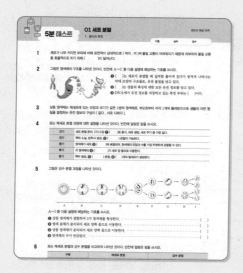

5분 테스트
다음 단원을 학습하기 전, 지난 시간에 배운 기본 개념을 간단히 복습해 볼 수 있도록 하였습니다.

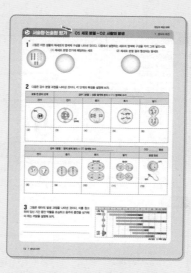

서술형·논술형 평가, 창의적 문제 해결 능력, 탐구 보고서 작성
학교에서 실시되는 수행평가 중 가장 많이 실시되는 형태로 문제를 구성하였습니다. 진도 교재와 함께 학습해 나가면 어떤 형태의 수행평가도 모두 대비할 수 있습니다.

2 중간·기말고사 대비

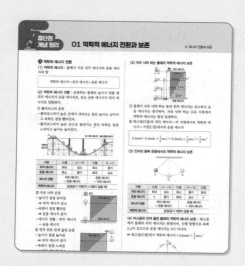

중단원 개념 정리
시험 직전 중단원 핵심 개념을 정리해 볼 수 있도록 하였습니다.

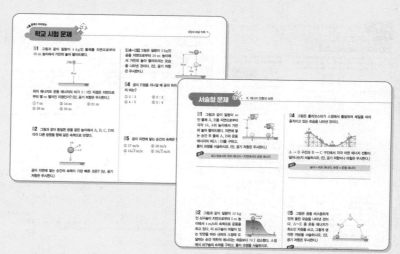

학교 시험 문제
학교 시험에 출제되었던 문제로 구성하여 실제 시험에 대비할 수 있도록 하였습니다.

서술형 문제
대단원별 주요 서술형 문제를 집중 연습할 수 있도록 KEY와 함께 수록해 주었습니다.

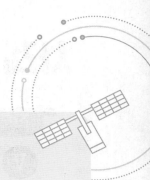

3 시험 직전 최종 점검

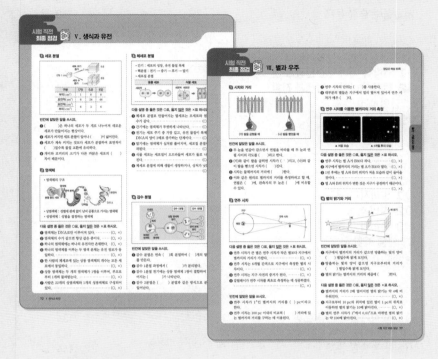

시험 직전 최종 점검

시험 직전에 대단원별 핵심 개념을 ○× 문제
나 빈칸 채우기 문제로 빠르게 확인해 볼 수
있도록 하였습니다.

정답과 해설

정답과 해설

모든 문제의 각 보기에 대한 해설과 바로 알기
를 통해 틀린 내용을 콕콕 짚어주었습니다.

차례

백신 과학과
내 교과서 **연결하기**

교과서 출판사 이름과 시험 범위를 확인한 후 백신 페이지를 확인하세요.

V

생식과 유전

A-ra?

Q. ABO식 혈액형에서 우성과 열성은 무엇이며, AO형이라고 생각한 까닭은 무엇일까?

1 세포 분열

• 세포 분열을 개체의 생장과 관련지어 설명할 수 있다.
• 염색체와 유전자의 관계를 이해할 수 있다.
• 체세포 분열과 생식세포 형성 과정의 특징을 염색체의 행동을 중심으로 설명할 수 있다.

❶ 세포 분열

1 세포 분열 : 하나의 세포가 2개의 세포로 나누어지는 과정

2 세포 분열이 필요한 까닭 : 세포가 커질수록 부피에 대한 표면적이 상대적으로 작아져 물질 교환에 불리하다. 따라서 세포가 어느 정도 커지면 세포 분열을 통해 표면적을 늘려 물질 교환이 효율적으로 일어나도록 한다. → 세포의 부피에 대한 표면적의 비가 커야 물질 교환에 유리해!

[세포의 부피와 표면적의 관계]

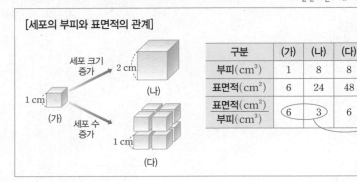

구분	(가)	(나)	(다)
부피(cm³)	1	8	8
표면적(cm²)	6	24	48
표면적(cm²)/부피(cm³)	6	3	6

부피가 커지면 표면적의 증가율보다 부피의 증가율이 커서 표면적/부피 값이 작아진다.

❷ 염색체

1 염색체 : 세포 분열 시 나타나는 막대 모양의 구조물로, 유전 정보를 담아 전달하는 역할을 한다. ➡ **DNA와 단백질로 구성된다.** → 세포가 분열하지 않을 때는 핵 속에 실처럼 풀린 염색사의 형태로 존재하다가 세포 분열 시에만 뭉쳐져서 막대 모양의 염색체 상태가 돼~

(1) **DNA** : 생물의 특징을 결정하는 유전 정보를 저장하고 있는 유전 물질

(2) **유전자** : DNA에서 유전 정보를 저장하고 있는 특정 부위 → 하나의 DNA에는 수많은 유전자가 있어~

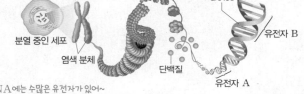

(3) **염색 분체** : 하나의 염색체를 이루는 각각의 가닥 ➡ 유전 정보가 같다.

2 사람의 염색체 → 상동 염색체 때문에 엄마도 닮고, 아빠도 닮을 수 있는 거야~

(1) **상동 염색체** : 체세포에 있는 모양과 크기가 같은 1쌍의 염색체로, 부모로부터 각각 1개씩 물려받으며 사람의 체세포에는 23쌍의 상동 염색체가 있다.

(2) **상염색체** : 성에 관계없이 남녀 공통으로 가지는 염색체

(3) **성염색체** : 성을 결정하는 염색체

➡ 여자 : XX, 남자 : XY → 남자의 성염색체는 모양과 크기가 달라도 기능이 같으므로 상동 염색체라고 해~

(4) **사람의 염색체 구성** : 22쌍(44개)의 상염색체＋1쌍(2개)의 성염색체＝23쌍(46개)의 상동 염색체

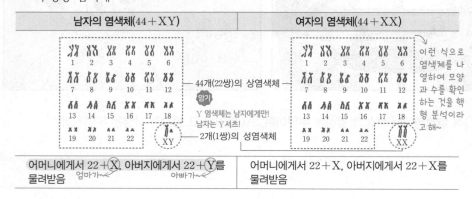

남자의 염색체(44＋XY)	여자의 염색체(44＋XX)

44개(22쌍)의 상염색체 / 2개(1쌍)의 성염색체

이런 식으로 염색체를 나열하여 모양과 수를 확인하는 것을 핵형 분석이라고 해~

암기 Y 염색체는 남자에게만! 남자는 Y셔츠!

어머니에게서 22＋X, 아버지에게서 22＋Y를 물려받음 (엄마가 / 아빠가)

어머니에게서 22＋X, 아버지에게서 22＋X를 물려받음

비타민

세포의 물질 교환
세포가 생명 활동을 유지하려면 필요한 물질을 흡수하고, 생명 활동 결과 생긴 노폐물을 내보내는 물질 교환이 일어나야 한다.
예 세포는 영양소와 산소는 받아들이고, 노폐물과 이산화 탄소는 내보낸다.

생장(성장)과 세포 분열
생물의 생장은 세포의 크기가 커져서가 아니라 세포의 수가 늘어나서 일어난다.

동물의 몸집이 차이 나는 까닭

코끼리가 개미보다 몸집이 큰 것은 코끼리의 세포 수(약 6000조 개)가 개미의 세포 수(몇 억 개)보다 훨씬 많기 때문이다. 코끼리와 개미의 세포 크기는 거의 비슷하다.

염색 분체와 상동 염색체

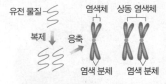

• 염색 분체 : 세포가 분열하기 전 DNA가 복제되어 세포 분열 시 두 가닥의 염색 분체가 되므로, 염색 분체는 유전 정보가 서로 같다.
• 상동 염색체 : 부모로부터 하나씩 물려 받은 것으로 유전 정보가 서로 다르다.

여러 생물의 염색체 수

벼	24개
옥수수	20개
소나무	24개
초파리	8개
개	78개

• 생물은 종에 따라 염색체 수가 다양하고, 같은 종의 생물은 염색체 수와 모양이 일정하다.
• 서로 종이 달라도 염색체 수가 같을 수 있으나, 염색체의 크기, 모양, 유전자 등은 서로 다르다.

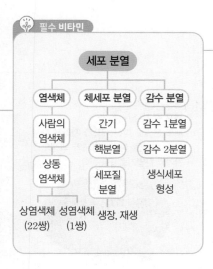

세포 분열

- 염색체
  - 사람의 염색체
    - 상동 염색체
      - 상염색체 (22쌍) 성염색체 (1쌍)
- 체세포 분열
  - 간기
  - 핵분열
  - 세포질 분열
    - 생장, 재생
- 감수 분열
  - 감수 1분열
  - 감수 2분열
  - 생식세포 형성

❶ **세포 분열**

01 하나의 세포가 2개의 세포로 나누어지는 현상을 ☐☐ ☐☐이라고 한다.

02 세포가 커지면 부피에 대한 ☐☐☐이 상대적으로 작아져 ☐☐ ☐☐이 불리해지므로 세포 분열이 일어난다.

❷ **염색체**

03 염색체는 생물의 특징을 결정하는 유전 물질인 ☐☐☐와 ☐☐☐로 구성된다.

04 ☐☐☐는 DNA에서 유전 정보를 저장하고 있는 특정 부위이다.

05 ☐☐ ☐☐☐는 부모로부터 각각 1개씩 물려받아 모양과 크기가 같은 염색체이다.

06 남녀 공통으로 가지고 있는 염색체는 ☐☐☐☐이고, 성을 결정하는 염색체는 ☐☐ ☐☐이다.

01 그림 (가)는 한 변의 길이가 3 cm인 정육면체이고, (나)는 한 변의 길이가 1 cm인 정육면체를 나타낸 것이다. 이에 대한 설명으로 옳은 것은 ○, 옳지 <u>않은</u> 것은 ×로 표시하시오.

(1) 정육면체 1개의 부피는 (가)가 (나)보다 크다. ······ (　)
(2) (가)는 (나)보다 부피에 대한 표면적의 비가 크다. ······ (　)
(3) 정육면체를 세포라고 했을 때 크기가 클수록 물질 교환에 유리하다. ······ (　)

02 그림은 세포 분열 과정을 나타낸 것이다. 세포가 어느 정도 커지면 하나의 세포가 2개의 세포로 나누어지는데, 그 까닭을 설명하시오.

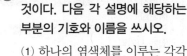

모세포　세포 분열　딸세포　세포 크기 증가

03 그림은 염색체의 구조를 나타낸 것이다. 다음 각 설명에 해당하는 부분의 기호와 이름을 쓰시오.

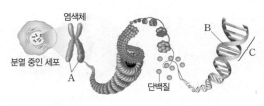

염색체 / 분열 중인 세포 / A / B / C / 단백질

(1) 하나의 염색체를 이루는 각각의 가닥
(2) 유전 물질에서 유전 정보를 저장하고 있는 특정 부위
(3) 생물의 특징을 결정하는 유전 정보를 저장하고 있는 유전 물질

04 염색체에 대한 설명으로 옳은 것은 ○, 옳지 <u>않은</u> 것은 ×로 표시하시오.

(1) 염색체의 수는 생물종에 따라 다양하다. ······ (　)
(2) 하나의 DNA에는 하나의 유전자가 존재한다. ······ (　)
(3) 염색 분체는 부모로부터 각각 하나씩 물려받는다. ······ (　)
(4) 상동 염색체는 모양과 크기가 같은 1쌍의 염색체로 유전 정보가 동일하다. (　)
(5) 사람의 염색체는 총 22개의 상염색체와 1개의 성염색체로 구성되어 있다. ··· (　)
(6) 체세포에 들어 있는 염색체 수와 모양은 생물의 종에 따라 다르다. ······ (　)
(7) 염색체 수와 모양은 생물종을 판단할 수 있는 고유한 특징이다. ······ (　)

05 그림은 사람의 염색체 구성을 나타낸 것이다.

(1) 상염색체와 성염색체는 각각 몇 쌍인지 쓰시오.
(2) 이 사람의 Y 염색체는 어머니와 아버지 중 누구로부터 물려받은 것인지 쓰시오.
(3) 남자와 여자 중 누구의 염색체를 나타낸 것인지 쓰고, 그렇게 생각한 까닭을 설명하시오.

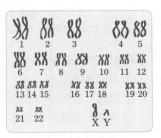

1 세포 분열

❸ 체세포 분열

1 체세포 분열 : 생물의 몸을 구성하는 1개의 체세포가 2개로 나누어지는 것

2 체세포 분열 장소

(1) **동물** : 몸 전체에서 체세포 분열이 일어나 생장한다.

(2) **식물** : 생장점, 형성층과 같은 특정 부위에서 체세포 분열이 활발히 일어나 생장한다.

3 체세포 분열 과정 : 간기를 거친 후 체세포 분열이 일어나며, 체세포 분열은 핵분열과 세포질 분열로 구분된다.

(1) **간기(세포 분열 준비 단계)** : 세포의 크기가 커지고, 유전 물질을 복제한다.

(2) **핵분열** : 염색체의 모양과 행동에 따라 전기, 중기, 후기, 말기의 4단계로 나눈다.

세포 주기
세포 분열을 마친 세포가 자라서 다시 세포 분열을 마치기까지의 과정으로 간기와 분열기로 구분된다.

• 간기 : 세포가 생장하고 다음 분열을 준비하는 시기로, 세포 주기의 대부분을 차지한다.
• 분열기 : 세포가 분열하여 딸세포가 생성되는 시기로, 간기에 비해 짧다.

간기 (세포 분열 준비 단계)			• 핵막이 뚜렷하게 관찰됨 • 염색체가 핵 속에 실처럼 풀어져 있음 • 세포의 크기가 커지고, DNA(유전 물질)가 복제되어 DNA양이 2배로 증가함
핵분열	전기		• 핵막이 사라짐 • 막대 모양의 염색체(두 가닥의 염색 분체로 구성)가 나타남 • 방추사가 형성됨
	중기		• 방추사가 부착된 염색체가 세포 중앙에 배열됨 • 염색체의 수와 모양을 가장 잘 관찰할 수 있는 시기임
	후기		• 방추사에 의해 각 염색체의 염색 분체가 분리되어 세포의 양 끝으로 이동함
	말기		• 핵막이 나타나면서 2개의 핵이 형성됨 • 염색체가 실처럼 풀어짐 • 세포질 분열이 시작됨

방추사
세포 분열 시 형성되는 가는 실 모양의 섬유질 단백질로, 염색체를 세포 양 끝으로 끌어당긴다.

(3) **세포질 분열** : 세포질이 나뉘어 2개의 딸세포가 생성된다. 식물 세포와 동물 세포에서 다르게 일어난다. → 핵분열과 세포질 분열로 구분되기는 하지만 핵분열이 끝남과 동시에 세포질 분열이 일어난~!

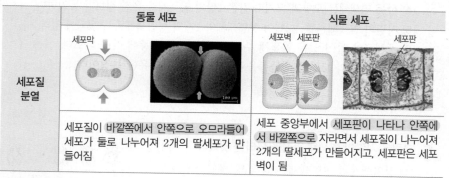

	동물 세포	식물 세포
세포질 분열	세포질이 바깥쪽에서 안쪽으로 오므라들어 세포가 둘로 나누어져 2개의 딸세포가 만들어짐	세포 중앙부에서 세포판이 나타나 안쪽에서 바깥쪽으로 자라면서 세포질이 나누어져 2개의 딸세포가 만들어지고, 세포판은 세포벽이 됨

모세포와 딸세포
• 모세포 : 세포 분열이 일어나기 전의 세포
• 딸세포 : 세포 분열 결과 새롭게 만들어진 세포

4 체세포 분열 결과

(1) 모세포와 유전 정보, 염색체 수가 동일한 2개의 딸세포가 만들어진다.

(2) **생장** : 세포 수가 늘어나 몸이 커진다. 예 키가 자란다, 뿌리가 자란다 등

(3) **재생** : 상처가 나거나 손실된 부분의 세포가 새로 생긴다. 예 도마뱀의 꼬리 재생, 상처가 아문다, 뼈가 붙는다 등

체세포 분열 결과
• 다세포 생물 : 생장과 재생이 일어난다.
• 단세포 생물 : 체세포 분열로 생긴 딸세포가 새로운 개체가 되는 생식이 일어난다. 예 짚신벌레, 아메바 등

용어 &개념 체크

❸ 체세포 분열

07 1개의 체세포가 2개로 나누어지는 것을 □□□□ □□이라고 하며, 그 결과 2개의 □□□가 생성된다.

08 □□에는 유전 물질이 복제되어 DNA의 양이 2배로 증가한다.

09 핵분열은 염색체의 모양과 행동에 따라 전기 → □□ → 후기 → □□의 4단계로 나눈다.

10 핵분열 중 염색체가 세포 중앙에 배열되는 시기는 □□이다.

11 후기에 □□□에 의해 각 염색체의 □□ □□가 분리되어 세포의 양 끝으로 이동한다.

12 말기에 □□□ □□이 시작되어 그 결과 2개의 딸세포가 생성된다.

[**06~08**] 그림은 어떤 생물의 조직에서 일어나는 세포 분열 과정을 현미경으로 관찰한 결과를 나타낸 것이다.

(가)　　　　　(나)　　　　　(다)　　　　　(라)　　　　　(마)

06 (가)~(마)에 해당하는 시기의 이름을 각각 쓰시오.

07 (가)~(마)를 간기부터 세포 분열 과정의 순서대로 나열하시오.

08 각 단계에 해당하는 내용을 옳게 연결하시오.

(1) (가) •　　　　　• ㉠ 염색체의 모양과 수를 가장 잘 관찰할 수 있다.

(2) (나) •　　　　　• ㉡ 핵막이 뚜렷하고, 염색체가 실처럼 풀어져 있다.

(3) (다) •　　　　　• ㉢ 염색 분체가 나누어져 세포 양 끝으로 이동한다.

(4) (라) •　　　　　• ㉣ 핵막이 나타나면서 2개의 핵이 형성된다.

(5) (마) •　　　　　• ㉤ 핵막이 사라지고 염색체가 나타난다.

09 그림은 동물과 식물에서 세포질 분열이 일어나는 모습을 순서 없이 나타낸 것이다.

(가)　　　　　(나)

이 그림에 대한 다음 글의 빈칸에 알맞은 말을 쓰시오.

(가)는 (㉠　　　　)에서 일어나는 세포질 분열로, 세포 중앙부에 (㉡　　　　)이 나타나 세포가 나누어진다. (나)는 (㉢　　　　)에서 일어나는 세포질 분열로, 세포질이 바깥으로부터 안쪽으로 오므라들어 세포가 둘로 나누어진다.

10 체세포 분열에 대한 설명으로 옳은 것은 ○, 옳지 **않은** 것은 ×로 표시하시오.

(1) 간기에 막대 모양의 염색체를 관찰할 수 있다. ⋯⋯⋯⋯⋯⋯⋯⋯ (　)

(2) 중기에는 핵막이 뚜렷하게 관찰된다. ⋯⋯⋯⋯⋯⋯⋯⋯⋯⋯⋯ (　)

(3) 도마뱀의 잘린 꼬리가 재생될 때 체세포 분열이 일어난다. ⋯⋯⋯ (　)

(4) 1개의 모세포가 체세포 분열을 하면 2개의 딸세포가 생성된다. ⋯⋯ (　)

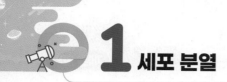

1 세포 분열

❹ 감수 분열(생식세포 분열) → 생물이 자신과 닮은 자손을 만드는 것을 생식이라고 해~

1 감수 분열(생식세포 분열) : 생식세포를 만들 때 일어나는 세포 분열로, 염색체 수가 체세포의 절반으로 줄어든다. → 감수 분열은 분열 결과 염색체 수가 감소한다는 뜻이야~!

2 감수 분열 과정 : 간기를 거친 후 감수 1분열과 감수 2분열이 연속해서 일어나며 4개의 딸세포가 생성된다.

(1) **감수 1분열** : 상동 염색체의 분리로 염색체의 수가 절반으로 감소하는 분열

(2) **감수 2분열** : 염색 분체의 분리로 염색체의 수가 변하지 않는 분열

분열 전	감수 1분열			
간기	전기	중기	후기	말기 및 세포질 분열
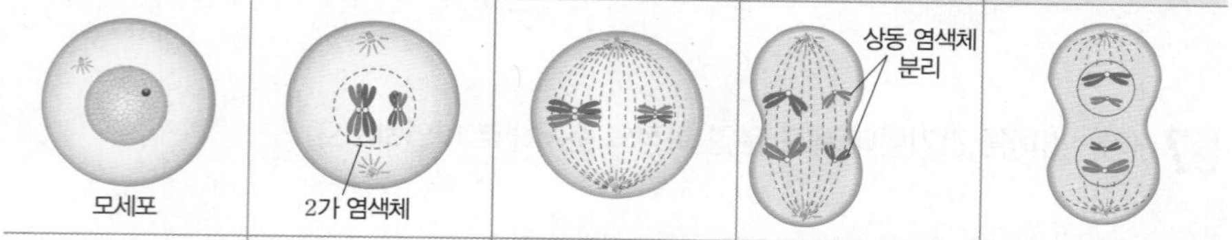				
• 핵막이 뚜렷하게 관찰됨 • 유전 물질이 복제됨	• 핵막이 사라짐 • 상동 염색체끼리 결합한 2가 염색체가 나타남	2가 염색체가 세포 중앙에 배열됨 ➡ 2가 염색체를 관찰하기 좋음	상동 염색체가 분리되어 각 염색체가 세포 양 끝으로 이동함	• 핵막이 나타남 • 세포질 분열이 일어나 2개의 딸세포가 생성됨

감수 2분열 → 체세포 분열과 같은 방식으로 일어나~!				생식세포 형성
전기	중기	후기	말기 및 세포질 분열	분열 완료
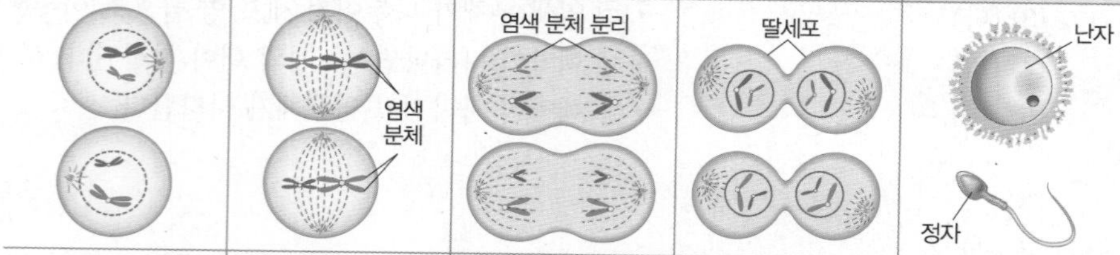				
• 핵막이 사라짐 • 유전 물질의 복제 없이 감수 2분열 전기가 시작됨	염색체가 세포 중앙에 배열됨 ➡ 상동 염색체 중 하나씩만 관찰됨	염색 분체가 분리되어 방추사에 의해 세포 양 끝으로 이동함	• 핵막이 나타남 • 세포질 분열이 일어나, 4개의 딸세포가 생성됨	딸세포는 정자 또는 난자가 됨

3 감수 분열의 의의 : 염색체 수가 절반이 된 생식세포를 형성하여 수정에 의해 만들어진 자손은 부모와 같은 염색체 수를 가진다. ➡ 세대를 거듭하여도 자손의 염색체 수가 일정하게 유지된다.

4 체세포 분열과 감수 분열 비교

구분	체세포 분열	감수 분열
분열 횟수	1회	연속 2회
2가 염색체	형성하지 않음	감수 1분열 전기 때 형성
염색체 수	변화 없음	절반으로 줄어듦
딸세포 수	2개	4개
분열 결과	생장, 재생	생식세포 형성
과정	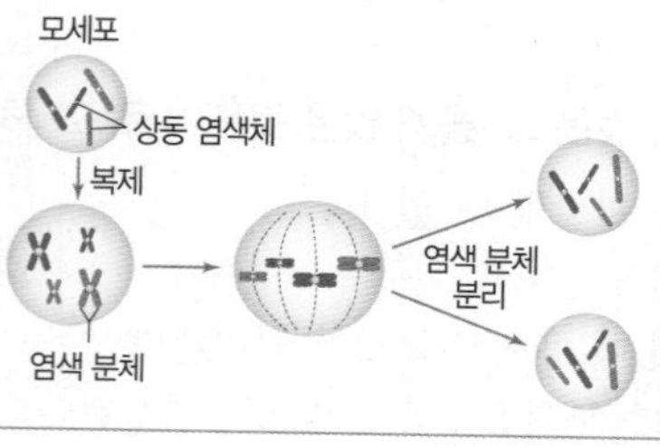	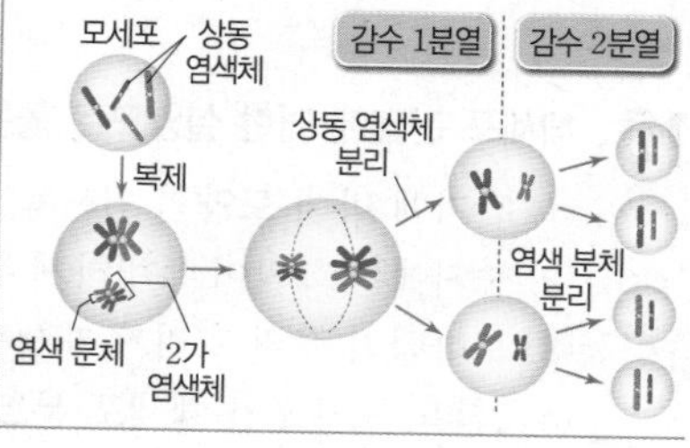

비타민

감수 분열 장소(생식 기관)와 생식세포

구분	생식 기관	생식세포
동물	정소	정자
	난소	난자
식물	꽃밥	꽃가루
	밑씨	난세포

2가 염색체

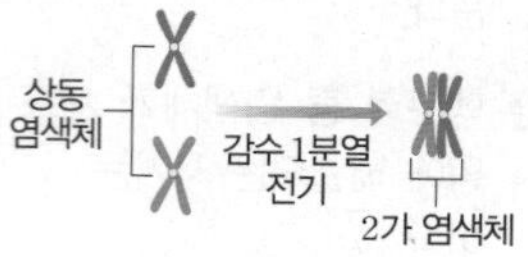

감수 분열(생식세포 분열)에서만 관찰되는 염색체의 형태로 상동 염색체 1쌍이 결합한 것이다. 4개의 염색 분체가 붙어있다고 해서 4분 염색체라고도 한다.

염색체 수의 변화

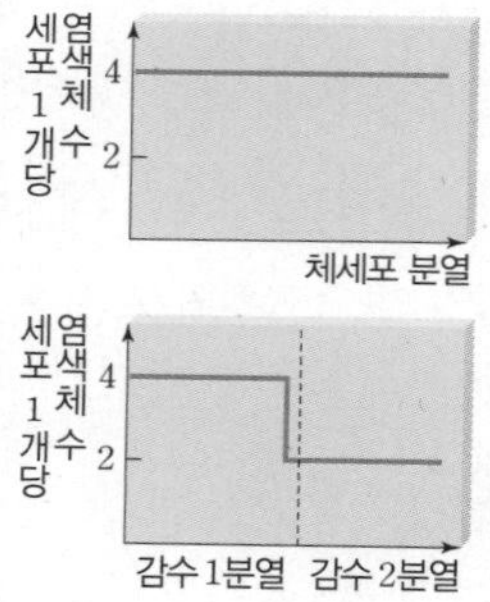

체세포와 생식세포의 염색체 수

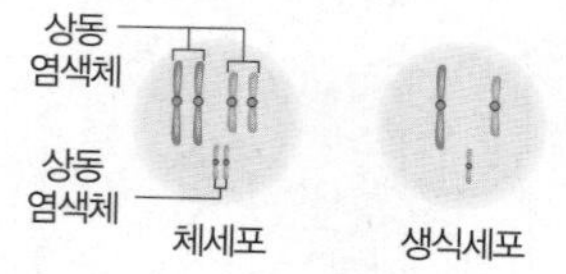

• 체세포 : 상동 염색체가 2개씩 쌍으로 존재한다.
• 생식세포 : 상동 염색체 중 하나씩만 존재하며, 염색체 수가 체세포의 절반이다.

❹ 감수 분열(생식세포 분열)

13 감수 분열은 □□ □□□과 □□ □□□이 연속해서 일어난다.

14 감수 1분열 전기에는 상동 염색체가 결합한 □□□□가 형성된다.

15 감수 2분열에서는 □□□ □□가 분리된다.

16 감수 분열을 통해 세대를 거듭해도 자손의 염색체 수는 □□하다.

[11~12] 그림은 감수 분열 과정의 일부를 순서 없이 나타낸 것이다.

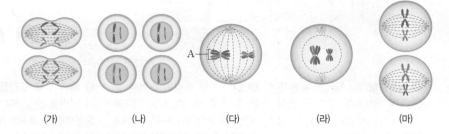

(가) (나) (다) (라) (마)

11 A의 이름과 A가 나타나는 시기를 쓰시오.

12 (가)~(마)를 세포 분열 과정의 순서대로 나열하시오.

13 그림은 감수 분열 과정을 나타낸 것이다. 빈칸에 알맞은 말을 쓰시오.

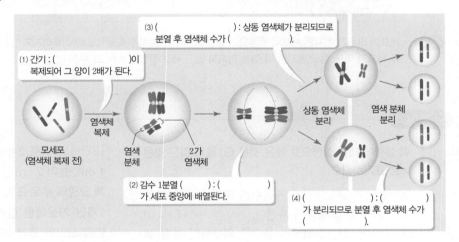

(1) 간기 : ( )이 복제되어 그 양이 2배가 된다.

(2) 감수 1분열 ( ) : ( )가 세포 중앙에 배열된다.

(3) ( ) : 상동 염색체가 분리되므로 분열 후 염색체 수가 ( ).

(4) ( ) : ( )가 분리되므로 분열 후 염색체 수가 ( ).

모세포(염색체 복제 전) 염색체 복제 염색 분체 2가 염색체 상동 염색체 분리 염색 분체 분리

14 감수 분열에 대한 설명으로 옳은 것은 ○, 옳지 않은 것은 ×로 표시하시오.

(1) 2가 염색체는 감수 분열에서만 나타난다. ────────── (　　)
(2) 감수 분열 결과 체세포 수가 늘어나 몸이 성장한다. ────── (　　)
(3) 감수 분열에서는 염색 분체의 분리를 관찰할 수 없다. ───── (　　)
(4) 감수 1분열과 2분열 중 감수 1분열 전에만 DNA 복제가 일어난다. ── (　　)
(5) 감수 2분열에서는 상동 염색체가 분리되어 염색체 수가 절반으로 줄어든다.
────────────────── (　　)

15 표는 체세포 분열과 감수 분열을 비교하여 나타낸 것이다. 빈칸에 알맞은 말을 쓰시오.

구분	체세포 분열	감수 분열
분열 횟수	(㉠　　)	2회
2가 염색체	형성하지 않음	(㉡　　)
염색체 수	(㉢　　)	반으로 줄어듦
딸세포 수	2개	(㉣　　)

과정

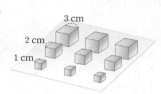

❶ 페놀프탈레인 용액을 넣어 만든 우무 덩어리를 잘라 한 변이 각각 1 cm, 2 cm, 3 cm인 정육면체를 만든다.

비눗물

페놀프탈레인 용액이 들어 있는 우무 조각은 비눗물과 만나면 붉은색으로 변한다.

❷ ❶의 우무 조각을 비커에 넣은 후 우무 조각이 잠길 정도로 비눗물을 부었다가 10분 후 꺼내어 종이 수건으로 표면을 닦는다.

1 cm 　2 cm 　3 cm

❸ ❷의 우무 조각을 반으로 잘라 단면을 관찰하여 붉은색으로 물든 부분을 표시하고, 각각의 단위 부피당 표면적을 계산한다.

탐구 시 유의점
• 우무 조각을 꺼낼 때 동시에 꺼내고, 꺼낸 즉시 가운데를 각각 자른다.
• 칼로 우무를 자를 때 손이 다치지 않도록 조심한다.

결과

한 변의 길이(cm)	1	2	3
단면의 모습	1 cm	2 cm	3 cm
표면적(cm²)	6	24	54
부피(cm³)	1	8	27
표면적(cm²)／부피(cm³)	$\frac{6}{1}=6$ 　감소→	$\frac{24}{8}=3$ 　감소→	$\frac{54}{27}=2$

정리
• 세포의 크기가 커지면 세포와 외부와의 물질 교환이 원활하게(효율적으로) 이루어지지 않는다.
➡ 세포가 어느 정도 커지면 더 이상 커지지 않고 세포 분열을 하여 그 수를 늘린다.

정답과 해설 3쪽

탐구 알약

01 위 실험에 대한 설명으로 옳은 것은 ○, 옳지 않은 것은 ×로 표시하시오.

(1) 우무 조각의 크기가 커질수록 단위 부피당 붉은색으로 물든 면적이 커진다. ─────── (　)

(2) 부피에 대한 표면적이 클수록 외부와의 물질 교환이 효율적으로 일어난다. ─────── (　)

(3) 세포가 작을수록 부피에 대한 표면적이 커진다. ──────────────────── (　)

(4) 이 실험을 통해 세포가 분열하는 까닭을 설명할 수 있다. ─────────────── (　)

[02~03] 가로 2 cm, 세로 4 cm, 높이 2 cm인 직육면체 모양의 우무 조각 2개 중 1개만 가운데를 잘라 정육면체 모양의 조각 2개를 만들었다. 이 우무 조각들을 각각 식용 색소 용액이 든 비커에 10분 동안 담갔다가 꺼내어 반으로 잘라 단면을 관찰하였더니 그림과 같았다.

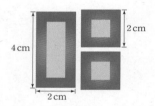
4 cm
2 cm
2 cm

서술형

02 큰 우무 조각 1개와 작은 우무 조각 2개의 전체 부피와 표면적을 비교하여 서술하시오.

KEY 　　부피, 표면적

서술형

03 우무 조각을 세포라 하고 식용 색소를 세포에 필요한 영양소라고 할 때, 세포 분열이 필요한 까닭을 서술하시오.

KEY 　　부피, 표면적, 흡수

과정

에탄올과 아세트산을 섞은 용액
양파 뿌리 조각

❶ 고정 : 양파를 물에 담그고 뿌리가 1 cm∼2 cm 정도 자랐을 때 뿌리 끝을 1 cm 가량 잘라 에탄올과 아세트산을 3 : 1로 섞은 용액에 하루 정도 담가 둔다.
↳세포의 생명 활동을 멈추고 살아 있을 때의 모습을 유지하도록 하는 과정이야~

❷ 해리 : 뿌리 조각을 묽은 염산에 넣고 55 ℃∼60 ℃의 온도에서 6분∼8분 동안 물중탕한 다음, 증류수로 씻는다.
↳조직을 연하게 만들어 세포를 쉽게 분리할 수 있도록 하는 과정이야~

❸ 염색 : 뿌리 조각의 끝 부분을 1 mm 정도 잘라 받침 유리에 놓고, 아세트산 카민 용액을 한 방울 떨어뜨린다.
↳핵과 염색체를 붉게 염색하는 과정이야~

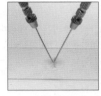

❹ 분리 : 뿌리 끝을 해부 침으로 잘게 찢은 후 덮개 유리를 덮어 연필에 달린 고무로 가볍게 두드린다.

❺ 압착 및 관찰 : 현미경 표본을 거름종이로 덮고 엄지 손가락으로 지그시 눌러 여분의 용액을 제거한 후 현미경으로 관찰한다.
↳세포를 얇게 펴주고 그 사이에 공기 같은 것들이 들어가지 않도록 하여 세포를 명확히 관찰할 수 있도록 하는 과정이야~

탐구 시 유의점
· 칼을 사용하여 양파 뿌리 끝을 자를 때 손이 다치지 않도록 조심한다.
· 묽은 염산이 피부나 눈에 직접 닿지 않도록 조심한다.
· 아세트산 카민 용액 대신 아세트올세인 용액을 사용해도 된다.

양파의 뿌리 끝을 사용하는 까닭
뿌리 끝에 체세포 분열이 활발하게 일어나는 생장점이 있기 때문이다.

체세포 분열 관찰 과정
· 고정 : 세포를 살아 있던 그대로 정지시킨다. (고정액 : 에탄올＋아세트산)
· 해리 : 조직을 연하게 하기 위해 묽은 염산에 넣고 물중탕한다.
· 염색 : 아세트산 카민 용액 ⇨ 핵을 염색한다.
· 분리 : 세포들이 겹겹이 쌓이지 않도록 분리한다.
· 압착 : 세포를 한 겹으로 얇게 펴준다.

결과

1. 간기, 전기, 중기, 후기, 말기의 세포들이 관찰된다.
2. 간기의 세포가 가장 많이 발견된다.
3. 분열이 막 끝난 세포는 분열 전의 세포에 비해 크기가 작다.
↳ 세포 주기 중 간기가 가장 길기 때문에 가장 많이 관찰돼~ 가장 짧은 중기의 세포가 가장 적겠네~

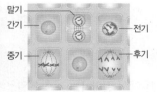

말기 — 간기 — 전기 — 중기 — 후기

정리
· 양파 뿌리의 체세포 분열 관찰 실험의 과정은 '고정 → 해리 → 염색 → 분리 → 압착 및 관찰'이다.
· 간기는 세포 주기 중 가장 길기 때문에 가장 높은 빈도로 발견된다.

정답과 해설 3쪽

탐구 알약

04 |보기|는 양파 뿌리 체세포 분열 관찰 실험 단계를 나타낸 것이다.

| 보기 |
| ㄱ. 고정   ㄴ. 분리   ㄷ. 염색 |
| ㄹ. 해리   ㅁ. 압착 및 관찰 |

각 설명에 해당하는 단계를 |보기|에서 기호를 골라 쓰시오.

(1) 세포를 생명 활동이 일어나는 상태 그대로 멈추어 세포의 모양과 상태를 유지시킨다. ····· (   )
(2) 양파의 뿌리 조각을 60 ℃로 데운 묽은 염산에 6분∼8분 정도 담가 물중탕한다. ··············· (   )
(3) 세포들이 뭉치지 않게 잘게 찢는다. ········ (   )

05 위 실험에 대한 설명으로 옳은 것은 ○, 옳지 않은 것은 ×로 표시하시오.

(1) 간기의 세포가 가장 많이 발견된다. ········ (   )
(2) 분열이 막 끝난 세포는 분열 전 세포에 비해 크기가 크다. ·· (   )
(3) 세포들을 얇게 펴기 위해 아세트산 카민 용액을 한 방울 떨어뜨린다. ···························· (   )
(4) 에탄올과 아세트산을 3 : 1로 섞은 용액에 세포를 넣으면 핵과 염색체가 염색된다. ··········· (   )

유형 클리닉

유형 ① 염색체의 구조

그림은 염색체의 구조를 나타낸 것이다.

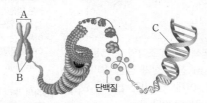

단백질

이에 대한 설명으로 옳은 것을 | 보기 |에서 모두 고른 것은?

┌ 보기 ┐
ㄱ. A는 분열하는 세포에서 관찰할 수 없다.
ㄴ. B는 염색 분체로 서로 다른 유전 정보를 가지고 있다.
ㄷ. 체세포 분열 시 B는 분리되어 각각의 딸세포로 들어간다.
ㄹ. C는 유전 물질인 DNA로, 하나의 C에는 수많은 유전자가 있다.

① ㄱ, ㄴ   ② ㄱ, ㄷ   ③ ㄴ, ㄷ
④ ㄴ, ㄹ   ⑤ ㄷ, ㄹ

염색체의 각 구조의 이름과 특징을 묻는 문제는 항상 출제돼! 염색 분체는 DNA 복제를 통해 만들어졌다는 점과 DNA에서 특정 유전 정보를 갖고 있는 부위가 유전자라는 점 꼭 외워두자!

A는 염색체, B는 염색 분체, C는 DNA야!

✗ ㄱ. A는 분열하는 세포에서 관찰할 수 없다.
→ 분열이 시작되기 전 염색체는 실처럼 풀어져 있어! 그러다가 세포 분열이 시작되면 뭉쳐져서 우리가 알고 있는 염색체의 형태가 되기 때문에 염색체는 세포 분열 단계에서 관찰할 수 있어!

✗ ㄴ. B는 염색 분체로 서로 다른 유전 정보를 가지고 있다.
→ 염색 분체는 DNA의 복제를 통해 만들어진 것으로 유전 정보가 동일해~!

ㄷ 체세포 분열 시 B는 분리되어 각각의 딸세포로 들어간다.
→ 체세포 분열을 하면 후기에 염색 분체가 나뉘어 세포의 양 끝으로 이동하고 세포질 분열이 일어나 각각의 딸세포로 들어가게 돼!

ㄹ C는 유전 물질인 DNA로, 하나의 C에는 수많은 유전자가 있다.
→ DNA에서 생물의 특징에 대한 정보가 들어 있는 특정 부위를 유전자라고 하지! 하나의 DNA에는 여러 개의 유전자가 있어!

답 : ⑤

염색체 1개는 2개의 염색 분체로 이루어져 있어!
염색 분체는 서로의 분신!!

유형 ② 체세포 분열

그림은 식물 세포의 형성층에서 일어나는 세포 분열을 순서 없이 나타낸 것이다.

(가)　　　(나)　　　(다)　　　(라)　　　(마)

각 시기에 대한 설명으로 옳은 것은?

① (가) 시기는 중기로, 염색 분체가 분리되어 세포의 양 끝으로 이동한다.
② (나) 시기에는 유전 물질이 복제되고, 염색체가 나타난다.
③ (다) 시기는 염색체가 세포 중앙에 배열되고, 현미경 관찰 시 가장 많이 보인다.
④ (라) 시기에는 막대 모양의 염색체가 처음 관찰된다.
⑤ (마) 시기에는 세포질이 안쪽으로 오므라들어 세포질 분열이 일어난다.

체세포 분열에서 각 단계의 특징에 대해 묻는 문제가 출제돼! 염색체의 모양과 행동을 보고 어떤 단계인지 알 수 있어야 해! 그러려면 각 단계의 특징을 잘 알아야겠지?

(가)는 후기, (나)는 간기, (다)는 중기, (라)는 전기, (마)는 말기야~!

①(가) 시기는 중기로, 염색 분체가 분리되어 세포의 양 끝으로 이동한다.
→ 염색 분체가 세포의 양 끝으로 이동하는 게 보이지? 염색 분체가 양 끝으로 이동하는 것은 후기의 특징이지~!

②(나) 시기에는 유전 물질이 복제되고, 염색체가 나타난다.
→ (나) 시기는 간기야! 이때 유전 물질이 복제되는 것은 맞아! 그런데 그림을 보면 염색체가 보이지 않지? 간기에는 염색체가 실처럼 풀어진 상태로 존재해서 염색체는 볼 수 없지~ 염색체는 핵분열을 하는 동안에 관찰할 수 있어!

③(다) 시기는 염색체가 세포 중앙에 배열되고, 현미경 관찰 시 가장 많이 보인다.
→ (다) 시기는 염색체가 세포 중앙에 배열되어 있는 것으로 보아 중기야! 하지만 현미경 관찰 시 가장 많이 보이는 시기는 세포 주기 중 가장 긴 시기를 차지하는 간기야!

④(라) 시기에는 막대 모양의 염색체가 처음 관찰된다.
→ (라) 시기는 전기로, 간기 때 실처럼 존재하던 염색체가 응축되어 두 가닥의 염색 분체를 가진 염색체로 나타나!

⑤(마) 시기에는 세포질이 안쪽으로 오므라들어 세포질 분열이 일어난다.
→ 이 선지는 맞다고 오해할 수 있어! 하지만 이 세포는 식물 세포라는 것! 식물 세포는 세포 안쪽에서 세포판이 생기면서 세포질이 분리돼! 동물 세포와 꼭 구분해 둬!

답 : ④

체세포 분열 : 간기 → 전기 → 중기 → 후기 → 말기

유형 클리닉

유형 3 감수 분열(생식세포 분열)

그림은 감수 분열 과정을 나타낸 것이다.

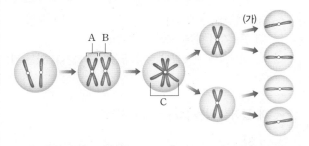

이에 대한 설명으로 옳은 것을 |보기|에서 모두 고른 것은?

┌─ 보기 ┐
ㄱ. A와 B는 동일한 유전 정보를 가지고 있다.
ㄴ. C가 형성되는 시기는 감수 1분열 전기이다.
ㄷ. (가) 단계에서 염색체 수가 절반으로 줄어든다.
└─────────┘

① ㄱ   ② ㄴ   ③ ㄱ, ㄴ
④ ㄴ, ㄷ   ⑤ ㄱ, ㄴ, ㄷ

세포 분열의 각 단계별 특징을 잘 알고 있는지 묻는 문제가 출제돼! 감수 분열의 경우 감수 1분열에서 2가 염색체 형성, 상동 염색체 분리, 염색체 수 감소, 감수 2분열에서 염색 분체 분리로 각 특징을 구별해서 잘 알아둬야 해~!

✗ ㄱ. A와 B는 동일한 유전 정보를 가지고 있다.
→ A와 B는 상동 염색체야~! 상동 염색체는 부모로부터 하나씩 물려받은 것이기 때문에 유전 정보는 같지 않아!

○ ㄴ. C가 형성되는 시기는 감수 1분열 전기이다.
→ C는 2가 염색체야! 2가 염색체는 감수 1분열 전기에 형성돼~! 2가 염색체는 체세포 분열에서는 관찰할 수 없다는 것도 알아두자!

✗ ㄷ. (가) 단계에서 염색체 수가 절반으로 줄어든다.
→ (가) 단계는 염색 분체가 분리된 것으로 보아 감수 2분열이라는 것을 알 수 있어! 감수 2분열에서는 염색체 수가 변하지 않지~! 염색체 수가 절반으로 줄어드는 때는 상동 염색체가 분리되는 감수 1분열이야~!

답 : ②

2가 염색체 : 상동 염색체끼리 합체! 감수 1분열 전기에 만들어져!

유형 4 체세포 분열과 감수 분열 비교

그림은 동물의 체세포 분열 과정과 감수 분열 과정을 순서 없이 나타낸 것이다.

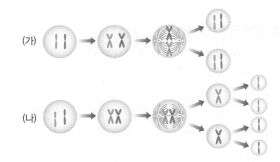

(가)와 (나)의 특징을 비교한 것으로 옳지 않은 것은?

	구분	(가)	(나)
①	분열 횟수	1회	2회
②	딸세포 수	2개	4개
③	염색체 수	절반으로 감소	변화 없음
④	분열 결과	생장	생식
⑤	분열 장소	체세포	생식 기관

체세포 분열과 감수 분열 과정을 두고 비교하는 문제가 출제돼! 이 문제를 잘 풀기 위해서 체세포 분열과 감수 분열의 차이점을 잘 구별해서 알아두자!

(가)는 분열이 1회만 일어나고, 염색 분체가 분리되는 것으로 보아 체세포 분열이야! (나)는 분열이 2회 일어나고 2가 염색체가 형성되는 것으로 보아 감수 분열이라는 것을 알 수 있지!
감수 분열과 체세포 분열의 가장 큰 차이점은 감수 분열에서는 2가 염색체가 형성된다는 거야! 또다른 차이점은 모세포와 딸세포의 염색체 수 차이인데, 모세포와 딸세포의 염색체 수가 같다면 체세포 분열! 딸세포의 염색체 수가 모세포의 절반이라면 감수 분열이야!

	구분	체세포 분열 (가)	감수 분열 (나)
①	분열 횟수	1회	2회
②	딸세포 수	2개	4개
✗③	염색체 수	절반으로 감소	변화 없음
④	분열 결과	생장	생식
⑤	분열 장소	체세포	생식 기관

→ 체세포 분열은 염색체 수가 변하지 않는 분열이야! 하지만 감수 분열의 경우에는 감수 1분열에 염색체 수가 절반으로 감소한다는 점을 꼭 기억하자!

답 : ③

체세포 분열 : 염색체 수 변화 없어!
감수 분열 : 염색체 수 절반(감수 1분열)으로 감소!

① 세포 분열

01 ★중요 세포 분열에 대한 설명으로 옳은 것을 |보기|에서 모두 고른 것은?

| 보기 |
ㄱ. 하나의 세포가 2개로 나누어지는 것이다.
ㄴ. 세포 분열은 물질 교환이 효율적으로 일어나게 한다.
ㄷ. 다세포 생물의 경우 체세포의 세포 분열 결과 생식이 일어난다.

① ㄱ   ② ㄴ   ③ ㄱ, ㄴ
④ ㄴ, ㄷ   ⑤ ㄱ, ㄴ, ㄷ

02 ★중요 그림은 한 변의 길이가 1 cm, 2 cm, 3 cm인 정육면체 모양의 우무 조각을 붉은색 식용 색소 용액이 담긴 비커에 넣고 10분 뒤 꺼내어 단면을 잘라 관찰한 것을 나타낸 것이다.

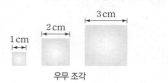
우무 조각

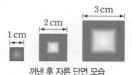
꺼낸 후 자른 단면 모습

우무 조각을 세포라고 가정할 때, 이에 대한 설명으로 옳지 않은 것은?

① 세포가 커지면 부피도 커진다.
② 세포가 커질수록 표면적은 작아진다.
③ 세포가 커지면 $\dfrac{표면적}{부피}$ 값은 감소한다.
④ 이 실험으로 세포 분열의 까닭을 설명할 수 있다.
⑤ 세포가 커질수록 식용 색소가 우무 조각 중심까지 이동하지 못한다.

② 염색체

03 염색체에 대한 설명으로 옳은 것을 모두 고르면?

① 염색체는 유전 물질을 가지고 있다.
② 간기 때 염색체는 짧고 굵게 뭉쳐져 있다.
③ 종이 다른 생물은 염색체의 수가 항상 다르다.
④ 분열을 시작할 때 염색체는 가느다란 실 모양으로 풀어진다.
⑤ 세포 분열 전기에 발견되는 1개의 염색체는 2개의 염색 분체로 이루어져 있다.

04 다음은 염색체에 대한 설명을 나타낸 것이다.

• (㉠)는 체세포에 들어 있는 1쌍의 염색체로, 부모로부터 하나씩 물려받은 것이다.
• 복제된 염색체는 2개의 (㉡)를 가지며, 세포 분열 시 (㉡)는 각기 다른 세포로 들어간다.
• (㉢)는 성에 관계없이 남녀 공통으로 가지고 있는 염색체이다.

㉠~㉢에 들어갈 말을 옳게 짝지은 것은?

	㉠	㉡	㉢
①	상염색체	성염색체	염색 분체
②	성염색체	상염색체	염색 분체
③	상염색체	염색 분체	상동 염색체
④	상동 염색체	염색 분체	상염색체
⑤	상동 염색체	염색 분체	성염색체

05 ★중요 그림은 사람의 체세포에서 관찰된 염색체의 구성을 나타낸 것이다.

(가)   (나)

이에 대한 설명으로 옳지 않은 것은?

① (가)는 여자, (나)는 남자의 염색체이다.
② (가), (나) 모두 22쌍의 상염색체를 가진다.
③ (가)의 성염색체는 모두 어머니에게서 물려받았다.
④ (나)는 아버지로부터 23개의 염색체를 물려받았다.
⑤ 사람의 체세포 하나에는 46개의 염색체가 들어 있다.

③ 체세포 분열

06 체세포 분열에 대한 설명으로 옳지 않은 것은?

① 체세포 분열에 의해 번식하는 생물도 존재한다.
② 세포질 분열이 끝남과 동시에 핵분열이 일어난다.
③ 부러진 뼈가 붙는 것은 체세포 분열 결과의 예이다.
④ 모세포와 같은 염색체 수를 가진 2개의 딸세포가 형성된다.
⑤ 체세포 분열은 염색체의 모양과 행동에 따라 단계가 구분된다.

[07~09] 그림은 어떤 식물의 체세포 분열 과정을 순서 없이 나타낸 것이다.

(가)　　(나)　　(다)　　(라)　　(마)

07 세포 분열 과정을 간기부터 순서대로 옳게 나열한 것은?

① (가) → (라) → (마) → (다) → (나)
② (나) → (다) → (가) → (라) → (마)
③ (나) → (다) → (라) → (마) → (가)
④ (나) → (다) → (마) → (라) → (가)
⑤ (다) → (나) → (라) → (마) → (가)

08 각 시기에 대한 특징으로 옳지 <u>않은</u> 것은?

① (가) : 세포질이 나누어진다.
② (나) : 유전 물질의 양이 2배로 증가한다.
③ (다) : 세포 주기 중 가장 긴 시기로 염색체가 관찰된다.
④ (라) : 염색 분체가 나누어져 양 끝으로 이동한다.
⑤ (마) : 염색체가 세포의 중앙에 배열된다.

09 염색체의 모양과 수를 관찰하기에 가장 좋은 시기는?

① (가)　　　　② (나)　　　　③ (다)
④ (라)　　　　⑤ (마)

10 그림은 어떤 동물의 체세포 분열 과정 중 한 과정을 나타낸 것이다.

앞으로 이 세포에 나타날 변화에 대한 설명으로 옳은 것을 |보기|에서 모두 고른 것은?

┌─ 보기 ──────────────────────────┐
ㄱ. 염색체가 중앙에 배열된다.
ㄴ. 핵막이 생성되고, 염색체가 풀어진다.
ㄷ. 세포판이 형성되어 세포질이 나누어진다.
└─────────────────────────────────┘

① ㄱ　　　　② ㄴ　　　　③ ㄱ, ㄴ
④ ㄴ, ㄷ　　　⑤ ㄱ, ㄴ, ㄷ

11 식물에서 체세포 분열 과정을 관찰할 수 있는 곳을 |보기|에서 모두 고른 것은?

┌─ 보기 ──────────────────────────┐
ㄱ. 잎의 기공　　　　　　ㄴ. 수술의 꽃밥
ㄷ. 뿌리의 생장점　　　　ㄹ. 줄기의 형성층
└─────────────────────────────────┘

① ㄱ, ㄴ　　　② ㄱ, ㄷ　　　③ ㄴ, ㄷ
④ ㄴ, ㄹ　　　⑤ ㄷ, ㄹ

[12~13] 그림은 양파 뿌리의 체세포 분열을 관찰하는 실험 과정을 순서 없이 나타낸 것이다.

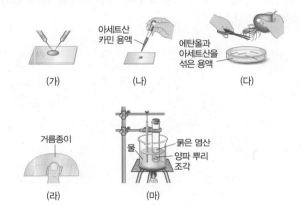

12 이 실험 과정을 순서대로 옳게 나열한 것은?

① (가) ─ (나) ─ (다) ─ (라) ─ (마)
② (나) ─ (다) ─ (마) ─ (가) ─ (라)
③ (다) ─ (가) ─ (나) ─ (마) ─ (라)
④ (다) ─ (마) ─ (나) ─ (가) ─ (라)
⑤ (마) ─ (나) ─ (라) ─ (다) ─ (가)

13 이 실험에 대한 설명으로 옳지 <u>않은</u> 것은?

① 양파의 뿌리 끝에 있는 생장점에서는 체세포 분열이 활발하게 일어난다.
② (가)는 세포를 각각 분리시켜 주는 과정이다.
③ (나)는 세포를 살아 있는 상태로 고정시켜 주는 과정이다.
④ (라)는 세포를 펴주고 공기를 빼주는 과정이다.
⑤ (마)는 묽은 염산을 이용하여 처리가 쉽게 만드는 과정이다.

④ 감수 분열(생식세포 분열)

14 감수 분열에 대한 설명으로 옳은 것을 <u>모두</u> 고르면?

① 감수 분열 결과 키가 자란다.
② 분열하는 동안 두 번의 간기를 거친다.
③ 감수 1분열에서 상동 염색체가 분리된다.
④ 감수 2분열에서 염색체의 수가 절반이 된다.
⑤ 동물의 경우 정소와 난소에서 감수 분열이 일어난다.

17 생물에게 있어 감수 분열이 중요한 까닭으로 가장 옳은 것은?

① 길이 생장을 할 수 있다.
② 상처 부위를 재생할 수 있다.
③ 자손이 어버이를 닮을 수 있다.
④ 각 기관의 기능을 유지하기 위해 새로운 세포를 만들 수 있다.
⑤ 세대를 거듭해도 자손의 염색체 수를 일정하게 유지할 수 있다.

[15~16] 그림은 어떤 생물의 감수 분열 과정을 순서 없이 나타낸 것이다.

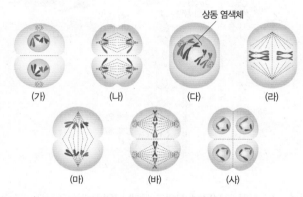

상동 염색체

(가) (나) (다) (라)

(마) (바) (사)

15 감수 분열 과정을 순서대로 옳게 나열한 것은?

① (나)－(가)－(바)－(다)－(라)－(마)－(사)
② (다)－(라)－(마)－(가)－(바)－(나)－(사)
③ (다)－(마)－(라)－(바)－(가)－(나)－(사)
④ (라)－(마)－(다)－(가)－(바)－(나)－(사)
⑤ (라)－(가)－(나)－(바)－(사)－(마)－(다)

[18~19] 그림은 생물의 생식 기관에서 일어나는 세포 분열 과정을 나타낸 것이다.

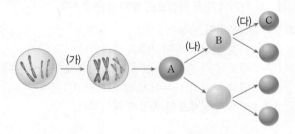

(가) (나) A (다) B C

18 A가 모세포의 세포 분열 전기, B와 C가 각 분열의 딸세포라고 할 때, A~C에 해당하는 염색체를 옳게 짝지은 것은?

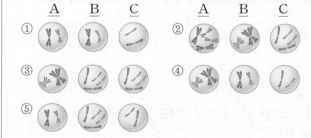

 A B C A B C
① ② ③ ④ ⑤

16 (가)~(사)에 대한 설명으로 옳지 <u>않은</u> 것을 모두 고르면?

① (가)와 (사)의 세포 1개당 염색체 수는 동일하다.
② (나) 과정에서 상동 염색체가 분리된다.
③ (다) 과정에서 2가 염색체를 볼 수 있다.
④ (라)보다 (마)일 때 염색체의 모양을 잘 관찰할 수 있다.
⑤ (바)의 염색체 수는 모세포의 절반이다.

19 (가)~(다)에 대한 설명으로 옳은 것을 |보기|에서 모두 고른 것은?

| 보기 |
ㄱ. (가)에서 DNA 복제가 일어난다.
ㄴ. (나)에서 염색체 수가 절반으로 줄어든다.
ㄷ. (다)에서 염색 분체가 분리된다.

① ㄱ   ② ㄴ   ③ ㄱ, ㄴ
④ ㄴ, ㄷ   ⑤ ㄱ, ㄴ, ㄷ

20 그림은 어떤 생물에서 일어나는 세포 분열 과정 중 특정 시기를 나타낸 것이다. 이와 같은 모습이 관찰되는 시기로 옳은 것은?

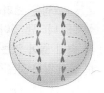

① 체세포 분열 중기
② 체세포 분열 후기
③ 감수 1분열 전기
④ 감수 1분열 후기
⑤ 감수 2분열 후기

21 ★중요
그림은 어떤 생물에서 일어나는 두 종류의 세포 분열 과정을 순서 없이 나타낸 것이다.

(가)   (나)

이에 대한 설명으로 옳은 것을 | 보기 |에서 모두 고른 것은?

┌ 보기 ┐
ㄱ. (가)는 장미의 꽃밥에서 관찰할 수 있다.
ㄴ. (나)는 개구리 알에서 올챙이가 될 때 일어나는 분열이다.
ㄷ. (가)와 (나) 모두 유전 물질 복제가 한 번 일어난다.

① ㄱ   ② ㄴ   ③ ㄱ, ㄴ
④ ㄴ, ㄷ   ⑤ ㄱ, ㄴ, ㄷ

22 그림은 어떤 생물의 체세포에 들어 있는 염색체를 나타낸 것이다. 이 세포의 감수 분열 결과 형성된 딸세포의 염색체 구성으로 옳은 것은?

①   ②   ③

④   ⑤

23 그림 (가)와 (나)는 크기가 다른 우무 조각을 나타낸 것이다.

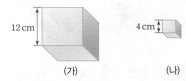

12 cm   4 cm

(가)   (나)

세포가 분열해야 하는 까닭을 (가), (나) 각각 한 조각당 표면에서 중심까지의 최소 거리와 관련지어 서술하시오.

KEY 세포 크기↑ ⇨ 표면에서 중심까지의 거리↑

24 그림은 동물 세포와 식물 세포의 세포질 분열 모습을 순서 없이 나타낸 것이다.

(가)   (나)

(가)와 (나)는 각각 동물 세포와 식물 세포 중 무엇인지 쓰고, 두 세포질 분열에 어떤 차이가 있는지 서술하시오.

KEY 세포판

25 그림은 모세포의 염색체 수가 2개인 어떤 동물의 세포 분열 과정 중 특정 시기의 세포를 나타낸 것이다.

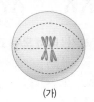 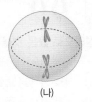

(가)   (나)

(가)와 (나)의 분열 시기를 쓰고, 분열 후 염색체 수의 변화와 그렇게 생각한 까닭을 각각 서술하시오.

KEY 상동 염색체 분리, 염색 분체 분리

26 그림 (가)는 어떤 식물의 생장점에 존재하는 체세포 A와 B를 나타낸 것이고, (나)는 염색체의 구조를 나타낸 것이다.

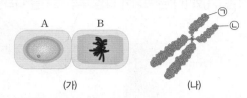

A   B   (가)   (나)

이에 대한 설명으로 옳은 것을 | 보기 |에서 모두 고른 것은?

| 보기 |
ㄱ. (나)는 A에서 관찰할 수 있다.
ㄴ. B에서는 2가 염색체가 관찰된다.
ㄷ. ㉠과 ㉡의 유전 정보는 동일하다.

① ㄱ   ② ㄴ   ③ ㄷ
④ ㄱ, ㄴ   ⑤ ㄴ, ㄷ

27 그림은 사람 체세포의 염색체를 나타낸 것이다. 이에 대한 설명으로 옳은 것은?

① 남자의 염색체이다.
② 성염색체는 2쌍이다.
③ 22개의 상염색체를 가지고 있다.
④ 아버지에게서 23개의 염색체를 물려받았다.
⑤ 이 사람의 정상적인 생식세포의 염색체 수는 22개이다.

28 그림은 어떤 동물 암수의 체세포 염색체를 나타낸 것이다.

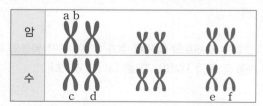

이에 대한 설명으로 옳은 것을 | 보기 |에서 모두 고른 것은?

| 보기 |
ㄱ. a와 b는 서로 복제된 2개의 염색체이다.
ㄴ. c와 d는 유전 정보가 동일하다.
ㄷ. e와 f는 성염색체이다.
ㄹ. 이 동물의 체세포에는 4개의 상염색체와 2개의 성염색체가 있다.

① ㄱ, ㄴ   ② ㄱ, ㄷ   ③ ㄴ, ㄷ
④ ㄴ, ㄹ   ⑤ ㄷ, ㄹ

29 그림은 초파리 체세포의 염색체를 나타낸 것이다. 초파리의 난자 속에 들어 있는 염색체 조합으로 옳지 않은 것은?

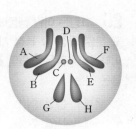

① A, B, C, D
② A, C, E, G
③ A, D, F, G
④ B, C, F, G
⑤ B, D, E, H

30 그림은 어떤 동물의 감수 2분열 중기의 모습을 나타낸 것이다. 이에 대한 설명으로 옳은 것을 | 보기 |에서 모두 고른 것은?

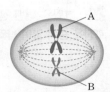

| 보기 |
ㄱ. A와 B는 상동 염색체이다.
ㄴ. 이 동물의 체세포의 염색체 수는 4개이다.
ㄷ. 다음 과정에서 염색 분체의 수가 반으로 줄어든다.

① ㄱ   ② ㄴ   ③ ㄱ, ㄴ
④ ㄴ, ㄷ   ⑤ ㄱ, ㄴ, ㄷ

31 그림은 어떤 생물의 세포 분열 과정을 나타낸 것이다.

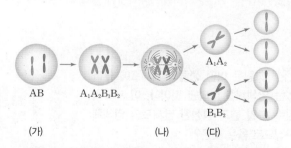

AB $A_1A_2B_1B_2$ A_1A_2 B_1B_2
(가)   (나)   (다)

이에 대한 설명으로 옳은 것을 | 보기 |에서 모두 고른 것은?

| 보기 |
ㄱ. A와 B는 상동 염색체이다.
ㄴ. (가)와 (다) 세포의 염색체 수는 동일하다.
ㄷ. (나)는 양파의 뿌리 세포 분열에서 관찰할 수 있다.

① ㄱ   ② ㄷ   ③ ㄱ, ㄴ
④ ㄴ, ㄷ   ⑤ ㄱ, ㄴ, ㄷ

32 그림은 어떤 생물의 체세포 분열 전기의 염색체 구성을 나타낸 것으로, 이 생물이 서로 다른 종류의 세포 분열을 하였을 때 생성된 딸세포를 (가)와 (나)로 나타낸 것이다.

(가)   (나)

이에 대한 설명으로 옳은 것을 | 보기 | 에서 모두 고른 것은?

┌─ 보기 ┐
ㄱ. (가)에는 상동 염색체가 1쌍이 있다.
ㄴ. (나)는 체세포 분열 결과 생성된 딸세포이다.
ㄷ. 이 생물의 체세포에는 2쌍의 상동 염색체가 들어 있다.
└─────────────┘

① ㄱ   ② ㄷ   ③ ㄱ, ㄴ
④ ㄴ, ㄷ   ⑤ ㄱ, ㄴ, ㄷ

[33~34] 그림 (가)와 (나)는 각각 체세포 분열과 감수 분열 시 나타나는 핵 1개당 DNA 상대량의 변화를 나타낸 것이다.

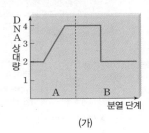   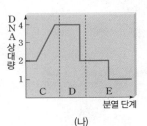

(가)   (나)

33 이에 대한 설명으로 옳은 것을 | 보기 | 에서 모두 고른 것은?

┌─ 보기 ┐
ㄱ. A와 C 시기에는 유전 물질의 복제가 일어난다.
ㄴ. B와 D는 염색체 수가 절반이 되는 시기이다.
ㄷ. E 시기에는 염색 분체가 분리된다.
└─────────────┘

① ㄱ   ② ㄴ   ③ ㄱ, ㄴ
④ ㄴ, ㄷ   ⑤ ㄱ, ㄴ, ㄷ

34 그림은 A~E 중 어느 한 시기에 관찰되는 세포의 모습을 나타낸 것이다. 이 시기에 해당하는 것으로 옳은 것은?

① A   ② B
③ C   ④ D
⑤ E

35 그림은 어떤 동물의 세포 Ⅰ로부터 생식세포가 형성되는 과정을, 표는 세포 Ⅰ~Ⅳ의 세포 1개당 염색체 수와 핵 1개당 DNA양을 나타낸 것이다. (가)~(다)는 각각 세포 Ⅱ~Ⅳ 중 하나이며, Ⅱ와 Ⅲ은 전기의 세포이다.

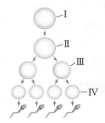

구분	Ⅰ	(가)	(나)	(다)
세포 1개당 염색체 수 (상댓값)	2	㉠	2	1
핵 1개당 DNA양 (상댓값)	2	2	4	1

이에 대한 설명으로 옳은 것을 | 보기 | 에서 모두 고른 것은? (단, 세포 Ⅰ은 DNA 복제 전의 간기 상태의 세포이다.)

┌─ 보기 ┐
ㄱ. 세포 Ⅱ는 (나)이다.
ㄴ. ㉠은 1이다.
ㄷ. (가)는 (다)가 분열하여 형성되었다.
└─────────────┘

① ㄱ   ② ㄷ   ③ ㄱ, ㄴ
④ ㄴ, ㄷ   ⑤ ㄱ, ㄴ, ㄷ

36 사람의 체세포는 46개의 염색체를 가진다. 정상적인 세포 분열을 했다고 가정할 때, 다음 (가)~(다)에 해당하는 염색 분체와 염색체 수를 옳게 짝지은 것은?

┌─────────────────────┐
(가) 감수 1분열 중기에 관찰되는 세포의 염색체 수
(나) 감수 2분열 중기 세포 1개의 염색 분체 수
(다) 감수 분열 결과 만들어진 난자 1개의 염색체 수
└─────────────────────┘

	(가)	(나)	(다)
①	23개	23개	23개
②	23개	92개	46개
③	46개	23개	23개
④	46개	46개	23개
⑤	92개	46개	46개

e2 사람의 발생

• 수정란으로부터 개체가 발생되는 과정을 모형으로 표현할 수 있다.

❶ 수정과 발생

1 생식세포 형성 : 남자의 정소에서는 정자, 여자의 난소에서는 난자가 만들어진다.

(1) **정자** : 머리와 꼬리로 구분되며 머리에는 유전 물질이 들어 있는 핵이 있고, 꼬리를 이용하여 스스로 이동할 수 있다.

(2) **난자** : 유전 물질이 들어 있는 핵이 있고, 세포질에는 발생에 필요한 많은 양의 양분이 저장되어 있다.

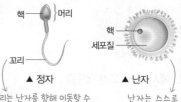

▲ 정자　　▲ 난자

꼬리는 난자를 향해 이동할 수 있게 하는 운동 기관이야~

난자는 스스로 움직이지 못해~

2 수정 : 정자와 난자가 수란관에서 만나 결합하는 과정 ➡ 정자와 난자의 염색체 수는 체세포의 절반이므로, 수정란은 체세포와 염색체 수가 같다.

3 발생 : 수정란이 세포 분열을 통해 하나의 개체로 되기까지의 과정

(1) **난할** : 수정란의 초기 세포 분열로, 세포의 크기가 커지는 시기 없이 빠르게 일어나므로 난할이 거듭될수록 세포 수는 많아지고 세포 하나의 크기는 점점 작아진다.

(2) **착상** : 수정된 지 5일~7일 후 수정란은 포배가 되어 자궁 안쪽 벽을 파고들어 간다. 이 현상을 착상이라고 하며, 이때부터 임신되었다고 한다. → 속이 빈 구형 모양의 세포 덩어리

[배란에서 착상까지의 과정]

배란 → 수정 → 난할 → 착상

① 배란 : 난자가 난소에서 수란관으로 배출된다.

② 수정 : 수란관에서 정자와 난자가 만나 수정이 이루어진다.

③ 난할 : 수정란이 난할을 하며 자궁으로 이동한다.

④ 착상 : 수정된 지 5일~7일 후에 수정란이 포배가 되어 자궁 안쪽 벽을 파고들어 간다.

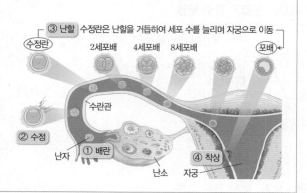

③ 난할 수정란은 난할을 거듭하여 세포 수를 늘리며 자궁으로 이동

수정란　2세포배　4세포배　8세포배　포배

② 수정　난자　① 배란　④ 착상　난소　자궁　수란관

---

(3) **모체와 태아의 물질 교환** : 착상 후 태아와 모체를 연결하는 태반이 형성되고, 태반을 통해 모체와 물질 교환을 한다.

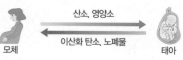

모체　산소, 영양소 →　← 이산화 탄소, 노폐물　태아

(4) **태아의 발생** : 자궁에서 배아는 체세포 분열을 계속하여 조직과 기관을 만들고 하나의 개체로 성장한다.

① 배아 : 정자와 난자가 수정된 후 사람의 모습을 갖추기 전 7주까지의 세포 덩어리 상태

② 태아 : 수정 후 8주가 지나 사람의 모습을 갖추기 시작한 상태

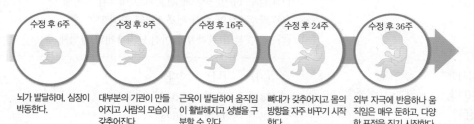

| 수정 후 6주 | 수정 후 8주 | 수정 후 16주 | 수정 후 24주 | 수정 후 36주 |

뇌가 발달하며, 심장이 박동한다. | 대부분의 기관이 만들어지고 사람의 모습이 갖추어진다. | 근육이 발달하여 움직임이 활발해지고 성별을 구분할 수 있다. | 뼈대가 갖추어지고 몸의 방향을 자주 바꾸기 시작한다. | 외부 자극에 반응하나 움직임은 매우 둔하고, 다양한 표정을 짓기 시작한다.

4 출산 : 수정된 날로부터 약 266일(38주)이 지나면 자궁이 수축하여 자궁 입구가 열리고 태아가 질을 통해 모체의 몸 밖으로 나온다.

⊖ 비타민

정자와 난자의 비교

구분	정자	난자
생성 장소	정소	난소
크기	작다.	크다.
운동성	있다.	없다.
양분	없다.	많다.
염색체 수	23개	23개

사람의 생식 기관

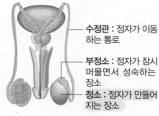

수정관 : 정자가 이동하는 통로

부정소 : 정자가 잠시 머물면서 성숙하는 장소

정소 : 정자가 만들어지는 장소

▲ 남자의 생식 기관

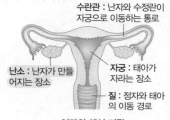

수란관 : 난자와 수정란이 자궁으로 이동하는 통로

난소 : 난자가 만들어지는 장소

자궁 : 태아가 자라는 장소

질 : 정자와 태아의 이동 경로

▲ 여자의 생식 기관

난할 진행 시 일어나는 변화

세포 1개당 염색체 수	변화 없다.
세포 수	증가한다.
세포 1개의 크기	작아진다.
전체 크기	수정란과 비슷하다.

태반에서의 물질 교환

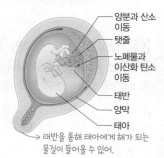

양분과 산소 이동

탯줄

노폐물과 이산화 탄소 이동

태반

양막

태아

→ 태반을 통해 태아에게 해가 되는 물질이 들어올 수 있어.

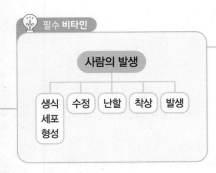

필수 비타민

사람의 발생

생식세포 형성 · 수정 · 난할 · 착상 · 발생

용어 & 개념 체크

❶ 수정과 발생

01 ☐☐는 머리와 꼬리로 구분되며, 머리에는 유전 물질이 들어 있는 핵이 있다.

02 ☐☐는 유전 물질이 들어 있는 핵이 있고, ☐☐☐에는 많은 양의 양분이 저장되어 있다.

03 정자와 난자가 수란관에서 만나 결합하는 과정을 ☐☐이라고 한다.

04 수정란의 초기 세포 분열을 ☐☐이라고 한다.

05 수정 후 약 일주일이 되면 수정란이 포배가 되어 자궁 안쪽 벽에 파묻히는 ☐☐이 일어난다.

06 수정 8주 후 사람의 모습을 갖추기 시작한 상태를 ☐☐라고 한다.

---

01 그림 (가)는 정자, (나)는 난자의 구조를 나타낸 것이다.

(1) A~D의 이름을 쓰시오.

(2) 이에 대한 설명으로 옳은 것을 | 보기 |에서 모두 고르시오.

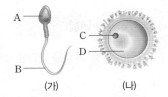

(가)   (나)

| 보기 |
ㄱ. (가)는 (나)보다 염색체 수가 많다.
ㄴ. A에는 유전 물질이 들어 있다.
ㄷ. (나)는 많은 양분을 저장하고 있어 보통 세포보다 크기가 훨씬 크다.

---

02 다음은 임신이 되기까지의 과정을 순서 없이 나타낸 것이다. (가)~(라)를 순서대로 나열하시오.

(가) 수정란이 세포 분열을 한다.
(나) 포배가 자궁에 착상한다.
(다) 정자와 난자가 결합한다.
(라) 여성의 난소에서 성숙한 난자가 수란관으로 나온다.

---

03 사람의 발생에 대한 설명으로 옳은 것은 ○, 옳지 않은 것은 ×로 표시하시오.

(1) 수정란의 염색체 수는 체세포의 염색체 수와 같다. ·············· (   )
(2) 난할을 하는 동안 세포 수는 변화 없다. ·············· (   )
(3) 난할을 하는 동안 세포 하나의 크기는 점점 커진다. ·············· (   )
(4) 수정란이 포배가 되어 자궁 안쪽 벽에 파묻히는 현상을 착상이라고 한다. ··· (   )
(5) 태아는 태반을 통해 영양을 공급받아 발생한다. ·············· (   )

---

04 그림은 배란에서 착상까지의 과정을 나타낸 것이다. 각 설명에 알맞은 기호와 이름을 쓰시오.

(1) 난소에서 난자가 배출된다.
(2) 수정란이 세포 분열한다.
(3) 수정란이 포배가 되어 자궁 안쪽 벽을 파고든다.
(4) 수란관에서 정자와 난자가 만나 결합한다.

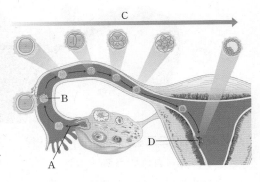

---

05 다음은 사람의 발생에 대한 설명을 나타낸 것이다. 빈칸에 알맞은 말을 쓰시오.

정자와 난자는 (㉠   )에서 만나 결합하여 수정이 이루어진다. 수정란은 (㉡   )을 하며 수란관을 따라 자궁으로 이동하고, 수정 후 약 일주일이 지나면 수정란이 (㉢   ) 상태가 되어 자궁 안쪽 벽에 (㉣   )한다. (㉤   ) 후 태아와 모체를 연결하는 (㉥   )이 형성된다.

유형 클리닉

유형 ① 난할

그림은 난할 과정을 나타낸 것이다.

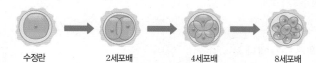

수정란   2세포배   4세포배   8세포배

이에 대한 설명으로 옳지 않은 것은?

① 난할은 수정란의 초기 세포 분열이다.
② 난할이 거듭될수록 세포 수는 증가한다.
③ 난할을 거듭하여도 세포 1개의 크기는 변하지 않는다.
④ 난할을 거듭하여도 배아 전체의 크기는 수정란과 비슷하다.
⑤ 난할을 거듭하여도 세포 1개당 염색체 수는 변하지 않는다.

난할에 대한 문제가 출제돼~! 난할 진행 시 일어나는 변화에 대해 잘 알아두자~!

① 난할은 수정란의 초기 세포 분열이다.
→ 정자와 난자가 결합한 수정란은 체세포 분열로 세포의 수를 빠르게 늘리는데, 수정란의 초기 세포 분열을 난할이라고 해~

② 난할이 거듭될수록 세포 수는 증가한다.
→ 난할은 체세포 분열이 빠르게 일어나는 것이므로 세포 수가 증가해~

③ 난할을 거듭하여도 세포 1개의 크기는 변하지 않는다.
→ 난할은 체세포 분열이지만 딸세포의 크기가 커지지 않고 세포 분열을 반복하기 때문에 난할을 거듭할수록 세포 1개의 크기는 점점 작아지지~!

④ 난할을 거듭하여도 배아 전체의 크기는 수정란과 비슷하다.
→ 난할은 거듭할수록 세포 1개의 크기가 점점 작아지기 때문에 배아 전체의 크기는 수정란과 비슷해~

⑤ 난할을 거듭하여도 세포 1개당 염색체 수는 변하지 않는다.
→ 난할을 거듭하여도 세포 1개당 염색체 수는 46개로 변하지 않지!

답 : ③

 난할 ⇨ 세포 1개당 염색체 수 변화 ×, 세포 수 ↑, 세포 1개의 크기 ↓

유형 ② 배란에서 착상까지의 과정

그림은 배란에서 착상까지의 과정을 나타낸 것이다.

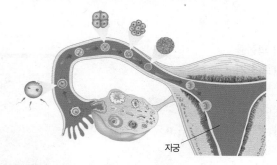

자궁

이에 대한 설명으로 옳은 것을 모두 고르면?

① 수정은 수란관에서 이루어진다.
② 수정이 되면 임신이 되었다고 한다.
③ 자궁 안쪽 벽에 포배 상태로 착상한다.
④ 자궁에 도달한 수정란은 세포 분열을 시작한다.
⑤ 수정 후 수정란이 자궁까지 이동하는 데 하루 정도 시간이 걸린다.

수정 후 착상되는 과정에 대한 문제가 출제돼~! 배란에서 착상까지의 과정에 대해 잘 기억해두자!

① 수정은 수란관에서 이루어진다.
→ 정자와 난자가 수란관에서 만나 결합하는 과정을 수정이라고 해~! 따라서 수정은 수란관에서 이루어지지!

② 수정이 되면 임신이 되었다고 한다.
→ 착상이 되었을 때 임신이 되었다고 해~!

③ 자궁 안쪽 벽에 포배 상태로 착상한다.
→ 수정란은 수란관을 타고 이동하는 동안 계속 분열해서 포배 상태로 자궁 안쪽 벽에 착상해~

④ 자궁에 도달한 수정란은 세포 분열을 시작한다.
→ 수정란은 세포 분열(난할)을 거듭하여 세포 수를 늘리며 자궁으로 이동해~! 따라서 자궁에 도달할 때는 이미 속이 빈 공 모양의 세포 덩어리인 포배 상태가 돼~

⑤ 수정 후 수정란이 자궁까지 이동하는 데 하루 정도 시간이 걸린다.
→ 수정 후 수정란이 자궁까지 이동하는 데 약 일주일 정도가 소요돼!

답 : ①, ③

 수정란은 난할을 거듭하여 포배 상태로 착상!

❶ 수정과 발생

[01~02] 그림 (가)와 (나)는 사람의 생식세포를 나타낸 것이다.

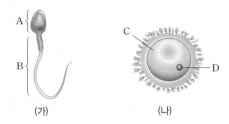

(가)   (나)

01 🔴중요 이에 대한 설명으로 옳은 것은?

① (가)와 (나)의 염색체 수는 각각 46개이다.
② (가)와 (나)는 체세포 분열을 통해 생성된다.
③ (가)는 운동성이 있지만 (나)는 운동성이 없다.
④ (가)에는 발생에 필요한 양분이 많이 저장되어 있다.
⑤ (가)는 난소에서 생성되고, (나)는 정소에서 생성된다.

02 A~D에 대한 설명으로 옳은 것을 |보기|에서 모두 고른 것은?

> |보기|
> ㄱ. A와 D에는 유전 물질이 들어 있다.
> ㄴ. B를 이용해 난자로 이동할 수 있다.
> ㄷ. C에 많은 양분을 저장하고 있다.

① ㄱ   ② ㄴ   ③ ㄱ, ㄴ
④ ㄴ, ㄷ   ⑤ ㄱ, ㄴ, ㄷ

03 수정에 대한 설명으로 옳은 것을 |보기|에서 모두 고른 것은?

> |보기|
> ㄱ. 자궁에서 일어난다.
> ㄴ. 정자와 난자가 만나 결합한다.
> ㄷ. 수정란은 체세포와 염색체 수가 같다.
> ㄹ. 수정란은 감수 분열을 반복하며 이동한다.

① ㄱ, ㄴ   ② ㄱ, ㄷ   ③ ㄴ, ㄷ
④ ㄴ, ㄹ   ⑤ ㄷ, ㄹ

04 🔴중요 난할에 대한 설명으로 옳지 <u>않은</u> 것은?

① 난할은 수정란이 세포 분열하는 것이다.
② 난할이 진행될수록 세포 수는 점점 증가한다.
③ 난할을 거듭할수록 세포 1개의 크기가 줄어든다.
④ 난할이 진행될수록 세포 1개의 염색체 수는 증가한다.
⑤ 난할을 거듭하여도 수정란의 전체 크기는 거의 일정하다.

[05~06] 그림은 수정란의 형성과 초기 발생이 진행되는 과정을 나타낸 것이다.

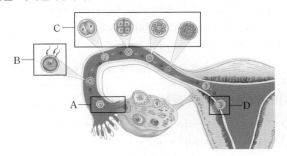

05 A~D에 해당하는 과정을 옳게 짝지은 것은?

	A	B	C	D
①	수정	배란	난할	착상
②	수정	난할	착상	배란
③	배란	난할	수정	착상
④	배란	수정	난할	착상
⑤	착상	수정	난할	배란

06 🔴중요 이에 대한 설명으로 옳은 것을 |보기|에서 모두 고른 것은?

> |보기|
> ㄱ. A는 수정란이 난소에서 수란관으로 배출되는 것이다.
> ㄴ. B보다 D에서 세포 수가 더 많다.
> ㄷ. C 시기에 감수 분열이 일어난다.
> ㄹ. D 이후부터 임신이 되었다고 한다.

① ㄱ, ㄴ   ② ㄱ, ㄷ   ③ ㄴ, ㄷ
④ ㄴ, ㄹ   ⑤ ㄷ, ㄹ

07 다음에서 설명하는 현상은?

> 사람의 수정란이 세포 분열을 하면서 자궁에 도달한 후 자궁 안쪽 벽에 파묻히는 현상이다.

① 착상　　　　② 수정　　　　③ 난할
④ 배란　　　　⑤ 출산

08 *중요* 다음은 임신과 출산 과정을 순서 없이 나타낸 것이다.

> (가) 태아를 출산한다.
> (나) 태반이 형성된다.
> (다) 수정란은 난할을 하며 수란관을 따라 이동한다.
> (라) 성숙한 난자가 난소로부터 나온다.
> (마) 정자와 난자가 수란관에서 만난다.
> (바) 수정란은 포배 상태로 자궁에 착상한다.

(가)~(바)를 순서대로 옳게 나열한 것은?

① (가) → (나) → (라) → (바) → (다) → (마)
② (나) → (다) → (라) → (바) → (마) → (가)
③ (라) → (마) → (다) → (나) → (가) → (바)
④ (라) → (마) → (다) → (바) → (나) → (가)
⑤ (마) → (바) → (나) → (라) → (다) → (가)

09 그림은 태아와 태반의 모습을 나타낸 것이다.

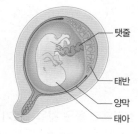

태반을 통해 태아와 모체 간에 주고받는 물질을 옳게 짝지은 것은?

	태아 → 모체	모체 → 태아
①	산소	이산화 탄소
②	노폐물	산소
③	노폐물	이산화 탄소
④	영양소	노폐물
⑤	이산화 탄소	노폐물

서술형 문제

10 그림은 사람의 생식세포를 나타낸 것이다.

(가)　　　　　　　　(나)

(가)와 (나)의 상대적인 크기를 비교하고, 그 까닭을 서술하시오.

 KEY　　양분 저장

11 그림은 사람의 수정과 발생 과정을 나타낸 것이다.

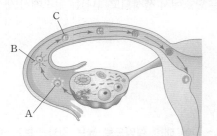

A~C의 염색체 수를 각각 쓰고, 그렇게 생각한 까닭을 서술하시오.

 KEY　　감수 분열, 체세포의 절반, 수정

12 그림은 태반에서의 물질 교환을 나타낸 것이다.

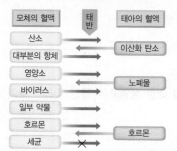

이를 통해 임산부가 약물 복용이나 흡연을 피해야 하는 까닭을 서술하시오.

 KEY　　물질 교환, 약물 이동 가능

13 그림은 남자와 여자의 생식 기관을 나타낸 것이다.

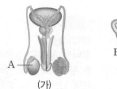

(가)   (나)

이에 대한 설명으로 옳은 것을 | 보기 | 에서 모두 고른 것은?

┌─ 보기 ┌─
ㄱ. A에서 생성된 생식세포는 운동성이 있다.
ㄴ. A와 B에서 체세포 분열에 의해 생식세포가 만들어진다.
ㄷ. 착상은 C에서 일어난다.

① ㄱ   ② ㄷ   ③ ㄱ, ㄴ
④ ㄴ, ㄷ   ⑤ ㄱ, ㄴ, ㄷ

14 그림은 수정란의 초기 세포 분열 과정을 순서 없이 나타낸 것이다.

(가)   (나)   (다)   (라)   (마)

이에 대한 설명으로 옳은 것을 | 보기 | 에서 모두 고른 것은?

┌─ 보기 ┌─
ㄱ. (가)는 2회 분열한 상태이다.
ㄴ. (라)는 자궁에서 일어난다.
ㄷ. (라) → (가) → (다) → (마) → (나)의 순서로 난할이 진행된다.
ㄹ. 위의 과정은 일반적인 체세포 분열에 비해 분열 속도가 빠르다.

① ㄱ, ㄴ   ② ㄱ, ㄷ   ③ ㄴ, ㄷ
④ ㄴ, ㄹ   ⑤ ㄷ, ㄹ

15 그림은 여성의 생식 기관에서 일어나는 과정을 나타낸 것이다. 이에 대한 설명으로 옳은 것을 | 보기 | 에서 모두 고른 것은?

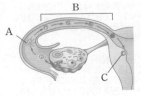

┌─ 보기 ┌─
ㄱ. A에서 C까지 약 일주일이 걸린다.
ㄴ. B 과정에서 상동 염색체의 분리를 관찰할 수 있다.
ㄷ. C는 수정란이 포배 상태로 착상하는 모습이다.

① ㄱ   ② ㄴ   ③ ㄱ, ㄴ
④ ㄱ, ㄷ   ⑤ ㄴ, ㄷ

16 그림은 난할이 일어날 때 분열 횟수에 따른 세포의 변화를 나타낸 것이다.

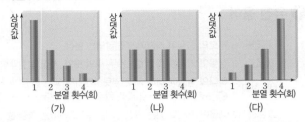

이에 대한 설명으로 옳은 것을 | 보기 | 에서 모두 고른 것은?

┌─ 보기 ┌─
ㄱ. 세포 1개의 크기는 (가)와 같이 변화한다.
ㄴ. 배아의 전체 크기 변화는 (나)와 같다.
ㄷ. (다)는 세포 1개당 염색체 수의 변화에 해당한다.

① ㄱ   ② ㄷ   ③ ㄱ, ㄴ
④ ㄴ, ㄷ   ⑤ ㄱ, ㄴ, ㄷ

17 그림은 태아의 발생 과정에서 기관이 발달하는 시기를 나타낸 것이다.

이에 대한 설명으로 옳은 것을 | 보기 | 에서 모두 고른 것은?

┌─ 보기 ┌─
ㄱ. 먼저 형성되기 시작한 기관은 먼저 완성된다.
ㄴ. 수정이 일어나고 나서 38주 후에 태아가 출산된다.
ㄷ. 중추 신경계는 다른 기관들보다 먼저 형성되기 시작한다.
ㄹ. 임신 초기 3개월 동안에 음주나 약물에 의한 영향을 가장 많이 받는다.

① ㄱ, ㄴ   ② ㄴ, ㄷ   ③ ㄷ, ㄹ
④ ㄱ, ㄴ, ㄷ   ⑤ ㄴ, ㄷ, ㄹ

3 멘델의 유전 원리

> • 멘델 유전 실험의 의의와 원리를 이해하고, 원리가 적용되는 유전 현상을 설명할 수 있다.

❶ 유전 용어

유전	부모의 형질이 자손에게 전달되는 현상
형질	생물이 가지는 특성 예 완두 씨의 모양, 사람의 혈액형
대립 형질	하나의 형질에 대해 서로 뚜렷하게 구별되는 형질 예 노란색 완두 ↔ 초록색 완두, 주름진 완두 ↔ 둥근 완두
표현형	생물이 가지고 있는 특성 중 겉으로 드러나는 형질 예 완두 씨 모양(둥근 것, 주름진 것)
유전자형	형질이 나타나는 데 관여하는 유전자의 구성을 알파벳으로 나타낸 것 예 RR, Rr, rr
순종	대립유전자의 구성이 같은 개체 ➡ 여러 세대 동안 반복하여 자가 수분해도 계속 같은 형질의 자손만 나타난다. 예 RR, rr, TT, tt, RRYY, RRyy, rrYY, rryy
잡종	대립유전자의 구성이 다른 개체 ➡ 자가 수분했을 때 우성과 열성의 자손이 모두 나타난다. 예 Rr, Tt, Yy, RrYy

❷ 멘델의 유전 원리

1 멘델의 유전 실험 : 멘델은 다양한 형질의 완두를 교배하여 유전의 기본 원리를 밝혀냈다.

> [멘델이 완두를 유전 실험의 재료로 선택한 까닭]
> ① 주변에서 구하기 쉽고, 재배하기 쉽다.
> ② 대립 형질이 뚜렷하여 교배 결과를 명확하게 해석할 수 있다.
> ③ 한 세대가 짧고, 한 번의 교배로 얻을 수 있는 자손의 수가 많아 통계적인 분석에 유리하다.
> ④ 자가 수분이 쉽고, 타가 수분이 가능하다. ──➤ 원하는 형질을 임의로 선택하여 교배하는 것이 가능해!

2 한 쌍의 대립 형질의 유전

구분	멘델의 실험	유전 원리
우열의 원리	순종의 둥근 완두(RR)와 주름진 완두(rr)를 교배하였더니 자손(잡종 1대)에서 모두 둥근 완두(Rr)만 나타났다.	대립 형질이 다른 두 순종 개체를 교배하여 얻은 잡종 1대에는 대립 형질 중 한 가지만 나타난다. ➡ 잡종 1대에서 나타나는 형질을 우성, 나타나지 않는 성질을 열성이라고 한다. 우성과 열성은 대립 형질을 가진 순종 개체끼리 교배할 때 잡종 1대에서 나타나는 것에 따라 결정되는 것이므로 '우수한 것'이나 '열등한 것'을 뜻하지는 않아.
분리의 법칙	잡종 1대의 둥근 완두를 자가 수분시켰더니 잡종 2대에서 둥근 완두(RR, Rr)와 주름진 완두(rr)가 약 3 : 1의 비율로 나타났다.	감수 분열 시 쌍을 이루고 있던 대립유전자가 분리되어 각각 다른 생식세포로 나누어져 들어간다. ➡ 잡종 1대에서 나타나지 않고 숨어 있던 열성 형질이 일정 비율로 드러난다. 분리의 법칙은 잡종 2대에서 우성과 열성 형질의 분리비가 약 3 : 1로 나타난다는 것을 의미하는 것이 아니라 대립 형질을 나타내는 유전자가 생식세포를 만들 때 하나씩 분리되어 들어간다는 거야

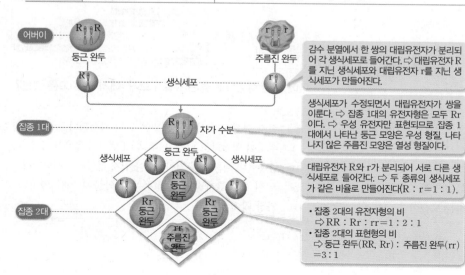

감수 분열에서 한 쌍의 대립유전자가 분리되어 각 생식세포로 들어간다. ➡ 대립유전자 R를 지닌 생식세포와 대립유전자 r를 지닌 생식세포가 만들어진다.

생식세포가 수정되면서 대립유전자가 쌍을 이룬다. ➡ 잡종 1대의 유전자형은 모두 Rr이다. ➡ 우성 유전자만 표현되므로 잡종 1대에서 나타난 둥근 모양은 우성 형질, 나타나지 않은 주름진 모양은 열성 형질이다.

대립유전자 R와 r가 분리되어 서로 다른 생식세포로 들어간다. ➡ 두 종류의 생식세포가 같은 비율로 만들어진다(R : r=1 : 1).

• 잡종 2대의 유전자형의 비
⇨ RR : Rr : rr=1 : 2 : 1
• 잡종 2대의 표현형의 비
⇨ 둥근 완두(RR, Rr) : 주름진 완두(rr) =3 : 1

비타민

대립유전자

하나의 형질을 결정하는 유전자로, 상동 염색체의 같은 위치에 존재한다. 우성 유전자는 알파벳 대문자로, 열성 유전자는 알파벳 소문자로 나타낸다.

대립유전자

상동 염색체
Rr(잡종)

자가 수분과 타가 수분

• 자가 수분 : 수술의 꽃가루가 같은 그루의 꽃에 있는 암술에 붙는 현상
• 타가 수분 : 수술의 꽃가루가 다른 그루의 꽃에 있는 암술에 붙는 현상

완두의 7가지 대립 형질

구분	우성	열성
씨 모양	둥글다.	주름지다.
씨 색깔	노란색	초록색
꽃 색깔	보라색	흰색
콩깍지 모양	매끈하다.	잘록하다.
콩깍지 색깔	초록색	노란색
꽃이 피는 위치	잎겨드랑이	줄기의 끝
키	크다.	작다.

검정 교배

우성 형질을 나타내는 개체가 순종인지 잡종인지 알아보기 위해 열성 순종 개체와 교배하여 유전자형을 알아보는 방법 ➡ 교배 결과 자손에서 열성 개체가 나오지 않으면 순종, 열성 개체가 나오면 잡종이다.

• 순종일 경우 : RR × rr → Rr ➡ 모두 둥근 완두
• 잡종일 경우 : Rr × rr → Rr : rr=1 : 1 ➡ 둥근 완두 : 주름진 완두=1 : 1

필수 비타민

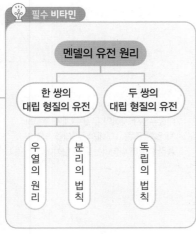

멘델의 유전 원리

| 한 쌍의 대립 형질의 유전 | 두 쌍의 대립 형질의 유전 |

우열의 원리 · 분리의 법칙 · 독립의 법칙

용어 & 개념 체크

❶ 유전 용어

01 ☐☐은 부모의 형질이 자손에게 전달되는 현상이다.

02 ☐☐ ☐☐은 같은 종류의 특성에 대해 서로 대립 관계인 형질을 말한다.

03 형질이 나타나는 데 관여하는 유전자의 구성을 알파벳으로 나타낸 것을 ☐☐☐☐이라고 한다.

04 여러 세대 동안 자가 수분해도 계속 같은 형질이 나오는 개체를 ☐☐이라고 한다.

❷ 멘델의 유전 원리

05 대립 형질이 다른 두 ☐☐ 개체를 교배하여 얻은 잡종 1대에서 표현되는 형질은 ☐☐이다.

06 유전자형을 나타낼 때 ☐☐ 유전자는 알파벳 대문자로, ☐☐ 유전자는 알파벳 소문자로 나타낸다.

07 ☐☐☐☐가 만들어질 때 대립유전자 쌍이 분리되어 각각 서로 다른 생식세포로 들어가는 것을 ☐☐의 법칙이라고 한다.

01 유전 용어에 대한 설명으로 옳은 것은 ○, 옳지 않은 것은 ×로 표시하시오.

(1) 완두 씨의 모양이나 색깔 등과 같이 생물이 가지는 특성을 형질이라고 한다. ──── (　　)

(2) 유전자 구성에 따라 겉으로 드러나는 형질은 표현형이다. ──── (　　)

(3) 잡종은 한 가지 형질을 나타내는 유전자의 구성이 같은 개체이다. ──── (　　)

(4) 자가 수분은 수술의 꽃가루가 같은 그루의 꽃에 있는 암술에 붙는 현상이다. ──── (　　)

(5) 우성은 우수한 유전자, 열성은 열등한 유전자를 나타낸다. ──── (　　)

02 다음 글의 빈칸에 알맞은 말을 쓰시오.

> 멘델은 (㉠　　　　)를 교배하여 유전의 원리를 밝혀냈다. (㉠　　　　)는 한 세대가 짧으며 한 번의 교배로 얻을 수 있는 자손의 수가 많기 때문에 통계적인 분석에 유리하고, (㉡　　　　)이 뚜렷하므로 교배 결과를 명확하게 해석할 수 있다.

03 다음은 여러 가지 유전자형을 나타낸 것이다. 유전자형이 순종인 것은 '순', 잡종인 것은 '잡'이라고 쓰시오.

(1) Aa (　　)　　　(2) aa (　　)

(3) BB (　　)　　　(4) Rr (　　)

(5) AABB (　　)　　(6) AaBb (　　)

(7) RrYy (　　)　　(8) RRyy (　　)

04 그림은 순종의 둥근 완두와 주름진 완두를 교배하여 얻은 잡종 1대를 자가 수분하여 잡종 2대를 얻는 과정을 나타낸 것이다.

(1) 생식세포 (가)와 (나)의 유전자형을 쓰시오.
(　　　　　　)

(2) 잡종 1대인 (다)의 유전자형과 표현형을 쓰시오.
(　　　　　　)

(3) 잡종 2대인 (라)~(바)의 유전자형을 쓰시오.
(　　　　　　)

(4) 잡종 2대인 (라)~(바)의 표현형을 쓰시오. (　　　　　　)

(5) 잡종 2대에서 둥근 완두와 주름진 완두의 분리비를 쓰시오.
(　　　　　　)

05 그림은 잡종 1대의 생식세포 형성 과정을 나타낸 것이다. (가)와 (나)에 들어갈 염색체의 모양을 그리시오.

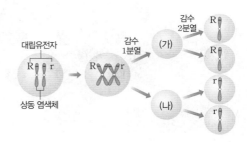

3 멘델의 유전 원리

3 멘델의 가설 : 멘델은 유전 실험 결과를 해석하기 위해 여러 가지 가설을 제안했다.

(1) 생물에는 한 가지 형질을 결정하는 한 쌍의 유전 인자가 있으며, 이 한 쌍의 유전 인자는 부모로부터 각각 하나씩 물려받은 것이다. → 오늘날의 '유전자' → 대립유전자

(2) 특정 형질에 대한 한 쌍의 유전 인자가 서로 다르면 그중 하나는 표현되고, 다른 하나는 표현되지 않는다. ➡ 우열의 원리

(3) 한 쌍의 유전 인자는 생식세포를 형성할 때 분리되어 각각 다른 생식세포로 나뉘어 들어가고, 생식세포를 통해 자손에게 전달된 유전 인자는 다시 쌍을 이룬다. ➡ 분리의 법칙 → 분리의 법칙으로 생식세포를 형성할 때 한 쌍의 대립유전자가 분리되고, 수정 과정을 통해 생식세포가 결합하면서 자손이 부모와 같은 수의 대립유전자를 갖게 되는 거야~

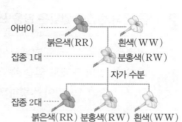

[우열의 원리가 성립하지 않는 유전 – 분꽃의 꽃잎 색깔 유전] → 중간 유전~!
① 순종의 붉은색 분꽃과 흰색 분꽃을 교배하면 붉은색 꽃잎 유전자(R)와 흰색 꽃잎 유전자(W) 사이의 우열 관계가 뚜렷하지 않으므로 잡종 1대에서 중간 형질인 분홍색 분꽃만 나타난다.
② 잡종 1대를 자가 수분하면 잡종 2대에서 분리의 법칙에 의해 붉은색 분꽃과 흰색 분꽃이 다시 나타난다. 따라서 분꽃의 꽃잎 색깔 유전에서 우열의 원리는 성립하지 않지만, 분리의 법칙은 성립한다.
⇨ 붉은색(RR) : 분홍색(RW) : 흰색(WW)=1 : 2 : 1

어버이 ─ 붉은색(RR)   흰색(WW)
잡종 1대 ─ 분홍색(RW)
자가 수분
잡종 2대 ─ 붉은색(RR) 분홍색(RW) 흰색(WW)

4 두 쌍의 대립 형질의 유전 → 멘델은 두 가지 형질이 동시에 유전될 때 부모의 형질이 자손에게 어떻게 전달되는지 알아보는 실험도 진행했어!

구분	멘델의 실험	유전 원리
독립의 법칙	① 순종의 둥글고 노란색인 완두와 주름지고 초록색인 완두를 교배하여 얻은 잡종 1대에서 둥글고 노란색인 완두만 나왔다. ② 잡종 1대의 둥글고 노란색인 완두를 자가 수분하여 얻은 잡종 2대에서 둥글고 노란색, 둥글고 초록색, 주름지고 노란색, 주름지고 초록색인 완두가 약 9 : 3 : 3 : 1의 비로 나타났다.	두 쌍 이상의 대립 형질이 동시에 유전될 때, 한 형질을 나타내는 유전자 쌍이 다른 형질을 나타내는 유전자 쌍에 영향을 받지 않고 독립적으로 각각 분리의 법칙에 따라 유전되는 현상

• 완두 씨의 모양과 색깔에 대한 표현형의 비

모양	{둥글고 노란색(9)+둥글고 초록색(3)} : {주름지고 노란색(3)+주름지고 초록색(1)} =(9+3) : (3+1)=12 : 4=3 : 1
색깔	{둥글고 노란색(9)+주름지고 노란색(3)} : {둥글고 초록색(3)+주름지고 초록색(1)} =(9+3) : (3+1)=12 : 4=3 : 1

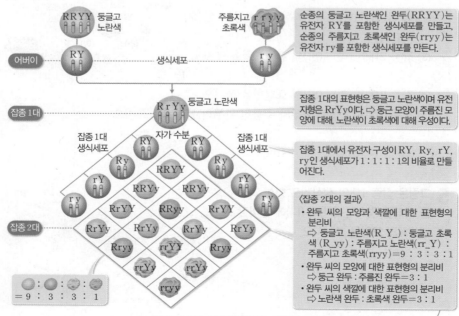

순종의 둥글고 노란색인 완두(RRYY)는 유전자 RY를 포함한 생식세포를 만들고, 순종의 주름지고 초록색인 완두(rryy)는 유전자 ry를 포함한 생식세포를 만든다.

잡종 1대의 표현형은 둥글고 노란색이며 유전자형은 RrYy이다. ⇨ 둥근 모양이 주름진 모양에 대해, 노란색이 초록색에 대해 우성이다.

잡종 1대에서 유전자 구성이 RY, Ry, rY, ry인 생식세포가 1 : 1 : 1 : 1의 비율로 만들어진다.

〈잡종 2대의 결과〉
• 완두 씨의 모양과 색깔에 대한 표현형의 분리비
  ⇨ 둥글고 노란색(R_Y_) : 둥글고 초록색(R_yy) : 주름지고 노란색(rr_Y_) : 주름지고 초록색(rryy)=9 : 3 : 3 : 1
• 완두 씨의 모양에 대한 표현형의 분리비
  ⇨ 둥근 완두 : 주름진 완두=3 : 1
• 완두 씨의 색깔에 대한 표현형의 분리비
  ⇨ 노란색 완두 : 초록색 완두=3 : 1

완두 씨의 모양과 색깔을 결정하는 대립유전자 쌍은 서로 영향을 미치지 않고 각각 분리되어 서로 다른 생식세포로 들어가기 때문에 독립적으로 유전되는 거야~

비타민

중간 유전
대립유전자 사이의 우열 관계가 뚜렷하지 않아 잡종 1대에서 두 대립 형질의 중간 형질이 나타나는 유전 현상이다.

독립의 법칙과 유전자의 위치

독립의 법칙은 두 쌍의 대립유전자가 서로 다른 염색체에 있을 때 성립한다. 완두 씨의 모양을 나타내는 유전자(R)와 완두 씨의 색깔을 나타내는 유전자(Y)는 서로 다른 상동 염색체에 있다.

잡종 1대의 생식세포 형성

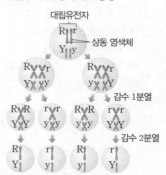

생식세포가 형성될 때 상동 염색체가 분리되어 들어가므로 다른 형질에 영향을 주지 않고 각각 분리되어 생식세포를 형성한다. 따라서 유전자 R은 유전자 Y 또는 y와 같은 생식세포로 들어갈 수 있고, 유전자 r은 유전자 Y 또는 y와 같은 생식세포에 들어갈 수 있다.

08 한 쌍의 대립유전자가 서로 다를 때 ☐☐의 원리에 의해 잡종 1대에서 우성의 형질만 나타난다.

09 ☐☐의 법칙은 두 쌍 이상의 대립유전자가 서로 영향을 미치지 않고 분리의 법칙에 따라 독립적으로 유전되는 것이다.

10 순종의 둥글고 노란색인 완두와 순종의 주름지고 초록색인 완두를 교배하여 얻은 잡종 1대를 자가 수분하면 잡종 2대에서 둥글고 노란색인 완두 : 둥글고 초록색인 완두 : 주름지고 노란색인 완두 : 주름지고 초록색인 완두=☐ : ☐ : ☐ : ☐의 비로 나타난다.

11 잡종 2대에서 완두 씨의 모양에 대한 표현형의 비는 둥근 완두 : 주름진 완두=☐ : ☐이다.

12 독립의 법칙은 두 쌍의 대립유전자가 각각 다른 ☐☐☐에 존재할 때 성립한다.

---

06 그림은 붉은색 분꽃과 흰색 분꽃을 교배하여 얻은 잡종 1대를 자가 수분하여 잡종 2대를 얻는 과정을 나타낸 것이다. 이에 대한 설명으로 옳은 것은 ○, 옳지 않은 것은 ×로 표시하시오.

(1) 멘델의 분리의 법칙을 따른다. ………… (　)
(2) 분홍색 분꽃끼리 교배하더라도 흰색 분꽃이 자손으로 나올 수 있다. ………… (　)
(3) 잡종 1대를 통해 붉은색 분꽃 유전자 R와 흰색 분꽃 유전자 W의 우열 관계가 명확하지 않음을 알 수 있다. ………… (　)
(4) 잡종 2대에서는 붉은색 분꽃 : 분홍색 분꽃 : 흰색 분꽃이 1 : 1 : 1의 비율로 나타난다. ………… (　)

07 독립의 법칙에 대한 설명으로 옳은 것은 ○, 옳지 않은 것은 ×로 표시하시오.

(1) 두 쌍의 대립유전자가 같은 염색체에 존재할 때 성립한다. ………… (　)
(2) 두 가지 이상의 형질이 동시에 유전될 때 각 형질을 나타내는 유전자는 서로 영향을 주고 받지 않는다. ………… (　)
(3) 순종의 둥글고 노란색인 완두(RRYY)와 주름지고 초록색인 완두(rryy)를 교배하여 얻은 잡종 1대는 모두 둥글고 초록색이다. ………… (　)
(4) 둥글고 노란색인 완두(RrYy)에서 만들어지는 생식세포의 유전자 구성은 4종류이다. ………… (　)
(5) 둥글고 노란색인 완두(RrYy)를 자가 수분했을 때 가장 적은 비율로 나타나는 것은 주름지고 초록색인 완두이다. ………… (　)

08 그림은 순종의 둥글고 노란색인 완두와 순종의 주름지고 초록색인 완두를 교배하여 잡종 1대를 얻는 과정을 나타낸 것이다.

어버이 ── 둥글고 노란색(RRYY)　주름지고 초록색(rryy)
잡종 1대 ── ?

(1) 잡종 1대의 유전자형을 쓰시오.
(2) 잡종 1대의 표현형을 쓰시오.
(3) 잡종 1대에서 만들어지는 생식세포의 종류와 비율을 쓰시오.

09 그림은 순종의 둥글고 노란색인 완두와 주름지고 초록색인 완두를 교배하여 얻은 잡종 1대를 자가 수분하여 잡종 2대를 얻는 과정을 나타낸 것이다.

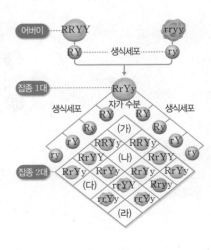

(1) (가)~(라)의 표현형과 유전자형을 각각 쓰시오.
(2) 잡종 2대에서 노란색 완두 : 초록색 완두의 비를 쓰시오.
(3) 잡종 2대에서 둥근 완두 : 주름진 완두의 비를 쓰시오.
(4) 잡종 2대에서 둥글고 노란색인 완두의 유전자형을 모두 쓰시오.
(5) 잡종 2대에서 총 800개의 완두를 얻었다면, 이 중 둥글고 초록색인 완두는 이론상 모두 몇 개인지 쓰시오.

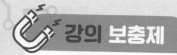 **강의 보충제** | **생식세포와 퍼넷 사각형을 그려보자!**

❗ 유전 부분을 잘하기 위한 첫걸음은 바로 생식세포의 유전자형을 파악하는 거야! 생식세포의 유전자형을 정확히 파악했다면, 두 개의 생식세포가 수정되어 나타나는 자손의 유전자형을 파악하는 것도 중요해! 여기서 직접 그려보자~!!

01 유전자형에 따라 만들어지는 생식세포 그려보기

체세포	만들어지는 생식세포의 종류
① R r Y y	
② A a b b	
③ X x Z z Y y	
④ T T E e P p	

02 퍼넷 사각형 그려보기

↪ 퍼넷 사각형은 생식세포의 유전자 조합을 쉽게 알아볼 수 있는 방법이야! 퍼넷 사각형을 이용하면 자손 세대에서 나타날 수 있는 모든 유전자형의 조합과 표현형을 확인할 수 있어~

퍼넷 사각형의 한쪽에는 부계(아버지)에서 생성되는 생식세포(예 정자 또는 꽃가루)의 유전자형을 쓰고, 다른 한쪽에는 모계(어머니)에서 생성되는 생식세포(예 난자 또는 난세포)의 유전자형을 쓴 다음 사각형 내부에 부계와 모계의 유전자 조합을 나타내면 자손의 유전자형과 표현형의 비를 알 수 있지!

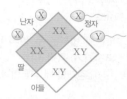

① 한 쌍의 대립유전자의 유전	② 두 쌍의 대립유전자의 유전
어버이 RR rr 생식세포 잡종 1대 — 자가 수분 생식세포 생식세포 잡종 2대	어버이 RRYY rryy 생식세포 잡종 1대 — ( ) 자가 수분 생식세포 생식세포 잡종 2대
[표현형의 비] [유전자형의 비] 	[표현형의 비] • 둥글고 노란색 : 둥글고 초록색 : 주름지고 노란색 : 주름지고 초록색＝ • 색 ➡ • 모양 ➡

유형 클리닉

유형 ① 유전 용어

유전 용어에 대한 설명으로 옳은 것은?

① 표현형이 같아도 유전자형은 다를 수 있다.
② 표현형은 생물이 가지는 특성 중 겉으로 드러나지 않는 형질이다.
③ 대립 형질은 서로 다른 종류의 형질에 대해 뚜렷하게 대비되는 특징이다.
④ 잡종은 대립유전자의 구성이 같은 개체로 자가 수분했을 때, 같은 표현형의 자손만 나타난다.
⑤ 우성은 대립 형질을 가진 순종의 개체끼리 교배했을 때 잡종 1대에서 표현형으로 나타나지 않는 형질이다.

대립 형질, 표현형, 잡종, 우성 등 유전 용어에 대한 개념을 묻는 문제가 출제돼! 여러 가지 유전 용어의 정의를 꼭 기억해 두자~

① 표현형이 같아도 유전자형은 다를 수 있다.
→ 대립유전자가 다를 경우에 우성인 유전자만 표현되므로 표현형이 같아도 유전자형은 다를 수 있어! 예를 들어 순종인 둥근 완두의 유전자형은 RR이고 잡종인 둥근 완두의 유전자형은 Rr이지만 표현형은 같지!

⊗ 표현형은 생물이 가지는 특성 중 겉으로 드러나지 않는 형질이다.
→ 표현형은 유전자 구성에 따라 겉으로 드러나는 형질이므로 우리가 눈으로 구별할 수 있는 형질이지!

⊗ 대립 형질은 서로 다른 종류의 형질에 대해 뚜렷하게 대비되는 특징이다.
→ 완두 씨의 색깔이 노란색인 것과 초록색인 것처럼 대립 형질은 한 가지 형질에서 뚜렷하게 대비되는 특징이야~

⊗ 잡종은 대립유전자의 구성이 같은 개체로 자가 수분했을 때, 같은 표현형의 자손만 나타난다.
→ 대립유전자의 구성이 같고, 자가 수분했을 때 같은 표현형의 자손이 나타나는 것은 순종이야~ 잡종은 대립유전자의 구성이 다르고, 자가 수분했을 때 우성이 표현형으로 나타나는 자손과 열성이 표현형으로 나타나는 자손이 모두 나타나지!

⊗ 우성은 대립 형질을 가진 순종의 개체끼리 교배했을 때 잡종 1대에서 표현형으로 나타나지 않는 형질이다.
→ 우성은 대립 형질을 가진 순종 개체끼리 교배했을 때 잡종 1대에서 표현형으로 나타나는 형질이야~

답 : ①

표현형 : 겉으로 드러나는 형질

유형 ② 멘델의 유전 실험

멘델의 유전 실험에 사용된 완두가 유전 연구의 재료로 적합한 까닭으로 옳지 않은 것은?

① 쉽게 구할 수 있으며, 재배하기 쉽다.
② 대립 형질이 뚜렷하여 구별하기 쉽다.
③ 한 번의 교배로 얻을 수 있는 자손의 수가 많다.
④ 씨를 뿌려 다음 세대를 얻기까지의 시간이 짧다.
⑤ 자유롭게 교배하여 새로운 대립 형질을 가진 완두를 얻을 수 있다.

완두가 유전 연구의 재료로 적합한 까닭을 묻는 문제가 출제돼! 멘델이 유전 실험으로 왜 완두를 사용했는지 그 까닭을 자세히 알아두자~

① 쉽게 구할 수 있으며, 재배하기 쉽다.
→ 완두는 우리 주변에서 쉽게 구할 수 있고 재배가 쉽기 때문에 멘델이 실험 재료로 사용했어!

② 대립 형질이 뚜렷하여 구별하기 쉽다.
→ 노란색 완두 또는 초록색 완두, 둥근 완두 또는 주름진 완두 등 완두는 대립 형질이 눈으로 구별할 수 있을 정도로 뚜렷하지~

③ 한 번의 교배로 얻을 수 있는 자손의 수가 많다.
→ 한 번의 교배로 얻을 수 있는 자손의 수가 많기 때문에 교배 결과를 통계적으로 분석하기가 유리해!

④ 씨를 뿌려 다음 세대를 얻기까지의 시간이 짧다.
→ 완두는 씨를 뿌려 다음 세대를 얻기까지 짧게는 2개월, 길게는 6~7개월 정도 걸려! 한 세대가 짧지~

⊗ 자유롭게 교배하여 새로운 대립 형질을 가진 완두를 얻을 수 있다.
→ 완두는 자가 수분과 타가 수분이 모두 가능하여 자유롭게 교배할 수 있지만 교배할 때 돌연변이로 인해 새로운 대립 형질이 나타난다면 통계를 내고 분석하기는 어려워지겠지!

답 : ⑤

완두 : 쉬운 재배, 대립 형질 뚜렷, 한 세대 짧음, 자손의 수 많음, 자유로운 교배 가능

유형 클리닉

유형 ③ 한 쌍의 대립 형질의 유전

그림은 순종의 둥근 완두(RR)와 주름진 완두(rr)를 교배하여 얻은 잡종 1대를 자가 수분하여 잡종 2대를 얻는 과정을 나타낸 것이다.

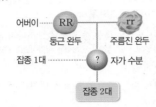

어버이······ RR / rr
둥근 완두 / 주름진 완두
잡종 1대 ······· ? / 자가 수분
잡종 2대

이에 대한 설명으로 옳지 않은 것은?

① 잡종 1대의 유전자형은 Rr이다.
② 잡종 1대를 통해 우열의 원리를 확인할 수 있다.
③ 잡종 1대에서 유전자 R를 가진 생식세포와 r를 가진 생식세포가 1 : 1로 생성된다.
④ 잡종 2대에서 총 1000개의 완두를 얻었을 때 이 중 둥근 완두의 개수는 750개이다.
⑤ 잡종 2대에서 총 300개의 둥근 완두를 얻었을 때 이 중 유전자형이 Rr인 완두는 100개이다.

잡종 2대의 유전자형과 표현형

생식세포	R	r
R	RR(둥글다)	Rr(둥글다)
r	Rr(둥글다)	rr(주름지다)

⇨ 둥글다(RR, Rr) : 주름지다(rr)=3 : 1

유형 ③-1 한 쌍의 대립 형질의 유전

그림과 같이 잡종의 노란색 완두와 순종의 초록색 완두를 교배하여 총 1200개의 완두를 얻었다. 이에 대한 설명으로 옳은 것을 |보기|에서 모두 고른 것은?

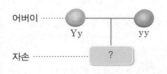

어버이 ······ Yy / yy
자손 ······· ?

┌ 보기 ┐
ㄱ. 자손의 표현형의 비는 노란색 : 초록색=3 : 1이다.
ㄴ. 자손에서 초록색 완두의 개수는 900개이다.
ㄷ. 자손에서 순종인 완두의 개수는 600개이다.

① ㄱ   ② ㄴ   ③ ㄷ
④ ㄱ, ㄴ   ⑤ ㄴ, ㄷ

멘델이 한 쌍의 대립 형질의 유전에서 밝힌 유전 원리에 대한 문제가 출제돼 유전 과정에서 각 세대의 표현형과 유전자형을 기억해 두자~

① 잡종 1대의 유전자형은 Rr이다.
→ 순종인 둥근 완두(RR)의 유전자 R를 가진 생식세포와 순종인 주름진 완두(rr)의 유전자 r를 가진 생식세포가 수정되어 잡종 1대가 형성되므로 잡종 1대의 유전자형은 Rr야.

② 잡종 1대를 통해 우열의 원리를 확인할 수 있다.
→ 잡종 1대에서는 둥근 모양의 완두만 나타나므로 잡종 1대에서 나타나는 둥근 형질은 우성이고 나타나지 않는 주름진 형질은 열성이라는 것을 알 수 있어~ 우열의 원리를 확인할 수 있지!

③ 잡종 1대에서 유전자 R를 가진 생식세포와 r를 가진 생식세포가 1 : 1로 생성된다.
→ 유전자형이 Rr인 잡종 1대에서 감수 분열이 일어날 때 쌍을 이루고 있던 대립유전자가 분리되어 서로 다른 생식세포로 들어가지? 따라서 잡종 1대에서는 유전자 R를 가진 생식세포와 유전자 r를 가진 생식세포가 1 : 1로 만들어져~

④ 잡종 2대에서 총 1000개의 완두를 얻었을 때 이 중 둥근 완두의 개수는 750개이다.
→ 잡종 2대에서 특정 완두의 개수를 알려면 전체 개수에서 특정 형질의 개수가 차지하는 비를 구하면 돼~ 따라서

$$둥근 완두의 개수=잡종 2대의 총 개수 \times \frac{3(둥근 완두)}{4(둥근 완두+주름진 완두)}$$
$$=1000 \times \frac{3}{4}=750(개)야~$$

⑤ 잡종 2대에서 총 300개의 둥근 완두를 얻었을 때 유전자형이 Rr인 완두는 100개이다.
→ 잡종 2대의 유전자형의 비는 RR : Rr : rr=1 : 2 : 1이야~ 유전자형이 RR인 완두와 Rr인 완두는 둥근 모양으로 표현형이 같지~ 잡종 2대에서 둥근 완두를 300개 얻었을 때 RR : Rr=1 : 2이므로

$$300 \times \frac{2(유전자형이 Rr인 완두)}{3(둥근 완두 전체)}=200,$$ 즉 유전자형이 Rr인 완두는 200개야!

답 : ⑤

✕. 자손의 표현형의 비는 노란색 : 초록색=3 : 1이다.
→ 자손의 유전자형과 표현형은 다음과 같아~

생식세포	Y	y
y	Yy(노란색)	yy(초록색)

⇨ 노란색(Yy) : 초록색(yy)의 비는 1 : 1이야~

✕. 자손에서 초록색 완두의 개수는 900개이다.
→ 초록색 완두의 개수=자손의 총 개수 $\times \frac{1(초록색)}{2(노란색+초록색)}$

$$=1200 \times \frac{1}{2}=600(개)야~$$

ⓒ. 자손에서 순종인 완두의 개수는 600개이다.
→ 순종은 유전자형이 같은 것이므로 초록색(yy) 완두만 순종이야. 노란색과 초록색이 1 : 1로 나타나니까 순종 완두의 개수는 600개겠지?

답 : ③

한 쌍의 대립 형질에서 밝힌 유전 원리
⇨ 우열의 원리, 분리의 법칙

유형 클리닉

유형 4 두 쌍의 대립 형질의 유전

그림은 순종의 둥글고 노란색인 완두(RRYY)와 순종의 주름지고 초록색인 완두(rryy)를 교배하여 얻은 잡종 1대를 자가 수분하여 잡종 2대를 얻는 과정을 나타낸 것이다.

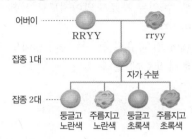

어버이 ···· RRYY   rryy

잡종 1대 ····

자가 수분

잡종 2대 ····
둥글고   주름지고   둥글고   주름지고
노란색   노란색   초록색   초록색

이에 대한 설명으로 옳은 것은?

① 잡종 1대에서 만들어지는 생식세포의 종류는 2가지이다.
② 잡종 2대에서 둥근 완두와 주름진 완두는 2 : 1의 비로 나타난다.
③ 잡종 2대에서 생성된 4가지 완두 중 주름지고 초록색인 완두는 모두 순종이다.
④ 완두 씨의 모양과 색깔을 결정하는 대립유전자는 서로 영향을 주고받으면서 유전된다.
⑤ 잡종 2대에서 얻은 완두의 개수가 128개일 때, 잡종 2대 중 유전자형이 RrYy인 완두는 64개이다.

유형 4-1 두 쌍의 대립 형질의 유전

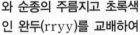

그림과 같이 잡종의 둥글고 노란색인 완두(RrYy)와 순종의 주름지고 초록색인 완두(rryy)를 교배하여

어버이 ···· RrYy   rryy

자손 ···· [?]

총 1200개의 완두를 얻었다. 이에 대한 설명으로 옳은 것을 |보기|에서 모두 고른 것은?

| 보기 |
ㄱ. 자손의 표현형 중 둥근 완두 : 주름진 완두의 비는 3 : 1이다.
ㄴ. 자손에서 둥글고 초록색인 완두의 개수는 300개이다.
ㄷ. 자손에서 유전자형이 어버이의 둥글고 노란색인 완두와 같은 완두의 개수는 600개이다.

① ㄱ   ② ㄴ   ③ ㄷ
④ ㄱ, ㄴ   ⑤ ㄴ, ㄷ

특정 형질이나 유전자형을 나타내는 개체의 개수를 계산하는 방법을 익혀 두자!

① 잡종 1대에서 만들어지는 생식세포의 종류는 2가지이다.
→ 잡종 1대의 유전자형은 RrYy이므로 잡종 1대에서 생성되는 생식세포의 종류는 RY, Ry, rY, ry 이렇게 4가지야~

② 잡종 2대에서 둥근 완두와 주름진 완두는 2 : 1의 비로 나타난다.
→ 잡종 2대의 유전자형은 다음과 같아~

생식세포	RY	Ry	rY	ry
RY	RRYY	RRYy	RrYY	RrYy
Ry	RRYy	RRyy	RrYy	Rryy
rY	RrYY	RrYy	rrYY	rrYy
ry	RrYy	Rryy	rrYy	rryy

⇒ 잡종 2대에서 둥글고 노란색(R_Y_) : 둥글고 초록색(R_yy) : 주름지고 노란색(rrY_) : 주름지고 초록색(rryy) 완두는 9 : 3 : 3 : 1의 비로 만들어지므로 둥근 완두와 주름진 완두의 비는 12 : 4=3 : 1이야~

③ 잡종 2대에서 생성된 4가지 완두 중 주름지고 초록색인 완두는 모두 순종이다.
→ 주름지고 초록색인 완두의 유전자형은 rryy이므로 순종이지~

④ 완두 씨의 모양과 색깔을 결정하는 대립유전자는 서로 영향을 주고받으면서 유전된다.
→ 완두 씨의 모양을 결정하는 유전자와 색을 결정하는 유전자는 서로 영향을 미치지 않고 각각 독립적으로 유전된다는 독립의 법칙을 다시 한 번 기억해 두자!

⑤ 잡종 2대에서 얻은 완두의 개수가 128개일 때, 잡종 2대 중 유전자형이 RrYy인 완두는 64개이다.
→ 잡종 2대에서 유전자형이 RrYy인 완두의 개수는 전체의 $\frac{1}{4}$이므로 $128 \times \frac{1}{4}$ =32(개)야~

답 : ③

ㄱ. 자손의 표현형 중 둥근 완두 : 주름진 완두의 비는 3 : 1이다.
→ 자손의 유전자형은 다음과 같아~

생식세포	RY	Ry	rY	ry
ry	RrYy	Rryy	rrYy	rryy

따라서 둥근 완두(Rr) : 주름진 완두(rr)의 비는 1 : 1이네~

ㄴ. 자손에서 둥글고 초록색인 완두의 개수는 300개이다.
→ 둥글고 초록색인 완두(Rryy)의 개수
= 자손의 총 개수 × $\frac{1(둥·초)}{4(둥·노+둥·초+주·노+주·초)}$
= $1200 \times \frac{1}{4}$ =300(개)야~

ㄷ. 자손에서 유전자형이 어버이의 둥글고 노란색인 완두와 같은 완두의 개수는 600개이다.
→ 어버이의 둥글고 노란색인 완두의 유전자형은 RrYy이므로 유전자형이 RrYy인 완두는 전체 완두 중 $\frac{1}{4}$에 해당하는 300개지~

답 : ②

두 쌍의 대립 형질에서 밝힌 유전 원리
⇨ 독립의 법칙

❶ 유전 용어

01 유전 용어에 대한 설명으로 옳지 <u>않은</u> 것은?

① 생물이 가지는 특성 중 겉으로 드러나는 형질을 표현형이라 한다.

② 유전자형은 형질을 나타내는 유전자의 구성을 알파벳으로 표시한 것이다.

③ 순종은 한 형질을 나타내는 대립유전자의 구성이 같은 개체이다.

④ 잡종은 자가 수분했을 때 열성의 자손만 나타나는 개체이다.

⑤ 대립유전자는 상동 염색체의 같은 위치에 있으며, 하나의 형질을 결정한다.

02 순종을 나타내는 유전자형을 |보기|에서 모두 고른 것은?

| 보기 |
| ㄱ. RR   ㄴ. RrYy   ㄷ. rrYY |
| ㄹ. AAbb   ㅁ. AaBB   ㅂ. AABbcc |

① ㄱ, ㄴ, ㄷ   ② ㄱ, ㄷ, ㄹ   ③ ㄴ, ㄷ, ㅂ
④ ㄴ, ㄹ, ㅁ   ⑤ ㄴ, ㅁ, ㅂ

❷ 멘델의 유전 원리

03 같은 표현형을 나타내는 완두끼리 짝지은 것으로 옳지 <u>않은</u> 것은? (단, 둥근 모양 유전자는 R, 주름진 모양 유전자는 r, 노란색 유전자는 Y, 초록색 유전자는 y로 나타낸다.)

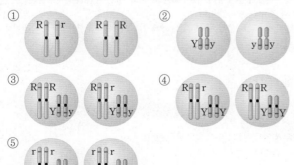

04 완두와 같이 한 번의 교배로 얻을 수 있는 자손의 수가 많은 개체가 유전 연구에 적합한 까닭으로 가장 적절한 것은?

① 새로운 형질이 나타날 확률이 높다.

② 타가 수분을 통해 순종을 얻기 쉽다.

③ 자손이 많을수록 다양한 종류의 대립 형질이 나타난다.

④ 통계를 낼 수 있는 자료가 많아지므로 실험 결과의 타당성이 높아진다.

⑤ 여러 세대에 걸쳐 유전 연구를 하지 않아도 되므로 실험 결과를 빨리 도출해 낼 수 있다.

05 그림은 완두의 대립 형질과 우열 관계를 나타낸 것이다.

구분	씨의 색	꽃의 색	줄기의 키	콩깍지의 모양	콩깍지의 색
우성	노란색	보라색	크다.	매끈하다.	초록색
열성	초록색	흰색	작다.	잘록하다.	노란색

이에 대한 설명으로 옳은 것을 |보기|에서 모두 고른 것은?

| 보기 |
| ㄱ. 콩깍지가 초록색인 완두를 자가 수분하면 콩깍지가 노란색인 완두가 나타날 수 있다. |
| ㄴ. 흰색 꽃 중에 보라색 꽃 대립유전자를 가진 것이 존재한다. |
| ㄷ. 순종인 키 큰 완두와 순종인 키 작은 완두를 교배하면 잡종 1대에서 키 큰 완두만 나타난다. |
| ㄹ. 콩깍지가 매끈한 완두와 콩깍지가 잘록한 완두를 교배하면 콩깍지가 매끈한 완두만 나타난다. |

① ㄱ   ② ㄱ, ㄷ   ③ ㄷ, ㄹ
④ ㄱ, ㄴ, ㄹ   ⑤ ㄴ, ㄷ, ㄹ

[06~07] 그림은 순종의 둥근 완두(RR)와 주름진 완두(rr)를 교배하여 잡종 1대를 얻는 과정을 나타낸 것이다.

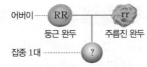

06 잡종 1대에 대한 설명으로 옳은 것을 | 보기 | 에서 모두 고른 것은?

┌ 보기 ┐
ㄱ. 주름진 모양이 표현형으로 나타난다.
ㄴ. 주름진 모양을 결정하는 유전자를 가지고 있다.
ㄷ. 잡종 1대에서 만들어지는 생식세포는 모두 같은 유전자를 가진다.

① ㄱ   ② ㄴ   ③ ㄷ   ④ ㄱ, ㄴ   ⑤ ㄴ, ㄷ

07 잡종 1대를 자가 수분하여 얻은 잡종 2대의 염색체에서 유전자가 위치하고 있는 모습으로 옳지 <u>않은</u> 것을 <u>모두</u> 고르면?

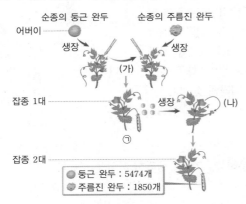

[08~09] 그림은 멘델이 순종의 둥근 완두와 순종의 주름진 완두를 교배한 실험을 나타낸 것이다.

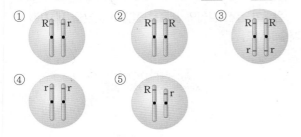

08 이에 대한 설명으로 옳은 것을 | 보기 | 에서 모두 고른 것은?

┌ 보기 ┐
ㄱ. (가)에서 같은 그루의 꽃가루를 묻힌다.
ㄴ. 완두는 (가)와 (나) 모두 가능하여 의도한 대로 형질을 교배할 수 있다.
ㄷ. ㉠에서 한 가지 표현형만 나타난다.

① ㄱ   ② ㄴ   ③ ㄷ   ④ ㄱ, ㄴ   ⑤ ㄴ, ㄷ

09 ⭐중요 멘델이 완두 교배 실험의 결과를 해석하기 위해 세운 가설로 옳은 것을 | 보기 | 에서 모두 고른 것은?

┌ 보기 ┐
ㄱ. 유전 인자는 대를 거듭하여 자손에게 전달된다.
ㄴ. 한 쌍을 이루는 유전 인자가 서로 다르면 하나의 유전 인자만 형질로 표현된다.
ㄷ. 한 쌍의 유전 인자는 생식세포를 형성할 때 분리되지만 같은 생식세포로 들어간다.
ㄹ. 두 쌍의 대립 형질이 동시에 유전될 때는 각 형질이 서로 영향을 미친다.

① ㄱ, ㄴ   ② ㄱ, ㄷ   ③ ㄴ, ㄷ
④ ㄴ, ㄹ   ⑤ ㄷ, ㄹ

[10~11] 그림은 순종의 보라색 꽃 완두와 순종의 흰색 꽃 완두를 교배하여 잡종 1대를 얻는 과정을 나타낸 것이다.

10 이에 대한 설명으로 옳은 것을 | 보기 | 에서 모두 고른 것은?

┌ 보기 ┐
ㄱ. 잡종 1대에서 순종은 나타나지 않는다.
ㄴ. 완두의 꽃 색깔은 보라색이 흰색에 대해 우성이다.
ㄷ. 잡종 1대를 자가 수분하여 얻은 잡종 2대에서 연보라색 꽃이 나타난다.

① ㄱ   ② ㄴ   ③ ㄱ, ㄴ
④ ㄱ, ㄷ   ⑤ ㄴ, ㄷ

11 잡종 1대를 자가 수분하여 얻은 잡종 2대에서 나타나는 표현형의 비로 옳은 것은?

① 모두 보라색 꽃
② 보라색 꽃 : 흰색 꽃＝1 : 1
③ 보라색 꽃 : 흰색 꽃＝3 : 1
④ 보라색 꽃 : 흰색 꽃＝1 : 3
⑤ 모두 흰색 꽃

[12~15] 그림은 순종의 보라색 꽃이 잎겨드랑이에 위치한 완두(PPTT)와 순종의 흰색 꽃이 줄기 끝에 위치한 완두(pptt)를 교배하여 얻은 잡종 1대를 자가 수분하여 잡종 2대를 얻는 과정을 나타낸 것이다. (단, 완두꽃의 색깔과 위치를 나타내는 유전자는 서로 다른 상동 염색체에 있다.)

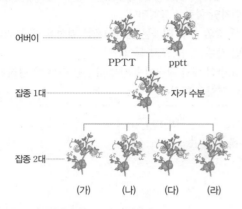

어버이 ---- PPTT   pptt

잡종 1대 ---- 자가 수분

잡종 2대 ----
(가) (나) (다) (라)

12 이에 대한 설명으로 옳은 것은?

① 잡종 1대의 결과로 독립의 법칙을 설명할 수 있다.
② 잡종 1대에서 만들어지는 생식세포의 종류는 2가지이다.
③ 잡종 2대에서 흰색 꽃의 위치가 줄기 끝인 완두는 모두 순종이다.
④ 잡종 2대에서 보라색 꽃의 위치가 줄기 끝인 완두의 유전자형은 모두 잡종이다.
⑤ 이 실험을 통해 대립유전자 P와 p는 대립유전자 T와 t가 유전되는 과정에서 서로 영향을 준다는 것을 알 수 있다.

13 잡종 1대에서 만들어지는 생식세포의 종류와 그 비로 옳은 것은?

① PP : tt=1 : 1
② Pp : Tt=3 : 1
③ P : p : T : t=1 : 1 : 1 : 1
④ PP : Pp : TT : Tt=9 : 3 : 3 : 1
⑤ PT : Pt : pT : pt=1 : 1 : 1 : 1

14 (가)의 유전자형으로 옳지 <u>않은</u> 것은?

① PPTT   ② PPtt   ③ PPTt
④ PpTT   ⑤ PpTt

15 잡종 2대에서 총 160개의 완두를 얻었을 때, 이 중 (다)는 이론상 몇 개인가?

① 10개   ② 16개   ③ 30개
④ 90개   ⑤ 160개

16 그림은 순종의 붉은색 분꽃과 순종의 흰색 분꽃을 교배하여 얻은 잡종 1대를 자가 수분하여 잡종 2대를 얻는 과정을 나타낸 것이다.
분꽃의 꽃잎 색깔 유전에서 멘델의 유전 원리 중 성립하지 <u>않는</u> 것을 쓰고, 그 까닭을 서술하시오.

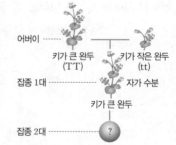

어버이 ---- 붉은색(RR)   흰색(WW)

잡종 1대 ---- 분홍색(RW)
자가 수분

잡종 2대 ---- 붉은색(RR) 분홍색(RW) 분홍색(RW) 흰색(WW)

KEY 우열 관계

17 완두가 유전 실험의 재료로 적합한 까닭을 <u>세 가지 이상</u> 서술하시오.

KEY 구하기 쉬움, 재배하기 쉬움, 대립 형질, 자손의 수, 한 세대 짧음

18 그림은 순종의 키가 큰 완두(TT)와 순종의 키가 작은 완두(tt)를 교배하여 얻은 잡종 1대를 자가 수분하여 잡종 2대를 얻는 과정을 나타낸 것이다.

어버이 ---- 키가 큰 완두(TT)   키가 작은 완두(tt)

잡종 1대 ---- 자가 수분
키가 큰 완두

잡종 2대 ---- ?

(1) 완두의 키가 큰 형질과 작은 형질을 우성과 열성으로 구분하고, 그렇게 생각한 까닭을 서술하시오.

KEY 잡종 1대

(2) 잡종 2대에서 나타나는 유전자형의 비를 구하고, 그 까닭을 멘델의 유전 원리와 관련지어 서술하시오.

KEY 분리의 법칙

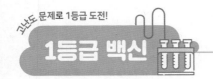
19 다음은 완두를 이용한 유전 실험이다.

1. 순종의 둥근 완두(RR)의 꽃에서 (가)수술을 제거하고 순종의 주름진 완두(rr)의 꽃가루를 붓에 묻혀 둥근 완두의 암술에 옮겨주었더니 시간이 지난 후에 둥근 완두인 ㉠잡종 1대가 나타났다.
2. ㉠잡종 1대를 또 다른 ㉡둥근 완두와 교배시켰더니 주름진 완두가 나타났다.

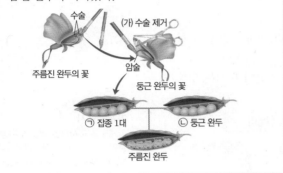

이에 대한 설명으로 옳은 것을 | 보기 | 에서 모두 고른 것은?

보기
ㄱ. (가)는 타가 수분을 방지하기 위한 방법이다.
ㄴ. ㉠을 검정 교배하면 순종이 나타나지 않는다.
ㄷ. ㉠과 ㉡의 유전자형은 같다.

① ㄱ   ② ㄷ   ③ ㄱ, ㄴ
④ ㄴ, ㄷ   ⑤ ㄱ, ㄴ, ㄷ

20 다음은 잉꼬의 깃털 색 유전에 대한 내용이다.

(가) 잉꼬의 깃털 색은 한 쌍의 대립유전자에 의해 결정된다.
(나) 노란색 잉꼬와 파란색 잉꼬를 교배하면 초록색인 잉꼬만 태어난다.
(다) 초록색 잉꼬끼리 교배하여 태어난 자손의 표현형의 비는 노란색 : 초록색 : 파란색=1 : 2 : 1이다.
(라) 초록색 잉꼬와 파란색 잉꼬를 교배하여 태어난 자손의 표현형의 비는 노란색 : 초록색 : 파란색= ㉠(: :)이다.

이에 대한 설명으로 옳은 것을 | 보기 | 에서 모두 고른 것은?

보기
ㄱ. 대립유전자 사이의 우열 관계가 뚜렷하다.
ㄴ. 멘델의 분리의 법칙을 따른다.
ㄷ. ㉠은 0 : 1 : 1이다.

① ㄱ   ② ㄷ   ③ ㄱ, ㄴ
④ ㄴ, ㄷ   ⑤ ㄱ, ㄴ, ㄷ

21 표는 순종의 매끈하고 초록색인 콩깍지를 가진 완두(RRGG)와 순종의 잘록하고 노란색인 콩깍지를 가진 완두(rrgg)를 교배하여 잡종 1대를 얻은 후, 이를 자가 수분하여 얻은 800개의 잡종 2대의 표현형에 따른 개수를 나타낸 것이다.

어버이	잡종 1대	잡종 2대	
		표현형	개수
매끈하고 초록색 (RRGG) × 잘록하고 노란색 (rrgg)	매끈하고 초록색	매끈하고 초록색	450
		매끈하고 노란색	150
		잘록하고 초록색	150
		잘록하고 노란색	50

이에 대한 설명으로 옳지 않은 것은?

① 완두 콩깍지의 색깔은 노란색 형질이 초록색 형질에 대해 열성이다.
② 완두 콩깍지의 모양과 색깔 유전에서 독립의 법칙이 성립한다.
③ 매끈하고 초록색인 완두의 대립유전자 R와 G는 서로 다른 상동 염색체에 존재한다.
④ 잡종 1대에서 형성되는 생식세포에 유전자 r와 G가 같이 들어갈 수 없다.
⑤ 잡종 2대 800개 중 이론상 잡종 1대와 유전자형이 같은 것은 200개이다.

22 표는 유전자형이 서로 다른 완두 (가)~(다)를 주름지고 초록색인 완두(rryy)와 교배하여 얻은 자손의 표현형의 비를 나타낸 것이다. (단, 둥근 모양 유전자는 R, 주름진 모양 유전자는 r, 노란색 유전자는 Y, 초록색 유전자는 y로 나타낸다.)

구분	자손의 표현형의 비			
	둥글고 노란색	둥글고 초록색	주름지고 노란색	주름지고 초록색
(가)	0	0	0	1
(나)	1	1	0	0
(다)	1	1	1	1

이에 대한 설명으로 옳은 것을 | 보기 | 에서 모두 고른 것은?

보기
ㄱ. (가)는 순종이다.
ㄴ. (나)의 유전자형은 RRYy이다.
ㄷ. (다)에서 만들어지는 생식세포의 유전자형이 ry일 확률은 $\frac{1}{4}$이다.
ㄹ. (나)와 (다)를 교배하여 총 16개의 완두를 얻었을 때, 이 중 둥글고 초록색인 완두는 이론상 8개이다.

① ㄱ, ㄴ   ② ㄴ, ㄹ   ③ ㄱ, ㄴ, ㄷ
④ ㄱ, ㄴ, ㄹ   ⑤ ㄴ, ㄷ, ㄹ

4 사람의 유전

- 사람의 유전 형질과 유전 연구 방법을 설명할 수 있다.
- 사람의 유전 현상을 가계도를 이용하여 표현할 수 있다.

❶ 사람의 유전 연구

1 사람의 유전 연구가 어려운 까닭

(1) 한 세대가 길다. 여러 세대에 걸쳐 특정 형질이 유전되는 방식을 관찰하기 어려워~

(2) 자손의 수가 적다. 통계 자료를 얻기 어려워!

(3) 교배 실험이 불가능하다. 연구자 마음대로 사람을 선택해서 결혼시킬 수 없어!

(4) 대립 형질이 복잡하고 환경의 영향을 많이 받는다.

2 사람의 유전 연구 방법 : 주로 간접적인 방법을 이용한다.

(1) **가계도 조사** : 특정한 유전 형질을 가지고 있는 집안에서 여러 세대에 걸쳐 그 형질이 어떻게 유전되는지 가계도를 그려 알아보는 방법

(2) **쌍둥이 연구** : 쌍둥이를 통해 유전과 환경이 사람의 특정한 형질에 미치는 영향을 알아보는 방법

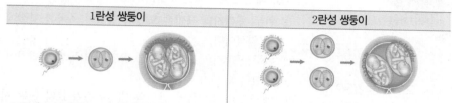

1란성 쌍둥이	2란성 쌍둥이
1개의 난자가 1개의 정자와 수정한 후 발생 초기에 둘로 나뉘어지므로 유전자 구성이 같아~ 따라서 성별, 외모가 같아~	2개의 난자가 2개의 정자와 각각 수정한 후 각각 발생하여 유전자 구성이 달라. 따라서 성별은 같을 수도 다를 수도 있어~

1란성 쌍둥이가 서로 다른 환경에서 자랐어도 형질의 차이가 거의 없이 비슷하다면 그 형질은 유전자의 영향을 많이 받는다는 것을 알 수 있다. 또, 같은 환경에서 자랐을 때보다 다른 환경에서 자랐을 때 형질의 차이가 크다면 그 형질은 환경의 영향을 많이 받는다는 것을 알 수 있다.

(3) **통계 조사(집단 조사)** : 가능한 많은 사람들로부터 특정 형질에 대해 조사하여 얻은 자료를 통계적으로 처리하고 분석하여 유전 원리, 유전 형질의 특징, 유전자 분포, 집단 전체의 유전 현상 등을 연구하는 방법

(4) **염색체 및 DNA 분석** ┌→최근에는 생명 과학 기술이 발달하여 염색체나 DNA를 직접 분석하여 유전 현상을 연구해~

① 염색체 수와 모양 분석 : 염색체 이상에 의한 유전병을 진단할 수 있다.

② DNA 분석 : 특정 형질과 관련된 유전자 정보를 얻거나, 부모와 자손의 DNA를 비교하여 특정 형질의 유전 여부를 연구한다.

❷ 상염색체에 의한 유전

1 상염색체 유전 : 멘델의 유전 원리에 따라 유전되며, 대립 형질이 비교적 명확하게 구분되고, 남녀에 따라 형질이 나타나는 빈도에 차이가 없다.

2 상염색체에 있는 한 쌍의 대립유전자에 의해 결정되는 사람의 유전 형질

구분	혀 말기	귓불 모양	귀지	눈꺼풀	보조개	이마선	엄지 모양
우성	가능	분리형	젖은 귀지	쌍꺼풀	있음	V형	굽은 엄지
열성	불가능	부착형	마른 귀지	외까풀	없음	일자형	곧은 엄지

3 미맹 유전 : ┌→페닐싸이오카바마이드(Phenylthiocarbamide)의 약자로, 쓴맛을 내는 물질을 말해! PTC 용액의 쓴맛을 느끼지 못하는 형질로, 쓴맛을 느끼지 못하는 대립유전자(t)가 쓴맛을 느끼는 대립유전자(T)에 대해 열성이다(T>t).

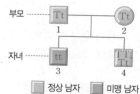

부모 —— Tt① —— Tt②
자녀 —— tt③   TT④

■ 정상 남자   ■ 미맹 남자
● 정상 여자   ● 미맹 여자

(1) 정상인 부모 1, 2 사이에서 미맹 자녀 3이 태어났다.
➡ 미맹 형질이 열성임을 알 수 있다.

(2) 3(tt)은 부모로부터 유전자 t를 하나씩 물려받았다.
➡ 1과 2의 유전자형은 Tt임을 알 수 있다.

(3) 부모의 유전자형이 Tt이므로 4의 유전자형은 TT 또는 Tt이다.

⊖ 비타민

완두와 사람의 유전 연구 비교

완두	사람
한 세대가 짧다.	한 세대가 길다.
자손의 수가 많다.	자손의 수가 적다.
교배 실험에 적합하다.	교배 실험이 불가능하다.

가계도 조사

가계도를 조사하면 형질의 우성, 열성뿐만 아니라 가족 구성원의 유전자형을 알 수 있고, 앞으로 태어날 자손의 형질도 예측할 수 있다.

가계도 작성 방법

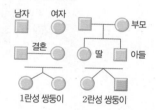

- 남자는 ■, 여자는 ●로 나타낸다.
- 부부 관계는 선을 수평으로, 부모 자손 관계는 선을 수직으로 이어지도록 나타내며, 자손은 태어난 순서대로 왼쪽부터 표시한다.
- 서로 다른 대립 형질은 색을 다르게 하거나 빗금을 쳐서 표현한다.

DNA를 이용한 유전자 분석

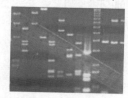

부모와 자손의 DNA를 비교하여 부모의 특정 유전자가 자손에게 전달되었는지 여부를 알 수 있다.

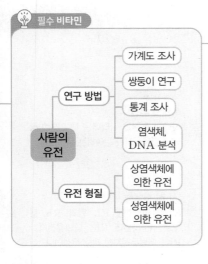

연구 방법
- 가계도 조사
- 쌍둥이 연구
- 통계 조사
- 염색체, DNA 분석

사람의 유전

유전 형질
- 상염색체에 의한 유전
- 성염색체에 의한 유전

용어 &개념 체크

❶ 사람의 유전 연구

01 사람의 유전 연구는 □□□ 조사, 쌍둥이 연구, 통계 조사와 같은 간접적인 방법을 이용한다.

02 □□□ 조사를 통해 특정 형질의 우열 관계와 가족 구성원의 유전자형을 알 수 있다.

03 쌍둥이 연구를 통해 유전과 □□이 특정 형질에 미치는 영향을 알 수 있다.

❷ 상염색체에 의한 유전

04 PTC 미맹, 귓불 모양, 혀 말기 등은 □□□□에 대립유전자가 존재하여 나타나는 유전 현상이다.

01 다음은 사람의 유전 연구가 어려운 까닭에 대한 설명을 나타낸 것이다. 빈칸에 알맞은 말을 고르시오.

> 사람의 유전 연구가 어려운 까닭은 자손의 수가 ㉠(적고 , 많고), 자유로운 교배가 ㉡(가능 , 불가능)하며, 형질이 ㉢(간단 , 복잡)하고 환경의 영향을 ㉣(적게 , 많이) 받기 때문이다.

02 사람의 유전 연구 방법에 대한 설명으로 옳은 것은 ○, 옳지 않은 것은 ×로 표시하시오.

(1) 가계도 조사를 통해 특정 형질의 유전에 관여하는 유전자의 구체적인 정보를 알 수 있다. .... ( )

(2) 쌍둥이 연구를 통해 유전과 환경이 사람의 특정 형질에 미치는 영향을 알 수 있다. .... ( )

(3) 통계 조사를 통해 특정 형질의 우열 관계를 판단할 수 있다. .... ( )

(4) 염색체 분석을 통해 유전자의 전달 경로를 연구한다. .... ( )

03 다음은 사람의 여러 가지 유전 형질을 나타낸 것이다.

> 보조개, 혀 말기, 귓불 모양, 눈꺼풀, 이마선, 귀지 상태

이와 같은 유전 형질의 공통점을 두 가지만 쓰시오.

04 그림은 어느 집안의 혀 말기 형질의 유전 가계도를 나타낸 것이다. (단, 우성 대립유전자는 A, 열성 대립유전자는 a로 표시한다.)

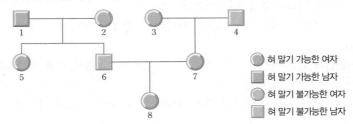

- 혀 말기 가능한 여자
- 혀 말기 가능한 남자
- 혀 말기 불가능한 여자
- 혀 말기 불가능한 남자

(1) 혀 말기가 가능한 형질은 우성인지 열성인지 쓰시오.

(2) 4, 6의 유전자형을 쓰시오.

(3) 유전자형을 확실하게 알 수 없는 사람의 기호를 모두 쓰시오.

(4) 8의 동생이 태어날 때, 혀 말기가 불가능한 자녀가 태어날 확률은 얼마인지 쓰시오.

05 표는 풍식이네 집안의 귓불 모양을 조사하여 나타낸 것이다.

아빠	엄마	누나	풍식	여동생
분리형	부착형	분리형	부착형	분리형

이를 통해 알 수 있는 풍식이 부모님의 유전자형을 각각 쓰시오. (단, 분리형 귓불 형질은 부착형 귓불 형질에 대해 우성이며, 우성 대립유전자는 E, 열성 대립유전자는 e로 표시한다.)

4 ABO식 혈액형 유전 : 사람의 혈액형은 A형, B형, AB형, O형 4가지로 구분된다.

(1) **대립유전자** : A, B, O 3가지 대립유전자가 관여하며, 한 쌍의 대립유전자에 의해 형질이 결정된다.

(2) **유전자의 우열 관계** : 대립유전자 A, B는 O에 대해 각각 우성이고, A와 B 사이에는 우열 관계가 없다($A=B>O$). ➡ 멘델의 우열의 원리가 성립하지 않는다.

(3) **표현형과 유전자형** : 표현형은 4가지, 유전자형은 6가지가 존재한다.

표현형	A형		B형		AB형	O형
유전자형	AA	AO	BB	BO	AB	OO
대립유전자	A‖A	A‖O	B‖B	B‖O	A‖B	O‖O

AO와 BO 사이에서 태어나는 자녀에게는 4가지 종류의 혈액형이 모두 나타나~ $(AO \times BO \rightarrow AB, AO, BO, OO)$

AB형과 O형 사이에서는 부모와 다른 혈액형의 자녀가 태어나~ $(AB \times OO \rightarrow AO, BO)$

(4) **ABO식 혈액형 가계도 분석**

O형인 자녀의 유전자형은 OO이므로, 부모로부터 대립유전자 O를 하나씩 물려 받았다. ➡ 1의 유전자형은 AO, 2의 유전자형은 BO임을 알 수 있다.

```
    1 A형      2 B형
    [AO]      (BO)
     └───┬───┘
   ┌───┬───┬───┐
   3   4   5   6
  A형  B형  AB형 O형
  AO   BO   AB   OO
```

■ 남자   ● 여자

유전자형이 AO와 BO인 부모에게서 태어날 수 있는 자녀의 유전자형

생식세포	A	O
B	AB	BO
O	AO	OO

➡ 3의 유전자형은 AO, 4의 유전자형은 BO, 5의 유전자형은 AB, 6의 유전자형은 OO

❸ 성염색체에 의한 유전

1 반성유전 : 대립유전자가 성염색체에 있는 유전 ➡ 남녀에 따라 유전 형질이 나타나는 빈도가 차이난다. **예** 적록 색맹, 혈우병

> 색맹은 물체의 색을 잘 구별하지 못하는 눈의 이상을 말해!! 색맹은 적록 색맹 이외에도 색을 전혀 구별할 수 없는 전색맹, 청색과 노란색을 잘 구별하지 못하는 청색맹 등이 있어~! 이중 가장 흔하게 나타나는 색맹이 적록 색맹이야!

2 적록 색맹 유전 : 붉은색과 초록색을 잘 구별하지 못하는 유전 형질로, 형질을 결정하는 유전자가 성염색체 중 X 염색체에 있다.

(1) **대립유전자** : 적록 색맹 대립유전자(X')는 정상 대립유전자(X)에 대해 열성이다 ($X>X'$).

(2) **표현형과 유전자형** : 남자(XY)는 X 염색체가 1개여서 적록 색맹 대립유전자(X')가 1개만 있어도 적록 색맹이 되지만, 여자(XX)는 2개의 X 염색체에 모두 적록 색맹 대립유전자가 있어야 적록 색맹이 된다. ➡ 여자보다 남자에게 더 많이 나타난다.

구분	남자		여자		
표현형	정상	적록 색맹	정상	정상(보인자)	적록 색맹
유전자형	XY	X'Y	XX	XX'	X'X'
대립유전자	X‖Y	X'‖Y	X‖X	X‖X'	X'‖X'

(3) **적록 색맹 가계도 분석**

아버지가 적록 색맹이면 딸은 항상 적록 색맹 대립유전자를 보유한다.

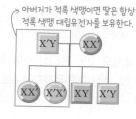

어머니가 적록 색맹이면 아들은 항상 적록 색맹이다.

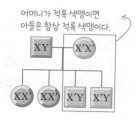

정상 부모 사이에서 적록 색맹 아들이 태어나면 어머니가 보인자이다.

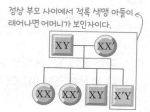

🟢 비타민

복대립 유전
하나의 형질을 나타내는 데 3개 이상의 대립유전자가 관여하는 유전 현상

Rh식 혈액형
Rh식 혈액형은 Rh^+형과, Rh^-형으로 구분하는데, Rh^+ 대립유전자가 Rh^- 대립유전자에 대해 우성이다.

사람의 성 결정

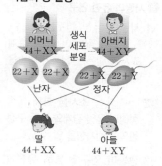

```
  어머니          아버지
  44+XX   생식   44+XY
         세포
         분열
22+X 22+X  22+X 22+Y
  난자       정자
    ╳
   딸          아들
  44+XX      44+XY
```

색맹 검사표

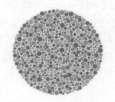

정상인 사람은 42로 읽을 수 있지만, 적록 색맹인 사람은 숫자를 읽을 수 없다.

혈우병
· 출혈 시 혈액이 응고되지 않아 출혈이 잘 멈추지 않는 유전병
· 적록 색맹과 같이 대립유전자가 X 염색체에 있으며, 정상 대립유전자가 우성이다.
· 유전자형이 X'X'인 태아는 대부분 발생 도중 유산되므로, 혈우병은 주로 남자에게만 나타난다.

보인자
겉으로는 정상인과 차이가 없지만 유전 질환을 나타내는 열성 대립유전자를 가지고 있어 자손에게 유전 질환을 전달할 수 있는 사람
예 정상 대립유전자(X)와 적록 색맹 대립유전자(X')를 가지고 있는 여성 (XX')

용어 & 개념 체크

05 ABO식 혈액형을 결정하는 대립유전자는 □종류이고, 사람에게 나타날 수 있는 혈액형은 □종류이다.

06 ABO식 혈액형을 결정하는 대립유전자의 우열 관계는 □=□>□이다.

❸ **성염색체에 의한 유전**

07 적록 색맹과 같이 형질을 결정하는 유전자가 성염색체에 존재하여 성별에 따라 나타나는 빈도가 다른 유전 현상을 □□□□이라고 한다.

08 적록 색맹 대립유전자는 정상 대립유전자에 대해 □□이다.

09 아버지가 적록 색맹일 때 □은 항상 적록 색맹 대립유전자를 보유하며, 어머니가 적록 색맹일 때 □□은 항상 적록 색맹이다.

06 ABO식 혈액형에 대한 설명으로 옳은 것은 ○, 옳지 않은 것은 ×로 표시하시오.

(1) 혈액형을 결정하는 대립유전자는 4가지이다. ⋯⋯⋯⋯⋯⋯⋯⋯⋯⋯⋯⋯ (　　)

(2) 혈액형의 표현형은 4가지, 유전자형은 6가지이다. ⋯⋯⋯⋯⋯⋯⋯⋯ (　　)

(3) O형인 사람에게 나타날 수 있는 유전자형은 1가지이다. ⋯⋯⋯⋯ (　　)

(4) AB형인 아버지와 O형인 어머니 사이에서 태어난 자녀는 모든 종류의 혈액형이 나타날 수 있다. ⋯⋯⋯⋯⋯⋯⋯⋯⋯⋯⋯⋯⋯⋯⋯⋯⋯⋯⋯⋯⋯⋯⋯⋯⋯⋯ (　　)

07 그림은 어느 집안의 ABO식 혈액형 유전 가계도를 나타낸 것이다.

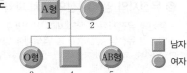

□ 남자　○ 여자

(1) 1의 유전자형을 쓰시오.

(2) 2의 혈액형과 유전자형을 쓰시오.

(3) 4에게 나타날 수 있는 ABO식 혈액형을 모두 쓰시오.

08 다음은 적록 색맹 유전에 대한 설명을 나타낸 것이다. 빈칸에 알맞은 말을 고르시오.

> 적록 색맹 유전은 형질을 결정하는 유전자가 ㉠(상염색체, 성염색체)에 존재하여 성별에 따른 빈도 차가 나타나는 ㉡(복대립 유전, 반성유전)이다. 적록 색맹 대립유전자는 ㉢(X 염색체, Y 염색체)에 있으며, 정상 대립유전자에 대해 ㉣(우성, 열성)이다.

09 표는 어느 두 집안의 부모에게서 나타나는 적록 색맹 유전자형을 나타낸 것이다. 이에 대한 설명으로 옳은 것은 ○, 옳지 않은 것은 ×로 표시하시오.

구분	부	모
집안 1	X′Y	XX′
집안 2	XY	X′X′

(1) 집안 1의 부모에게서 태어난 딸은 항상 적록 색맹 대립유전자를 가지고 있다. ⋯⋯⋯⋯⋯⋯⋯⋯⋯⋯⋯⋯⋯⋯⋯⋯⋯⋯⋯⋯⋯⋯⋯⋯⋯⋯⋯⋯⋯⋯⋯⋯⋯ (　　)

(2) 집안 1의 부모에게서 태어난 자녀가 적록 색맹일 확률은 25 %이다. ⋯⋯ (　　)

(3) 집안 2의 부모에게서 태어난 아들은 항상 적록 색맹이다. ⋯⋯⋯⋯ (　　)

10 그림은 어느 집안의 적록 색맹 유전 가계도를 나타낸 것이다.

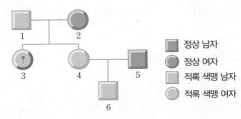

□ 정상 남자
○ 정상 여자
▨ 적록 색맹 남자
◕ 적록 색맹 여자

(1) 1과 2의 유전자형을 쓰시오.

(2) 3이 적록 색맹 대립유전자를 가지고 있을 확률은 몇 %인지 쓰시오.

(3) 6은 4와 5 중 누구에게서 적록 색맹 대립유전자를 물려받았는지 쓰시오.

! 유전학자가 가계도를 분석하는 것은 사람의 유전을 연구하기 위한 첫걸음이야! 가계도를 분석하면 특정 형질이 어떻게 유전되는지, 자손이 어떤 형질을 가지게 될지 쉽게 예상할 수 있어! 이렇게 사람의 유전을 연구하는 데 중요한 가계도를 우리도 정확하게 분석할 줄 알아야 해~! 여기서 가계도를 구석구석 분석해 보자!

가계도 분석 방법

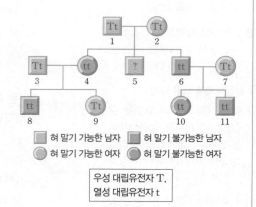

혀 말기 가능한 남자 ■ / 혀 말기 불가능한 남자 ■
혀 말기 가능한 여자 ● / 혀 말기 불가능한 여자 ●

우성 대립유전자 T,
열성 대립유전자 t

❶ 우성 형질과 열성 형질 파악

혀 말기가 가능한 1과 2 사이에서 혀 말기가 불가능한 4와 6이 태어났으므로 혀 말기가 가능한 것이 우성, 혀 말기가 불가능한 것이 열성이야! 따라서 열성인 4와 6의 유전자형은 tt가 되겠지? 또한 열성인 4와 6이 부모로부터 열성 대립유전자 t를 하나씩 물려받았으므로 1과 2의 유전자형은 Tt라는 것을 알 수 있어~

❷ 유전자의 염색체 상의 위치 파악

· 유전병 유전자가 Y 염색체에 있으면 유전병은 남자에게만 나타난다.
· 열성인 유전병 유전자가 X 염색체에 있으면, 아버지가 정상일 때 딸도 정상이다.
아버지(1)는 혀 말기가 가능하지만 딸(4)이 혀 말기가 불가능하므로 혀 말기 대립유전자는 상염색체에 있다는 것을 알 수 있지!

❸ 가족 구성원의 유전자형 파악

우성인 3과 열성인 4 사이에서 태어난 자녀 8도 열성이니까 아버지인 3은 열성 대립유전자를 가지고 있겠지? 따라서 3의 유전자형은 Tt이고, 9는 3의 우성 대립유전자와 4의 열성 대립유전자를 물려받았으니까 유전자형은 Tt야. 또한 10과 11이 모두 열성으로 6과 7에게 각각 t를 물려받았으니까 7의 유전자형은 Tt겠지?

❹ 유전자형을 알 수 없는 우성 형질 분류

혀 말기가 가능한 5는 열성 대립유전자를 가지고 있는지, 아닌지 확실하게 알 수 없어!

※ 옳은 것은 ○, 옳지 않은 것은 ×로 표시하시오.

01 상염색체에 의한 유전

(1) PTC 미맹

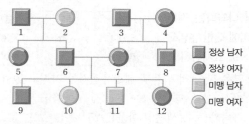

■ 정상 남자 / ● 정상 여자 / □ 미맹 남자 / ○ 미맹 여자

① 미맹을 결정하는 유전자는 상염색체에 있다. ·············· (   )
② 1이 미맹 대립유전자를 가질 확률은 100 %이다. ·············· (   )
③ 3의 상염색체에 미맹 대립유전자가 존재할 확률은 0 %이다. ·············· (   )
④ 5, 6, 7의 미맹 유전자형은 같다. ·············· (   )
⑤ 9와 12의 유전자형이 잡종일 확률은 100 %이다. ·············· (   )

(2) 이마선

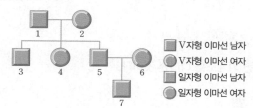

■ V자형 이마선 남자 / ● V자형 이마선 여자 / □ 일자형 이마선 남자 / ○ 일자형 이마선 여자

① V자형 이마선은 열성 형질이다. ·············· (   )
② 1과 2의 유전자형은 같다. ·············· (   )
③ 4가 일자형 이마선 대립유전자를 가질 확률은 0 %이다. ·············· (   )
④ 3과 5는 V자형 이마선 대립유전자를 가지지 않는다. ·············· (   )
⑤ 6의 유전자형은 잡종이다. ·············· (   )

(3) 눈꺼풀

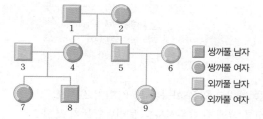

■ 쌍꺼풀 남자 / ● 쌍꺼풀 여자 / □ 외까풀 남자 / ○ 외까풀 여자

① 쌍꺼풀은 우성 형질이다. ·············· (   )
② 1과 2의 유전자형은 다르다. ·············· (   )
③ 5와 6 사이에서는 외까풀 자녀만 태어난다. ·············· (   )
④ 7과 8의 유전자형은 같다. ·············· (   )
⑤ 7은 외까풀 대립유전자를 3으로부터 물려받았을 것이다. ·············· (   )

(4) 귓불 모양

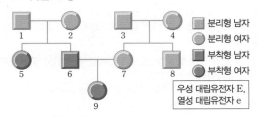

분리형 남자
분리형 여자
부착형 남자
부착형 여자

우성 대립유전자 E,
열성 대립유전자 e

① 1과 2는 유전자형이 Ee이다. ··· (　　　)
② 3과 4는 유전자형이 EE이다. ··· (　　　)
③ 7의 유전자형은 확실히 알 수 없다. ·································· (　　　)
④ 5는 열성 순종이다. ·· (　　　)
⑤ 9는 6으로부터 부착형 대립유전자를 물려받았다. ············ (　　　)

(5) ABO식 혈액형

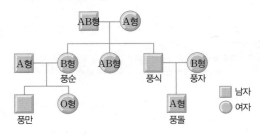

남자
여자

① 풍순이의 혈액형 유전자형은 BB이다. ······························· (　　　)
② 풍식이가 AB형일 경우 풍돌이의 혈액형 유전자형은 AO이다. ··· (　　　)
③ 풍만이의 혈액형이 외할아버지와 같을 확률은 25 %이다. ··· (　　　)
④ 풍자의 혈액형으로 가능한 유전자형은 2가지이다. ············ (　　　)

02 성염색체에 의한 유전(적록 색맹)

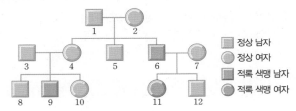

정상 남자
정상 여자
적록 색맹 남자
적록 색맹 여자

① 4는 보인자이다. ·· (　　　)
② 5의 딸에게는 적록 색맹이 나타나지 않을 것이다. ············ (　　　)
③ 6의 적록 색맹 대립유전자는 2로부터 온 것이다. ············· (　　　)
④ 7의 적록 색맹 유전자형은 정확히 알 수 없다. ·················· (　　　)
⑤ 9의 적록 색맹 대립유전자의 전달 경로는 1 → 4 → 9이다. ··· (　　　)
⑥ 11의 아들에게는 적록 색맹이 나타날 것이다. ··················· (　　　)

03 주근깨+ABO식 혈액형 유전(두 개의 형질을 함께 조사한 가계도 분석)

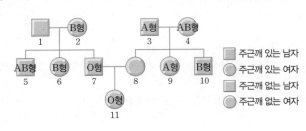

주근깨 있는 남자
주근깨 있는 여자
주근깨 없는 남자
주근깨 없는 여자

① 1과 3은 혈액형 대립유전자 O를 가지고 있다. ·················· (　　　)
② 주근깨가 있는 대립유전자는 우성이다. ···························· (　　　)
③ 4와 5의 주근깨를 나타내는 유전자형은 일치한다. ············ (　　　)
④ 6은 혈액형 대립유전자 O를 가진다. ································· (　　　)
⑤ 8의 혈액형으로 가능한 유전자형은 3가지이다. ················ (　　　)
⑥ 9의 혈액형 유전자형은 AA이다. ···································· (　　　)
⑦ 10의 주근깨 유전자형은 잡종이고, 혈액형 유전자형은 BO이다.
··· (　　　)

04 유전병 유전

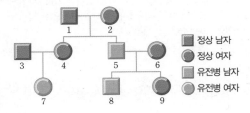

정상 남자
정상 여자
유전병 남자
유전병 여자

① 유전병은 정상에 대해 열성이다. ······································ (　　　)
② 유전병 대립유전자는 X 염색체에 있다. ··························· (　　　)
③ 1과 2의 유전자형은 알 수 없다. ······································ (　　　)
④ 5와 8은 열성 형질을 나타낸다. ······································· (　　　)
⑤ 6의 유전자형은 잡종일 것이다. ······································· (　　　)
⑥ 9는 유전병을 나타내는 대립유전자를 가지지 않는다. ······· (　　　)

유형 클리닉

유형 ① 쌍둥이 연구

그림 (가)와 (나)는 각각 1란성 쌍둥이와 2란성 쌍둥이가 발생하는 과정을 순서 없이 나타낸 것이다.

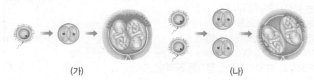

(가)   (나)

이에 대한 설명으로 옳은 것을 | 보기 |에서 모두 고른 것은?

보기

ㄱ. (가)는 1란성 쌍둥이, (나)는 2란성 쌍둥이의 발생 과정이다.
ㄴ. (가)는 유전자 구성이 모두 일치하기 때문에 성인이 되어서도 형질 차이가 나타나지 않는다.
ㄷ. (나)는 난자 한 개에 정자 두 개가 수정된 것이다.
ㄹ. (나)를 연구하면 어떤 형질이 유전에 의한 것인지, 환경의 영향에 의한 것인지 알 수 있다.

① ㄱ
② ㄱ, ㄴ
③ ㄴ, ㄹ
④ ㄷ, ㄹ
⑤ ㄱ, ㄷ, ㄹ

쌍둥이 연구를 통해 알 수 있는 사람의 유전에 대해 묻는 문제가 출제돼~!

◯ (가)는 1란성 쌍둥이, (나)는 2란성 쌍둥이의 발생 과정이다.
→ (가)는 한 개의 난자와 한 개의 정자가 수정된 후 두 개로 나누어져 발생한 1란성 쌍둥이이고, (나)는 두 개의 난자와 두 개의 정자가 각각 수정되어서 발생한 2란성 쌍둥이야!

✗ (가)는 유전자 구성이 모두 일치하기 때문에 성인이 되어서도 형질 차이가 나타나지 않는다.
→ 1란성 쌍둥이는 유전자 구성이 모두 일치하지만 형질 차이는 나타나! 이때 나타나는 형질 차이는 대부분 환경적 영향을 받아서 나타날 가능성이 높아!

✗ (나)는 난자 한 개에 정자 두 개가 수정된 것이다.
→ 2란성 쌍둥이는 난자 두 개에 정자 두 개가 각각 수정된 것이지~!

✗ (나)를 연구하면 어떤 형질이 유전에 의한 것인지, 환경의 영향에 의한 것인지 알 수 있다.
→ 2란성 쌍둥이는 유전자 구성이 서로 달라서 2란성 쌍둥이에서 나타나는 형질 차이는 유전과 환경의 영향을 모두 받아 나타날 가능성이 높아!

답 : ①

1란성 쌍둥이의 형질 차이 ⇨ 환경적 요인에 의한 것
2란성 쌍둥이의 형질 차이 ⇨ 유전적 요인, 환경적 요인 모두 관여

유형 ② 가계도 조사

그림은 어느 집안의 귀지 유전 가계도를 나타낸 것이다.

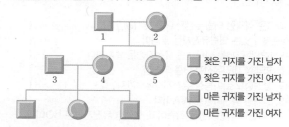

■ 젖은 귀지를 가진 남자
● 젖은 귀지를 가진 여자
■ 마른 귀지를 가진 남자
● 마른 귀지를 가진 여자

이에 대한 설명으로 옳은 것은?

① 마른 귀지는 우성이다.
② 귀지 유전은 멘델의 법칙을 따르지 않는다.
③ 젖은 귀지 대립유전자는 X 염색체에 존재한다.
④ 1이 마른 귀지 대립유전자를 가지고 있을 확률은 100 % 이다.
⑤ 4가 마른 귀지 대립유전자를 가지고 있을 확률은 100 % 이다.

가계도를 통해 상염색체에 존재하는 한 쌍의 대립유전자에 의한 유전에 대해 묻는 문제가 출제돼~

✗ 마른 귀지는 우성이다.
→ 젖은 귀지를 가진 1, 2의 자녀 중 마른 귀지를 가진 딸(5)이 나타났어! 마른 귀지는 열성임을 알 수 있지!!

✗ 귀지 유전은 멘델의 법칙을 따르지 않는다.
→ 귀지는 상염색체에 한 쌍으로 존재하는 대립유전자에 의해 형질이 결정되지~! 멘델의 법칙 성립!!

✗ 젖은 귀지 대립유전자는 X 염색체에 존재한다.
→ 우성인 아버지(1)에게서 열성인 딸(5)이 태어났으므로 귀지 대립유전자는 상염색체에 존재함을 알 수 있지!!

④ 1이 마른 귀지 대립유전자를 가지고 있을 확률은 100 %이다.
→ 1이 딸(5)에게 마른 귀지 대립유전자를 주었기 때문에 딸(5)에게서 마른 귀지가 나타난 거야!

✗ 4가 마른 귀지 대립유전자를 가지고 있을 확률은 100 %이다.
→ 우성 대립유전자를 E, 열성 대립유전자를 e라고 하면 4의 유전자형은 EE 또는 Ee야~ 4는 마른 귀지 대립유전자가 없을 수도 있지!!

답 : ④

부모와 다른 형질의 자손! 부모 ⇨ 우성, 자손 ⇨ 열성

유형 ③ ABO식 혈액형 유전

그림은 어느 두 집안의 ABO식 혈액형 유전 가계도를 나타낸 것이다.

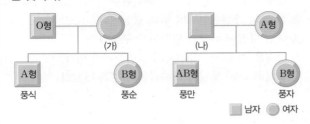

이에 대한 설명으로 옳지 <u>않은</u> 것은?

① (가)는 AB형일 것이다.
② 풍식이의 혈액형 유전자형은 AO일 것이다.
③ 풍순이의 혈액형 유전자형은 BO일 것이다.
④ (나)에 들어갈 수 있는 혈액형의 유전자형은 3가지이다.
⑤ 풍자의 혈액형 유전자형은 BB일 것이다.

가계도를 통해 ABO식 혈액형 유전에 대해 묻는 문제가 출제돼 대립유전자 A, B, O의 대립 관계와 가계도를 분석하는 방법을 잘 이해할 수 있도록 하자~!

① (가)는 AB형일 것이다.
→ 풍식이와 풍순이는 아버지로부터 대립유전자 O를 물려받아~! 그럼 어머니(가)에게서 풍식이는 대립유전자 A를 물려받고, 풍순이는 대립유전자 B를 물려받지!! 따라서 어머니(가)는 AB형~!

② 풍식이의 혈액형 유전자형은 AO일 것이다.
→ 풍식이는 아버지의 대립유전자 O를 물려받아!! 따라서 A형인 풍식이의 유전자형은 AO!

③ 풍순이의 혈액형 유전자형은 BO일 것이다.
→ 풍순이는 아버지의 대립유전자 O를 물려받아!! 따라서 B형인 풍순이의 유전자형은 BO!

④ (나)에 들어갈 수 있는 혈액형의 유전자형은 3가지이다.
→

(나)에 들어갈 수 있는 혈액형의 유전자형은 AB, BB, BO 3가지야~!

⑤ 풍자의 혈액형 유전자형은 BB일 것이다.
→ 풍자의 어머니는 A형이기 때문에 풍자는 어머니로부터 대립유전자 B를 물려받을 수 없어~! 그러니까 풍자는 어머니로부터 대립유전자 O를 물려받았겠지?! 따라서 풍자의 혈액형 유전자형은 BO!

답 : ⑤

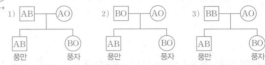

ABO식 혈액형 우열 관계 : A＝B＞O

유형 ④ 적록 색맹 유전

그림은 어느 집안의 적록 색맹 유전 가계도를 나타낸 것이다.

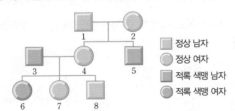

- ■ 정상 남자
- ● 정상 여자
- ■ 적록 색맹 남자
- ● 적록 색맹 여자

이에 대한 설명으로 옳은 것을 │보기│에서 모두 고른 것은?

| 보기 |
ㄱ. 4가 보인자일 확률은 100 %이다.
ㄴ. 5의 적록 색맹 대립유전자는 2로부터 온 것이다.
ㄷ. 6의 아들은 항상 적록 색맹이 나타날 것이다.
ㄹ. 7은 보인자가 아닐 수도 있다.

① ㄱ, ㄹ   ② ㄴ, ㄷ   ③ ㄱ, ㄴ, ㄷ
④ ㄱ, ㄷ, ㄹ   ⑤ ㄴ, ㄷ, ㄹ

적록 색맹을 조사한 가계도를 통해 성염색체에 존재하는 유전자의 유전을 묻는 문제가 출제돼~! 성염색체 유전의 특징을 잘 이해할 수 있도록 하자!!

ㄱ. 4가 보인자일 확률은 100 %이다.
→ 4의 딸(6)이 적록 색맹인 것으로 보아 4는 보인자임을 알 수 있어!!

ㄴ. 5의 적록 색맹 대립유전자는 2로부터 온 것이다.
→ 5의 Y 염색체는 아버지(1)로부터 물려받지 않기 때문에 적록 색맹 대립유전자는 어머니(2)로부터 물려받은 거야~!

ㄷ. 6의 아들은 항상 적록 색맹이 나타날 것이다.
→ 어머니가 적록 색맹이면 아들은 항상 적록 색맹! 적록 색맹인 아들은 항상 적록 색맹 대립유전자를 어머니로부터 물려받아!

ㄹ. 7은 보인자가 아닐 수도 있다.
→ 7은 항상 보인자야! 아버지(3)로부터 적록 색맹 대립유전자를 물려받거든~!

답 : ③

어머니 적록 색맹 ⇨ 아들 Always 적록 색맹!!!

❶ 사람의 유전 연구

★중요

01 사람의 유전 연구가 어려운 까닭으로 옳지 <u>않은</u> 것은?

① 한 세대가 길다.　　② 자손의 수가 적다.
③ 대립 형질이 복잡하다.　　④ 환경의 영향을 덜 받는다.
⑤ 자유로운 교배가 불가능하다.

02 가계도 조사를 통해 알 수 있는 내용으로 옳지 <u>않은</u> 것은?

① 구성원의 유전자형　　② 유전자의 전달 경로
③ 대립 형질의 우열 관계　　④ 태어날 자손의 형질 예측
⑤ 특정 형질에 대한 유전자의 구체적인 정보

03 사람의 유전 연구 방법에 대한 설명으로 옳지 <u>않은</u> 것은?

① 생명 과학 기술의 발달로 염색체를 직접 관찰할 수 있다.
② 염색체 수와 모양, 크기를 분석하여 유전병을 진단할 수 있다.
③ DNA를 분석하여 특정 형질에 관여하는 유전자를 알아낼 수 있다.
④ 통계 조사를 통해 유전과 환경이 사람의 특정 형질에 미치는 영향을 알 수 있다.
⑤ 가계도 조사는 특정 형질이 어느 집안에서 여러 세대에 걸쳐 어떻게 유전되는지 알아보는 방법이다.

04 표는 4가지 형질에 대한 1란성 쌍둥이와 2란성 쌍둥이의 일치 정도를 나타낸 것이다. 형질이 비슷한 쌍둥이가 많을수록 수치가 1에 가깝다.

구분	1란성 쌍둥이		2란성 쌍둥이
	함께 자람	따로 자람	함께 자람
키	0.97	0.95	0.45
IQ	0.95	0.74	0.52
학교 성적	0.90	0.65	0.83
ABO식 혈액형	1	1	0.75

이에 대한 설명으로 옳은 것을 | 보기 |에서 모두 고른 것은?

> **보기**
> ㄱ. 환경의 영향을 가장 크게 받는 것은 IQ이다.
> ㄴ. 학교 성적보다 키가 유전의 영향을 크게 받는다.
> ㄷ. 1란성 쌍둥이는 성장 환경이 달라도 ABO식 혈액형의 표현형이 같다.

① ㄱ　　② ㄷ　　③ ㄱ, ㄴ
④ ㄴ, ㄷ　　⑤ ㄱ, ㄴ, ㄷ

❷ 상염색체에 의한 유전

05 사람의 유전 형질 중 미맹, 혀말기, 귓불 모양의 공통적인 특징으로 옳지 <u>않은</u> 것은?

① 멘델의 유전 원리에 따라 유전된다.
② 한 쌍의 대립유전자에 의해 결정된다.
③ 대립 형질이 비교적 명확하게 구분된다.
④ 형질을 결정하는 유전자가 상염색체이 있다.
⑤ 남녀에 따라 형질이 나타나는 빈도가 다르다.

06 그림은 어느 집안의 보조개 유전 가계도를 나타낸 것이다.

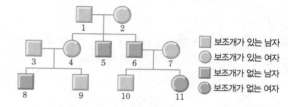

이에 대한 설명으로 옳지 <u>않은</u> 것은? (단, 우성 대립유전자는 P, 열성 대립유전자는 p로 나타낸다.)

① 보조개는 우성으로 유전된다.
② 보조개가 없는 사람의 유전자형은 pp이다.
③ 3과 4 사이에서 태어난 자녀가 보조개가 있을 확률은 75 %이다.
④ 7의 유전자형은 확실히 알 수 없다.
⑤ 10의 유전자형은 Pp이다.

07 그림은 어느 집안의 이마선 모양 유전 가계도를 나타낸 것이다.

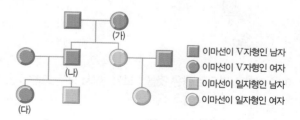

이에 대한 설명으로 옳은 것을 | 보기 |에서 모두 고른 것은?

> **보기**
> ㄱ. 이마선 일자형 형질은 열성으로 유전된다.
> ㄴ. (가)와 (나)의 유전자형은 같다.
> ㄷ. (다)는 일자형 이마선 대립유전자를 확실하게 가지고 있다.

① ㄱ　　② ㄴ　　③ ㄷ
④ ㄱ, ㄴ　　⑤ ㄴ, ㄷ

08 ★중요 그림은 풍식이네 집안의 ABO식 혈액형 유전 가계도를 나타낸 것이다. 이에 대한 설명으로 옳은 것을 |보기|에서 모두 고른 것은?

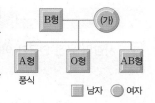

B형 ── (가)

A형(풍식), O형, AB형

□ 남자 ○ 여자

| 보기 |
ㄱ. 풍식이의 유전자형은 AO이다.
ㄴ. (가)의 혈액형은 A형이다.
ㄷ. 풍식이의 아버지는 대립유전자 O를 가지고 있다.

① ㄱ   ② ㄴ   ③ ㄱ, ㄴ
④ ㄴ, ㄷ   ⑤ ㄱ, ㄴ, ㄷ

[09~10] 그림은 두 집안의 ABO식 혈액형 유전 가계도를 나타낸 것이다.

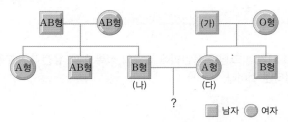

AB형 ── AB형   (가) ── O형

A형, AB형, B형(나)   A형(다), B형

?

□ 남자 ○ 여자

09 (가)의 ABO식 혈액형 대립유전자 구성으로 옳은 것은?

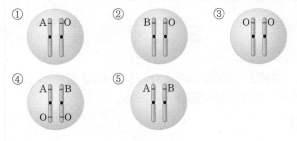

① A O   ② B O   ③ O O
④ A B / O O   ⑤ A B

10 (나)와 (다) 사이에서 태어나는 자녀가 가질 수 있는 혈액형을 모두 나타낸 것은?

① A형, AB형   ② A형, B형
③ B형, AB형   ④ A형, B형, AB형
⑤ A형, B형, O형, AB형

❸ 성염색체에 의한 유전

11 ★중요 적록 색맹 유전에 대한 설명으로 옳지 <u>않은</u> 것은?

① 적록 색맹은 열성으로 유전된다.
② 여자보다 남자에게 더 많이 나타난다.
③ 적록 색맹 대립유전자는 X 염색체에 있다.
④ 어머니가 적록 색맹이면 아들은 항상 적록 색맹이다.
⑤ 아버지의 적록 색맹 대립유전자는 아들에게 전달된다.

12 ★중요 그림은 풍순이네 집안의 적록 색맹 유전 가계도를 나타낸 것이다.

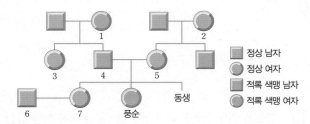

□ 정상 남자
○ 정상 여자
■ 적록 색맹 남자
● 적록 색맹 여자

이에 대한 설명으로 옳지 <u>않은</u> 것은?

① 2는 적록 색맹 대립유전자를 가지고 있다.
② 3과 5의 유전자형은 XX′이다.
③ 6과 7 사이에서 적록 색맹이 태어날 확률은 25 %이다.
④ 7이 가지고 있는 적록 색맹 대립유전자는 1에서 4를 거쳐 전달된 것이다.
⑤ 풍순이의 동생이 적록 색맹인 여자일 확률은 50 %이다.

13 그림은 풍자네 집안의 적록 색맹 유전 가계도를 나타낸 것이다.

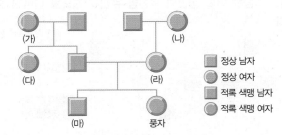

□ 정상 남자
○ 정상 여자
■ 적록 색맹 남자
● 적록 색맹 여자

(가)~(마)의 유전자형을 옳게 짝지은 것은?

	(가)	(나)	(다)	(라)	(마)
①	XX	XX′	XX′	XX	XY
②	XX	XX	XX′	XX′	XY
③	XX′	XX	XX	XX′	X′Y
④	XX′	XX′	XX′	XX	X′Y
⑤	XX′	XX′	XX′	XX′	XY

14 그림은 어느 집안의 적록 색맹 유전 가계도를 나타낸 것이다.

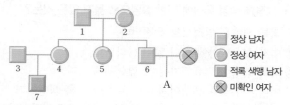

정상 남자
정상 여자
적록 색맹 남자
⊗ 미확인 여자

이에 대한 설명으로 옳은 것을 | 보기 | 에서 모두 고른 것은?

보기
ㄱ. 2와 5는 확실히 적록 색맹 대립유전자를 가지고 있다.
ㄴ. 7은 2에서 4를 거쳐 적록 색맹 대립유전자를 물려받았다.
ㄷ. A가 여자일 때 적록 색맹은 나타나지 않는다.

① ㄱ　　　　② ㄴ　　　　③ ㄷ
④ ㄱ, ㄴ　　　⑤ ㄴ, ㄷ

15 그림은 어느 집안의 ABO식 혈액형과 적록 색맹 유전 가계도를 나타낸 것이다.

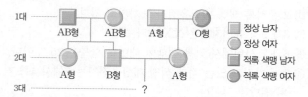

정상 남자
정상 여자
적록 색맹 남자
적록 색맹 여자

3대에서 AB형이면서 적록 색맹인 아들이 태어날 확률은?

① 12.5 %　　② 25 %　　③ 50 %
④ 62.5 %　　⑤ 75 %

16 그림은 어느 집안의 유전병 유전 가계도를 나타낸 것이다.

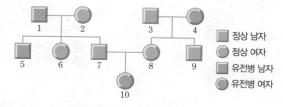

정상 남자
정상 여자
유전병 남자
유전병 여자

이에 대한 설명으로 옳은 것은?

① 이 유전병의 유전자는 X 염색체에 존재한다.
② 2는 유전병 대립유전자를 가지고 있다.
③ 3은 반드시 열성 대립유전자를 가지고 있다.
④ 9가 유전병이 있는 여자와 결혼할 경우 자손에게 유전병이 나타날 확률은 100 %이다.
⑤ 10의 아들은 반드시 유전병이 나타날 것이다.

17 사람의 유전 연구가 어려운 까닭을 두 가지 이상 서술하시오.

KEY　세대, 자손의 수, 자유로운 교배 불가능, 형질

18 그림과 같이 아버지가 B형, 어머니가 A형인 부모에게서 AB형의 자녀가 태어났다.

B형　　　A형

AB형

남자
여자

이를 통해 알 수 있는 ABO식 혈액형 대립유전자 A와 B 사이의 우열 관계를 쓰고, 그렇게 생각한 까닭을 서술하시오.

KEY　우열 관계 ×

[19~20] 그림은 풍만이네 집안의 적록 색맹 유전 가계도를 나타낸 것이다.

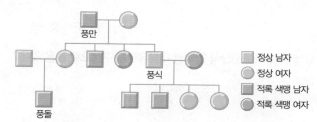

풍만

풍식

풍돌

정상 남자
정상 여자
적록 색맹 남자
적록 색맹 여자

19 정상인 아버지와 어머니 사이에서 태어난 풍돌이에게서 적록 색맹이 나타나는 까닭을 서술하시오.

KEY　어머니, 보인자

20 풍식이가 적록 색맹인 여자와 결혼하여 낳은 자녀들 중 아들에게만 적록 색맹이 나타났다. 풍식이의 딸에게는 적록 색맹이 나타나지 않고 아들에게만 적록 색맹이 나타나는 까닭을 서술하시오.

KEY　X 염색체, 열성

21 그림은 어느 집안의 이마선 모양 유전 가계도를 나타낸 것이다.

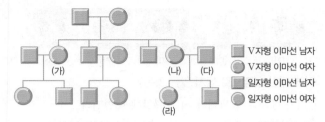

■ V자형 이마선 남자
● V자형 이마선 여자
■ 일자형 이마선 남자
● 일자형 이마선 여자

이에 대한 설명으로 옳은 것을 | 보기 |에서 모두 고른 것은?

┌─ 보기 ┐
ㄱ. 이마선 모양 대립유전자는 상염색체에 있다.
ㄴ. 이마선 모양 유전자형을 확실히 알 수 없는 사람은 1명이다.
ㄷ. (가), (나), (라)의 이마선 모양 유전자형은 같다.
ㄹ. (나)와 (다) 사이에서 태어난 셋째 자녀가 일자형 이마선을 가진 여자일 확률은 25 %이다.

① ㄱ, ㄴ　　　② ㄴ, ㄹ　　　③ ㄱ, ㄴ, ㄷ
④ ㄴ, ㄷ, ㄹ　　⑤ ㄱ, ㄴ, ㄷ, ㄹ

22 표는 세 집안 (가), (나), (다)의 부모와 자녀의 쌍꺼풀과 보조개의 유무를 조사한 것이다.

집안	(가)		(나)		(다)	
부모	부	모	부	모	부	모
쌍꺼풀	−	−	−	−	+	−
보조개	−	−	−	+	+	−

자녀	A	B	C
성별	여	여	남
쌍꺼풀	+	−	−
보조개	−	−	+

(+ : 있음, − : 없음)

이에 대한 설명으로 옳은 것을 | 보기 |에서 모두 고른 것은? (단, A, B, C는 각각 (가), (나), (다) 중 한 부모의 자녀이다.)

┌─ 보기 ┐
ㄱ. (가) 집안의 자녀는 B이다.
ㄴ. A는 쌍꺼풀 대립유전자와 외꺼풀 대립유전자를 모두 가지고 있다.
ㄷ. A와 C가 결혼하여 자녀를 낳을 때, 쌍꺼풀과 보조개가 모두 있을 확률은 50 %이다.

① ㄱ　　　② ㄴ　　　③ ㄷ
④ ㄱ, ㄴ　　⑤ ㄴ, ㄷ

23 그림은 ABO식 혈액형이 모두 다른 어느 집안의 ABO식 혈액형 유전 가계도를 나타낸 것이다. 이에 대한 설명으로 옳은 것을 | 보기 |에서 모두 고른 것은? (단, 2의 혈액형은 O형이다.)

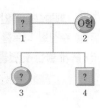

┌─ 보기 ┐
ㄱ. 1의 유전자형은 AO이다.
ㄴ. 3이 B형일 확률은 50 %이다.
ㄷ. 3과 4가 각각 결혼하여 자녀를 낳을 때, O형의 자녀는 태어날 수 없다.

① ㄱ　　　② ㄴ　　　③ ㄷ
④ ㄱ, ㄴ　　⑤ ㄴ, ㄷ

24 그림은 어느 집안의 귓속털 과다증 유전 가계도를 나타낸 것이다.

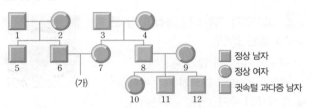

■ 정상 남자
● 정상 여자
■ 귓속털 과다증 남자

이에 대한 설명으로 옳은 것을 | 보기 |에서 모두 고른 것은? (단, 사람의 귓속털을 만드는 대립유전자는 Y 염색체에 있다.)

┌─ 보기 ┐
ㄱ. 7은 귓속털 과다증 대립유전자를 가지고 있다.
ㄴ. (가)는 귓속털 과다증이 나타나지 않는다.
ㄷ. 11과 12가 각각 결혼하여 아들을 낳았을 때 아들이 귓속털 과다증일 확률은 100 %이다.

① ㄴ　　　② ㄷ　　　③ ㄱ, ㄴ
④ ㄴ, ㄷ　　⑤ ㄱ, ㄴ, ㄷ

25 그림은 같은 부모님 사이에서 태어난 풍식이와 풍식이 누나의 적록 색맹 대립유전자가 존재하는 한 쌍의 성염색체를 순서 없이 나타낸 것이다. 풍식이의 부모님과 풍식이의 누나는 적록 색맹이 아니며, 풍식이는 적록 색맹이다.

　(가)　　　　(나)

이에 대한 설명으로 옳은 것을 모두 고르면?

① (가)는 풍식이, (나)는 풍식이 누나의 염색체이다.
② 염색체 ㉠과 ㉡의 유전 정보는 동일하다.
③ 적록 색맹 대립유전자를 가진 염색체는 ㉡, ㉢이다.
④ 염색체 ㉡과 ㉣은 각각 아버지에게서 물려받은 것이다.
⑤ 풍식이의 어머니가 적록 색맹 대립유전자를 가지고 있을 확률은 100 %이다.

단원 종합 문제

01 페놀프탈레인 용액을 첨가해 만든 크기가 다른 우무 조각을 수산화 나트륨 수용액에 1시간 동안 담갔다가 꺼내어 잘라 붉게 물든 단면을 관찰하였더니, 그림과 같이 나타났다.

이를 통해 알 수 있는 사실로 옳은 것은?

① 다른 세포와의 물질 교환 원리를 알 수 있다.
② 생물의 생장은 세포 크기의 증가에 의해 일어난다.
③ 세포가 커질수록 물질 교환이 잘 일어나지 못한다.
④ 세포 분열을 하기 위해서는 세포의 크기가 커져야 한다.
⑤ 부피에 대한 표면적이 줄어들수록 물질 교환이 잘 일어난다.

02 코끼리가 개미보다 몸집이 더 큰 까닭으로 옳은 것은?

① 세포의 수가 더 많기 때문이다.
② 세포의 수명이 다르기 때문이다.
③ 염색체의 수가 다르기 때문이다.
④ 세포의 크기가 더 크기 때문이다.
⑤ 세포가 분열하는 속도가 더 빠르기 때문이다.

03 그림은 체세포에 들어 있는 한 쌍의 염색체를 나타낸 것이다. 이에 대한 설명으로 옳지 <u>않은</u> 것은?

A   B

① A와 B는 상동 염색체이다.
② A와 B의 유전 정보는 동일하다.
③ A와 B는 각각 2개의 염색 분체로 되어 있다.
④ 생식세포에서는 A와 B 중 한 염색체만 발견된다.
⑤ A를 아버지에게 물려받았다면 B는 어머니에게 물려받은 것이다.

04 그림은 사람 체세포의 염색체를 나타낸 것이다. 이에 대한 설명으로 옳지 <u>않은</u> 것은?

① 남자의 염색체이다.
② 상염색체는 22개이다.
③ 2개의 성염색체를 가지고 있다.
④ 어머니에게서 X 염색체를 물려받았다.
⑤ 이 사람의 정상적인 생식세포의 염색체 수는 23개이다.

05 그림 (가)~(마)는 식물의 생장점에서 일어나는 세포 분열 과정을 순서 없이 나타낸 것이다.

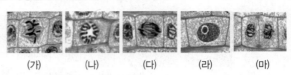

(가)   (나)   (다)   (라)   (마)

이에 대한 설명으로 옳지 <u>않은</u> 것은?

① (가)에서는 염색체가 세포 중앙에 배열된다.
② (나)에서는 핵막이 사라지고 방추사가 나타난다.
③ 현미경 관찰 시 (라) 상태가 가장 많이 관찰된다.
④ (마)에서 염색체 수가 절반이 된 2개의 딸세포가 생긴다.
⑤ 세포 분열은 (라) → (나) → (가) → (다) → (마) 순으로 진행된다.

06 그림은 양파의 뿌리 끝에서 일어나는 체세포 분열을 관찰하는 실험 과정을 나타낸 것이다.

(가)   (나)   (다)   (라)

이에 대한 설명으로 옳지 <u>않은</u> 것은?

① (가) : 양파 뿌리의 체세포를 살아 있는 상태 그대로 정지시키는 과정이다.
② (나) : 묽은 염산에 넣어 식물을 연하게 만든다.
③ (다) : 아세트산 카민 용액을 처리해 핵과 염색체를 염색한다.
④ (라) : 세포 속으로 용액이 잘 스며들도록 해부 침으로 세포를 터뜨린다.
⑤ 관찰 결과 핵과 염색체가 붉게 염색되어 있으며, 간기의 세포가 가장 많이 발견된다.

07 어떤 생물의 체세포의 염색체 수가 4개일 때, 다음 중 염색체의 배열 모습과 세포 분열 단계를 옳게 나타낸 것은?

①
감수 2분열 후기

②
감수 2분열 중기

③
감수 1분열 전기

④
감수 1분열 중기

⑤
체세포 분열 후기

08 감수 1분열과 감수 2분열에 대한 설명을 |보기|에서 골라 옳게 짝지은 것은?

┌ **보기** ┐
ㄱ. 2가 염색체가 발견된다.
ㄴ. 세포질 분열이 일어난다.
ㄷ. 염색 분체의 분리 현상이 일어난다.
ㄹ. 상동 염색체의 분리 현상이 일어난다.

	감수 1분열	감수 2분열
①	ㄱ	ㄴ, ㄷ, ㄹ
②	ㄱ, ㄴ	ㄴ, ㄷ, ㄹ
③	ㄱ, ㄴ, ㄷ	ㄱ, ㄹ
④	ㄱ, ㄴ, ㄹ	ㄴ, ㄷ
⑤	ㄱ, ㄴ, ㄷ, ㄹ	ㄴ

09 그림은 어떤 생물의 감수 1분열 전기의 염색체 구성을 나타낸 것이다. 이 세포의 감수 분열 결과 생성되는 딸세포의 모습으로 옳은 것은?

①   ②   ③
④   ⑤

10 그림은 두 종류의 세포 분열 과정을 나타낸 것이다.

(가)   (나)

이에 대한 설명으로 옳은 것은?
① 염색 분체의 분리는 (가)에서만 일어난다.
② 유전 물질의 복제는 (가)와 (나) 모두 한 번만 일어난다.
③ (가)는 식물의 생장점에서 일어나고, (나)는 동물의 난소에서 일어난다.
④ (가)의 결과 생장이 일어나고, (나)의 결과 생식세포가 만들어진다.
⑤ (가)는 염색체 수의 변화가 없지만, (나)는 염색체 수가 절반으로 줄어든다.

11 그림 (가)와 (나)는 각각 염색체 수가 4개인 식물에서 일어나는 서로 다른 세포 분열 과정의 한 시기를 나타낸 것이다.

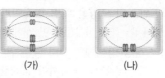

(가)   (나)

이에 대한 설명으로 옳은 것은?
① (가)는 2가 염색체가 세포 중앙에 배열되었다.
② (가) 시기 다음에는 상동 염색체가 분리되어 양끝으로 이동한다.
③ (나)는 감수 2분열 중기의 모습이다.
④ (나)는 양파 뿌리 끝의 세포 분열에서 관찰할 수 있다.
⑤ (나)의 결과 염색체가 2개인 난세포 또는 꽃가루가 형성된다.

12 그림은 동물의 정자와 난자를 나타낸 것이다.

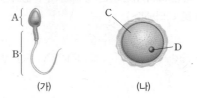

(가)   (나)

각 부분에 대한 설명으로 옳지 <u>않은</u> 것은?
① A에는 유전 물질이 들어 있다.
② B가 있어 난자를 향해 움직일 수 있다.
③ (가)는 난소에서, (나)는 정소에서 생성된다.
④ C에는 발생에 필요한 양분이 저장되어 있다.
⑤ A와 D에 들어 있는 염색체 수는 체세포 염색체 수의 절반이다.

13 그림은 사람의 수정과 발생 과정을 나타낸 것이다.

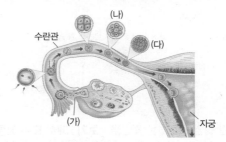

이에 대한 설명으로 옳은 것을 |보기|에서 모두 고른 것은?

┌ **보기** ┐
ㄱ. (가)는 배란으로, 난자가 난소에서 수란관으로 배출된다.
ㄴ. 세포 1개당 염색체 수는 (다)가 (나)보다 많다.
ㄷ. 수정은 수란관에서 일어나며, 이때부터 임신이라고 한다.

① ㄱ   ② ㄷ   ③ ㄱ, ㄴ
④ ㄴ, ㄷ   ⑤ ㄱ, ㄴ, ㄷ

14 유전 용어에 대한 설명으로 옳은 것은?

① 표현형이 같으면 유전자형도 같다.
② 완두의 색과 완두의 모양은 대립 형질이다.
③ 유전자 구성이 Rr, Tt, RRYy인 개체는 순종이다.
④ 대립유전자는 상동 염색체의 서로 다른 위치에 존재한다.
⑤ 대립 형질을 가진 순종의 개체끼리 교배했을 때, 잡종 1대에서 나타나는 형질은 우성이다.

15 완두 씨의 모양과 색깔에 대한 여러 가지 유전자형 중 표현형이 같은 것끼리 옳게 짝지은 것은? (단, 둥근 모양 유전자는 R, 주름진 모양 유전자는 r, 노란색 유전자는 Y, 초록색 유전자는 y로 나타낸다.)

① Rr, rr
② YY, yy
③ rrYy, rryy
④ RRYY, RRYy
⑤ Rryy, RrYy

16 그림은 순종의 흰색 완두꽃과 순종의 보라색 완두꽃을 교배하여 얻은 잡종 1대를 다시 흰색 완두꽃과 교배하여 잡종 2대를 얻는 과정을 나타낸 것이다.

어버이 — 흰색 완두꽃 / 보라색 완두꽃
잡종 1대 — 보라색 완두꽃 / 흰색 완두꽃
잡종 2대 — ?

이에 대한 설명으로 옳은 것만을 | 보기 |에서 모두 고른 것은?

┌─ 보기 ─────────────────────────┐
ㄱ. 보라색 완두꽃이 우성이다.
ㄴ. 잡종 2대의 표현형은 1종류이다.
ㄷ. 잡종 2대에서 총 20개의 완두를 얻었을 때, 이 중 순종인 완두꽃은 10개이다.
└────────────────────────────────┘

① ㄱ
② ㄴ
③ ㄱ, ㄷ
④ ㄴ, ㄷ
⑤ ㄱ, ㄴ, ㄷ

[17~18] 그림은 순종의 둥글고 노란색인 완두와 순종의 주름지고 초록색인 완두를 교배하여 얻은 잡종 1대를 자가 수분하여 잡종 2대를 얻는 과정을 나타낸 것이다.

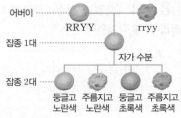

어버이 — RRYY / rryy
잡종 1대 — 자가 수분
잡종 2대 — 둥글고 노란색 / 주름지고 노란색 / 둥글고 초록색 / 주름지고 초록색

17 이에 대한 설명으로 옳지 않은 것은?

① 멘델의 독립의 법칙을 확인할 수 있다.
② 완두의 모양은 주름진 형질이 둥근 형질에 대해 열성이다.
③ 어버이의 둥글고 노란색인 완두와 잡종 1대의 둥글고 노란색인 완두의 유전자형은 다르다.
④ 잡종 2대에서 나타나는 주름지고 초록색인 완두의 유전자형은 잡종이다.
⑤ 잡종 2대의 표현형의 분리비는 둥글고 노란색 : 주름지고 노란색 : 둥글고 초록색 : 주름지고 초록색=9 : 3 : 3 : 1이다.

18 잡종 2대에서 총 4000개의 완두를 얻었을 때, 이 중 주름지고 노란색인 완두는 이론상 몇 개인가?

① 160개
② 240개
③ 750개
④ 1500개
⑤ 2250개

19 그림은 순종의 주름지고 초록색인 완두와 순종의 주름지고 노란색인 완두를 교배하여 얻은 잡종 1대를 순종의 둥글고 노란색인 완두와 교배하여 잡종 2대를 얻는 과정을 나타낸 것이다.

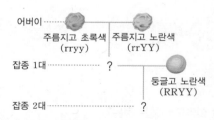

어버이 — 주름지고 초록색 (rryy) / 주름지고 노란색 (rrYY)
잡종 1대 — ? / 둥글고 노란색 (RRYY)
잡종 2대 — ?

이에 대한 설명으로 옳은 것은?

① 잡종 1대로부터 생성되는 생식세포는 4가지이다.
② 잡종 1대에서 주름지고 초록색인 완두가 나타난다.
③ 잡종 1대의 유전자형은 rrYY, rryy, rrYy으로 3가지이다.
④ 잡종 2대에서 나타나는 완두의 유전자형은 1가지이다.
⑤ 잡종 2대에서 나타나는 완두의 표현형은 둥글고 노란색으로 1가지이다.

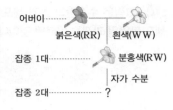

[20~21] 그림은 순종의 붉은색 분꽃(RR)과 순종의 흰색 분꽃(WW)을 교배하여 얻은 잡종 1대를 자가 수분하여 잡종 2대를 얻는 과정을 나타낸 것이다.

20 이에 대한 설명으로 옳은 것을 |보기|에서 모두 고른 것은?

> **보기**
> ㄱ. 붉은색 분꽃 유전자 R가 흰색 분꽃 유전자 W에 대해 우성이다.
> ㄴ. 잡종 2대에서 순종과 잡종의 비율은 1 : 1이다.
> ㄷ. 잡종 2대를 통해 멘델의 분리의 법칙이 성립하지 않는다는 것을 알 수 있다.

① ㄱ   ② ㄴ   ③ ㄱ, ㄷ
④ ㄴ, ㄷ   ⑤ ㄱ, ㄴ, ㄷ

21 잡종 2대에서 붉은색 분꽃이 나타날 확률은 몇 %인지 쓰시오.

① 10 %   ② 25 %   ③ 50 %
④ 75 %   ⑤ 100 %

22 사람의 유전 연구에 대한 설명으로 옳지 <u>않은</u> 것은?

① 유전자를 분석하여 사람의 유전을 보다 정확하게 연구할 수 있다.
② 염색체를 분석하여 염색체 이상에 의한 유전병을 진단할 수 있다.
③ 통계 조사를 통해 어떤 집단의 환경이 유전에 미치는 영향을 알 수 있다.
④ 가계도 조사를 통해 특정 형질이 여러 세대에 걸쳐 어떻게 유전되는지 알 수 있다.
⑤ 1란성 쌍둥이 연구를 통해 유전자 구성이 같아도 환경의 영향을 받아 나타나는 형질 차이를 연구할 수 있다.

23 그림은 어느 집안의 미맹 유전 가계도를 나타낸 것이다. 이에 대한 설명으로 옳지 <u>않은</u> 것을 모두 고르면?

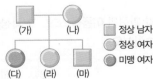

① (가)는 미맹 대립유전자를 가지고 있다.
② (나)가 미맹 대립유전자를 가질 확률은 50 %이다.
③ (다)는 (가)와 (나)로부터 미맹 대립유전자를 물려받았다.
④ (라)의 미맹 유전자형은 확실히 알 수 없다.
⑤ (마)의 미맹 유전자형이 잡종일 확률은 100 %이다.

24 그림은 어느 집안의 귓불 모양 유전 가계도를 나타낸 것이다.

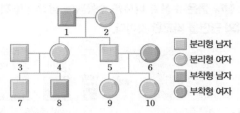

이에 대한 설명으로 옳은 것은? (단, 우성 대립유전자는 E, 열성 대립유전자는 e로 나타낸다.)

① 2의 유전자형이 Ee일 확률은 100 %이다.
② 3, 4, 5의 유전자형은 모두 같다.
③ 7의 유전자형이 EE일 확률은 100 %이다.
④ 9는 부착형 귓불 모양 대립유전자를 5로부터 물려받았다.
⑤ 10의 유전자형은 확실히 알 수 없다.

25 그림은 어느 집안의 ABO식 혈액형 유전 가계도를 나타낸 것이다. 이에 대한 설명으로 옳은 것을 |보기|에서 모두 고른 것은?

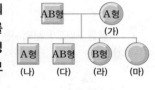

> **보기**
> ㄱ. (가)의 유전자형은 AO이다.
> ㄴ. (나)의 유전자형이 AA일 확률은 50 %이다.
> ㄷ. (다)의 대립유전자 B는 (가)로부터 물려받았다.
> ㄹ. (라)와 (마)의 유전자형이 같을 확률은 50 %이다.

① ㄱ, ㄴ   ② ㄱ, ㄷ   ③ ㄴ, ㄷ
④ ㄴ, ㄹ   ⑤ ㄷ, ㄹ

26 그림은 어느 집안의 적록 색맹 유전 가계도를 나타낸 것이다.

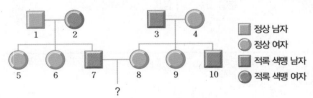

이에 대한 설명으로 옳지 <u>않은</u> 것은?

① 1~10 중 적록 색맹 대립유전자를 갖지 않는 사람은 한 명뿐이다.
② 4의 적록 색맹 유전자형은 확실히 알 수 없다.
③ 5와 6의 적록 색맹 유전자형은 같다.
④ 7과 8 사이에서 태어난 자녀가 적록 색맹일 확률은 50 %이다.
⑤ 9는 4로부터 정상 대립유전자를 물려받았다.

서술형·논술형 문제

01 그림은 페놀프탈레인 용액을 첨가해 만든 우무 덩어리를 한 변의 길이가 각각 1 cm, 2 cm, 3 cm인 정육면체 조각으로 잘라 묽은 수산화 나트륨 수용액에 담갔다가 꺼낸 후, 각 조각의 단면을 비교한 것이다.

우무 조각을 세포로 가정할 때, 물질 교환에 가장 유리한 것은 한 변의 길이가 1 cm, 2 cm, 3 cm인 조각 중 어느 것인지 고르고, 그렇게 생각한 까닭을 서술하시오.

 KEY
> 세포 크기

02 다음은 세포가 분열하는 두 가지 방식 (가)와 (나)를 나타낸 것이다.

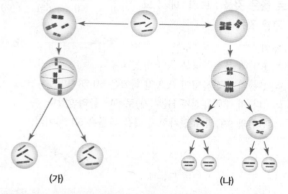

(가)와 (나) 과정의 이름과 각 분열의 차이점을 두 가지만 서술하시오.

 KEY
> 분열 횟수, 2가 염색체, 염색체 수, 딸세포 수

03 체세포의 염색체 수가 16개인 속씨식물의 꽃밥에서 20개의 세포가 세포 분열을 하였다. 이때 생성되는 꽃가루의 수와 꽃가루 하나의 염색체 수를 쓰고, 그렇게 생각한 까닭을 서술하시오.

 KEY
> 딸세포 4개, 염색체 수 반감

04 그림은 수정란의 초기 세포 분열인 난할과 일반적인 체세포 분열의 과정을 나타낸 것이다.

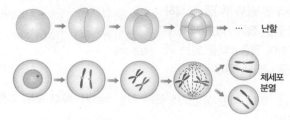

두 과정의 공통점과 차이점을 각각 서술하시오.

 KEY
> 세포 1개의 크기

05 그림은 사람의 생식세포를 나타낸 것이다.

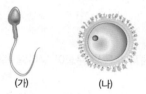

(가)와 (나)가 무엇인지 각각 쓰고, 차이점을 두 가지 이상 서술하시오.

 KEY
> 생성 장소, 운동성, 양분

06 그림은 여자의 생식 기관에서 일어나는 수정란의 초기 발생 과정 A~D를 나타낸 것이다.

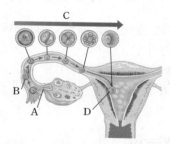

각 과정의 이름을 쓰고, 그 과정을 다음 단어들을 포함하여 서술하시오.

정자, 수란관, 포배

 KEY
> 배란 → 수정 → 난할 → 착상

[07~08] 그림은 순종의 둥글고 노란색 완두와 순종의 주름지고 초록색 완두를 교배하여 얻은 잡종 1대를 자가 수분하여 잡종 2대를 얻는 과정을 나타낸 것이다.

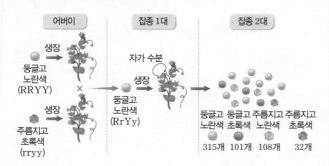

07 잡종 2대에서 노란색 완두와 초록색 완두의 비가 3 : 1, 둥근 완두와 주름진 완두의 비도 3 : 1로 나타났다. 이를 통해 설명할 수 있는 멘델의 법칙을 쓰고, 그 내용에 대해 서술하시오.

 독립의 법칙, 두 쌍 이상의 대립 형질, 간섭 ×

08 멘델이 완두를 이용한 유전 실험 결과를 해석하기 위해 제안한 가설을 두 가지만 쓰시오.

 유전 인자, 형질 결정, 어버이 → 자손 전달

09 그림과 같이 키 큰 줄기에서 얻은 순종의 노란색 완두와, 키 작은 줄기에서 얻은 초록색 완두를 교배시켰더니 잡종 1대에서 모두 키 큰 줄기의 노란색 완두가 나왔다.

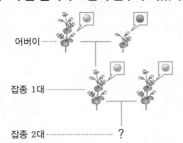

이를 자가 수분하여 잡종 2대에서 320개의 완두를 얻었을 때, 이 중 키 작은 줄기의 노란색 완두는 이론상 몇 개인지 쓰고, 풀이 과정을 서술하시오.

 독립의 법칙, 9 : 3 : 3 : 1

[10~11] 그림은 말의 색깔 유전을 나타낸 것이다. 갈색 말과 흰색 말을 교배시키면 옅은 갈색 말만 태어난다.

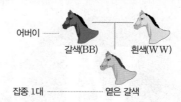

10 갈색 말의 유전자형을 BB, 흰색 말의 유전자형을 WW라고 할 때, 잡종 1대의 유전자형을 쓰고, 이러한 유전이 나타나는 까닭을 서술하시오.

 우열 관계, 중간 유전

11 잡종 1대의 옅은 갈색 말끼리 교배시켰을 때 갈색 말이 태어날 확률을 쓰고, 풀이 과정을 서술하시오.

 1 : 2 : 1

12 그림은 어느 집안의 눈꺼풀 유전 가계도를 나타낸 것이다.

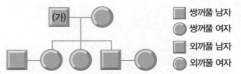

쌍꺼풀 남자
쌍꺼풀 여자
외까풀 남자
외까풀 여자

(가)의 유전자형을 쓰고, 그렇게 생각한 까닭을 서술하시오. (단, 우성 대립유전자는 E, 열성 대립유전자는 e로 나타낸다.)

 쌍꺼풀 우성, 외까풀 열성

13 어머니가 적록 색맹인 경우 아들은 항상 적록 색맹이고, 아버지가 정상일 경우 딸은 항상 정상이다. 이를 통해 알 수 있는 적록 색맹이 유전되는 원리에 대해 서술하시오.

 X 염색체, 열성

에너지 전환과 보존

Q. 바이킹이 내려갈 때와 올라갈 때, 역학적 에너지는 어떻게 전환될까?

01 역학적 에너지 전환과 보존

· 자유 낙하 하는 물체와 위로 던져 올린 물체의 운동에서 위치 에너지와 운동 에너지의 변화를 역학적 에너지 전환과 보존으로 예측할 수 있다.

❶ 역학적 에너지 전환

1 역학적 에너지 : 물체의 위치 에너지와 운동 에너지의 합

→ 역학적 에너지＝위치 에너지＋운동 에너지

2 역학적 에너지 전환 : 운동하는 물체의 높이가 변할 때 위치 에너지가 운동 에너지로, 또는 운동 에너지가 위치 에너지로 전환된다.

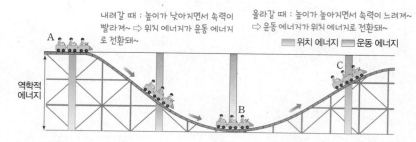

내려갈 때 : 높이가 낮아지면서 속력이 빨라져~ ⇨ 위치 에너지가 운동 에너지로 전환돼~

올라갈 때 : 높이가 높아지면서 속력이 느려져~ ⇨ 운동 에너지가 위치 에너지로 전환돼~

■ 위치 에너지 ■ 운동 에너지

구분	A점	A → B	B점	B → C
위치 에너지	최대	감소	최소	증가
운동 에너지	최소	증가	최대	감소
에너지 전환	위치 에너지 → 운동 에너지		운동 에너지 → 위치 에너지	
역학적 에너지	일정			

공기 저항이나 마찰이 없을 때 일정하게 보존돼~

❷ 역학적 에너지 보존

1 역학적 에너지 보존 법칙 : 공기 저항이나 마찰이 없을 때, 운동하는 물체의 역학적 에너지는 항상 일정하게 보존된다.

역학적 에너지＝위치 에너지＋운동 에너지＝일정

2 자유 낙하 하는 물체의 역학적 에너지 보존 → 자유 낙하 운동에서 역학적 에너지 보존 법칙이 성립해!

(1) 물체가 자유 낙하 하는 동안 위치 에너지는 감소하고, 운동 에너지는 증가한다.

(2) 자유 낙하 하는 모든 지점에서 역학적 에너지는 항상 일정하다.

→ 증가한 운동 에너지는 감소한 위치 에너지와 같아~

구분	위치 에너지	운동 에너지	역학적 에너지 모든 위치에서 역학적 에너지는 같지~!
O점	$9.8mh$	0	$9.8mh$
A점	$9.8mh_1$	$\frac{1}{2}mv_1^2$	$9.8mh_1+\frac{1}{2}mv_1^2=9.8mh$
B점	$9.8mh_2$	$\frac{1}{2}mv_2^2$	$9.8mh_2+\frac{1}{2}mv_2^2=9.8mh$
C점	0	$\frac{1}{2}mv^2$	$\frac{1}{2}mv^2=9.8mh$

→ 최고점   → 최저점

3 연직 위로 던져 올린 물체와 자유 낙하 하는 물체의 역학적 에너지 전환과 보존

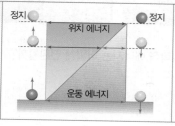

[연직 위로 던져 올린 물체]
· 속력 감소 → 운동 에너지 감소
· 높이 증가 → 위치 에너지 증가
· 운동 에너지가 위치 에너지로 전환 → 역학적 에너지 일정~

[자유 낙하 하는 물체]
· 높이 감소 → 위치 에너지 감소
· 속력 증가 → 운동 에너지 증가
· 위치 에너지가 운동 에너지로 전환 → 역학적 에너지 일정~

⊕ 비타민

진자의 왕복 운동에서 역학적 에너지 전환과 보존

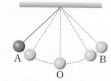

A → O	O → B
위치 에너지 → 운동 에너지	운동 에너지 → 위치 에너지
역학적 에너지 일정	

비스듬히 던져 올린 물체의 역학적 에너지 전환과 보존

→ 최고점에서 수평 방향의 속력이 있어서 운동 에너지는 0이 아니야~

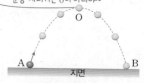

A → O	O → B
운동 에너지 → 위치 에너지	위치 에너지 → 운동 에너지
역학적 에너지 일정	

반원형 그릇에서 물체의 역학적 에너지 전환과 보존

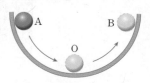

A → O	O → B
위치 에너지 → 운동 에너지	운동 에너지 → 위치 에너지
역학적 에너지 일정	

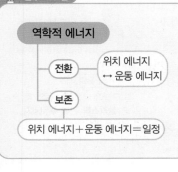

필수 비타민

역학적 에너지

- 전환 — 위치 에너지 ↔ 운동 에너지
- 보존

위치 에너지＋운동 에너지＝일정

용어 & 개념 체크

❶ **역학적 에너지 전환**

01 위치 에너지와 운동 에너지의 합을 □□□ □□□라고 한다.

02 롤러코스터가 높은 곳에서 내려올 때 높이가 낮아지고 속력이 빨라지면서 □□ 에너지가 □□ 에너지로 전환된다.

❷ **역학적 에너지 보존**

03 공기 저항이나 마찰이 없다면 운동하는 물체의 역학적 에너지는 항상 일정하게 □□된다.

04 자유 낙하 하는 물체의 역학적 에너지는 □□하다.

05 물체가 연직 위로 올라가는 운동을 할 때 운동 에너지는 □□하고, 위치 에너지는 □□한다.

---

01 그림은 롤러코스터가 레일을 따라 움직이고 있는 모습을 나타낸 것이다

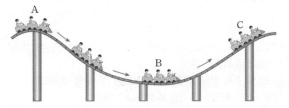

빈칸에 알맞은 말을 쓰시오. (단, 공기 저항이나 마찰은 무시한다.)

A점에서 (㉠　　) 에너지는 최대, (㉡　　) 에너지는 최소이며, A → B 구간에서는 (㉢　　) 에너지가 (㉣　　) 에너지로 전환되고, B → C 구간에서는 (㉤　　) 에너지가 (㉥　　) 에너지로 전환된다.

02 물체의 에너지에 대한 설명으로 옳은 것은 ○, 옳지 <u>않은</u> 것은 ×로 표시하시오. (단, 공기 저항이나 마찰은 무시한다.)

(1) 위치 에너지와 운동 에너지의 합은 항상 일정하게 보존된다. ·········· (　　)

(2) 물체가 자유 낙하 운동을 하는 동안 운동 에너지는 위치 에너지로 전환된다. ·········· (　　)

(3) 물체를 연직 위로 던져 올리면 감소한 운동 에너지만큼 위치 에너지가 증가한다. ·········· (　　)

03 그림은 질량이 2 kg인 공을 지면인 B점으로부터 5 m 높이인 A점에서 가만히 놓아 떨어뜨린 모습을 나타낸 것이다. (단, 공기 저항은 무시한다.)

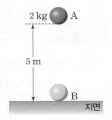

(1) A점에서 공의 위치 에너지는 몇 J인지 쓰시오.

(2) B점에 도달하는 순간 공의 운동 에너지는 몇 J인지 쓰시오.

(3) B점에 도달하는 순간 공의 역학적 에너지는 몇 J인지 쓰시오.

04 그림은 연직 위로 던져 올렸다가 떨어지는 물체의 운동 모습을 나타낸 것이다. 이에 대한 설명으로 옳은 것을 | 보기 |에서 모두 고르시오. (단, 공기 저항은 무시한다.)

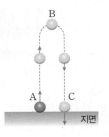

| 보기 |
ㄱ. A → B 구간에서 운동 에너지는 위치 에너지로 전환된다.
ㄴ. B → C 구간에서 운동 에너지는 감소한다.
ㄷ. 역학적 에너지는 B점에서가 C점에서보다 크다.

05 그림은 A점에서 C점까지 운동하는 진자의 모습을 나타낸 것이다. (단, 공기 저항은 무시한다.)

(1) A점, B점, C점에서 각각 위치 에너지의 크기를 등호나 부등호로 비교하시오.

(2) A점, B점, C점에서 각각 운동 에너지의 크기를 등호나 부등호로 비교하시오.

(3) A점, B점, C점에서 각각 역학적 에너지의 크기를 등호나 부등호로 비교하시오.

탐구 | 자유 낙하 하는 물체의 역학적 에너지

 과정

❶ 쇠구슬의 질량을 측정한다.

❷ 그림과 같이 투명 플라스틱 관과 자를 설치한 후 투명 플라스틱 관 위쪽 끝을 자의 눈금 100 cm에 맞춘다.

❸ 투명 플라스틱 관의 0 cm, 50 cm인 지점에 각각 속력 측정기를 설치하고 아래에 종이컵을 둔다.

❹ 투명 플라스틱 관을 통해 쇠구슬을 떨어뜨린 후, 투명 플라스틱 관의 0 cm, 50 cm인 지점의 속력을 측정하여 기록한다.

❺ 이 과정을 3회 반복하여 평균값을 구한다.

탐구 시 유의점

쇠구슬이 낙하하는 동안 투명 플라스틱 관에 부딪치지 않도록 조심한다.

결과

1. 쇠구슬의 질량 : 0.2 kg

2. 쇠구슬의 평균 속력

높이(cm)	쇠구슬의 속력(m/s)			
	1회	2회	3회	평균
50	3.15	3.11	3.13	3.13
0	4.41	4.45	4.43	4.43

3. 쇠구슬의 역학적 에너지(0 cm인 지점이 기준면)

높이(cm)	위치 에너지(J)	운동 에너지(J)	역학적 에너지(J)
100	1.96	0	1.96
50	0.98	0.98	1.96
0	0	1.96	1.96

정리

• 쇠구슬이 자유 낙하 하는 동안 감소한 위치 에너지만큼 운동 에너지가 증가한다.

• 쇠구슬의 높이에 관계없이 위치 에너지와 운동 에너지의 합인 역학적 에너지는 항상 일정하게 보존된다.

정답과 해설 27쪽

탐구 알약

01 위 실험에 대한 설명으로 옳은 것은 ○, 옳지 않은 것은 ×로 표시하시오.

(1) 쇠구슬이 자유 낙하 할 때 운동 에너지가 위치 에너지로 전환된다. ⋯⋯⋯⋯⋯⋯⋯ ( )

(2) 쇠구슬이 자유 낙하 할 때 위치 에너지가 감소한 양과 운동 에너지가 증가한 양은 같다. ⋯ ( )

(3) 쇠구슬의 역학적 에너지는 투명 플라스틱 관의 50 cm인 지점을 지날 때 최대이다. ⋯⋯⋯ ( )

02 위 실험에서 쇠구슬이 어느 높이를 지날 때의 위치 에너지가 1 J이었다. 이 높이에서 쇠구슬의 운동 에너지는 몇 J인가?

① 0.96 J   ② 1 J   ③ 1.90 J

④ 1.96 J   ⑤ 2.96 J

03 그림은 질량이 2 kg인 공을 지면인 B점으로부터 2 m 높이인 A점에서 가만히 놓아 떨어뜨린 모습을 나타낸 것이다.

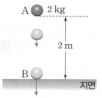

물체의 위치 에너지와 운동 에너지가 같은 지점은 지면으로부터 몇 m 떨어진 지점인가? (단, 공기 저항은 무시한다.)

 서술형

04 공이 자유 낙하 하는 동안 공의 역학적 에너지 변화와 전환 과정에 대해 서술하시오.

KEY

위치 에너지, 운동 에너지

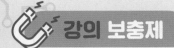

역학적 에너지 전환과 보존

❶ 공기 저항이 없을 때, 위치 에너지와 운동 에너지의 합인 역학적 에너지는 항상 일정하게 보존된다고 배웠지~? 연직 위로 던져 올린
물체와 자유 낙하 하는 물체의 역학적 에너지 전환과 보존에 대해 조금 더 자세히 알아보자!

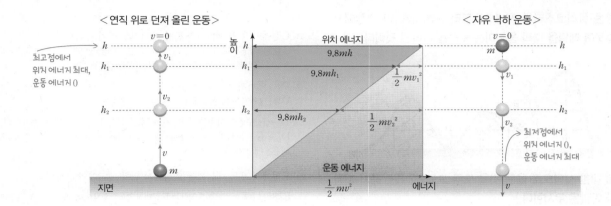

01 연직 위로 던져 올린 운동

질량이 m인 물체를 처음 위치인 지면에서 v의 속력으로 연직 위로 던져 올릴 때는 운동 에너지만 존재하므

로, 이때 위치 에너지와 운동 에너지의 합인 역학적 에너지는 $\frac{1}{2}mv^2$이야~ 그리고 물체가 올라가는 동안 물

체의 운동 에너지는 위치 에너지로 전환되면서 감소한 운동 에너지만큼 위치 에너지가 증가하는 거지! 즉, 공

기 저항이 없다면 역학적 에너지는 항상 일정하게 보존되므로 h_2에서 h_1로 올라가는 동안 감소한 운동 에너

지는 $\frac{1}{2}mv_2^2-\frac{1}{2}mv_1^2$이고, 증가한 위치 에너지는 $9.8mh_1-9.8mh_2$야~ 이를 정리하면 $9.8mh_1+\frac{1}{2}mv_1^2$

(h_1에서의 역학적 에너지)$=9.8mh_2+\frac{1}{2}mv_2^2$($h_2$에서의 역학적 에너지)이 돼~

물체가 최고 높이인 h에 도달하는 순간 운동 에너지가 모두 위치 에너지로 전환되어 운동 에너지는 0이 되고, 위치 에

너지가 최대가 되면서 역학적 에너지는 $9.8mh$가 되는 거야~

02 자유 낙하 운동

질량이 m인 물체가 처음 위치인 h에 정지해 있을 때는 위치 에너지만 존재하므로, 이때 역학적 에너지는 $9.8mh$야~

그리고 물체에 중력만 작용하여 자유 낙하 하는 동안 물체의 위치 에너지는 운동 에너지로 전환되면서 감소한 위치 에

너지만큼 운동 에너지가 증가하는 거지! 즉, 공기 저항이 없다면 역학적 에너지는 항상 일정하게 보존되므로 h_1에서

h_2로 자유 낙하 하는 동안 감소한 위치 에너지는 $9.8mh_1-9.8mh_2$이고, 증가한 운동 에너지는 $\frac{1}{2}mv_2^2-\frac{1}{2}mv_1^2$이야~

이를 정리하면 $9.8mh_1+\frac{1}{2}mv_1^2$($h_1$에서의 역학적 에너지)$=9.8mh_2+\frac{1}{2}mv_2^2$($h_2$에서의 역학적 에너지)이 돼~

물체가 지면에 도달하는 순간 위치 에너지가 모두 운동 에너지로 전환되어 위치 에너지는 0이 되고, 운동 에너지는 최

대가 되면서 역학적 에너지는 $\frac{1}{2}mv^2$이 되는 거야~

정답과 해설 27쪽

그림은 질량이 1 kg인 공을 지면으로부터 10 m 높이에서 가만히 놓아 떨어뜨린 모습을 나타낸 것이다. (단, 공기
저항은 무시한다.)

예제 01 공이 지면으로부터 6 m 높이를 지날 때 공의 운동 에너지는 몇 J인가?

예제 02 공이 지면으로부터 6 m 높이를 지날 때 공의 역학적 에너지는 몇 J인가?

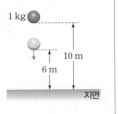

유형 ① 롤러코스터의 운동

그림은 롤러코스터가 지면으로부터 6 m 높이인 A점에서 출발하여 레일을 따라 움직이는 모습을 나타낸 것이다.

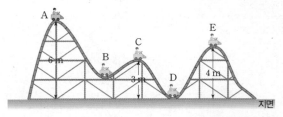

이에 대한 설명으로 옳은 것을 <u>모두</u> 고르면? (단, 공기 저항이나 마찰은 무시한다.)

① C점에서 위치 에너지와 운동 에너지의 크기는 다르다.
② 위치 에너지가 가장 큰 곳은 D점이다.
③ D→E 구간에서 위치 에너지는 감소하고, 운동 에너지는 증가한다.
④ E점에서 운동 에너지는 A점에서 위치 에너지의 $\frac{1}{3}$배이다.
⑤ 운동 에너지의 크기는 D>B>C>E>A이다.

롤러코스터 운동에서 역학적 에너지의 이해를 묻는 문제가 자주 출제돼! 역학적 에너지 전환에 대해 잘 알아두자~

①̶ C점에서 위치 에너지와 운동 에너지의 크기는 다르다.
→ C점에서 운동 에너지의 크기는 A점에서 C점까지 감소한 위치 에너지의 크기와 같아~ C점에서 운동 에너지의 크기와 위치 에너지의 크기는 같아!

②̶ 위치 에너지가 가장 큰 곳은 D점이다.
→ D점은 높이가 가장 낮으므로 위치 에너지가 가장 작아~

③̶ D→E 구간에서 위치 에너지는 감소하고, 운동 에너지는 증가한다.
→ D→E 구간에서는 높이가 높아지면서 위치 에너지는 증가하고, 속력이 줄어들면서 운동 에너지는 감소해~!

④ E점에서 운동 에너지는 A점에서 위치 에너지의 $\frac{1}{3}$배이다.
→ E점에서 운동 에너지는 A점에서 E점까지 감소한 위치 에너지와 같으므로 A점에서 위치 에너지의 $\frac{1}{3}$배가 돼~!

⑤ 운동 에너지의 크기는 D>B>C>E>A이다.
→ 운동 에너지의 크기가 큰 순서는 위치 에너지가 감소한 크기 순서로 비교하면 되므로 D>B>C>E>A가 되는 거야!

답 : ④, ⑤

롤러코스터가 내려갈 때 : 위치 에너지→ 운동 에너지로 전환
롤러코스터가 올라갈 때 : 운동 에너지→ 위치 에너지로 전환

유형 ② 자유 낙하 하는 물체의 운동

그림과 같이 질량이 2 kg인 공을 A점에서 가만히 놓아 떨어뜨렸다. 이에 대한 설명으로 옳지 않은 것을 <u>모두</u> 고르면? (단, 공기 저항은 무시한다.)

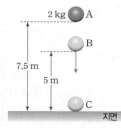

① A점에서 공의 역학적 에너지는 147 J이다.
② B점에서 공의 운동 에너지는 49 J이다.
③ B점에서 공의 속력은 7 m/s이다.
④ B점에서 공의 역학적 에너지는 98 J이다.
⑤ C점에서 공의 운동 에너지는 49 J이다.

물체가 자유 낙하 할 때 역학적 에너지 전환과 보존을 묻는 문제가 출제돼~ 각 지점에서의 위치 에너지와 운동 에너지에 대해 잘 알아두자!

① A점에서 공의 역학적 에너지는 147 J이다.
→ A점에서는 속력이 0이니까 운동 에너지는 0이고, 역학적 에너지는 위치 에너지와 같아 A점에서 위치 에너지는 (9.8×2) N×7.5 m=147 J이야~!

② B점에서 공의 운동 에너지는 49 J이다.
→ A점에서 B점까지 낙하하는 동안 감소한 위치 에너지는 공의 운동 에너지로 전환되지! 2.5 m를 낙하하였으니까 감소한 위치 에너지인 (9.8×2) N×2.5 m=49 J만큼이 운동 에너지가 되겠지!

③ B점에서 공의 속력은 7 m/s이다.
→ B점에서의 운동 에너지가 49 J이고, 운동 에너지는 $\frac{1}{2}$×질량×(속력)^{2}으로 구할 수 있어~ 따라서 B점에서 공의 속력은 7 m/s가 되는 거야~

④̶ B점에서 공의 역학적 에너지는 98 J이다.
→ 공이 자유 낙하 하는 동안 역학적 에너지는 보존되겠지? 따라서 B점에서 공의 역학적 에너지는 A점에서의 공의 역학적 에너지와 같은 147 J이야~

⑤̶ C점에서 공의 운동 에너지는 49 J이다.
→ C점에서는 공이 지면에 도달한 것이므로 위치 에너지는 0이 돼! 이때 공의 운동 에너지는 공의 역학적 에너지와 같겠지? 따라서 C점에서 공의 운동 에너지는 147 J이 되는 거야!

답 : ④, ⑤

공기 저항을 무시하면 역학적 에너지는 보존!

유형 클리닉

유형 ③ 비스듬히 던져 올린 물체의 운동

그림은 질량이 2 kg인 공을 10 m/s의 속력으로 비스듬하게 던져 올린 모습을 나타낸 것이다. 이에 대한 설명으로 옳지 않은 것은? (단, 공기 저항은 무시한다.)

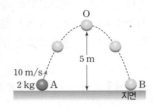

① A점에서 공의 운동 에너지는 100 J이다.
② O점에서 공의 역학적 에너지는 100 J이다.
③ O점에서 공의 운동 에너지는 0이다.
④ A → O 구간에서 공의 운동 에너지가 위치 에너지로 전환된다.
⑤ O → B 구간에서 공의 위치 에너지가 운동 에너지로 전환된다.

비스듬한 방향으로 물체를 던졌을 때의 역학적 에너지 전환을 묻는 문제가 출제되므로, 이 운동의 에너지 전환에 대해 잘 알아두자~

① A점에서 공의 운동 에너지는 100 J이다.
→ A점에서 공의 운동 에너지는 $\frac{1}{2} \times 2 \text{ kg} \times (10 \text{ m/s})^2 = 100$ J이야~

② O점에서 공의 역학적 에너지는 100 J이다.
→ 공기 저항을 무시할 때 역학적 에너지는 항상 일정하게 보존되므로, O점에서 공의 역학적 에너지는 A점에서 공의 역학적 에너지, 즉 A점에서 공의 운동 에너지와 같은 100 J이 되는 거야!

 O점에서 공의 운동 에너지는 0이다.
→ O점에서 위치 에너지는 (9.8 × 2) N × 5 m = 98 J이니까 O점에서 공의 운동 에너지는 역학적 에너지 100 J에서 98 J을 뺀 2 J이 되는 거야~ O점에서는 공의 수평 방향의 속력이 있으므로 운동 에너지는 0이 아니야!

④ A → O 구간에서 공의 운동 에너지가 위치 에너지로 전환된다.
→ A → O 구간에서는 공의 속력이 감소하기 때문에 운동 에너지가 위치 에너지로 전환돼~

⑤ O → B 구간에서 공의 위치 에너지가 운동 에너지로 전환된다.
→ O → B 구간에서는 공의 속력이 증가하기 때문에 위치 에너지가 운동 에너지로 전환돼~

답: ③

비스듬하게 던져 올린 물체의 운동에서 최고점의 속력 ≠ 0

유형 ④ 진자의 왕복 운동

그림은 A점과 B점 사이를 왕복 운동하는 진자를 나타낸 것이다. 이에 대한 설명으로 옳지 않은 것은? (단, 공기 저항은 무시한다.)

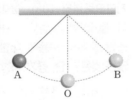

① A점에서 운동 에너지가 가장 크다.
② B점에서 운동 에너지는 0이다.
③ 위치 에너지는 O점에서 가장 작다.
④ A → O 구간에서 위치 에너지는 감소한다.
⑤ B → O 구간에서 운동 에너지는 증가한다.

진자의 왕복 운동에서 역학적 에너지의 이해를 묻는 문제가 출제돼~ 공기 저항이 없을 때, 역학적 에너지는 항상 일정하게 보존된다는 것을 잘 기억해~!

 A점에서 운동 에너지가 가장 크다.
→ A점에서는 속력이 0이므로 운동 에너지가 0이고, 위치 에너지는 최대야~!

② B점에서 운동 에너지는 0이다.
→ B점에서는 속력이 0이므로 운동 에너지가 0이야!

③ 위치 에너지는 O점에서 가장 작다.
→ O점에서의 높이가 다른 지점에 비해 가장 낮으므로 위치 에너지는 가장 작지!

④ A → O 구간에서 위치 에너지는 감소한다.
→ A → O 구간에서는 높이가 낮아지기 때문에 위치 에너지는 감소하고 있어~

⑤ B → O 구간에서 운동 에너지는 증가한다.
→ B → O 구간에서는 감소하는 위치 에너지가 운동 에너지로 전환되어 운동 에너지는 증가해~!

답: ①

역학적 에너지 = 위치 에너지 + 운동 에너지 = 일정

❶ 역학적 에너지 전환

[01~02] 그림은 롤러코스터가 레일을 따라 움직이고 있는 모습을 나타낸 것이다. (단, 공기 저항이나 마찰은 무시한다.)

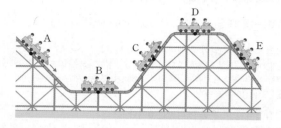

01 위치 에너지가 운동 에너지로만 전환되는 구간을 모두 고르면?

① A → B 구간
② A → C 구간
③ B → C 구간
④ C → D 구간
⑤ D → E 구간

02 이 롤러코스터의 운동에 대한 설명으로 옳은 것은? ★중요

① B점에서 롤러코스터의 속력이 가장 빠르다.
② D점의 역학적 에너지가 가장 크다.
③ A점의 운동 에너지는 D점의 역학적 에너지와 같다.
④ B → C 구간에서 역학적 에너지가 감소한다.
⑤ C점에서의 역학적 에너지가 E점에서의 역학적 에너지보다 크다.

03 그림은 롤러코스터가 레일을 따라 움직이고 있는 모습을 나타낸 것이다. 최고점인 A점을 출발한 롤러코스터가 최저점인 B점을 지날 때의 속력이 2배가 되게 하려면 A점의 높이는 원래 높이의 몇 배가 되어야 하는가? (단, 공기 저항이나 마찰은 무시하며, B점을 위치 에너지의 기준면으로 한다.)

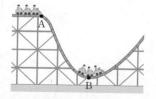

① 2배　　　　② 3배　　　　③ 4배
④ 6배　　　　⑤ 16배

04 그림과 같이 질량이 4 kg인 물체를 지면에서 10 m/s의 속력으로 연직 위로 던져 올렸다. 지면으로부터 높이가 5 m인 지점을 지나는 순간 물체의 운동 에너지는 몇 J인가? (단, 공기 저항은 무시한다.)

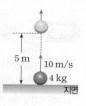

① 2 J　　　　② 4 J　　　　③ 9.6 J
④ 9.8 J　　　　⑤ 19.6 J

05 그림은 선반의 서로 다른 높이에 위치한 두 물체 A와 B를 나타낸 것이다. 두 물체를 가만히 놓아 떨어뜨렸을 때, 물체가 지면에 닿는 순간의 A와 B의 속력의 제곱 차($v_B{}^2 - v_A{}^2$)는? (단, 공기 저항은 무시한다.)

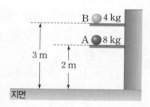

① 9.8 (m/s)²　　② 19.6 (m/s)²　　③ 39.2 (m/s)²
④ 48.4 (m/s)²　　⑤ 58.8 (m/s)²

❷ 역학적 에너지 보존

06 그림과 같이 질량이 2 kg인 물체를 지면으로부터 10 m 높이에서 가만히 놓아 떨어뜨렸다. 물체가 지면으로 떨어지는 동안 물체의 운동에 대한 설명으로 옳지 않은 것은? (단, 공기 저항은 무시한다.)

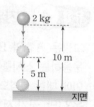

① 5 m 높이에서 위치 에너지는 98 J이다.
② 5 m 높이에서 운동 에너지는 98 J이다.
③ 5 m 높이에서 역학적 에너지는 98 J이다.
④ 10 m 높이에서 역학적 에너지는 196 J이다.
⑤ 지면에 닿는 순간의 운동 에너지는 196 J이다.

07 그림과 같이 질량이 5 kg인 물체를 지면으로부터 10 m 높이에서 가만히 놓아 떨어뜨렸다. 물체가 지면에 닿는 순간 물체의 속력은 몇 m/s인가? (단, 공기 저항은 무시한다.) ★중요

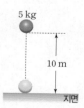

① 11 m/s　　　② 12 m/s
③ 13 m/s　　　④ 14 m/s
⑤ 15 m/s

08 그림과 같이 질량이 1 kg인 물체를 지면으로부터 높이가 4 m인 A점에서 가만히 놓아 떨어뜨렸다. 이에 대한 설명으로 옳은 것은? (단, 공기 저항은 무시한다.)

① A점에서 위치 에너지는 0이다.
② C점에서 역학적 에너지가 가장 크다.
③ D점에서 운동 에너지는 9.8 J이다.
④ B점에서 운동 에너지 : D점에서 위치 에너지＝2 : 1 이다.
⑤ A → B 구간에서 감소한 위치 에너지는 D → E 구간 에서 증가한 운동 에너지와 같다.

09 그림은 야구공을 지면에서 9.8 m/s 의 속력으로 연직 위로 던져 올리는 모습을 나타낸 것이다. 이 야구공이 올라갈 수 있는 최고 높이는 몇 m인가? (단, 공기 저항은 무시한다.)

① 1.9 m   ② 2.9 m   ③ 3.9 m
④ 4.9 m   ⑤ 9.8 m

10 그림과 같이 질량이 2 kg인 공을 빗면의 A점에서 가만히 놓았더니 B점을 7 m/s의 속력으로 통과하였다.

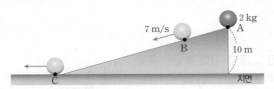

이에 대한 설명으로 옳은 것을 |보기|에서 모두 고른 것은? (단, 공기 저항이나 마찰은 무시한다.)

┌─ 보기 ─────────────────────────────
│ ㄱ. A점에서 공의 역학적 에너지는 196 J이다.
│ ㄴ. B점의 높이는 7.5 m이다.
│ ㄷ. C점을 통과하는 공의 속력은 14 m/s이다.
└────────────────────────────────────

① ㄱ   ② ㄴ   ③ ㄱ, ㄷ
④ ㄴ, ㄷ   ⑤ ㄱ, ㄴ, ㄷ

11 그림은 비스듬하게 던져 올린 공의 운동을 나타낸 것이다.

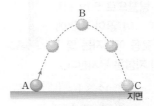

이에 대한 설명으로 옳지 <u>않은</u> 것은? (단, 공기 저항은 무시한다.)

① A점에서 위치 에너지는 0이다.
② B점에서 운동 에너지는 0이다.
③ A → B 구간에서 위치 에너지가 증가한다.
④ B → C 구간에서 역학적 에너지는 일정하다.
⑤ A점에서 운동 에너지는 C점에서 운동 에너지와 같다.

[12~13] 그림은 질량이 2 kg인 공을 10 m/s의 속력으로 비스듬하게 던져 올린 모습을 나타낸 것이다. (단, 공기 저항은 무시한다.)

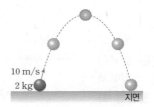

12 공이 가장 높이 올라간 높이가 5 m일 때, 5 m 높이에서 공의 운동 에너지는 몇 J인가?

① 1 J   ② 2 J   ③ 3 J
④ 4 J   ⑤ 5 J

13 최고점에서 공의 운동 에너지가 41.2 J이라면, 이때 공이 올라간 최고점의 높이는 몇 m인가?

① 1 m   ② 2 m   ③ 3 m
④ 4 m   ⑤ 5 m

14 그림과 같이 질량이 100 g인 공을 지면으로부터 5 m 높이인 지점에서 수평 방향으로 5 m/s의 속력으로 던졌다. 이 공이 지면에 도달하는 순간 운동 에너지는 몇 J인가? (단, 공기 저항은 무시한다.)

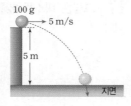

① 6.15 J
② 12.3 J
③ 18.45 J
④ 24.6 J
⑤ 30.75 J

15 그림은 A점과 B점 사이를 왕복 운동하는 진자를 나타낸 것이다. 이에 대한 설명으로 옳은 것은? (단, 공기 저항은 무시한다.)

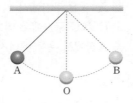

① A점에서 운동 에너지가 최대이다.
② A → O 구간에서 위치 에너지가 증가한다.
③ O → B 구간에서 운동 에너지가 증가한다.
④ B점에서 위치 에너지는 O점에서 위치 에너지보다 크다.
⑤ O점에서 역학적 에너지는 B점에서 역학적 에너지보다 작다.

[16~17] 그림은 질량이 5 kg인 물체가 A점에서 출발하여 왕복 운동을 하다가 B점에서 줄과 분리되어 C점까지 낙하하는 모습을 나타낸 것이다. (단, 줄의 질량, 공기 저항과 마찰은 무시한다.)

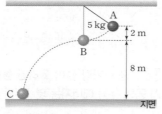

16 B점을 지날 때 물체의 운동 에너지는 몇 J인가?

① 6 J
② 12 J
③ 24.5 J
④ 49 J
⑤ 98 J

17 물체가 지면에 닿는 순간인 C점에서의 속력은 몇 m/s인가?

① 3.5 m/s
② 7 m/s
③ 14 m/s
④ 28 m/s
⑤ 56 m/s

서술형 문제

18 그림과 같이 진공 중에서 낙하하는 질량이 10 kg인 공이 A점과 B점을 통과하는 순간의 속력이 각각 20 m/s, 40 m/s였다. 공이 A점에서 B점까지 이동하는 동안 감소한 위치 에너지를 풀이 과정과 함께 서술하시오.

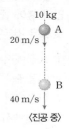

 위치 에너지 감소량＝운동 에너지 증가량

19 그림은 반원형 그릇에 쇠구슬을 A점에서 가만히 놓았을 때 쇠구슬이 A점과 B점 사이를 왕복 운동하는 모습을 나타낸 것이다. A점과 B점의 높이가 같을 때, A → O 구간과 O → B 구간에서 어떤 에너지 전환이 일어나는지 서술하시오. (단, 공기 저항과 마찰은 무시한다.)

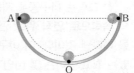

 위치 에너지 감소 ⇨ 운동 에너지 증가
운동 에너지 감소 ⇨ 위치 에너지 증가

20 그림과 같이 동일한 공을 같은 높이에서 A, B, C, D의 각각 다른 방향으로 같은 속력으로 던졌다. A~D 방향으로 던진 공이 지면에 도달하는 순간의 속력을 비교하고, 그렇게 생각한 까닭을 서술하시오. (단, 공기 저항은 무시한다.)

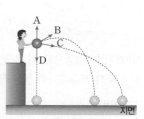

 역학적 에너지 보존

21 그림과 같이 질량이 같은 물체 A와 B를 지면으로부터 동일한 높이에서 차례대로 가만히 놓아 떨어뜨렸다.

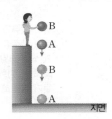

이에 대한 설명으로 옳은 것을 |보기|에서 모두 고른 것은? (단, 공기 저항은 무시한다.)

| 보기 |
ㄱ. B를 떨어뜨린 직후부터 A가 지면에 도달하기 전까지 A와 B의 역학적 에너지는 같다.
ㄴ. A가 지면에 도달하기 전까지 A와 B의 속력 차는 증가한다.
ㄷ. A가 지면에 도달하기 전까지 A와 B의 위치 에너지 차는 증가한다.

① ㄱ 　　② ㄴ 　　③ ㄷ
④ ㄱ, ㄷ 　　⑤ ㄴ, ㄷ

22 그림은 질량이 1 kg인 물체를 A점에서 가만히 놓아 떨어뜨리는 모습을 나타낸 것이다. 지면을 기준면으로 할 때 A점과 C점에서의 위치 에너지 차와 B점과 D점에서의 위치 에너지 차는 180 J이고, C점에서의 속력은 B점에서의 속력의 3배이다. 이에 대한 설명으로 옳은 것을 |보기|에서 모두 고른 것은? (단, 1 kg에 해당하는 중력은 10 N이며, 공기 저항은 무시한다.)

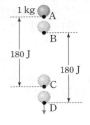

| 보기 |
ㄱ. A점과 B점에서의 운동 에너지 변화량은 20 J이다.
ㄴ. B점과 C점 사이의 거리는 16 m이다.
ㄷ. D점을 지나는 순간 물체의 속력은 20 m/s이다.

① ㄱ 　　② ㄷ 　　③ ㄱ, ㄴ
④ ㄴ, ㄷ 　　⑤ ㄱ, ㄴ, ㄷ

23 그림은 질량이 m kg인 물체를 반원형 그릇의 A점에 가만히 놓았을 때 물체가 그릇의 B점을 지나 C점을 통과하는 모습을 나타낸 것이다. 지면으로부터 A점과 C점까지의 높이는 각각 4 m, 2 m이며, 물체의 운동 에너지는 C점이 B점의 2배이다.

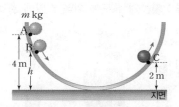

이에 대한 설명으로 옳은 것을 |보기|에서 모두 고른 것은? (단, 공기 저항과 마찰은 무시한다.)

| 보기 |
ㄱ. h는 3 m이다.
ㄴ. 물체의 속력은 C점에서가 B점에서의 2배이다.
ㄷ. 물체가 A점에서 B점까지 운동하는 동안 중력이 물체에 한 일은 $29.4m$ J이다.

① ㄱ 　　② ㄴ 　　③ ㄷ
④ ㄱ, ㄷ 　　⑤ ㄴ, ㄷ

24 그림은 빗면에 가만히 놓은 물체가 빗면 위의 A점, B점을 각각 v_A, v_B의 속력으로 미끄러져 내려간 후, 지면의 C점을 v_C의 속력으로 통과하는 모습을 나타낸 것이다.

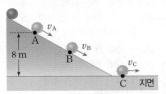

$v_A : v_B : v_C = 1 : 2 : 3$일 때, 이에 대한 설명으로 옳은 것을 |보기|에서 모두 고른 것은? (단, 공기 저항과 마찰은 무시한다.)

| 보기 |
ㄱ. 각 점에서 물체의 운동 에너지의 비는 A : B : C = 1 : 4 : 9이다.
ㄴ. 지면을 기준면으로 할 때, A점에서의 운동 에너지와 위치 에너지의 비는 1 : 8이다.
ㄷ. B점의 높이는 지면으로부터 5 m이다.
ㄹ. 질량이 2배인 물체를 사용하면 v_A, v_B, v_C 모두 2배로 증가한다.

① ㄱ, ㄴ 　　② ㄱ, ㄹ 　　③ ㄱ, ㄴ, ㄷ
④ ㄴ, ㄷ, ㄹ 　　⑤ ㄱ, ㄴ, ㄷ, ㄹ

2 전기 에너지의 발생과 전환

• 자석의 운동에 의해 전류가 발생하는 현상을 관찰하고, 역학적 에너지가 전기 에너지로 전환됨을 설명할 수 있다.
• 가정에서 전기 에너지가 다양한 형태의 에너지로 전환되는 예를 들고, 이를 소비 전력과 관련지어 설명할 수 있다.

❶ 전기 에너지의 발생

1 전자기 유도 : 코일 주위에서 자석을 움직이거나 자석 주위에서 코일을 움직일 때, 코일을 통과하는 자기장이 변하여 코일에 전류가 유도되어 흐르는 현상

2 유도 전류 : 전자기 유도에 의해 코일에 흐르는 전류 → 코일에 자석을 가까이할 때와 멀리할 때 코일을 통과하는 자기장이 변하여 코일에 전류가 흘러~

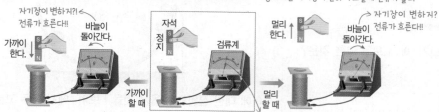

(1) **유도 전류의 방향** : 코일에 자석을 가까이할 때와 멀리할 때 유도 전류는 서로 반대 방향으로 흐른다. → 검류계의 바늘을 보면 알 수 있어~ 바늘이 반대로 이동하지!

(2) **유도 전류의 세기** : 코일의 감은 수가 많을수록, 강한 자석을 움직일수록, 자석이나 코일을 빠르게 움직일수록 유도 전류의 세기가 세진다.
➡ 코일을 지나는 자기장의 변화가 클수록 전류가 더 세게 흐른다.

(3) **전자기 유도의 이용** : 발전기, 발전소, 자가 발전 손전등, 전자 기타, 발광 인라인스케이트, 교통 카드 판독기, 금속 탐지기, 마이크 등

3 발전기 : 전자기 유도를 이용하여 역학적 에너지를 전기 에너지로 전환하는 장치

▲ 발전기의 구조

(1) **발전기의 원리** : 자석 사이에서 코일이 회전(역학적 에너지)하면 자기장이 변하여 유도 전류(전기 에너지)가 발생한다. → 영구 자석과 그 사이에서 회전할 수 있는 코일로 이루어져 있어~

(2) **발전소** : 연료, 물, 바람 등을 이용하여 발전기를 작동시키면 전자기 유도가 일어나 전기 에너지가 발생한다.

구분	화력 발전	수력 발전	풍력 발전
원리	화석 연료를 연소시켜 물을 끓이고 물이 끓을 때 발생한 증기로 터빈을 회전시킨다.	높은 곳의 물이 아래로 내려오며 발전기에 연결된 터빈을 회전시킨다.	바람의 힘으로 발전기에 연결된 터빈을 회전시킨다.
에너지 전환	화석 연료의 화학 에너지 → 수증기의 역학적 에너지 → 발전기의 역학적 에너지 → 전기 에너지	물의 위치 에너지 → 물의 운동 에너지 → 발전기의 역학적 에너지 → 전기 에너지	바람의 역학적 에너지 → 발전기의 역학적 에너지 → 전기 에너지

❷ 전기 에너지의 전환

1 에너지의 전환과 보존 → 에너지는 한 종류로만 존재하는 것이 아니라 한 종류의 에너지에서 다른 종류의 에너지로 끊임없이 변해~

(1) **에너지 전환** : 에너지는 한 형태에서 다른 형태로 전환된다.

예	에너지 전환	예	에너지 전환
건전지	화학 에너지 → 전기 에너지	자동차	화학 에너지 → 운동 에너지
광합성	빛에너지 → 화학 에너지	미끄럼틀	위치 에너지 → 운동 에너지
형광등	전기 에너지 → 빛에너지	오디오	전기 에너지 → 소리 에너지

(2) **에너지 보존** : 에너지는 다른 형태로 전환될 때 새로 생기거나 없어지지 않고, 에너지의 총량은 항상 일정하게 보존된다. → 에너지가 전환될 때는 우리가 의도한 형태의 에너지뿐만 아니라 일부는 다른 형태의 에너지(열에너지 등)로 전환되기도 하지~

📌 자동차에 공급된 화학 에너지는 전기 에너지(빛에너지+소리 에너지), 열에너지, 운동 에너지로 전환된다. ➡ 에너지 보존 : 화학 에너지＝전기 에너지(빛에너지+소리 에너지)+열에너지+운동 에너지

⊖ 비타민

유도 전류가 발생하는 까닭
코일 내부를 통과하는 자기장이 변하게 되면 코일은 그 변화를 상쇄시키려고 하며, 변화를 상쇄하는 자기장을 만들기 위해 코일 내부에 유도 전류가 흐르게 된다.

교통 카드 판독기의 원리
버스 등에 설치된 단말기에서 전송한 전파가 교통 카드의 메모리 칩에서 유도 전류를 발생시켜 칩에 담긴 정보를 단말기로 전송한다.

발전기와 전동기
• 발전기 : 자석 사이에서 코일을 회전시킬 때 전류가 발생하는 전자기 유도를 이용하여 역학적 에너지를 전기 에너지로 전환한다.
• 전동기 : 자석이 만드는 자기장 속에서 전류가 흐르는 코일이 받는 힘을 이용하여 전기 에너지를 역학적 에너지로 전환한다.

터빈
프로펠러 모양의 회전체로 기체나 액체의 흐름에 의해 회전한다.

화학 에너지
화학 결합에 의해 물질 속에 저장된 에너지로, 우리가 먹는 음식이나 건전지, 각종 연료에는 화학 에너지가 저장되어 있다.

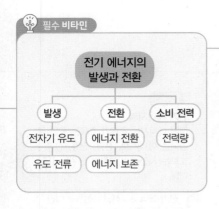

필수 비타민

전기 에너지의
발생과 전환

발생 · 전환 · 소비 전력
전자기 유도 · 에너지 전환 · 전력량
유도 전류 · 에너지 보존

용어 & 개념 체크

❶ 전기 에너지의 발생

01 코일 주위에서 자석을 움직일 때 코일에 전류가 흐르는 현상을 □□□ □□라고 한다.

02 전자기 유도에 의해 코일에 흐르는 전류를 □□ □□라고 한다.

03 발전기는 전자기 유도를 이용하여 □□□ 에너지를 전기 에너지로 전환한다.

04 화력 발전에서는 화석 연료의 □□ 에너지를 전기 에너지로 전환한다.

❷ 전기 에너지의 전환

05 에너지는 한 형태에서 다른 형태로 전환될 수 있으며, 이때 에너지의 총량은 항상 일정하게 □□된다.

---

01 전자기 유도에 대한 설명으로 옳은 것은 ○, 옳지 않은 것은 ×로 표시하시오.

(1) 코일을 통과하는 자기장의 변화로 인해 나타나는 현상이다. ( )
(2) 코일 주변에 자석이 있으면 항상 전자기 유도가 나타난다. ( )
(3) 코일에 자석을 가까이할 때와 멀리할 때 코일에 흐르는 전류의 방향은 같다. ( )
(4) 전자기 유도는 자가 발전 손전등, 발광 인라인스케이트 등에 이용된다. ( )

02 그림과 같이 코일과 전구를 연결하고 자석의 운동 상태를 변화시킬 때, 전구에 불이 들어오는 경우를 |보기|에서 모두 고르시오.

보기
ㄱ. 코일에 자석을 가까이 가져간다.
ㄴ. 코일을 자석으로부터 멀어지게 한다.
ㄷ. 코일 속에 강한 자석을 가만히 넣어 둔다.
ㄹ. 자석의 극을 바꾸어 코일에 가까이 가져간다.

03 다음은 자석이나 코일을 움직여 유도 전류를 발생시키는 모습을 나타낸 것이다.

유도 전류가 같은 방향으로 흐르는 것끼리 짝지으시오.

04 다음은 발전기의 구조와 원리에 대한 설명을 나타낸 것이다. 빈칸에 알맞은 말을 쓰시오.

발전기는 영구 자석과 (㉠)로 이루어져 있으며, (㉠)이 회전하면서 자기장이 변할 때 전류가 흐르는 (㉡)를 이용한다. 이때 발전기에서는 (㉢) 에너지가 (㉣) 에너지로 전환된다.

05 에너지의 전환과 보존에 대한 설명으로 옳은 것은 ○, 옳지 않은 것은 ×로 표시하시오.

(1) 하나의 에너지는 다른 하나의 에너지로만 전환된다. ( )
(2) 건전지는 화학 에너지가 전기 에너지로 전환되는 예이다. ( )
(3) 에너지는 다른 형태로 전환될 때 새로 생길 수는 있지만 없어지지는 않는다. ( )

2 전기 에너지의 발생과 전환

2 **전기 에너지의 이용** ⌐→ 전류가 흐를 때 공급되는 에너지 : 전기 에너지는 쉽게 전달할 수 있고, 각종 전기 기구를 통해 다른 형태의 에너지로 쉽게 전환되며, 환경 오염을 일으키지 않는다는 장점이 있어 널리 이용되고 있다. └→ 빛, 열, 소리 등

> 전기 에너지의 전환이 이루어질 때는 한 가지 에너지로만 전환되는 것이 아니라 두 가지 이상의 에너지로 동시에 전환되기도 해~ 예를 들어 텔레비전에서는 전기 에너지가 빛에너지, 소리 에너지, 열에너지 등으로 전환돼!

3 **전기 에너지의 전환**

전기 에너지가 전환되는 에너지	예
빛에너지	전등, 텔레비전 등
열에너지	전기난로, 전기다리미 등
소리 에너지	라디오, 오디오, 텔레비전 등
운동 에너지	세탁기, 선풍기, 믹서 등
화학 에너지	배터리 충전 등

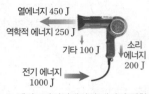

열에너지 450 J
역학적 에너지 250 J
기타 100 J
소리 에너지 200 J
전기 에너지 1000 J

▲ 헤어드라이어에서의 에너지 전환

❸ 소비 전력과 전력량

> 소비 전력과 전기 에너지는 헷갈리기 쉬워~! 소비 전력은 '단위 시간당 소모되는 에너지'라고 기억하자!

1 **소비 전력** : 전기 기구가 1초 동안 사용하는 전기 에너지의 양

$$소비 전력(W) = \frac{전기 에너지(J)}{시간(s)}$$

(1) **단위** : W(와트), kW(킬로와트) 1 kW = 1000 W
(2) **1 W** : 1 J의 전기 에너지를 1초 동안 사용할 때의 전력
(3) **전기 기구의 소비 전력** : 전기 기구가 안정적으로 작동될 수 있는 정격 전압을 연결했을 때 단위 시간 동안 전기 기구가 소비하는 전기 에너지 →전기 기구의 종류에 따라 소비 전력이 달라~!
　　예 220 V - 100 W인 선풍기는 220 V의 전원에 연결하면 1초에 100 J의 전기 에너지를 사용한다. └→ 소비 전력이 작을수록 전기 에너지를 절약할 수 있어~

2 **소비 전력과 에너지 전환**

[밝기가 같은 형광등과 LED 전구가 1초 동안 소비하고 방출하는 에너지의 양]
• 1초 동안 두 전구가 방출하는 빛에너지의 양은 6 J로 같다.
• 1초 동안 형광등은 6 J, LED 전구는 2 J의 열에너지를 각각 방출한다.
• 에너지 보존에 의해 형광등이 소비한 전기 에너지는 6 J + 6 J = 12 J, LED 전구가 소비한 전기 에너지는 6 J + 2 J = 8 J이다. 따라서 형광등의 소비 전력은 12 W, LED 전구의 소비 전력은 8 W이다.
➡ 같은 시간 동안 같은 양의 빛에너지를 얻을 때, **소비 전력이 작은 전구일수록 전기 에너지를 더 효율적으로 사용한다.** →불필요하게 낭비되는 에너지가 적기 때문이야~!

빛에너지(6 J)
빛에너지(6 J)
열에너지 (6 J)
열에너지 (2 J)
형광등　전기 에너지 (12 J)
LED 전구　전기 에너지 (8 J)

3 **전력량** : 전기 기구가 일정 시간 동안 사용한 전기 에너지의 총량

$$전력량(Wh) = 소비 전력(W) \times 사용 시간(h)$$

(1) **단위** : Wh(와트시), kWh(킬로와트시) 1 kWh = 1000 Wh
(2) **1 Wh** : 소비 전력이 1 W인 전기 기구를 1시간 동안 사용했을 때의 전력량
4 **에너지의 효율적 이용** → 에너지 소비 효율 등급이 높을수록 에너지 소비가 줄어들어!
(1) **에너지 소비 효율 등급** : 전기 기구에는 에너지 소비 효율에 따라 1등급부터 5등급까지 나누어 표시한다. ➡ 1등급으로 갈수록 전기 에너지를 효율적으로 이용하는 가전제품이다.
(2) **에너지 절약 표시** : 전기 에너지를 효율적으로 소비하는 전기 기구나 대기 전력이 작은 가전제품에 표시한다.

⊖ **비타민**

전기 에너지의 크기
전기 에너지는 전류가 흐르는 동안 공급되는 에너지로, 전압, 전류, 전류가 흐르는 시간에 비례하며 단위는 J(줄)이다.

> 전기 에너지 = 전압 × 전류 × 시간

열화상 사진기로 본 두 전구 비교

(가) (나)

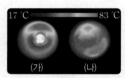

17 ℃　83 ℃
(가) (나)

두 전구 (가)와 (나)는 빛의 밝기가 거의 같지만 소비 전력이 큰 (가)가 (나)보다 더 많은 열에너지를 방출하고 있다.

전기 요금
각 가정에서 사용한 전기 에너지의 양은 전력량계로 측정하는데, 측정한 전력량은 kWh의 단위로 각 가정에 고지되며 이를 기준으로 전기 요금이 부과된다.

가전제품에 붙이는 에너지 소비 효율 관련 표시

소비 효율 등급
소비 전력량
이산화 탄소 배출량
세부 제품 정보
연간 에너지 비용

▲ 에너지 효율 등급 표시

에너지절약
▲ 에너지 절약 표시

대기 전력
전기 기구를 사용하지 않고 있어도 플러그가 콘센트에 연결되어 있으면 전력을 소비한다. 이때 소비되는 전력을 대기 전력이라고 한다.

용어&개념 체크

06 전등은 전기 에너지가 ☐에 너지로 전환되는 예이다.

❸ **소비 전력과 전력량**

07 전기 기구가 1초 동안 사용하는 전기 에너지의 양을 ☐☐☐☐이라고 하며, 단위로는 ☐, ☐☐를 사용한다.

08 같은 성능을 가진 전기 기구라도 소비 전력이 ☐☐수록 전기 에너지를 절약할 수 있다.

09 전기 기구가 일정 시간 동안 사용한 전기 에너지의 총량을 ☐☐☐☐이라고 하며, 단위로는 ☐☐, ☐☐☐☐를 사용한다.

06 각 전기 기구에서 전기 에너지가 주로 전환되는 에너지의 형태를 옳게 연결하시오.

(1) 전기난로 •　　　　　　　　　• ㉠ 빛에너지
(2) 오디오 •　　　　　　　　　• ㉡ 열에너지
(3) 전구 •　　　　　　　　　• ㉢ 소리 에너지
(4) 세탁기 •　　　　　　　　　• ㉣ 운동 에너지

07 그림은 선풍기를 사용할 때 에너지가 전환되는 모습을 나타낸 것이다. 전기 에너지로부터 전환된 역학적 에너지는 몇 J인지 쓰시오.

소리 에너지 300 J
열에너지 500 J
역학적 에너지 ☐ J
전기 에너지 2000 J
선풍기

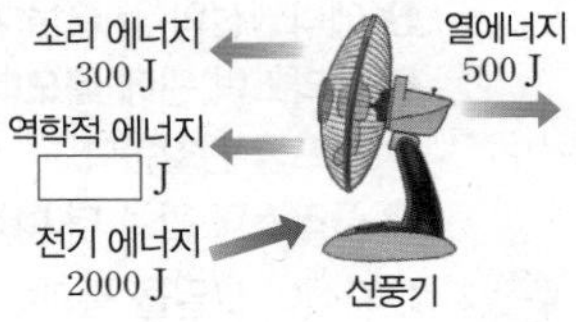

08 소비 전력과 전력량에 대한 설명으로 옳은 것은 ○, 옳지 않은 것은 ×로 표시하시오.

(1) 소비 전력은 전기 기구가 1시간 동안 사용하는 전기 에너지의 양이다. ── (　)
(2) 소비 전력은 전기 기구의 종류에 상관없이 모두 같다. ────── (　)
(3) 전력량은 전기 기구가 일정 시간 동안 사용한 전기 에너지의 총량이다. ── (　)
(4) 소비 전력이 클수록 같은 시간 동안 사용하는 전기 에너지의 양이 많다. ── (　)

09 다음 물음에 답하시오.

(1) 5초 동안 1200 J의 에너지를 사용하는 전기 기구의 소비 전력은 몇 W인지 쓰시오.
(2) 소비 전력이 125 W인 전기 기구를 8초 동안 사용했을 때 사용한 전기 에너지는 몇 J인지 쓰시오.
(3) 10초 동안 600 J의 에너지를 사용하는 전기 기구를 3시간 동안 사용하는 경우의 전력량은 몇 Wh인지 쓰시오.
(4) 소비 전력이 110 W인 선풍기를 매일 2시간 동안 15일을 사용하는 경우의 전력량은 몇 Wh인지 쓰시오.

10 표는 어느 날 풍식이가 집에서 사용한 전기 기구의 소비 전력, 일일 사용 시간, 개수를 나타낸 것이다.

구분	소비 전력	일일 사용 시간	개수
선풍기	45 W	3시간	2개
배터리 충전기	18 W	5시간	1개
텔레비전	85 W	2시간	1개
전구	10 W	6시간	6개
라디오	3 W	2시간	2개

(1) 이날 하루 동안 풍식이가 집에서 사용한 전기 기구를 전력량이 큰 것부터 순서대로 나열하시오.
(2) 이날 풍식이가 사용한 총 전력량은 몇 Wh인지 쓰시오.

탐구 | 전기 에너지가 만들어지는 원리

[탐구 1] 손 발전기 만들기

과정

❶ 투명한 플라스틱 관에 에나멜선을 촘촘히 감아 코일을 만든다.
❷ 에나멜선의 양 끝을 사포로 벗긴 후 발광 다이오드와 연결한다.
❸ 플라스틱 관에 네오디뮴 자석을 넣고 양 끝을 마개로 닫은 후 플라스틱 관을 좌우로 흔들면서 발광 다이오드를 관찰한다.
❹ 플라스틱 관을 더 빠르게 흔들면서 발광 다이오드를 관찰한다.

결과
1. 자석이 코일을 통과하도록 플라스틱 관을 흔들면 발광 다이오드에 불이 켜지고, 흔드는 동안 불이 켜졌다 꺼졌다를 반복한다.
2. 플라스틱 관을 더 빠르게 흔들면 발광 다이오드의 불이 더 밝아진다.

정리 플라스틱 관을 흔들면 자석의 역학적 에너지가 전기 에너지로 전환되고, 발광 다이오드에서 전기 에너지가 다시 빛에너지로 전환되면서 발광 다이오드에 불이 켜진다.

탐구 시 유의점
· 플라스틱 관에 에나멜선을 같은 두께로 고르게 감는다.
· 플라스틱 관을 흔들 때 자석이 빠져나가지 않도록 주의한다.

[탐구 2] 자석을 이용한 전기 에너지의 발생

과정 ❶ 코일과 검류계를 연결한 후, 자석을 코일에 천천히 가까이하면서 검류계 바늘의 움직임을 관찰한다.
❷ 코일 속에 자석을 넣고 움직이지 않을 때 검류계 바늘의 움직임을 관찰한다.
❸ 자석을 코일에서 천천히 멀어지게 하면서 검류계 바늘의 움직임을 관찰한다.

결과

과정	❶	❷	❸
검류계 바늘이 움직이는 방향	왼쪽	움직이지 않는다.	오른쪽

정리 · 자석을 코일에 가까이하거나 멀리할 때에만 코일에 전류가 흐른다.
➡ 자석의 역학적 에너지가 전기 에너지로 전환된다.
· 자석을 코일에 가까이할 때와 멀리할 때 유도 전류가 반대 방향으로 흐른다.

탐구 알약

정답과 해설 32쪽

01 위 실험에 대한 설명으로 옳은 것은 ○, 옳지 <u>않은</u> 것은 ×로 표시하시오.

(1) **[탐구 1]**에서 플라스틱 관을 흔드는 동안 발광 다이오드의 불이 켜졌다 꺼졌다를 반복한다. ········ ( )

(2) **[탐구 1]**에서 플라스틱 관을 천천히 흔들수록 발광 다이오드의 밝기는 더 밝아진다. ········ ( )

(3) **[탐구 2]**에서 코일 속에 자석을 넣고 움직이지 않을 때 코일에 전류가 가장 세게 흐른다. ·········· ( )

(4) **[탐구 2]**에서 자석을 코일에 가까이할 때와 멀리할 때 유도 전류의 방향이 달라진다. ········ ( )

(5) **[탐구 1], [탐구 2]**에서 역학적 에너지가 전기 에너지로 전환되는 것을 알 수 있다. ·········· ( )

서술형
02 그림은 전자기 유도 실험 장치를 나타낸 것이다.

코일에 연결된 전구에 불이 켜지는 경우를 <u>한 가지 이상</u> 서술하시오.

KEY 자석과 코일의 움직임

유형 클리닉

유형 ① 전자기 유도

그림과 같이 코일에 전구를 연결하고 자석을 코일에 가까이 하였다.

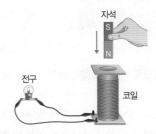

이에 대한 설명으로 옳은 것을 | 보기 |에서 모두 고른 것은?

보기
ㄱ. 자석의 N극을 코일에 가까이하면 전구에 불이 켜진다.
ㄴ. 자석을 코일 속에 넣고 가만히 있을 때 전구의 밝기가 가장 밝다.
ㄷ. 교통 카드 판독기, 마이크, 발전기 등은 이 원리를 이용한 것이다.

① ㄱ   ② ㄴ   ③ ㄷ
④ ㄱ, ㄴ   ⑤ ㄱ, ㄷ

> 코일을 통과하는 자기장의 변화로 전류가 유도되는 전자기 유도에 대해 묻는 문제가 자주 출제돼~! 어떤 원리로 전자기 유도가 나타나는지 알아두자!

ㄱ 자석의 N극을 코일에 가까이하면 전구에 불이 켜진다.
→ 자석의 N극을 코일에 가까이하면 코일을 지나는 자기장이 변하기 때문에 유도 전류가 발생해서 전구에 불이 켜져~

ㄴ 자석을 코일 속에 넣고 가만히 있을 때 전구의 밝기가 가장 밝다.
→ 전자기 유도는 자기장의 변화가 있을 때만 발생해~ 자석이 정지해 있으면 자기장의 변화가 없기 때문에 전구에 불이 켜지지 않아!

ㄷ 교통 카드 판독기, 마이크, 발전기 등은 이 원리를 이용한 것이다.
→ 교통 카드 판독기, 마이크, 발전기 등은 전자기 유도의 원리를 이용한 장치야~!

답 : ⑤

> 코일을 통과하는 자기장의 변화 ⇨ 전자기 유도!

유형 ② 전력량

표는 LED 전구와 백열전구의 정격 전압과 소비 전력을 각각 나타낸 것이다. 각각의 전구에 220 V의 전압을 걸어 5시간 동안 사용하였다.

LED 전구	백열전구
220 V－5 W	220 V－44 W

백열전구를 사용할 때보다 LED 전구를 사용할 때 절약되는 소비 전력량은?

① 190 Wh   ② 195 Wh   ③ 200 Wh
④ 205 Wh   ⑤ 210 Wh

> 소비 전력과 전력량에 관련된 문제가 출제돼~! 소비 전력과 전력량의 의미를 알고 계산 방법을 이해하도록 하자!

① 190 Wh
② 195 Wh
③ 200 Wh
④ 205 Wh
⑤ 210 Wh

→ LED 전구의 소비 전력은 5 W, 백열전구의 소비 전력은 44 W야~ 전력량은 소비 전력×시간!! 따라서 각 전구를 5시간 동안 사용했을 때 소비 전력량은 LED 전구의 경우 5 W×5 h＝25 Wh이고, 백열전구의 경우 44 W×5 h＝220 Wh가 되는 거야~! 그러므로 백열전구보다 LED 전구를 사용했을 때 220 W h－25 Wh＝195 Wh만큼 절약할 수 있어!

답 : ②

> 전력량(Wh)＝소비 전력(W)×사용 시간(h)

❶ 전기 에너지의 발생

01 그림은 전구와 코일을 연결하고 자석을 코일 속으로 넣는 모습을 나타낸 것이다. 이에 대한 설명으로 옳지 <u>않은</u> 것을 <u>모두</u> 고르면?

① 강한 자석을 코일 속에 넣고 가만히 두면 전구에 불이 켜진다.
② 자석을 코일 속으로 넣을 때 전구에 불이 켜진다.
③ 자석의 움직임에 의해 코일에 흐르는 전류를 유도 전류라고 한다.
④ 자석의 극을 반대로 하여 코일 속으로 넣을 때 전구의 불이 꺼진다.
⑤ 코일 속에 있던 자석을 밖으로 빼서 멀리할 때 전자기 유도가 일어난다.

02 ★중요 그림 (가)는 코일 위에서 자석을 움직이지 않고 고정시킨 모습을, (나)는 자석을 코일 속으로 넣는 모습을 나타낸 것이다.

(가)   (나)

이에 대한 설명으로 옳은 것을 |보기|에서 모두 고른 것은?

┌─ 보기 ┐
ㄱ. (가)에서 코일에 전류가 흐른다.
ㄴ. (나)에서 코일 내부의 자기장이 변한다.
ㄷ. (나)에서 자석을 위로 올리면 검류계 바늘의 회전 방향이 반대가 된다.
└─────┘

① ㄱ   ② ㄴ   ③ ㄱ, ㄷ
④ ㄴ, ㄷ   ⑤ ㄱ, ㄴ, ㄷ

03 전자기 유도를 이용한 예를 옳게 짝지은 것은?

① 마이크, 전구
② 발전기, 전동기
③ 전동기, 금속 탐지기
④ 교통 카드 판독기, 선풍기
⑤ 교통 카드 판독기, 금속 탐지기

04 그림 (가)와 (나)는 각각 수력 발전과 풍력 발전을 나타낸 것이다.

(가) 수력 발전   (나) 풍력 발전

이에 대한 설명으로 옳은 것을 |보기|에서 모두 고른 것은?

┌─ 보기 ┐
ㄱ. (가)는 물의 열에너지를 이용한 발전 방법이다.
ㄴ. (나)는 바람의 역학적 에너지를 이용한 발전 방법이다.
ㄷ. (가)와 (나) 모두 전자기 유도를 이용한 발전 방법이다.
└─────┘

① ㄱ   ② ㄴ   ③ ㄱ, ㄷ
④ ㄴ, ㄷ   ⑤ ㄱ, ㄴ, ㄷ

05 ★중요 다음은 손 발전기를 만드는 실험을 나타낸 것이다.

[실험 과정]
(가) 플라스틱 관에 코일을 감고 코일 양 끝에 발광 다이오드를 연결한다.
(나) 플라스틱 관에 네오디뮴 자석을 넣고 마개를 닫는다.
(다) 플라스틱 관을 좌우로 흔들어 발광 다이오드의 변화를 관찰한다.

이에 대한 설명으로 옳은 것을 |보기|에서 모두 고른 것은?

┌─ 보기 ┐
ㄱ. 정전기 유도를 알아보기 위한 실험이다.
ㄴ. (다)에서 전기 에너지가 역학적 에너지로 전환된다.
ㄷ. 플라스틱 관을 빠르게 흔들수록 발광 다이오드의 밝기가 밝아진다.
└─────┘

① ㄱ   ② ㄷ   ③ ㄱ, ㄴ
④ ㄴ, ㄷ   ⑤ ㄱ, ㄴ, ㄷ

❷ 전기 에너지의 전환

06 에너지가 전환되는 과정으로 옳지 <u>않은</u> 것은?

① 광합성 : 열에너지 → 화학 에너지
② 건전지 : 화학 에너지 → 전기 에너지
③ 자동차 : 화학 에너지 → 운동 에너지
④ 텔레비전 : 전기 에너지 → 빛에너지
⑤ 미끄럼틀 : 위치 에너지 → 운동 에너지

07 그림은 전기 에너지가 전환되는 다양한 형태의 에너지를 나타낸 것이다. 주로 A~D의 에너지 전환 과정을 거치는 전기 기구를 옳게 짝지은 것은?

	A	B	C	D
①	전기난로	세탁기	라디오	믹서
②	전구	텔레비전	라디오	세탁기
③	선풍기	전구	세탁기	텔레비전
④	라디오	믹서	전기난로	선풍기
⑤	전기밥솥	전구	믹서	라디오

08 ★중요 그림은 헤어드라이어에서 에너지가 전환되는 모습을 나타낸 것이다. 이에 대한 설명으로 옳은 것을 |보기|에서 모두 고른 것은?

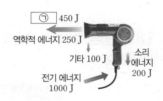

┌─보기──────────────────────┐
ㄱ. ㉠은 열에너지이다.
ㄴ. 소비되는 전기 에너지의 양보다 전환되는 에너지 전체의 양이 더 많다.
ㄷ. 전기 에너지의 공급을 중단하면 역학적 에너지는 전기 에너지로 전환된다.
└──────────────────────────┘

① ㄱ   ② ㄴ   ③ ㄱ, ㄷ
④ ㄴ, ㄷ   ⑤ ㄱ, ㄴ, ㄷ

09 다음은 세탁기를 사용할 때 나타나는 현상에 대한 설명을 나타낸 것이다.

┌──────────────────────────┐
세탁기를 돌리면 윙윙거리는 소리와 함께 세탁조가 회전하면서 빨래가 돌아간다. 또 이 과정에서 세탁기의 본체는 따뜻해진다.
└──────────────────────────┘

세탁기에서 전기 에너지가 전환되어 나타나는 에너지로 옳은 것을 |보기|에서 모두 고른 것은?

┌─보기──────────────────────┐
ㄱ. 열에너지   ㄴ. 화학 에너지   ㄷ. 역학적 에너지
ㄹ. 핵에너지   ㅁ. 소리 에너지
└──────────────────────────┘

① ㄱ, ㄴ   ② ㄱ, ㄷ, ㅁ   ③ ㄴ, ㄷ, ㄹ
④ ㄴ, ㄹ, ㅁ   ⑤ ㄷ, ㄹ, ㅁ

❸ 소비 전력과 전력량

10 소비 전력과 전력량에 대한 설명으로 옳지 않은 것은?

① 소비 전력의 단위는 W(와트)이다.
② 전력량은 소비 전력과 시간의 곱으로 나타낼 수 있다.
③ 1 Wh의 전력량은 3600 kJ의 전기 에너지에 해당한다.
④ 같은 시간 동안 사용한 전력량은 전기 기구마다 다르다.
⑤ 소비 전력은 1초 동안 전기 기구가 사용하는 전기 에너지의 양이다.

11 1분 동안 15 kJ의 전기 에너지를 사용하는 라디오의 소비 전력과, 이 라디오를 3시간 동안 사용할 때 소비한 전력량을 옳게 짝지은 것은?

	소비 전력	전력량		소비 전력	전력량
①	150 W	300 Wh	②	150 W	450 Wh
③	250 W	250 Wh	④	250 W	750 Wh
⑤	300 W	900 Wh			

12 ★중요 소비 전력이 60 W인 선풍기를 매일 3시간씩 30일 동안 사용할 때, 30일 동안 선풍기가 소비한 전력량은 몇 kWh인가?

① 1.8 kWh   ② 2.4 kWh   ③ 3.6 kWh
④ 4.8 kWh   ⑤ 5.4 kWh

13 다음은 서로 다른 전기 기구에 대한 설명을 나타낸 것이다.

┌──────────────────────────┐
• 50초 동안 1750 J을 소비한 형광등의 소비 전력
  =(A) W
• 소비 전력이 150 W인 텔레비전이 5초 동안 소비한 전기 에너지=(B) J
• 1초에 1000 J을 소비하는 전기난로를 90분 동안 켜 두었을 때 사용한 전력량=(C) kWh
└──────────────────────────┘

A~C에 들어갈 값을 옳게 비교한 것은?

① A>B>C   ② A>C>B   ③ B>A>C
④ C>A>B   ⑤ C>B>A

14 표는 어느 가정에서 하루 동안 사용한 전기 기구의 사용 시간을 조사하여 나타낸 것이다. ★중요

전기 기구 정격 전압−소비 전력	형광등 220 V−80 W	다리미 220 V−1 kW	에어컨 220 V−2 kW
사용 시간	8시간	30분	1시간

이에 대한 설명으로 옳은 것을 | 보기 |에서 모두 고른 것은?

┌ 보기 ┐
ㄱ. 소비 전력이 가장 큰 것은 형광등이다.
ㄴ. 사용한 전력량이 가장 많은 것은 에어컨이다.
ㄷ. 가장 많은 전기 에너지를 소비한 것은 다리미이다.

① ㄱ   ② ㄴ   ③ ㄱ, ㄷ
④ ㄴ, ㄷ   ⑤ ㄱ, ㄴ, ㄷ

[15~16] 그림은 1초 동안 형광등과 LED 전구가 소비하고 방출하는 에너지를 나타낸 것이다.

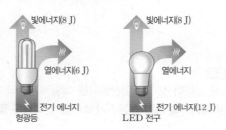

15 이에 대한 설명으로 옳은 것을 | 보기 |에서 모두 고른 것은?

┌ 보기 ┐
ㄱ. 형광등이 1초 동안 소비하는 전기 에너지는 14 J이다.
ㄴ. 같은 양의 빛에너지를 방출하는 동안 방출하는 열에너지의 양은 LED 전구가 형광등보다 적다.
ㄷ. 같은 양의 전기 에너지를 소비할 때 방출하는 빛에너지의 양은 형광등보다 LED 전구가 더 많다.

① ㄱ   ② ㄴ   ③ ㄱ, ㄷ
④ ㄴ, ㄷ   ⑤ ㄱ, ㄴ, ㄷ

16 형광등과 LED 전구를 동시에 3시간 동안 사용하였을 때, 두 전구가 소비한 전력량의 차는?

① 2 Wh   ② 4 Wh   ③ 6 Wh
④ 8 Wh   ⑤ 9 Wh

서술형 문제

17 그림은 플라스틱 관에 코일을 감은 뒤 발광 다이오드와 연결하고, 플라스틱 관 속에 네오디뮴 자석을 넣어 만든 손 발전기를 나타낸 것이다. 손 발전기를 흔들 때 발광 다이오드에 불이 들어오는 까닭과 에너지 전환 과정을 서술하시오.

KEY   전자기 유도, 역학적 에너지, 전기 에너지

18 그림은 자동차가 움직일 때 에너지가 전환되는 과정을 나타낸 것이다.

소비되는 화학 에너지와 전환되는 에너지의 관계를 식으로 나타내고, 그렇게 생각한 까닭을 서술하시오.

KEY   에너지 보존

19 그림은 소비 전력이 1460 W인 전기난로를 나타낸 것이다.

표시된 소비 전력이 의미하는 것은 무엇인지 쓰고, 30분 동안 전기난로를 사용했을 때 소비되는 전력량을 풀이 과정과 함께 서술하시오.

KEY   소비 전력 = $\dfrac{\text{전기 에너지}}{\text{시간}}$, 전력량 = 소비 전력 × 사용 시간

[20~21] 그림은 A 지점에 정지해 있던 자석을 위쪽 부분에만 코일이 감긴 플라스틱 관 속으로 떨어뜨려 B 지점을 지나는 모습을 나타낸 것이다.

20 이에 대한 설명으로 옳은 것을 | 보기 |에서 모두 고른 것은?

> **보기**
> ㄱ. A에 자석이 정지해 있을 때 코일 내부에는 자기장의 변화가 나타난다.
> ㄴ. 자석이 B를 지난 직후 검류계의 바늘은 0점에 위치한다.
> ㄷ. 만약 자석을 더 빨리 떨어지게 하면 검류계의 바늘은 더 많이 움직인다.

① ㄱ   ② ㄷ   ③ ㄱ, ㄴ
④ ㄴ, ㄷ   ⑤ ㄱ, ㄴ, ㄷ

21 표는 A와 B 지점에서 자석이 가지고 있는 운동 에너지와 위치 에너지를 나타낸 것이다.

지점	운동 에너지	위치 에너지
A	0 J	5 J
B	2.5 J	2 J

이때 A와 B 사이에서 발생한 전기 에너지의 양은 몇 J인가? (단, 공기 저항이나 마찰은 무시한다.)

① 0.5 J   ② 1.0 J   ③ 1.5 J
④ 2.0 J   ⑤ 2.5 J

22 다음은 자전거 발전기의 구조와 작동 원리에 대한 설명을 나타낸 것이다.

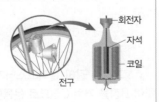

자전거 바퀴가 회전하면 바퀴에 달려 있는 발전기의 축이 돌아가고, 축에 연결된 자석의 회전에 의해 전구에 불이 들어오게 된다.

이에 대한 설명으로 옳은 것을 | 보기 |에서 모두 고른 것은?

> **보기**
> ㄱ. 전자기 유도를 이용한 것이다.
> ㄴ. 바퀴의 회전 속도가 빠를수록 전구의 밝기가 밝아진다.
> ㄷ. 바퀴를 처음과 반대 방향으로 돌리면 전구에 불이 들어오지 않는다.

① ㄱ   ② ㄷ   ③ ㄱ, ㄴ
④ ㄴ, ㄷ   ⑤ ㄱ, ㄴ, ㄷ

23 그림은 풍력 발전을 통해 전기 에너지를 생산할 때 전환되는 에너지의 종류와 비율을 나타낸 것이다.

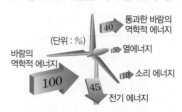

이에 대한 설명으로 옳은 것을 | 보기 |에서 모두 고른 것은?

> **보기**
> ㄱ. 풍력 발전에서 손실되는 에너지의 비율은 55 %이다.
> ㄴ. 발전 과정에서 새로 생기는 에너지의 양은 15 %이다.
> ㄷ. 풍력 발전기로 불어오는 바람의 역학적 에너지가 3 kJ일 때, 발전 가능한 전기 에너지의 양은 1.35 kJ이다.

① ㄱ   ② ㄴ   ③ ㄱ, ㄷ
④ ㄴ, ㄷ   ⑤ ㄱ, ㄴ, ㄷ

[24~25] 그림은 어느 가정에서 사용하는 전기 기구의 소비 전력과 전원에 연결된 모습을 나타낸 것이다.

24 이에 대한 설명으로 옳은 것을 | 보기 |에서 모두 고른 것은?

> **보기**
> ㄱ. 컴퓨터는 1초마다 100 J의 전기 에너지를 소비한다.
> ㄴ. 전기밥솥을 30분 사용할 때의 전력량은 33 kWh이다.
> ㄷ. 냉장고를 2시간 사용할 때보다 텔레비전을 하루 종일 사용할 때 전력량이 더 적다.

① ㄱ   ② ㄷ   ③ ㄱ, ㄴ
④ ㄱ, ㄷ   ⑤ ㄴ, ㄷ

25 표는 어느 가정에서 하루 동안 각 전기 기구를 사용한 시간을 나타낸 것이다.

전기 기구	냉장고	컴퓨터	텔레비전	전기밥솥
사용 시간	24시간	5시간	5시간	1시간

1 kWh당 전기 요금이 100원이라고 할 때, 한 달(30일) 동안 이 가정에 부과되는 전기 요금은 얼마인가?

① 3,800원   ② 11,400원   ③ 38,000원
④ 57,000원   ⑤ 114,000원

01 그림은 자유 낙하 하는 물체의 낙하 거리에 따른 역학적 에너지, 위치 에너지, 운동 에너지의 변화를 나타낸 것이다.

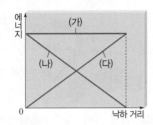

(가)~(다)가 의미하는 것을 옳게 짝지은 것은? (단, 공기 저항은 무시한다.)

	(가)	(나)	(다)
①	역학적 에너지	위치 에너지	운동 에너지
②	역학적 에너지	운동 에너지	위치 에너지
③	위치 에너지	운동 에너지	역학적 에너지
④	위치 에너지	역학적 에너지	운동 에너지
⑤	운동 에너지	위치 에너지	역학적 에너지

02 그림과 같이 A점에 정지해 있던 물체가 떨어지며 B점을 지나고 있다. A점에서의 위치 에너지와 같은 값을 가지는 것은? (단, 공기 저항은 무시한다.)

① A점에서의 운동 에너지
② B점에서의 위치 에너지
③ B점에서의 운동 에너지
④ B점에서의 역학적 에너지
⑤ 지면에서의 위치 에너지

03 그림은 연직 위로 던져 올린 공의 운동을 나타낸 것이다. 이에 대한 설명으로 옳은 것을 |보기|에서 모두 고른 것은? (단, 공기 저항은 무시한다.)

┌ 보기 ┐
ㄱ. 역학적 에너지는 C점에서가 A점에서보다 크다.
ㄴ. 위치 에너지의 크기는 A=B=C이다.
ㄷ. 운동 에너지의 크기는 A>B>C이다.

① ㄱ   ② ㄴ   ③ ㄷ
④ ㄱ, ㄴ   ⑤ ㄴ, ㄷ

04 물체를 지면으로부터 14 m 높이에서 가만히 놓아 떨어뜨렸다. 지면을 기준면으로 할 때, 이 물체의 운동 에너지가 위치 에너지의 6배가 되는 지점의 높이는 몇 m인가? (단, 공기 저항은 무시한다.)

① 2 m   ② 3 m   ③ 4 m
④ 5 m   ⑤ 6 m

05 그림과 같이 질량이 2 kg인 공을 지면으로부터 2.5 m 높이에서 가만히 놓아 떨어뜨렸다. 공이 지면에 닿는 순간 공의 속력은 몇 m/s인가? (단, 공기 저항은 무시한다.)

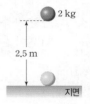

① 1 m/s   ② 3 m/s   ③ 5 m/s
④ 7 m/s   ⑤ 9 m/s

06 그림과 같이 질량이 4 kg인 물체를 지면으로부터 35 m인 높이에서 가만히 놓아 떨어뜨렸다. 위치 에너지와 운동 에너지의 비가 3 : 2인 지점의 높이는 몇 m인가? (단, 공기 저항은 무시한다.)

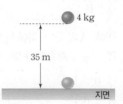

① 7 m   ② 11 m   ③ 14 m
④ 17 m   ⑤ 21 m

07 그림과 같이 롤러코스터가 정지 상태에서 A점을 출발하여 B점을 거쳐 C점으로 운동하고 있다.

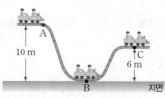

C점에서 롤러코스터의 위치 에너지와 운동 에너지의 비는? (단, 공기 저항이나 마찰은 무시한다.)

① 1 : 2   ② 2 : 1   ③ 2 : 3
④ 3 : 2   ⑤ 4 : 1

08 그림과 같이 A점에 정지해 있던 롤러코스터가 출발하여 레일을 따라 움직였다.

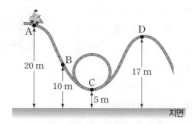

이에 대한 설명으로 옳은 것은? (단, 공기 저항이나 마찰은 무시한다.)

① A점에서 역학적 에너지가 가장 크다.
② B점은 위치 에너지보다 운동 에너지가 크다.
③ B → C 구간에서는 위치 에너지가 증가한다.
④ B점과 C점에서의 위치 에너지의 비는 1 : 2이다.
⑤ C점과 D점에서의 운동 에너지의 비는 5 : 1이다.

[09~10] 그림과 같이 질량이 2 kg인 진자가 A점과 E점 사이를 왕복 운동하고 있다. (단, C점을 기준면으로 하고, 공기 저항은 무시한다.)

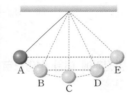

09 이에 대한 설명으로 옳지 <u>않은</u> 것은?

① A점에서는 위치 에너지가 최대이다.
② B점에서는 운동 에너지만 가지고 있다.
③ A점에서의 역학적 에너지는 C점에서의 운동 에너지와 같다.
④ C점에서 D점으로 이동하는 동안 운동 에너지는 감소하고 위치 에너지는 증가한다.
⑤ D점에서 E점으로 이동하는 동안 물체의 높이가 높아지므로 위치 에너지는 증가한다.

10 C점으로부터 A점과 E점의 높이가 각각 2.5 m일 때, 진자가 C점을 지날 때의 속력은 몇 m/s인가?

① 3 m/s   ② 5 m/s   ③ 7 m/s
④ 9 m/s   ⑤ 11 m/s

11 그림과 같이 질량이 2 kg인 물체를 21 m/s의 속력으로 비스듬히 던져 올렸더니 20 m 높이까지 올라갔다.

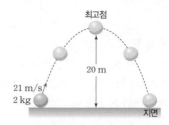

최고점에서 물체의 속력은 몇 m/s인가? (단, 공기 저항은 무시한다.)

① 7 m/s   ② 10 m/s   ③ 13 m/s
④ 16 m/s   ⑤ 19 m/s

12 그림과 같이 지면으로부터 10 km 높이에서 40 m/s의 속력으로 수평 방향으로 비행을 하는 비행기에서 질량이 5 kg인 물체를 가만히 지면을 향해 떨어뜨렸다.

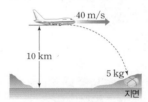

지면에 닿는 순간 물체의 운동 에너지는 몇 J인가? (단, 공기 저항은 무시한다.)

① 247 kJ   ② 494 kJ   ③ 741 kJ
④ 988 kJ   ⑤ 1235 kJ

13 그림과 같이 질량이 1 kg인 진자를 A점에서 가만히 놓았더니 B점을 지나 C점까지 올라가 정지했다.

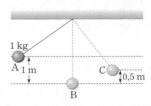

이 과정에서 역학적 에너지가 아닌 다른 에너지로 전환된 역학적 에너지의 크기는 몇 J인가? (단, 실의 질량은 무시한다.)

① 1.9 J   ② 4.9 J   ③ 6.9 J
④ 8.9 J   ⑤ 9.8 J

14 다음은 코일에 유도되는 전류의 세기와 방향을 알아보기 위한 실험을 나타낸 것이다.

[실험 과정]
(가) 코일에 자석의 N극을 가까이한다.
(나) 코일에서 자석의 N극을 멀리한다.
(다) 코일에 (가)보다 빠르게 자석의 N극을 가까이한다.
(라) 코일 속에 자석의 N극을 넣고 가만히 있는다.

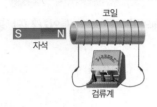

이에 대한 설명으로 옳은 것을 | 보기 | 에서 모두 고른 것은?

보기
ㄱ. 검류계의 바늘이 움직이는 방향은 (가)와 (나)가 같다.
ㄴ. 검류계의 바늘이 회전하는 정도는 (다)가 (가)보다 크다.
ㄷ. (라)에서 검류계의 바늘은 움직이지 않는다.

① ㄱ   ② ㄷ   ③ ㄱ, ㄴ
④ ㄱ, ㄷ   ⑤ ㄴ, ㄷ

15 그림 (가)와 (나)는 플라스틱 관과 코일, 자석, 발광 다이오드를 이용하여 만든 간이 발전기를 좌우로 흔들었을 때 발광 다이오드에 불이 켜지는 모습을 나타낸 것이다. (가)와 (나)에서 각각 자석의 다른 극이 v의 속력으로 코일에 접근하며, 코일의 감은 수는 (나)가 (가)의 2배이다.

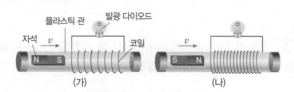

이에 대한 설명으로 옳은 것을 | 보기 | 에서 모두 고른 것은?

보기
ㄱ. 자석의 역학적 에너지가 전기 에너지로 전환된다.
ㄴ. 발광 다이오드의 밝기는 (나)에서가 (가)에서보다 밝다.
ㄷ. 자석이 코일에 가까이 갈 때 전류의 방향은 (가)에서와 (나)에서가 같다.

① ㄱ   ② ㄷ   ③ ㄱ, ㄴ
④ ㄴ, ㄷ   ⑤ ㄱ, ㄴ, ㄷ

16 그림은 코일에 검류계를 연결하고 코일 위에서 자석을 움직이는 모습을 나타낸 것이다. 코일에 흐르는 유도 전류의 세기를 더 세게 할 수 있는 방법을 | 보기 | 에서 모두 고른 것은?

보기
ㄱ. 더 강한 자석을 사용한다.
ㄴ. 자석을 더 빠르게 움직인다.
ㄷ. 감은 수가 더 많은 코일을 사용한다.
ㄹ. 자석의 N극과 S극의 방향을 바꾼다.

① ㄱ, ㄴ   ② ㄱ, ㄹ   ③ ㄷ, ㄹ
④ ㄱ, ㄴ, ㄷ   ⑤ ㄴ, ㄷ, ㄹ

17 그림은 영구 자석과 코일로 이루어진 발전기의 구조를 나타낸 것이다.

발전기에 대한 설명으로 옳은 것을 | 보기 | 에서 모두 고른 것은?

보기
ㄱ. 코일이 회전하면 유도 전류가 발생한다.
ㄴ. 전기 에너지가 역학적 에너지로 전환된다.
ㄷ. 자기장 속에서 전류가 흐르는 코일이 받는 힘을 이용한다.

① ㄱ   ② ㄴ   ③ ㄱ, ㄷ
④ ㄴ, ㄷ   ⑤ ㄱ, ㄴ, ㄷ

18 에너지에 대한 설명으로 옳지 <u>않은</u> 것은?
① 에너지는 한 형태에서 다른 형태로 전환될 수 있다.
② 에너지는 전환 과정에서 새로 생기거나 소멸될 수 있다.
③ 에너지 전환 과정에서 전환 전과 후 에너지의 총합은 일정하다.
④ 사람은 화학 에너지가 저장된 음식을 섭취함으로써 에너지를 얻는다.
⑤ 공기 저항이나 마찰이 있으면 역학적 에너지의 일부가 다른 에너지로 전환된다.

19 우리 주변에서 볼 수 있는 에너지 전환의 예로 옳지 않은 것은?

① 전기장판 : 전기 에너지 → 열에너지
② 불꽃놀이 : 화학 에너지 → 빛에너지
③ 선풍기 : 전기 에너지 → 화학 에너지
④ 풍력 발전 : 역학적 에너지 → 전기 에너지
⑤ 휴대 전화 충전 : 전기 에너지 → 화학 에너지

20 그림은 풍식이가 미끄럼틀을 탈 때 A 에너지가 전환되는 모습을 나타낸 것이다.

이에 대한 설명으로 옳은 것을 | 보기 | 에서 모두 고른 것은?

┌─ 보기 ┐
ㄱ. A는 위치이다.
ㄴ. 바닥에서 운동 에너지는 A 에너지와 크기가 같다.
ㄷ. 미끄럼틀을 타기 전과 후 에너지의 총량은 일정하다.
└──────┘

① ㄴ   ② ㄷ   ③ ㄱ, ㄴ
④ ㄱ, ㄷ   ⑤ ㄱ, ㄴ, ㄷ

21 소비 전력과 전력량, 전기 에너지에 대한 설명으로 옳은 것을 | 보기 | 에서 모두 고른 것은?

┌─ 보기 ┐
ㄱ. 소비 전력의 단위는 J(줄)이다.
ㄴ. 전력량은 소비 전력에 시간을 곱한 값이다.
ㄷ. 전력량의 단위는 Wh(와트시)이다.
ㄹ. 전기 에너지는 전압과 전류의 세기와 시간을 곱한 값이다.
└──────┘

① ㄱ, ㄴ   ② ㄱ, ㄷ   ③ ㄷ, ㄹ
④ ㄱ, ㄴ, ㄹ   ⑤ ㄴ, ㄷ, ㄹ

22 표는 세탁기 (가)와 (나) 각각에 붙어 있는 제품에 대한 세부 사항을 나타낸 것이다.

구분	정격 전압 – 소비 전력	에너지 소비 효율 등급
(가)	220 V – 2200 W	1등급
(나)	220 V – 300 W	2등급

이에 대한 설명으로 옳은 것을 | 보기 | 에서 모두 고른 것은?

┌─ 보기 ┐
ㄱ. (가)를 3시간 동안 사용하면 660 Wh의 전력량을 소비한다.
ㄴ. (나)는 1분에 300 J의 전기 에너지를 소비한다.
ㄷ. (가)의 에너지 효율이 (나)보다 좋다.
└──────┘

① ㄱ   ② ㄷ   ③ ㄱ, ㄴ
④ ㄴ, ㄷ   ⑤ ㄱ, ㄴ, ㄷ

[23 ~ 24] 표는 어느 가정에서 하루 동안 사용한 전기 기구의 소비 전력과 일일 사용 시간을 나타낸 것이다.

전기 기구	정격 전압 – 소비 전력	일일 사용 시간
형광등	220 V – 50 W	8시간
텔레비전	220 V – 200 W	3시간
헤어드라이어	220 V – 900 W	20분
청소기	220 V – 400 W	1시간

23 이에 대한 설명으로 옳은 것을 | 보기 | 에서 모두 고른 것은?

┌─ 보기 ┐
ㄱ. 하루 동안 소비한 총 전력량은 1400 Wh이다.
ㄴ. 하루 동안 사용한 전력량이 가장 큰 것은 텔레비전이다.
ㄷ. 단위 시간당 소비하는 전기 에너지가 가장 큰 것은 텔레비전이다.
└──────┘

① ㄴ   ② ㄷ   ③ ㄱ, ㄴ
④ ㄱ, ㄷ   ⑤ ㄱ, ㄴ, ㄷ

24 1 kWh당 전기 요금이 100원이라고 할 때, 한 달 (30일) 동안 이 가정에 부과되는 전기 요금은 얼마인가?

① 4,100원   ② 4,600원   ③ 5,100원
④ 5,600원   ⑤ 6,100원

01 그림은 롤러코스터가 A점에서 출발하여 레일을 따라 운동하려는 모습을 나타낸 것이다.

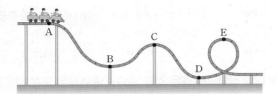

운동 에너지가 감소하는 구간을 <u>모두</u> 쓰고, 그 까닭을 서술하시오. (단, 공기 저항이나 마찰은 무시한다.)

위치 에너지 증가 ⇨ 운동 에너지 감소

---

02 그림과 같이 질량이 m인 물체를 지면으로부터 높이 H인 지점에서 가만히 놓아 떨어뜨렸다.

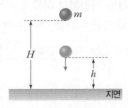

이 물체의 운동 에너지가 위치 에너지의 4배가 되는 높이 h를 구하고, 풀이 과정을 서술하시오. (단, 공기 저항은 무시한다.)

역학적 에너지＝위치 에너지＋운동 에너지

---

03 그림과 같이 질량이 $4\,kg$인 물체를 $10\,m/s$의 속력으로 연직 위로 던져 올렸다. 이 물체가 지면으로부터 $5\,m$ 높이를 지나는 순간의 운동 에너지를 구하고, 풀이 과정을 서술하시오. (단, 공기 저항은 무시한다.)

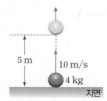

5 m 높이에서의 운동 에너지＝지면에서의 운동 에너지
－5 m 높이에서의 위치 에너지

---

04 그림과 같이 동일한 물체 A, B, C를 같은 높이에서 가만히 놓아 형태가 다른 경사면 위에서 운동시켰다.

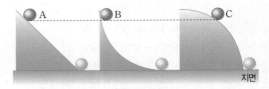

A~C가 지면에 닿는 순간의 속력을 각각 비교하고, 그렇게 생각한 까닭을 역학적 에너지 보존과 관련지어 서술하시오. (단, 공기 저항이나 마찰은 무시한다.)

역학적 에너지 보존

---

05 그림은 비스듬히 던져 올린 공의 운동을 나타낸 것이고, 표는 구간별 공의 높이와 속력에 따른 위치 에너지와 운동 에너지의 변화를 나타낸 것이다.

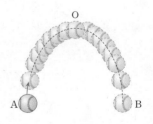

구분	A	A→O	O	O→B	B
높이	0	증가	최대	감소	0
속력	최대	감소	최소	증가	최대
위치 에너지	0	증가	최대	(가)	0
운동 에너지	최대	(나)	최소	증가	최대

(가)와 (나)에 알맞은 말을 쓰고, 역학적 에너지의 전환 과정을 서술하시오. (단, 공기 저항은 무시한다.)

위치 에너지 증가 ⇨ 운동 에너지 감소
운동 에너지 증가 ⇨ 위치 에너지 감소

06 그림은 질량이 1 kg인 공이 일정한 높이에서 떨어져 바닥에 부딪힌 후 다시 튀어오르는 모습을 나타낸 것이다.

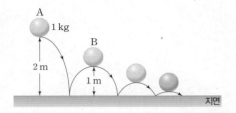

(1) A점과 B점에서 공이 갖는 역학적 에너지의 크기를 등호 또는 부등호를 이용하여 비교하시오.

_____

(2) 공이 바닥에 부딪힌 후 튀어오른 높이가 처음보다 낮아진 까닭을 에너지 전환과 관련지어 서술하시오.

마찰, 공기 저항

_____

07 그림 (가)~(라)는 막대자석 또는 말굽자석을 각각 검류계를 연결한 코일 위쪽에서 운동시키는 모습을 나타낸 것이다.

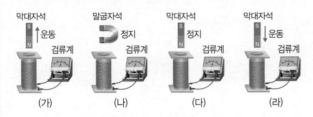

(가)~(라) 중 검류계의 바늘이 회전하는 것을 모두 고르고, 그 까닭을 서술하시오.

코일을 통과하는 자기장의 변화 ⇨ 전자기 유도

_____

08 그림은 휴대 전화로 네비게이션을 작동시키고 있는 모습을 나타낸 것이다. 네비게이션이 작동할 때 전기 에너지는 어떤 에너지로 전환되는지 두 가지 이상의 에너지를 예로 들어 서술하시오.

빛에너지, 소리 에너지, 열에너지

_____

09 그림은 자동차가 운행할 때 일어나는 에너지 전환을 나타낸 것이다.

그림에 나타낸 에너지 외에 다른 에너지로의 손실이 없다고 가정할 때 공급된 연료의 화학 에너지를 구하고, 그렇게 생각한 까닭을 서술하시오.

에너지 보존 법칙

_____

[10~11] 그림은 정격 전압과 소비 전력이 표시되어 있는 전구를 나타낸 것이다.

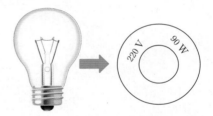

10 이 전구를 정격 전압에 연결하여 30분 동안 사용했을 때 소비된 전력량을 구하고, 풀이 과정을 서술하시오.

전력량＝소비 전력×시간

_____

11 이 전구를 정격 정압에 연결하여 10분 동안 사용했을 때 소비한 전기 에너지를 구하고, 풀이 과정을 서술하시오.

소비 전력
＝1초 동안 전기 기구가 소비하는 전기 에너지의 양

VII

별과 우주

A-ra?

Q. 별의 색깔과 밝기에 영향을 주는 요인은 무엇일까?

1 별까지의 거리

+ · 시차와 거리의 관계를 설명할 수 있다.
· 연주 시차로 별의 거리를 구하는 방법을 설명할 수 있다.

❶ 별의 연주 시차와 거리

1 시차와 거리 → 관측자가 서로 다른 두 지점에서 어떤 물체를 동시에 보았을 때 생기는 방향의 차 또는 두 관측 지점과 물체가 이루는 각

(1) 같은 물체를 볼 때 관측자와 물체의 거리가 멀수록 시차가 작아진다. 시차와 거리는 반비례!

(2) 어떤 물체의 시차를 측정하면 물체까지의 거리를 알 수 있다.

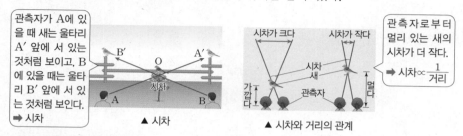

관측자가 A에 있을 때 새는 울타리 A′ 앞에 서 있는 것처럼 보이고, B에 있을 때는 울타리 B′ 앞에 서 있는 것처럼 보인다.
➡ 시차

▲ 시차

관측자로부터 멀리 있는 새의 시차가 더 작다.
➡ 시차 ∝ $\frac{1}{거리}$

▲ 시차와 거리의 관계

2 연주 시차와 별까지의 거리

(1) 연주 시차 : 지구의 공전 궤도상에서 6개월 간격으로 동일한 별을 바라볼 때 생기는 각(시차)의 $\frac{1}{2}$

→ 별의 연주 시차를 측정하기 위해서는 별을 바라보는 두 관측 지점이 최대한 멀리 떨어져 있어야 해. 따라서 지구(관측 지점)가 공전 궤도상에서 가장 멀리 떨어지게 되는 6개월 간격으로 측정하는 거지~

별 S의 시차는 시차가 나타나지 않는 별(매우 멀리 있는 별, 배경별)을 기준으로 측정해~!!

별 S의 연주 시차는 ∠E₁SE₂ × $\frac{1}{2}$이 되겠지?

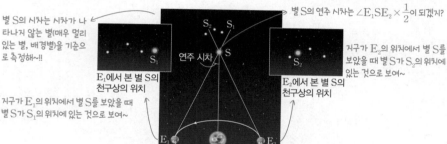

E₁에서 본 별 S의 천구상의 위치

E₂에서 본 별 S의 천구상의 위치

지구가 E₁의 위치에서 별 S를 보았을 때 별 S가 S₁의 위치에 있는 것으로 보여~

지구가 E₂의 위치에서 별 S를 보았을 때 별 S가 S₂의 위치에 있는 것으로 보여~

▲ 지구 공전과 별의 연주 시차

(2) 연주 시차와 별까지의 거리

① 지구로부터 멀리 있는 별일수록 연주 시차가 작고, 가까이 있는 별일수록 연주 시차가 크다. ➡ 연주 시차와 별까지의 거리는 반비례한다.

② 1 pc(파섹) : 연주 시차가 1″인 별까지의 거리

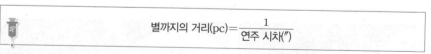

$$별까지의 거리(pc) = \frac{1}{연주 시차(″)}$$

연주 시차를 이용한 별까지의 거리 측정
그림은 별 A와 B를 6개월 간격으로 촬영한 것이다.

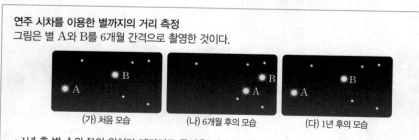

(가) 처음 모습   (나) 6개월 후의 모습   (다) 1년 후의 모습

· 1년 후 별 A와 B의 위치가 제자리로 돌아온 까닭 : 지구가 1년을 주기로 공전하기 때문
· 연주 시차 : A>B ➡ 별까지의 거리 : B>A

③ 단위 : 각도로 나타내며, 값이 매우 작기 때문에 ″(초) 단위를 사용한다.

④ 한계 : 대부분의 별들은 지구에서 멀리 떨어져 있어서 연주 시차가 매우 작아 측정하기 어렵다. ➡ 연주 시차는 100 pc 이내의 비교적 가까운 거리에 있는 별까지의 거리를 구하는 데 이용된다.
→ 멀리 있는 별은 연주 시차가 매우 작아서 측정하기 어렵다.

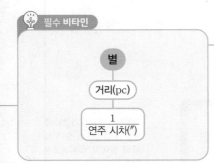

별

거리(pc)

$$\frac{1}{연주\ 시차('')}$$

용어 & 개념 체크

❶ 별의 연주 시차와 거리

01 같은 물체를 볼 때 관측자와 물체의 거리가 □□□수록 시차가 커진다.

02 지구의 공전 궤도상에서 6개월 간격으로 동일한 별을 바라볼 때 생기는 각(시차)의 $\frac{1}{2}$ 을 □□ □□라고 한다.

03 지구로부터 멀리 있는 별일수록 연주 시차가 □□.

04 연주 시차는 각도로 나타내며, 값이 매우 작기 때문에 □ 단위를 사용한다.

01 다음은 별까지의 거리에 대한 설명을 나타낸 것이다. 빈칸에 알맞은 말을 쓰시오.

> 관측자가 서로 다른 두 지점에서 어떤 물체를 동시에 보았을 때 생기는 방향의 차를 (㉠)라고 한다. 이 값은 물체까지의 거리에 (㉡)하므로, 어떤 물체의 시차를 측정하면 물체까지의 거리를 알 수 있다.

02 별의 연주 시차에 대한 설명으로 옳은 것은 ○, 옳지 않은 것은 ×로 표시하시오.

(1) 연주 시차는 별의 시차의 $\frac{1}{2}$에 해당하는 각도이다. ·········· ( )

(2) 연주 시차를 이용하여 별까지의 거리를 구할 수 있다. ·········· ( )

(3) 연주 시차가 1″인 별까지의 거리는 100 pc으로 나타낸다. ·········· ( )

(4) 연주 시차는 비교적 먼 거리에 있는 별까지의 거리를 구할 때 이용한다. · ( )

03 그림은 지구에서 6개월 간격으로 별 S를 관측한 모습을 나타낸 것이다.

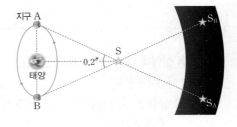

(1) 별 S의 연주 시차를 쓰시오.
(2) 지구에서 별 S까지의 거리를 쓰시오.
(3) 지구에서 별 S까지의 거리가 2배로 멀어진다고 했을 때 별 S의 연주 시차를 쓰시오.

04 그림 (가)~(다)는 지구에서 비교적 가까운 별인 프록시마 센타우리를 6개월 간격으로 촬영한 것이다.

(가)   (나)   (다)

프록시마 센타우리의 위치가 이와 같이 변하는 까닭을 쓰시오.

05 표는 지구에서 관측한 별 A~E의 연주 시차를 나타낸 것이다.

별	A	B	C	D	E
연주 시차(″)	1.0	0.5	0.1	1.5	2.0

별 A~E 중 지구로부터의 거리가 가장 먼 별은 무엇인지 쓰시오.

탐구 시차 측정하기

과정

❶ 그림과 같이 화이트보드에 일련번호가 적힌 붙임쪽지를 일정한 간격으로 붙이고, 학생은 화이트보드에서 3 m~4 m 떨어진 곳에 선다.

❷ 연필을 든 팔을 굽혀 눈과 연필 사이의 거리를 가깝게 한 다음, 양쪽 눈을 번갈아 뜨면서 연필이 붙임쪽지의 어느 부분에 위치하는지 확인한다.

❸ 연필을 든 팔을 뻗어 눈과 연필 사이의 거리를 더 멀게 한 다음, 양쪽 눈을 번갈아 뜨면서 연필이 붙임쪽지의 어느 부분에 위치하는지 확인한다.

❹ 과정 ❷와 과정 ❸에서 확인한 붙임쪽지 번호의 차를 비교한다.

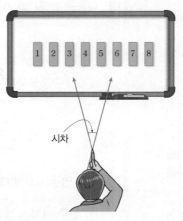

시차

탐구 시 유의점
• 관찰자의 눈높이가 화이트보드의 붙임쪽지 및 연필 끝의 높이와 일치하도록 한다.

결과

1. 팔을 굽혔을 때 : 연필 끝의 위치가 오른쪽 눈으로는 3에서 보이고, 왼쪽 눈으로는 6에서 보인다. 따라서 시차는 3에서 6까지의 각도에 해당한다.

2. 팔을 뻗었을 때 : 연필 끝의 위치가 오른쪽 눈으로는 4에서 보이고, 왼쪽 눈으로는 5에서 보인다. 따라서 시차는 4에서 5까지의 각도에 해당한다.

정리

• 팔을 굽혔을 때가 팔을 뻗었을 때보다 시차가 더 크게 나타난다. 시차는 물체까지의 거리에 반비례!
• 어떤 물체의 시차를 측정하면 그 물체까지의 거리를 알아낼 수 있다.

탐구 알약

정답과 해설 38쪽

01 위 실험에 대한 설명으로 옳은 것은 ○, 옳지 않은 것은 ×로 표시하시오.

(1) 실험에서 시차는 두 눈과 연필 끝이 이루는 각도에 해당한다. ─────────────── (　　)

(2) 학생과 연필 사이의 거리가 멀어지면 시차는 작아진다. ─────────────── (　　)

(3) 연필을 더 짧은 것으로 바꾸면 연필이 보이는 번호의 차가 커진다. ─────────── (　　)

(4) 실험과 같은 방법으로 실제 별의 거리를 측정할 때 연필은 지구에 해당한다. ─────── (　　)

02 풍순이는 그림과 같이 양쪽 눈을 번갈아 가리고 연필의 위치를 관찰하였다. 연필을 풍순이로부터 멀리 이동시켰을 때, 거리(r)와 시차(θ) 사이의 관계로 옳은 것을 |보기|에서 골라 쓰시오.

|보기|
ㄱ. $\theta \propto \dfrac{1}{r}$　　ㄴ. $\theta \propto r$
ㄷ. $\theta \propto \dfrac{1}{r^2}$　　ㄹ. $\theta \propto r^2$

[03~04] 그림은 두 학생이 시차를 알아보기 위해 흰색 별 모형의 거리를 다르게 하여 관찰하는 모습을 나타낸 것이다.

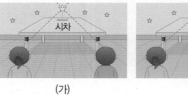　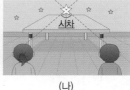

(가)　　　　　　　　　　(나)

03 이 실험을 지구 공전에 의한 별의 연주 시차를 측정하는 것과 비교할 때, 두 학생의 눈은 무엇에 비유할 수 있는지 |보기|에서 모두 고르시오.

|보기|
ㄱ. 달　　　　　　ㄴ. 지구
ㄷ. 태양　　　　　ㄹ. 연주 시차가 나타나는 별

서술형

04 흰색 별 모형을 (가)에서 (나)의 위치로 이동시킬 경우 시차는 어떻게 변하는지 서술하시오.

KEY 　거리, 시차

유형 ① 별의 연주 시차

그림은 지구에서 6개월 간격으로 별 S를 관측한 모습을 나타낸 것이다.

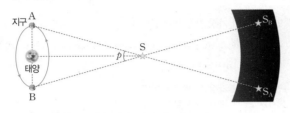

이에 대한 설명으로 옳지 <u>않은</u> 것을 <u>모두</u> 고르면?

① 별의 연주 시차는 $\angle p$이다.
② 지구에서 별까지의 거리가 멀어질수록 $\angle p$는 작아진다.
③ 연주 시차는 100 pc 이내의 비교적 가까운 거리에 있는 별까지의 거리를 구하는 데 이용한다.
④ 지구에서 12개월 간격으로 별 S의 위치 변화를 관측한다면 $\angle p$는 더 크게 측정된다.
⑤ 관측한 별의 위치가 S_A에서 S_B로 변하는 것은 지구 공전의 증거가 된다.

별의 연주 시차를 이용하여 별까지의 거리를 구하는 방법을 잘 알아두어야 해~!

① 별의 연주 시차는 $\angle p$이다.
→ $\angle p$는 별의 시차! 별의 연주 시차는 $\dfrac{\angle p}{2}$라는 것을 기억하자!

② 지구에서 별까지의 거리가 멀어질수록 $\angle p$는 작아진다.
→ 별까지의 거리가 멀어질수록 시차, 연주 시차 모두 작아져~

③ 연주 시차는 100 pc 이내의 비교적 가까운 거리에 있는 별까지의 거리를 구하는 데 이용한다.
→ 멀리 있는 별은 연주 시차가 매우 작게 나타나서 측정하기가 어려워.

④ 지구에서 12개월 간격으로 별 S의 위치 변화를 관측한다면 $\angle p$는 더 크게 측정된다.
→ 지구가 12개월 후에는 같은 자리로 돌아오기 때문에 $\angle p$는 0이야!

⑤ 관측한 별의 위치가 S_A에서 S_B로 변하는 것은 지구 공전의 증거가 된다.
→ 연주 시차는 지구가 공전하기 때문에 나타나!

답 : ①, ④

연주 시차는 별까지의 거리에 반비례!

유형 ② 별의 연주 시차 관측 자료를 이용한 거리 측정

그림은 지구에서 6개월 간격으로 관측한 별 A, B의 위치 변화를 나타낸 것이다. 별 A는 A → A′ → A″로 위치가 이동하였고, B는 위치 변화가 없었다.

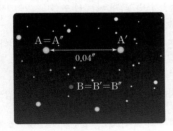

이에 대한 설명으로 옳은 것은?

① 별 A의 연주 시차는 0.2″이다.
② 지구로부터 별 A까지의 거리는 50 pc이다.
③ 별 A는 별 B보다 먼 거리에 위치해 있다.
④ 별 B의 연주 시차는 별 A의 연주 시차보다 크다.
⑤ 별 B의 위치가 변하지 않은 것은 밝기가 어두운 별이기 때문이다.

별의 연주 시차 관측 자료를 통해 별의 위치 변화를 파악할 수 있어야 해~

① 별 A의 연주 시차는 0.2″이다.
→ 별 A의 위치가 6개월 동안 천구상에서 0.04″ 이동했으니까 연주 시차는 이 값의 $\dfrac{1}{2}$인 0.02″겠지!

② 지구로부터 별 A까지의 거리는 50 pc이다.
→ 지구로부터 별 A까지의 거리는 연주 시차의 역수야~! 연주 시차가 0.02″니까 거리는 $\dfrac{1}{0.02″}=50$ pc이지?

③ 별 A는 별 B보다 먼 거리에 위치해 있다.
→ 별 B의 위치가 변하지 않은 건 지구로부터의 거리가 매우 멀기 때문이야! 별 A는 비교적 가까운 거리에 있는 별이니까 위치 변화의 확인과 연주 시차의 측정이 가능한 거야~

④ 별 B의 연주 시차는 별 A의 연주 시차보다 크다.
→ 지구로부터 멀리 있는 별일수록 연주 시차가 작다고 했지? 별 B는 먼 거리에 위치한 별이라서 연주 시차가 매우 작기 때문에 위치 변화가 보이지 않는 거야~ 당연히 별 A보다 별 B의 연주 시차가 작겠지~

⑤ 별 B의 위치가 변하지 않은 것은 밝기가 어두운 별이기 때문이다.
→ 별 B는 위치가 변하지 않았는데, 이는 지구로부터의 거리가 매우 멀기 때문이야!

답 : ②

별까지의 거리(pc)$=\dfrac{1}{\text{연주 시차}(″)}$

유형 ③ 시차를 이용하여 별까지의 거리 비교하기

표는 지구에서 6개월 간격으로 별 A~E를 관측하여 측정한 시차를 나타낸 것이다.

별	A	B	C	D	E
시차(″)	0.4	0.26	1.52	0.016	0.76

이에 대한 설명으로 옳은 것은?

① 별 A까지의 거리는 25 pc이다.
② 연주 시차가 가장 작은 별은 B이다.
③ 연주 시차가 가장 큰 별은 C이다.
④ 별 D는 별 A보다 약 4배 멀리 있다.
⑤ 별 E는 별 B보다 지구에서 멀리 떨어져 있다.

별의 시차를 이용해서 지구에서 별까지의 거리를 비교하는 문제가 출제돼~!

✕ 별 A까지의 거리는 25 pc이다.
→ 별 A의 시차가 0.4″이니까 연주 시차는 0.2″, 거리는 $\frac{1}{0.2″}=5$ pc이지.

✕ 연주 시차가 가장 작은 별은 B이다.
→ 지구에서 6개월 간격으로 관측한 시차의 $\frac{1}{2}$이 연주 시차니까 연주 시차가 가장 작은 별은 시차가 가장 작은 D가 되겠지!

③ 연주 시차가 가장 큰 별은 C이다.
→ 별 C의 연주 시차는 0.76″로 별 A~E 중 가장 커!

✕ 별 D는 별 A보다 약 4배 멀리 있다.
→ 별까지의 거리는 연주 시차에 반비례! 별 D의 연주 시차는 별 A의 연주 시차의 $\frac{1}{25}$배! 즉, 별 D가 별 A보다 지구로부터 약 25배 멀리 있는 거야~

✕ 별 E는 별 B보다 지구에서 멀리 떨어져 있다.
→ 별 E의 연주 시차가 별 B의 연주 시차보다 크니까 별 E는 별 B보다 지구에 가까이 있어!

답 : ③

연주 시차 = 6개월 간격으로 관측한 시차의 $\frac{1}{2}$

유형 ④ 시차 측정 실험

그림은 관측자가 팔을 굽힌 상태로 두 눈을 번갈아 감으면서 연필 끝의 위치 변화를 관찰하는 모습을 나타낸 것이다. 이에 대한 설명으로 옳지 않은 것은?

① 이와 같은 방법으로 물체까지의 거리를 측정할 수 있다.
② 연필은 별, 관측자의 두 눈은 지구에 비유할 수 있다.
③ 눈과 연필 사이의 거리는 눈과 연필이 이루는 각도(θ)에 반비례한다.
④ 두 눈을 번갈아 감으면서 보았을 때 연필이 보이는 위치 사이의 각도인 θ는 시차에 해당한다.
⑤ 팔을 뻗은 후 같은 실험을 하면 연필 끝의 위치는 3과 6보다 바깥쪽에서 보일 것이다.

시차를 측정하는 실험에 대한 문제가 출제돼~ 이 실험에 대한 과정과 결과를 잘 이해하고 정리해 두자~!

① 이와 같은 방법으로 물체까지의 거리를 측정할 수 있다.
→ 이 실험은 시차를 측정하는 실험이지~ 시차를 이용하면 물체까지의 거리를 측정할 수 있어~!

② 연필은 별, 관측자의 두 눈은 지구에 비유할 수 있다.
→ 이와 같은 방법으로 실제 별의 거리를 측정한다고 하면, 연필은 별, 관측자의 두 눈은 지구에 비유할 수 있어~!

③ 눈과 연필 사이의 거리는 눈과 연필이 이루는 각도(θ)에 반비례한다.
→ 눈과 연필 사이의 거리가 멀어지면 눈과 연필이 이루는 각도(θ)는 작아지고, 눈과 연필 사이의 거리가 가까워지면 눈과 연필이 이루는 각도(θ)는 커져~! 따라서 둘은 반비례 관계라는 것을 알 수 있지~!

④ 두 눈을 번갈아 감으면서 보았을 때 연필이 보이는 위치 사이의 각도인 θ는 시차에 해당한다.
→ 두 눈을 번갈아 감으면서 연필을 관찰할 때 나타나는 각도는 시차에 해당하지!

✕ 팔을 뻗은 후 같은 실험을 하면 연필 끝의 위치는 3과 6보다 바깥쪽에서 보일 것이다.
→ 팔을 뻗은 후에 같은 실험을 하면 눈과 연필 사이의 거리가 멀어지니까 눈과 연필이 이루는 각도는 작아져~ 따라서 연필 끝의 위치는 3과 6보다 안쪽에서 보이겠지~!

답 : ⑤

연필은 별, 눈은 지구!

실전 백신

① 별의 연주 시차와 거리

01 연주 시차에 대한 설명으로 옳은 것을 <u>모두</u> 고르면?

① 연주 시차는 지구 자전의 증거이다.

② 연주 시차의 단위는 ″(초)를 사용한다.

③ 연주 시차가 작을수록 멀리 있는 별이다.

④ 어떤 별의 연주 시차가 1″일 때 별까지의 거리는 10 pc 이다.

⑤ 6개월 간격으로 별을 바라볼 때 생기는 각을 측정한 것이다.

[02~04] 그림은 지구에서 6개월 간격으로 별 S를 관측한 결과를 나타낸 것이다.

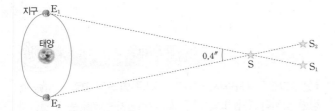

02 별 S의 연주 시차는?

① 0.1″   ② 0.2″   ③ 0.5″

④ 1″   ⑤ 2″

★중요

03 별 S까지의 거리는?

① 2 pc   ② 5 pc   ③ 20 pc

④ 50 pc   ⑤ 100 pc

04 별 S보다 2배 멀리 떨어진 별의 연주 시차는?

① 0.1″   ② 0.2″   ③ 0.4″

④ 1″   ⑤ 2″

[05~06] 표는 지구에서 관측한 별 A~D의 연주 시차를 나타낸 것이다.

별	A	B	C	D
연주 시차(″)	0.1	0.02	0.01	2

★중요

05 A~D 중에서 (가) 지구로부터 가장 가까이 있는 별과 (나) 가장 멀리 있는 별을 옳게 짝지은 것은?

	(가)	(나)		(가)	(나)
①	A	B	②	A	D
③	B	C	④	D	B
⑤	D	C			

06 별까지의 거리가 200 pc인 별의 연주 시차는 별 A의 연주 시차의 몇 배인가?

① $\frac{1}{20}$배   ② $\frac{1}{2}$배   ③ 2배

④ 20배   ⑤ 100배

07 그림 (가)와 (나)는 관측자가 팔을 굽혔을 때와 뻗었을 때 각각 양쪽 눈을 번갈아 뜨면서 연필 끝의 위치 변화를 관찰하는 모습을 나타낸 것이다.

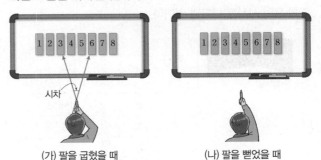

(가) 팔을 굽혔을 때   (나) 팔을 뻗었을 때

이에 대한 설명으로 옳은 것을 |보기|에서 모두 고른 것은?

┌ 보기 ┐
ㄱ. 관측자의 두 눈을 지구에 비유한다면 연필은 별에 비유할 수 있다.

ㄴ. (가)와 (나)의 차이점은 물체와 관측자 사이의 거리이다.

ㄷ. (나)에서는 연필 끝의 위치가 3과 6보다 안쪽에서 보일 것이다.

① ㄱ   ② ㄴ   ③ ㄱ, ㄷ

④ ㄴ, ㄷ   ⑤ ㄱ, ㄴ, ㄷ

[08~09] 그림은 별 S_1과 S_2를 지구에서 6개월 간격으로 관측한 모습을 나타낸 것이다.

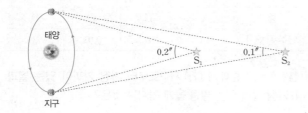

08 별 S_1과 S_2의 지구로부터의 거리 비($S_1 : S_2$)는?

① 1 : 2　　　　② 1 : 3　　　　③ 1 : 4
④ 2 : 1　　　　⑤ 4 : 1

09 이에 대한 설명으로 옳은 것을 │보기│에서 모두 고른 것은?

│보기│
ㄱ. 지구로부터 별 S_1까지의 거리는 10 pc이다.
ㄴ. 별 S_2의 연주 시차는 0.05″이다.
ㄷ. 지구의 공전 속도가 빨라지면 별 S_1과 S_2 시차의 차이는 커진다.

① ㄱ　　　　② ㄷ　　　　③ ㄱ, ㄴ
④ ㄴ, ㄷ　　　　⑤ ㄱ, ㄴ, ㄷ

10 그림은 지구에서 6개월 간격으로 별을 관측했을 때 시차가 생기는 원리를 나타낸 것이고, 표는 지구에서 관측한 별 A와 B의 시차를 나타낸 것이다.

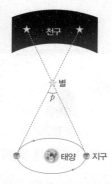

별	시차(p)
A	0.2″
B	0.02″

이에 대한 설명으로 옳은 것을 │보기│에서 모두 고른 것은?

│보기│
ㄱ. 별 A의 연주 시차는 0.2″이다.
ㄴ. 지구에서 별 B까지의 거리는 50 pc이다.
ㄷ. 지구로부터의 거리는 별 B가 별 A보다 10배 멀다.

① ㄱ　　　　② ㄷ　　　　③ ㄱ, ㄴ
④ ㄴ, ㄷ　　　　⑤ ㄱ, ㄴ, ㄷ

★중요

11 그림 (가)와 (나)는 지구에서 6개월 간격으로 관측한 별 A와 B의 위치 변화를 나타낸 것이다.

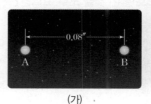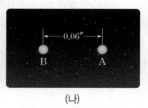

| (가) | (나) |

이에 대한 설명으로 옳은 것을 │보기│에서 모두 고른 것은? (단, 별 B의 위치 변화는 없었다.)

│보기│
ㄱ. 별 A의 연주 시차는 0.07″이다.
ㄴ. 별 A는 별 B보다 지구로부터 가까운 거리에 있다.
ㄷ. 별 A의 위치가 다르게 보이는 것은 지구의 공전 때문이다.

① ㄱ　　　　② ㄴ　　　　③ ㄱ, ㄷ
④ ㄴ, ㄷ　　　　⑤ ㄱ, ㄴ, ㄷ

━━━ 서술형 문제 ━━━

12 그림은 지구에서 비교적 가까운 별 S의 연주 시차를 측정한 것이다. (가) 별의 연주 시차가 생기는 까닭은 무엇인지 쓰고, 별 S를 5월에 한 번 관찰했다면 (나) 연주 시차를 측정하기 위해서는 몇 월에 이 별을 다시 관측하는 것이 가장 좋을지 그 까닭과 함께 서술하시오.

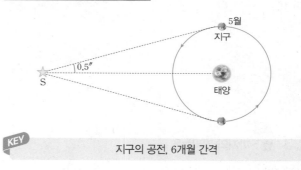

KEY 　지구의 공전, 6개월 간격

13 어느 별과 지구 사이의 거리가 멀어진다고 가정할 때, 이 별의 연주 시차는 어떻게 변하는지 그 까닭과 함께 서술하시오.

KEY 　반비례

14 다음은 별 A~D를 관측한 내용을 나타낸 것이다.

- A : 연주 시차가 2″이다.
- B : 연주 시차가 0.01″이다.
- C : 별까지의 거리가 10 pc이다.
- D : 별까지의 거리가 3.26광년이다.

별 A~D를 지구로부터 거리가 먼 것부터 가까운 순서대로 옳게 나열한 것은?

① A − B − C − D   ② A − C − D − B
③ B − C − A − D   ④ B − C − D − A
⑤ C − D − A − B

15 그림은 지구와 비교적 가까운 어느 별을 A와 B에서 관측했을 때 위치가 다르게 보이는 현상을 나타낸 것이다.

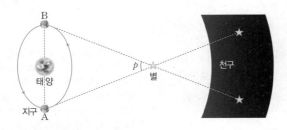

이에 대한 설명으로 옳은 것을 | 보기 |에서 모두 고른 것은?

┌─ 보기 ┌──────────────────────────
ㄱ. p는 연주 시차이다.

ㄴ. 별의 거리가 지구에 가까워질수록 $\dfrac{p}{2}$의 크기는 커진다.

ㄷ. 지구가 A에서 B로 오는 데 걸리는 시간은 최소 3개월이다.
────────────────────────────────

① ㄱ   ② ㄴ   ③ ㄱ, ㄷ
④ ㄴ, ㄷ   ⑤ ㄱ, ㄴ, ㄷ

16 그림은 별 A~C를 지구에서 6개월 간격으로 촬영한 모습을 나타낸 것이다.

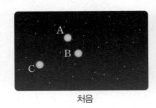 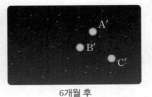

처음   6개월 후

별 A~C를 지구로부터 거리가 먼 것부터 가까운 순서대로 옳게 나열한 것은?

① A − B − C   ② A − C − B   ③ B − A − C
④ B − C − A   ⑤ C − A − B

17 그림은 별 S를 지구에서 6개월 간격으로 관측했을 때의 연주 시차를 나타낸 것이다.

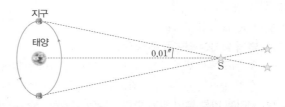

지구의 공전 궤도가 현재보다 10배 커졌다면, 이때 지구에서 관측한 별 S의 연주 시차는? (단, 다른 조건은 일정하다고 가정한다.)

① 0.01″   ② 0.02″   ③ 0.1″
④ 0.2″   ⑤ 1″

18 그림은 지구에서 6개월 간격으로 관측한 별 A와 B의 위치 변화를 나타낸 것이다.

처음   6개월 후

별 A와 B 중 지구로부터 거리가 가까운 별은 무엇이며, 거리는 몇 pc인가? (단, 숫자는 A와 B 별 사이의 각거리를 나타내며, 별 B의 위치 변화는 없었다.)

① A, 20 pc   ② A, 25 pc   ③ B, 10 pc
④ B, 20 pc   ⑤ B, 25 pc

19 그림 (가)와 (나)는 지구에서 6개월 간격으로 별 A와 B를 관측한 모습을 나타낸 것이다.

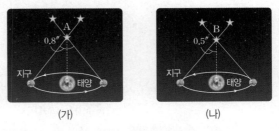

(가)   (나)

이에 대한 설명으로 옳은 것을 | 보기 |에서 모두 고른 것은?

┌─ 보기 ┌──────────────────────────
ㄱ. 별 A의 연주 시차는 0.4″이다.

ㄴ. 지구에서 별 B까지의 거리는 2 pc이다.

ㄷ. 별 A는 별 B보다 지구로부터 먼 곳에 있다.
────────────────────────────────

① ㄱ   ② ㄴ   ③ ㄱ, ㄷ
④ ㄴ, ㄷ   ⑤ ㄱ, ㄴ, ㄷ

02 별의 성질

◆ • 겉보기 등급과 절대 등급을 이용하여 별까지의 거리를 비교할 수 있다.
• 별의 표면 온도를 색으로 비교할 수 있다.

❶ 별의 밝기와 거리

1 별의 밝기와 거리 관계

(1) **별의 밝기에 영향을 주는 요인**
　① 지구에서 별까지의 거리가 같으면 방출하는 빛의 양이 많은 별일수록 밝게 보인다.
　② 방출하는 빛의 양이 같으면 지구로부터의 거리가 가까운 별일수록 밝게 보인다.

(2) **거리에 따른 별의 밝기 변화 :** 별의 밝기는 별까지의 거리의 제곱에 반비례한다.
　쉽게 말해서 거리가 멀어질수록 밝기는 어두워진다는 거야~

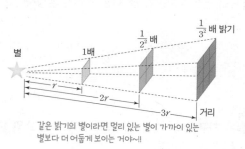

같은 밝기의 별이라면 멀리 있는 별이 가까이 있는 별보다 더 어둡게 보이는 거야~!!

$$별의 밝기 \propto \frac{1}{(별까지의 거리)^2}$$

별에서 나온 빛은 사방으로 퍼지기 때문에 거리가 멀어질수록 단위 면적에 도달하는 빛의 양이 줄어든다.
➡ 별까지의 거리가 2배, 3배, …로 멀어지면 별의 밝기는 $\frac{1}{2^2}$배, $\frac{1}{3^2}$배, …가 된다.

2 별의 밝기와 등급

→ 히파르코스는 처음으로 별에 등급을 매겼어~ 이후 망원경이 발명되면서 더 밝은 별, 더 어두운 별이 있다는 것을 알게 되었지~

(1) **별의 등급 :** 히파르코스는 별들의 밝기를 6개의 등급으로 나타내었는데, 맨눈으로 보았을 때 가장 밝게 보이는 별을 1등급, 가장 어둡게 보이는 별을 6등급으로 구분하였다.
　　　　　　　　　　　　　　　　1등급의 별이 6등급의 별보다 훨씬 밝은 별이야!
　① 별의 등급은 별이 밝을수록 작고, 별이 어두울수록 크다.
　　예 1등급인 별보다 밝은 별은 0등급, −1등급, −2등급, …으로 나타낸다.
　　예 6등급인 별보다 어두운 별은 7등급, 8등급, 9등급, …으로 나타낸다.
　② 각 등급 사이의 밝기를 갖는 별은 소수점을 이용하여 등급을 나타낸다.

(2) **별의 등급 차에 따른 밝기**
　　1.5등급의 별은 1등급의 별보다 어둡고, 2등급의 별보다 밝아~
　① 전구 1개의 밝기를 6등급이라고 가정하면 전구 100개의 밝기는 1등급이다.
　② 1등급인 별은 6등급인 별보다 약 100($≒2.5^5$)배 밝다.
　　영국의 천문학자 포그슨이 1등급과 6등급의 밝기 차이가 100배라는 결과를 재확인해서 1등급 간의 밝기 차이가 약 2.5배라는 것을 밝혀냈어!
　③ 1등급 간의 밝기 차는 약 2.5배이다.

등급 차	1	2	3	4	5
밝기 차	2.5^1(=2.5배)	2.5^2(≒6.3배)	2.5^3(≒16배)	2.5^4(≒40배)	2.5^5(≒100배)

$$밝기 차 = 2.5^{등급 차}$$

$2.5 \times 2.5 \times 2.5 \times 2.5 \times 2.5 ≒ 100$
5등급의 밝기 차이는 100배이므로 한 등급 차이의 밝기 차이는 약 2.5배가 되는 거야~!

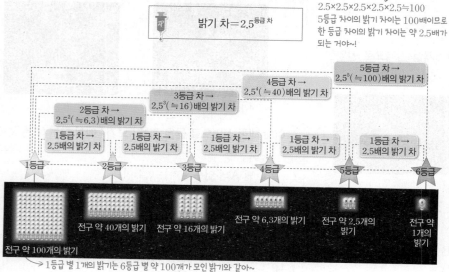

1등급 별 1개의 밝기는 6등급 별 약 100개가 모인 밝기와 같아~

➖ 비타민

물체의 거리와 밝기

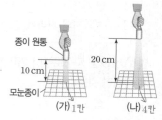

종이 원통
10 cm
20 cm
모눈종이
(가) 1칸　　(나) 4칸

(가), (나)와 같이 모눈종이로부터 10 cm, 20 cm가 되는 거리에서 손전등의 빛을 비추면 빛을 받는 면적은 (나)가 (가)보다 4배 더 넓다. 따라서 1칸이 받는 빛의 양은 (가)가 (나)보다 4배 많다는 것을 알 수 있다.

히파르코스(B.C. 190?~120?)
히파르코스는 고대 그리스 시대의 과학자로 가장 밝게 보이는 별을 1등급, 가장 어둡게 보이는 별을 6등급으로 정하고 그 사이를 세분화하여 1080개의 별이 수록된 목록을 제작하였다. 히파르코스가 정해 놓은 별의 등급은 이후 조도계를 이용해 1등급 차이가 약 2.5배라는 것을 확인하였다.

등급과 등성
일정한 범위의 별의 등급을 대표하는 값을 등성이라고 한다.

등급	등성
0.6~1.5	1
1.6~2.5	2
2.6~3.5	3
3.6~4.5	4
4.6~5.5	5
5.6~6.5	6

표준성과 별의 등급
별의 등급을 정할 때는 지구에 도달하는 별의 복사 에너지양을 표준이 되는 별과 비교하여 결정한다. 밝기의 표준이 되는 별에는 0등급인 베가(직녀성)가 주로 이용된다.

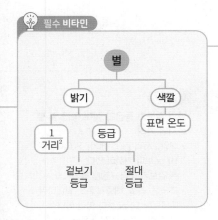

❶ 별의 밝기와 거리

01 지구에서 별까지의 거리가 같
으면 방출하는 빛의 양이 □
□ 별일수록 밝게 보인다.

02 방출하는 빛의 양이 같으면
지구로부터의 거리가 □□
□ 별일수록 밝게 보인다.

03 별의 밝기는 별까지의 거리의
제곱에 □□□ 한다.

04 1등급 간의 밝기 차는 약
□ 배이다.

01 그림은 별 S의 밝기와 거리의 관계를 나타낸 것이다.

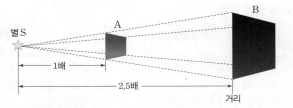

A 위치에서 별 S가 3등급으로 보였다면, B 위치에서는 몇 등급으로 보이는지 쓰시오.

02 별의 밝기와 등급에 대한 설명으로 옳은 것은 ○, 옳지 않은 것은 ×로 표시하시오.

(1) 1등급 차이는 10배의 밝기 차이가 난다. .... (　　)
(2) 같은 밝기의 별이라도 지구에서 멀수록 어둡게 보인다. .... (　　)
(3) 1등급인 별은 6등급인 별보다 약 100배 밝게 보인다. .... (　　)
(4) 별의 밝기가 2등급과 3등급 사이일 때는 소수점을 이용하여 나타낸다. ... (　　)

03 그림은 어느 별자리에 있는 별들의 밝기를 나타낸 것이다.

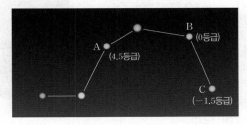

(1) 별 A~C의 밝기를 부등호를 사용하여 비교하시오.
(2) 별 A~C 중 가장 밝은 별은 가장 어두운 별에 비해 약 몇 배 더 밝게 보이는지
쓰시오.

04 지구로부터 어느 별 A까지의 거리가 원래 거리의 $\frac{1}{4}$ 배로 된다면 별 A의 밝기는 어떻
게 변할지 쓰시오.

05 그림은 별의 등급에 따른 밝기를 전구의 개수에 비유하여 나
타낸 것이다.

(1) 0등급은 전구 몇 개의 밝기에 해당하는지 쓰시오.
(2) −3등급은 전구 몇 개의 밝기에 해당하는지 쓰시오.

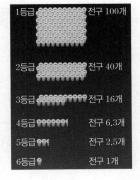

2 별의 겉보기 등급과 절대 등급

1 겉보기 등급과 절대 등급

구분	겉보기 등급	절대 등급
정의	우리 눈에 보이는 밝기를 등급으로 나타낸 것	모든 별이 지구로부터 10 pc의 거리에 있다고 가정했을 때의 밝기를 등급으로 나타낸 것
특징	• 별까지의 실제 거리는 고려하지 않고 지구에서 보이는 대로 정한 것이다. • 겉보기 등급이 작은 별일수록 우리 눈에 밝게 보인다.	• 별이 실제로 방출하는 에너지양을 비교할 수 있다. • 절대 등급이 작은 별일수록 실제로 방출하는 에너지양이 많다.

2 여러 별의 겉보기 등급과 절대 등급

절대 등급은 별의 거리가 모두 같으니까 별이 방출하는 에너지양을 비교할 수 있어~

구분	태양	시리우스	북극성	베가 (직녀성)	리겔	베텔게우스	알타이르 (견우성)	알데바란	데네브
겉보기 등급	−26.8	−1.5	2.1	0.0	0.1	0.4	0.8	0.9	1.3
절대 등급	4.8	1.4	−3.7	0.5	−6.8	−5.6	2.2	−0.6	−8.4

(1) **지구에서 보았을 때 밝게 보이는 순서** : 태양 > 시리우스 > 베가 > 리겔 > 베텔게우스 > 알타이르 > 알데바란 > 데네브 > 북극성 → 겉보기 등급이 작을수록 맨눈으로 보았을 때 밝은 별!

(2) **실제로 밝은 순서** : 데네브 > 리겔 > 베텔게우스 > 북극성 > 알데바란 > 베가 > 시리우스 > 알타이르 > 태양 → 절대 등급이 작을수록 실제로 밝은 별!

3 별의 등급을 이용하여 별까지의 거리를 비교하는 방법

A	10 pc보다 멀리 있는 별	겉보기 등급 > 절대 등급, 겉보기 등급 − 절대 등급 > 0
B	10 pc의 거리에 있는 별	겉보기 등급 = 절대 등급, 겉보기 등급 − 절대 등급 = 0
C	10 pc보다 가까이 있는 별	겉보기 등급 < 절대 등급, 겉보기 등급 − 절대 등급 < 0

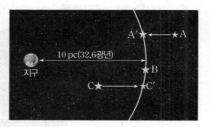

3 별의 색깔과 표면 온도

1 별의 색깔 : 별의 표면 온도에 따라 별의 색깔이 다르게 나타난다.

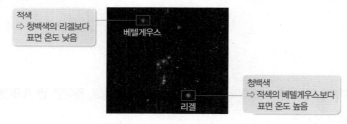

적색
⇨ 청백색의 리겔보다 표면 온도 낮음

베텔게우스

청백색
⇨ 적색의 베텔게우스보다 표면 온도 높음

리겔

▲ 오리온자리에서의 별의 색깔과 표면 온도

2 별의 색깔과 온도 : 별의 표면 온도가 높을수록 청색을 띠고, 별의 표면 온도가 낮을수록 적색을 띤다. ➡ 눈에 보이는 별의 색깔을 통해 별의 표면 온도를 알아낼 수 있다.

별의 표면 온도가 높으면 파장이 짧은 파란색 빛을 더 많이 방출해~

별의 표면 온도가 낮으면 파장이 긴 붉은색 빛을 더 많이 방출해~

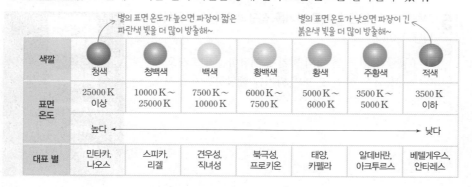

색깔	청색	청백색	백색	황백색	황색	주황색	적색
표면 온도	25000 K 이상	10000 K ~ 25000 K	7500 K ~ 10000 K	6000 K ~ 7500 K	5000 K ~ 6000 K	3500 K ~ 5000 K	3500 K 이하
	높다 ←————————————————————→ 낮다						
대표 별	민타카, 나오스	스피카, 리겔	견우성, 직녀성	북극성, 프로키온	태양, 카펠라	알데바란, 아크투루스	베텔게우스, 안타레스

비타민

별의 겉보기 등급과 절대 등급 및 별까지의 거리
• 태양, 시리우스, 베가, 알타이르는 10 pc보다 가까이 있다.
➡ 겉보기 등급 − 절대 등급 < 0
• 북극성, 리겔, 베텔게우스, 알데바란, 데네브는 10 pc보다 멀리 있다.
➡ 겉보기 등급 − 절대 등급 > 0

태양과 북극성의 밝기 비교
태양은 지구에 매우 가까이 있어 겉보기 등급이 −26.8등급이므로, 겉보기 등급이 2.1등급인 북극성보다 훨씬 밝게 보인다. 그러나 북극성의 절대 등급은 −3.7등급이고 태양의 절대 등급은 4.8등급이므로, 실제로는 북극성이 태양에 비해 훨씬 밝은 별이다.

오리온자리
겨울철에 잘 관측되는 별자리로, 밝은 별들로 이루어져 있어 쉽게 찾을 수 있다. 별자리의 이름은 그리스 신화에 나오는 사냥꾼 '오리온'에서 기원하였다.

촛불의 색과 온도

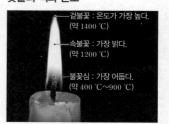

겉불꽃 : 온도가 가장 높다.
(약 1400 ℃)
속불꽃 : 가장 밝다.
(약 1200 ℃)
불꽃심 : 가장 어둡다.
(약 400 ℃ ~ 900 ℃)

용어 & 개념 체크

② 별의 겉보기 등급과 절대 등급

05 ☐☐☐ ☐☐은 맨눈으로 보이는 별의 밝기를 등급으로 나타낸 것으로, 값이 작을수록 우리 눈에 ☐☐ 별로 보인다.

06 절대 등급은 별까지의 거리가 ☐ pc이라고 가정했을 때의 별의 밝기를 등급으로 나타낸 것이다.

07 겉보기 등급과 절대 등급이 같은 별까지의 거리는 지구로부터 ☐ pc이다.

③ 별의 색깔과 표면 온도

08 별은 표면 온도가 높은 별일수록 ☐색을 띠고, 표면 온도가 낮은 별일수록 ☐색을 띤다.

---

06 겉보기 등급과 절대 등급에 대한 설명으로 옳은 것은 ○, 옳지 않은 것은 ×로 표시하시오.

(1) 겉보기 등급이 클수록 밝게 보이는 별이다. ·· (   )

(2) 겉보기 등급이 절대 등급보다 작은 별은 10 pc보다 멀리 있는 별이다. ··· (   )

(3) 겉보기 등급은 별까지의 거리를 고려하지 않은 등급이다. ························ (   )

(4) 절대 등급으로 별의 실제 밝기를 비교할 수 있다. ································· (   )

07 표는 별 A~C의 겉보기 등급과 절대 등급을 나타낸 것이다.

구분	겉보기 등급	절대 등급
A	2.1	−3.7
B	1.5	1.5
C	−1.5	1.4

(1) 별 A~C 중 (가) 지구에서 가장 밝게 보이는 별과 (나) 실제로 가장 밝은 별을 차례대로 쓰시오.

(2) 별 A~C를 지구에서 가까운 별부터 순서대로 나열하시오.

[08~09] 그림은 여러 별들을 색깔과 절대 등급에 따라 A~E 집단으로 분류한 것이다.

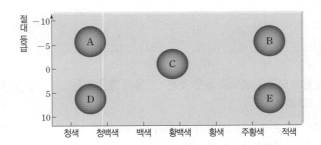

08 A~E 중 C 집단보다 표면 온도가 낮은 별이 속하는 집단을 <u>모두</u> 고르시오.

09 A~E 중 표면 온도가 가장 높고, 실제로 가장 밝은 별이 속하는 집단을 고르시오.

10 표는 여러 별들의 색깔을 나타낸 것이다.

별	견우성	알데바란	리겔	안타레스
색깔	백색	주황색	청백색	적색

표면 온도가 높은 것부터 순서대로 나열하시오.

탐구 별의 밝기에 영향을 미치는 요인

과정
❶ (가)와 같이 방출하는 빛의 양이 다른 손전등 두 개를 검은색 종이로부터 같은 거리에서 비추고, 검은색 종이에 비친 빛의 밝기를 비교한다.

❷ (나)와 같이 방출하는 빛의 양이 같은 손전등 두 개를 검은색 종이로부터 서로 다른 거리에서 비추고, 검은색 종이에 비친 빛의 밝기를 비교한다.

탐구 시 유의점
주변이 매우 어두운 상태에서 실험해야 하며, 손전등의 빛을 종이에 수직으로 비춘다.

(가)

(나)

결과
1. 과정 ❶에서는 방출하는 빛의 양이 많은 손전등의 빛이 방출하는 빛의 양이 적은 손전등의 빛보다 밝기가 더 밝았다.
   ➡ 단위 면적당 검은색 종이에 도달하는 빛의 양은 방출하는 빛의 양이 많은 손전등이 방출하는 빛의 양이 적은 손전등보다 더 많기 때문이다. — 밝기 $\propto$ 방출하는 빛의 양

2. 과정 ❷에서는 가까이에서 비춘 손전등의 빛이 멀리서 비춘 손전등의 빛보다 밝기가 더 밝았다.
   ➡ 두 손전등이 방출하는 빛의 양은 같지만, 검은색 종이와의 거리가 멀어질수록 단위 면적당 검은색 종이에 도달하는 빛의 양이 줄어들기 때문이다. — 밝기 $\propto \dfrac{1}{거리^2}$

정리
• 같은 거리에 있는 별인 경우, 실제로 방출하는 빛의 양이 많은 별이 우리 눈에 더 밝게 보인다.
• 방출하는 빛의 양이 같은 별인 경우, 가까이에 있는 별이 우리 눈에 더 밝게 보인다.
   ➡ 별의 밝기에 영향을 미치는 요인 : 별이 방출하는 빛의 양, 별까지의 거리

정답과 해설 40쪽

탐구 알약

01 위 실험에 대한 설명으로 옳은 것은 ○, 옳지 않은 것은 ×로 표시하시오.

(1) 종이와 손전등의 거리가 가까워질수록 단위 면적당 도달하는 빛의 양이 많아진다. ……… (　　)

(2) 지구에서 같은 밝기로 보이는 별들은 모두 같은 양의 빛을 방출한다. ……………………… (　　)

(3) 이와 같은 방법으로 별의 거리와 밝기의 관계를 알아볼 때, 손전등은 별에 해당한다. ……… (　　)

(4) 종이와 손전등의 거리가 2배 멀어지면 밝기는 4배가 된다. …………………………………… (　　)

02 위 실험을 통해 알아낸 별의 밝기에 영향을 주는 요소 두 가지는 무엇인지 쓰시오.

03 지구에서 100 pc의 거리에 있던 별이 25 pc의 거리로 가까워졌다고 한다. 이때 별의 밝기는 원래 밝기의 몇 배가 되는가?

① $\dfrac{1}{16}$배　　② $\dfrac{1}{4}$배　　③ 0.25배

④ 4배　　⑤ 16배

04 그림은 별의 밝기와 거리의 관계를 나타낸 것이다.

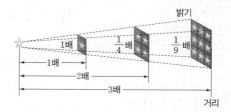

어떤 별의 밝기가 원래 밝기의 9배만큼 밝아졌다고 할 때, 별의 거리는 원래 거리의 몇 배가 되었는지 쓰시오.

강의 보충제 | **별의 거리, 밝기, 등급**

> ❗ 별의 등급 차에 따른 밝기 차나 별의 밝기 차에 따른 등급 차를 구할 수 있어야 해! 또한, 별의 거리에 따른 밝기 차나 그에 따른 등급 차 계산도 술술 풀 수 있어야겠지! 이러한 문제를 푸는 요령을 완벽하게 정리해 보자.

01 별의 등급과 밝기 → 밝으면 등급을 빼고, 어두우면 등급을 더해~!

유형 1 별의 등급 차에 의한 밝기 차

1. 1등급인 별의 밝기는 6등급인 별의 밝기의 몇 배인가?

1등급인 별은 6등급인 별보다 5등급 작으므로 1등급인 별의 밝기는 6등급인 별의 밝기의 $2.5^5 ≒ 100$배이다.

　　　　　　답 약 100배

예제 01 −2등급인 별의 밝기는 3등급인 별의 밝기의 몇 배인가?

2. 5등급인 별의 밝기는 1등급인 별의 밝기의 몇 배인가?

5등급인 별은 1등급인 별보다 4등급 크므로 밝기는 $\dfrac{1}{2.5^4} ≒ \dfrac{1}{40}$배 이다.

　　　　　　답 약 $\dfrac{1}{40}$배

예제 02 4등급인 별의 밝기는 −1등급인 별의 밝기의 몇 배인가?

유형 2 별의 밝기 차에 의한 등급 차

1. 1등급인 별의 밝기의 100배 밝기인 별의 등급은?

밝기가 100배 밝으면 $100 ≒ 2.5^5$이므로 5등급 차이가 나고 등급이 작아진다. 따라서 $1−5=−4$등급이다.

　　　　　　답 −4등급

예제 03 −4등급인 별의 밝기의 $\dfrac{1}{16}$배 밝기인 별의 등급은?

2. 2등급의 별이 100개 모여 있다면 그 밝기는 몇 등급의 별의 밝기와 같은가?

2등급의 별이 100개 모이면 밝기는 2등급 별 1개 밝기의 100배가 된다. 따라서 2등급의 별보다 $100(≒2.5^5)$배 밝은 별은 5등급 작은 −3등급이다.

　　　　　　답 −3등급

예제 04 2등급의 별이 몇 개가 모여야 −2등급의 별 1개의 밝기와 같은가?

02 별의 거리와 밝기

유형 3 별의 거리 차에 의한 밝기 차

1. 별까지의 거리가 현재 거리의 10배가 되면 별의 밝기는 어떻게 변하는가?

거리가 10배가 되어 멀어지면 별의 밝기는 $\dfrac{1}{10^2}=\dfrac{1}{100}$배가 된다.

　　　　　　답 밝기는 $\dfrac{1}{100}$배가 된다.

예제 05 별까지의 거리가 원래 거리의 5배가 되면 별의 밝기는 어떻게 변하는가?

03 별의 거리와 등급

유형 4 별의 거리 차에 의한 등급 차

1. −1등급의 별이 현재 거리의 10배로 멀어지면 이 별은 몇 등급으로 보이겠는가?

현재 거리의 10배가 되면 별의 밝기는 $\dfrac{1}{10^2}=\dfrac{1}{100}$배가 된다. 따라서 5등급 커지므로 $−1+5=4$등급으로 보인다.

　　　　　　답 4등급

예제 06 1등급의 별이 현재 거리의 2.5^2배로 멀어지면 이 별은 몇 등급으로 보이겠는가?

유형 5 별의 실제 거리를 이용한 겉보기 등급 또는 절대 등급 계산

1. 지구로부터 100 pc 떨어져 있는 별의 겉보기 등급이 2등급일 때, 이 별의 절대 등급은?

100 pc은 절대 등급의 기준 거리인 10 pc의 10배이므로 이 별의 절대 등급은 겉보기 등급보다 5등급 작다. 따라서 절대 등급은 $2−5=−3$등급이다.

　　　　　　답 −3등급

예제 07 절대 등급이 5등급인 별까지의 실제 거리가 100 pc일 때, 이 별의 겉보기 등급은?

유형 1 **별의 밝기 차이에 따른 별의 등급**

다음 (가)~(다)에 해당하는 별의 등급을 옳게 짝지은 것은?

> (가) 1등급인 별보다 100배 밝은 별
> (나) −2등급인 별의 밝기의 $\frac{1}{100}$배인 별
> (다) 1등급의 별이 40개 모여 있는 것과 같은 밝기를 갖는 별

	(가)	(나)	(다)
①	−5등급	5등급	4등급
②	−4등급	3등급	−3등급
③	0등급	−3등급	2등급
④	−4등급	−7등급	−3등급
⑤	0등급	3등급	4등급

별의 밝기 차이를 이용해서 별의 등급을 계산하는 문제가 출제돼~!

(가) 1등급인 별보다 100배 밝은 별
→ 별의 밝기 차이가 100배이면 등급으로는 5등급 차이! 따라서 1등급보다 5등급 더 작은 −4등급!

(나) −2등급인 별의 밝기의 $\frac{1}{100}$배인 별
→ 밝기가 $\frac{1}{100}$배로 되었지? 100배의 밝기 차는 5등급 차! 따라서 −2등급보다 5등급 큰 3등급!

(다) 1등급의 별이 40개 모여 있는 것과 같은 밝기를 갖는 별
→ 1등급의 별이 40개 모여 있다는 것은 40배 밝다라는 것! 밝기가 40배($\fallingdotseq 2.5^4$)이면 4등급 차이야~! 따라서 1등급보다 4등급 작은 −3등급!

답 : ②

거리 10배↓ ⇨ 밝기 100배 ⇨ 5등급 감소
거리 10배↑ ⇨ 밝기 $\frac{1}{100}$배 ⇨ 5등급 증가

유형 2 **겉보기 등급과 절대 등급**

별의 겉보기 등급과 절대 등급에 대한 설명으로 옳은 것은?

① 겉보기 등급이 큰 별은 절대 등급도 크다.
② 거리가 멀어지면 별의 절대 등급은 작아진다.
③ 절대 등급은 별이 10 pc의 거리에 있다고 가정한다.
④ 별의 실제 밝기를 비교하려면 겉보기 등급을 이용해야 한다.
⑤ 별의 절대 등급이 같을 때, 거리가 먼 별일수록 겉보기 등급이 작다.

별의 겉보기 등급과 절대 등급에 대한 개념을 비교하는 문제가 출제돼~! 각 등급에 대한 개념을 헷갈리지 않게 잘 숙지해 두자~!

✘ 겉보기 등급이 큰 별은 절대 등급도 크다.
→ 겉보기 등급이 큰 별이라도 별까지의 거리에 따라 절대 등급이 작을 수 있어~!

✘ 거리가 멀어지면 별의 절대 등급은 작아진다.
→ 별까지의 거리가 멀어진다고 해도 별의 절대 등급은 변하지 않아~

③ 절대 등급은 별이 10 pc의 거리에 있다고 가정한다.
→ 절대 등급은 별이 10 pc의 거리에 있다고 가정했을 때의 별의 밝기를 나타낸 거야~

✘ 별의 실제 밝기를 비교하려면 겉보기 등급을 이용해야 한다.
→ 겉보기 등급은 별까지의 실제 거리는 고려하지 않고 지구에서 보이는 밝기로 정한 거야~ 별의 실제 밝기를 비교하기 위해서는 절대 등급을 이용해야지!

✘ 별의 절대 등급이 같을 때, 거리가 먼 별일수록 겉보기 등급이 작다.
→ 별의 절대 등급이 같을 때, 거리가 먼 별일수록 어둡게 보이니까 겉보기 등급은 크겠지!

답 : ③

눈으로 ⇨ 겉보기 등급
실제 ⇨ 절대 등급

유형 클리닉

유형 ③ 별의 등급을 이용한 별까지의 거리 비교

표는 별 (가)~(다)의 겉보기 등급과 절대 등급을 나타낸 것이다.

구분	(가)	(나)	(다)
겉보기 등급	−3.5	1.2	2.3
절대 등급	−1.4	1.2	−2.3

이에 대한 설명으로 옳은 것은?

① 지구에서 가장 가까운 별은 (다)이다.
② 지구에서 가장 멀리 있는 별은 (나)이다.
③ 지구에서 별 (나)까지의 거리는 10 pc이다.
④ 지구에서 별 (가)까지의 거리가 현재의 $\frac{1}{10}$배가 되면 겉보기 등급은 1.5등급이 된다.
⑤ 지구에서 별 (다)까지의 거리가 현재 거리의 10배가 되면 절대 등급은 7.3등급이 된다.

여러 별의 겉보기 등급과 절대 등급을 비교해서 별까지의 거리를 비교하는 문제가 출제돼~!

✗ 지구에서 가장 가까운 별은 (다)이다.
→ 겉보기 등급이 절대 등급보다 작으면 10 pc보다 가까이 있는 별이야! 그래서 지구에서 가장 가까운 별은 (가)!

✗ 지구에서 가장 멀리 있는 별은 (나)이다.
→ 겉보기 등급이 절대 등급보다 크면 10 pc보다 멀리 있는 별이야! 그래서 지구에서 가장 멀리 있는 별은 (다)!

③ 지구에서 별 (나)까지의 거리는 10 pc이다.
→ 별 (나)는 겉보기 등급과 절대 등급이 같으므로 지구에서 별까지의 거리가 10 pc이야~

✗ 지구에서 별 (가)까지의 거리가 현재의 $\frac{1}{10}$배가 되면 겉보기 등급은 1.5등급이 된다.
→ 거리가 $\frac{1}{10}$배가 되면 밝기는 100배가 돼~ 따라서 겉보기 등급은 5등급 작아져. 그래서 겉보기 등급은 −3.5−5 = −8.5등급이 되는 거야~

✗ 지구에서 별 (다)까지의 거리가 현재 거리의 10배가 되면 절대 등급은 7.3등급이 된다.
→ 거리가 10배 멀어지면 밝기는 $\frac{1}{10^2}$배가 돼~ 따라서 겉보기 등급은 5등급 커져! 그러나 거리가 멀어진다고 해서 절대 등급이 변하진 않아~! 절대 등급은 별까지의 거리가 10 pc일 때를 기준으로 한 등급이니까!

답 : ③

별의 거리가 변할 때 : 겉보기 등급 변화 ○!
절대 등급 변화 ×!

유형 ④ 별의 등급과 색깔

표는 여러 별의 등급과 색깔을 나타낸 것이다.

구분	태양	리겔	시리우스	알데바란
겉보기 등급	−26.8	0.1	−1.5	0.9
절대 등급	4.8	−6.8	1.4	−0.6
색깔	황색	청백색	백색	주황색

이에 대한 설명으로 옳은 것을 모두 고르면?

① 실제로 가장 밝은 별은 시리우스이다.
② 태양은 지구로부터의 거리가 가장 멀다.
③ 표면 온도가 가장 높은 별은 시리우스이다.
④ 가장 많은 에너지를 방출하는 별은 리겔이다.
⑤ 지구에서 볼 때 가장 어둡게 보이는 별은 알데바란이다.

별의 등급과 색깔을 비교하여 별의 밝기, 거리, 표면 온도 등을 비교하는 문제가 출제돼~!

✗ 실제로 가장 밝은 별은 시리우스이다.
→ 실제로 가장 밝은 별은 절대 등급이 가장 작은 별이겠지~ 따라서 절대 등급이 가장 작은 리겔이 실제로 가장 밝은 별이야!

✗ 태양은 지구로부터의 거리가 가장 멀다.
→ 태양은 겉보기 등급이 절대 등급보다 작아. 겉보기 등급이 절대 등급보다 클수록 지구로부터의 거리가 멀지~ 따라서 지구로부터의 거리가 가장 먼 별은 리겔이야!

✗ 표면 온도가 가장 높은 별은 시리우스이다.
→ 별의 표면 온도는 청색에 가까울수록 높아져~ 따라서 청백색인 리겔의 표면 온도가 가장 높아~!

④ 가장 많은 에너지를 방출하는 별은 리겔이다.
→ 별은 에너지를 많이 방출할수록 밝아~ 따라서 절대 등급이 가장 작은 리겔이 가장 많은 에너지를 방출하지~!

⑤ 지구에서 볼 때 가장 어둡게 보이는 별은 알데바란이다.
→ 지구에서 볼 때 가장 어둡게 보이는 별은 겉보기 등급이 가장 큰 별이겠지? 따라서 알데바란이 지구에서 볼 때 가장 어둡게 보여~

답 : ④, ⑤

별의 표면 온도 : 청색 > 청백색 > 백색 > 황백색 > 황색 > 주황색 > 적색!

❶ 별의 밝기와 거리

01 밤하늘에 떠 있는 별을 관측하면 어떤 별은 희미해서 잘 보이지 않지만, 어떤 별은 매우 밝아 잘 보인다. 이와 같이 별의 밝기에 영향을 주는 요인으로 옳은 것을 |보기|에서 모두 고른 것은?

┌─ 보기 ┌
ㄱ. 별이 뜨고 지는 시간
ㄴ. 별이 방출하는 빛의 양
ㄷ. 지구에서 별까지의 거리
└─────

① ㄱ   ② ㄴ   ③ ㄱ, ㄷ
④ ㄴ, ㄷ   ⑤ ㄱ, ㄴ, ㄷ

★중요
02 그림은 거리에 따른 별의 밝기 변화를 나타낸 것이다.

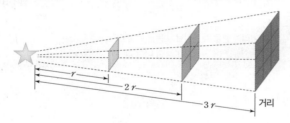

별의 밝기와 거리에 대한 관계식으로 옳은 것은?

① 별의 밝기∝거리   ② 별의 밝기∝거리^2

③ 별의 밝기^2∝거리   ④ 별의 밝기∝$\dfrac{1}{거리}$

⑤ 별의 밝기∝$\dfrac{1}{거리^2}$

03 2등급인 별의 100배 밝기로 보이는 별과 $\dfrac{1}{100}$배 밝기로 보이는 별의 등급을 옳게 짝지은 것은?

	100배인 별	$\dfrac{1}{100}$배인 별
①	0등급	5등급
②	−1등급	6등급
③	4등급	−2등급
④	−3등급	7등급
⑤	7등급	−3등급

[**04~05**] 다음은 별의 밝기에 영향을 미치는 요인을 알아보기 위한 실험을 나타낸 것이다.

[실험 과정]
그림과 같이 바닥에 검은색 종이를 깔고 손전등 A~D를 매달아 검은색 종이에 비친 빛의 밝기를 비교한다. (단, 손전등이 방출하는 빛의 양은 A=B<C=D이다.)

04 방출하는 빛의 양에 따른 별의 밝기 변화를 알아보기 위해 비교해야 할 손전등을 옳게 짝지은 것은?

① A와 B   ② A와 C   ③ B와 C
④ B와 D   ⑤ C와 D

★중요
05 이 실험에 대한 설명으로 옳은 것을 |보기|에서 모두 고른 것은?

┌─ 보기 ┌
ㄱ. 종이에 비친 빛의 밝기가 가장 어두운 손전등은 A이다.
ㄴ. 종이에 비친 빛의 밝기는 C가 D보다 2배 밝게 나타난다.
ㄷ. B에 해당하는 별보다 D에 해당하는 별의 등급이 더 크다.
└─────

① ㄱ   ② ㄴ   ③ ㄱ, ㄷ
④ ㄴ, ㄷ   ⑤ ㄱ, ㄴ, ㄷ

06 3등급인 별이 40개가 모인 성단이 있다고 할 때, 이 성단과 밝기가 같은 별의 등급은?

① −2등급   ② −1등급   ③ 0등급
④ 2등급   ⑤ 4등급

07 1등급인 별을 현재 거리의 4배만큼 먼 거리에 위치시킨다고 할 때, 이 별의 등급은?

① −4등급   ② −2등급   ③ 0등급
④ 2등급   ⑤ 4등급

❷ 별의 겉보기 등급과 절대 등급

08 별의 겉보기 등급과 절대 등급에 대한 설명으로 옳은 것은?

① 절대 등급과 방출하는 에너지양은 반비례한다.
② 겉보기 등급으로 별까지의 거리를 측정할 수 있다.
③ 겉보기 등급은 현재 사용하지 않는 별의 밝기이다.
④ 겉보기 등급으로 별이 방출하는 에너지양을 비교할 수 있다.
⑤ 절대 등급은 연주 시차가 $10''$인 거리에 있다고 가정한 별의 밝기이다.

09 그림은 지구로부터의 거리가 $2.5r$이었던 별을 r의 거리로 이동시킨다고 가정할 때의 모습을 나타낸 것이다.

이때 일어나는 변화에 대한 설명으로 옳지 <u>않은</u> 것을 <u>모두</u> 고르면?

① 별의 색깔이 바뀐다.
② 연주 시차는 2.5배로 커진다.
③ 별의 밝기는 약 6.3배 증가한다.
④ 별의 절대 등급은 2등급 증가한다.
⑤ 별의 겉보기 등급은 2등급 감소한다.

[10~11] 표는 별 A~D의 절대 등급과 겉보기 등급을 나타낸 것이다.

구분	A	B	C	D
절대 등급	3.7	−3.7	0	2.0
겉보기 등급	−1.0	−4.5	3.0	2.0

10 이에 대한 설명으로 옳은 것은?

① 방출하는 에너지양이 가장 큰 별은 B이다.
② 별의 겉보기 등급과 절대 등급은 같을 수 없다.
③ 별 A를 10 pc만큼 떨어져서 관측한 밝기는 지구에서 별 B를 관측한 밝기보다 밝다.
④ 별 C가 별 D보다 맨눈으로 보기에 약 1.5배 밝다.
⑤ 지구로부터 10 pc보다 가까운 거리에 있는 별은 모두 3개이다.

11 별 A~D 중에서 (가) 우리의 눈에 가장 어둡게 보이는 별과 (나) 실제로 가장 어두운 별을 옳게 짝지은 것은?

	(가)	(나)		(가)	(나)
①	A	C	②	B	C
③	B	D	④	C	A
⑤	C	B			

12 지구로부터 1 pc의 거리에 있는 별의 겉보기 등급이 −3등급일 때, 이 별의 절대 등급은?

① −2등급　　② −1등급　　③ 0등급
④ 1등급　　⑤ 2등급

13 북쪽 밤하늘의 북극성은 겉보기 등급이 2.1등급이고 절대 등급이 −3.7등급이다. 북극성이 현재 거리의 $\dfrac{1}{2.5}$배로 되었을 때의 겉보기 등급과 절대 등급을 옳게 짝지은 것은?

	겉보기 등급	절대 등급
①	0.1등급	−5.7등급
②	0.1등급	−3.7등급
③	2.1등급	−3.7등급
④	4.1등급	−3.7등급
⑤	4.1등급	−1.7등급

❸ 별의 색깔과 표면 온도

14 그림은 밤하늘에서 큰개자리를 이루는 별들을 나타낸 것이고, 표는 그 별들 중 일부의 색깔을 나타낸 것이다.

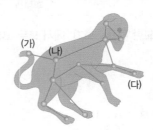

별	색깔
(가)	적색
(나)	황색
(다)	백색

표면 온도가 높은 별부터 순서대로 나열한 것은?

① (가) → (나) → (다)　　② (가) → (다) → (나)
③ (나) → (가) → (다)　　④ (다) → (가) → (나)
⑤ (다) → (나) → (가)

15 표는 별 (가)~(마)의 색깔을 나타낸 것이다.

별	(가)	(나)	(다)	(라)	(마)
색깔	청색	적색	황백색	백색	황색

(가)~(마) 중에서 표면 온도가 가장 높은 별과 가장 낮은 별을 옳게 짝지은 것은?

	가장 높은 별	가장 낮은 별
①	(가)	(나)
②	(가)	(라)
③	(다)	(가)
④	(라)	(나)
⑤	(마)	(다)

16 ★중요
그림은 오리온자리를 구성하는 일부 별들을 나타낸 것이고, 표는 그 별의 색깔을 나타낸 것이다.

별	색깔
베텔게우스	적색
리겔	청백색

이에 대한 설명으로 옳은 것은?

① 별의 색깔로 별의 절대 등급을 알 수 있다.
② 별의 밝기는 베텔게우스가 리겔보다 밝다.
③ 리겔보다 베텔게우스의 표면 온도가 낮다.
④ 별의 크기는 리겔이 베텔게우스보다 크다.
⑤ 별의 색깔을 통해서 별까지의 거리를 알 수 있다.

17 표는 별 A와 B의 절대 등급, 겉보기 등급, 색깔을 나타낸 것이다.

구분	절대 등급	겉보기 등급	색깔
A	1.5	3.4	청백색
B	2.1	−1.2	주황색

별 A와 B의 특징을 옳게 비교한 것을 |보기|에서 모두 고른 것은?

┌ 보기 ┐
ㄱ. 별의 실제 밝기 : A＞B
ㄴ. 맨눈으로 관측할 때의 밝기 : A＞B
ㄷ. 별까지의 거리 : A＞B
ㄹ. 별의 표면 온도 : A＜B
└───────────────────┘

① ㄱ, ㄴ   ② ㄱ, ㄷ   ③ ㄴ, ㄷ
④ ㄴ, ㄹ   ⑤ ㄷ, ㄹ

18 그림 (가)와 (나)는 별의 밝기에 영향을 미치는 요인을 알아보는 실험을 나타낸 것이다.

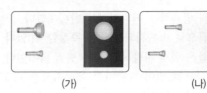

(가)   (나)

(가), (나) 실험으로 알 수 있는 별의 밝기가 다르게 나타나는 까닭을 각각 서술하시오.

 빛의 양↑, 가까운 거리 ⇨ 밝은 별

19 그림은 우주선을 타고 절대 등급이 −3.7등급, 겉보기 등급이 2.1등급인 북극성에 가까이 다가가는 모습을 나타낸 것이다.

(1) 북극성에 가까이 다가가는 동안 우주선에서 관측한 북극성의 겉보기 등급과 절대 등급은 어떻게 변하는지 서술하시오.

 겉보기 등급 : 거리에 따라 변함, 절대 등급 : 변하지 않음

(2) 우주선이 북극성으로부터 10 pc 부근까지 다가갔을 때의 겉보기 등급에 대해 서술하시오.

 절대 등급 : 10 pc 거리에서의 밝기로 정한 등급

20 그림은 오리온자리의 모습을 나타낸 것이다. 오리온자리를 이루는 별 중에서 베텔게우스는 적색, 리겔은 청백색을 띤다. 이와 같이 별의 색깔이 다른 까닭을 서술하시오.

 표면 온도 : 청색＞적색

21 그림은 손전등을 검은색 종이로부터 9 cm 떨어진 거리에서 비추는 모습을 나타낸 것이다. 이 손전등보다 방출하는 빛의 양이 9배 많은 손전등으로 같은 실험을 할 때, 같은 면적의 종이에 비치는 빛의 양을 그림과 같게 하기 위해서는 손전등을 종이로부터 몇 cm 떨어뜨려야 하는가?

9cm

① 1 cm ② 3 cm ③ 27 cm
④ 81 cm ⑤ 729 cm

22 표는 행성 A~C에서 관측한 어떤 별의 겉보기 등급을 나타낸 것이다.

행성	A	B	C
별의 겉보기 등급	−1.7	5.3	1.3

이에 대한 설명으로 옳은 것을 | 보기 |에서 모두 고른 것은?

┌ 보기 ┐
ㄱ. 별의 절대 등급은 행성 A보다 행성 B에서 더 크게 관측된다.
ㄴ. 행성으로부터 별까지의 거리는 행성 A가 행성 C보다 약 4배 가깝다.
ㄷ. 눈으로 관측한 별의 밝기는 행성 B보다 행성 C에서 약 40배 더 밝게 관측된다.
└─────┘

① ㄱ ② ㄴ ③ ㄱ, ㄷ
④ ㄴ, ㄷ ⑤ ㄱ, ㄴ, ㄷ

23 그림은 태양계 행성들과 태양으로부터 행성까지의 거리를 나타낸 것이다.

이에 대한 설명으로 옳은 것을 | 보기 |에서 모두 고른 것은?

┌ 보기 ┐
ㄱ. 화성에서 관측한 태양의 밝기는 토성에서 관측한 태양 약 40개의 밝기와 비슷하다.
ㄴ. 태양의 겉보기 등급은 지구에서 관측할 때보다 수성에서 관측할 때 1등급 더 작다.
ㄷ. 태양이 방출하는 에너지가 현재의 $\frac{1}{16}$만큼 감소한다면 목성에서 관측하는 태양의 절대 등급은 3등급 커진다.
└─────┘

① ㄱ ② ㄴ ③ ㄱ, ㄷ
④ ㄴ, ㄷ ⑤ ㄱ, ㄴ, ㄷ

24 그림은 지구 주변의 별 A~C를 나타낸 것이다. 별 A~C의 겉보기 등급이 같을 때, 이에 대한 설명으로 옳지 않은 것은?

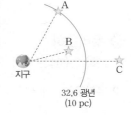

32.6 광년 (10 pc)

① 별 A~C의 절대 등급은 같을 수 없다.
② 절대 등급은 별 C > 별 A > 별 B 순이다.
③ 별 A~C 중 연주 시차가 가장 작은 별은 C이다.
④ 별이 가지고 있는 에너지양은 별 C가 가장 크다.
⑤ 별 A의 절대 등급과 별 B와 C의 겉보기 등급은 같다.

25 그림은 천구상에서 6개월 간격으로 나타나는 별 A와 B의 위치 변화를, 표는 별 A와 B의 물리적인 특성을 나타낸 것이다.

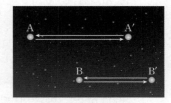

구분	겉보기 등급	절대 등급	색깔
A	4	−1	청색
B	㉠	−1	주황색

이에 대한 설명으로 옳은 것을 | 보기 |에서 모두 고른 것은?

┌ 보기 ┐
ㄱ. 지구를 기준으로 별 A가 별 B보다 더 먼 곳에 위치한다.
ㄴ. ㉠은 4보다 크다.
ㄷ. 표면 온도는 별 A가 별 B보다 낮다.
└─────┘

① ㄴ ② ㄷ ③ ㄱ, ㄴ
④ ㄱ, ㄷ ⑤ ㄴ, ㄷ

26 그림 (가)는 지구에서 관측한 별 ㉠~㉢의 겉보기 등급과 표면 온도를, (나)는 절대 등급과 표면 온도를 나타낸 것이다.

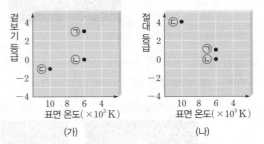

(가)

(나)

이에 대한 설명으로 옳은 것을 | 보기 |에서 모두 고른 것은?

┌ 보기 ┐
ㄱ. 지구에서 가장 어둡게 보이는 별은 ㉠이다.
ㄴ. 지구에서 가장 멀리 떨어진 별은 ㉢이다.
ㄷ. 별 ㉡보다 별 ㉢이 더 붉은색을 띤다.
ㄹ. 별이 방출하는 에너지양은 ㉡ > ㉠ > ㉢ 순이다.
└─────┘

① ㄱ, ㄴ ② ㄱ, ㄹ ③ ㄴ, ㄷ
④ ㄴ, ㄹ ⑤ ㄷ, ㄹ

3 은하와 우주

- 우리은하의 모양, 크기, 구성 천체를 설명할 수 있다.
- 우주가 팽창하고 있음을 모형으로 설명할 수 있다.
- 우주 탐사의 의의와 인류에게 미치는 영향을 설명할 수 있다.

❶ 우리은하

1 은하 : 수많은 별과 성단, 성운 등이 모여 있는 집단

2 우리은하 : 태양계가 속해 있는 은하로 태양계를 비롯한 별, 성단, 성운, 성간 물질 등으로 이루어진 거대한 천체 집단

(1) **모양**
  ① 위에서 본 우리은하 : 막대 모양인 은하의 중심부를 나선팔이 휘감고 있는 모양
  ② 옆에서 본 우리은하 : 중심부가 볼록한 원반 모양

(2) **지름** : 약 30000 pc(약 10만 광년)

(3) **별의 수** : 약 2000억 개

(4) **태양계의 위치** : 우리은하의 중심에서 약 8500 pc(약 3만 광년) 떨어진 나선팔에 위치

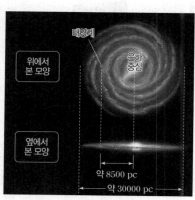

▲ 우리은하의 모양

3 은하수 : 지구에서 우리은하의 단면을 본 모습으로, 희뿌연 띠 모양으로 보인다.

(1) 궁수자리 방향에서 은하수의 폭이 가장 넓고 밝게 보인다.
(2) 은하수는 계절에 따라 폭과 밝기가 다르게 보인다.
(3) 북반구와 남반구에서 모두 은하수를 관측할 수 있다.

4 우리은하를 구성하는 천체

(1) **성단** : 무리를 지어 모여 있는 별의 집단 ⟶ 성단은 거의 같은 시기에 생성된 것이기 때문에 성단을 이루는 별들의 구성 성분이나 나이는 거의 비슷해!

모양에 따라 성단을 구분해~

구분		산개 성단		구상 성단	
특징		별들이 분산되어 **불규칙한** 형태로 모여 있다.		별들이 **구형**으로 빽빽하게 모여 있다.	
별	나이	적다		많다	
	개수	수십 개 ~수만 개		수만 개 ~수십만 개	
	온도	높다		낮다	
	색깔	파란색		붉은색	
분포 위치		우리은하의 나선팔		우리은하 중심부와 구 모양의 공간	

(2) **성간 물질** : 별과 별 사이에 분포하는 가스나 작은 티끌

(3) **성운** : 성간 물질이 많이 모여 있어 구름처럼 보이는 것 주로 우리은하의 나선팔에 분포해~!

구분	방출 성운	반사 성운	암흑 성운
모습			
특징	주위에 있는 고온의 별로부터 에너지를 흡수하여 스스로 빛을 내는 성운	주위에 있는 별의 빛을 반사하여 밝게 보이는 성운	뒤에서 오는 별빛을 가려 어둡게 보이는 성운
색	주로 붉은색	주로 파란색	주로 검은색
예	오리온 대성운, 장미성운	메로페성운, 마귀할멈성운	말머리성운, 독수리성운, 석탄자루성운

⊖ 비타민

계절에 따라 다르게 보이는 은하수

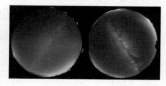

▲ 겨울철   ▲ 여름철

은하수에 있는 어두운 부분은 별빛을 가로막는 암흑 성운과 성간 물질이 있기 때문이야~!
지구는 태양을 중심으로 공전하기 때문에 계절에 따라 밤하늘의 방향이 달라진다. 관측 방향이 우리은하의 중심부를 향할 때는 볼 수 있는 별의 수가 많다. 우리나라에서는 여름철에 밤하늘이 우리은하의 중심 방향을 향하기 때문에 은하수의 폭이 넓고 선명하게 보이고, 겨울철에 밤하늘이 우리은하 중심의 반대 방향을 향하기 때문에 은하수의 폭이 좁고 희미하게 보인다.

우리은하에서 산개 성단과 구상 성단의 분포 위치

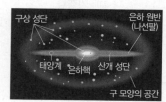

산개 성단은 주로 우리은하의 나선팔에 분포하고, 구상 성단은 주로 우리은하 중심부와 은하 원반을 둘러싼 구 모양의 공간에 분포한다.

성운의 형성 원리

▲ 방출 성운의 원리

▲ 반사 성운의 원리

▲ 암흑 성운의 원리

필수 비타민

은하와 우주

```
            은하와 우주
   ┌──────────┼──────────┐
 우리은하    우주 팽창    우주 탐사
   ┌─┤        ┌─┤         ┌─┤
 은하수      외부 은하     목적
   ┌┴┐                    ├─┤
 성단 성운   대폭발        방법
            우주론        ├─┤
                          역사
                          ├─┤
                          영향
```

용어 & 개념 체크

❶ 우리은하

01 태양계가 속해 있는 은하를
　　□□□□라고 한다.

02 우리은하를 위에서 보면 막대
　　모양인 은하의 중심부를 □
　　□□이 휘감고 있는 모양
　　이다.

03 별들이 구형으로 빽빽하게 모
　　여 있는 성단을 □□ □
　　□이라고 한다.

04 □□ □□이 많이 모여
　　있어 구름처럼 보이는 것을
　　성운이라고 한다.

05 성간 물질이 뒤에서 오는 별
　　빛을 가려 어둡게 보이는 성
　　운은 □□ □□이다.

01 그림은 우리은하를 옆에서 본 모습을 나타낸 것이다.

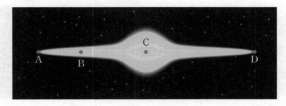

(1) A와 D 사이의 거리는 몇 pc인지 쓰시오.
(2) A~D 중 태양계의 위치를 쓰시오.

02 우리은하와 은하수에 대한 설명으로 옳은 것은 ○, 옳지 <u>않은</u> 것은 ×로 표시하시오.

(1) 우리은하를 위에서 보면 중심부가 볼록한 원반 모양으로 보인다. ········ (　)
(2) 은하 중심부에 막대 모양의 구조가 있다. ·········· (　)
(3) 태양계는 우리은하의 중심부에 위치한다. ·········· (　)
(4) 은하수는 다른 계절에 비해 여름철에 잘 보인다. ·········· (　)
(5) 은하수는 동서로 길게 뻗어 있으므로 남반구에서는 볼 수 없다. ········ (　)

03 산개 성단에 대한 설명은 '산', 구상 성단에 대한 설명은 '구'라고 쓰시오.

(1) 별들이 분산되어 불규칙한 형태로 모여 있다. ·········· (　)
(2) 성단을 이루는 별들의 나이가 비교적 많다. ·········· (　)
(3) 성단을 이루는 별의 수가 수만 개~수십만 개이다. ·········· (　)
(4) 성단을 이루는 별의 표면 온도가 낮아 대체로 붉은색을 띤다. ········ (　)
(5) 주로 우리은하의 나선팔에 분포한다. ·········· (　)

[04~05] 그림은 여러 종류의 성운을 나타낸 것이다.

(가)　　　　　　(나)　　　　　　(다)

04 (가)~(다)에 해당하는 성운의 종류를 각각 쓰시오.

05 (가)~(다)에 대한 설명으로 옳은 것은 ○, 옳지 <u>않은</u> 것은 ×로 표시하시오.

(1) (가)는 별빛이 가스나 티끌에 의해 반사되어 나타나는 성운이다. ········ (　)
(2) (나)는 주위에 별이 없어도 스스로 빛을 낼 수 있는 성운이다. ········ (　)
(3) (다) 성운은 주로 파란색을 띠며, 메로페성운이 이에 해당한다. ········ (　)

❷ 팽창하는 우주

1 외부 은하 : 우리은하 밖에 존재하는 은하로, 모양을 기준으로 분류한다.

→ 허블은 외부 은하를 모양에 따라 분류했어~

(1) 허블이 관측에 의해 최초로 외부 은하를 발견하였다.

▲ 안드로메다은하

> 예 안드로메다은하 → 허블의 관측 전에는 우리은하에 속해 있는
> 안드로메다 성운으로 알려져 있었어~

(2) 우리은하로부터 매우 먼 거리에 위치하며, 수천억 개 이상이 존재한다.

(3) 우리은하와 같이 수많은 별들로 이루어져 있고, 하나의 은하가 단독으로 있거나 여러 개의 외부 은하가 모여 집단으로 이루어져 있다.

(4) 우리은하에서 볼 때 대부분의 외부 은하는 점점 멀어지고 있다.

→ 일부 외부 은하는 가까워지기도 해~!

2 우주의 팽창

(1) 허블은 대부분의 외부 은하들이 우리은하로부터 멀어진다는 관측 결과를 통해 우주가 팽창하고 있다는 사실을 발견했다.

우주 팽창 실험

공기를 조금 넣은 고무풍선에 붙임딱지 A, B, C를 붙이고 붙임딱지 사이의 거리를 측정한다. 고무풍선에 공기를 더 많이 불어 넣고 붙임딱지 사이의 거리 변화를 측정한다.

고무풍선의 표면은 우주,
붙임딱지는 은하를 의미해~!

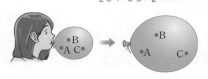

구분	A~B 거리	B~C 거리	C~A 거리
공기를 조금 넣었을 때	1 cm	2 cm	3 cm
공기를 더 많이 넣었을 때	3 cm	6 cm	9 cm
늘어난 거리	2 cm	4 cm	6 cm

• 고무풍선을 크게 불수록 붙임딱지 사이의 거리가 멀어진다. ➡ 우주가 팽창하면서 은하 사이의 거리가 멀어지는 것을 의미한다.
• 두 붙임딱지 사이의 거리가 멀수록 거리 변화의 값이 크다. ➡ 멀리 있는 은하일수록 더 빠르게 멀어지는 것을 의미한다.
• 붙임딱지 A, B, C가 서로 멀어진다. ➡ 팽창하는 우주에는 중심을 정할 수 없다는 것을 의미한다.

→ 우주의 어느 지점에서 관측하더라도 모든 은하들이 관측자로부터 멀어질 거야~!

---

(2) **우주의 팽창** : 고무풍선의 표면이 늘어나면서 붙임딱지가 서로 멀어지는 것과 마찬가지로 팽창하는 우주를 따라 대부분의 외부 은하들도 특별한 중심이 없이 모든 방향으로 균일하게 서로 멀어지고 있으며, 멀리 떨어져 있는 은하일수록 더 빠르게 멀어지고 있다.

우주가 팽창할 때 은하의 크기는 일정!
우주 자체가 팽창하여 은하와 은하 사이의 공간이 넓어지는 거야~!

3 대폭발 우주론(빅뱅 우주론)

(1) 과학자들은 현재 우주가 팽창한다는 사실을 바탕으로 과거로 거슬러 가면 우주는 점점 작고 뜨거워지며, 결국 하나의 점에 모이게 될 것이라고 추측하였다.

(2) 약 138억 년 전 우주에 존재하는 모든 물질과 빛에너지가 초고온·초고밀도인 하나의 점에 모여 있던 상태에서 시작되었으며, 대폭발(빅뱅) 이후 우주가 계속 팽창함에 따라 우주가 식어가면서 현재와 같은 우주가 형성되었다는 이론이다.

우주의 나이는 약 138억 년!

우주가 식어가는 과정에서 별과 은하가 만들어졌지!

시간의 흐름

대폭발

은하

▲ 대폭발 우주론

허블의 은하 분류

허블은 외부 은하를 모양에 따라 타원 은하, 나선 은하, 불규칙 은하로 분류했다.
• 타원 은하 : 공이나 타원 모양의 나선팔이 없는 은하
• 나선 은하 : 나선팔이 있는 은하로, 막대 구조의 유무에 따라 정상 나선 은하와 막대 나선 은하로 분류
• 불규칙 은하 : 비대칭이거나 불규칙한 모습의 은하

허블 법칙

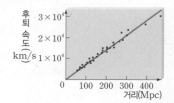

허블은 외부 은하들이 우리은하로부터 멀어지는 속도인 후퇴 속도와 외부 은하까지의 거리 관계를 통해 멀리 있는 은하일수록 더 빠르게 멀어지고 있다는 것을 알아냈다.

빅뱅(Big Bang)
빅뱅(Big Bang)은 '크게 쾅'이라는 의미로, 대폭발 우주론을 반대했던 과학자 호일이 대폭발을 비꼬기 위해 처음 사용했다.

정답과 해설 44쪽

용어 & 개념 체크

❷ 팽창하는 우주

06 우리은하 밖의 우주에 존재하는 수많은 은하를 ☐☐ ☐☐라고 한다.

07 우리은하로부터 멀리 떨어져 있을수록 은하가 멀어지는 속도가 ☐☐☐.

08 ☐☐☐(☐☐) ☐☐☐ 은 약 138억 년 전 초고온·초고밀도의 한 점이 폭발하여 우주가 탄생하였으며, 현재까지도 계속 팽창하고 있다는 이론이다.

---

06 다음은 우주에 존재하는 어느 천체에 대한 설명을 나타낸 것이다.

> 과학 기술의 발달과 함께 허블은 우리은하에 속해 있는 성운으로 알려진 안드로메다성운이 실제로는 우리은하 밖의 매우 먼 거리에 위치하고 있는 은하라는 사실을 알아냈다.

허블이 관측한 안드로메다은하와 같이 우리은하 밖에 존재하는 은하를 무엇이라고 하는지 쓰시오.

07 우주의 팽창에 대한 설명으로 옳은 것은 ○, 옳지 않은 것은 ×로 표시하시오.

(1) 허블은 우리은하에서 볼 때, 대부분의 외부 은하들이 멀어지고 있다는 것을 관측하였다. ──────── (　)
(2) 두 은하 사이의 거리가 가까울수록 두 은하가 멀어지는 속도는 빠르다. ─ (　)
(3) 우리은하는 우주에 고정되어 있고, 우리은하를 중심으로 외부 은하들이 멀어진다. ──────── (　)
(4) 우주의 팽창에 대한 관측 결과는 대폭발 우주론의 기초가 되었다. ──────── (　)

08 다음은 고무풍선을 이용한 우주 팽창 실험 과정을 나타낸 것이다.

> (가) 고무풍선에 공기를 조금 불어넣고, 붙임딱지 A, B, C를 붙여 붙임딱지 사이의 거리를 측정한다.
> (나) 고무풍선에 공기를 더 불어넣고, 붙임딱지 사이의 거리 변화를 측정한다.

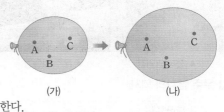

이 실험에 대한 설명으로 빈칸에 알맞은 말을 고르시오.

(1) 고무풍선의 표면은 (우주, 은하), 붙임딱지는 (우주, 은하)에 비유할 수 있다.
(2) 붙임딱지 사이의 거리가 멀수록 거리 변화가 (작다, 크다).
(3) 붙임딱지는 (한 점을 기준으로, 특별한 중심이 없이) 멀어진다.

09 그림은 우리은하로부터 멀어지는 두 외부 은하 A와 B를 나타낸 것이다.

외부 은하 A와 B 중 우리은하로부터 더 빠르게 멀어지는 은하를 고르시오.

10 다음은 대폭발 우주론에 대한 설명을 나타낸 것이다. 빈칸에 알맞은 말을 쓰시오.

> 우주는 온도가 (㉠　　　), 밀도가 (㉡　　　) 한 점으로부터 대폭발에 의해 시작되었으며, 시간이 흐름에 따라 우주의 크기는 점점 (㉢　　　). 이 과정에서 우주의 온도가 낮아져 별과 은하가 만들어졌으며, 현재와 같은 우주가 형성되었다.

❸ 우주 탐사

1 우주 탐사의 목적

(1) **우주 탐사** : 우주에 대한 호기심을 해결하고 우주를 이해하고자 우주를 탐색하고 조사하는 활동

(2) **우주 탐사의 목적** : 우주를 탐사함으로써 지구의 진화와 우주의 환경을 깊이 이해하고, 지구 외에 다른 천체에도 생명체가 살고 있는지 알아보며, 지구에서 얻기 어렵거나 고갈되어 가는 자원을 채취하기 위해서이다.

2 우주 탐사의 방법

(1) **망원경** : 과학기술의 발달로 망원경은 가시광선뿐만 아니라 적외선과 전파를 이용하여 관측하고, 지구 대기권 밖으로 우주 망원경을 보내 관측 범위를 넓히고 있다.

(2) **인공위성** : 천체 주위를 일정한 궤도를 따라 공전할 수 있도록 우주로 쏘아 올린 인공 장치로, 1957년에 최초의 인공위성이 발사되었다.

(3) **우주 탐사선** : 지구 외에 다른 천체를 탐사하기 위해 쏘아 올린 물체로, 탐사하고자 하는 천체 주위를 돌거나 표면에 착륙하여 임무를 수행한다.

(4) **우주 정거장** : 지구 주위 궤도를 따라 공전하는 무중력 상태의 우주 구조물로, 사람이 일정 기간 동안 생활하면서 지상에서 하기 어려운 실험이나 우주 환경을 연구하고 관측하는 기지이다.

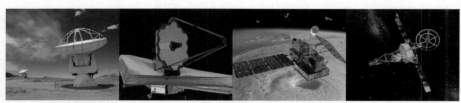

▲ 전파 망원경　　　▲ 우주 망원경　　　▲ 인공위성　　　▲ 우주 탐사선

3 우주 탐사의 역사

1950년대 (우주 탐사 시작)	• 1957년 스푸트니크1호 : 구소련에서 발사한 최초의 인공위성이다.
1960년대 (달 탐사)	• 1969년 아폴로11호 : 사람을 태우고 발사된 유인 탐사선으로, 최초로 인류가 달 착륙에 성공했다. _{달은 인류가 지구 이외에 최초로 착륙한 천체야~!}
1970년대 (행성 탐사)	• 1977년 보이저1호, 2호 : 태양계를 탐사하기 위해 발사된 탐사선으로, 현재까지 작동되고 있다.
1990년대 이후 (탐사 범위 확대)	• 1990년 허블 우주 망원경 : 현재까지 탐사 활동을 하고 있다. • 2006년 뉴호라이즌스호 : 명왕성 탐사를 위해 발사되어 2015년 명왕성을 근접 통과했다. • 2011년 주노호 : 목성 탐사를 위해 발사되어 2016년에 목성에 도착하여 목성 궤도를 돌고 있다. • 2011년 큐리오시티 : 화성 탐사 로봇으로, 2012년 화성에 착륙했다. • 2018년 파커 탐사선 : 태양을 탐사하기 위해 태양 대기권에 진입했다.

4 우주 탐사의 영향

(1) **우주 탐사의 의의** →우주 탐사는 인간이 우주를 알고자 하는 열망을 충족하기 위해 시작되었고, 이를 충족해 주고 있어~!

① 태양계 탐사선이 관측하거나 채취한 물질을 통해 태양계의 형성 과정과 구성 천체를 이해할 수 있다.

② 우주 탐사를 위한 연구 과정에서 천문학, 물리학, 공학 등 여러 학문이 발전했다.

③ 우주 과학과 관련된 우주 산업이 발달하고 다양한 직업들이 생겨났다.

④ 우주 탐사 및 개발 과정에서 얻은 기술을 우리 생활에 응용하여 더욱 편리한 생활을 할 수 있다.

(2) **우주 탐사의 피해** : 인공위성의 발사나 폐기 과정 등에서 발생한 우주 쓰레기는 일정하지 않은 궤도를 가지고 지구 주위를 매우 빠른 속도로 돌면서, 운행 중인 인공위성이나 탐사선에 피해를 준다. _{매우 작은 우주 쓰레기라도 속도가 빨라서 위험해~!}

우주 망원경

지구 궤도를 돌며 우주를 관측하는 망원경으로, 인공위성의 한 종류이다. 대기의 영향을 받지 않기 때문에 지상에 있는 망원경보다 우주를 더 선명하게 관측할 수 있다. 예 허블 우주 망원경, 스피처 우주 망원경, 케플러 우주 망원경 등

탐사 로봇

인간이 직접 가서 탐사하기 어려운 환경의 천체에 탐사 로봇을 착륙시켜 표면을 탐사한다.

우리나라의 우주 탐사

• 2009년에 나로 우주 센터가 건설되어 자체적으로 인공위성을 연구했다.
• 2013년 나로 우주 센터에서 나로호 발사에 성공했다.

인공위성의 종류와 실생활에 이용되는 예

• 기상 위성 : 일기 예보를 하거나 태풍의 이동 경로 예측을 통해 피해를 줄인다.
• 방송 통신 위성 : 지구 반대편에서 하는 스포츠 경기 등을 실시간으로 보거나 다른 나라에 있는 친구와 쉽게 전화 통화를 할 수 있다.
• 항법 위성 : 방송 통신 위성과 함께 자신이 있는 위치를 파악하고 모르는 길을 찾을 수 있다.

실생활에 적용된 우주 탐사 기술

• 정수기, 에어쿠션 운동화 : 우주 환경에서 생활하기 위해 개발된 기술 활용
• 운동용품, 의료용품 : 로켓의 무게를 줄이기 위해 개발된 가벼운 소재 활용
• MRI(자기 공명 영상 장치), CT(컴퓨터 단층 촬영) : 우주 탐사에서 활용했던 사진 기술 응용

❸ 우주 탐사

09 ☐☐ ☐☐는 우주를 이해하고자 우주를 탐색하고 조사하는 활동을 말한다.

10 ☐☐☐☐은 천체 주위를 일정한 궤도를 따라 공전하는 인공적인 장치이다.

11 지구 궤도를 돌며 우주를 관측하는 망원경인 ☐☐ ☐☐ ☐은 대기의 영향을 받지 않는다는 장점이 있다.

12 1969년 발사된 ☐☐☐ ☐☐☐는 인류 최초의 달 착륙이라는 성과를 이뤄냈다.

13 인공위성이나 로켓의 파편 조각인 ☐☐ ☐☐☐는 우주 공간을 떠다니며, 운행 중인 인공위성이나 탐사선에 피해를 준다.

---

11 우주 탐사에 대한 설명으로 옳은 것은 ○, 옳지 <u>않은</u> 것은 ×로 표시하시오.

(1) 우주 탐사를 통해 우주에 대한 호기심을 해결할 수 있다. ·············· (　　)

(2) 우리나라에도 인공위성을 연구할 수 있는 우주 센터가 있다. ·············· (　　)

(3) 우주 탐사는 우리에게 긍정적인 영향만을 미친다. ·············· (　　)

(4) 우주 탐사를 위한 과학기술은 일상생활에 적용할 수 없다. ·············· (　　)

12 우주 탐사의 방법에 대한 설명을 옳게 연결하시오.

(1) 인공위성　　　•　　　• ㉠ 무중력 상태의 우주 구조물로 사람이 생활하며 관측

(2) 우주 망원경　•　　　• ㉡ 탐사하고자 하는 천체를 돌거나 표면에 착륙하여 조사

(3) 우주 탐사선　•　　　• ㉢ 천체 주위를 일정한 궤도로 공전하는 인공 장치

(4) 우주 정거장　•　　　• ㉣ 대기의 영향을 받지 않도록 우주 공간에 쏘아 올린 망원경

13 표는 우주 탐사의 역사를 시대별로 정리하여 나타낸 것이다. 빈칸에 알맞은 말을 쓰시오.

구분	탐사 내용
1950년대	• 1957년 (㉠ 　　　　) : 구소련에서 발사한 최초의 인공위성이다.
1960년대	• 1969년 아폴로11호 : 사람을 태우고 발사된 유인 탐사선으로, 최초로 인류가 (㉡ 　　　) 착륙에 성공했다.
1970년대	• 1977년 (㉢ 　　　　　)1호, 2호 : 태양계를 탐사하기 위해 발사된 탐사선으로, 현재까지 작동되고 있다.
1990년대 이후	• 1990년 허블 우주 망원경 : 현재까지 탐사 활동을 하고 있다. • 2006년 (㉣ 　　　　　) : 2015년 명왕성을 근접 통과한 탐사선이다. • 2011년 주노호 : 2016년에 목성에 도착하여 목성 궤도를 돌고 있는 탐사선이다. • 2011년 큐리오시티 : 2012년 (㉤ 　　　　)에 착륙한 탐사 로봇이다. • 2018년 파커 탐사선 : 태양을 탐사하기 위해 태양 대기권에 진입했다.

14 다음은 인공위성의 종류를 나타낸 것이다.

기상 위성　　　방송 통신 위성　　　항법 위성

각 인공위성이 실생활에 이용되는 예로 알맞은 것을 빈칸에 쓰시오.

(1) (　　　　 , 　　　　) : 자신이 있는 위치를 파악하고 모르는 길을 찾을 수 있다.

(2) (　　　　) : 일기 예보를 하거나 태풍의 이동 경로를 예측하여 피해를 줄일 수 있다.

(3) (　　　　) : 지구 반대편의 소식을 실시간으로 보거나 다른 나라의 친구와 통화를 할 수 있다.

유형 1 우리은하

그림 (가)는 우리은하를 옆에서 본 모양이고, (나)는 우리은하를 위에서 본 모양을 나타낸 것이다.

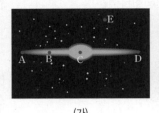
(가)

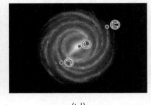
(나)

이에 대한 설명으로 옳은 것을 모두 고르면?

① 태양계는 (가)의 B, (나)의 ㉡에 위치한다.
② A에서 D까지의 거리는 약 10광년이다.
③ B에서 C까지의 거리는 약 3광년이다.
④ E에는 구상 성단이 많이 존재한다.
⑤ ㉢에는 산개 성단이 많이 존재한다.

우리은하의 구조에 대해 묻는 문제가 출제돼! 우리은하를 위에서 본 모양과 옆에서 본 모양을 잘 구분해서 기억해두자~!

① 태양계는 (가)의 B, (나)의 ㉡에 위치한다.
→ 태양계는 우리은하의 중심에서 약 8500 pc(약 3만 광년) 떨어진 나선팔에 위치해! 그러므로 태양계는 (가)의 B, (나)의 ㉠에 위치하지!

② A에서 D까지의 거리는 약 10광년이다.
→ A에서 D까지의 거리는 우리은하의 지름이야. 우리은하의 지름은 약 30000 pc이므로, 약 10만 광년이지~

③ B에서 C까지의 거리는 약 3광년이다.
→ B는 태양계가 위치한 곳이야~ 태양계는 은하 중심에서 약 3만 광년 떨어진 나선팔에 위치해~! 따라서 B에서 C까지의 거리는 약 3만 광년이야!

④ E에는 구상 성단이 많이 존재한다.
→ E는 은하 원반(나선팔)을 둘러싼 구 모양의 공간으로, 구상 성단이 많이 존재해!

⑤ ㉢에는 산개 성단이 많이 존재한다.
→ ㉢은 나선팔 부분이지? 우리은하의 나선팔에는 산개 성단이 분포해~!

답 : ④, ⑤

구상 성단 : 우리은하 중심부와 은하 원반을 둘러싼 구 모양의 공간에 분포
산개 성단 : 우리은하의 나선팔에 분포

유형 2 성단

그림 (가)와 (나)는 망원경으로 관측한 두 종류의 성단을 나타낸 것이다.

(가)

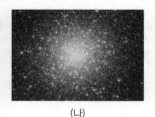
(나)

(가)와 (나) 두 성단의 특징을 비교한 것으로 옳은 것은?

	특징	(가)	(나)
①	나이	많음	적음
②	색	붉은색	파란색
③	분포 위치	우리은하의 나선팔	우리은하 중심부
④	별의 개수	수만 개~수십만 개	수십 개~수만 개
⑤	표면 온도	낮음	높음

성단을 모양에 따라 구분하는 문제가 출제돼~! 성단의 특징에 대해 잘 알아두자~

	특징	산개 성단 (가)	구상 성단 (나)
①	나이	~~많음~~ 적음	~~적음~~ 많음
②	색	~~붉은색~~ 파란색	~~파란색~~ 붉은색
③	분포 위치	우리은하의 나선팔	우리은하 중심부
④	별의 개수	~~수만 개~수십만 개~~ 수십 개~수만 개	~~수십 개~수만 개~~ 수만 개~수십만 개
⑤	표면 온도	~~낮음~~ 높음	~~높음~~ 낮음

산개 성단(가)을 이루는 별들은 젊은 별들! 에너지가 넘치지~ 그래서 표면 온도가 높아! 표면 온도가 높으니까 파란색을 띠지~! 구상 성단(나)을 이루는 별들은 늙은 별들이기 때문에 에너지가 얼마 없는 상태야~ 따라서 표면 온도가 낮아~ 표면 온도가 낮으니까 붉은색을 띠지!

답 : ③

나이가 많고 붉은색 별 : 구상 성단
나이가 적고 파란색 별 : 산개 성단

유형 ③ 우주 팽창 실험

그림은 고무풍선에 붙임딱지 A, B, C를 붙인 후, 풍선을 크게 불었을 때 스티커의 위치 변화를 관찰한 실험을 나타낸 것이다.

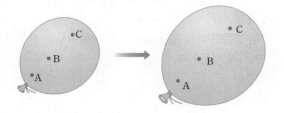

이 실험에 대한 설명으로 옳지 않은 것은?

① 고무풍선의 표면은 우주, 붙임딱지는 은하에 비유된다.
② 은하는 모두 같은 속력으로 멀어진다는 것을 알 수 있다.
③ 우주가 팽창하면 은하 사이의 거리가 멀어진다는 것을 알 수 있다.
④ 팽창하는 우주에서 특별한 중심을 정할 수 없다는 것을 알 수 있다.
⑤ 고무풍선이 커질수록 A~B 사이의 거리보다 A~C 사이의 거리가 더 빠르게 증가한다.

우주의 팽창을 풍선의 팽창에 비유한 실험에 대한 문제가 출제돼! 실험에 사용하는 고무풍선의 표면과 붙임딱지가 무엇을 의미하는지, 실험의 결과는 무엇을 의미하는지 잘 알아두자~!

① 고무풍선의 표면은 우주, 붙임딱지는 은하에 비유된다.
→ 고무풍선의 표면은 우주, 붙임딱지는 은하에 비유되어서 우주 팽창이 일어나는 모습을 확인하는 실험이야~!

② 은하는 모두 같은 속력으로 멀어진다는 것을 알 수 있다.
→ 멀리 있는 은하일수록 더 빠르게 멀어진다는 것을 알 수 있어!

③ 우주가 팽창하면 은하 사이의 거리가 멀어진다는 것을 알 수 있다.
→ 풍선의 크기가 커질수록 붙임딱지 사이의 간격이 멀어지지!

④ 팽창하는 우주에서 특별한 중심을 정할 수 없다는 것을 알 수 있다.
→ 어떤 은하를 기준으로 해도 모든 은하들은 서로 멀어지고 있으므로, 팽창하는 우주에서는 특별한 중심을 정할 수 없어~

⑤ 고무풍선이 커질수록 A~B 사이의 거리보다 A~C 사이의 거리가 더 빠르게 증가한다.
→ A와 비교적 가까이에 있는 B보다 멀리 있는 C가 더 빠르게 멀어져(거리 증가)!

답 : ②

 우주 팽창 ⇨ 은하 사이 거리 ↑

유형 ④ 우주 탐사의 역사

우주 탐사의 역사에 대한 설명으로 옳은 것을 모두 고르면?

① 스푸트니크1호는 최초의 인공위성이다.
② 1980년대에 인류가 최초로 달에 착륙했다.
③ 보이저호는 태양계를 탐사하는 우주 망원경이다.
④ 뉴호라이즌스호는 명왕성을 탐사하기 위해 발사되었다.
⑤ 큐리오시티는 2011년에 목성 탐사를 위해 발사한 탐사 로봇이다.

인류가 우주를 탐사해 온 과정에 대한 문제가 출제돼~~ 대표적인 탐사 시기와 장비, 탐사한 천체에 대해서 잘 알아두도록 하자~!

① 스푸트니크1호는 최초의 인공위성이다.
→ 스푸트니크1호는 1957년 구소련에서 발사한 최초의 인공위성이야~!

② 1980년대에 인류가 최초로 달에 착륙했다.
→ 1960년대에는 주로 달 탐사를 했고, 1969년 아폴로11호를 타고 인류가 최초로 달에 착륙했지!

③ 보이저호는 태양계를 탐사하는 우주 망원경이다.
→ 보이저호는 태양계를 탐사하는 우주 탐사선이야~!

④ 뉴호라이즌스호는 명왕성을 탐사하기 위해 발사되었다.
→ 뉴호라이즌스호는 2006년 명왕성을 탐사하기 위해 발사되어서 2015년에 명왕성을 근접 통과했어~

⑤ 큐리오시티는 2011년에 목성 탐사를 위해 발사한 탐사 로봇이다.
→ 큐리오시티는 2011년 화성 탐사를 위해서 발사되어 2012년에 화성에 착륙한 탐사 로봇이야!

답 : ①, ④

 최초의 인공위성 : 스푸트니크1호(1957)
인류 최초의 달 착륙 : 아폴로11호(1969)

❶ 우리은하

01 우리은하에 대한 설명으로 옳지 <u>않은</u> 것은?

① 성단, 성운 등으로 구성되어 있다.
② 우리은하의 지름은 약 30000 pc이다.
③ 우리은하 중심에는 막대 구조가 있다.
④ 옆에서 보면 중심부가 볼록한 원반 모양이다.
⑤ 태양계는 은하 중심에서 약 15000 pc 떨어진 곳에 위치한다.

02 ★중요 그림은 우리은하의 모양을 나타낸 것이다. 이에 대한 설명으로 옳은 것을 |보기|에서 모두 고른 것은? (단, 태양계는 A에 위치한다.)

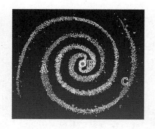

| 보기 |
ㄱ. 우리은하를 위에서 본 모양이다.
ㄴ. A에서 B까지의 거리는 약 3만 광년이다.
ㄷ. C에는 구상 성단이 분포한다.

① ㄱ
② ㄴ
③ ㄷ
④ ㄱ, ㄴ
⑤ ㄴ, ㄷ

03 그림은 우리나라 여름철 하늘에서 관찰되는 은하수를 나타낸 것이다. 이에 대한 설명으로 옳은 것은?

① 우리은하의 모든 부분을 볼 수 있다.
② 은하수는 관찰 가능한 장소가 정해져 있다.
③ 어둡게 보이는 부분은 별빛이 가려진 것이다.
④ 봄, 가을에 은하수가 가장 뚜렷하게 관찰된다.
⑤ 은하수는 물병자리 부근에서 폭이 가장 넓고 밝게 보인다.

04 은하수를 겨울철에 관측하면 여름철에 비해 희미하게 관측되는데, 그 까닭으로 옳은 것은?

① 은하수가 지평선을 따라 분포하기 때문이다.
② 남반구에서만 은하수를 관측할 수 있기 때문이다.
③ 낮은 온도로 인해 은하수의 색이 붉게 관측되기 때문이다.
④ 지구의 밤하늘이 우리은하의 중심과 반대 방향을 향하기 때문이다.
⑤ 암흑 성운이 더욱 발달하여 은하수에 어두운 부분이 더 많아지기 때문이다.

05 그림은 우리은하를 구성하는 성단을 나타낸 것이다. 이 성단을 이루는 별의 색과 성단의 종류를 옳게 짝지은 것은?

① 파란색 – 구상 성단
② 파란색 – 산개 성단
③ 붉은색 – 구상 성단
④ 붉은색 – 산개 성단
⑤ 노란색 – 구상 성단

06 ★중요 그림 (가)와 (나)는 우리은하에 분포하는 두 종류의 성단을 나타낸 것이다.

 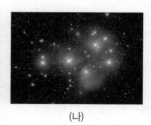

(가)   (나)

이에 대한 설명으로 옳지 <u>않은</u> 것은?

① (가)는 구상 성단, (나)는 산개 성단이다.
② (가) 성단은 (나) 성단보다 별의 수가 많다.
③ (가) 성단은 (나) 성단보다 저온의 별이 많다.
④ (나) 성단은 (가) 성단보다 젊은 별들이 많다.
⑤ (나) 성단은 주로 우리은하의 중심부에 분포한다.

07 성단과 성운에 대한 설명으로 옳은 것을 |보기|에서 모두 고른 것은?

> **보기**
> ㄱ. 성단의 크기는 태양계보다 크다.
> ㄴ. 우리은하에는 성운과 성단이 존재한다.
> ㄷ. 성단과 성운의 차이는 별의 밀집 정도이다.
> ㄹ. 방출 성운은 스스로 빛을 내는 별들의 집단이다.

① ㄱ, ㄴ   ② ㄱ, ㄷ   ③ ㄴ, ㄷ
④ ㄴ, ㄹ   ⑤ ㄷ, ㄹ

08 다음에서 설명하는 천체는 무엇인가?

> • 성간 물질이 모여 구름처럼 보인다.
> • 가까운 별로부터 빛을 받아 온도가 높아져 스스로 빛을 낸다.

① 방출 성운   ② 반사 성운   ③ 암흑 성운
④ 구상 성단   ⑤ 산개 성단

[09~10] 그림은 여러 종류의 천체를 나타낸 것이다.

A   B

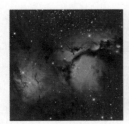

C   D

09 수많은 별들이 집단을 이루며 모여 있는 천체를 모두 고른 것은?

① A, B   ② A, D   ③ B, C
④ A, B, C   ⑤ B, C, D

10 성간 물질이 주변의 별빛을 반사하여 밝게 보이는 천체로 옳은 것은?

① A   ② B   ③ C   ④ D   ⑤ 없음

11 그림은 어느 천체를 나타낸 것이다. 말머리 모양으로 검게 보이는 천체에 대한 설명으로 옳은 것은?

① 스스로 빛을 내는 성운이다.
② 주위의 별빛을 반사시키는 성운이다.
③ 수많은 별들이 빽빽하게 모여 있는 성단이다.
④ 뒤쪽에서 오는 별빛을 가려 어둡게 보이는 성운이다.
⑤ 온도가 높은 파란색의 별들이 비교적 엉성하게 모여 있는 성단이다.

❷ 팽창하는 우주

12 외부 은하에 대한 설명으로 옳은 것을 |보기|에서 모두 고른 것은?

> **보기**
> ㄱ. 허블에 의해 최초로 발견되었다.
> ㄴ. 대부분의 외부 은하는 우리은하와 가까워지고 있다.
> ㄷ. 외부 은하의 발견은 우주의 크기 변화를 추측할 수 있는 계기가 되었다.

① ㄱ   ② ㄴ   ③ ㄱ, ㄷ
④ ㄴ, ㄷ   ⑤ ㄱ, ㄴ, ㄷ

⭐중요
13 그림은 우리은하로부터 멀어지는 두 은하 A와 B의 상대적인 속력과 방향을 나타낸 것이다.

이에 대한 설명으로 옳은 것을 |보기|에서 모두 고른 것은?

> **보기**
> ㄱ. 은하 A는 우리은하를 중심으로 멀어지고 있다.
> ㄴ. 우리은하로부터 더 멀리 떨어진 은하는 B이다.
> ㄷ. 은하 A와 은하 B 사이의 거리는 가까워지고 있다.

① ㄱ   ② ㄴ   ③ ㄱ, ㄷ
④ ㄴ, ㄷ   ⑤ ㄱ, ㄴ, ㄷ

[14~15] 다음은 우주의 팽창을 이해하기 위한 실험을 나타낸 것이다.

[실험 과정]

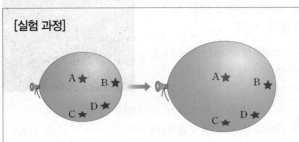

(가) 공기를 조금 불어넣은 고무풍선에 붙임딱지 A~D를 붙이고, 붙임딱지 사이의 거리를 측정한다.

(나) 고무풍선에 공기를 더 불어넣고 붙임딱지 사이의 거리를 측정한다.

[실험 결과]

구분	A와 B 사이의 거리	A와 C 사이의 거리	B와 C 사이의 거리	B와 D 사이의 거리
과정 (가)	5 cm	8 cm	11 cm	4 cm
과정 (나)	10 cm	16 cm	22 cm	8 cm

14 이 실험에서 고무풍선이 팽창할 때 중심이 되는 붙임딱지로 옳은 것은?

① A   ② B   ③ C
④ D   ⑤ 없음

15 이 실험에 대한 설명으로 옳은 것을 |보기|에서 모두 고른 것은?

| 보기 |
ㄱ. 고무풍선의 표면은 우주에 해당한다.
ㄴ. B로부터 가장 빠른 속도로 멀어지는 붙임딱지는 C이다.
ㄷ. 고무풍선의 크기가 커질수록 붙임딱지 D는 A와 가까워진다.

① ㄱ   ② ㄴ   ③ ㄱ, ㄴ
④ ㄴ, ㄷ   ⑤ ㄱ, ㄴ, ㄷ

16 대폭발 우주론에 대한 설명으로 옳지 않은 것은?

① 현재 우주의 크기는 점점 작아지고 있다.
② 약 138억 년 전에 우주는 한 점으로 존재했다.
③ 대폭발 직후에 우주의 온도는 현재보다 높았다.
④ 현재 우주에 있는 은하들의 거리는 대부분 멀어지고 있다.
⑤ 대폭발 이후의 우주 변화에 의해 무수히 많은 은하가 형성되었다.

❸ 우주 탐사

17 우주 탐사의 목적으로 옳지 않은 것을 모두 고르면?

① 지구의 환경을 더 잘 이해하기 위해
② 외계 생명체로부터 과학 기술을 배우기 위해
③ 우주에 대한 인간의 호기심을 충족시키기 위해
④ 최소한의 비용으로 지구의 자원을 확보하기 위해
⑤ 지구 외에 생명체가 살고 있는 행성을 탐사하기 위해

18 다음은 우주를 탐사하는 장비에 대한 설명을 나타낸 것이다.

• 천체 주위를 공전하면서 조사할 수 있다.
• 천체 표면에 직접 착륙하여 조사하기도 한다.
• 한번 발사된 후에는 회수하여 재사용할 수 없다.

이에 해당하는 우주 탐사 장비는?

① 로켓   ② 인공위성   ③ 우주 망원경
④ 우주 정거장   ⑤ 우주 탐사선

19 다음은 우주 탐사의 역사를 순서 없이 나열한 것이다.

(가) 주노호가 발사되어 목성에 도착했다.
(나) 인류가 최초로 달에 착륙하여 탐사를 시작했다.
(다) 우주 탐사를 위해 최초의 인공위성이 우주로 발사되었다.
(라) 대기권 밖에서 천체를 관측할 수 있는 허블 우주 망원경이 발사되었다.

(가)~(라)를 시간 순서대로 옳게 나열한 것은?

① (가) → (나) → (다) → (라)
② (나) → (가) → (다) → (라)
③ (나) → (다) → (라) → (가)
④ (다) → (나) → (가) → (라)
⑤ (다) → (나) → (라) → (가)

20 다음은 인공위성이 실생활에 이용되는 예이다.

> (가) 지구 반대편에서 열리는 축구 경기를 실시간으로 볼 수 있다.
> (나) 태풍의 이동 경로를 미리 파악하여 큰 피해를 예방할 수 있다.

(가)와 (나)에 이용되는 인공위성의 종류를 옳게 짝지은 것은?

	(가)	(나)
①	기상 위성	방송 통신 위성
②	기상 위성	항법 위성
③	방송 통신 위성	기상 위성
④	방송 통신 위성	항법 위성
⑤	항법 위성	방송 통신 위성

21 다음은 우주 탐사에 활용되는 기술에 대한 설명을 나타낸 것이다.

> • 지구와 다른 우주 환경에서 생활하기 위해 필요한 기술
> • 로켓을 가볍게 만들어 발사하기 위해 개발된 가벼운 소재
> • 우주에서 탐사한 자료들을 디지털로 바꾸고 화질을 높이기 위한 기술

이러한 기술들이 실생활에 적용된 예로 옳지 <u>않은</u> 것은?

① 정수기   ② 운동용품   ③ 의료용품
④ 마이크   ⑤ MRI

22 ⭐중요
그림은 우주 쓰레기로 뒤덮인 지구의 모습을 나타낸 것이다.

이에 대한 설명으로 옳은 것을 | 보기 |에서 모두 고른 것은?

> **보기**
> ㄱ. 크기가 작은 것들은 문제가 되지 않는다.
> ㄴ. 운행 중인 인공위성과 그 파편 등이 포함된다.
> ㄷ. 빠른 속도로 날아다니며 인공위성과 충돌하여 인공위성을 손상시킬 수 있다.

① ㄱ   ② ㄷ   ③ ㄱ, ㄴ
④ ㄴ, ㄷ   ⑤ ㄱ, ㄴ, ㄷ

23 만약 태양계가 은하의 중심에 있다면 은하수는 어떻게 관측될지 현재 관측되는 모습과 비교하여 서술하시오.

계절 변화, 띠 모양의 은하수

24 그림 (가)와 (나)는 각각 방출 성운과 반사 성운을 나타낸 것이다.

(가) 방출 성운   (나) 반사 성운

두 성운은 모두 밝지만 밝게 보이는 원리가 다르다. 그 원리를 각각 서술하시오.

스스로 빛 방출, 빛 반사

25 그림은 우리은하로부터 멀어지고 있는 두 외부 은하 A, B를 나타낸 것이다.

우리은하   A   B

두 외부 은하 A, B 사이의 거리 차이는 앞으로 어떻게 변할지 그 까닭과 함께 서술하시오.

은하 사이의 거리↑ ⇨ 멀어지는 속도↑

26 대폭발 우주론은 우주가 약 138억 년 전에 한 점에서 폭발로 생성된 이후, 질량이 일정한 상태로 계속 팽창하고 있다는 이론이다. 이 이론에 의하면 현재 우주의 온도와 밀도는 처음에 비해 어떻게 변했는지 추측하여 서술하시오.

우주 팽창 ⇨ 온도 감소, 밀도 감소

27 그림은 우리은하의 모양과 은하 내 태양계의 위치를 알아보기 위한 실험을 나타낸 것이다.

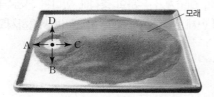

A~D 중 은하수의 폭이 넓고 뚜렷하게 관찰되는 방향과 이때, 우리나라의 계절을 옳게 짝지은 것은?

① A – 봄　　　② B – 여름　　　③ C – 겨울
④ C – 여름　　⑤ D – 가을

28 그림은 성단을 이루는 별의 색깔과 나이에 따라 성단을 A와 B로 분류한 것이다. 성단 A와 B에 대한 설명으로 옳지 <u>않은</u> 것은?

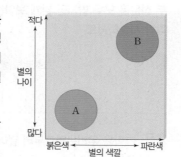

① 성단 A는 온도가 높은 별들로 구성되어 있다.
② 우리은하의 중심부에는 성단 A가 분포한다.
③ 성단 A는 수만 개~수십만 개의 별들이 빽빽하게 모여 있다.
④ 우리은하의 나선팔에는 성단 B가 분포한다.
⑤ 성단 B는 수십 개~수만 개의 별들이 엉성하게 모여 있다.

29 그림은 오리온 대성운을 나타낸 것이다. 오리온 대성운이 밝게 빛나는 까닭으로 옳은 것은?

① 밝은 별들로 이루어져 있기 때문
② 고온의 별에 의해 가열되기 때문
③ 주위에 있는 별의 별빛을 반사하기 때문
④ 지구에서 가까운 곳에 위치하고 있기 때문
⑤ 온도가 낮은 성간 물질로 이루어져 있기 때문

30 다음은 어떤 천체의 생성 원리를 알아보기 위한 실험을 나타낸 것이다.

[실험 과정 및 결과]

(가) 향을 피우고, 비커로 덮는다.
(나) 방 안의 불을 끄고 어둡게 한 후 손전등 앞에 셀로판지를 놓고 불빛을 비커에 비춘다.

(다) 셀로판지의 색을 달리하면 비커 속 향 연기의 색이 셀로판지와 같은 색을 띠는 것을 관찰할 수 있다.

이 실험으로 그 생성 과정을 알 수 있는 천체는?

① 산개 성단　　② 구상 성단　　③ 암흑 성운
④ 방출 성운　　⑤ 반사 성운

31 그림 (가)와 (나)는 서로 다른 성운의 형성 원리를 나타낸 것이다.

(가)와 (나)에 해당하는 성운을 옳게 짝지은 것은?

	(가)	(나)		(가)	(나)
①	반사 성운	암흑 성운	②	암흑 성운	반사 성운
③	암흑 성운	방출 성운	④	방출 성운	반사 성운
⑤	방출 성운	암흑 성운			

32 그림은 건포도가 박힌 식빵을 부풀리는 모습을 나타낸 것이다.

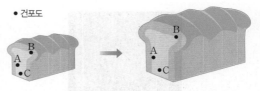

이 과정을 우주 팽창에 비교할 때, 이에 대한 설명으로 옳은 것을 |보기|에서 모두 고른 것은?

보기
ㄱ. 식빵은 우주, 건포도는 은하에 비유할 수 있다.
ㄴ. 식빵을 부풀리는 동안 A를 기준으로 B와 C가 멀어진다.
ㄷ. 식빵을 부풀리는 동안 C로부터의 거리 변화량은 A가 B보다 크다.

① ㄱ　　　　② ㄴ　　　　③ ㄱ, ㄷ
④ ㄴ, ㄷ　　⑤ ㄱ, ㄴ, ㄷ

33 표는 현재 우주에서 두 외부 은하 A, B가 우리은하로부터 같은 방향으로 멀어지는 속도를 나타낸 것이다. 이에 대한 설명으로 옳은 것을 |보기|에서 모두 고른 것은?

구분	속도(km/s)
A	300
B	450

┌ 보기 ┐
ㄱ. 우리은하로부터의 거리는 A<B이다.
ㄴ. 시간이 갈수록 두 은하 사이의 거리는 가까워진다.
ㄷ. 시간이 갈수록 두 은하의 속도 차이는 점점 작아진다.

① ㄱ　　② ㄴ　　③ ㄷ　　④ ㄱ, ㄴ　　⑤ ㄴ, ㄷ

34 다음은 허블이 우주의 팽창을 발견할 때 증거가 된 현상을 설명한 것이다.

외부 은하에서 방출된 빛이 우리에게 도달할 때, 외부 은하가 멀어지면 빛의 파장이 길어지는 현상이 나타난다. 빛의 스펙트럼에서 파장이 긴 붉은색으로 치우치는 현상을 적색 편이라고 하며, 멀어지는 속도가 빠를수록 적색 편이가 크게 나타난다.

허블이 관측한 외부 은하에 대한 설명으로 옳은 것을 |보기|에서 모두 고른 것은?

┌ 보기 ┐
ㄱ. 대부분의 외부 은하에서 적색 편이가 나타났다.
ㄴ. 우리은하로부터 거리가 먼 외부 은하일수록 적색 편이가 크게 나타났다.
ㄷ. 모든 외부 은하의 적색 편이 현상은 안드로메다은하를 중심으로 나타났다.

① ㄱ　　② ㄴ　　③ ㄱ, ㄴ
④ ㄴ, ㄷ　　⑤ ㄱ, ㄴ, ㄷ

35 대폭발 우주론의 증거가 될 수 있는 현상에 대한 설명으로 옳은 것을 |보기|에서 모두 고른 것은?

┌ 보기 ┐
ㄱ. 거리가 먼 외부 은하일수록 빠르게 멀어지고 있다.
ㄴ. 외부 은하는 특정한 중심 없이 서로 멀어지고 있다.
ㄷ. 멀리 있는 외부 은하 내부의 별은 6개월 간격으로 시차가 나타난다.

① ㄱ　　② ㄴ　　③ ㄱ, ㄴ
④ ㄴ, ㄷ　　⑤ ㄱ, ㄴ, ㄷ

36 우주 탐사에 대한 설명으로 옳은 것을 |보기|에서 모두 고른 것은?

┌ 보기 ┐
ㄱ. 우리나라는 우주 탐사에 참여하지 않고 있다.
ㄴ. 직접 우주로 나가야만 우주를 탐사할 수 있다.
ㄷ. 지구에 부족한 자원을 채취하기 위해 우주 탐사를 한다.
ㄹ. 우주 탐사에 이용된 기술을 실생활에 적용하여 사용할 수 있다.

① ㄱ, ㄴ　　② ㄱ, ㄷ　　③ ㄴ, ㄷ
④ ㄴ, ㄹ　　⑤ ㄷ, ㄹ

37 그림은 두 종류의 우주 탐사 장비를 나타낸 것이다.

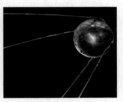

(가) 스피처 우주 망원경　　(나) 스푸트니크1호

이에 대한 설명으로 옳은 것을 |보기|에서 모두 고른 것은?

┌ 보기 ┐
ㄱ. (가)는 대기의 영향을 받지 않는다.
ㄴ. (나)는 행성에 직접 착륙하여 행성을 탐사한다.
ㄷ. (가)는 (나)와 같은 탐사 장비의 한 종류에 해당한다.

① ㄱ　　② ㄴ　　③ ㄱ, ㄷ
④ ㄴ, ㄷ　　⑤ ㄱ, ㄴ, ㄷ

38 우주 탐사의 역사에 대한 설명으로 옳지 <u>않은</u> 것은?

① 최초의 인공위성은 1957년에 구소련에서 발사했다.
② 1960년대에 최초로 인간이 지구가 아닌 다른 천체에 착륙했다.
③ 1970년대에 발사한 탐사선은 태양계 탐사를 마치고 모두 폐기되었다.
④ 2012년에 큐리오시티 탐사 로봇이 인류 대신 화성에 착륙했다.
⑤ 2013년에 나로 우주 센터에서 나로호 발사에 성공했다.

01 시차와 별의 연주 시차에 대한 설명으로 옳은 것은?

① 시차는 관측자와 물체 사이의 거리가 멀수록 커진다.
② 시차가 생기는 까닭은 주변 배경이 움직이기 때문이다.
③ 연주 시차는 지구의 공전 속도에 반비례한다.
④ 연주 시차는 지구에서 별을 12개월 간격으로 관측하여 측정한다.
⑤ 연주 시차는 지구에서 비교적 가까운 거리에 있는 별까지의 거리를 구할 때 이용된다.

02 그림은 자동차가 이동하며 같은 나무를 관찰할 때 생기는 시차를 측정한 것이다. 이에 대한 설명으로 옳은 것을 |보기|에서 모두 고른 것은?

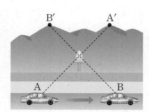

┌─ 보기 ─────────────────────────
ㄱ. 나무까지의 거리가 현재보다 멀어지면 시차는 작아진다.
ㄴ. A와 B 사이의 거리가 멀어지면 시차는 작아진다.
ㄷ. 자동차가 A에서 B까지 빠르게 이동하면 시차는 커진다.
└────────────────────────────

① ㄱ   ② ㄴ   ③ ㄱ, ㄴ   ④ ㄱ, ㄷ   ⑤ ㄴ, ㄷ

03 지구에서 별까지의 거리와 연주 시차의 관계로 옳은 것은?

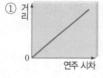 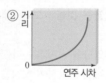 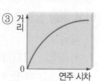

04 그림은 지구에서 6개월 간격으로 관측한 별 A와 B의 위치 변화를 나타낸 것이다. (단, 별 B의 위치 변화는 없었다.)

이에 대한 설명으로 옳은 것을 |보기|에서 모두 고른 것은?

┌─ 보기 ─────────────────────────
ㄱ. 별 A의 연주 시차는 0.1″이다.
ㄴ. 별 A는 별 B보다 지구로부터의 거리가 훨씬 멀다.
ㄷ. 별 A의 위치 변화는 지구의 공전 때문이다.
└────────────────────────────

① ㄴ   ② ㄷ   ③ ㄱ, ㄷ   ④ ㄱ, ㄴ   ⑤ ㄴ, ㄷ

05 표는 지구에서 관측한 별들의 연주 시차를 나타낸 것이다.

프록시마	시리우스	알타이르	베가	베텔게우스	리겔
0.77″	0.38″	0.19″	0.13″	0.008″	0.004″

이에 대한 설명으로 옳은 것은?

① 연주 시차가 가장 큰 별은 리겔이다.
② 베가는 시리우스보다 지구에 가까이 있다.
③ 지구에서 알타이르까지의 거리는 약 5 pc이다.
④ 프록시마와 시리우스 사이의 거리는 약 3.9 pc이다.
⑤ 베텔게우스는 리겔보다 지구로부터 2배 멀리 있다.

[06~07] 그림은 지구의 공전 궤도와 절대 등급이 같은 두 별 A, B를 나타낸 것이다.

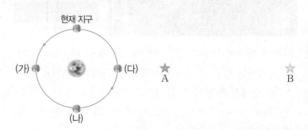

06 지구에서 별 A까지의 거리를 r, 별 B까지의 거리를 $4r$라고 할 때, ㉠~㉣에 들어갈 말을 옳게 짝지은 것은?

┌────────────────────────────
지구에서 관측할 때 별 A는 별 B보다 약 (㉠)배 밝다. 따라서 등급은 (㉡)등급 차이가 나게 된다. 또한, 연주 시차는 별까지의 거리에 (㉢)하므로 별 A의 연주 시차는 별 B의 연주 시차의 (㉣)배일 것이다.
└────────────────────────────

	㉠	㉡	㉢	㉣		㉠	㉡	㉢	㉣
①	4	4	반비례	2	②	8	3	비례	2
③	8	4	반비례	16	④	16	3	반비례	4
⑤	16	4	비례	4					

07 시차를 계산하기 위해서 현재 지구의 위치에서 별을 관측했다면 다음 관측 위치와 관측 시기를 옳게 짝지은 것은?

	관측 위치	관측 시기		관측 위치	관측 시기
①	(가)	3개월 후	②	(나)	6개월 후
③	(나)	1년 후	④	(다)	6개월 후
⑤	(다)	1년 후			

08 지구에서 어떤 별까지의 거리를 구하는 데 필요한 물리량을 |보기|에서 모두 고른 것은?

| 보기 |
ㄱ. 겉보기 등급   ㄴ. 절대 등급   ㄷ. 표면 온도
ㄹ. 색깔   ㅁ. 연주 시차

① ㄱ, ㄷ   ② ㄴ, ㄹ   ③ ㄱ, ㄴ, ㅁ
④ ㄴ, ㄷ, ㄹ   ⑤ ㄷ, ㄹ, ㅁ

09 별의 밝기와 등급에 대한 설명으로 옳지 않은 것은?

① 별의 실제 밝기는 절대 등급으로 나타낸다.
② 1등급 차이는 약 2.5배의 밝기 차이를 보인다.
③ 별의 밝기는 지구에서 별까지의 거리에 반비례한다.
④ 겉보기 등급은 별까지의 거리를 고려하지 않은 값이다.
⑤ 1등급보다 밝은 별은 0등급, −1등급, −2등급, …으로 나타낸다.

10 그림은 1등급인 별의 밝기를 전구 100개에 비유한 모습을 나타낸 것이다.

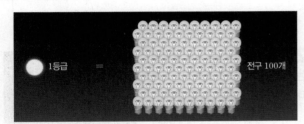

4등급인 별의 밝기에 비유할 수 있는 전구의 개수는?

① 약 1개   ② 약 2.5개   ③ 약 6.3개
④ 약 16개   ⑤ 약 40개

11 겉보기 등급이 −2등급이고, 연주 시차가 0.1″인 별의 절대 등급은?

① −3등급   ② −2등급   ③ −1등급
④ 0등급   ⑤ 1등급

12 겉보기 등급이 5등급인 어떤 별이 현재 거리의 $\frac{1}{10}$배인 곳에 위치하게 된다면, 이때 별의 겉보기 등급은?

① −5등급   ② −1등급   ③ 0등급
④ 8등급   ⑤ 10등급

[13~15] 표는 태양, 리겔, 별 A, 별 B의 겉보기 등급과 절대 등급을 나타낸 것이다.

구분	태양	리겔	A	B
겉보기 등급	−26.8	0.1	−1.5	3.0
절대 등급	4.8	−6.8	1.5	3.0

13 이 중에서 (가) 우리의 눈에 가장 밝게 보이는 별과 (나) 실제로 가장 밝은 별을 옳게 짝지은 것은?

	(가)	(나)		(가)	(나)
①	태양	리겔	②	태양	별 B
③	리겔	태양	④	별 A	별 B
⑤	별 B	태양			

14 이에 대한 설명으로 옳은 것을 |보기|에서 모두 고른 것은?

| 보기 |
ㄱ. 지구와의 거리는 태양이 리겔보다 가깝다.
ㄴ. 실제 밝기는 별 A가 태양보다 약 3배 밝다.
ㄷ. 네 개의 별 중에서 태양이 방출하는 에너지양이 가장 많다.

① ㄱ   ② ㄴ   ③ ㄱ, ㄷ
④ ㄴ, ㄷ   ⑤ ㄱ, ㄴ, ㄷ

15 별 A의 실제 거리는? (단, $2.5^3 ≒ 16$이다.)

① 약 0.6 pc   ② 약 1.5 pc   ③ 약 2.5 pc
④ 약 5 pc   ⑤ 약 10 pc

16 표는 별 A~C의 거리와 절대 등급을 나타낸 것이다.

구분	A	B	C
거리(pc)	4	10	25
절대 등급	0	3	3

이에 대한 설명으로 옳은 것은?

① 연주 시차는 별 A가 가장 작다.
② 실제로 방출하는 에너지양이 가장 많은 별은 A이다.
③ 별 B의 겉보기 등급은 절대 등급보다 크다.
④ 별 C의 겉보기 등급은 4등급이다.
⑤ 지구에서 맨눈으로 별의 밝기를 비교하면 A<B<C이다.

17 그림은 별 A~D의 겉보기 등급과 절대 등급을 나타낸 것이다. 이에 대한 설명으로 옳은 것을 |보기|에서 모두 고른 것은?

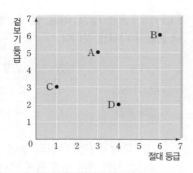

| 보기 |
ㄱ. 10 pc의 거리에 있는 별은 B이다.
ㄴ. 별 A는 별 D보다 지구로부터 약 2.5^2배 멀리 있다.
ㄷ. 방출하는 에너지양은 별 C가 별 D보다 약 2.5^3배 많다.

① ㄱ ② ㄴ ③ ㄱ, ㄷ
④ ㄴ, ㄷ ⑤ ㄱ, ㄴ, ㄷ

18 다음은 여러 가지 별의 색깔을 나타낸 것이다.

- 백색을 띠는 베가
- 황색을 띠는 태양
- 청색을 띠는 나오스
- 적색을 띠는 베텔게우스

별의 표면 온도가 높은 순서대로 옳게 나열한 것은?

① 베가＞태양＞나오스＞베텔게우스
② 태양＞나오스＞베텔게우스＞베가
③ 태양＞베가＞베텔게우스＞나오스
④ 나오스＞베가＞태양＞베텔게우스
⑤ 베텔게우스＞태양＞베가＞나오스

19 표는 별 A~C의 여러 가지 물리량을 나타낸 것이다.

구분	A	B	C
연주 시차(″)	0.4	0.1	10
겉보기 등급	−1	2	−6
색깔	청백색	주황색	황백색

이에 대한 설명으로 옳은 것을 |보기|에서 모두 고른 것은? (단, $2.5^3 ≒ 16$이다.)

| 보기 |
ㄱ. 별 A의 절대 등급은 2등급이다.
ㄴ. 표면 온도가 가장 높은 별은 B이다.
ㄷ. 실제 밝기는 별 A보다 별 C가 밝다.

① ㄱ ② ㄴ ③ ㄱ, ㄷ
④ ㄴ, ㄷ ⑤ ㄱ, ㄴ, ㄷ

20 그림은 우리은하의 모습을 나타낸 것이다.

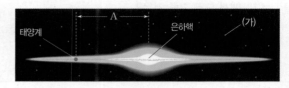

이에 대한 설명으로 옳지 않은 것은?

① (가)는 산개 성단이다.
② A는 약 8500 pc이다.
③ 우리은하를 옆에서 본 모습이다.
④ 중심부가 볼록하고 나선팔이 있다.
⑤ 태양과 같은 별이 약 2000억 개 포함되어 있다.

21 은하수에 대한 설명으로 옳지 않은 것은?

① 지구에서 본 우리은하의 일부분이다.
② 폭과 밝기는 위치에 따라 다를 수 있다.
③ 남반구와 북반구 어디에서나 볼 수 있다.
④ 은하수의 폭과 밝기는 계절에 관계없이 같다.
⑤ 은하수 안에는 수많은 별과 성단, 성운이 존재한다.

22 그림은 우리은하에 분포하는 성단을 나타낸 것이다. 이에 대한 설명으로 옳지 않은 것은?

① 푸른색의 별들로 이루어져 있다.
② 우리은하의 나선팔에 주로 분포한다.
③ 별들이 비교적 엉성하게 흩어져 있다.
④ 수십 개~수만 개의 별들이 모여 있다.
⑤ 비교적 온도가 낮고 나이가 많은 별들로 이루어져 있다.

23 성단과 성운에 대한 설명으로 옳지 않은 것은?

① 가스나 티끌이 모여 구름처럼 보이는 것은 성운이다.
② 한 곳에 무리를 지어 모여 있는 별의 집단은 성단이다.
③ 성간 물질에 의해 별들의 빛이 반사되는 성운은 반사 성운이다.
④ 주위에 있는 별로부터 에너지를 흡수하여 스스로 빛을 내는 성운은 방출 성운이다.
⑤ 수십 개~수만 개의 별들이 분산되어 불규칙한 형태로 모여 있는 성단은 구상 성단이다.

24 다음은 성운에 대한 설명을 나타낸 것이다.

> (가) 성간 물질이 뒤에서 오는 별빛을 가려 어둡게 보인다.
> (나) 주위에 있는 고온의 별에 의해 가열되어 스스로 빛을 낸다.
> (다) 성간 물질이 주위에 있는 별의 별빛을 반사하여 밝게 보인다.

(가)~(다)에 해당하는 성운을 옳게 짝지은 것은?

	(가)	(나)	(다)
①	암흑 성운	반사 성운	방출 성운
②	암흑 성운	방출 성운	반사 성운
③	방출 성운	암흑 성운	반사 성운
④	방출 성운	반사 성운	암흑 성운
⑤	반사 성운	암흑 성운	방출 성운

25 그림은 우리은하 안에 있는 성운을 나타낸 것이다. 이에 대한 설명으로 옳은 것을 | 보기 |에서 모두 고른 것은?

> **보기**
> ㄱ. 뒤에서 오는 별빛을 가려서 생성된다.
> ㄴ. 주위의 별빛을 반사하여 밝게 보인다.
> ㄷ. 가스나 티끌 등의 성간 물질로 이루어져 있다.
> ㄹ. 온도가 높은 별들로 이루어져서 파란색을 띤다.

① ㄱ, ㄴ ② ㄱ, ㄷ ③ ㄴ, ㄷ
④ ㄴ, ㄹ ⑤ ㄷ, ㄹ

26 그림은 대폭발 우주론을 나타낸 것이다.

이에 대한 설명으로 옳지 않은 것은?

① 최초에 우주는 하나의 점이었다.
② 은하 사이의 거리는 계속 멀어지고 있다.
③ 우주는 우리은하를 중심으로 멀어지고 있다.
④ 멀리 있는 은하일수록 더 빠르게 멀어지고 있다.
⑤ 대폭발이 일어나면서 우주는 팽창하기 시작했다.

27 다음은 우주가 팽창하는 모습을 알아보는 실험을 나타낸 것이다.

> (가) 고무풍선을 조금 불고, 표면에 붙임딱지 A~C를 그림과 같이 붙인
>
> 다음 붙임딱지 사이의 거리를 줄자로 측정한다.
> (나) 고무풍선을 더 크게 분 다음, 붙임딱지 사이의 거리를 줄자로 다시 측정한다.

이에 대한 설명으로 옳은 것을 | 보기 |에서 모두 고른 것은?

> **보기**
> ㄱ. 붙임딱지 A, B, C는 은하를 의미한다.
> ㄴ. 우주가 팽창하면 은하 사이의 거리가 멀어진다.
> ㄷ. 풍선은 어느 방향으로나 같은 비율로 팽창했다.
> ㄹ. A와 B 사이의 거리와 A와 C 사이의 거리는 같은 속력으로 멀어진다.

① ㄱ, ㄴ ② ㄷ, ㄹ ③ ㄱ, ㄴ, ㄷ
④ ㄱ, ㄴ, ㄹ ⑤ ㄴ, ㄷ, ㄹ

28 우주 탐사 장비에 대한 설명으로 옳지 않은 것은?

① 우주 망원경은 대기의 영향을 많이 받는다.
② 우주 탐사선은 직접 천체까지 날아가 탐사한다.
③ 인공위성은 천체 주위를 일정한 궤도를 따라 돌면서 천체를 관측한다.
④ 우주 정거장은 우주 탐사를 위한 경유지로 이용될 수 있다.
⑤ 우주 정거장은 사람들이 우주에 머무르면서 지상에서 하기 어려운 실험 등을 하기 위해 개발되었다.

29 다음은 우주 탐사의 역사에 대한 설명을 나타낸 것이다.

> 1957년에 구소련에서 발사한 최초의 인공위성인 (㉠)가 지구 궤도를 공전하면서 우주 탐사가 시작되었다. 이후 1969년에 (㉡)로 인해 최초로 인류가 달에 착륙하였으며, 1977년에는 (㉢)가 태양계 탐사를 위해 발사되어 현재까지 작동되고 있다.

㉠~㉢에 해당하는 탐사 장비를 옳게 짝지은 것은?

	㉠	㉡	㉢
①	아폴로11호	스푸트니크1호	보이저1호
②	보이저1호	뉴호라이즌스호	아폴로11호
③	뉴호라이즌스호	보이저1호	스푸트니크1호
④	스푸트니크1호	아폴로11호	보이저1호
⑤	스푸트니크1호	아폴로11호	뉴호라이즌스호

서술형·논술형 문제

01 그림은 풍순이가 팔을 굽힌 채로 연필을 들고 양쪽 눈을 번갈아 감으면서 연필 끝의 위치를 관찰하는 실험을 나타낸 것이다.

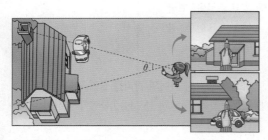

팔을 뻗은 채로 똑같은 실험을 했을 때, 연필이 보이는 위치 사이의 각(θ)은 어떻게 변하는지 서술하시오.

> KEY
> 거리, 각

---

02 그림은 지구에서 6개월 간격으로 별 S를 관측한 결과이다.

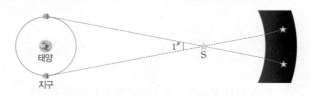

(1) 지구에서 별 S까지의 거리는 몇 pc인지 쓰시오.

(2) 별 S보다 2배 멀리 떨어진 별의 연주 시차를 구하고, 풀이 과정을 서술하시오.

> KEY
> 별까지의 거리 = $\dfrac{1}{연주\ 시차}$

---

03 그림은 지구에서 6개월 간격으로 관측한 별 A~E의 모습이다.

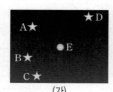 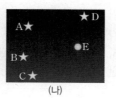

(가)   (나)

별 A~D는 6개월 동안 위치가 변하지 않았지만, 별 E는 위치가 변했다. 별 E는 별 A~D와 어떤 차이점이 있는지 서술하시오.

> KEY
> 시차, 거리

---

04 다음은 별까지의 거리와 밝기 사이의 관계를 알아보기 위한 실험을 나타낸 것이다.

[실험 과정]
검은색 종이를 붙인 종이컵 바닥에 정사각형의 구멍을 뚫고 종이컵에 손전등을 넣어 구멍 사이로 나오는 빛을 모눈종이에 비춘다. 손전등과 모눈종이 사이의 거리를 변화시키면서 모눈종이에 비추어지는 칸의 개수를 측정한다.

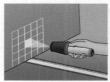 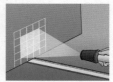

한 칸을 비출 때   아홉 칸을 비출 때

(1) 한 칸을 비출 때 손전등과 모눈종이 사이의 거리가 5 cm였다면, 아홉 칸을 비출 때 손전등과 모눈종이 사이의 거리를 구하시오.

(2) 한 칸을 비출 때와 아홉 칸을 비출 때, 모눈종이에 비친 빛의 밝기는 어떻게 다른지 근거를 들어 서술하시오.

> KEY
> 밝기 ∝ $\dfrac{1}{(거리)^2}$

---

05 그림과 같이 지구로부터의 거리가 100 pc이고 겉보기 등급이 6등급인 어떤 별을 10 pc으로 이동시킨다고 가정했을 때, 별의 겉보기 등급은 1등급이었다.

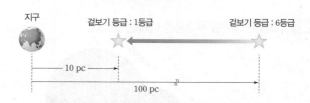

(1) 이 별의 절대 등급을 구하시오.

(2) 이 별을 100 pc의 거리에서 10 pc으로 이동시키면 별의 밝기는 어떻게 변화하는지 구체적으로 서술하시오.

> KEY
> 밝기 ∝ $\dfrac{1}{(거리)^2}$

06 표는 별 A~C의 겉보기 등급과 절대 등급을 나타낸 것이다.

구분	A	B	C
겉보기 등급	−2	3	6
절대 등급	0	3	4

지구로부터 가장 먼 별과 가장 가까운 별을 쓰고, 그렇게 생각한 까닭을 서술하시오.

KEY 겉보기 등급, 절대 등급, 별의 거리

07 그림은 지구에서 6개월 간격으로 관측한 어떤 별의 위치 변화와 절대 등급을 나타낸 것이다.

이 별의 겉보기 등급을 구하고, 그 과정을 서술하시오.

KEY 별의 밝기 $\propto \dfrac{1}{(별까지의 거리)^2}$

08 표는 별 A~E의 등급과 색깔을 나타낸 것이다.

구분	A	B	C	D	E
겉보기 등급	−26.7	0.9	−2.0	0.1	−1.5
절대 등급	4.8	−0.8	−3.7	−6.8	1.4
색깔	황색	주황색	황백색	청백색	백색

(1) 별 A~E 중 표면 온도가 가장 높은 별을 쓰고, 그렇게 생각한 까닭을 서술하시오.

KEY 표면 온도, 색깔

(2) 별 A~E 중 10 pc보다 멀리 있는 별을 모두 고르고, 그렇게 생각한 까닭을 서술하시오.

KEY 겉보기 등급>절대 등급 ⇨ 10 pc보다 먼 거리

09 그림 (가)와 (나)는 우리나라 여름철과 겨울철에 은하수를 관측한 모습을 나타낸 것이다.

(가) 여름철　　　　(나) 겨울철

겨울철보다 여름철 은하수가 폭이 더 넓고 선명하게 보이는 까닭을 서술하시오.

KEY 우리은하의 중심 방향

10 그림과 같이 향을 피우고, 비커를 덮은 후, 초록색 셀로판지를 통과하게 빛을 비추면, 향의 연기가 셀로판지  와 같은 색깔로 관찰된다. 이와 같은 원리로 관측되는 천체의 명칭을 쓰고, 그 특징을 서술하시오.

KEY 주변의 별빛 반사

11 그림과 같이 건포도가 들어간 빵 반죽을 오븐에서 가열하여 팽창시켰다. 이때 가열 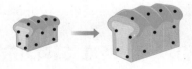 전과 후의 건포도 사이의 거리를 비교하고, 이를 우주의 팽창과 관련지어 서술하시오.

KEY 특별한 중심이 없다.

12 우주를 탐사하는 목적에 대해 두 가지 이상 서술하시오.

KEY 우주의 환경, 생명체, 자원

과학기술과 인류 문명

Q. 과학기술의 발달이 인류 문명의 발달에 어떤 영향을 미쳤을까?

1 과학기술과 인류 문명

• 과학기술과 인류 문명의 관계를 이해하고 과학의 유용성에 대해 설명할 수 있다.
• 과학을 활용하여 우리 생활을 보다 편리하게 만드는 방법을 고안하고 그 유용성에 대해 토론할 수 있다.

❶ 과학기술과 인류 문명의 발달

1 불의 이용과 문명의 시작

> 흙을 반죽해 원하는 모양을 만든 후 불로 가열하면 단단해지는 원리를 이용했어~

> 청동 도구는 구리에 주석을 섞고 가열하여 녹인 다음, 거푸집에 부어 원하는 모양을 만드는 거야

| 불을 피울 수 있게 됨 | → | 음식 조리, 조명, 난방 등에 직접적으로 불을 이용 | → | 토기를 제작하여 음식의 저장, 운반, 조리 등에 이용 | → | 청동이나 철과 같은 금속 제련 | → | 인류의 생활 수준 향상으로 인한 문명의 발달 |

2 인류 문명에 영향을 미친 과학 원리

태양 중심설(지동설)	코페르니쿠스가 망원경으로 천체를 관측하여 태양 중심설(지동설)의 증거를 발견함으로써 경험 중심의 과학적 사고를 중요시하게 됨
세포의 발견	훅이 현미경으로 세포를 발견하여, 생물체를 작은 세포들이 모여 이루어진 존재로 인식하게 됨
만유인력과 운동 법칙의 발견	뉴턴의 만유인력과 운동 법칙의 발견으로 자연 현상을 이해하고 그 변화를 예측할 수 있게 됨
전자기 유도 법칙	패러데이의 전자기 유도 법칙 발견으로 전기를 생산하고 활용할 수 있게 됨

> 패러데이는 전자기 유도 현상을 응용해서 초기의 발전기를 만들었어~!

3 과학기술과 인류 문명의 발달

인쇄 출판	• 구텐베르크의 활판 인쇄술로 책을 대량으로 만들 수 있게 됨 ➡ 책의 대량 생산과 보급이 가능해져 지식과 정보의 빠른 확산이 가능해짐 • 현재는 전자책의 출판으로 많은 양의 책을 저장하고 검색할 수 있게 됨
교통수단 덕분에 인쇄 출판물의 보급 속도도 빨라졌어~	• 와트의 증기 기관 발명으로 먼 거리까지 더 많은 물건을 운반할 수 있게 됨 • 내연 기관의 등장으로 자동차 발달 ← 산업 혁명! • 전기를 동력으로 하는 고속 열차 등이 개발되어 사람과 물자의 이동이 더욱 활발해짐
농업	하버의 암모니아 합성법 개발 후 질소 비료를 대량으로 생산할 수 있게 되면서 농업 생산력이 증가함 병원체의 독성을 약화시키거나 없앤 다음, 생체에 주입해서 면역성을 갖게 하는 거야~
의료	• 종두법 발견 이후 여러 가지 백신의 개발로 소아마비와 같은 질병을 예방 • 푸른곰팡이로부터 페니실린이라는 항생제를 발견하여 결핵과 같은 질병의 치료에 사용 • 자기 공명 영상 장치(MRI) 등 첨단 의료 기기로 정밀한 진단 가능, 원격 의료 기술 발달
정보 통신	• 전화기가 발명되어 거리의 제약 없이 소통이 가능해지고, 생활이 편리해짐 • 인공위성과 인터넷의 발달로 전 세계적인 네트워크가 형성되고 많은 정보를 쉽게 찾을 수 있게 됨 • 스마트 기기를 이용하여 어디서든 정보를 검색하거나 영상을 볼 수 있게 됨 • 인공 지능을 이용한 스피커로 음악 재생이나 물건 주문에 사용
유전자 분석 기술	DNA를 이용하여 개체를 구분할 수 있어 진화 과정을 연구하는 데 사용

▲ 활판 인쇄술

▲ 증기 기관차

▲ 벨의 전화기

4 과학기술 발달의 양면성

(1) **긍정적 측면** : 생활의 편리, 인간 수명 증가, 식량 부족 문제 해결, 새로운 에너지 자원으로 에너지 고갈 문제 해결 등

(2) **부정적 측면** : 환경 오염, 에너지 부족, 교통난, 개인의 사생활 침해, 유전자 조작에 따른 생명 윤리의 혼란, 정보 유출 등

⊖ 비타민

청동
구리와 주석을 주성분으로 한 합금으로, 인류가 처음으로 도구를 만드는 데 사용한 금속

거푸집

만들고자 하는 물건의 모양대로 속이 비어 있는 틀을 말한다. 거푸집에 쇠붙이를 녹여 붓는다.

태양 중심설(지동설)
지구와 다른 행성이 태양 주위를 돌고 있다는 이론으로, 우주의 중심이 지구라는 우주관이 바뀌는 데 영향을 미쳤다.

망원경의 발달
• 갈릴레이의 망원경 : 갈릴레이는 목성의 위성 4개를 발견했고, 은하수가 수많은 별로 이루어져 있음을 알아냈다.
• 뉴턴의 망원경 : 뉴턴은 오목 거울을 이용하여 기존보다 배율이 높은 망원경을 만들어 천체 관측에 기여했다.
• 우주 망원경 : 기권 밖을 돌면서 지상에서는 관측할 수 없었던 많은 관측 자료를 수집하여 천문학과 우주 항공 기술을 발전시켰다.

전자기 유도 법칙
코일 주위에서 자석을 움직이면 코일 내부의 자기장이 변하고, 이에 따라 코일에 전류가 흐르는 현상

증기 기관과 산업 혁명
증기 기관은 물을 끓여 수증기를 만들고, 부피가 증가한 수증기가 피스톤을 움직이게 하는 장치이다. 이로부터 시작된 산업의 변화는 사회 전반에 영향을 주었으며, 이를 산업 혁명이라고 한다.

내연 기관
증기 기관 이후 개발된 기관으로, 연료를 연소실 내부에서 연소시켜 에너지를 얻는 기관

종두법
우두를 인체에 접종해서 전염병인 천연두의 면역성을 갖게 하여 감염을 예방하는 방법

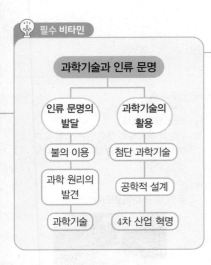

필수 비타민

과학기술과 인류 문명

인류 문명의 발달	과학기술의 활용
불의 이용	첨단 과학기술
과학 원리의 발견	공학적 설계
과학기술	4차 산업 혁명

용어 &개념 체크

❶ 과학기술과 인류 문명의 발달

01 인류가 직접 ☐을 피울 수 있게 되면서 인류의 생활 수준이 향상되고 문명이 발달하게 되었다.

02 코페르니쿠스가 망원경으로 천체를 관측하여 ☐☐☐ ☐☐(☐☐☐)의 증거를 발견하였다.

03 ☐☐ ☐☐의 발명으로 먼 거리까지 더 많은 물건을 운반할 수 있게 되었다.

04 유전자 분석 기술은 ☐☐☐를 이용하여 개체를 구분할 수 있어 진화 과정을 연구하는 데 사용된다.

01 불의 이용으로 인류 문명이 발달한 과정을 순서대로 옳게 나열하시오.

> (가) 청동이나 철을 제련할 수 있게 되었다.
> (나) 토기를 제작하여 음식의 저장이나 운반 등에 이용하였다.
> (다) 불을 피울 수 있게 되었다.
> (라) 음식 조리, 조명, 난방 등에 직접적으로 불을 이용하였다.

02 과학기술이 인류 문명에 영향을 미친 사례를 옳게 연결하시오.

(1) 전화기의 발명 • • ㉠ 자연 현상의 이해와 그 변화를 예측할 수 있게 됨

(2) 만유인력 법칙의 발견 • • ㉡ 거리의 제약 없이 소통이 가능해짐

(3) 활판 인쇄술의 발달 • • ㉢ 책의 대량 생산과 보급이 가능해짐

(4) 현미경의 발명 • • ㉣ 생물체를 작은 세포들이 모여 이루어진 존재로 인식하게 됨

03 다음은 인류가 발명한 어떤 과학기술에 대한 설명을 나타낸 것이다. 빈칸에 알맞은 말을 쓰시오.

> (㉠)은 물을 끓여 만든 수증기가 피스톤을 움직이게 하는 장치로, 기차나 배의 동력원으로 사용되어 교통에 큰 변화를 가져왔다. 또한 기계의 동력원으로도 사용되어 수공업 중심의 사회에서 기계가 생산의 중심이 되는 산업 사회로의 변화를 가져왔으며, 이를 (㉡)이라고 한다.

04 하버는 공기 중에 존재하는 수소 기체와 질소 기체를 이용하여 암모니아를 대량으로 합성하는 방법을 발견하였다. 이 발견이 인류 문명에 미친 영향에 대해 나눈 대화에서 옳은 내용을 말한 학생을 <u>모두</u> 쓰시오.

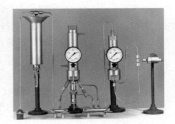

> 풍식 : 이 방법으로 항생제를 개발하여 결핵과 같은 질병의 치료에 사용했어.
> 풍순 : 아니야. 이 방법으로 질병에 대한 정밀한 진단이 가능해졌어.
> 풍돌 : 아니야. 이 방법으로 농업 생산력이 크게 증가할 수 있게 되었지.

05 과학기술의 발달로 인한 문제점을 | 보기 |에서 <u>모두</u> 고르시오.

> ┌ 보기 ┐
> ㄱ. 교통난　　　　　ㄴ. 생활의 편리　　　　　ㄷ. 에너지 부족
> ㄹ. 인간의 수명 감소　　　ㅁ. 개인의 사생활 침해

1 과학기술과 인류 문명

❷ 과학기술의 활용
→ 이전에 사용하던 전통적인 과학기술과는 구별되는 새로운 과학기술을 말해~

1 편리한 생활과 첨단 과학기술
→ 1 nm(나노미터는 10억분의 1 m의 길이로, 사람 머리카락 굵기의 10만분의 1 정도인 초미세 영역이야~

나노 기술	• 물질이 나노미터 크기로 작아지면 물질 고유의 성질이 바뀌어 새로운 특성을 갖게 되는데, 이를 이용해 다양한 소재나 제품을 만드는 기술 ➡ 제품의 소형화, 경량화가 가능해져 전자, 의료, 기계 분야 등에서 다양한 제품 개발 • 활용 : 나노 반도체, 나노 로봇, 나노 표면 소재, 유기 발광 다이오드(OLED) 등 • 유기 발광 다이오드(OLED) : 형광성 물질에 전류를 흘려 주면 스스로 빛을 내는 현상을 이용한 것 → 얇은 모니터나 휘어지는 스마트폰 화면 등에 사용해~
생명 공학 기술	• 생명 과학 지식을 바탕으로 생명체가 가진 특성을 연구하여 인간에게 유용하게 활용하는 기술 • 활용 : 유전자 재조합, 세포 융합, 바이오 의약품, 바이오칩, 인공 장기 등 • 유전자 재조합 기술 : 어떤 생물에서 특정 유전자를 분리하여 다른 생물의 유전자와 조합하는 기술 인슐린, 성장 호르몬과 같은 유용한 물질을 대량 생산할 수 있고, 유전자 변형 생물(LMO) 등을 만드는 데 활용돼~ • 세포 융합 기술 : 서로 다른 특징을 가진 두 종류의 세포를 융합하여 하나의 세포로 만드는 기술 예를 들어 오렌지와 귤의 세포를 융합해서 당도를 높인 감귤처럼 두 식물의 장점을 모두 가진 작물을 만들 수 있지!
정보 통신 기술	• 컴퓨터, 정보, 전자와 관련된 모든 기술로, 정보를 주고받는 것은 물론 개발, 저장, 처리, 관리하는 데 필요한 모든 기술 • 활용 : 가상 현실(VR), 증강 현실(AR), 생체 인식, 언어 번역, 홈 네트워크, 전자 결제, 웨어러블 기기 • 사물 인터넷(IoT) : 모든 사물을 인터넷으로 연결하여 서로 정보를 공유하고 원격으로 조정이 가능한 기술 사람과 사물뿐만 아니라 사물과 사물 사이에서도 정보를 주고받을 수 있어서 생활이 매우 편리해지겠지? • 인공 지능(AI) : 기계가 인간과 같은 지능을 가지는 것 • 빅데이터 기술 : 매우 빠른 속도로 생산되고 있는 많은 데이터를 실시간으로 수집하고 분석하여 의미 있는 정보를 추출하는 기술

2 공학적 설계 : 과학 원리나 기술을 활용하여 기존의 제품을 개선하거나 새로운 제품이나 시스템을 개발하는 창의적인 과정

(1) 공학적 설계를 할 때 고려해야 할 요소 예 전기 자동차를 개발할 때

경제성	경제적으로 이득이 있는가? 예 축전지(배터리) 교체 비용을 줄이기 위해 수명이 긴 축전지를 사용한다.
안전성	안전에 대비하였는가? 예 소음이 거의 없는 전기 자동차의 접근을 보행자가 알 수 있도록 전기 자동차에 경보음 장치를 설치한다.
편리성	사용이 편리한가? 예 한 번 충전하면 먼 거리를 주행할 수 있도록 용량이 큰 축전지를 사용한다.
환경적 요인	환경 오염을 유발하지 않는가? 예 배기가스를 배출하지 않도록 전기 에너지를 이용하는 전동기를 사용한다.
외형적 요인	외형이 아름다운가? 예 주요 소비자층의 취향을 분석하여 설계한다.

(2) 공학적 설계 과정

문제점 인식 및 목표 설정 ➡ 정보 수집 ➡ 해결책 탐색 ➡ 해결책 분석 및 결정

➡ 설계도 작성 ➡ 제품 제작 ➡ 평가 및 개선

3 4차 산업 혁명과 미래 생활

(1) **4차 산업 혁명** : 증기 기관을 바탕으로 한 산업 혁명이 일어난 이후 계속된 과학기술의 발달로 2차, 3차 산업 혁명의 시기를 지나 오늘날에는 4차 산업 혁명의 시기에 들어섰다.

(2) **지식 정보 기술** : 4차 산업 혁명을 이끄는 핵심적인 기술로, 인공 지능 기술과 데이터 활용 기술을 바탕으로 한다. 이는 사람과 사물, 정보를 상호 연결하여 기술과 사회의 융합을 가속화하고, 과학기술의 영향력이 더욱 커지는 사회로 이끌 것이다.

 비타민

나노 표면 소재
연잎이 물방울에 젖지 않는 연잎 효과에서 착안하여 물에 젖지 않는 소재를 만든 것이다.

유기 발광 다이오드(OLED)

바이오칩
단백질, DNA, 세포 조직 등과 같은 생물 소재와 반도체를 조합하여 제작된 칩으로, 빠르고 정확하게 질병을 예측할 수 있다.

유전자 변형 생물(LMO)
유전자 재조합 기술 등 생명 공학 기술을 활용해 새롭게 조합된 유전 물질을 포함하는 생물
예 잘 무르지 않는 토마토, 해충에 강한 옥수수, 제초제에 내성을 가진 콩, 비타민 A를 강화한 쌀 등

나노 기술과 정보 통신 기술의 활용
• 자율 주행 자동차 : 사람이 직접 운전하지 않아도 다양한 감지기로 주변 상황을 인식하고, 인식한 정보를 처리하며 주행하는 자동차이다.
• 드론 : 조종사가 탑승하지 않고 전파를 통해 원격으로 조정하는 항공기로, 무인 항공기라고 한다.

가상 현실과 증강 현실
• 가상 현실(VR) : 가상의 세계를 시각, 청각, 촉각 등 오감을 통해 마치 현실인 것처럼 체험하도록 하는 기술
• 증강 현실(AR) : 현실 세계에 가상의 정보가 실제 존재하는 것처럼 보이게 하는 기술

일상생활에서 사용하는 제품의 과학 원리
• 자전거 안장 : 용수철의 탄성력을 이용하여 충격을 흡수
• 튜브 : 밀도에 따라 물질이 뜨고 가라앉는 현상 이용
• 펌프식 용기 : 용기 내부와 외부의 압력 차이 이용

4차 산업 혁명
'제4차 산업 혁명' 용어는 2016년 세계 경제 포럼에서 언급되었으며, 정보 통신 기술(ICT) 기반의 새로운 산업 시대를 대표하는 용어가 되었다.

용어 & 개념 체크

❷ 과학기술의 활용

05 ☐☐ ☐☐ ☐☐☐☐ (☐☐☐☐)는 형광성 물질에 전류를 흘려 주면 스스로 빛을 내는 현상을 이용한 것이다.

06 ☐☐ ☐☐ 기술은 컴퓨터, 정보, 전자와 관련된 모든 기술로, 정보를 주고받는 것은 물론 개발, 저장, 처리, 관리하는 데 필요한 모든 기술이다.

07 ☐☐☐ ☐☐는 과학 원리나 기술을 활용하여 기존의 제품을 개선하거나 새로운 제품이나 시스템을 개발하는 창의적인 과정이다.

08 ☐☐ ☐☐ ☐☐은 정보 통신 기술(ICT) 기반의 새로운 산업 시대를 대표하는 용어이다.

06 다음은 첨단 과학기술들을 활용한 예를 나타낸 것이다.

> 나노 반도체, 나노 로봇, 나노 표면 소재, 유기 발광 다이오드(OLED)

이 첨단 과학기술들이 우리 생활에 미치는 영향으로 가장 적절한 것을 | 보기 |에서 모두 고르시오.

| 보기 |
ㄱ. 식량 부족 문제 해결   ㄴ. 제품의 경량화
ㄷ. 제품의 소형화   ㄹ. 농업 생산성 증가

07 다음은 생활을 편리하게 하는 어떤 과학기술에 대한 설명을 나타낸 것이다.

- 생물이 가지고 있는 기능을 향상시키거나 개량할 때 쓰이는 기술이다.
- 이 기술을 이용하여 인슐린이나 생장 호르몬을 대량으로 생산할 수 있게 되었다.
- 생명의 존엄성과 관련된 문제를 초래할 수 있다.

이에 해당하는 과학기술은 무엇인지 쓰시오.

08 정보 통신 기술을 이용한 과학기술에 대한 설명으로 옳은 것은 ○, 옳지 <u>않은</u> 것은 ×로 표시하시오.

(1) 사물 인터넷(IoT)을 통해 사람, 사물 등 모든 것을 연결시켜 정보를 상호 공유할 수 있다. ──────────────── (   )

(2) 탄소 섬유를 비행기의 동체나 날개를 만드는 데 사용한다. ───── (   )

(3) 스마트 기기를 이용하여 어디서든 정보를 검색하거나 영상을 볼 수 있다. ──────────────── (   )

(4) 반도체를 이용한 첨단 기기의 발달로 정보 기술이 발달하였다. ───── (   )

09 다음은 공학적 설계 과정을 순서 없이 나타낸 것이다.

(가) 정보 수집   (나) 설계도 작성   (다) 해결책 탐색
(라) 평가 및 개선   (마) 제품 제작   (바) 해결책 분석 및 결정
(사) 문제점 인식 및 목표 설정

(가)~(사)를 공학적 설계 과정 순서대로 옳게 나열하시오.

10 공학적 설계를 고려하여 노트북 컴퓨터를 개발할 때 고려해야 하는 점으로 옳은 것을 | 보기 |에서 모두 고르시오.

| 보기 |
ㄱ. 제품의 크기를 줄이고 무게를 줄여 휴대가 가능하도록 하였다.
ㄴ. 소비자층의 취향을 조사하여 디자인을 아름답게 하였다.
ㄷ. 수명이 짧은 배터리를 사용해 제품의 교체 주기를 짧게 하였다.

유형 클리닉

유형 ① 과학기술과 인류 문명의 발달

과학기술이 인류 문명의 발달에 미친 영향에 대한 설명으로 옳지 않은 것은?

① 인터넷의 발달로 많은 정보를 쉽게 찾을 수 있게 되었다.

② 벨은 전화기를 발명하여 사람들이 직접 만나지 않아도 소통할 수 있게 하였다.

③ 와트는 증기 기관을 발명하여 생물학과 의학을 발전시키는 데 크게 기여하였다.

④ 뉴턴은 만유인력 법칙을 발견하여 자연 현상을 설명할 수 있는 기반을 다졌다.

⑤ 금속을 제련하는 기술은 단단한 농기구를 만들 수 있게 하여 농업 혁명을 일으켰다.

각 분야에서의 과학기술 발달이 인류 문명에 미친 영향에 대해 잘 알아두자~!

① 인터넷의 발달로 많은 정보를 쉽게 찾을 수 있게 되었다.
→ 인터넷의 발달로 인해 전 세계적인 네트워크가 형성되고, 많은 정보를 쉽게 찾을 수 있게 되었어~

② 벨은 전화기를 발명하여 사람들이 직접 만나지 않아도 소통할 수 있게 하였다.
→ 사람들은 전화기를 이용해 멀리 떨어져 있어도 대화를 할 수 있게 되었지!

③ 와트는 증기 기관을 발명하여 생물학과 의학을 발전시키는 데 크게 기여하였다.
→ 증기 기관은 운송 수단을 발달시켰고, 기계가 생산의 중심이 되어 대량 생산을 가능하게 하여 산업 혁명을 일으켰어!

④ 뉴턴은 만유인력 법칙을 발견하여 자연 현상을 설명할 수 있는 기반을 다졌다.
→ 만유인력 법칙 덕분에 왜 사과가 아래로 떨어지고 사람이 어떻게 지구에 서 있을 수 있는지를 설명할 수 있게 되었지.

⑤ 금속을 제련하는 기술은 단단한 농기구를 만들 수 있게 하여 농업 혁명을 일으켰다.
→ 금속을 이용해 농기구를 만들었고 이로 인해 농업의 생산량도 증가했어!

답 : ③

 증기 기관의 발명 ⇨ 대량 생산, 운송 가능 ⇨ 산업 혁명

유형 ② 편리한 생활과 과학기술

생활을 편리하게 하는 과학기술에 대한 설명으로 옳지 않은 것은?

① 나노 기술을 통해 제품의 소형화와 경량화가 가능해졌다.

② 세포 융합 기술을 이용해 당도 높은 감귤을 만들 수 있다.

③ 인공 지능을 이용한 스피커로 음악을 재생하거나 물건을 주문할 수 있다.

④ 인터넷의 발달로 정보 교류의 시공간적 제약이 사라지고, 정보의 유출을 막을 수 있게 되었다.

⑤ 유전자 재조합 기술은 사람에게 유용한 생물을 만들어 낼 수 있게 해 주었지만, 생명의 존엄성에 대한 가치관의 혼란이 발생했다.

우리 생활을 편리하게 하는 과학기술들을 어떻게 이용하는지 잘 알아두자~!

① 나노 기술을 통해 제품의 소형화와 경량화가 가능해졌다.
→ 나노 기술을 통해 제품의 소형화, 경량화가 가능해져 전자, 의료, 기계 분야에서 다양한 제품이 개발되었어~

② 세포 융합 기술을 이용해 당도 높은 감귤을 만들 수 있다.
→ 세포 융합 기술은 서로 다른 특징을 가진 두 종류의 세포를 융합하여 하나의 세포로 만드는 기술이야~ 오렌지와 귤의 세포를 융합해서 당도 높은 감귤을 만들 수 있어~!

③ 인공 지능을 이용한 스피커로 음악을 재생하거나 물건을 주문할 수 있다.
→ 인공 지능은 기계가 인간과 같은 지능을 갖는 것을 말해~ 이를 이용한 스피커로 음악을 재생하거나 물건을 주문할 수 있어!

④ 인터넷의 발달로 정보 교류의 시공간적 제약이 사라지고, 정보의 유출을 막을 수 있게 되었다.
→ 아니야~ 인터넷을 통해 쇼핑, 은행 업무 등을 하면서 개인 정보가 인터넷상에 많이 노출돼!

⑤ 유전자 재조합 기술은 사람에게 유용한 생물을 만들어낼 수 있게 해 주었지만, 생명의 존엄성에 대한 가치관의 혼란이 발생했다.
→ 유전자 조작으로 생물을 만들어내고 변형시킬 수 있게 되면서 생명의 존엄성이 훼손될 수 있어!

답 : ④

 첨단 과학기술 : 나노 기술, 생명 공학 기술, 정보 통신 기술

① 과학기술과 인류 문명의 발달

01 다음은 불의 이용과 이에 따른 인류 문명의 발달 과정을 순서 없이 나타낸 것이다.

> (가) 음식 조리, 조명, 난방 등에 직접적으로 불을 이용하였다.
> (나) 청동이나 철과 같은 금속의 제련에 이용하였다.
> (다) 토기를 제작하여 음식의 저장, 운반, 조리 등에 이용하였다.

이에 대한 설명으로 옳은 것을 | 보기 | 에서 모두 고른 것은?

> **보기**
> ㄱ. (가) → (나) → (다)의 순서로 발전되었다.
> ㄴ. (나) 시기에는 거푸집과 같은 도구를 이용하였다.
> ㄷ. (다) 시기에는 흙을 반죽하여 모양을 빚은 후 불에 구우면 단단해지는 과학적 원리를 이용하였다.

① ㄱ
② ㄴ
③ ㄱ, ㄷ
④ ㄴ, ㄷ
⑤ ㄱ, ㄴ, ㄷ

02 〔중요〕 인류 문명에 영향을 미친 과학 원리에 대한 설명으로 옳은 것을 | 보기 | 에서 모두 고른 것은?

> **보기**
> ㄱ. 망원경으로 천체를 관측하여 태양 중심설의 증거를 발견하였다.
> ㄴ. 전자기 유도 법칙 발견으로 전기를 생산하고 활용할 수 있게 되었다.
> ㄷ. 현미경의 발명으로 생물체를 작은 세포들이 모여 이루어진 존재로 인식하게 되었다.

① ㄱ
② ㄴ
③ ㄱ, ㄷ
④ ㄴ, ㄷ
⑤ ㄱ, ㄴ, ㄷ

03 독일의 인쇄업자인 구텐베르크는 납에 금속 원소들을 적절한 비율로 섞어 녹인 다음, 글자를 새긴 틀에 부어 활자를 만들어내는

방법을 고안해냈다. 이러한 과학기술이 인류 문명에 미친 영향으로 가장 옳은 것은?

① 지식과 정보가 빠르게 확산되었다.
② 전 세계적인 네트워크가 형성되었다.
③ 거리의 제약 없이 소통이 가능해졌다.
④ 어디서든 정보를 검색할 수 있게 되었다.
⑤ 자연 현상을 이해하고 그 변화를 예측할 수 있게 되었다.

04 〔★중요〕 과학기술이 인류 문명 발달에 미친 영향으로 옳지 않은 것은?

① 항생제의 개발로 인간의 평균 수명이 연장되었다.
② 암모니아의 합성으로 식량 부족 문제를 해결하였다.
③ 컴퓨터와 인터넷의 발달은 산업 혁명의 계기가 되었다.
④ 전자책의 출판으로 많은 양의 책을 저장하고 검색할 수 있게 되었다.
⑤ 인공 지능을 이용한 스피커로 음악을 재생하거나 물건을 주문할 수 있게 되었다.

② 과학기술의 활용

05 다음은 미래 생활을 바꿀 수 있는 어떤 과학기술의 특징에 대한 설명을 나타낸 것이다.

> • 물질이 나노미터 크기로 작아지면 새로운 특성을 갖게 되는 성질을 이용해 다양한 제품을 만드는 기술이다.
> • 제품의 소형화나 경량화가 가능하다.
> • 전자, 의료, 기계 분야 등에서 다양하게 이용된다.

이와 같은 특징을 가지고 있는 과학기술을 활용한 사례로 옳은 것을 모두 고르면?

① 증기 기관
② 빅데이터 기술
③ 나노 표면 소재
④ 유전자 변형 생물
⑤ 유기 발광 다이오드

06 다음은 드론 원리에 대한 설명을 나타낸 것이다.

> 드론은 각각의 회전이 신속하게 조절되는 프로펠러를 장착하여, 정밀한 자세 제어와 민첩한 기동이 가능한 무인 항공기 기술이다.

드론에 사용된 과학기술을 모두 고르면?

① 나노 기술
② 세포 융합 기술
③ 정보 통신 기술
④ 유전자 분석 기술
⑤ 유전자 재조합 기술

07 다음은 어떤 과학기술에 대한 설명을 나타낸 것이다.

세탁기에 스마트폰을 갖다 대면 세탁기의 동작 상태나 오작동 여부를 확인할 수 있고, 맞춤형 세탁 코스로 세탁을 하기도 한다. 이에 사용되는 과학기술을 (   )(이)라고 한다.

빈칸에 들어갈 과학기술로 옳은 것은?

① 나노 기술
② 생체 인식
③ 가상 현실(VR)
④ 증강 현실(AR)
⑤ 사물 인터넷(IoT)

08 다음은 어떤 과학기술을 이용하여 개발한 작물에 대한 설명을 나타낸 것이다.

(가) ㉠해충에 강한 옥수수는 유전자 변형 과정에서 미생물의 유전자를 이용하여 해충에 저항성을 갖도록 한 옥수수이다. 옥수수 재배의 가장 큰 골칫거리 중 하나였던 유럽조명충나방에 저항성을 갖도록 변형된 이 옥수수는 현재까지도 꾸준히 재배되고 있으며 재배 면적도 증가하고 있다.

(나) 많은 유통업자들이 토마토가 빨리 익어 상하는 문제를 피하기 위해 익지 않은 토마토를 판매 직전에 에틸렌 처리로 강제 후숙을 시킨다. 그러나 이는 자연스럽게 익은 토마토에 비하면 맛이 떨어지므로, 토마토 후숙 작업 시 세포벽을 분해하는 효소를 인위적으로 조작해 ㉡무르지 않는 토마토를 만드는 데 성공했다.

㉠, ㉡과 같은 작물을 무엇이라고 하며, 이에 이용한 첨단 과학기술을 옳게 짝지은 것은?

① 세포 융합 생물 – 나노 기술
② 세포 융합 생물 – 세포 융합 기술
③ 바이오 의약품 – 유전자 재조합 기술
④ 유전자 변형 생물 – 세포 융합 기술
⑤ 유전자 변형 생물 – 유전자 재조합 기술

09 공학적 설계를 할 때 고려해야 할 요소로 옳지 <u>않은</u> 것은?

① 사용이 편리하다.
② 환경 오염을 유발하지 않는다.
③ 보기 좋고 아름답게 제작한다.
④ 안전하게 사용할 수 있도록 만든다.
⑤ 최대의 비용으로 최고의 성능과 품질을 갖추도록 만든다.

10 다음은 과학 원리나 기술을 활용하여 제품을 개발하는 과정에 대한 설명을 나타낸 것이다.

과학 원리나 기술을 활용하여 기존의 제품을 개선하거나 새로운 제품이나 시스템을 개발하는 창의적인 과정을 공학적 설계라고 하며, 일반적으로 다음과 같은 단계로 진행된다.
* (㉠) → 정보 수집 → 해결책 탐색 → 해결책 분석 및 결정 → 설계도 작성 → 제품 제작 → 평가 및 개선

데스크탑 컴퓨터의 단점을 개선한 노트북 컴퓨터를 개발한다고 할 때, ㉠ 과정에 해당하는 내용으로 옳은 것은?

① 컴퓨터가 작동하는 원리를 알아본다.
② 컴퓨터를 휴대가 가능하도록 만들 수는 없을까?
③ 노트북 컴퓨터를 만들기 위한 설계도를 작성한다.
④ 설계도대로 만든 노트북 컴퓨터가 제대로 작동하는지 확인한다.
⑤ 컴퓨터를 휴대가 가능하도록 작고 가볍게 만들기 위해서는 어떻게 해야 할까?

서술형 문제

11 사진은 훅이 발명한 현미경과 이를 이용해 관찰한 세포를 나타낸 것이다. 이 발명과 발견이 인류 문명 발달에 어떤 영향을 미쳤는지 서술하시오.

▲ 현미경　　▲ 세포 관찰

KEY　　생물체, 세포

12 인터넷의 발달은 우리의 생활에 많은 변화를 가져왔다. 이를 각각 긍정적 측면과 부정적 측면에서 한 가지씩 서술하시오.

KEY　　시공간, 개인 정보

13 그림은 지동설과 천동설을 순서 없이 나타낸 것이다.

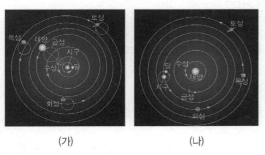

(가) (나)

이에 대한 설명으로 옳은 것을 | 보기 |에서 모두 고른 것은?

| 보기 |
ㄱ. (가)는 코페르니쿠스가 주장한 가설이다.
ㄴ. 망원경으로 천체를 관측하여 인류의 천체관이 (가)에서 (나)로 변화하였다.
ㄷ. (나)를 통해 경험 중심의 과학적 사고를 중요시하게 되었다.

① ㄴ　　　　② ㄷ　　　　③ ㄱ, ㄴ
④ ㄴ, ㄷ　　　⑤ ㄱ, ㄴ, ㄷ

14 그림은 어떤 첨단 과학기술을 이용하여 병에 강한 식물을 만드는 과정을 나타낸 것이다.

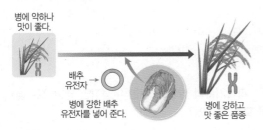

병에 약하나 맛이 좋다.
배추 유전자
병에 강한 배추 유전자를 넣어 준다.
병에 강하고 맛 좋은 품종

이에 대한 설명으로 옳은 것을 | 보기 |에서 모두 고른 것은?

| 보기 |
ㄱ. 세포 융합 기술을 이용한 것이다.
ㄴ. 이렇게 만들어진 생물을 LMO라고 한다.
ㄷ. 이를 통해 빠르고 정확하게 질병을 예측할 수 있다.

① ㄱ　　　　② ㄴ　　　　③ ㄱ, ㄷ
④ ㄴ, ㄷ　　　⑤ ㄱ, ㄴ, ㄷ

15 다음은 어떤 첨단 과학기술의 활용 사례를 나타낸 것이다.

형광성 물질에 전류를 흘려 주면 스스로 빛을 내는 현상을 이용한 것으로, 유기 발광 다이오드(Organic Light - Emitting Diode, OLED)라고 한다.

이에 대한 설명으로 옳은 것을 | 보기 |에서 모두 고른 것은?

| 보기 |
ㄱ. 이 기술로 제품의 대형화가 가능해졌다.
ㄴ. 얇은 모니터나 휘어지는 스마트폰 화면에 이용된다.
ㄷ. 1 nm~수십 nm 크기의 물질이나 구조를 다루는 기술을 이용한 것이다.

① ㄱ　　　　② ㄴ　　　　③ ㄱ, ㄷ
④ ㄴ, ㄷ　　　⑤ ㄱ, ㄴ, ㄷ

16 그림은 전기 자동차를 나타낸 것이다. 공학적 설계에 따라 전기 자동차를 개발할 때 고려해야 할 사항으로 옳지 <u>않은</u> 것은?

① 경제성을 고려하여 수명이 긴 축전지를 사용한다.
② 안전성을 고려하여 경보음 장치를 설치한다.
③ 편리성을 고려하여 용량이 큰 축전지를 사용한다.
④ 환경적 요인을 고려하여 전기 에너지를 이용하는 전동기를 사용한다.
⑤ 외형적 요인을 고려하여 개발자의 취향을 분석해서 설계한다.

17 4차 산업 혁명과 미래에 대한 설명으로 옳지 <u>않은</u> 것은?

① 4차 산업 혁명으로 과학기술의 영향력은 점점 줄어들 것이다.
② 지식 정보 기술은 정보를 상호 연결하여 기술과 사회의 융합을 가속화할 것이다.
③ 4차 산업 혁명은 정보 통신 기술 기반의 새로운 산업 시대를 대표하는 용어이다.
④ 4차 산업 혁명을 이끄는 지식 정보 기술은 인공 지능 기술을 바탕으로 한 기술이다.
⑤ 증기 기관을 바탕으로 한 산업 혁명이 일어난 이후 오늘날에는 4차 산업 혁명의 시기에 들어섰다.

01 불의 발견이 인류에게 미친 영향으로 옳지 **않은** 것은?

① 금속을 제련할 수 있게 되었다.
② 불에 구운 토기를 만들 수 있게 되었다.
③ 추위로부터 몸을 보호할 수 있게 되었다.
④ 조리한 음식을 섭취하여 세균에 의한 감염이 줄어들었다.
⑤ 질소 비료를 만들 수 있게 되어 식량 생산량이 늘어나 정착 생활이 가능해졌다.

02 다음은 인류 문명에 영향을 미친 과학 원리에 대한 설명을 나타낸 것이다.

> 뉴턴은 (㉠)을 발견하여 자연 현상을 이해하고 그 변화를 예측할 수 있게 되었으며, 패러데이는 (㉡)을 발견하여 초기의 발전기를 만들었다.

빈칸에 들어갈 말을 옳게 짝지은 것은?

	㉠	㉡
①	만유인력 법칙	태양 중심설
②	만유인력 법칙	전자기 유도 법칙
③	만유인력 법칙	세포
④	세포	전자기 유도 법칙
⑤	전자기 유도 법칙	만유인력 법칙

03 다음은 망원경의 발달에 대한 설명을 나타낸 것이다.

> • 코페르니쿠스는 망원경으로 천체를 관측하여 태양을 중심으로 지구를 비롯한 행성이 돌고 있다는 것을 알아냈다.
> • 우주 망원경으로 지상에서는 관측할 수 없었던 많은 관측 자료를 수집하여 우주 항공 기술을 발전시켰다.

망원경의 발달이 인류 문명에 미친 영향으로 옳은 것을 |보기|에서 모두 고른 것은?

> **보기**
> ㄱ. 우주관이 변화하였다.
> ㄴ. 생물체를 보는 관점이 달라졌다.
> ㄷ. 경험 중심의 과학적 사고를 중시하게 되었다.

① ㄱ   ② ㄷ   ③ ㄱ, ㄴ
④ ㄱ, ㄷ   ⑤ ㄴ, ㄷ

04 과학기술과 인류 문명의 발달에 대한 설명으로 옳지 **않은** 것은?

① 공업 중심 사회가 농업 중심 사회로 바뀌었다.
② 활판 인쇄술로 인해 지식과 정보가 빠르게 확산되었다.
③ 종두법 발견 후 소아마비와 같은 질병을 예방할 수 있게 되었다.
④ 증기 기관의 발명으로 먼 거리까지 더 많은 물건을 운반할 수 있게 되었다.
⑤ 페니실린이라는 항생제를 발견하여 결핵과 같은 질병의 치료에 사용하게 되었다.

05 정보 통신 분야의 과학기술이 인류 문명에 미친 영향으로 옳지 **않은** 것은?

① 자기 공명 영상 장치로 정밀한 진단이 가능해졌다.
② 인공위성의 발달로 많은 정보를 쉽게 찾을 수 있다.
③ 인공 지능을 이용한 스피커로 음악을 재생할 수 있다.
④ 전화기가 발명되어 거리 제약 없이 소통이 가능해졌다.
⑤ 스마트 기기를 이용하여 어디서나 정보를 검색할 수 있다.

06 그림은 증기 기관차를 나타낸 것이다. 증기 기관차의 발명에 대한 설명으로 옳은 것을 |보기|에서 모두 고른 것은?

> **보기**
> ㄱ. 산업 혁명의 원동력이 되었다.
> ㄴ. 먼 거리까지 더 많은 물건을 운반할 수 있게 되었다.
> ㄷ. 증기 기관은 이후 내연 기관으로 대체되었다.

① ㄴ   ② ㄱ, ㄴ   ③ ㄱ, ㄷ
④ ㄴ, ㄷ   ⑤ ㄱ, ㄴ, ㄷ

07 과학기술의 발달로 인한 부정적인 영향으로 옳지 **않은** 것을 **모두** 고르면?

① 인간의 수명이 증가하였다.
② 에너지 자원 고갈 문제가 해결되고 있다.
③ 인터넷이 발달하면서 개인 정보들이 무분별하게 유출되고 있다.
④ 바이오 연료용 작물을 재배하기 위해 아마존이 파괴되고 있다.
⑤ 생명 공학의 발달로 유전자 조작 등의 윤리 문제가 생겨나고 있다.

08 과학기술과 이와 관련된 과학 분야를 짝지은 것으로 옳지 않은 것은?

① OLED – 나노 기술
② 인공 지능(AI) – 나노 기술
③ 바이오칩 – 생명 공학 기술
④ 세포 융합 – 생명 공학 기술
⑤ 가상 현실(VR) – 정보 통신 기술

09 첨단 과학기술의 활용에 대한 설명으로 옳지 않은 것은?

① 기계가 인간과 같이 지능을 가지는 것을 인공 지능(AI)이라고 한다.
② 사물 인터넷(IoT)은 사람과 사물뿐만 아니라 사물과 사물 사이에서도 정보를 주고받을 수 있다.
③ 유전자 재조합 기술을 이용하여 오렌지와 귤의 장점을 모두 가진 당도를 높인 감귤을 만들 수 있다.
④ 빅데이터 기술은 많은 데이터를 실시간으로 수집하고 분석하여 의미 있는 정보를 추출하는 기술이다.
⑤ 유기 발광 다이오드(OLED)는 형광성 물질에 전류를 흘려주면 스스로 빛을 내는 현상을 이용한 것이다.

10 그림은 물방울에 젖지 않는 연잎을 나타낸 것이다. 이 효과를 바탕으로 물에 젖지 않는 소재를 만들었을 때 이에 활용된 기술은 무엇인가?

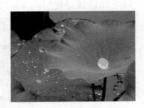

① 나노 기술   ② 빅데이터 기술   ③ 인공 지능 기술
④ 세포 융합 기술   ⑤ 유전자 재조합 기술

11 다음은 어떤 과학기술에 대한 설명을 나타낸 것이다.

(가) 가상의 세계를 시각, 청각, 촉각 등 오감을 통해 마치 현실인 것처럼 체험하도록 하는 기술
(나) 현실 세계에 가상의 정보가 실제 존재하는 것처럼 보이게 하는 기술
(다) 빠른 속도로 생산되고 있는 데이터를 실시간으로 수집하고 분석하여 의미 있는 정보를 추출하는 기술

(가)~(다)에 해당하는 과학기술을 옳게 짝지은 것은?

	(가)	(나)	(다)
①	가상 현실(VR)	증강 현실(AR)	나노 기술
②	가상 현실(VR)	증강 현실(AR)	빅데이터 기술
③	가상 현실(VR)	인공 지능(AI)	빅데이터 기술
④	인공 지능(AI)	증강 현실(AR)	나노 기술
⑤	증강 현실(AR)	가상 현실(VR)	빅데이터 기술

[12~13] 그림은 어떤 첨단 과학기술을 이용하여 잘 무르지 않는 토마토를 만드는 과정을 나타낸 것이다.

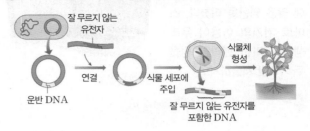

12 이 과정에서 이용된 기술은 무엇인가?

① 바이오칩   ② 나노 기술
③ 인공 지능   ④ 세포 융합 기술
⑤ 유전자 재조합 기술

13 이 기술에 대한 설명으로 옳지 않은 것은?

① LMO를 만드는 데 이용되는 기술이다.
② 자연적으로는 가질 수 없는 유전자를 가진 생물체를 만들 수 있다.
③ 인슐린, 성장 호르몬과 같은 유용한 물질을 대량으로 생산할 수 있다.
④ 이 기술을 이용하여 생물 소재와 반도체를 조합하여 제작된 칩을 만들 수 있다.
⑤ 제초제에 내성을 가진 콩, 비타민 A를 강화한 쌀 등을 만들 때 이용되는 기술이다.

14 다음은 유선 청소기의 단점을 개선한 무선 로봇 청소기의 공학적 설계 과정을 순서 없이 나타낸 것이다.

(가) 해결책 분석 및 결정 : 전원에서 멀리 떨어진 곳을 쉽게 청소할 수 있는 무선 로봇 청소기를 만든다.
(나) 문제점 인식 및 목표 설정 : 전원에서 멀리 떨어진 곳을 쉽게 청소할 수는 없을까?
(다) 정보 수집 및 해결책 탐색 : 무선 청소기가 갖추어야 할 조건을 조사해 본다. 전선 없이 청소기가 작동하려면 어떻게 해야 할까?
(라) 제품 제작 및 문제점 보완 : 설계도대로 만든 제품이 제대로 작동하는지, 청소기 성능이 효과적인지 살펴보고, 문제점이 있으면 보완한다.

(가)~(라)를 공학적 설계 과정 순서대로 나열한 것은?

① (가) → (나) → (다) → (라)
② (가) → (다) → (나) → (라)
③ (나) → (다) → (가) → (라)
④ (나) → (다) → (라) → (가)
⑤ (다) → (나) → (가) → (라)

01 그림과 같은 스마트 기기의 이용은 우리의 생활에 많은 영향을 미쳤다. 스마트 기기의 이용이 우리 생활에 미친 편리한 점을 두 가지만 서술하시오.

KEY　정보, 영상

02 증기 기관의 발명이 인류에게 미친 부정적 영향을 서술하시오.

KEY　화석 연료

03 과학기술 분야와 이에 대한 설명을 짝지은 것으로 옳지 않은 것을 │보기│에서 모두 고르고, 이를 옳게 바꾸어 서술하시오.

┌─ 보기 ┌─────────────────────────
│ ㄱ. 정보 통신 기술 – 정보, 전자, 컴퓨터와 관련된 기술
│ ㄴ. 나노 기술 – 생명체의 특성을 활용하는 기술
│ ㄷ. 생명 공학 기술 – 1 nm~수십 nm 사이의 크기를 조작하고 분석하는 기술
└──────────────────────────────────

KEY　나노 기술 – 나노 크기 조작, 생명 공학 기술 – 생명체 특성

04 제초제에 내성을 가진 콩과 같이 특정 유전자를 분리하여 다른 생물의 유전자와 조합하는 기술을 유전자 재조합 기술이라고 한다. 이 과학기술의 발전이 인류에게 미친 긍정적인 영향과 부정적인 영향을 서술하시오.

KEY　생명의 존엄성

05 다음은 농업에 과학기술이 사용된 사례이다.

군사 용도로만 사용되던 드론은 기술이 발전하여 여러 분야에서 응용되고 있다. 이 중 가장 각광받고 있는 분야는 농업용 드론이다. 이는 벼농사뿐만 아니라 콩, 채소 등 수많은 밭 작물의 방제에 활발하게 운용되고 있다. 농업용 드론은 지표면을 스캔하여 고도를 실시간으로 일정하게 조정하여 정확한 양의 액체를 살포할 수 있다.

농업에서 드론 사용의 장점을 서술하고, 드론이 우리 생활에 활용된 또 다른 사례를 한 가지만 서술하시오.

KEY　효율, 환경 오염

06 풍식이는 인터넷으로 '백신 과학' 책을 검색했다. 책을 검색하고 몇 시간 후, 인터넷으로 뉴스를 보는데 옆 광고에 풍식이가 보던 책이 나타났다.

이는 어떤 과학기술이 적용된 것인지 쓰고, 이에 대해 설명하시오.

KEY　데이터, 수집

07 기존에 사용하던 유선 충전기의 단점을 보완하여 전선 없이 스마트폰을 충전할 수 있는 무선 충전기를 개발하여 사용하고 있다. 공학적 설계 과정을 통해 무선 충전기를 개발할 때 고려해야 하는 사항을 두 가지만 서술하시오.

KEY　편리, 외형, 경제, 환경, 안전

백점 맞는
핵심노하우가
들어 있는
백점의 신

백신 과학

중등 3-2

부록

- 5분 테스트
- 수행 평가 대비
- 중간·기말고사 대비

수행평가
대비

+ 5분 테스트

+ 서술형·논술형 평가

+ 창의적 문제 해결 능력

+ 탐구 보고서 작성

1 세포가 너무 커지면 부피에 비해 표면적이 상대적으로 (작아 , 커)져 물질 교환이 어려워지기 때문에 외부와의 물질 교환을 효율적으로 하기 위해 (   )이 일어난다.

2 그림은 염색체의 구조를 나타낸 것이다. 빈칸에 A~C 중 다음 설명에 해당하는 기호를 쓰시오.

❶ (   )는 세포가 분열할 때 실처럼 풀어져 있다가 뭉쳐져 나타나는 막대 모양의 구조물로, 유전 물질을 담고 있다.

❷ (   )는 생물의 특징에 대한 모든 유전 정보를 담고 있다.

❸ DNA에서 유전 정보를 저장하고 있는 특정 부위는 (   )이다.

3 상동 염색체는 체세포에 있는 모양과 크기가 같은 1쌍의 염색체로, 부모로부터 각각 1개씩 물려받으므로 생물의 어떤 형질을 결정하는 유전 정보의 구성이 (같다 , 서로 다르다).

4 표는 체세포 분열 과정에 대한 설명을 나타낸 것이다. 빈칸에 알맞은 말을 쓰시오.

간기	세포 분열 준비, DNA양 ❶ ( )로 증가, 세포 생장, 세포 주기 중 가장 길다.
전기	핵막 소실, 방추사 생성, ❷ ( ) 관찰이 가능하다.
중기	염색체가 세포 ❸ ( )에 배열되며, 염색체의 모양과 수를 가장 뚜렷하게 관찰할 수 있다.
후기	각 염색체의 ❹ ( )가 세포 양 끝으로 이동한다.
말기	핵막 생성, ❺ ( ) 분열, ❻ ( )개의 딸세포가 생성된다.

5 그림은 감수 분열 과정을 나타낸 것이다.

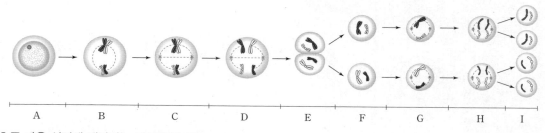

A   B   C   D   E   F   G   H   I

A~I 중 다음 설명에 해당하는 기호를 쓰시오.

❶ 상동 염색체가 결합하여 2가 염색체를 형성한다. .... (   )

❷ 염색 분체가 분리되어 세포 양쪽 끝으로 이동한다. .... (   )

❸ 상동 염색체가 분리되어 세포 양쪽 끝으로 이동한다. .... (   )

❹ 염색체의 수가 반감된다. .... (   )

6 표는 체세포 분열과 감수 분열을 비교하여 나타낸 것이다. 빈칸에 알맞은 말을 쓰시오.

구분	체세포 분열	감수 분열
염색체 수	변화 없다.	❶ ( ).
분열 횟수	❷ ( )	2회
2가 염색체	형성하지 않는다.	감수 1분열 전기 때 형성한다.
딸세포 수	❸ ( )	4개
분열 결과	생장, 재생	❹ ( )

1 다음은 정자와 난자에 대한 설명을 나타낸 것이다. 빈칸에 알맞은 말을 쓰거나 고르시오.

❶ 정자는 (   )와 (   )로 구분되며, (   )를 이용해 스스로 움직일 수 있다.

❷ 난자의 (   )에는 발생에 필요한 양분이 저장되어 있다.

❸ 난자는 (   )에서 생성되고, 정자는 (   )에서 생성된다.

❹ 난자는 운동성이 (없고 , 있고), 정자에 비해 크기가 (크다 , 작다).

❺ 정자의 염색체 수는 (   )개이고, 난자의 염색체 수는 (   )개이다.

2 그림은 정자와 난자의 수정과 발생 과정을 나타낸 것이다. 빈칸에 알맞은 말을 쓰시오.

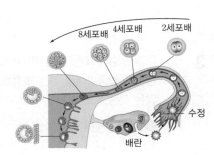

❶ 정자와 난자는 (   )에서 만나 수정한다.

❷ 수정 후 수정란은 (   )을 시작하며, 자궁에 도달할 때까지 약 5일~7일 정도 계속해서 분열한다.

❸ 수정란이 (   )을 거쳐 빈 공 모양의 세포 덩어리 상태인 (   )가 된 후 자궁 안쪽 벽에 파묻히는 현상을 (   )이라고 한다.

3 난할에 대한 설명으로 옳은 것을 | 보기 |에서 모두 고르시오.

| 보기 |
ㄱ. 난할은 세포 생장기가 없다.
ㄴ. 난할을 거듭할수록 수정란 전체의 크기는 점점 커진다.
ㄷ. 수정란의 염색체 수와 정자의 염색체 수는 같다.
ㄹ. 난할을 거듭할수록 세포 하나가 갖는 세포질의 양은 점점 줄어든다.

4 다음은 모체와 태아 사이의 물질 교환을 나타낸 것이다.

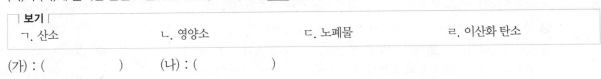

(가)와 (나)에 들어갈 물질로 알맞은 것을 | 보기 |에서 모두 골라 쓰시오.

| 보기 |
ㄱ. 산소   ㄴ. 영양소   ㄷ. 노폐물   ㄹ. 이산화 탄소

(가) : (   )   (나) : (   )

5 태아의 발생 과정에 대한 설명으로 옳은 것은 ◯, 옳지 않은 것은 ×로 표시하시오.

❶ 수정 8주 후부터 사람의 모습을 갖추기 시작한 상태를 태아라고 한다. ···················· (   )

❷ 모체와 태아는 양수에서 물질 교환이 일어난다. ··· (   )

❸ 수정이 된 후 약 266일이 지나면 태아가 모체의 몸 밖으로 나온다. ······················· (   )

1 다음에서 설명하는 유전 용어를 쓰시오.

❶ (　　　　) : 생물이 가지고 있는 특성 중 겉으로 드러나는 형질

❷ (　　　　) : 하나의 형질에 대해 서로 뚜렷하게 구별되는 형질

❸ (　　　　) : 한 가지 형질을 나타내는 대립유전자의 구성이 다른 개체

2 멘델이 유전 실험의 재료로 완두를 선택한 까닭은 완두는 재배가 (쉽고 , 어렵고), 완전한 개체로 자라는 데 걸리는 시간이 (짧으며 , 길며), 한 번의 교배로 얻을 수 있는 자손의 수가 (적기 , 많기) 때문이다.

3 그림은 순종의 둥근 완두(RR)와 주름진 완두(rr)를 교배하여 얻은 잡종 1대를 자가 수분하여 잡종 2대를 얻는 과정을 나타낸 것이다. 이에 대한 설명으로 옳은 것은 ○, 옳지 <u>않은</u> 것은 ×로 표시하시오.

❶ 잡종 1대의 표현형은 둥근 완두이다. ·· (　　)

❷ 잡종 1대에서 나타나지 않는 형질은 우성 형질이다. ···················· (　　)

❸ 잡종 2대에서 총 400개의 완두를 얻었을 때, 이론상으로 둥근 완두는 100개이다. ···
　··· (　　)

❹ 이 실험을 통해 분리의 법칙을 확인할 수 있다. ··························· (　　)

4 한 쌍의 대립 형질이 유전되는 현상에서 확인할 수 없는 멘델의 유전 법칙은 (　　　)의 법칙이다.

5 순종의 둥글고 노란색인 완두(RRYY)와 순종의 주름지고 초록색인 완두(rryy)를 교배했을 때, 잡종 1대에서 나타나는 완두의 표현형은 (둥글 , 주름지)고 (노란색 , 초록색)인 완두이며, 유전자형은 (　　　)이다.

[6~7] 그림은 순종의 둥글고 노란색인 완두(RRYY)와 순종의 주름지고 초록색인 완두(rryy)를 교배하여 얻은 잡종 1대를 자가 수분하여 잡종 2대를 얻는 과정을 나타낸 것이다.

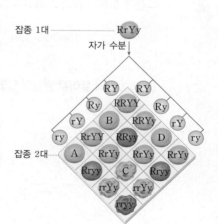

6 이 실험에 대한 설명으로 옳은 것은 ○, 옳지 <u>않은</u> 것은 ×로 표시하시오.

❶ 잡종 1대에서 만들어지는 생식세포의 종류는 4가지이다. ·············· (　　)

❷ 잡종 2대에서 총 320개의 완두를 얻었다면, 이론상 A와 표현형이 같은 완두의 개수는 60개, C와 표현형이 같은 완두의 개수는 180개이다. ·······
　··· (　　)

❸ B와 D를 교배하여 얻은 잡종 3대는 표현형이 모두 둥글다. ·········· (　　)

7 잡종 2대에서 나타나는 완두의 분리비는 둥글고 노란색인 완두 : 둥글고 초록색인 완두 : 주름지고 노란색인 완두 : 주름지고 초록색인 완두＝(　　) : (　　) : (　　) : (　　)이다.

1 사람의 유전 연구가 어려운 까닭은 한 세대가 너무 (　　　), 자손의 수가 (　　　), 환경의 영향을 많이 받으면서 자유로운 교배가 (　　　)하기 때문이다.

2 (가계도 , 통계) 조사를 통해 특정한 유전 형질을 갖고 있는 집안에서 여러 세대에 걸쳐 그 형질이 어떻게 유전되는지를 알 수 있다.

3 (1란성 , 2란성) 쌍둥이 사이에서 나타나는 형질의 차이는 환경의 영향을 받아 나타나는 것이다.

4 그림은 어느 집안의 귓불 모양 유전 가계도를 나타낸 것이다.

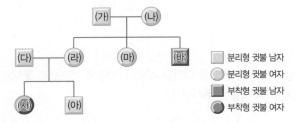

□ 분리형 귓불 남자
○ 분리형 귓불 여자
■ 부착형 귓불 남자
● 부착형 귓불 여자

이 가계도에 대한 설명으로 옳은 것은 ○, 옳지 <u>않은</u> 것은 ×로 표시하시오.

❶ 분리형 귓불 대립유전자는 우성으로 유전된다. ·· (　　)
❷ (가)와 (나)는 분리형 귓불 대립유전자만 가지고 있다. ···························· (　　)
❸ (다)와 (라) 사이에 자녀가 한 명 더 태어난다면, 부착형 귓불일 확률은 25 %이다. ·········· (　　)
❹ (마)와 (아)는 유전자형을 확실하게 알 수 없다. ···································· (　　)
❺ (바)나 (사)가 분리형 귓불인 배우자와 결혼해 낳은 자손은 무조건 분리형 귓불을 가질 것이다. ········ (　　)

5 ABO식 혈액형의 표현형은 (　　)가지, 유전자형은 (　　)가지가 있다.

6 AB형인 아버지와 O형인 어머니 사이에서 태어날 수 있는 자식의 혈액형을 <u>모두</u> 쓰시오.

7 그림은 어느 집안의 ABO식 혈액형과 적록 색맹 유전 가계도를 나타낸 것이다. 이에 대한 설명으로 옳은 것은 ○, 옳지 <u>않</u>은 것은 ×로 표시하시오. (단, 정상 대립유전자는 X, 적록 색맹 대립유전자는 X′로 나타낸다.)

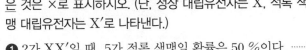
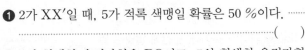
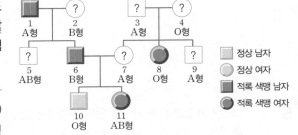

□ 정상 남자
○ 정상 여자
■ 적록 색맹 남자
● 적록 색맹 여자

❶ 2가 XX′일 때, 5가 적록 색맹일 확률은 50 %이다. ·······
··· (　　)
❷ 6의 혈액형 유전자형은 BO이고, 7의 혈액형 유전자형은 AO이다. ·· (　　)
❸ 7의 적록 색맹 유전자형은 XX이다. ·································· (　　)
❹ 3과 4가 모두 적록 색맹 대립유전자를 가지고 있을 확률은 100 %이다. ·················· (　　)

1 역학적 에너지는 물체의 위치 에너지와 ( )의 합이다.

2 역학적 에너지에 대한 설명으로 옳은 것은 ○, 옳지 <u>않은</u> 것은 ×로 표시하시오.

❶ 마찰이나 공기 저항이 없을 때, 운동하는 물체의 역학적 에너지는 항상 일정하게 보존된다. ·························· ( )

❷ 위치 에너지는 운동 에너지로 전환될 수 있지만, 운동 에너지는 위치 에너지로 전환될 수 없다. ················ ( )

❸ 물체가 자유 낙하 운동을 할 때 두 지점 사이의 위치 에너지 감소량은 운동 에너지 증가량과 같다. ········· ( )

3 | 보기 |는 무게가 같은 세 물체의 운동 상태를 나타낸 것이다. 지면을 기준으로 물체의 역학적 에너지가 큰 것부터 순서대로 나열하시오. (단, 공기 저항이나 마찰은 무시한다.)

> **보기**
> ㄱ. 지면에서 초당 5 m를 굴러가는 공
> ㄴ. 10 m 높이의 나무에 매달려 있는 바나나
> ㄷ. 1 m 높이의 책상 위에서 1 m/s의 속력으로 운동하는 장난감 자동차

4 그림은 질량이 m인 물체를 지면으로부터 높이 h에서 가만히 놓아 떨어뜨리는 모습을 나타낸 것이다. 빈칸에 알맞은 말을 고르시오. (단, 공기 저항은 무시한다.)

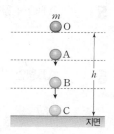

❶ O점에서 물체의 역학적 에너지의 크기는 물체의 (위치 , 운동) 에너지와 같다.

❷ A점에서 물체의 위치 에너지는 운동 에너지보다 (크다 , 작다).

❸ C점에서 물체의 역학적 에너지의 크기는 물체의 (위치 , 운동) 에너지와 같다.

5 그림은 A점과 C점 사이를 왕복 운동하는 진자의 모습을 나타낸 것이다. 빈칸에 알맞은 말을 쓰시오. (단, 공기 저항은 무시한다.)

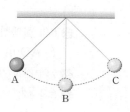

❶ A~C 중 물체의 위치 에너지가 가장 작은 곳은 ( )점이다.

❷ A~C 중 물체의 운동 에너지가 가장 큰 곳은 ( )점이다.

5분 테스트

02. 전기 에너지의 발생과 전환

Ⅵ. 에너지 전환과 보존

정답과 해설 58쪽

| 이름 | 날짜 | 점수 |

5분 테스트

1 코일을 통과하는 자기장이 변하여 코일에 전류가 흐르는 현상을 ( )라고 한다.

2 전자기 유도에 의해 코일에 흐르는 전류를 ( )라고 한다.

3 코일에 유도 전류가 흐르는 경우로 옳은 것은 ○, 옳지 <u>않은</u> 것은 ×로 표시하시오.
❶ 코일에 자석의 N극을 가까이한다. ·· ( )
❷ 코일에 자석의 S극을 가까이한다. ·· ( )
❸ 코일 내부에 강한 자석을 넣어둔다. ··· ( )
❹ 자석을 코일 내부에서 밖으로 꺼낸다. ··· ( )

4 ( )는 영구 자석과 그 자석 사이에서 회전할 수 있는 코일로 이루어져 있으며, 자석 사이에서 코일이 회전하여 유도 전류가 발생되도록 만든 장치이다.

5 풍력 발전기는 바람이 가지는 (역학적 , 전기) 에너지로 날개에 연결된 발전기의 코일을 회전시켜 (역학적 , 전기) 에너지를 생산한다.

6 |보기|는 전기 에너지의 전환을 이용한 전기 기구를 나타낸 것이다.

보기			
ㄱ. 전등	ㄴ. 전기난로	ㄷ. 오디오	ㄹ. 전기다리미
ㅁ. 라디오	ㅂ. 세탁기	ㅅ. 믹서	ㅇ. 헤어드라이어

빈칸에 알맞은 예를 |보기|에서 <u>모두</u> 골라 쓰시오.
❶ 전기 에너지 → 빛에너지 : ( ) ❷ 전기 에너지 → 열에너지 : ( )
❸ 전기 에너지 → 소리 에너지 : ( ) ❹ 전기 에너지 → 운동 에너지 : ( )

7 소비 전력은 전기 기구가 ( ) 동안 사용하는 전기 에너지의 양이며, 단위는 ( )를 사용한다.

8 ( )은 전기 기구가 일정 시간 동안 사용한 전기 에너지의 총량이며, 단위는 ( )를 사용한다.

9 다음 식을 완성하도록 빈칸에 알맞은 말을 쓰시오.
❶ 소비 전력 $= \dfrac{(\quad\quad)}{시간}$
❷ 전력량 $=($ $) \times$ 사용 시간

10 같은 시간을 사용할 때, 소비 전력이 높은 전기 기구일수록 사용하는 전력량이 (많다 , 적다).

1 관측자가 서로 다른 두 관측 지점에서 물체를 보았을 때, 두 관측 지점과 물체가 이루는 각을 ( )라고 한다.

2 같은 물체를 볼 때, 관측자와 물체의 거리가 (멀 , 가까울)수록 시차가 작아지고, 관측자와 물체의 거리가 (멀 , 가까울)수록 시차가 커진다.

3 연주 시차는 지구가 공전 궤도상에서 가장 멀리 떨어지는 ( ) 개월 간격으로 측정한 시차의 ( )이다.

4 다음은 연주 시차의 특징에 대한 설명을 나타낸 것이다. 빈칸에 알맞은 말을 고르거나 쓰시오.

> 별까지의 거리가 멀수록 연주 시차가 작아지므로 연주 시차와 별까지의 거리는 (비례 , 반비례)한다. 이 원리를 이용해 별의 연주 시차를 측정하여 별까지의 거리를 알아낼 수 있는데, 보통 ( ) pc 이내의 비교적 가까운 거리에 있는 별까지의 거리를 구하는 데 이용된다. 그 까닭은 더 멀리 있는 별의 연주 시차는 매우 (작아 , 커)서 측정이 어렵기 때문이다.

5 연주 시차는 각도로 나타내며, 값이 매우 작기 때문에 ( ) 단위를 사용한다.

[6~7] 그림은 태양 주위를 공전하는 지구가 A의 위치에 있을 때 지구에서 별 S를 관측한 후, 6개월 뒤 B의 위치에서 별 S를 다시 관측한 모습을 나타낸 것이다.

6 별 S의 시차, 연주 시차, 별까지의 거리를 구하시오.

❶ 시차 : ( )

❷ 연주 시차 : ( )

❸ 별까지의 거리 : ( )

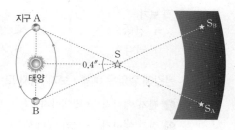

7 어떤 별 Y의 시차를 측정하였더니 0.2″였다. 별 Y가 별 S보다 작은 값을 가지는 것을 |보기|에서 모두 고르시오.

> **보기**
> ㄱ. 시차　　　　　　　　　ㄴ. 연주 시차　　　　　　　　　ㄷ. 별까지의 거리

8 표는 별 A~C의 시차를 나타낸 것이다.

별	A	B	C
시차	0.1″	0.2″	0.4″

A~C 중 빈칸에 알맞은 것을 쓰시오.

❶ 연주 시차가 0.2″인 별은 ( )이다.

❷ 별까지의 거리가 10 pc인 별은 ( )이다.

❸ 별 A는 별 C보다 ( )배 멀리 떨어져 있다.

| 이름 | 날짜 | 점수 |

1 지구에서 별까지의 거리가 같을 때, 별이 방출하는 빛의 양이 많을수록 (밝게 , 어둡게) 보인다.

2 별이 방출하는 빛의 양이 같을 때, 별의 밝기는 (   )에 반비례한다.

3 별의 등급이 1등급 차이일 때 두 별의 밝기 차는 약 (   )배이며, 별의 등급이 5등급 차이일 때 두 별의 밝기 차는 약 (   )배이다.

4 별의 밝기는 등급의 숫자가 (클 , 작을)수록 밝다.

5 현재 2등급으로 보이는 별의 거리가 10배 멀어지면 (   )등급으로 보인다.

6 별의 등급과 그 특징을 옳게 연결하시오.

❶ 절대 등급   •   • ㉠ 맨눈으로 보이는 별의 밝기

❷ 겉보기 등급 •   • ㉡ 별이 방출하는 에너지의 양

7 연주 시차가 0.1″이고 절대 등급이 3등급인 별의 겉보기 등급은 (   )등급이다.

8 표는 별 A~E의 겉보기 등급과 절대 등급을 나타낸 것이다.

구분	A	B	C	D	E
겉보기 등급	1.0	−0.3	2.5	3.1	1.4
절대 등급	−3.7	1.8	−1.7	3.1	6.5

❶ 지구에서 볼 때 밝게 보이는 순서대로 나열하시오.

❷ 실제로 밝은 순서대로 나열하시오.

❸ 10 pc보다 가까이 있는 별을 모두 쓰시오.

❹ 10 pc보다 멀리 있는 별을 모두 쓰시오.

9 별의 색깔이 다른 까닭은 별의 (   )가 다르기 때문이다.

10 표는 별 A~D의 겉보기 등급, 절대 등급, 색깔을 나타낸 것이다.

구분	A	B	C	D
겉보기 등급	−2.4	7.9	0.1	−1.9
절대 등급	−2.4	−1.6	3.3	−5.2
색깔	적색	청백색	황백색	백색

❶ 10 pc의 위치에 있는 별을 쓰시오.

❷ 표면 온도가 높은 것부터 순서대로 나열하시오.

5분 테스트

03. 은하와 우주

Ⅶ. 별과 우주

정답과 해설 58쪽

이름   날짜   점수

1 그림은 우리은하를 옆에서 본 모습을 나타낸 것이다. A와 B에 알맞은 값을 쓰시오.

❶ A : 약 (   ) pc

❷ B : 약 (   ) pc

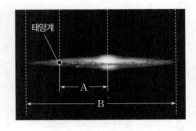

2 (   )란 우리은하의 단면을 지구에서 본 것으로, 우리나라 (겨울 , 여름)철에 지구의 밤하늘이 우리은하의 (   )을 향하기 때문에 폭이 넓고 선명하게 보인다.

3 성단에 대한 설명으로 옳은 것은 ○, 옳지 않은 것은 ×로 표시하시오.

❶ 구상 성단은 주로 우리은하의 나선팔에 분포한다. ·· (   )

❷ 산개 성단을 이루는 별들의 나이는 비교적 많다. ·· (   )

❸ 산개 성단은 파란색을 띠고 있으며, 표면 온도가 높다. ·· (   )

❹ 성단은 모양에 따라 구상 성단과 산개 성단으로 나눈다. ·· (   )

4 방출 성운에 대한 설명에는 '방', 반사 성운에 대한 설명에는 '반', 암흑 성운에 대한 설명에는 '암'을 쓰시오.

❶ 주로 검게 보인다. ·· (   )

❷ 대표적으로 말머리성운과 독수리성운이 있다. ·· (   )

❸ 주위에 있는 별의 별빛을 반사하여 밝게 보인다. ·· (   )

❹ 주위에 있는 고온의 별로부터 에너지를 흡수하여 스스로 빛을 내는 성운이다. ························· (   )

5 허블은 멀리 있는 대부분의 외부 은하들이 우리은하로부터 멀어진다는 관측 결과를 통해 우주가 (   )하고 있다는 사실을 발견했다.

6 대폭발 우주론에 대한 설명으로 옳은 것은 ○, 옳지 않은 것은 ×로 표시하시오.

❶ 우주에 존재하는 모든 것은 하나의 점으로 모여 있었다. ·· (   )

❷ 시간이 흐름에 따라 우주의 크기는 점점 커졌다. ·· (   )

7 다음은 우주 탐사의 역사를 순서없이 나타낸 것이다. 오래된 것부터 순서대로 나열하시오.

> (가) 인류가 처음으로 달에 착륙하였다.
> (나) 최초로 인공위성 발사에 성공하였다.
> (다) 태양계를 탐사하기 위해 보이저1호, 2호가 발사되었다.

01. 과학기술과 인류 문명

Ⅷ. 과학기술과 인류 문명

이름   날짜   점수

1 다음은 인류 문명의 시작에 대한 설명을 나타낸 것이다. 빈칸에 공통으로 들어갈 알맞은 말을 쓰시오.

> 인류가 (   )을 이용하게 되면서 인류의 생활에는 큰 변화가 일어났다. (   )을 이용하여 토기를 제작해 음식의 저장, 운반, 조리 등에 사용하였으며, 금속으로 도구를 만들어 이용하면서 인류 문명이 발달하게 되었다.

2 훅이 (   )으로 세포를 발견함으로써, 인류는 생물체를 작은 세포들이 모여 이루어진 존재로 인식하게 되었다.

3 패러데이의 (   ) 발견으로 전기를 생산하고 활용할 수 있게 되었다.

4 과학기술과 인류 문명의 발달에 대한 설명으로 옳은 것은 ○, 옳지 않은 것은 ×로 표시하시오.

❶ 활판 인쇄술의 발달로 인해 지식과 정보의 확산이 감소하였다. ································ (   )

❷ 내연 기관의 등장으로 자동차가 발달하였다. ····································· (   )

❸ DNA를 이용하여 사람의 진화 과정을 연구할 수 있게 되었다. ····················· (   )

❹ 암모니아 합성법을 개발하여 결핵과 같은 질병의 치료에 사용하였다. ················ (   )

5 과학기술 발달의 긍정적 측면을 (가), 부정적 측면을 (나)라고 할 때, (가)와 (나)에 들어갈 알맞은 말을 |보기|에서 모두 골라 쓰시오.

긍정적 측면	부정적 측면
(가)	(나)

> |보기|
> ㄱ. 교통난   ㄴ. 개인의 사생활 침해   ㄷ. 에너지 고갈 문제 해결
> ㄹ. 생활의 편리   ㅁ. 인간의 수명 증가   ㅂ. 생명 윤리 문제

6 (   )은 1 nm에서 수십 nm 사이의 크기를 가진 물질이나 구조를 조작하는 기술로, 다양한 산업 분야에 널리 활용된다.

7 (   ) 기술은 생명체의 특성을 연구하여 활용하는 기술로, (   ) 기술, 세포 융합 기술 등이 있다.

8 다음은 공학적 설계 과정을 나타낸 것이다. 빈칸에 알맞은 말을 쓰시오.

> 문제점 인식 및 목표 설정 → (㉠) → 해결책 탐색 → 해결책 분석 및 결정 → (㉡) → 제품 제작 → (㉢)

1 그림은 어떤 생물의 체세포의 염색체 구성을 나타낸 것이다. 다음에서 설명하는 세포의 염색체 구성을 각각 그려 넣으시오.

(1) 체세포 분열 전기에 해당하는 세포

(2) 체세포 분열 결과 형성되는 딸세포

2 다음은 감수 분열 과정을 나타낸 것이다. 각 단계의 특징을 설명해 보자.

분열 전 준비 단계	감수 1분열 : 상동 염색체 분리 ⇨ (1) 염색체 수가 _____				
간기	전기	중기	후기	말기
핵막	2가 염색체			
(2)	(3)	(4)	(5)	(6)

감수 2분열 : 염색 분체 분리 ⇨ (7) 염색체 수가 _____				(12) _____ 형성
전기	중기	후기	말기	분열 완료
		염색 분체	딸세포	난자 / 정자
(8)	(9)	(10)	(11)	(13)

3 그림은 태아의 발생 과정을 나타낸 것이다. 이를 참고하여 임신 기간 동안 약물을 조심하고 음주와 흡연을 삼가해야 하는 까닭을 설명해 보자.

_____

_____

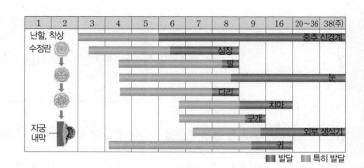

문제 해결력

서술형·논술형 평가   03 멘델의 유전 원리

V. 생식과 유전

1 다음은 멘델이 유전 실험 결과를 해석하기 위해 제안한 가설을 나타낸 것이다. 빈칸에 알맞은 말을 써 보자.

우열의 원리	(1)
분리의 법칙	(2)
독립의 법칙	(3)

2 그림과 같이 순종의 둥글고 노란색인 완두(RRYY)와 순종의 주름지고 초록색인 완두(rryy)를 교배하여 얻은 잡종 1대를 자가 수분하여 잡종 2대를 얻었다.

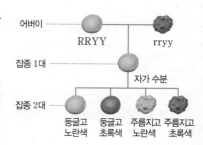

(1) 잡종 2대에서 나타날 수 있는 자손의 유전자형을 표로 정리해 보자.

생식세포	RY	Ry	rY	ry
RY				
Ry				
rY				
ry				

(2) 잡종 2대에서 나타나는 표현형과 그 비를 써 보자.

(3) 완두씨의 모양과 색깔의 유전에서 독립의 법칙이 성립하기 위한 조건을 설명해 보자.

(4) 잡종 2대에서 총 1600개의 완두를 얻었을 때 이 중 주름지고 노란색인 완두의 이론상 개수를 구하고, 풀이 과정을 써 보자.

(5) 잡종 2대에서 총 2000개의 완두를 얻었을 때 이 중 노란색 완두의 이론상 개수를 구하고, 풀이 과정을 써 보자.

3 그림은 순종의 붉은색 분꽃(RR)과 순종의 흰색 분꽃(WW)을 교배하여 얻은 잡종 1대를 자가 수분하여 잡종 2대를 얻는 과정을 나타낸 것이다.

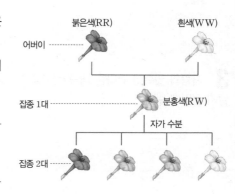

(1) 잡종 1대에서 어버이 세대에 없는 분홍색 분꽃이 나타난 까닭을 붉은색 분꽃 대립유전자와 흰색 분꽃 대립유전자의 우열 관계와 관련지어 설명해 보자.

(2) 잡종 2대에서 흰색 분꽃이 나타날 확률은 몇 %인지 구하고, 풀이 과정을 써 보자.

서술형·논술형 평가 04 사람의 유전

문제 해결력

1 그림은 어느 가족의 혀 말기 형질 유전 가계도를 나타낸 것이다.

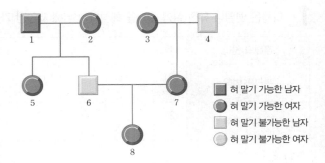

□ 혀 말기 가능한 남자
● 혀 말기 가능한 여자
▨ 혀 말기 불가능한 남자
◐ 혀 말기 불가능한 여자

(1) 혀 말기가 가능한 형질과 불가능한 형질 중 우성 형질은 무엇인지 쓰고, 그렇게 생각한 까닭을 설명해 보자.

_____

_____

(2) 혀 말기 유전자는 상염색체와 성염색체 중 어디에 있는지 써 보자.

_____

(3) 혀 말기가 가능한 대립유전자를 A, 혀 말기가 불가능한 대립유전자를 a라고 할 때 이 가족의 혀 말기 유전자형을 써 보자.

가족	1	2	3	4	5	6	7	8
유전자형								

(4) 7과 8은 각각 혀 말기가 불가능한 대립유전자를 누구에게 전달받았는지 써 보자.

_____

(5) 8과 혀 말기가 불가능한 남자 사이에서 태어난 자손이 혀 말기가 가능할 확률은 몇 %인지 구하고, 풀이 과정을 써 보자.

_____

2 그림은 어느 집안의 ABO식 혈액형 유전 가계도를 나타낸 것이다.

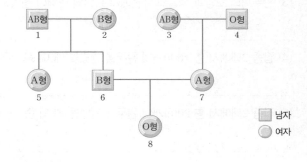

□ 남자
○ 여자

(1) 6과 7 사이에서 태어날 수 있는 자손의 혈액형 종류를 모두 쓰고, 그 까닭을 설명해 보자.

_____

_____

(2) 8의 동생이 태어날 때, 3과 같은 혈액형일 확률은 몇 %인지 구하고, 풀이 과정을 써 보자.

_____

3 사람의 귓속털 과다증 대립유전자는 Y 염색체에 있다. 남녀에 따라 이 형질이 어떻게 다르게 나타날지 설명해 보자.

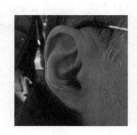

_____

_____

서술형·논술형 평가 | O1 역학적 에너지 전환과 보존

1 그림은 정지 상태인 롤러코스터가 A점에서 출발하여 레일을 따라 움직이고 있는 모습을 나타낸 것이다. 롤러코스터가 A → B 구간과 B → C 구간을 지날 때의 역학적 에너지를 비교하여 설명해 보자. (단, 공기 저항이나 마찰은 무시한다.)

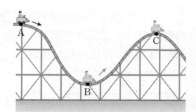

_____

_____

2 그림은 질량이 4 kg인 공을 A점에서 가만히 놓아 떨어뜨린 모습을 나타낸 것이다. B점에서 공의 속력은 몇 m/s인지 구하고, 풀이 과정을 써 보자. (단, A점에서 공의 속력은 0이었고, 공기 저항은 무시한다.)

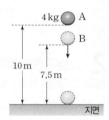

_____

_____

3 그림과 같이 질량이 2 kg인 공을 레일 위의 A점에서 가만히 놓았더니 공이 레일을 따라 B점과 C점으로 이동했다. B점과 C점에서의 운동 에너지 차이는 몇 J인지 구하고, 풀이 과정을 써 보자. (단, 공기 저항이나 마찰은 무시한다.)

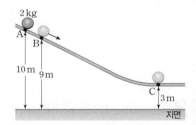

_____

_____

4 그림은 질량이 500 g인 공을 20 m/s의 속력으로 A점에서 비스듬하게 던져 올린 모습을 나타낸 것이다. 최고점인 O점에서 공의 역학적 에너지는 몇 J인지 구하고, 풀이 과정을 써 보자. (단, 공기 저항은 무시한다.)

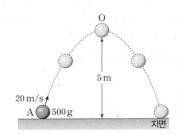

_____

_____

서술형·논술형 평가 문제 해결력 02 전기 에너지의 발생과 전환

1 그림과 같이 킥보드 바퀴에는 원통 모양의 고정된 영구 자석 주위에 코일이 감겨져 있어서 바퀴를 굴리면 코일에 연결되어 있는 발광 다이오드가 코일과 함께 돌아간다. 킥보드의 바퀴를 굴릴 때 발광 다이오드의 변화와 그 원리를 설명해 보자.

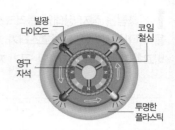

_____

_____

2 그림은 풍력 발전기의 내부 구조를 나타낸 것이다. 풍력 발전기에서 전기 에너지가 생산되는 과정을 그림에 나타난 단어를 모두 사용하여 설명해 보자.

_____

_____

3 표는 어느 가정에서 하루 동안 사용하는 전기 기구의 소비 전력, 사용 시간, 개수를 나타낸 것이다.

구분	소비 전력(W)	사용 시간(h)	개수(개)	구분	소비 전력(W)	사용 시간(h)	개수(개)
텔레비전	120	3	2	컴퓨터	170	4	1
세탁기	200	2	1	형광등	40	7	8
전기밥솥	500	2	2	전자레인지	1600	0.5	1

(1) 같은 시간 동안 전자레인지 1개를 사용하는 것은 형광등 몇 개를 사용하는 것과 같은 전기 에너지를 소비하는지 써 보자.

_____

(2) 이 가정에서 하루 동안 사용한 전기 에너지의 총량을 구하고, 풀이 과정을 설명해 보자.

_____

서술형·논술형 평가 · 문제 해결력 | 01 별까지의 거리 ~ 02 별의 성질

1 공전 궤도 반지름이 지구보다 더 큰 토성에 외계인이 살고 있다고 가정해 보자. 지구에서 관측했을 때 연주 시차가 0.1″인 어떤 별을 토성에 있는 외계인이 관측한다면 연주 시차는 어떻게 되는지 설명해 보자. (단, 관측한 별은 태양계 밖에 위치한다.)

---

2 한쪽 눈으로 물체를 보면 원근감을 느끼지 못한다. 그 까닭을 시차와 관련지어 설명해 보자.

---

3 그림은 도로에 같은 종류의 가로등이 줄지어 서 있는 모습을 나타낸 것이다. 가로등의 불빛을 바라볼 때, 가까이에 있는 가로등과 멀리 있는 가로등 불빛의 밝기가 다르게 보이는 까닭을 설명해 보자.

---

4 옛날에는 대장간에서 쇠를 달구어 망치로 두드리면서 연장을 만들었다. 이때 망치로 쇠를 두드려야 할 적절한 온도를 어떻게 알아냈을지, 별의 색깔과 표면 온도의 관계와 관련지어 설명해 보자.

서술형·논술형 평가   03 은하와 우주

문제 해결력

1 그림 (가)와 (나)는 망원경으로 관측한 두 종류의 성단을 나타낸 것이다. (가)와 (나)의 종류를 각각 쓰고, 우리은하에 분포하는 위치에 대해 비교하여 설명해 보자.

(가)   (나)

_____

_____

2 그림은 반사 성운의 한 종류인 메로페성운을 나타낸 것이다. 메로페성운이 밝게 보이는 까닭에 대해 설명해 보자.

_____

_____

3 그림과 같이 공기를 불어 넣은 고무풍선에 붙임딱지 A, B, C를 붙인 후, 고무풍선에 공기를 더 불어 넣으면 붙임딱지 A, B, C가 서로 멀어지는 것을 볼 수 있다. 고무풍선의 표면을 우주, 붙임딱지를 은하에 비유한다면 붙임딱지 A, B, C가 서로 멀어지는 것은 무엇을 의미하는지 설명해 보자.

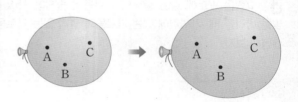

_____

_____

4 그림 (가)와 (나)는 우주 탐사에 이용되는 서로 다른 종류의 망원경을 나타낸 것이다. (가)와 (나) 중 더 선명한 천체의 상을 얻을 수 있는 망원경은 무엇인지 쓰고, 그 까닭을 설명해 보자.

(가)   (나)

_____

서술형·논술형 평가   문제 해결력   O1 과학기술과 인류 문명

1 인류가 불을 발견함으로써 구리나 철과 같은 금속을 제련하여 사용할 수 있게 되었다. 이러한 변화가 인류의 생활에 어떤 영향을 미쳤는지 설명해 보자.

_____

_____

2 전구가 만들어지기 전에 사람들은 어둠을 밝히기 위해 양초나 석유 램프 등을 이용하여 어두운 곳을 밝혔다. 이후 에디슨은 지금과 같이 필라멘트를 이용하여 40시간 이상 빛을 낼 수 있는 백열 전구를 발명했다. 백열 전구가 도입되면서 당시의 생활에는 어떤 변화가 생겼을지 설명해 보자.

_____

_____

3 플레밍은 푸른곰팡이를 배양하다가 곰팡이가 생산해내는 어떤 물질이 강력한 항균 작용을 한다는 사실을 발견하여 항생제를 개발하였다. 이 발견이 인류 문명에 미친 영향에 대해 설명해 보자.

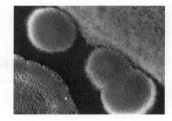

_____

_____

4 다음은 과학기술 발달에 따른 부작용 사례를 나타낸 것이다.

매일 쏟아져 나오는 최신 휴대 전화, 컴퓨터 등 전자 제품, 전자 산업의 발달로 전자 제품의 사용 수명이 짧아지면서 전자 쓰레기가 늘고 있다. 세계적으로 매년 5000만 톤의 전자 쓰레기가 발생하며, 그 중 70 %가 중국에 버려지고 있다. 이렇게 중국으로 유입된 전자 쓰레기를 처리하는 세계 최대 전자 쓰레기 마을로 알려진 중국의 구이유 마을에서는 전자 쓰레기 처리 과정에 아이들까지 동원되고 있으며, 이 과정에서 납, 카드뮴 등 중금속이 배출된다.

이와 같이 과학기술의 발달은 우리에게 긍정적인 영향뿐만 아니라 부정적인 영향을 줄 수도 있다. 이 밖에 과학기술이 우리에게 주는 부정적인 영향에 대해 설명해 보자.

_____

_____

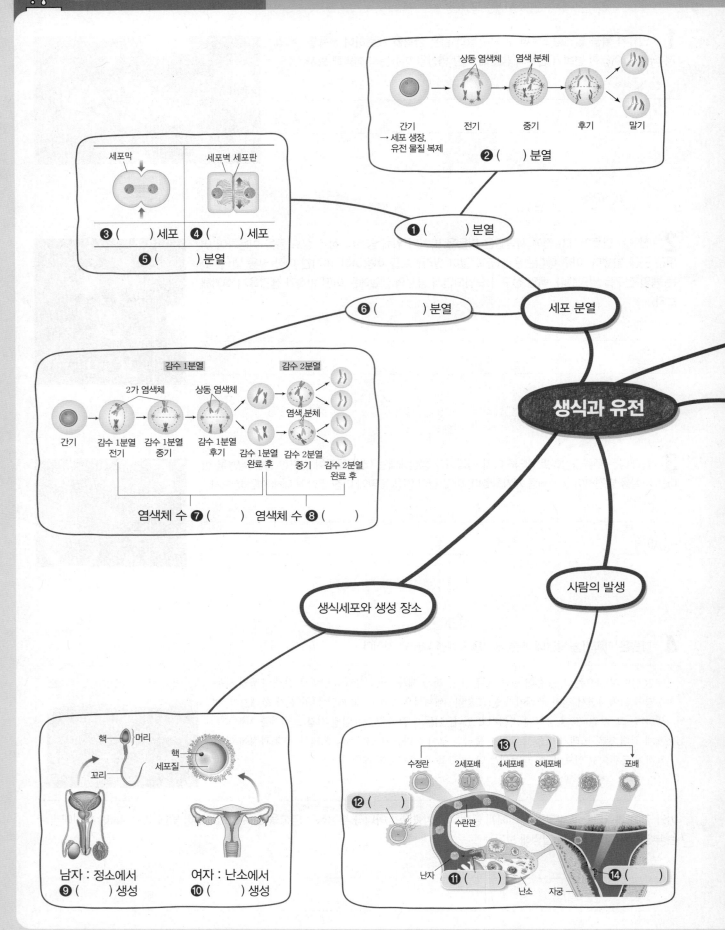

상동 염색체   염색 분체

간기
→ 세포 생장, 유전 물질 복제
전기   중기   후기   말기

❷ (   ) 분열

세포막

세포벽 세포판

❸ (   ) 세포   ❹ (   ) 세포

❺ (   ) 분열

❶ (   ) 분열

❻ (   ) 분열

세포 분열

감수 1분열

2가 염색체

감수 2분열

상동 염색체

간기   감수 1분열 전기   감수 1분열 중기   감수 1분열 후기   감수 1분열 완료 후   감수 2분열 중기   감수 2분열 완료 후

염색 분체

염색체 수 ❼ (   )   염색체 수 ❽ (   )

생식과 유전

사람의 발생

생식세포와 생성 장소

핵   머리

꼬리

핵
세포질

남자 : 정소에서   여자 : 난소에서
❾ (   ) 생성   ❿ (   ) 생성

⓭ (   )

수정란   2세포배   4세포배   8세포배   포배

⓬ (   )

수란관

난자

⓫ (   )

난소   자궁

⓮ (   )

수행 평가 대비

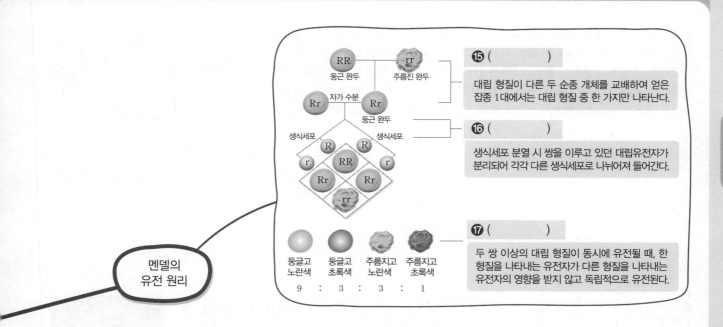

멘델의 유전 원리

RR
둥근 완두
rr
주름진 완두

❺ ( )

대립 형질이 다른 두 순종 개체를 교배하여 얻은 잡종 1대에서는 대립 형질 중 한 가지만 나타난다.

Rr 자가 수분 Rr
둥근 완두

❻ ( )

생식세포 분열 시 쌍을 이루고 있던 대립유전자가 분리되어 각각 다른 생식세포로 나뉘어져 들어간다.

생식세포 R R 생식세포
r RR r
Rr Rr
rr

둥글고 노란색 둥글고 초록색 주름지고 노란색 주름지고 초록색
9 : 3 : 3 : 1

❼ ( )

두 쌍 이상의 대립 형질이 동시에 유전될 때, 한 형질을 나타내는 유전자가 다른 형질을 나타내는 유전자의 영향을 받지 않고 독립적으로 유전된다.

사람의 유전 ——— **연구 방법**

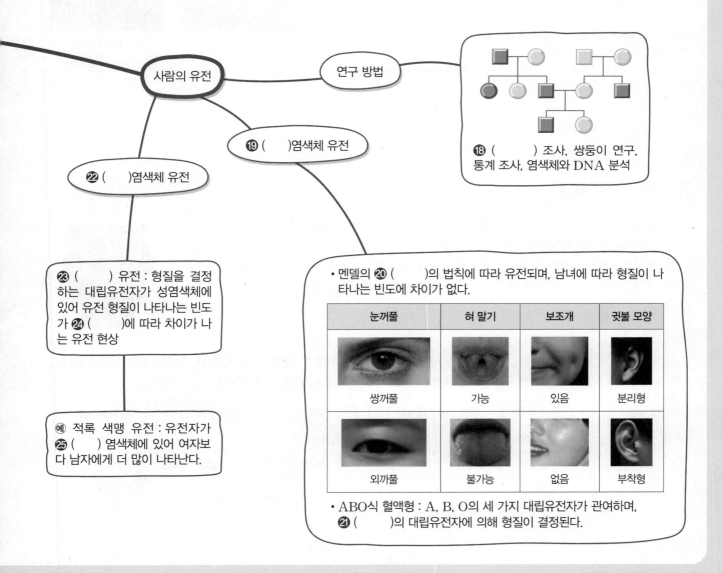

❽ ( ) 조사, 쌍둥이 연구, 통계 조사, 염색체와 DNA 분석

❾ ( )염색체 유전

❷❷ ( )염색체 유전

❷❸ ( ) 유전 : 형질을 결정하는 대립유전자가 성염색체에 있어 유전 형질이 나타나는 빈도가 ❷❹ ( )에 따라 차이가 나는 유전 현상

⑩ 적록 색맹 유전 : 유전자가 ❷❺ ( ) 염색체에 있어 여자보다 남자에게 더 많이 나타난다.

• 멘델의 ❷⓪ ( )의 법칙에 따라 유전되며, 남녀에 따라 형질이 나타나는 빈도에 차이가 없다.

눈꺼풀	혀 말기	보조개	귓불 모양
쌍꺼풀	가능	있음	분리형
외까풀	불가능	없음	부착형

• ABO식 혈액형 : A, B, O의 세 가지 대립유전자가 관여하며, ❷① ( )의 대립유전자에 의해 형질이 결정된다.

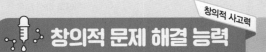

창의적 문제 해결 능력

창의적 사고력

O1 역학적 에너지 전환과 보존 ~
O2 전기 에너지의 발생과 전환

1 그림은 풍식이가 설계한 롤러코스터를 나타낸 것이다. 풍식이는 A점에서 출발한 롤러코스터가 B점을 지나 가장 높은 지점인 C점에 도달한 후 D점에 도달할 것이라 예상했지만, A점에서 출발한 롤러코스터는 D점까지 도달하지 못하였다. 롤러코스터가 D점까지 도달하지 못한 까닭을 쓰고, D점까지 롤러코스터가 도달하려면 롤러코스터의 궤도를 어떻게 수정해야 하는지 설명해 보자. (단, 공기 저항이나 마찰은 무시한다.)

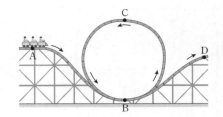

2 그림 (가)는 스키점프, (나)는 장대높이뛰기를 하는 운동 선수를 나타낸 것이다. (가), (나)의 운동에서 역학적 에너지가 전환되는 과정을 설명해 보자.

(가) 스키점프   (나) 장대높이뛰기

3 다음은 전력량계에 대한 설명을 나타낸 것이다.

전력량계는 어떤 기간 내에 사용한 전력량의 총계를 표시하는 계기이다. 내부에 있는 알루미늄 원판이 사용한 전력에 비례한 속도로 회전하고, 어느 시간 내의 회전수가 그 시간 내의 전력량을 나타낸다.
그림은 장풍이네 전력량계의 눈금을 나타낸 것이다. 단위는 kWh이고, 소수점 첫째 자리까지의 눈금을 읽으면 현재 전력량은 1583.5 kWh이다.

장풍이네가 다음 날 같은 시각에 측정한 전력량계의 눈금이 1615.0 kWh이고 다음 날 같은 시각까지 24시간 동안 사용한 전기 기구의 소비 전력과 사용 시간이 표와 같을 때, 텔레비전의 사용 시간을 구하는 과정을 설명해 보자.

구분	소비 전력(W)	사용 시간(h)	구분	소비 전력(W)	사용 시간(h)
냉장고	1200	24	진공청소기	600	1
텔레비전	200	?	세탁기	300	3

창의적 문제 해결 능력

창의적 사고력

마인드맵 그리기

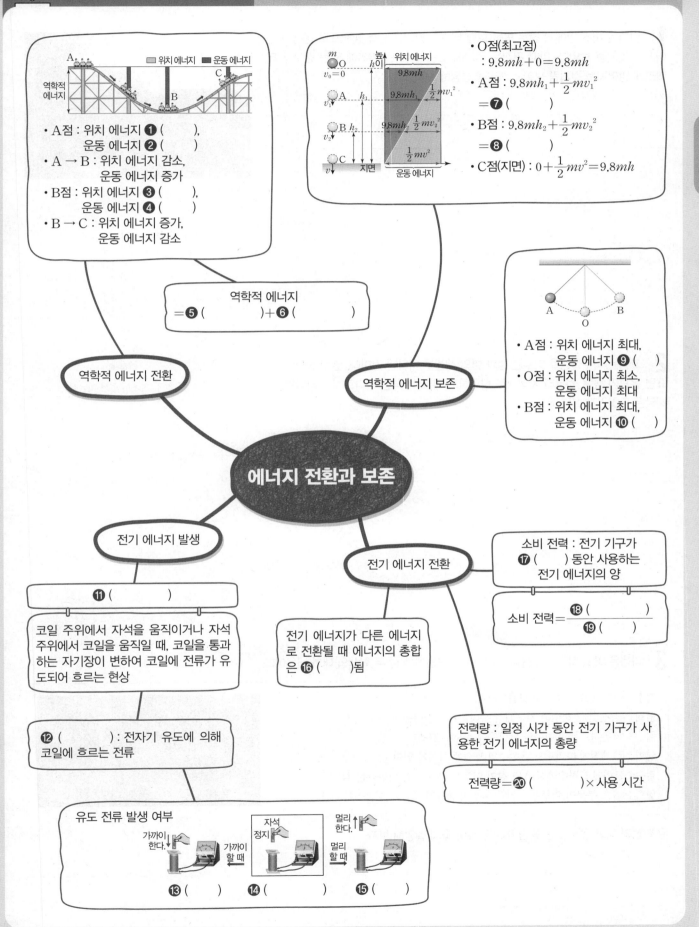

[좌측 상단 - 롤러코스터]

· A점 : 위치 에너지 ❶ (   ),
운동 에너지 ❷ (   )
· A → B : 위치 에너지 감소,
운동 에너지 증가
· B점 : 위치 에너지 ❸ (   ),
운동 에너지 ❹ (   )
· B → C : 위치 에너지 증가,
운동 에너지 감소

[우측 상단 - 자유낙하]

· O점(최고점)
: $9.8mh + 0 = 9.8mh$
· A점 : $9.8mh_1 + \frac{1}{2}mv_1^2$
$= ❼ ($ $)$
· B점 : $9.8mh_2 + \frac{1}{2}mv_2^2$
$= ❽ ($ $)$
· C점(지면) : $0 + \frac{1}{2}mv^2 = 9.8mh$

역학적 에너지
$= ❺ ($ $) + ❻ ($ $)$

[우측 중단 - 진자]

· A점 : 위치 에너지 최대,
운동 에너지 ❾ (   )
· O점 : 위치 에너지 최소,
운동 에너지 최대
· B점 : 위치 에너지 최대,
운동 에너지 ❿ (   )

역학적 에너지 전환

역학적 에너지 보존

에너지 전환과 보존

전기 에너지 발생

전기 에너지 전환

소비 전력 : 전기 기구가
⓱ (   ) 동안 사용하는
전기 에너지의 양

소비 전력 = $\dfrac{⓲ (\qquad)}{⓳ (\qquad)}$

⓫ (   )

코일 주위에서 자석을 움직이거나 자석
주위에서 코일을 움직일 때, 코일을 통과
하는 자기장이 변하여 코일에 전류가 유
도되어 흐르는 현상

전기 에너지가 다른 에너지
로 전환될 때 에너지의 총합
은 ⓰ (   )됨

⓬ (   ) : 전자기 유도에 의해
코일에 흐르는 전류

전력량 : 일정 시간 동안 전기 기구가 사
용한 전기 에너지의 총량

전력량 = ⓴ (   ) × 사용 시간

[하단 - 유도 전류 발생 여부]

유도 전류 발생 여부

가까이
한다.

가까이
할 때

자석
정지

멀리
한다.

멀리
할 때

⓭ (   )   ⓮ (   )   ⓯ (   )

1 달리는 버스 안에서 창문 밖을 보면 버스가 달리는 반대 방향으로 풍경이 멀어지는 것처럼 보인다. 이때 가까운 거리에 있는 집이 먼 거리에 있는 산보다 더 빠르게 멀어지는 것처럼 보이는 까닭을 설명해 보자.

_____

_____

2 그림은 북두칠성을 이루는 별과 별의 색깔을 나타낸 것이다. 별 A~D의 표면 온도가 높은 것부터 차례대로 나열하고, 별마다 색깔이 다르게 나타나는 까닭은 무엇인지 설명해 보자.

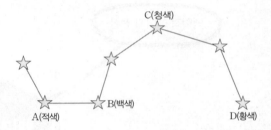

_____

_____

3 다음은 어느 지역에서 촬영한 은하수의 모습에 대한 두 학생의 대화 내용이다.

철수 : 이게 바로 은하수의 모습이구나.
영희 : 맞아. ㉠ 은하수는 지구에서 우리은하의 단면을 본 모습이지!
철수 : ㉡ 은하수는 북반구와 남반구에서 모두 관측할 수 있대.
영희 : ㉢ 계절에 따라서도 은하수의 모습에 차이가 있지~
철수 : 그런데 은하수에서 A와 같이 어두운 부분은 왜 나타나는 걸까?
영희 : ㉣ A 부분이 어두운 까닭은 물질이 존재하지 않기 때문이야~!

두 학생의 대화 ㉠~㉣ 중 틀린 부분을 찾아 옳게 설명해 보자.

_____

_____

창의적 문제 해결 능력

창의적 사고력

마인드맵 그리기

수행 평가 대비

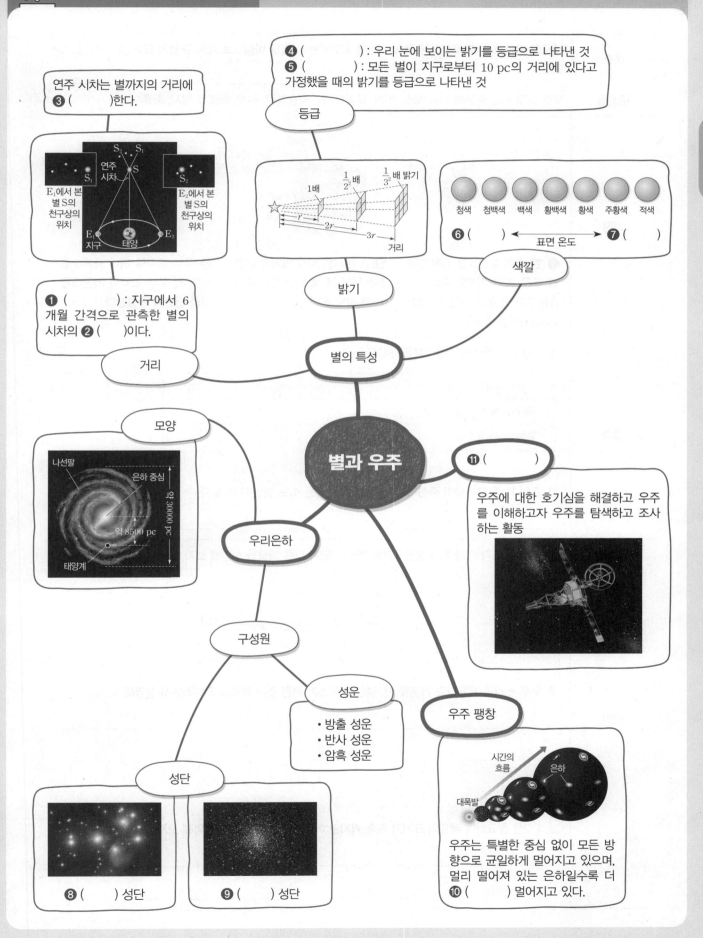

❹ ( ) : 우리 눈에 보이는 밝기를 등급으로 나타낸 것
❺ ( ) : 모든 별이 지구로부터 10 pc의 거리에 있다고 가정했을 때의 밝기를 등급으로 나타낸 것

등급

연주 시차는 별까지의 거리에 ❸ ( )한다.

E₁에서 본 별 S의 천구상의 위치
연주 시차
E₂에서 본 별 S의 천구상의 위치
지구 태양

1배 $\frac{1}{2^2}$배 $\frac{1}{3^2}$배 밝기
r $2r$ $3r$
거리

청색 청백색 백색 황백색 황색 주황색 적색
❻ ( ) ◄── 표면 온도 ──► ❼ ( )

색깔

❶ ( ) : 지구에서 6개월 간격으로 관측한 별의 시차의 ❷ ( )이다.

거리

밝기

별의 특성

모양

나선팔
은하 중심
약 30000 pc
약 8500 pc
태양계

별과 우주

❶ ( )

우주에 대한 호기심을 해결하고 우주를 이해하고자 우주를 탐색하고 조사하는 활동

우리은하

구성원

성운

• 방출 성운
• 반사 성운
• 암흑 성운

우주 팽창

시간의 흐름
은하
대폭발

우주는 특별한 중심 없이 모든 방향으로 균일하게 멀어지고 있으며, 멀리 떨어져 있는 은하일수록 더 ❿ ( ) 멀어지고 있다.

성단

❽ ( ) 성단

❾ ( ) 성단

 **탐구 보고서 작성**  **O1 세포 분열**

목표	세포의 표면적과 부피에 따른 물질 이동을 알아보는 실험을 바탕으로 세포 분열의 필요성을 설명할 수 있다.
준비물	우무 조각 2개, 붉은색 식용 색소, 비커, 유리판, 칼, 약숟가락, 핀셋, 페트리 접시, 증류수

과정

A B

붉은색 식용 색소 용액

A B

❶ 한 변이 2 cm인 정육면체의 우무 조각 2개를 준비하여 A는 그대로 두고, B는 한 변이 1 cm가 되도록 8등분 한다.

❷ A와 B를 각각 비커에 넣고 붉은색 식용 색소 용액을 부어 10분 정도 둔다.

❸ 우무 조각을 꺼내 증류수로 씻고 각 우무 조각의 가운데를 잘라 단면을 관찰한다.

결과

1. A와 B의 총 표면적을 계산해 보자.

우무 조각	A	B
부피(cm^3)	8	8
표면적(cm^2)	(1)	(2)

2. A와 B 중 붉은색이 중심까지 더 많이 퍼진 것은 어느 것인지 써 보자.

_____

정리

1. 두 우무 조각 A와 B가 붉은색으로 변한 정도가 다른 까닭을 설명해 보자.

_____

_____

2. 우무 조각을 세포라고 가정할 때, 붉은색 색소가 퍼진 것은 무엇을 의미하는지 설명해 보자.

_____

_____

3. 1, 2를 참고하여 세포의 크기가 계속 커지면 어떤 어려움이 있을지 설명해 보자.

_____

_____

탐구 보고서 작성 　**03 멘델의 유전 원리**

보고서 쓰기

목표	바둑알을 이용한 모의 실험을 통해 유전자의 전달 과정을 이해하고, 분리의 법칙을 설명할 수 있다.
준비물	흰색 바둑알 40개, 검은색 바둑알 40개, 종이, 풀, 속이 보이지 않는 주머니 2개

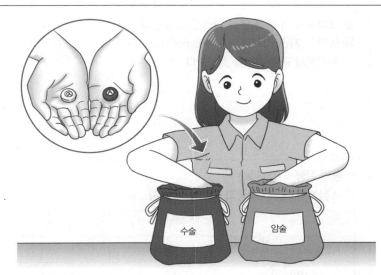

과정	❶ 속이 보이지 않는 주머니 2개를 준비하여 하나는 '수술', 하나는 '암술'이라고 표시한다. ❷ 우성 대립유전자를 뜻하는 'A'라고 쓴 검은색 바둑알 20개, 열성 대립유전자를 뜻하는 'a'라고 쓴 흰색 바둑알 20개씩 모두 40개의 바둑알을 2개의 주머니에 각각 넣는다. ❸ 주머니 속을 보지 않고 2개의 주머니에서 각각 바둑알을 하나씩 꺼내어 짝지은 다음, 이들의 조합을 표에 기록한다. ❹ 꺼낸 바둑알을 다시 주머니에 넣고 이 과정을 20회 반복한다.

- 결과를 기록한 표는 다음과 같다. 각 조합의 표현형을 써 보자.

횟수	1	2	3	4	5	6	7	8	9	10
바둑알의 조합	A와 a	a와 a	A와 A	a와 A	A와 A	A와 A	a와 A	a와 a	A와 a	a와 A
유전자형	Aa	aa	AA	Aa	AA	AA	Aa	aa	Aa	Aa
표현형	(1)	(2)	(3)	(4)	(5)	(6)	(7)	(8)	(9)	(10)
횟수	11	12	13	14	15	16	17	18	19	20
바둑알의 조합	a와 a	a와 A	A와 A	a와 a	A와 a	a와 A	A와 a	A와 A	a와 A	a와 a
유전자형	aa	Aa	AA	aa	Aa	Aa	Aa	AA	Aa	aa
표현형	(11)	(12)	(13)	(14)	(15)	(16)	(17)	(18)	(19)	(20)

결과 (좌측 라벨)

정리	1. 두 주머니에서 바둑알을 하나씩 꺼내는 것은 무엇을 의미하는지 설명해 보자. _____ 2. 자손에서 우성과 열성 형질의 유전자형과 표현형의 분리비는 어떻게 나타나는지 설명해 보자.

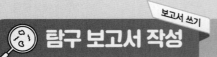

탐구 보고서 작성 | 01 역학적 에너지 전환과 보존

목표	위로 던져 올린 물체의 위치 에너지와 운동 에너지의 변화를 설명할 수 있다.
준비물	50 g 공, 속력 측정기, 1 m 자

과정

❶ 그림과 같이 공을 연직 위로 던져 올린다.
❷ 높이가 지면으로부터 0.6 m, 0.9 m, 1 m인 A, B, C점 각각에서 공의 속력을 측정한다.

결과

1. 공의 질량 : 0.05 kg
2. A점에서 C점까지 공의 속력을 써 보자.

구분	A	B	C
지면으로부터 높이(m)	0.6	0.9	1
속력(m/s)	2.8	1.4	0

3. A점에서 C점까지 공의 위치 에너지, 운동 에너지, 역학적 에너지를 계산하여 써 보자.

구분	A	B	C
위치 에너지(J)	0.294	0.441	0.490
운동 에너지(J)	0.196	0.049	0
역학적 에너지(J)	0.490	0.490	0.490

4. 공기 저항을 무시할 때, 공이 올라가는 동안 감소한 (   ) 에너지만큼 (   ) 에너지가 증가한다.
5. 공기 저항을 무시할 때, 공의 높이에 관계없이 공의 역학적 에너지는 항상 (   )하다.

정리

1. 공이 A점에서 B점으로 이동하는 동안 위치 에너지와 운동 에너지는 각각 어떻게 변하는지 설명해 보자. (단, 공기 저항은 무시한다.)

2. C점에서 공의 역학적 에너지는 몇 J인지 풀이 과정과 함께 설명해 보자. (단, 공기 저항은 무시한다.)

3. A점에서 C점까지 공의 역학적 에너지를 비교하여 설명해 보자. (단, 공기 저항은 무시한다.)

탐구 보고서 작성 보고서 쓰기 **02 전기 에너지의 발생과 전환**

목표	전자기 유도에 의해 나타나는 현상을 이해할 수 있다.
준비물	플라스틱 관 2개, 둥근 원판 자석 2개, 코일, 발광 다이오드 5개, 스탠드 집게 2개
과정	❶ 그림과 같이 동일한 두 플라스틱 관 (가)와 (나) 중에서 (나)에만 코일을 감고, 일정한 간격으로 발광 다이오드 ①~⑤를 연결한다. ❷ (가)와 (나)에 각각 스탠드 집게로 동일한 자석을 고정시킨 후, 자석을 플라스틱 관 안으로 동시에 떨어뜨린다. ❸ (가)와 (나) 각각에서 자석이 떨어지는 속도를 비교하고, (나)의 발광 다이오드의 변화를 관찰한다.

스탠드 집게
자석
플라스틱 관
코일
발광 다이오드
①
②
③
④
⑤
(가)　　(나)

결과	1. (가)와 (나)에서 자석이 떨어지는 속도를 등호 또는 부등호로 비교해 보자. (가) (　　) (나) 2. 플라스틱 관 (나)의 발광 다이오드 ①~⑤에서 불이 켜지는 순서를 써 보자. (　　) → (　　) → (　　) → (　　) → (　　)
정리	1. 아무것도 감지 않은 플라스틱 관 (가)의 내부에서 떨어지는 자석의 속도와 코일을 감은 플라스틱 관 (나)의 내부에서 떨어지는 자석의 속도가 다른 까닭을 설명해 보자. _____ _____ 2. 자석이 떨어지는 동안 코일을 감은 플라스틱 관 (나)에서 발광 다이오드에 변화가 나타나는 까닭을 설명해 보자. _____ _____

탐구 보고서 작성 | 보고서 쓰기 | 02 별의 성질

목표	빛의 밝기와 거리 관계를 설명할 수 있다.
준비물	휴대 전화, 종이컵, 검은색 종이, 칼, 접착테이프, 모눈종이, 자

과정

❶ 종이컵에 검은색 종이를 붙인다.

❷ 종이컵 바닥의 가운데에 정사각형의 구멍을 뚫는다.

❸ 종이컵을 휴대 전화의 손전등 부분에 붙인다.

❹ 휴대 전화의 손전등 기능을 켜고, 종이컵 바닥의 구멍으로 나오는 빛을 모눈종이에 비춘다.

❺ 휴대 전화를 앞뒤로 움직여 빛이 모눈종이의 격자 모양 한 칸, 네 칸, 아홉 칸을 비출 때, 모눈종이와 휴대 전화 사이의 거리를 각각 측정한다.

▲ 한 칸을 비출 때

▲ 네 칸을 비출 때

결과

• 과정 ❺에서 측정한 거리를 써 보자.

빛을 받는 넓이	한 칸	네 칸	아홉 칸
모눈종이와 휴대 전화 사이의 거리(cm)	12	(1)	(2)

정리

1. 빛을 받는 넓이와 거리의 관계를 설명해 보자.

_____

_____

2. 휴대 전화가 모눈종이에서 멀어질수록 단위 면적당 빛의 밝기는 어떻게 달라지는지 설명해 보자.

_____

_____

탐구 보고서 작성 **03 은하와 우주**

목표	우주의 팽창을 설명할 수 있다.
준비물	풍선, 붙임딱지, 줄자, 사인펜

과정

❶ 풍선에 공기를 조금 불어 넣은 후, 적당한 간격으로 붙임딱지 A, B, C를 붙인다.

❷ 줄자를 이용하여 각 붙임딱지 사이의 거리를 잰다.

❸ 풍선에 공기를 더 불어 넣은 후, 과정 ❷를 반복한다.

결과

1. 각 붙임딱지 사이의 거리를 써 보자.

구분	A와 B 사이 거리	B와 C 사이 거리	A와 C 사이 거리
공기를 조금 불어 넣은 후	2 cm	3 cm	4 cm
공기를 더 불어 넣은 후	4 cm	6 cm	8 cm
늘어난 거리	2 cm	3 cm	4 cm

2. 풍선에 공기를 더 불어 넣으면 붙임딱지 사이의 간격은 더 (   )진다.

3. A를 기준으로 할 때 (   )가 (   )보다 멀어지는 속도가 빠르다.

정리

1. 풍선 표면의 팽창을 우주 팽창에 비유한다면 풍선과 붙임딱지가 의미하는 것이 각각 무엇인지 설명해 보자.

_____

_____

2. A와 C 사이의 늘어난 거리가 가장 크게 나타나는 것이 의미하는 것은 무엇인지 설명해 보자.

_____

_____

3. 우주 팽창과 은하 사이의 거리 변화에는 어떤 관계가 있으며, 팽창하는 우주의 중심은 어디인지 설명해 보자.

_____

_____

가장 빛나는 별은 아직 발견되지 않은 별이고,
당신 인생 최고의 날은 아직 살지 않은 날들이다.
스스로에게 길을 묻고 스스로 길을 찾으라.
꿈을 찾는 것도 당신,
그 꿈으로 향한 길을 걸어가는 것은
당신의 두 다리,
새로운 날들의 주인은
바로 당신 자신이다.

- 토마스 바샵의, <파블로 이야기> 중에서

중간·기말고사 대비

+ 중단원 개념 정리

+ 학교 시험 문제

+ 서술형 문제

+ 시험 직전 최종 점검

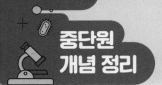
❶ 세포 분열

(1) **세포 분열** : 하나의 세포가 2개의 세포로 나누어져 새로운 세포가 만들어지는 현상

(2) **세포 분열을 하는 까닭** : 세포에서 더 효율적으로 물질 교환을 하기 위해

➡ 세포가 커지면 부피에 비해 표면적이 상대적으로 작아져 크기가 커지는 것보다 분열하여 세포 수를 늘리는 것이 물질 교환에 유리하다.

❷ 염색체 : DNA와 단백질로 구성

(1) **DNA** : 유전 정보를 담고 있는 유전 물질

(2) **유전자** : DNA에서 유전 정보가 들어 있는 특정 부위

(3) **염색 분체** : 하나의 염색체를 이루는 각각의 가닥으로 유전 정보가 같다.

(4) **상동 염색체** : 체세포에 있는 모양과 크기가 같은 1쌍의 염색체로, 부모로부터 각각 1개씩 물려받는다.

(5) **상염색체** : 성에 관계없이 남녀 공통으로 가지는 염색체

(6) **성염색체** : 성을 결정하는 염색체로 남녀가 다르다.

(7) **사람의 염색체** : 22쌍의 상염색체+1쌍의 성염색체

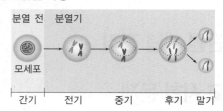

• 남자 : 44+XY   • 여자 : 44+XX

❸ 체세포 분열

(1) **체세포 분열 과정**

준비 단계	간기	유전 물질 복제 ➡ DNA양 2배로 증가
핵분열	전기	핵막 사라짐, 염색체 나타남
	중기	염색체가 세포 중앙에 배열
	후기	염색 분체로 나누어져 세포 양 끝으로 이동
	말기	핵막 나타남, 염색체 풀어짐, 세포질 분열 시작
세포질 분열	동물 세포	세포질이 바깥쪽으로부터 안쪽으로 오므라들어 세포가 둘로 나뉨
	식물 세포	세포 중앙부에서 세포판이 안쪽에서 바깥쪽으로 자라면서 세포가 둘로 나뉨

(2) **체세포 분열 결과** : 모세포와 염색체 수가 같은 2개의 딸세포가 만들어진다.

➡ 단세포 생물은 개체 수가 늘어난다.
다세포 생물은 생장, 재생이 일어난다.

> [체세포 분열 관찰 실험] 양파 뿌리의 세포 분열 관찰
> • 고정 : 에탄올과 아세트산을 섞은 용액에 담그기 ➡ 세포를 살아 있을 때의 상태로 유지하는 과정
> • 해리 : 55~60 ℃의 염산에 담그기 ➡ 세포가 잘 분리되도록 조직을 연하게 하는 과정
> • 염색 : 아세트산 카민 용액을 떨어뜨리기 ➡ 핵과 염색체를 붉게 염색하는 과정
> • 분리 : 해부 침 ➡ 세포들이 겹치지 않게 떼어내는 과정
> • 압착 : 세포를 한 층으로 펴주고, 납작하게 하는 과정

❹ 감수 분열(생식세포 분열)

(1) **감수 분열 과정** : 감수 1분열과 감수 2분열이 연속적으로 일어난다.

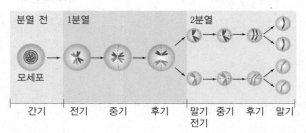

준비 단계	간기	유전 물질 복제 ➡ DNA양 2배로 증가
감수 1분열	전기	핵막 사라짐, 2가 염색체 형성
	중기	2가 염색체가 세포 중앙 배열
	후기	상동 염색체가 나뉘어져 세포 양 끝으로 이동
	말기 및 세포질 분열	핵막 나타남, 세포질 분열 ➡ 2개의 딸세포 생성
감수 2분열	전기	간기를 거치지 않고 분열 시작, 핵막 사라짐
	중기	염색체가 세포 중앙에 배열
	후기	염색 분체가 나누어져 세포 양 끝으로 이동
	말기 및 세포질 분열	핵막 나타남, 세포질 분열 ➡ 4개의 딸세포 생성

(2) **감수 분열 결과** : 염색체 수가 반감된 4개의 생식세포가 만들어진다.

(3) **감수 분열의 의의** : 세대를 거듭하여도 자손의 염색체 수가 일정하게 유지되도록 한다.

(4) **체세포 분열과 감수 분열 비교**

구분	체세포 분열	감수 분열
분열 횟수	1회	2회
딸세포 수	2개	4개
2가 염색체	형성하지 않음	감수 1분열 전기 때 형성
염색체 수	변화 없음	반으로 줄어듦
분열 결과	생장, 재생	생식세포 형성

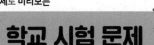
01 그림은 세포를 정육면체 형태의 우무 조각에 비유하여 나타낸 것이다.

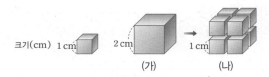

(가)와 (나) 우무 조각을 빨간색 식용 색소 용액에 10분 정도 담갔다 꺼냈을 때, 이에 대한 설명으로 옳지 <u>않은</u> 것은?

① (가)와 (나)의 전체 부피는 같다.
② (가)를 자른 단면에는 흰색 부분이 발견될 수 있다.
③ 빨간색 부분은 물질 교환이 일어난 부분을 의미한다.
④ 우무 조각 1개의 표면적은 (가)는 24 cm²이고, (나)는 6 cm²이다.
⑤ 이 실험을 통해 세포가 커질수록 물질 교환이 잘 일어난다는 것을 알 수 있다.

02 그림은 어떤 사람의 염색체 구성을 나타낸 것이다. 이에 대한 설명으로 옳지 <u>않은</u> 것은?

① 남자의 염색체이다.
② 상염색체는 22쌍으로 이루어져 있다.
③ A는 아버지에게서 물려받은 염색체이다.
④ 어머니에게서 23개의 염색체를 물려받았다.
⑤ 사람의 체세포 하나에 들어 있는 염색체는 46개이다.

03 그림은 어떤 생물의 염색체를 나타낸 것이다. 염색체, 염색 분체, 상동 염색체 수를 옳게 짝지은 것은?

	염색체	염색 분체	상동 염색체
①	4개	4개	4쌍
②	4개	8개	2쌍
③	4개	8개	8쌍
④	8개	4개	4쌍
⑤	8개	8개	2쌍

[04~05] 그림은 양파의 뿌리 끝 부분을 현미경으로 관찰하기 위한 실험 과정을 순서 없이 나타낸 것이다.

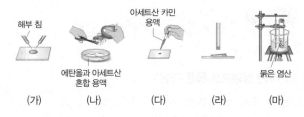

04 실험 과정을 순서대로 옳게 나열한 것은?

① (가) → (나) → (다) → (라) → (마)
② (가) → (다) → (나) → (라) → (마)
③ (나) → (라) → (다) → (가) → (마)
④ (나) → (마) → (다) → (가) → (라)
⑤ (마) → (나) → (다) → (라) → (가)

05 각 실험 과정을 시행하는 까닭으로 옳은 것을 <u>모두</u> 고르면?

① (가) : 해부 침으로 세포벽을 제거한다.
② (나) : 에탄올과 아세트산 용액을 이용하여 세포를 살아 있는 상태와 같게 유지한다.
③ (다) : 세포가 잘 분리되도록 조직을 연하게 한다.
④ (라) : 고무가 달린 연필로 두드려 세포를 한 층으로 얇게 펴주고, 압착해 준다.
⑤ (마) : 묽은 염산 용액에 담가 세포의 세포막을 녹인다.

06 그림은 동물의 세포 분열 과정을 나타낸 것이다.

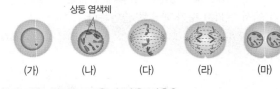

이에 대한 설명으로 옳지 <u>않은</u> 것은?

① (가) 시기에 유전 물질의 복제가 일어난다.
② (라) 시기에 염색체 수가 반으로 줄어든다.
③ (마) 시기에는 핵막이 다시 생긴다.
④ 한 번의 분열로 두 개의 딸세포가 만들어진다.
⑤ 식물 세포의 경우 생장점이나 형성층과 같은 부위에서 활발히 일어나는 분열이다.

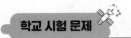

07 그림 (가)와 (나)는 동물 세포와 식물 세포의 세포질 분열 과정을 순서 없이 나타낸 것이다.

(가)   (나)

이에 대한 설명으로 옳은 것은?

① 보통 간기 때 세포질 분열이 관찰된다.
② (가)는 식물, (나)는 동물의 세포질 분열이다.
③ (가)에서는 세포질이 안에서 밖으로 분리된다.
④ (나)와 같이 분열하는 까닭은 세포벽 때문이다.
⑤ 세포질 분열은 핵분열을 시작하기 전에 일어난다.

[08~10] 그림은 어떤 동물의 세포 분열 과정을 현미경으로 관찰한 모습을 나타낸 것이다.

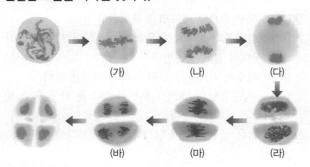

08 이 분열에 대한 설명으로 옳은 것을 모두 고르면?

① (가)에서 2가 염색체가 관찰된다.
② (다)에서 세포판이 형성되어 세포질 분열이 일어난다.
③ (라)에서 유전 물질의 복제가 일어난다.
④ (마)는 중기로, 세포 중앙에 염색체가 배열한다.
⑤ (바)에서 염색체 수가 반으로 줄어든다.

09 상동 염색체가 분리되어 세포 양 끝으로 이동하는 시기로 옳은 것은?

① (가)   ② (나)   ③ (라)   ④ (마)   ⑤ (바)

10 이와 같은 분열이 일어나는 장소로 옳은 것은?

① 사람의 난소   ② 원숭이의 피부
③ 식물의 형성층   ④ 사람의 머리카락
⑤ 식물 뿌리 끝의 생장점

[11~12] 그림은 생물의 세포에서 일어나는 두 종류의 세포 분열 과정 (가)와 (나)를 나타낸 것이다.

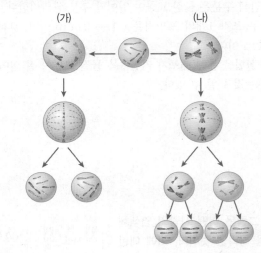

(가)   (나)

11 (가)와 (나)의 특징을 비교한 내용으로 옳지 않은 것은?

	구분	(가)	(나)
①	2가 염색체	형성하지 않음	형성함
②	딸세포	2개	4개
③	염색체 수	변화 없음	절반으로 줄어듦
④	분열 횟수	1회	2회
⑤	분열 결과	생식세포 형성	생장

12 체세포의 염색체 수가 24개인 어떤 생물의 몸에서 세포 한 개가 두 번의 (가) 분열 후에 한 번의 (나) 분열을 했다고 할 때, 딸세포의 총 개수와 세포 1개당 염색체 수를 옳게 짝지은 것은?

	딸세포의 개수	딸세포의 염색체 수
①	8개	12개
②	8개	24개
③	16개	8개
④	16개	12개
⑤	16개	24개

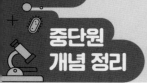
❶ 생식세포

(1) 생식세포 형성 : 정소에서 정자, 난소에서 난자 생성

▲ 남자의 생식 기관

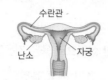
▲ 여자의 생식 기관

① 정자 : 머리와 꼬리로 구분되며, 머리에는 핵이 있고, 꼬리를 이용하여 스스로 이동할 수 있다.

② 난자 : 핵이 있고, 세포질에는 발생에 필요한 많은 양의 양분이 저장되어 있다.

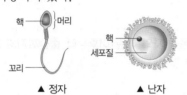
▲ 정자 　　▲ 난자

(2) 정자와 난자의 특징 비교

구분	정자	난자
생성 장소	정소	난소
크기	작다.	크다.
운동성	있다.	없다.
양분	없다.	많다.
염색체 수	23개	23개

❷ 수정과 임신

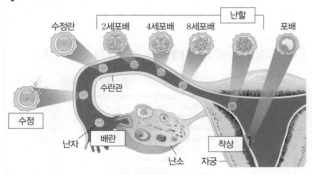
▲ 배란에서 착상까지의 과정

(1) 배란 : 난자가 난소에서 수란관으로 배출되는 현상

(2) 수정 : 수란관에서 정자와 난자가 만나 수정란이 형성되는 과정 ➡ 수정란은 체세포와 염색체 수가 같다.

(3) 난할 : 수정란의 초기 세포 분열을 말하며, 딸세포의 크기는 거의 자라지 않고 세포 분열을 빠르게 반복한다. ➡ 난할이 진행될수록 세포 수가 늘어나고, 세포 각각의 크기는 점점 작아진다.

(4) 착상 : 수정 후 약 일주일이 지나 수정란이 포배 상태가 되어 자궁 안쪽 벽에 파묻히는 현상 ➡ 착상 이후부터 임신이 되었다고 한다.

난할 진행 시 일어나는 변화
• 세포 수 : 증가
• 전체 크기 : 수정란과 비슷
• 세포 1개의 크기 : 감소
• 세포 1개당 염색체 수 : 변화 없음

수정란 　 2세포배 　 4세포배 　 8세포배

❸ 태아의 발생

(1) 태반 형성 : 착상 후 태아와 모체를 연결하는 태반이 형성되며 태반을 통해 모체와 태아 사이의 물질 교환이 일어난다.

(2) 태반에서의 물질 교환 : 태아는 모체로부터 산소와 영양소를 공급받고, 생명 활동 결과 발생한 이산화 탄소와 노폐물을 모체로 전달하여 내보낸다.

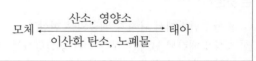

모체 ⟶ 산소, 영양소 ⟶ 태아
이산화 탄소, 노폐물

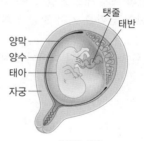
▲ 태아와 태반

(3) 배아와 태아

① 배아 : 정자와 난자가 수정된 후 사람의 모습을 갖추기 전까지의 세포 덩어리 상태

② 태아 : 정자와 난자가 수정되고 8주 후 사람의 모습을 갖추기 시작한 상태

③ 태아의 발달 시기별 특징

시기	특징
수정 후 6주	뇌 발달, 심장 박동 시작
수정 후 8주	대부분의 기관 형성
수정 후 16주	움직임 활발, 생식 기관 발달 ➡ 성별 구분 가능
수정 후 24주	뼈대 갖춤, 몸의 방향을 자주 바꾸기 시작

❹ 출산

수정이 된 후 약 266일(38주) 후 태아가 질을 통해 모체의 몸 밖으로 나오는 현상

01 그림은 사람의 정자와 난자를 나타낸 것이다.

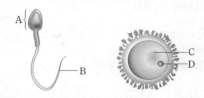

이에 대한 설명으로 옳지 <u>않은</u> 것을 <u>모두</u> 고르면?

① 난자와 정자의 크기는 비슷하다.
② A와 D에는 유전 물질이 들어 있다.
③ C에 많은 양의 양분이 저장되어 있다.
④ B는 정자가 난자를 향해 이동할 수 있게 한다.
⑤ 정자와 난자가 결합하여 형성된 수정란의 염색체 수는 23개이다.

02 사람의 생식과 발생과 관련된 용어에 대한 설명으로 옳은 것은?

① 출산 : 난소에서 난자가 배출되는 현상
② 착상 : 배란된 난자가 정자와 만나 결합하는 현상
③ 난할 : 수정란의 초기 세포 분열로 빠르게 분열하는 것
④ 수정 : 수정란이 난할을 거쳐 자궁 안쪽 벽에 파묻히는 현상
⑤ 배란 : 수정 후 38주가 지나 태아가 모체 밖으로 나오는 현상

03 그림은 배란에서 임신까지의 과정을 나타낸 것이다.

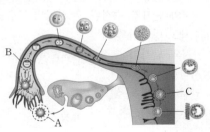

이에 대한 설명으로 옳은 것을 | 보기 | 에서 모두 고른 것은?

┌ 보기 ┐
ㄱ. A는 난자가 난소에서 수란관으로 배출되는 현상이다.
ㄴ. B 과정 후 C 과정까지는 약 7일이 소요된다.
ㄷ. C가 일어난 이후부터를 착상이라고 말한다.
└─────┘

① ㄱ   ② ㄴ   ③ ㄱ, ㄴ
④ ㄴ, ㄷ   ⑤ ㄱ, ㄴ, ㄷ

04 그림은 난할 과정을 나타낸 것이다.

수정란   2세포배   4세포배   8세포배

이에 대한 설명으로 옳은 것은?

① 수정란 초기 세포 분열로, 감수 분열이다.
② 난할이 거듭될수록 세포의 전체 크기가 증가한다.
③ 난할이 거듭될수록 세포 하나의 크기는 점점 작아진다.
④ 난할이 거듭될수록 세포 한 개당 염색체 수가 감소한다.
⑤ 난할을 거쳐 8세포배가 되면 자궁 안쪽 벽에 파묻힌다.

05 다음은 난자의 배란 이후부터 출산까지의 과정을 순서 없이 나타낸 것이다.

A. 착상	B. 출산	C. 난할
D. 수정	E. 태반 형성	

A~E를 순서대로 옳게 나열한 것은?

① A → D → C → E → B
② A → D → E → C → B
③ D → A → C → E → B
④ D → C → A → E → B
⑤ D → E → A → C → B

06 그림은 태아의 시기별 발생 과정을 나타낸 것이다.

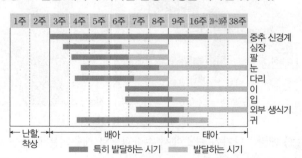

이를 통해 알 수 있는 것으로 옳은 것을 | 보기 | 에서 모두 고른 것은?

┌ 보기 ┐
ㄱ. 심장과 팔, 다리는 수정 후 9주 정도면 완성된다.
ㄴ. 수정 후 2주는 난할과 착상에 소요된다.
ㄷ. 임신 8주 이후에 대부분의 기관이 형성되기 시작한다.
└─────┘

① ㄱ   ② ㄱ, ㄴ   ③ ㄱ, ㄷ
④ ㄴ, ㄷ   ⑤ ㄱ, ㄴ, ㄷ

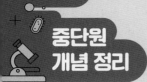
❶ 유전

(1) 유전 용어

유전	부모의 형질이 자손에게 전달되는 현상
형질	생물이 가지는 특성 ⑩ 완두 씨의 모양
대립 형질	하나의 형질에 대해 서로 뚜렷하게 구별되는 형질 ⑩ 노란색 완두 ↔ 초록색 완두
표현형	생물이 가지고 있는 특성 중 겉으로 드러나는 형질 ⑩ 초록색 완두의 초록색 형질, 둥근 완두의 둥근 형질
유전자형	형질이 나타나는 데 관여하는 유전자의 구성을 알파벳으로 나타낸 것 ⑩ RR, Rr, rr
순종	대립유전자의 구성이 같은 개체 ⑩ RR, rr, RRYY
잡종	대립유전자의 구성이 다른 개체 ⑩ Rr, RrYy

(2) 멘델이 유전 실험 재료로 완두를 사용한 까닭

① 주변에서 구하기 쉽고, 재배하기 쉽다.
② 한 세대가 짧고, 한 번의 교배로 얻을 수 있는 자손의 수가 많다.
③ 대립 형질이 뚜렷하게 구분된다.
④ 자가 수분이 쉽고, 타가 수분이 가능하다.

❷ 멘델의 유전 원리

(1) 한 쌍의 대립 형질의 유전

① 우열의 원리 : 대립 형질이 다른 두 순종 개체를 교배하여 얻은 잡종 1대에는 대립 형질 중 한 가지만 나타난다.
➡ 잡종 1대에서 나타나는 형질을 우성, 나타나지 않는 성질을 열성이라고 한다.
② 분리의 법칙 : 감수 분열 시 쌍을 이루고 있던 대립유전자가 분리되어 각각 다른 생식세포로 나누어져 들어간다.
➡ 잡종 1대에서 나타나지 않고 숨어 있던 열성 형질이 일정 비율로 드러난다.

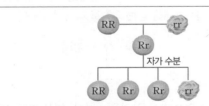

• 순종의 둥근 완두(RR)와 주름진 완두(rr)를 교배하였더니 자손(잡종 1대)에서 모두 둥근 완두(Rr)만 나타났다.
➡ 잡종 1대에서 나타난 둥근 모양은 우성 형질, 나타나지 않은 주름진 모양은 열성 형질이다.
• 잡종 1대에서 유전자 R와 r가 분리되어 서로 다른 생식세포로 들어간다.
➡ 두 종류의 생식세포가 같은 비율로 만들어진다. R : r=1 : 1
• 잡종 2대에서 유전자형의 비
➡ RR : Rr : rr=1 : 2 : 1
• 잡종 2대에서 표현형의 비
➡ 둥근 완두(RR, Rr) : 주름진 완두(rr)=3 : 1

(2) 멘델의 가설

① 생물에는 한 가지 형질을 결정하는 한 쌍의 유전 인자가 있으며, 이 한 쌍의 유전 인자는 부모로부터 각각 하나씩 물려받은 것이다.
② 특정 형질에 대한 한 쌍의 유전 인자가 서로 다르면 그중 하나는 표현되고, 다른 하나는 표현되지 않는다.
③ 한 쌍의 유전 인자는 생식세포를 형성할 때 분리되어 각각 다른 생식세포로 나뉘어 들어가고, 생식세포를 통해 자손에게 전달된 유전 인자는 다시 쌍을 이룬다.

(3) 분꽃의 꽃잎 색깔 유전 : 우열의 원리는 성립하지 않지만, 분리의 법칙은 성립한다.

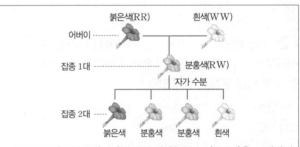

• 순종의 붉은색 분꽃(RR)과 순종의 흰색 분꽃(WW)을 교배하면 잡종 1대에서 모두 분홍색 분꽃(RW)만 나타난다.
➡ 붉은색 분꽃 유전자 R와 흰색 분꽃 유전자 W 사이의 우열 관계가 뚜렷하지 않기 때문이다.
• 잡종 2대에서의 유전자형 및 표현형의 비
➡ 붉은색 분꽃 : 분홍색 분꽃 : 흰색 분꽃=1 : 2 : 1

(4) 두 쌍의 대립 형질의 유전

• 독립의 법칙 : 두 쌍 이상의 대립 형질이 동시에 유전될 때, 한 형질을 나타내는 유전자 쌍이 다른 형질을 나타내는 유전자 쌍에 영향을 받지 않고 독립적으로 유전 원리에 따라 유전되는 현상

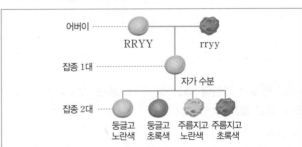

• 순종의 둥글고 노란색인 완두(RRYY)와 순종의 주름지고 초록색인 완두(rryy)를 교배하면 잡종 1대에서 둥글고 노란색인 완두(RrYy)만 나타난다.
➡ 둥근 모양이 주름진 모양에 대해, 노란색이 초록색에 대해 우성
• 잡종 1대에서 생성되는 생식세포의 비
➡ RY : Ry : rY : ry=1 : 1 : 1 : 1
• 잡종 2대에서 완두 씨의 모양과 색깔에 대한 표현형의 분리비
➡ 둥글고 노란색(R_Y_) : 둥글고 초록색(R_yy) : 주름지고 노란색(rrY_) : 주름지고 초록색(rryy)=9 : 3 : 3 : 1
• 완두 씨의 모양 ➡ 둥근 완두 : 주름진 완두=3 : 1
• 완두 씨의 색깔 ➡ 노란색 완두 : 초록색 완두=3 : 1

01 유전 용어에 대한 설명으로 옳지 <u>않은</u> 것은?

① 서로 대립 관계에 있는 형질을 대립 형질이라고 한다.
② 하나의 형질을 나타내는 유전자 구성이 다른 개체를 잡종이라고 한다.
③ 완두의 둥근 모양과 초록색을 나타내는 유전자는 상동 염색체의 같은 위치에 존재한다.
④ 수술의 꽃가루가 다른 그루의 꽃에 있는 암술에 붙는 현상을 타가 수분이라고 한다.
⑤ 부모의 형질이 자손에게 전달되어 여러 세대에 걸쳐 나타나는 것을 유전이라고 한다.

02 유전자형이 AaBbCC인 개체에서 나타날 수 있는 생식세포의 유전자형으로 옳지 <u>않은</u> 것은? (단, 각 대립유전자는 모두 다른 염색체 위에 있다.)

① ABC   ② AbC   ③ abc
④ aBC   ⑤ abC

03 멘델이 유전 연구에 이용한 완두에 대한 설명으로 옳지 <u>않은</u> 것은?

① 한 세대가 짧다.
② 순종을 얻기 쉽다.
③ 대립 형질이 뚜렷하여 눈으로 구별하기 쉽다.
④ 연구자 임의대로 자유롭게 교배시킬 수 있다.
⑤ 자손의 수가 많아 여러 세대를 관찰하지 않아도 된다.

04 멘델의 가설에 대한 설명으로 옳은 것을 |보기|에서 모두 고른 것은?

> **보기**
> ㄱ. 생물이 가지는 하나의 형질은 한 쌍의 유전 인자에 의해 결정된다.
> ㄴ. 특정 형질을 결정하는 한 쌍의 유전 인자가 서로 다를 경우, 그 중간 형질이 표현형으로 나타난다.
> ㄷ. 한 형질을 결정하는 유전 인자는 부모에게서 각각 하나씩 물려받는다.

① ㄱ   ② ㄴ   ③ ㄱ, ㄴ
④ ㄱ, ㄷ   ⑤ ㄱ, ㄴ, ㄷ

05 그림은 어떤 완두의 체세포에서 유전자가 염색체에 위치하고 있는 모습을 나타낸 것이다.

이 완두로부터 생성되는 생식세포의 유전자형으로 옳지 <u>않은</u> 것은?

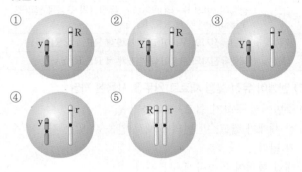

06 그림은 순종의 노란색 완두(YY)와 순종의 초록색 완두(yy)를 교배하여 잡종 1대를 얻는 과정을 나타낸 것이다.

잡종 1대에 대한 설명으로 옳은 것을 |보기|에서 모두 고른 것은?

> **보기**
> ㄱ. 노란색 완두만 나타날 것이다.
> ㄴ. 우성과 열성 대립유전자를 모두 가지고 있다.
> ㄷ. 잡종 1대에서 만들어지는 생식세포는 1가지이다.

① ㄱ   ② ㄴ   ③ ㄱ, ㄴ
④ ㄱ, ㄷ   ⑤ ㄴ, ㄷ

07 그림은 보라색 꽃 완두끼리 교배하여 잡종 1대를 얻는 과정을 나타낸 것이다.

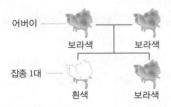

어버이
보라색　　　보라색

잡종 1대
흰색　　　보라색

이에 대한 설명으로 옳은 것을 | 보기 |에서 모두 고른 것은?

┌ 보기 ┐
ㄱ. 어버이는 모두 잡종이다.
ㄴ. 완두의 꽃 색깔은 보라색이 흰색에 대해 우성임을 알 수 있다.
ㄷ. 잡종 1대에서 나타난 흰색 꽃은 순종이다.
ㄹ. 잡종 1대에서 완두의 꽃 색깔에 대한 표현형의 분리비는 흰색 : 보라색＝3 : 1이다.

① ㄱ, ㄴ, ㄷ　　　② ㄱ, ㄴ, ㄹ　　　③ ㄱ, ㄷ, ㄹ
④ ㄴ, ㄷ, ㄹ　　　⑤ ㄱ, ㄴ, ㄷ, ㄹ

08 그림은 순종인 초록색 콩깍지와 순종인 노란색 콩깍지를 교배하여 얻은 잡종 1대의 초록색 콩깍지를 자가 수분하여 잡종 2대를 얻는 과정을 나타낸 것이다.

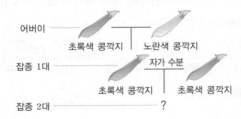

어버이
초록색 콩깍지　　　노란색 콩깍지

잡종 1대
자가 수분

초록색 콩깍지　　　초록색 콩깍지

잡종 2대　　　?

이에 대한 설명으로 옳지 않은 것은?

① 콩깍지의 색깔은 초록색이 노란색에 대해 우성이다.
② 잡종 1대를 통해 멘델의 우열의 원리를 설명할 수 있다.
③ 잡종 1대에 노란색 콩깍지 대립유전자가 존재하지만 표현형으로 나타나지 않는다.
④ 잡종 2대에서 노란색 콩깍지가 나타난다.
⑤ 초록색 콩깍지의 유전자형을 G, 노란색 콩깍지의 유전자형을 g라고 할 때, 잡종 2대의 유전자형의 비는 GG : Gg : gg＝1 : 1 : 1이다.

[09~10] 그림은 순종의 둥글고 노란색인 완두(RRYY)와 순종의 주름지고 초록색인 완두(rryy)를 교배하여 얻은 잡종 1대를 자가 수분하여 잡종 2대를 얻는 과정을 나타낸 것이다.

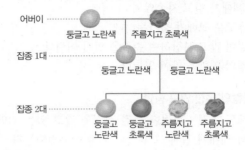

어버이
둥글고 노란색　　　주름지고 초록색

잡종 1대
둥글고 노란색　　　둥글고 노란색

잡종 2대
둥글고　　둥글고　　주름지고　　주름지고
노란색　　초록색　　노란색　　초록색

09 이에 대한 설명으로 옳은 것은?

① 잡종 1대의 유전자형은 RRYy이다.
② 잡종 2대의 둥글고 초록색인 완두의 유전자형은 3가지이다.
③ 잡종 2대에서 둥근 완두와 주름진 완두의 비율은 1 : 3이다.
④ 잡종 2대에서 잡종 1대와 유전자형이 일치하는 완두가 나타날 확률은 50 %이다.
⑤ 대립유전자 R, r와 대립유전자 Y, y는 서로 영향을 받지 않고 독립적으로 유전된다.

10 잡종 2대에서 총 144개의 완두를 얻었을 때, 이 중 주름지고 노란색인 완두는 이론상 몇 개인가?

① 9개　　　　② 27개　　　　③ 36개
④ 45개　　　　⑤ 81개

11 열성 순종인 주름지고 초록색인 완두(rryy)를 완두(가)와 교배하여 자손을 얻었을 때, 자손의 표현형의 비는 둥근 완두 : 주름진 완두＝1 : 1이고, 완두의 색깔은 모두 노란색이었다. 완두 (가)의 표현형과 유전자형을 옳게 짝지은 것은?

	표현형	유전자형
①	둥글고 노란색	RrYY
②	주름지고 노란색	Rryy
③	주름지고 노란색	RrYy
④	둥글고 초록색	Rryy
⑤	주름지고 노란색	RRYY

❶ 사람의 유전 연구

(1) 사람의 유전 연구가 어려운 까닭

① 한 세대가 길고 자손의 수가 적다.

② 자유로운 교배가 불가능하다.

③ 형질이 많고 복잡하여 순종을 얻기 어렵다.

④ 환경의 영향을 많이 받는다.

(2) 사람의 유전 연구 방법

① 가계도 조사 : 특정한 유전 형질을 갖고 있는 집안에서 여러 세대에 걸쳐 그 형질이 어떻게 유전되는지 가계도를 그려 알아보는 방법

② 쌍둥이 연구 : 1란성 쌍둥이와 2란성 쌍둥이를 통해 유전과 환경이 사람의 특정한 형질에 끼치는 영향을 알아보는 방법

• 1란성 쌍둥이 : 유전자 구성이 동일하기 때문에 1란성 쌍둥이 사이에 나타나는 형질 차이는 환경의 영향을 받아 나타남을 알 수 있다.

• 2란성 쌍둥이 : 서로 다른 유전자 구성을 갖기 때문에 2란성 쌍둥이 사이에 나타나는 형질 차이는 유전적 차이와 환경의 영향을 받아 나타남을 알 수 있다.

③ 통계 조사 : 가능한 많은 사람들로부터 특정 형질에 대해 조사하여 얻은 자료를 통계적으로 처리하고 분석하여 유전 원리, 유전 형질의 특징 등을 연구하는 방법

④ 염색체 조사 및 유전자 분석 : 염색체를 조사하거나 DNA를 구성하는 유전자를 직접 분석하여 사람의 유전을 연구하는 방법

❷ 상염색체에 의한 유전

(1) 사람의 유전 형질

구분	주근깨	눈꺼풀	혀 말기	보조개	귓불	엄지	이마선
우성	있음	쌍꺼풀	가능	있음	분리형	굽음	V자형
열성	없음	외꺼풀	불가능	없음	부착형	곧음	일자형

(2) 상염색체 유전 : 상염색체에 형질을 결정하는 유전자가 존재하여 나타나는 유전 현상 ➡ 남녀에 따라 형질이 나타나는 빈도 차이가 없다. 예 주근깨, 눈꺼풀, 보조개, PTC 미맹, 귓불 모양, 혀 말기, ABO식 혈액형 등

① PTC 미맹 : PTC 용액에 대해 쓴맛을 느끼지 못하는 형질

② 귓불 모양 : 사람의 귓불 모양이 분리형이거나 부착형으로 유전

③ 혀 말기 : 혀 말기 가능 대립유전자가 혀 말기 불가능 대립유전자에 대해 우성

(3) ABO식 혈액형 : 사람의 혈액형은 A형, B형, AB형, O형 4가지로 구분된다.

① 대립유전자의 종류 : 혈액형을 결정하는 데 관여하는 대립유전자는 A, B, O 3가지이다.

② 유전자의 우열 관계(A=B>O) : 유전자 A와 B는 O에 대해 각각 우성이고, A와 B 사이에는 우열 관계가 없다.

표현형	A형	B형	AB형	O형
유전자형	AA, AO	BB, BO	AB	OO

가계도 예시

A형 — B형

A형 | B형 | AB형 | O형

□ 남자
○ 여자

유전자형이 AO와 BO인 부모에게서는 A형, B형, AB형, O형의 자녀가 태어날 수 있다.

❸ 성염색체에 의한 유전

(1) 성염색체에 의한 유전(반성유전) : 성염색체에 형질을 결정하는 유전자가 존재하여 나타나는 유전 현상이다.

① 남녀에 따라 형질이 나타나는 빈도 차이가 있다. ➡ 남자의 성염색체는 XY, 여자의 성염색체는 XX이다. 적록 색맹은 여자보다 남자에게 더 높은 확률로 나타낸다.

② 예 : 적록 색맹, 혈우병 등

(2) 적록 색맹 유전 : 적록 색맹 대립유전자는 X 염색체에 존재하며 정상 대립유전자에 대해 열성이다($X > X'$).

① 표현형과 유전자형

구분	남자		여자	
표현형	정상	적록 색맹	정상	적록 색맹
유전자형	XY	X'Y	XX, XX'(보인자)	X'X'

② 여자보다 남자에게 더 많이 나타나며, 어머니가 적록 색맹인 경우 아들은 항상 적록 색맹이다.

• 아버지가 적록 색맹이면 딸은 항상 적록 색맹 대립유전자를 가지고 있다.

• 아들이 적록 색맹이면 정상인 어머니는 보인자이다.

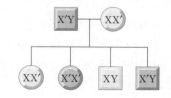

01 사람의 유전 연구가 어려운 까닭으로 옳지 <u>않은</u> 것은?

① 한 세대가 길다.
② 자손의 수가 적다.
③ 대립 형질이 복잡하다.
④ 환경 요인에 영향을 많이 받는다.
⑤ 연구자 임의대로 자유롭게 교배시킬 수 있다.

02 사람의 유전을 연구하는 방법에 대한 설명으로 옳지 <u>않은</u> 것은?

① 가계도를 통해 특정 형질이 집안 내에서 어떻게 유전되는지 알 수 있다.
② 사람의 DNA를 분석하여 특정 형질과 관련된 유전자를 알아낼 수 있다.
③ 부모와 자식의 DNA를 비교하여 특정 형질의 유전 여부를 알아낼 수 있다.
④ 여러 가지 유전자가 관여하여 나타나는 형질의 경우 가계도 조사를 통해 연구할 수 있다.
⑤ 가능한 많은 사람들로부터 특정 형질을 조사하여 얻은 자료를 통계적으로 처리하고 분석하여 사람의 유전을 연구할 수 있다.

03 그림 (가)와 (나)는 1란성 쌍둥이와 2란성 쌍둥이의 발생 과정을 순서 없이 나타낸 것이다.

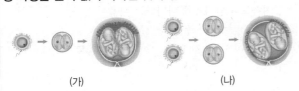

(가)   (나)

이에 대한 설명으로 옳은 것을 | 보기 |에서 모두 고른 것은?

| 보기 |
ㄱ. (가)의 쌍둥이로 환경적 요인에 의한 형질 차이에 관해 연구할 수 있다.
ㄴ. (나)의 쌍둥이는 서로 다른 유전자 구성을 가진다.
ㄷ. (가)보다 (나)에서 형질 차이가 더 크게 나타난다.

① ㄱ   ② ㄱ, ㄴ   ③ ㄱ, ㄷ
④ ㄴ, ㄷ   ⑤ ㄱ, ㄴ, ㄷ

04 그림은 어느 집안에서 나타나는 A, B 형질의 유전 가계도를 나타낸 것이다.

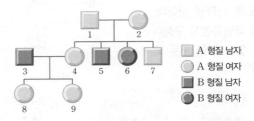

□ A 형질 남자
○ A 형질 여자
■ B 형질 남자
● B 형질 여자

이에 대한 설명으로 옳은 것을 | 보기 |에서 모두 고른 것은? (단, A와 B 형질은 서로 대립 형질이다.)

| 보기 |
ㄱ. A 형질이 우성, B 형질이 열성이다.
ㄴ. 6의 유전자형은 잡종이다.
ㄷ. 8과 9는 B 형질을 나타내는 대립유전자를 가지고 있다.

① ㄱ   ② ㄱ, ㄴ   ③ ㄱ, ㄷ
④ ㄴ, ㄷ   ⑤ ㄱ, ㄴ, ㄷ

05 그림은 어느 집안의 PTC 미맹 유전 가계도를 나타낸 것이다.

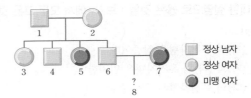

□ 정상 남자
○ 정상 여자
● 미맹 여자

이에 대한 설명으로 옳지 <u>않은</u> 것은?

① 1과 2 모두 미맹 대립유전자를 가지고 있을 확률은 100 %이다.
② 3과 4의 유전자형은 정확히 알 수 없다.
③ 6의 유전자형은 정확히 알 수 없다.
④ 8이 미맹인 경우 6의 미맹 유전자형은 잡종일 것이다.
⑤ 미맹은 여성에게 나타나는 비율이 높다.

06 부모의 ABO식 혈액형이 다음과 같을 때, O형인 자녀가 태어날 수 <u>없는</u> 경우는?

	아버지	어머니		아버지	어머니
①	A형	A형	②	A형	B형
③	A형	O형	④	AB형	O형
⑤	B형	B형			

07 그림은 어느 집안의 ABO식 혈액형 유전 가계도를 나타낸 것이다. (가)의 대립유전자 구성이 될 수 없는 것을 모두 고르면?

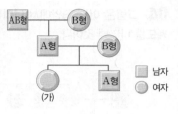

A형 — 남자
여자

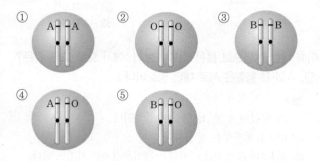

① A A   ② O O   ③ B B

④ A O   ⑤ B O

08 그림은 어느 집안의 귓불 모양 유전 가계도를 나타낸 것이다.

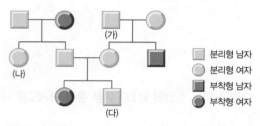

□ 분리형 남자
○ 분리형 여자
■ 부착형 남자
● 부착형 여자

이에 대한 설명으로 옳은 것을 |보기|에서 모두 고른 것은?

| 보기 |
ㄱ. (가)의 유전자형은 잡종이다.
ㄴ. (가)와 (나)의 유전자형은 일치한다.
ㄷ. (다)의 유전자형은 우성 순종이다.

① ㄱ   ② ㄱ, ㄴ   ③ ㄱ, ㄷ
④ ㄴ, ㄷ   ⑤ ㄱ, ㄴ, ㄷ

09 표는 어느 집안의 3가지 유전 형질에 대한 조사 결과를 나타낸 것이다.

형질	대립 형질	부×모	자녀
보조개	있음, 없음	있음×있음	없음
이마선	일자형, V자형	일자형×일자형	일자형
주근깨	있음, 없음	있음×없음	있음

3가지 유전 형질 중 확실하게 우성 형질인 것만을 모두 고른 것은?

① 보조개 있음
② 주근깨 있음
③ 보조개 있음, 주근깨 있음
④ 보조개 있음, 일자형 이마선
⑤ 일자형 이마선, 주근깨 있음

10 그림은 어느 집안의 혀 말기 유전 가계도를 나타낸 것이다.

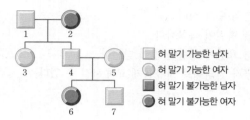

■ 혀 말기 가능한 남자
○ 혀 말기 가능한 여자
■ 혀 말기 불가능한 남자
● 혀 말기 불가능한 여자

이에 대한 설명으로 옳지 않은 것은?

① 1과 7의 유전자형은 일치한다.
② 3과 5의 유전자형은 모두 잡종이다.
③ 혀 말기가 불가능한 사람은 열성 순종이다.
④ 6의 유전자형이 rr인 경우 4와 5의 유전자형은 Rr이다.
⑤ 6은 2로부터 혀 말기가 불가능한 형질을 결정하는 대립유전자를 물려받았다.

[11~12] 그림은 풍식이네 집안의 적록 색맹 유전 가계도를 나타낸 것이다.

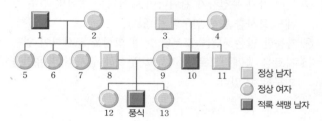

□ 정상 남자
○ 정상 여자
■ 적록 색맹 남자

11 적록 색맹 유전에 대한 설명으로 옳은 것을 |보기|에서 모두 고른 것은?

| 보기 |
ㄱ. 우성으로 유전된다.
ㄴ. X 염색체에 적록 색맹 대립유전자가 존재한다.
ㄷ. 여자보다 남자에게 나타나는 비율이 높다.

① ㄱ   ② ㄴ   ③ ㄷ
④ ㄱ, ㄴ   ⑤ ㄴ, ㄷ

12 이에 대한 설명으로 옳지 않은 것은?

① 풍식이가 가지고 있는 적록 색맹 대립유전자는 어머니 쪽 집안으로부터 온 것이다.
② 2, 4, 9는 적록 색맹 대립유전자를 가지지 않는다.
③ 5, 6, 7이 보인자일 확률은 100 %이다.
④ 8, 11은 적록 색맹 대립유전자를 가지지 않는다.
⑤ 12, 13이 모두 보인자일 확률은 25 %이다.

서술형 문제

01 세포는 여러 개의 세포로 분열되는 것이 생명 유지에 더 유리하다. 그 까닭을 서술하시오.

 $\dfrac{표면적}{부피}$, 물질 교환

02 그림은 감수 분열 과정을 간단히 나타낸 것이다.

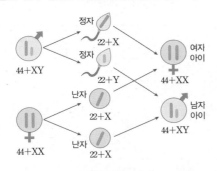

이를 통해 알 수 있는 감수 분열의 의의를 서술하시오.

 염색체 수 절반

03 그림은 감수 분열이 일어날 때 상동 염색체가 결합하여 만들어진 염색체를 나타낸 것이다.

(1) 이 염색체의 이름을 쓰시오.

(2) 이 염색체가 나타나는 시기와 몇 개의 염색체로 구성되어 있는지 쓰시오.

(3) 이 염색체가 생식세포 형성에서 어떤 의의가 있는지 서술하시오.

 염색체 수 절반으로 감소

04 그림 (가)와 (나)는 동물에서 일어나는 두 종류의 세포 분열 과정을 나타낸 것이다.

(가)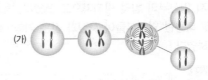

(나)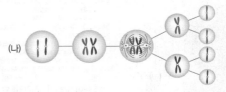

(1) (가)와 (나)가 각각 어떤 세포 분열인지 쓰고, 그렇게 생각한 까닭을 상동 염색체와 관련지어 서술하시오.

 체세포 분열 ⇨ 분열 결과 상동 염색체 있음.
감수 분열 ⇨ 상동 염색체 분리

(2) (가), (나) 중 식물의 형성층에서 일어나는 세포 분열을 고르고, 그렇게 생각한 까닭을 서술하시오.

 식물의 형성층 ⇨ 체세포 분열

05 그림은 수정란의 형성과 발생 과정을 나타낸 것이다.

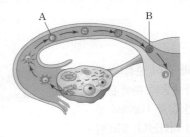

A와 B의 전체 크기와 세포 1개의 크기를 등호나 부등호를 이용하여 각각 비교하고, 그렇게 생각한 까닭을 서술하시오.

 세포 커지지 않음, 세포 분열 반복

06 1953년 독일에서 수면제로 개발된 탈리도마이드는 임신 초기의 입덧을 완화시키는 데 효과가 있다고 알려지면서 1960년대까지 임신부의 입덧 방지약으로 쓰였다. 하지만 탈리도마이드를 복용한 임신부들이 사진과 같은 기형아를 낳는 경우가 발생하였다.

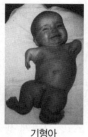

기형아

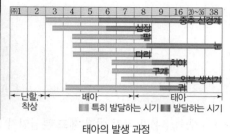

태아의 발생 과정

탈리도마이드에 의해 나타나는 현상을 태아의 발달 시기와 관련지어 서술하시오.

 팔, 다리 발달 시기

07 표는 완두의 줄기 유전을 알아보기 위한 몇 가지 검정 교배 실험과 그 결과를 나타낸 것이다.

실험	어버이의 표현형	자손의 표현형 분리비	
		키 큰 줄기	키 작은 줄기
(가)	키 큰 줄기 × 키 작은 줄기	1	0
(나)	키 큰 줄기 × 키 작은 줄기	1	1
(다)	키 작은 줄기 × 키 작은 줄기	0	1

실험 (가)와 (나)에서의 키 큰 줄기의 유전자형을 각각 쓰고, 그렇게 판단한 까닭을 서술하시오. (단, 우성 대립유전자를 T, 열성 대립유전자를 t라고 한다.)

 검정 교배 ⇨ 열성 순종과 교배

08 그림과 같이 순종의 붉은색 분꽃과 순종의 흰색 분꽃을 교배하면 잡종 1대에서 분홍색 분꽃이 나타난다. 이러한 유전 현상으로 설명할 수 없는 멘델의 법칙을 쓰고, 그 까닭을 서술하시오.

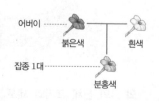

 부모의 중간 형질, 우열 관계 분명하지 않음

09 그림은 보라색 꽃 완두의 유전자형을 알아보기 위해 열성인 흰색 꽃 완두와 교배한 결과를 나타낸 것이다.

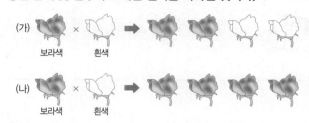

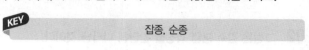

(가)와 (나)의 교배 결과가 서로 다른 까닭을 서술하시오.

 잡종, 순종

10 그림은 둥글고 초록색인 완두(RRyy)와 주름지고 노란색인 완두(rrYY)를 교배하여 얻은 잡종 1대를 자가 수분하여 잡종 2대를 얻는 과정을 나타낸 것이다.

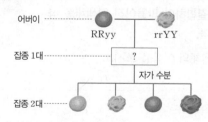

(1) 잡종 1대의 유전자형을 쓰시오.

(2) 잡종 2대에서 총 480개의 완두를 얻었을 때, 이 중 잡종 1대와 동일한 표현형을 나타내는 완두는 이론상 몇 개인지 쓰고, 풀이 과정을 서술하시오.

 9 : 3 : 3 : 1

11 키가 큰 붉은색 분꽃(TTRR)과 키가 작은 흰색 분꽃(ttWW)을 교배하여 얻은 잡종 1대를 키가 큰 흰색 분꽃(TTWW)과 교배하여 총 100개의 씨를 얻었다. 이 중 키가 큰 분홍색 분꽃이 될 씨는 이론상 몇 개인지 쓰고, 풀이 과정을 서술하시오.

 잡종 1대(TtRW), 줄기 우성 ⇨ 키가 큰 줄기, 분꽃 색 ⇨ 중간 유전

12 다음은 몇 가지 유전 형질을 나타낸 것이다.

귓불 모양,   미맹,   혀 말기

이 유전 형질들이 나타내는 공통점을 <u>두 가지 이상</u> 서술하시오.

 상염색체

[13~14] 그림은 어느 집안의 ABO식 혈액형과 보조개 유전 가계도를 나타낸 것이다.

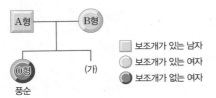

13 보조개가 있는 형질이 우성인지 열성인지 쓰고, 그 까닭을 풍순이와 부모님의 보조개 유무와 관련지어 서술하시오.

 부모와 다른 형질의 자손 ⇨ 열성 형질

14 (가)가 보조개가 있고, AB형일 확률을 풀이 과정과 함께 서술하시오.

 보조개 우성, 부모의 혈액형 유전자형

15 그림은 어느 집안의 적록 색맹 유전 가계도를 나타낸 것이다.

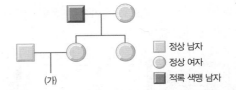

□ 정상 남자
○ 정상 여자
■ 적록 색맹 남자

(가)가 정상이면서 적록 색맹 대립유전자를 가지고 있을 확률을 풀이 과정과 함께 서술하시오.

 (가)의 어머니는 보인자

16 그림은 풍식이네 집안의 적록 색맹 유전 가계도를 나타낸 것이다.

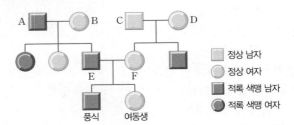

□ 정상 남자
○ 정상 여자
■ 적록 색맹 남자
● 적록 색맹 여자

(1) 풍식이의 적록 색맹 대립유전자는 누구에게서 물려받은 것인지 <u>모두</u> 찾아 쓰시오.

(2) 적록 색맹이 여자보다 남자에게서 더 많이 나타나는 까닭을 서술하시오.

 X 염색체, 반성유전

01 역학적 에너지 전환과 보존

❶ 역학적 에너지 전환

(1) 역학적 에너지 : 물체가 가진 위치 에너지와 운동 에너지의 합

역학적 에너지＝위치 에너지＋운동 에너지

(2) 역학적 에너지 전환 : 운동하는 물체의 높이가 변할 때 위치 에너지가 운동 에너지로, 또는 운동 에너지가 위치 에너지로 전환된다.

① 롤러코스터 운동

- 롤러코스터가 높은 곳에서 내려오는 동안 높이는 낮아지고 속력은 점점 빨라진다.
- 롤러코스터가 높은 곳으로 올라가는 동안 속력은 점점 느려지고 높이는 높아진다.

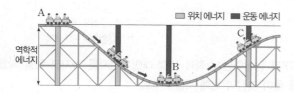

■ 위치 에너지 ■ 운동 에너지

구분	A점	A→B	B점	B→C
위치 에너지	최대	감소	최소	증가
운동 에너지	최소	증가	최대	감소
에너지 전환	위치 에너지 → 운동 에너지		운동 에너지 → 위치 에너지	
역학적 에너지	일정(공기 저항이나 마찰이 없을 때)			

② 자유 낙하 운동

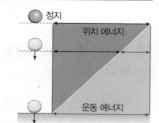

- 높이가 점점 낮아짐
  ➡ 위치 에너지 감소
- 속력이 점점 빨라짐
  ➡ 운동 에너지 증가
- 에너지 전환 : 위치 에너지 → 운동 에너지

③ 연직 위로 던져 올린 운동

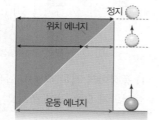

- 높이가 점점 높아짐
  ➡ 위치 에너지 증가
- 속력이 점점 느려짐
  ➡ 운동 에너지 감소
- 에너지 전환 : 운동 에너지 → 위치 에너지

❷ 역학적 에너지 보존

(1) 역학적 에너지 보존 법칙 : 공기 저항이나 마찰이 없을 때 운동하는 물체의 역학적 에너지는 항상 일정하다.

역학적 에너지＝위치 에너지＋운동 에너지＝일정

(2) 자유 낙하 하는 물체의 역학적 에너지 보존

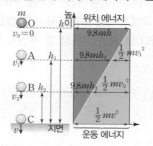

① 물체가 자유 낙하 하는 동안 위치 에너지는 감소하고 운동 에너지는 증가하며, 자유 낙하 하는 모든 지점에서 역학적 에너지는 항상 일정하다.
② 최고점(O점)의 위치 에너지＝각 지점에서의 역학적 에너지＝지면(C점)에서의 운동 에너지

$$9.8mh = 9.8mh_1 + \frac{1}{2}mv_1^2 = 9.8mh_2 + \frac{1}{2}mv_2^2 = \frac{1}{2}mv^2$$

(3) 진자의 왕복 운동에서의 역학적 에너지 보존

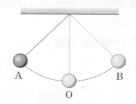

구분	A점	A→O	O점	O→B	B점
위치 에너지	최대	감소	최소	증가	최대
운동 에너지	0	증가	최대	감소	0
에너지 전환	위치 에너지 → 운동 에너지			운동 에너지 → 위치 에너지	
역학적 에너지	일정(공기 저항이 없을 때)				

(4) 비스듬히 던져 올린 물체의 역학적 에너지 보존 : 최고점에서 물체의 위치 에너지는 최대이며, 수평 방향으로 속력(v_0)이 있으므로 운동 에너지는 0이 아니다.

➡ 최고점(O점)에서 역학적 에너지＝$9.8mh + \frac{1}{2}mv_0^2$

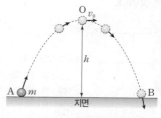

구분	A점	A→O	O점	O→B	B점
위치 에너지	0	증가	최대	감소	0
운동 에너지	최대	감소	최소	증가	최대
에너지 전환	운동 에너지 → 위치 에너지			위치 에너지 → 운동 에너지	
역학적 에너지	일정(공기 저항이 없을 때)				

01 그림과 같이 질량이 4 kg인 물체를 지면으로부터 35 m 높이에서 가만히 놓아 떨어뜨렸다.

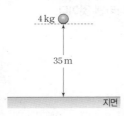

위치 에너지와 운동 에너지의 비가 2 : 3인 지점은 지면으로부터 몇 m 떨어진 지점인가? (단, 공기 저항은 무시한다.)

① 7 m   ② 14 m   ③ 21 m
④ 28 m   ⑤ 35 m

02 그림과 같이 동일한 공을 같은 높이에서 A, B, C, D의 각각 다른 방향을 향해 같은 속력으로 던졌다.

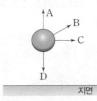

공이 지면에 닿는 순간의 속력이 가장 빠른 것은? (단, 공기 저항은 무시한다.)

① A   ② B   ③ C
④ D   ⑤ 모두 같다.

03 그림과 같이 질량이 1 kg인 공을 가만히 놓아 떨어뜨렸다.

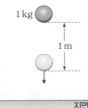

공이 1 m 낙하하는 동안 위치 에너지의 변화와 변화한 값을 옳게 짝지은 것은? (단, 공기 저항은 무시한다.)

① 감소, 9.8 J
② 감소, 19.6 J
③ 증가, 9.8 J
④ 증가, 19.6 J
⑤ 변화 없다.

[04~05] 그림은 질량이 3 kg인 공을 지면으로부터 20 m 높이에서 가만히 놓아 떨어뜨리는 모습을 나타낸 것이다. (단, 공기 저항은 무시한다.)

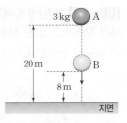

04 공이 B점을 지나갈 때 공의 위치 에너지와 운동 에너지의 비는?

① 2 : 3   ② 3 : 2   ③ 3 : 4
④ 4 : 5   ⑤ 5 : 4

05 공이 지면에 닿는 순간의 속력은 몇 m/s인가?

① 17 m/s   ② 18 m/s   ③ $14\sqrt{2}$ m/s
④ $15\sqrt{2}$ m/s   ⑤ $16\sqrt{2}$ m/s

[06~07] 그림과 같이 질량이 1 kg인 물체를 지면에서 10 m/s의 속력으로 연직 위로 던져 올렸다. (단, 공기 저항은 무시하며, 기준면은 지면이다.)

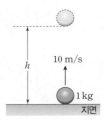

06 물체가 가장 높은 지점에 도달했을 때의 높이 h는 몇 m인가?

① 약 1.2 m   ② 약 5.1 m   ③ 약 10.2 m
④ 약 50 m   ⑤ 약 60 m

07 물체가 $\frac{1}{2}h$ 높이에 있을 때 역학적 에너지는 몇 J인가?

① 2.5 J   ② 5 J   ③ 25 J
④ 45 J   ⑤ 50 J

【08~09】 그림은 롤러코스터가 A점에서 출발하여 레일을 따라 움직이고 있는 모습을 나타낸 것이다. (단, 공기 저항이나 마찰은 무시한다.)

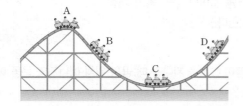

08 롤러코스터가 움직이는 동안 속력이 가장 빠른 지점은?

① A   ② B   ③ C
④ D   ⑤ 모두 같다.

09 롤러코스터가 움직이는 동안의 역학적 에너지에 대한 설명으로 옳은 것을 │보기│에서 모두 고른 것은?

│보기│
ㄱ. B점에서 역학적 에너지가 감소한다.
ㄴ. A점에서의 역학적 에너지와 D점에서의 역학적 에너지는 같다.
ㄷ. B → C 구간에서는 운동 에너지가 증가한다.

① ㄱ   ② ㄷ   ③ ㄱ, ㄴ
④ ㄴ, ㄷ   ⑤ ㄱ, ㄴ, ㄷ

10 그림은 반원형 그릇의 A점에 쇠구슬을 놓았을 때 쇠구슬이 운동하는 모습을 나타낸 것이다. 이에 대한 설명으로 옳은 것을 │보기│에서 모두 고른 것은? (단, A점과 B점의 높이는 같으며, 공기 저항이나 마찰은 무시한다.)

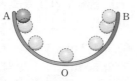

│보기│
ㄱ. A점에서 운동 에너지는 최대이다.
ㄴ. A → O 구간에서는 위치 에너지가 감소한다.
ㄷ. B점에서 속력이 가장 빠르다.

① ㄱ   ② ㄴ   ③ ㄷ
④ ㄱ, ㄷ   ⑤ ㄱ, ㄴ, ㄷ

11 그림은 질량이 2 kg인 물체가 지면 위에서 v의 속력으로 운동하다가 곡면을 따라 지면으로부터 최고 높이인 1 m까지 올라가는 것을 나타낸 것이다.

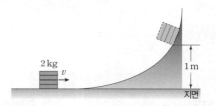

지면에서 물체의 속력 v는 몇 m/s인가? (단, 공기 저항이나 마찰은 무시한다.)

① $\sqrt{4.9}$ m/s   ② $\sqrt{9.8}$ m/s   ③ $\sqrt{19.6}$ m/s
④ 9.8 m/s   ⑤ 19.6 m/s

12 그림은 질량이 같은 구슬 A와 B가 지면으로부터 같은 높이인 두 지점에서 정지해 있다가 서로 다른 빗면을 따라 미끄러져 내려간 후 지면에서 각각 v_A, v_B의 속력으로 운동하는 모습을 나타낸 것이다.

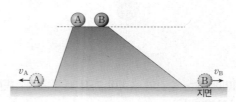

이에 대한 학생들의 대화 내용 중 옳은 것을 │보기│에서 모두 고른 것은? (단, 공기 저항이나 마찰은 무시한다.)

│보기│
ㄱ. 풍순 : v_A와 v_B는 같아.
ㄴ. 풍식 : 지면에서 A와 B의 역학적 에너지는 같아.
ㄷ. 장풍 : A가 더 가파른 경로로 내려왔으니까 A가 B보다 속력이 더 빠를 거야!

① ㄱ   ② ㄴ   ③ ㄷ
④ ㄱ, ㄴ   ⑤ ㄱ, ㄴ, ㄷ

13 그림은 질량이 2 kg인 물체를 A점에서 가만히 놓았을 때의 운동을 나타낸 것이다. 지면을 기준으로 O점은 0.1 m 높이에 있다. 물체가 O점을 지날 때의 속력이 9.8 m/s였다면, 지면으로부터 A점의 높이는 몇 m인가? (단, 공기 저항은 무시한다.)

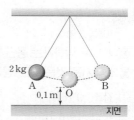

① 1 m   ② 2.4 m   ③ 4.9 m
④ 5 m   ⑤ 9.8 m

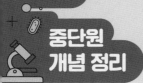
❶ 전기 에너지의 발생

(1) 전자기 유도 : 코일 주위에서 자석을 움직이거나 자석 주위에서 코일을 움직일 때, 코일을 통과하는 자기장이 변하여 코일에 전류가 유도되어 흐르는 현상

(2) 유도 전류 : 전자기 유도에 의해 코일에 흐르는 전류

① 유도 전류가 흐르는 경우 : 자석을 코일에 가까이하거나 멀리할 때

② 유도 전류가 흐르지 않는 경우 : 자석이 정지해 있을 때

③ 유도 전류의 방향 : 코일에 자석을 가까이할 때와 멀리할 때 유도 전류는 서로 반대 방향으로 흐른다.

④ 유도 전류의 세기 : 코일의 감은 수가 많을수록, 강한 자석을 움직일수록, 자석을 빠르게 움직일수록 센 전류가 유도된다.

(3) 전자기 유도의 이용

① 이용 : 발전기, 발전소, 자가 발전 손전등, 전자 기타, 교통 카드 판독기, 금속 탐지기, 마이크 등

② 발전기

• 영구 자석과 그 사이에 회전할 수 있는 코일로 이루어져 있다.

• 전자기 유도를 이용하여 역학적 에너지를 전기 에너지로 전환하는 장치이다.

➡ 자석 사이에서 코일이 회전하면 자기장이 변하여 유도 전류가 발생한다.

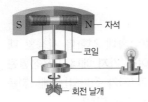

③ 발전소

구분	에너지 전환
화력 발전	화석 연료의 화학 에너지 → 수증기의 역학적 에너지 → 발전기의 역학적 에너지 → 전기 에너지
수력 발전	물의 위치 에너지 → 물의 운동 에너지 → 발전기의 역학적 에너지 → 전기 에너지
풍력 발전	바람의 역학적 에너지 → 발전기의 역학적 에너지 → 전기 에너지

❷ 전기 에너지의 전환

(1) 에너지의 전환과 보존

① 에너지 전환 : 에너지는 한 형태에서 다른 형태로 전환된다.

② 에너지 보존 : 에너지는 전환될 때 새로 생기거나 없어지지 않고, 에너지의 총량은 항상 일정하게 보존된다.

　　예 헤어드라이어의 에너지 보존

• 전기 에너지＝열에너지＋역학적 에너지＋소리 에너지＋기타 ➡ 1000 J＝450 J＋250 J＋200 J＋100 J

(2) 전기 에너지

① 전기 에너지 : 전류가 흐를 때 공급되는 에너지

② 전기 에너지의 전환

전기 에너지가 전환되는 에너지	예
빛에너지	전등, 텔레비전 등
열에너지	전기난로, 전기다리미 등
소리 에너지	라디오, 오디오, 텔레비전 등
운동 에너지	세탁기, 선풍기, 믹서 등
화학 에너지	배터리 충전 등

❸ 소비 전력과 전력량

(1) 소비 전력 : 전기 기구가 1초 동안 사용하는 전기 에너지의 양

$$소비 전력(W) = \frac{전기 에너지(J)}{시간(s)}$$

① 단위 : W(와트), kW(킬로와트) 등

② 1 W : 1 J의 전기 에너지를 1초 동안 사용할 때의 전력

③ 전기 기구의 소비 전력 : 전기 기구가 안정적으로 작동될 수 있는 정격 전압을 연결했을 때 단위 시간 동안 전기 기구가 소비하는 전기 에너지

　　예 220 V－20 W인 전구는 220 V의 전원에 연결하면 1초에 20 J의 전기 에너지를 소비한다.

(2) 전력량 : 전기 기구가 일정 시간 동안 사용한 전기 에너지의 총량

$$전력량(Wh) = 소비 전력(W) \times 사용 시간(h)$$

① 단위 : Wh(와트시), kWh(킬로와트시) 등

② 1 Wh : 소비 전력이 1 W인 전기 기구를 1시간 동안 이용했을 때의 전력량

01 전자기 유도 현상이 일어나지 <u>않는</u> 경우는?

① 코일에 자석을 가까이할 때
② 코일에서 자석이 멀어질 때
③ 자석은 고정되고 코일을 가까이할 때
④ 자석은 고정되고 코일을 멀리할 때
⑤ 코일 속에 자석을 넣고 가만히 두었을 때

02 다음은 발전기에 대한 설명을 나타낸 것이다.

> 그림과 같이 발전기는 ㉠(   ) 원리를 이용하여
> ㉡(   ) 에너지를 전기 에너지로 전환하는 장치
> 이다. 자석 사이에서 코일이 회전하면 자기장이 변하여
> ㉢(   )이/가 발생한다.

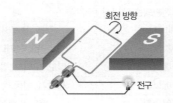

㉠~㉢에 알맞은 말을 옳게 짝지은 것은?

	㉠	㉡	㉢
①	에너지 보존	화학적	유도 전류
②	에너지 보존	위치	자기장
③	전력량 보존	화학적	유도 전류
④	전자기 유도	열	자기력
⑤	전자기 유도	역학적	유도 전류

03 그림은 풍력 발전으로 전기를 생산하는 과정을 나타낸 것이다. 이에 대한 설명으로 옳은 것을 │보기│에서 모두 고른 것은?

│ 보기 │
ㄱ. 바람이 세게 불수록 전기 에너지를 많이 생산한다.
ㄴ. 바람의 화학적 에너지가 전기 에너지로 전환된다.
ㄷ. 발전기에서는 전자기 유도가 이용된다.

① ㄴ   ② ㄷ   ③ ㄱ, ㄴ
④ ㄱ, ㄷ   ⑤ ㄱ, ㄴ, ㄷ

04 에너지의 전환이 일어나는 예로 옳지 <u>않은</u> 것은?

① 전등 : 전기 에너지 → 빛에너지
② 광합성 : 열에너지 → 화학 에너지
③ 보일러 : 화학 에너지 → 열에너지
④ 전동기 : 전기 에너지 → 역학적 에너지
⑤ 화학 전지 : 화학 에너지 → 전기 에너지

05 다음은 여러 가지 발전 방법에 대한 설명을 나타낸 것이다.

> ㉠(   )은 화석 연료를 연소시켜 물을 끓이고 물이 끓
> 을 때 발생한 증기로 터빈을 회전시켜 전기 에너지를 만
> 들어낸다. ㉡(   )은 높은 곳의 물이 아래로 내려오며
> 발전기에 연결된 터빈을 회전시켜 전기 에너지를 만들어
> 낸다.

㉠과 ㉡에 알맞은 말을 옳게 짝지은 것은?

	㉠	㉡
①	수력 발전	풍력 발전
②	화력 발전	수력 발전
③	화력 발전	풍력 발전
④	풍력 발전	수력 발전
⑤	풍력 발전	화력 발전

06 그림과 같이 휴대 전화를 사용할 때 전기 에너지는 여러 가지 에너지로 전환된다. 이때 전기 에너지가 전환되는 에너지를 │보기│에서 모두 고른 것은?

│ 보기 │
ㄱ. 빛에너지   ㄴ. 위치 에너지
ㄷ. 핵에너지   ㄹ. 화학 에너지
ㅁ. 소리 에너지   ㅂ. 운동 에너지

① ㄱ, ㄴ, ㅁ   ② ㄱ, ㄷ, ㄹ   ③ ㄱ, ㅁ, ㅂ
④ ㄴ, ㄷ, ㄹ   ⑤ ㄷ, ㅁ, ㅂ

07 그림은 자전거 전조등의 구조를 나타낸 것이다. 전조등이 켜지는 원리에 대한 설명으로 옳은 것을 |보기|에서 모두 고른 것은?

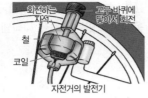

자전거의 발전기

| 보기 |
ㄱ. 전자기 유도의 원리가 이용된다.
ㄴ. 발전기에서는 전기 에너지가 역학적 에너지로 전환된다.
ㄷ. 자전거 페달을 빨리 밟을수록 전조등의 밝기가 밝아진다.

① ㄱ　　　　　② ㄴ　　　　　③ ㄱ, ㄷ
④ ㄴ, ㄷ　　　　⑤ ㄱ, ㄴ, ㄷ

08 그림은 선풍기를 사용할 때 에너지가 전환되는 모습을 나타낸 것이다. 이에 대한 설명으로 옳은 것을 |보기|에서 모두 고른 것은?

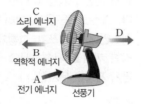

C 소리 에너지
B 역학적 에너지
A 전기 에너지
선풍기
D

| 보기 |
ㄱ. D는 열에너지이다.
ㄴ. B, C, D를 모두 합하면 A보다 크다.
ㄷ. 선풍기의 전원을 끄면 B, C, D는 A로 전환된다.

① ㄱ　　　　　② ㄷ　　　　　③ ㄱ, ㄴ
④ ㄴ, ㄷ　　　　⑤ ㄱ, ㄴ, ㄷ

09 소비 전력과 전력량에 대한 설명으로 옳지 <u>않은</u> 것은?
① 소비 전력의 단위는 W(와트)이다.
② 소비 전력은 전기 에너지를 시간으로 나눈 값이다.
③ 같은 시간 동안 사용한 전력량은 전기 기구마다 다르다.
④ 1 Wh는 1 W의 전력을 1초 동안 사용했을 때의 전력량을 의미한다.
⑤ 전력량은 전기 기구가 일정 시간 동안 사용한 전기 에너지의 총량을 의미한다.

[10~11] 표는 220 V의 전원이 공급되는 어느 가정에서 하루 동안 사용한 전기 기구의 소비 전력과 사용 시간을 나타낸 것이다.

전기 기구	소비 전력	사용 시간
에어컨	2000 W	1시간
다리미	1 kW	30분
세탁기	150 W	2시간
형광등	1.6 kW	8시간

10 이 가정에서 하루 동안 사용한 총 전력량은 몇 kWh인가?

① 15.6 kWh　　② 21.6 kWh　　③ 25.61 kWh
④ 30 kWh　　　⑤ 45 kWh

11 이에 대한 설명으로 옳지 <u>않은</u> 것은?
① 소비 전력이 가장 큰 것은 에어컨이다.
② 사용된 전력량이 가장 많은 것은 형광등이다.
③ 다리미는 전기 에너지를 열에너지로 전환시킨다.
④ 하루 동안 가장 많은 전기 에너지를 소비한 것은 다리미이다.
⑤ 같은 시간 동안 가장 적은 전기 에너지를 사용하는 것은 세탁기이다.

12 그림은 어느 텔레비전의 세부 정보를 나타낸 것이다.

○○ 전자 텔레비전	
정격 전압	220 V / 60 Hz
소비 전력	1200 W
제품 규격	1693×1048×345 mm
사용 범위	가정용

이에 대한 설명으로 옳은 것을 |보기|에서 모두 고른 것은?

| 보기 |
ㄱ. 텔레비전은 1초 동안 1200 J의 전기 에너지를 소모한다.
ㄴ. 텔레비전은 전기 에너지를 빛에너지로 전환한다.
ㄷ. 텔레비전을 1시간 동안 사용했을 때의 전력량은 1200 kWh이다.

① ㄱ　　　　　② ㄷ　　　　　③ ㄱ, ㄴ
④ ㄴ, ㄷ　　　　⑤ ㄱ, ㄴ, ㄷ

01 그림과 같이 질량이 m 인 물체 A, B를 지면으로부터 각각 $2h$, h의 높이에서 가만히 놓아 떨어뜨렸다. 지면에 닿는 순간 두 물체 A, B의 운동 에너지의 비(A : B)를 구하고, 풀이 과정을 서술하시오. (단, 공기 저항은 무시한다.)

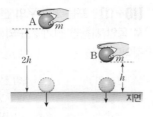

KEY 최고점에서의 위치 에너지＝지면에서의 운동 에너지

02 그림과 같이 질량이 $10\ kg$ 인 쇠구슬이 지면으로부터 $5\ m$ 높이에서 $4\ m/s$의 속력으로 운동을 하고 있다. 이 쇠구슬이 마찰이 있는 빗면을 따라 내려와 A점에 도달하는 순간 역학적 에너지는 처음보다 $70\ J$ 감소했다. A점에서 쇠구슬의 속력을 구하고, 풀이 과정을 서술하시오.

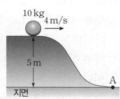

KEY 5 m 높이에서의 위치 에너지＋운동 에너지
ー감소한 역학적 에너지＝지면에서의 운동 에너지

03 그림과 같이 질량이 $500\ g$인 공을 $19.6\ m/s$의 속력으로 연직 위로 던져 올렸다. 이 공이 올라갈 수 있는 최고 높이를 구하고, 풀이 과정을 서술하시오. (단, 공기 저항은 무시한다.)

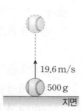

KEY 최고 높이에서의 위치 에너지＝지면에서의 운동 에너지

04 그림은 롤러코스터가 A점에서 출발하여 레일을 따라 움직이고 있는 모습을 나타낸 것이다.

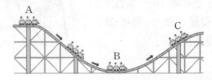

A → B 구간과 B → C 구간에서 각각 어떤 에너지 전환이 일어나는지 서술하시오. (단, 공기 저항이나 마찰은 무시한다.)

KEY 높이∝위치 에너지, 속력²∝운동 에너지

05 그림은 공을 비스듬하게 던져 올린 모습을 나타낸 것이다. A~E 중 운동 에너지가 최소인 지점을 쓰고, 그렇게 생각한 까닭을 서술하시오. (단, 공기 저항은 무시한다.)

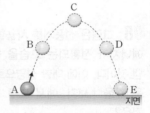

KEY 위치 에너지 최대 ⇨ 운동 에너지 최소

06 그림은 공을 지면에 떨어뜨린 후 같은 시간 간격으로 공의 운동을 촬영한 것이다.

공이 튀어 오르는 높이가 점점 낮아지는 까닭을 서술하시오.

KEY 에너지 전환

07 그림은 전구와 코일을 연결하고 코일 속에 있던 자석을 코일로부터 멀리하는 모습을 나타낸 것이다. 이와 같이 자석을 움직였을 때 전구에 불이 들어오는 까닭을 에너지 전환 과정과 관련지어 서술하시오.

KEY 전자기 유도, 역학적 에너지 ⇨ 전기 에너지

---

08 그림과 같이 플라스틱 관에 코일을 감은 후 발광 다이오드와 연결하고, 플라스틱 관 속에 네오디뮴 자석을 넣어 만든 손 발전기를 흔들었더니 발광 다이오드에 불이 켜졌다.

발광 다이오드의 불이 더 밝아지게 하는 방법을 손 발전기의 원리와 함께 두 가지 이상 서술하시오.

 KEY 에너지 전환

---

09 그림과 같이 화력 발전소에서는 화석 연료를 에너지원으로 사용하여 전기 에너지를 생산한다. 화력 발전의 원리와 이 과정에서의 에너지 전환 과정을 서술하시오.

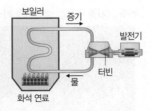

 KEY 발전기, 역학적 에너지 ⇨ 전기 에너지

---

10 그림은 헤어드라이어에서 에너지가 전환되는 모습을 나타낸 것이다. 헤어드라이어가 소비한 총 전기 에너지의 양을 식과 함께 쓰고, 그렇게 생각한 까닭을 서술하시오.

KEY 에너지 보존

---

11 그림과 같이 질량이 2 kg인 물체를 높이가 2 m인 빗면에 가만히 놓았더니 물체가 빗면을 미끄러져 내려간 후 지면에 도달하였다. 지면에 닿을 때까지 발생한 열에너지가 3.2 J이라면, 지면에 닿는 순간 물체의 속력은 몇 m/s인지 구하고, 풀이 과정을 서술하시오.

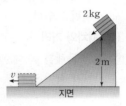

 KEY 발생한 열에너지＝감소한 역학적 에너지 ＝빗면 위에서의 위치 에너지－지면에서의 운동 에너지

---

12 그림은 1초 동안 형광등과 LED 전구가 소비하고 방출하는 에너지를 나타낸 것이다.

형광등과 LED 전구 중 효율이 더 좋은 전구는 어떤 것인지 쓰고, 그렇게 생각한 까닭을 서술하시오.

 KEY 같은 양의 빛에너지 방출, 효율

❶ 시차와 거리

(1) 시차 : 관측자가 서로 다른 두 지점에서 어떤 물체를 동시에 보았을 때 생기는 방향의 차 또는 두 관측 지점과 물체가 이루는 각

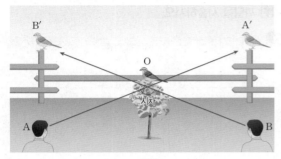

▲ 시차

➡ 관측자가 A에 있을 때 새는 울타리 A′ 앞에 서 있는 것처럼 보이고, B에 있을 때 새는 울타리 B′ 앞에 서 있는 것처럼 보인다.

(2) 시차와 거리

① 같은 물체를 볼 때 관측자와 물체 사이의 거리가 멀수록 시차가 작아진다.

$$시차 \propto \frac{1}{거리}$$

② 어떤 물체의 시차를 측정하면 물체까지의 거리를 알 수 있다.

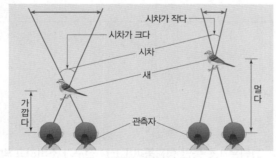

▲ 시차와 거리의 관계

➡ 관측자로부터 멀리 있는 새의 시차가 더 작다.

❷ 연주 시차와 별까지의 거리

(1) 연주 시차 : 지구의 공전 궤도상에서 6개월 간격으로 동일한 별을 바라볼 때 생기는 각(시차)의 $\frac{1}{2}$

➡ 연주 시차가 나타나는 까닭 : 연주 시차는 별이 실제로 천구상에서 움직여 간 것이 아니라 지구가 공전하기 때문에 나타나는 현상이므로, 지구가 공전하지 않는다면 연주 시차는 생기지 않을 것이다.

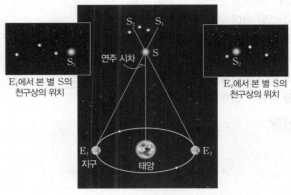

▲ 지구의 공전과 별의 연주 시차

(2) 연주 시차와 별까지의 거리

① 지구에서 별까지의 거리가 멀수록 연주 시차가 작아지므로 연주 시차와 별까지의 거리는 반비례한다.

$$별까지의 거리(pc) = \frac{1}{연주 시차(″)}$$

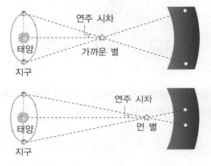

② 1 pc(파섹) : 연주 시차가 1″인 별까지의 거리

③ 연주 시차의 단위 : 연주 시차는 각도로 나타내며, 값이 매우 작기 때문에 ″(초) 단위를 사용한다.

④ 연주 시차의 한계 : 대부분의 별들은 지구에서 멀리 떨어져 있어서 연주 시차가 매우 작아 측정하기 어렵다.

➡ 연주 시차는 100 pc 이내의 비교적 가까운 거리에 있는 별까지의 거리를 구하는 데 이용된다.

연주 시차를 이용한 별까지의 거리 측정

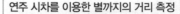

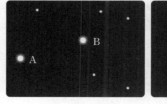

(가) 처음 모습　　　　　(나) 6개월 후의 모습

• 6개월 동안 별 A와 B의 위치가 변한 까닭 : 지구가 공전하기 때문

• 연주 시차 : A > B ➡ 별까지의 거리 : B > A

기출 문제로 미리보는 학교 시험 문제

[01~02] 그림은 어떤 배경에 대해 관측자가 연필을 들고 팔을 구부리거나 뻗은 채로 두 눈을 번갈아 감으면서 연필 끝의 위치를 관측하는 실험을 나타낸 것이다.

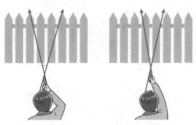

팔을 굽혔을 때   팔을 뻗었을 때

01 이 실험의 목적으로 가장 적절한 것은?

① 이 실험은 시차를 측정하기 위한 것이다.
② 이 실험은 물체의 색깔을 알아보기 위한 것이다.
③ 이 실험은 물체의 등급을 알아보기 위한 것이다.
④ 이 실험은 물체의 밝기를 측정하기 위한 것이다.
⑤ 이 실험은 물체의 길이를 측정하기 위한 것이다.

02 이 실험에 대한 설명으로 옳은 것만을 │보기│에서 모두 고른 것은?

│ 보기 │
ㄱ. 시차는 물체까지의 거리에 비례한다.
ㄴ. 연필은 지구, 관측자의 두 눈은 별에 비유할 수 있다.
ㄷ. 눈에서 연필까지의 거리가 멀어지면 시차는 작아진다.

① ㄱ   ② ㄴ   ③ ㄷ
④ ㄱ, ㄴ   ⑤ ㄴ, ㄷ

03 별의 연주 시차가 나타나는 까닭으로 가장 옳은 것은?

① 별의 자전   ② 별의 공전
③ 달의 공전   ④ 태양의 자전
⑤ 지구의 공전

04 별의 연주 시차에 대한 설명으로 옳은 것은?

① 연주 시차는 가까운 별일수록 작다.
② 연주 시차는 12개월 간격으로 측정한다.
③ 별의 거리와 연주 시차는 반비례 관계이다.
④ 연주 시차는 지구의 공전 속도가 빠를수록 크다.
⑤ 연주 시차는 멀리 있는 별일수록 정확히 측정할 수 있다.

[05~07] 그림은 태양 주위를 공전하는 지구에서 6개월 간격으로 별 S를 관측한 것을 나타낸 것이다. (단, 별 C의 위치 변화는 없었다.)

05 지구에서 관측되는 별 S의 연주 시차는?

① 0.05″   ② 0.1″   ③ 0.25″
④ 0.5″   ⑤ 1.0″

06 지구에서 별 S까지의 거리는 몇 pc인가?

① 1 pc   ② 2 pc   ③ 4 pc
④ 10 pc   ⑤ 20 pc

07 지구에서 별 S까지의 거리가 지금보다 5배 멀어질 때 이 별의 연주 시차는?

① 0.01″   ② 0.05″   ③ 0.1″
④ 0.25″   ⑤ 0.5″

08 표는 지구로부터 별 A~C까지의 거리를 나타낸 것이다.

별	A	B	C
거리(pc)	10	2	35

연주 시차의 크기를 비교한 것으로 옳은 것은?

① A>B>C
② A>C>B
③ B>A>C
④ B>C>A
⑤ C>A>B

09 그림은 지구에서 별 S를 관측한 모습을 나타낸 것이다.

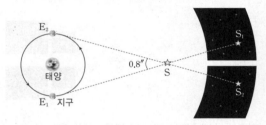

지구로부터 별 S까지의 거리를 pc(파섹)과 LY(광년) 단위로 옳게 짝지은 것은?

① 1.25 pc, 약 3.26 LY
② 1.25 pc, 약 8.15 LY
③ 2.5 pc, 약 1 LY
④ 2.5 pc, 약 3.26 LY
⑤ 2.5 pc, 약 8.15 LY

10 다음은 별 A~C에 대한 관측 자료를 나타낸 것이다.

> A : 10 pc 거리에 있는 별
> B : 연주 시차가 0.5″인 별
> C : 3.26광년 거리에 있는 별

지구로부터의 거리가 (가)가장 가까운 별과 (나)가장 먼 별을 옳게 짝지은 것은?

	(가)	(나)		(가)	(나)
①	A	B	②	A	C
③	B	C	④	C	A
⑤	C	B			

11 지구에서 별 A의 연주 시차를 측정하였더니 0.2″였고, 별 B의 연주 시차를 측정하였더니 0.04″였다. 지구에서 별 B까지의 거리는 별 A까지 거리의 몇 배인가?

① $\frac{1}{20}$배
② $\frac{1}{5}$배
③ 5배
④ 10배
⑤ 20배

12 표는 지구에서 6개월 간격으로 측정한 여러 별의 시차를 나타낸 것이다.

별	프록시마	시리우스	알타이르	베가	리겔
시차	0.77″	0.38″	0.19″	0.13″	0.013″

지구로부터의 거리가 (가) 가장 가까운 별과 (나) 가장 먼 별을 옳게 짝지은 것은?

	(가)	(나)		(가)	(나)
①	프록시마	시리우스	②	프록시마	리겔
③	알타이르	베가	④	리겔	알타이르
⑤	리겔	프록시마			

13 그림 (가)와 (나)는 지구에서 6개월 간격으로 관측한 별 A와 B의 위치 변화를 나타낸 것이고, 그림의 숫자는 별 A와 B 사이의 각거리이다.

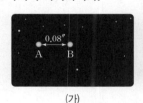 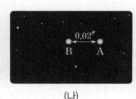

(가)	(나)

이에 대한 설명으로 옳은 것만을 | 보기 |에서 모두 고른 것은? (단, 별 B의 위치 변화는 없었다.)

> **보기**
> ㄱ. 별 A의 연주 시차는 0.01″이다.
> ㄴ. 지구에서 별 A까지의 거리는 20 pc이다.
> ㄷ. 지구로부터의 거리는 별 A가 별 B보다 멀다.

① ㄱ
② ㄴ
③ ㄱ, ㄴ
④ ㄴ, ㄷ
⑤ ㄱ, ㄴ, ㄷ

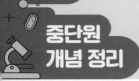
❶ 별의 밝기와 거리

(1) 별의 밝기와 거리 관계

① 별의 밝기에 영향을 주는 요인

• 별까지의 거리가 같을 때 : 별이 방출하는 빛의 양이 많을수록 밝게 보인다.

• 별이 방출하는 빛의 양이 같을 때 : 별까지의 거리가 가까울수록 밝게 보인다.

② 거리에 따른 별의 밝기 변화

$$별의 \ 밝기 \propto \frac{1}{(별까지의 \ 거리)^2}$$

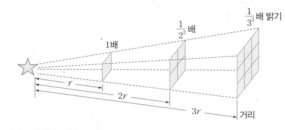

(2) 별의 밝기와 등급

① 별의 등급은 별이 밝을수록 작고, 별이 어두울수록 크다.

② 각 등급 사이의 밝기를 갖는 별은 소수점을 이용하여 나타낸다.

③ 1등급인 별은 6등급인 별보다 약 $100(≒2.5^5)$배 밝다.

④ 1등급 차이는 약 2.5배의 밝기 차이가 난다.

$$밝기 \ 차 = 2.5^{등급 \ 차}$$

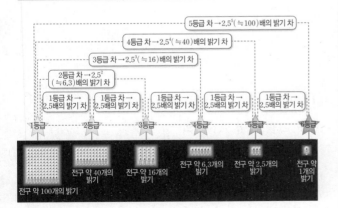

❷ 별의 겉보기 등급과 절대 등급

(1) 겉보기 등급

① 우리 눈에 보이는 밝기를 등급으로 나타낸 것

② 별까지의 실제 거리는 고려하지 않고, 지구에서 보이는 밝기대로 정한 것이다.

③ 겉보기 등급이 작은 별일수록 우리 눈에 밝게 보인다.

(2) 절대 등급

① 모든 별이 지구로부터 10 pc의 거리에 있다고 가정했을 때의 밝기를 등급으로 나타낸 것

② 별의 실제 밝기 및 별이 실제 방출하는 에너지양을 비교할 수 있다.

③ 절대 등급이 작은 별일수록 실제로 밝고, 방출하는 에너지양이 많다.

(3) 여러 별의 겉보기 등급과 절대 등급

구분	태양	시리우스	북극성	리겔
겉보기 등급	−26.8	−1.5	2.1	0.1
절대 등급	4.8	1.4	−3.7	−6.8

① 지구에서 보았을 때 밝게 보이는 순서 : 태양＞시리우스＞리겔＞북극성

② 실제로 밝은 순서 : 리겔＞북극성＞시리우스＞태양

(4) 별의 등급을 이용하여 지구에서 별까지의 거리를 비교하는 방법

① 10 pc보다 멀리 있는 별 : 겉보기 등급＞절대 등급

② 10 pc의 거리에 있는 별 : 겉보기 등급＝절대 등급

③ 10 pc보다 가까이 있는 별 : 겉보기 등급＜절대 등급

❸ 별의 색깔과 표면 온도

(1) 별의 색깔 : 별의 표면 온도에 따라 별의 색깔이 다르게 나타난다.

(2) 별의 스펙트럼형 : 별은 표면 온도가 높을수록 청색, 낮을수록 적색을 띤다.

➡ 별의 색깔을 통해 별의 표면 온도를 알아낼 수 있다.

색깔	표면 온도		대표적인 별
청색	25000 K 이상	높다	민타카, 나오스
청백색	10000 K∼25000 K	↑	스피카, 리겔
백색	7500 K∼10000 K		견우성, 직녀성
황백색	6000 K∼7500 K		북극성, 프로키온
황색	5000 K∼6000 K		태양, 카펠라
주황색	3500 K∼5000 K	↓	알데바란, 아크투루스
적색	3500 K 이하	낮다	베텔게우스, 안타레스

01 별의 밝기와 등급에 대한 설명으로 옳은 것은?

① 등급이 작을수록 밝은 별이다.
② 별의 밝기는 거리의 제곱에 비례한다.
③ 절대 등급이 큰 별은 겉보기 등급도 크다.
④ 1등급인 별은 6등급인 별보다 약 10배 밝다.
⑤ 별의 실제 밝기를 비교하려면 겉보기 등급을 비교해야 한다.

02 별의 등급 차와 밝기 차(배)의 관계를 나타낸 그래프로 옳은 것은?

①
②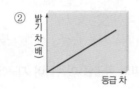
③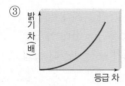
④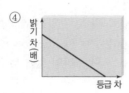
⑤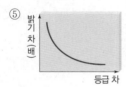

03 그림은 양자리를 구성하는 별 A~C의 겉보기 등급을 나타낸 것이다.

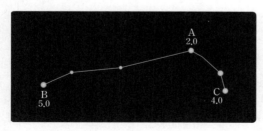

별 A~C의 밝기를 옳게 비교한 것은?

① 별 A가 별 B보다 약 2.5배 밝게 보인다.
② 별 A가 별 C보다 약 2배 밝게 보인다.
③ 별 B가 별 A보다 약 16배 어둡게 보인다.
④ 별 B가 별 C보다 약 6.3배 어둡게 보인다.
⑤ 별 C가 별 A보다 약 4배 어둡게 보인다.

04 그림은 별의 밝기와 거리의 관계를 나타낸 것이다.

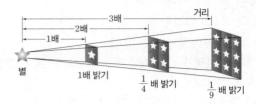

지구로부터 40 pc에 있던 별이 10 pc의 거리로 이동할 때, 이 별의 겉보기 밝기와 등급의 변화로 옳은 것을 <u>모두</u> 고르면?

① 별의 겉보기 밝기가 약 4배 밝아진다.
② 별의 겉보기 밝기가 약 16배 밝아진다.
③ 별의 겉보기 등급이 3등급 커진다.
④ 별의 겉보기 등급이 3등급 작아진다.
⑤ 별의 겉보기 등급이 4등급 작아진다.

05 다음은 어느 별의 관측 자료를 나타낸 것이다.

• 연주 시차는 0.01″이다.
• 겉보기 등급은 3등급이다.

이 별의 절대 등급은?

① −2등급   ② −1등급   ③ 0등급
④ 1등급   ⑤ 2등급

06 그림은 별 A~D의 겉보기 등급과 절대 등급을 나타낸 것이다. 이에 대한 설명으로 옳지 <u>않은</u> 것은?

① 실제 밝기는 별 A가 가장 어둡다.
② 지구에서 보는 밝기는 별 B가 가장 어둡다.
③ 별이 방출하는 에너지의 양은 별 A가 별 C의 약 40배이다.
④ 별 D와 지구 사이의 거리는 100 pc이다.
⑤ 지구에서 별 D는 별 B보다 약 2.5배 밝게 관측된다.

[07~08] 표는 여러 별들의 절대 등급과 겉보기 등급을 나타낸 것이다.

구분	절대 등급	겉보기 등급
북극성	−3.7	2.1
데네브	−8.4	1.3
시리우스	1.4	−1.5
태양	4.8	−26.8
알타이르	0.8	2.2

07 (가) 맨눈으로 보았을 때 가장 밝은 별과 (나) 실제로 가장 밝은 별을 옳게 짝지은 것은?

	(가)	(나)
①	북극성	시리우스
②	데네브	알타이르
③	시리우스	태양
④	태양	데네브
⑤	알타이르	북극성

08 지구로부터의 거리가 10 pc보다 가까운 별을 모두 고르면?

① 북극성　　② 데네브　　③ 시리우스
④ 태양　　⑤ 알타이르

09 표는 별 A~C의 절대 등급과 별까지의 거리를 나타낸 것이다.

구분	A	B	C
절대 등급	−2	1	2
별까지의 거리(pc)	100	10	1

별 A~C의 겉보기 등급을 각각 옳게 짝지은 것은?

	A	B	C
①	−5등급	−1등급	5등급
②	−2등급	1등급	2등급
③	0등급	2등급	−1등급
④	3등급	1등급	−3등급
⑤	8등급	6등급	2등급

10 현재 태양의 표면 온도는 약 6000 ℃이지만, 점차적으로 표면 온도가 낮아지고 있는 것이 관측된다고 한다. (가) 현재 태양의 색깔과 (나) 표면 온도가 낮아졌을 때 예상되는 태양의 색깔을 옳게 짝지은 것은?

	(가)	(나)		(가)	(나)
①	청백색	청색	②	백색	주황색
③	청백색	황백색	④	황색	주황색
⑤	황색	청색			

[11~12] 표는 별 A~E의 등급과 색깔을 나타낸 것이다.

구분	겉보기 등급	절대 등급	색깔
A	−8.7	−5.2	백색
B	5.3	1.7	청백색
C	1.2	3.0	적색
D	−0.8	3.0	황백색
E	6.6	−1.5	청색

11 (가) 별의 표면 온도가 가장 낮은 별과 (나) 별이 방출하는 에너지의 양이 가장 많은 별을 옳게 짝지은 것은?

	(가)	(나)		(가)	(나)
①	A	D	②	A	E
③	C	A	④	C	E
⑤	D	B			

12 별 A~E에 대한 설명으로 옳은 것을 | 보기 |에서 모두 고른 것은?

> **보기**
> ㄱ. 지구에서 가장 밝게 보이는 별은 B이다.
> ㄴ. 지구와의 거리는 별 C보다 D가 가깝다.
> ㄷ. 표면 온도는 별 E가 가장 높다.

① ㄱ　　　② ㄴ　　　③ ㄱ, ㄷ
④ ㄴ, ㄷ　　⑤ ㄱ, ㄴ, ㄷ

❶ 우리은하

(1) 우리은하 : 태양계가 속해 있는 은하로 태양계를 비롯한 별, 성단, 성운, 성간 물질 등으로 이루어진 거대한 천체 집단이다.

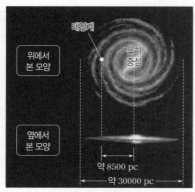

위에서 본 모양 / 태양계 / 은하 중심 / 옆에서 본 모양 / 약 8500 pc / 약 30000 pc

▲ 우리은하의 모양

(2) 은하수 : 지구에서 우리은하의 단면을 본 모습으로, 희뿌연 띠 모양으로 보인다.

(3) 우리은하를 구성하는 천체

① 성단 : 무리를 지어 모여 있는 별의 집단

구분	산개 성단	구상 성단
모습		
특징	별들이 분산되어 불규칙한 형태로 모여 있다.	별들이 구형으로 빽빽하게 모여 있다.
나이	적다	많다
수	수십 개~수만 개	수만 개~수십만 개
표면 온도	높다	낮다
분포 위치	우리은하의 나선팔	우리은하의 중심부와 구 모양의 공간

② 성간 물질 : 별과 별 사이에 분포하는 가스나 작은 티끌
③ 성운 : 성간 물질이 많이 모여 있어 구름처럼 보이는 것
• 방출 성운 : 주위에 있는 고온의 별로부터 에너지를 흡수하여 스스로 빛을 내는 성운
• 반사 성운 : 주위에 있는 별의 별빛을 반사하여 밝게 보이는 성운
• 암흑 성운 : 뒤에서 오는 별빛을 가려 어둡게 보이는 성운

❷ 팽창하는 우주

(1) 외부 은하 : 우리은하 밖의 우주에 흩어져 있는 은하
① 허블의 관측에 의해 최초의 외부 은하가 발견되었다.
② 우리은하로부터 매우 먼 거리에 위치하며, 수천억 개 이상이 존재한다.

③ 우리은하에서 볼 때 대부분의 외부 은하는 점점 멀어지고 있다.

(2) 우주의 팽창 : 대부분의 외부 은하들은 특별한 중심 없이 모든 방향으로 서로 균일하게 멀어지고 있으며, 멀리 떨어져 있는 은하일수록 더 빠르게 멀어지고 있다.

(3) 대폭발 우주론(빅뱅 우주론) : 약 138억 년 전 우주에 존재하는 모든 물질과 빛에너지가 아주 작은 하나의 점에 모여 있던 상태에서 시작되었으며, 대폭발(빅뱅) 이후 우주가 계속 팽창함에 따라 우주가 식어가면서 현재와 같은 우주가 형성되었다는 이론

시간의 흐름 / 은하 / 대폭발

▲ 대폭발 우주론

❸ 우주 탐사

(1) 우주 탐사 : 우주에 대한 호기심을 해결하고 우주를 이해하고자 우주를 탐색하고 조사하는 활동

(2) 우주 탐사의 방법

① 우주 망원경 : 지구 궤도를 돌며 우주를 관측하는 망원경
② 인공위성 : 천체 주위를 일정한 궤도를 따라 공전할 수 있도록 우주로 쏘아 올린 인공 장치
③ 우주 탐사선 : 지구 외에 다른 천체를 탐사하기 위해 쏘아 올린 물체
④ 우주 정거장 : 지구 주위 궤도를 따라 공전하는 무중력 상태의 우주 구조물

(3) 우주 탐사의 역사

구분	탐사 내용
1950년대	• 1957년 스푸트니크1호 : 구소련에서 발사한 최초의 인공위성
1960년대	• 1969년 아폴로11호 : 최초로 인류가 달에 착륙
1970년대	• 1977년 보이저1호, 2호 : 태양계를 탐사하기 위하여 발사
1990년대 이후	• 1990년 허블 우주 망원경 • 2006년 뉴호라이즌스호(명왕성 탐사) • 2011년 주노호(목성 탐사), 큐리오시티(화성 탐사) • 2018년 파커 탐사선(태양 탐사)

(4) 우주 탐사의 의의

① 태양계의 형성 과정과 구성 천체를 이해
② 천문학, 물리학 등 여러 학문 발전
③ 우주 산업이 발달하고 다양한 직업이 생겨남
④ 우주 탐사 및 개발 과정에서 얻은 기술을 우리 생활에 응용하여 편리한 생활 가능

01 은하수에 대한 설명으로 옳지 <u>않은</u> 것은?

① 남반구에서만 발견된다.

② 궁수자리 방향에서 폭이 넓게 보인다.

③ 수많은 별과 성간 물질로 이루어져 있다.

④ 어둡게 보이는 부분은 별빛이 가려진 것이다.

⑤ 북반구에서 은하수는 겨울철보다 여름철에 선명하게 관측된다.

02 그림은 우리은하의 모습을 나타낸 것이다.

우리은하에 대한 설명으로 옳지 <u>않은</u> 것은?

① A에서 B 사이의 거리는 약 8500 pc이다.

② B에는 주로 구상 성단이 분포한다.

③ 우리은하의 지름은 약 30000 pc이다.

④ 별, 성단, 성운, 성간 물질 등으로 이루어져 있다.

⑤ 우리은하를 위에서 보면 중심부가 볼록한 원반 모양이다.

03 그림은 모래를 쌓아 중심부가 볼록한 형태로 만든 모습을 나타낸 것이다.

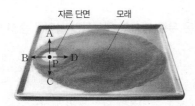

모래더미는 우리은하를, 점 P는 태양계의 위치를 의미한다고 할 때, 이에 대한 설명으로 옳은 것은?

① B는 우리은하의 중심 방향이다.

② D 방향의 은하수는 폭이 가장 좁게 보인다.

③ 우리은하는 점 P를 중심으로 회전 운동한다.

④ A와 C 방향을 바라볼 때는 은하수의 관측이 어렵다.

⑤ 지구가 B 방향을 바라볼 때는 우리나라의 여름철, D 방향을 바라볼 때는 우리나라의 겨울철에 해당한다.

04 그림과 같이 태양계가 우리은하의 중심에 있다고 가정할 때, 관측되는 은하수의 특징으로 가장 적절한 것은?

① 북반구에서만 관측될 것이다.

② 계절에 따른 변화가 거의 없을 것이다.

③ 지금의 은하수와 별다른 차이가 없을 것이다.

④ 현재 관측되는 은하수보다 폭이 좁아질 것이다.

⑤ 현재 관측되는 은하수보다 어둡게 관측될 것이다.

05 그림은 우리은하에 분포하는 성단을 나타낸 것이다. 이에 대한 설명으로 옳지 <u>않은</u> 것은?

① 붉은색의 별들로 이루어져 있다.

② 별들의 표면 온도가 비교적 높다.

③ 주로 우리은하의 중심부에 분포한다.

④ 별들이 구형으로 빽빽하게 모여 있다.

⑤ 수만 개~수십만 개의 별들이 모여 있다.

06 산개 성단과 구상 성단을 이루는 별의 색깔이 다른 까닭으로 가장 적절한 것은?

① 성단의 생성 시기가 다르기 때문이다.

② 성단의 크기가 서로 다르기 때문이다.

③ 성단 속 별의 밀집도가 다르기 때문이다.

④ 성단을 구성하는 성간 물질이 다르기 때문이다.

⑤ 성단이 위치하는 우주 내 장소가 다르기 때문이다.

07 그림은 망원경을 통해 관측한 검은색으로 보이는 천체를 나타낸 것이다. 이 천체의 생성 원리로 옳은 것은?

① 별이 소멸하면서 생성된다.
② 주위의 별빛을 흡수하여 생성된다.
③ 늙은 별들이 빛을 잃으며 생성된다.
④ 뒤에서 오는 별빛을 차단하여 생성된다.
⑤ 뒤에서 오는 별빛에 의해 가열되어 생성된다.

08 그림은 오리온 대성운을 나타낸 것이다. 이와 같은 천체에 대한 설명으로 옳지 <u>않은</u> 것은?

① 별들이 엉성하게 모여 있다.
② 우리은하에서 관측 가능하다.
③ 가스나 티끌로 이루어져 있다.
④ 스스로 빛을 내는 방출 성운이다.
⑤ 주위의 별로부터 에너지를 흡수한다.

09 그림은 풍선의 표면에 붙임딱지를 붙인 다음 풍선에 공기를 더 불어 넣었을 때 각 붙임딱지의 위치 변화를 관찰하는 실험을 나타낸 것이다. 이 실험을 통해 알 수 있는 것을 |보기|에서 모두 고른 것은?

| 보기 |
ㄱ. 팽창하는 우주의 중심은 우리은하이다.
ㄴ. 우주가 팽창함에 따라 은하의 크기가 커진다.
ㄷ. 외부 은하에서 우리은하를 관측하면 멀어진다.

① ㄱ   ② ㄴ   ③ ㄷ
④ ㄱ, ㄴ   ⑤ ㄴ, ㄷ

10 그림은 우주를 구성하고 있는 은하들의 모습을 나타낸 것이다.

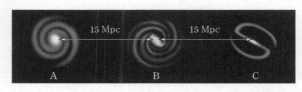

이에 대한 설명으로 옳은 것을 |보기|에서 모두 고른 것은?

| 보기 |
ㄱ. 우주는 은하 B를 중심으로 팽창한다.
ㄴ. 과거에는 은하 A와 B 사이의 거리가 현재보다 가까웠다.
ㄷ. 은하 C에서 보면 은하 A의 멀어지는 속도가 은하 B의 멀어지는 속도보다 빠르다.

① ㄱ   ② ㄴ   ③ ㄱ, ㄷ
④ ㄴ, ㄷ   ⑤ ㄱ, ㄴ, ㄷ

11 다음은 우주를 탐사하는 장비에 대한 설명을 나타낸 것이다.

• 천체 주위를 일정한 궤도를 따라 공전할 수 있도록 우주로 쏘아 올린 장치이다.
• 1957년에 최초로 발사되었다.

이 설명에 해당하는 우주 탐사 장비로 옳은 것은?

① 인공위성   ② 탐사 로봇   ③ 우주 망원경
④ 우주 정거장   ⑤ 우주 탐사선

12 다음은 우주 탐사의 역사적인 사건을 순서 없이 나열한 것이다.

(가) 인공위성 스푸트니크1호 발사
(나) 탐사 로봇을 이용한 화성 표면 탐사
(다) 허블 우주 망원경을 이용한 우주 탐사

먼저 일어난 사건부터 순서대로 옳게 나열한 것은?

① (가) − (나) − (다)
② (가) − (다) − (나)
③ (나) − (가) − (다)
④ (나) − (다) − (가)
⑤ (다) − (가) − (나)

서술형 문제

01 그림 (가)는 시차를 이해하기 위한 탐구 활동을, (나)는 별 S의 연주 시차를 측정하는 원리를 나타낸 것이다.

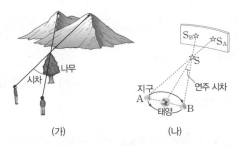

(가)   (나)

(1) (가)의 나무는 (나)에서 무엇에 해당하는지 쓰시오.

(2) (가)에서 관측자와 나무 사이의 거리가 $\frac{1}{2}$배로 되었을 때 시차는 어떻게 변하는지 쓰고, 그 까닭을 서술하시오.

 시차$\propto\dfrac{1}{거리}$

02 그림은 별의 연주 시차와 거리의 관계를 이해하기 위한 실험을 나타낸 것이다. 관측자가 팔을 뻗고 두 눈을 번갈아 감으면서 연필 끝의 위치 변화를 관찰했을 때, 연필 끝의 위치가 오른쪽 눈으로는 3에서 보이고, 왼쪽 눈으로는 5에서 보였다.

팔을 구부리면, 두 눈에 보이는 연필 끝의 위치 사이의 간격은 어떻게 변하는지 서술하시오.

 거리, 시차

03 표는 별 A~E의 연주 시차를 나타낸 것이다.

별	A	B	C	D	E
연주 시차(″)	1	0.05	0.2	0.4	0.1

지구에서 가장 멀리 있는 별까지의 거리는 가장 가까이 있는 별까지의 거리의 몇 배인지 구하고, 풀이 과정을 서술하시오.

 별까지의 거리$\propto\dfrac{1}{연주 시차}$

04 그림은 지구에서 같은 구역의 별들을 6개월 간격으로 찍은 세 장의 사진을 겹쳐놓은 것이다. 별 A는 A → A′ → A로, 별 B는 B → B′ → B로 각각 옮겨졌다.

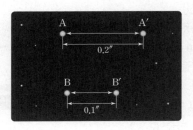

(1) 1년 후 별 A와 B의 위치가 제자리로 돌아온 까닭을 서술하시오.

 공전

(2) 별 B가 별 A보다 위치 변화가 작은 까닭을 서술하시오.

 지구로부터의 거리

(3) 지구로부터 별 A까지의 거리는 몇 pc인지 쓰고, 풀이 과정을 서술하시오.

 별까지의 거리(pc)$=\dfrac{1}{연주 시차(″)}$

05 그림은 지구로부터의 거리가 다른 두 별 A와 B의 연주 시차를 나타낸 것이다. 지구로부터 별 A까지의 거리가 1 pc일 때, 별 B까지의 거리는 몇 pc인지 쓰고, 풀이 과정을 서술하시오.

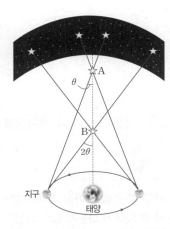

 별까지의 거리$\propto\dfrac{1}{연주 시차}$

06 다음은 별의 밝기에 영향을 미치는 요인을 알아보기 위한 실험을 나타낸 것이다.

> **[실험 과정]**
> (가) 손전등 A를 검은색 종이로부터 30 cm 떨어뜨려 비춘다.
> (나) 손전등 A보다 방출하는 빛의 양이 적은 손전등 B를 검은색 종이로부터 30 cm 떨어뜨려 비춘다.
> (다) 검은색 종이에 비친 빛의 밝기를 비교한다.
>
> **[실험 결과]**
> 검은색 종이에 비친 빛의 밝기는 손전등 A보다 손전등 B가 더 어둡다.

(1) 이 실험을 통해 알아낸 별의 밝기에 영향을 미치는 요인은 무엇인지 쓰고, 그렇게 생각한 까닭을 서술하시오.

 별이 방출하는 빛의 양 ∝ 별의 밝기

(2) 손전등 B의 종류를 바꾸지 않고 검은색 종이에 비치는 빛의 밝기를 밝게 하기 위해서는 어떻게 해야 하는지 쓰고, 그렇게 생각한 까닭을 서술하시오.

 검은색 종이에 비친 밝기 $\propto \dfrac{1}{(손전등의\ 높이)^2}$

07 다음은 별 A~D의 등급을 나타낸 것이다.

별	A	B	C	D
등급	1.7	3.4	−1.6	2.3

가장 밝은 별과 가장 어두운 별을 각각 쓰고, 두 별의 밝기는 몇 배 차이가 나는지 풀이 과정과 함께 서술하시오.

 별의 밝기 차 $= 2.5^{등급\ 차}$

08 다음은 별 A~C의 겉보기 등급과 절대 등급을 나타낸 것이다.

구분	A	B	C
겉보기 등급	−1.0	1.5	1.4
절대 등급	2.3	0.1	1.4

별 A~C를 지구에서 거리가 가까운 것부터 순서대로 나열하고, 그렇게 생각한 까닭을 서술하시오.

 겉보기 등급 < 절대 등급 ⇨ 10 pc보다 가까운 거리

09 그림은 지구로부터의 거리가 40 pc인 곳에 위치한 겉보기 등급이 5등급인 별의 모습을 나타낸 것이다.

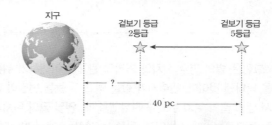

이 별이 이동하여 겉보기 등급이 2등급이 되었을 때, 지구로부터 별까지의 거리는 몇 pc인지 쓰고, 풀이 과정을 서술하시오.

 별의 밝기 $\propto \dfrac{1}{(별까지의\ 거리)^2}$, 별의 밝기 차 $= 2.5^{등급\ 차}$

10 표는 여러 별의 겉보기 등급과 절대 등급을 나타낸 것이다.

구분	북극성	알데바란	태양	베가
겉보기 등급	2.1	0.9	−26.7	0.0
절대 등급	−3.7	−0.8	4.8	0.5

(가) 지구로부터 10 pc의 위치에서 가장 밝게 보이는 별과 (나) 별이 방출하는 에너지양이 가장 적은 별을 각각 고르고, 그렇게 생각한 까닭을 서술하시오.

 10 pc ⇨ 겉보기 등급 = 절대 등급
절대 등급 ⇨ 별이 방출하는 에너지양

11 그림은 밤하늘에 떠 있는 청백색인 별의 모습을 나타낸 것이다. 이 별이 지구로부터 멀어질 때와 표면 온도가 낮아질 때, 별의 색깔이 각각 어떻게 변할지 서술하시오.

KEY 　　　별의 색깔, 표면 온도

---

12 옆에서 본 우리은하의 모습과 우리은하에서 태양계의 위치를 각각 서술하시오.

KEY 　　　중심부, 나선팔

---

13 그림과 같이 우리나라의 여름철에는 겨울철보다 은하수 폭이 더 넓고 밝게 관측된다.

　　여름철　　　　　　　겨울철

이 관측 결과로부터 태양계가 우리은하의 중심부에서 벗어난 위치에 있다는 것을 알 수 있는 까닭을 서술하시오.

KEY 　　　여름철 은하수, 겨울철 은하수

---

14 그림은 서로 다른 종류의 성단을 나타낸 것이다.

　　　　(가)　　　　　　　　　(나)

(가)와 (나)의 이름을 쓰고, 차이점을 <u>두 가지 이상</u> 비교하여 서술하시오.

KEY 　　　나이, 표면 온도, 색깔

---

15 그림은 방출 성운을 나타낸 것이다. 이 성운이 밝게 보이는 원리에 대해 서술하시오.

KEY 　　　에너지 흡수

---

16 다음은 허블의 외부 은하 관측 결과를 나타낸 것이다.

- 모든 은하들은 우리은하로부터 멀어지고 있다.
- 멀리 있는 은하일수록 멀어지는 속도가 빠르다.

이 결과를 통해 알 수 있는 사실을 쓰고, 그렇게 생각한 까닭을 서술하시오.

KEY 　　　중심, 외부 은하

---

17 그림은 우주 탐사의 방법 중 하나인 인공위성을 나타낸 것이다. 인공위성이 실생활에 이용되는 예를 <u>두 가지 이상</u> 서술하시오.

KEY 　　　기상 관측, 위치 파악

---

18 무분별한 우주 개발로 인해 우주 쓰레기가 발생할 수 있다. 우주 쓰레기는 무엇인지 쓰고, 우주 쓰레기가 우리에게 미치는 영향에 대해 서술하시오.

KEY 　　　파편, 빠른 속도, 충돌

01 과학기술과 인류 문명

❶ 과학기술과 인류 문명의 발달

(1) 불의 발견과 이용

| 불을 피울 수 있게 됨 | ➡ | 불을 이용한 음식 조리, 조명, 난방 등에 직접적으로 이용 | ➡ | 토기를 제작하여 음식의 저장, 운반, 조리 등에 이용 |

| ➡ | 청동이나 철과 같은 금속 제련 | ➡ | 인류의 생활 수준 향상으로 인한 문명의 발달 |

(2) 인류 문명에 영향을 미친 과학 원리

태양 중심설 (지동설)	코페르니쿠스가 망원경으로 천체를 관측하여 태양 중심설(지동설)의 증거를 발견함으로써 경험 중심의 과학적 사고를 중요시하게 됨
세포의 발견	훅이 현미경으로 세포를 발견함으로써 생물체를 작은 세포들이 모여 이루어진 존재로 인식하게 됨
만유인력과 운동 법칙의 발견	뉴턴의 만유인력과 운동 법칙의 발견으로 자연 현상을 이해하고 그 변화를 예측할 수 있게 됨
전자기 유도 법칙	패러데이의 전자기 유도 법칙 발견으로 전기를 생산하고 활용할 수 있게 됨

(3) 과학기술과 인류 문명의 발달

인쇄 출판	구텐베르크의 활판 인쇄술 발달 ➡ 책의 대량 생산 ➡ 지식과 정보가 빠르게 확산
교통수단	와트의 증기 기관 발명 ➡ 먼 거리까지 더 많은 물건을 운반
농업	하버의 암모니아 합성법 개발 ➡ 질소 비료의 대량 생산 ➡ 농업 생산력 증가
의학	• 종두법 발견 ➡ 백신 개발 • 페니실린이라는 항생제 발견 ➡ 결핵과 같은 질병 치료
정보 통신	• 전화기 발명 ➡ 거리의 제약 없는 소통 가능 • 인공위성과 인터넷 발달 ➡ 전 세계적 네트워크 형성 • 스마트 기기 ➡ 위치에 관계 없이 정보 검색, 영상 시청이 가능 • 인공 지능 스피커 ➡ 음악 재생, 물건 주문 등에 사용
유전자 분석 기술	DNA 분석 ➡ 진화 과정을 연구하는 데 사용

(4) 과학기술 발달의 양면성

① 긍정적 측면 : 생활의 편리, 인간 수명 증가, 식량 부족 해결, 새로운 에너지 자원으로 에너지 고갈 문제 해결 등

② 부정적 측면 : 환경 오염, 에너지 부족, 교통난, 개인의 사생활 침해, 유전자 조작에 따른 생명 윤리의 혼란, 정보 유출 등

❷ 과학기술의 활용

(1) 편리한 생활과 첨단 과학기술

나노 기술	• 물질이 나노미터 크기로 작아지면 물질 고유의 성질이 바뀌어 새로운 특성을 갖게 되는데, 이를 이용해 다양한 소재나 제품을 만드는 기술 ➡ 제품의 소형화, 경량화 • 활용 : 나노 반도체, 나노 로봇, 나노 표면 소재, 유기 발광 다이오드(OLED) 등 • 유기 발광 다이오드(OLED) : 형광성 물질에 전류를 흘려 주면 스스로 빛을 내는 현상을 이용
생명 공학 기술	• 생명 과학 지식을 바탕으로 생명체가 가진 특성을 연구하여 인간에게 유용하게 활용하는 기술 • 활용 : 유전자 재조합, 세포 융합, 바이오 의약품, 바이오칩, 인공 장기 등 • 유전자 재조합 기술 : 어떤 생물에서 특정 유전자를 분리하여 다른 생물의 유전자와 조합하는 기술 • 세포 융합 기술 : 서로 다른 특징을 가진 두 종류의 세포를 융합하여 하나의 세포로 만드는 기술 • 바이오칩 : 단백질, DNA, 세포 조직 등과 같은 생물 소재와 반도체를 조합하여 제작된 칩으로, 빠르고 정확한 질병 예측 가능
정보 통신 기술	• 컴퓨터, 정보, 전자와 관련된 모든 기술 • 활용 : 가상 현실(VR), 증강 현실(AR), 생체 인식, 언어 번역, 홈 네트워크, 전자 결제, 웨어러블 기기 • 사물 인터넷(IoT) : 모든 사물을 인터넷으로 연결하는 기술 • 인공 지능(AI) : 기계가 인간과 같은 지능을 가지는 것 • 빅데이터 기술 : 매우 빠른 속도로 생산되고 있는 많은 데이터를 실시간으로 수집하고 분석하여 의미 있는 정보를 추출하는 기술

(2) 공학적 설계 : 과학 원리나 기술을 활용하여 기존의 제품을 개선하거나 새로운 제품이나 시스템을 개발하는 창의적인 과정

① 공학적 설계를 할 때 고려해야 할 요소 : 경제성, 안전성, 편리성, 환경적 요인, 외형적 요인

② 공학적 설계 과정 : 문제점 인식 및 목표 설정 → 정보 수집 → 해결책 탐색 → 해결책 분석 및 결정 → 설계도 작성 → 제품 제작 → 평가 및 개선

(3) 4차 산업 혁명과 미래 생활 : 증기 기관을 바탕으로 한 산업 혁명이 일어난 이후 계속된 과학기술의 발달로 2차, 3차 산업 혁명의 시기를 지나 오늘날에는 4차 산업 혁명의 시기에 들어섰다.

(4) 지식 정보 기술 : 4차 산업 혁명을 이끄는 핵심적인 기술로, 인공 지능 기술과 데이터 활용 기술을 바탕으로 한 기술 ➡ 사람과 사물, 정보를 상호 연결하여 기술과 사회의 융합을 가속화하고 과학기술의 영향력이 커지는 사회로 이끌 것이다.

01 다음은 청동 도구의 제작 과정에 대한 설명을 나타낸 것이다.

> 구리에 주석 등을 혼합하고 높은 온도로 가열하여 얻은 청동을 액체 상태로 만들어 거푸집에 부으면 원하는 모양의 청동 도구를 얻을 수 있다.

이에 대한 설명으로 옳은 것을 │보기│에서 모두 고른 것은?

│보기│
ㄱ. 청동은 인류가 처음으로 도구를 만드는 데 사용한 금속이다.
ㄴ. 거푸집은 만들고자 하는 도구보다 약간 작게 만들어야 한다.
ㄷ. 구리에 섞는 주석의 비율에 따라 청동의 색깔이나 굳기 등이 달라진다.

① ㄱ   ② ㄴ   ③ ㄱ, ㄷ
④ ㄴ, ㄷ   ⑤ ㄱ, ㄴ, ㄷ

02 다음은 어떤 과학 원리에 대한 설명을 나타낸 것이다.

> 그림과 같이 코일 주위에서 자석을 움직이면 코일 내부의 자기장이 변하며, 코일은 변화를 상쇄하는 자기장을 만들기 위해 코일에 유도 전류가 흐른다.

이에 대한 설명으로 옳은 것을 │보기│에서 모두 고른 것은?

│보기│
ㄱ. 만유인력 법칙에 대한 설명이다.
ㄴ. 패러데이가 발견한 과학 원리이다.
ㄷ. 이 과학 원리의 발견으로 전기를 생산하고 활용할 수 있게 되었다.

① ㄱ   ② ㄴ   ③ ㄷ
④ ㄱ, ㄴ   ⑤ ㄴ, ㄷ

03 과학 원리와 이를 발견한 학자를 옳게 짝지은 것은?

① 세포의 발견 – 훅
② 태양 중심설 – 뉴턴
③ 만유인력 법칙 – 하버
④ 암모니아 합성 – 파스퇴르
⑤ 백신 개발 – 코페르니쿠스

04 그림 (가)는 증기 기관을, (나)는 내연 기관을 나타낸 것이다.

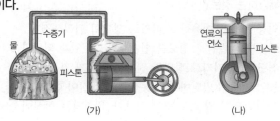

이에 대한 설명으로 옳은 것을 │보기│에서 모두 고른 것은?

│보기│
ㄱ. (가)는 연료의 연소가 기관 내부에서 일어난다.
ㄴ. (나)보다 (가)가 더 먼저 발명되었다.
ㄷ. (가)와 (나)로 인해 산업이 발달하게 되었다.

① ㄱ   ② ㄴ   ③ ㄷ
④ ㄴ, ㄷ   ⑤ ㄱ, ㄴ, ㄷ

05 다음은 과학기술이 인류 문명의 발달에 미친 영향에 대한 설명을 나타낸 것이다.

> 1929년 플레밍은 세균이 푸른곰팡이 주변에서 자라지 못하는 현상을 관찰했다. 이를 보고 플레밍은 곰팡이가 세균의 성장을 막는다는 것을 알아냈고, 이 곰팡이가 만든 물질을 (㉠)이라고 불렀다. (㉠)은 전염병을 일으키는 세균에 대해 항균 작용이 있어서 수많은 전염병 환자의 질병을 치료할 수 있게 되었다.

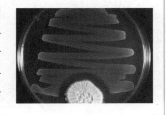

이에 대한 설명으로 옳은 것을 │보기│에서 모두 고른 것은?

│보기│
ㄱ. ㉠은 페니실린이다.
ㄴ. ㉠의 개발로 소아마비와 같은 질병을 예방할 수 있게 되었다.
ㄷ. ㉠의 발견은 인류의 평균 수명을 증가시키는 데 큰 영향을 미쳤다.

① ㄱ   ② ㄴ   ③ ㄷ
④ ㄱ, ㄷ   ⑤ ㄴ, ㄷ

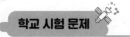
06 과학기술의 발달이 우리 생활에 미치는 부정적인 영향에 해당하는 것은?

① 인공 지능을 이용한 스피커로 생활이 편리해졌다.
② 인터넷의 발달로 정보를 쉽게 찾을 수 있게 되었다.
③ 첨단 의료 기기로 정밀한 진단과 치료가 가능해졌다.
④ 농업 기술이 발달하면서 농산물의 품질이 향상되었다.
⑤ 과학기술의 발달로 개인 정보가 유출되는 현상이 늘어났다.

07 다음 (가)와 (나)는 각각 어떤 과학기술에 대한 설명을 나타낸 것이다.

> (가) 특정 생물의 유용한 유전자를 다른 생물의 DNA에 끼워 넣어 재조합 DNA를 만드는 기술이다.
> (나) 단백질, DNA, 세포 조직 등과 같은 생물 소재와 반도체를 조합하여 제작한 칩으로 빠르고 정확하게 질병을 예측할 수 있다.

이에 대한 설명으로 옳은 것을 |보기|에서 모두 고른 것은?

| 보기 |
ㄱ. (가)의 기술로 만들어진 것에는 제초제에 내성을 가진 콩, 잘 무르지 않는 토마토 등이 있다.
ㄴ. (나)의 예로 오렌지와 귤의 세포를 융합하여 만든 감귤이 있다.
ㄷ. (가)와 (나)는 생명 공학 기술에 해당한다.

① ㄱ   ② ㄴ   ③ ㄱ, ㄷ
④ ㄴ, ㄷ   ⑤ ㄱ, ㄴ, ㄷ

08 다음은 사물 인터넷(IoT)에 대한 설명을 나타낸 것이다.

사물 인터넷(IoT)은 모든 사물을 인터넷으로 연결하는 기술이다. 가전제품이 사물 인터넷으로 연결되면, 집에 도착해서 현관문을 여는 순간, 거실의 불이 켜지고 에어컨과 공기 청정기가 가동되는 것이 가능하다.

사물 인터넷(IoT)에 사용된 과학기술로 옳은 것은?

① 나노 기술   ② 환경 기술
③ 세포 융합 기술   ④ 정보 통신 기술
⑤ 유전자 재조합 기술

09 다음은 공학적 설계 과정을 통해 전기 자동차를 생산할 때 고려해야 할 요소에 대한 설명을 나타낸 것이다.

> (가) 한 번 충전하면 먼 거리를 주행할 수 있도록 용량이 큰 축전지를 사용한다.
> (나) 보행자가 전기 자동차의 접근을 알 수 있도록 전기 자동차에 경보음 장치를 설치한다.
> (다) 주요 소비자층의 취향을 고려하여 디자인과 색상을 다양하게 한다.

(가)~(다) 중 편리성과 안전성을 고려한 요소에 해당하는 것을 옳게 짝지은 것은?

	편리성	안전성		편리성	안전성
①	(가)	(나)	②	(가)	(다)
③	(나)	(가)	④	(나)	(다)
⑤	(다)	(가)			

10 공학적 설계에 대한 설명으로 옳지 <u>않은</u> 것은?

① 환경적 요인, 편리성, 안전성 등을 고려해야 한다.
② 일상생활에서 불편한 점을 인식하는 것에서 시작한다.
③ 외형적 요인이나 경제성에 대해서는 고려할 필요가 없다.
④ 문제점을 인식한 후 최적의 방법을 생각하고, 적절한 과학 원리나 기술을 활용해야 한다.
⑤ 과학 원리나 기술을 활용하여 기존의 제품을 개선하거나 새로운 제품을 개발하는 과정이다.

11 다음은 신소재인 그래핀에 대한 설명을 나타낸 것이다.

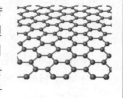

그래핀은 탄소 원자가 육각형 모양으로 결합하여 한 층으로 배열된 0.2 nm 두께의 얇은 막이다. 전기 전도성, 열전도성, 강도가 매우 높으며 투명하다. 또한 매우 유연하여 휘거나 구부려도 전기적 성질이 변하지 않는다.

이에 대한 설명으로 옳은 것을 |보기|에서 모두 고른 것은?

| 보기 |
ㄱ. 나노 기술을 활용한 것이다.
ㄴ. 휘어지는 디스플레이에 활용할 수 있다.
ㄷ. 빛이 비치는 방향에 따라 색이 변하는 옷감에 활용할 수 있다.

① ㄱ   ② ㄷ   ③ ㄱ, ㄴ
④ ㄴ, ㄷ   ⑤ ㄱ, ㄴ, ㄷ

01 불의 발견이 인류에 어떤 영향을 미쳤는지 서술하시오.

 KEY 　　　　조리, 그릇, 제련

---

02 독일의 인쇄업자인 구텐베르크는 납에 금속 원소들을 적절한 비율로 섞어 녹인 다음, 글자를 새긴 틀에 부어 활자를 만들어내는 방법을 고안해냈다. 이러한 인쇄술의 발달이 인류 문명에 어떤 영향을 미쳤는지 서술하시오.

 KEY 　　　大량 생산, 보급, 지식과 정보 확산

---

03 다음은 해충에 강한 LMO 옥수수에 대한 설명을 나타 낸 것이다.

> 해충에 강한 옥수수는 유전자 변형 과정에서 미생물의 유 전자를 이용하여 해충의 저항성을 갖도록 한 옥수수이다. 옥수수 재배의 가장 큰 골칫거리 중 하나였던 유럽조명충 나방에 저항성을 갖도록 변형된 이 옥수수는 현재까지도 꾸준히 재배되고 있으며 재배 면적도 증가하고 있다.

이 옥수수를 만드는 데 사용한 과학기술을 쓰고, LMO 식품 의 장점에 대해 서술하시오.

 KEY 　　　유전자 재조합, 생산량 증가

---

04 다음은 연잎에 대한 설명을 나타낸 것이다.

> 연잎은 표면이 수많은 미세 돌기로 덮여 있다. 따라서 연잎 위로 떨어진 물은 연잎 표면과 접촉하는 면적이 작 아 연잎에 스며들지 않고 맺 혀 있거나 흘러내린다.

이 원리를 과학기술에 활용할 수 있는 방안에 대해 서술하시오.

 KEY 　　　물에 젖지 않는 섬유

---

05 하버는 공기 중에 존재하는 수소 기체와 질소 기체를 이용하 여 암모니아를 대량으로 합성하 는 방법을 발견하였다. 이 발견이 인류 문명에 미친 영향에 대해 서 술하시오.

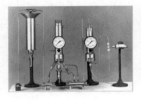

 KEY 　　　질소 비료, 농업 생산량 증가

---

06 다음은 생활을 편리하게 하는 과학기술에 대한 설명을 나 타낸 것이다.

> 컴퓨터, 정보, 전자와 관련된 모든 기술로 정보를 주고 받는 것은 물론 개발, 저장, 처리 등 관리하는 데 필요한 모든 기술이다.

어떤 과학기술에 대한 설명인지 쓰고, 그 예를 두 가지 이상 서술하시오.

 KEY 　　　정보 통신 기술, 사물 인터넷, 인공 지능 등

1 세포 분열

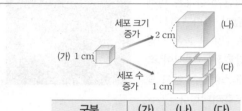

구분	(가)	(나)	(다)
부피(cm³)	1	8	8
표면적(cm²)	6	24	48
표면적(cm²)/부피(cm³)	6	3	6

빈칸에 알맞은 말을 쓰시오.

❶ (   )은 하나의 세포가 두 개로 나누어져 새로운 세포가 만들어지는 현상이다.

❷ 세포가 커지면 세포 분열이 일어나 (   )이 넓어진다.

❸ 세포가 계속 커지는 것보다 세포가 분열하여 표면적이 (   )질수록 물질 교환에 유리하다.

❹ 개미와 코끼리의 크기가 다른 까닭은 세포의 (   ) 차이 때문이다.

2 염색체

- 염색체의 구조

- 상염색체 : 성별에 관계 없이 남녀 공통으로 가지는 염색체
- 성염색체 : 성별을 결정하는 염색체

다음 설명 중 옳은 것은 ○표, 옳지 않은 것은 ×표 하시오.

❶ 염색체는 DNA로만 이루어져 있다. ·············· (○, ×)

❷ 염색체의 수가 같으면 항상 같은 종이다. ········· (○, ×)

❸ 하나의 염색체에는 하나의 유전자만 존재한다. · (○, ×)

❹ 하나의 염색체를 이루는 두 염색 분체는 유전 정보가 동일하다. ·············· (○, ×)

❺ 한 사람의 체세포에 있는 상동 염색체의 개수는 모든 세포에서 동일하다. ·············· (○, ×)

❻ 상동 염색체는 두 개의 염색체가 1쌍을 이루며, 부모로부터 1개씩 물려받는다. ·············· (○, ×)

❼ 사람은 22개의 상염색체와 1개의 성염색체로 구성되어 있다. ·············· (○, ×)

3 체세포 분열

- 간기 : 세포의 성장, 유전 물질 복제
- 핵분열 : 전기 → 중기 → 후기 → 말기
- 세포질 분열

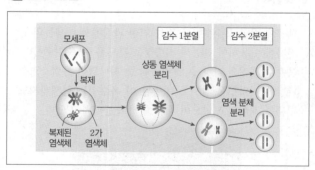

동물 세포	식물 세포

다음 설명 중 옳은 것은 ○표, 옳지 않은 것은 ×표 하시오.

❶ 체세포 분열로 만들어지는 딸세포는 모세포와 염색체 수가 같다. ·············· (○, ×)

❷ 간기에는 염색체가 뚜렷하게 나타난다. ·········· (○, ×)

❸ 전기는 세포 주기 중 가장 길고, 유전 물질이 복제되어 DNA의 양이 2배로 증가하는 단계이다. ········· (○, ×)

❹ 말기에는 염색체가 실처럼 풀어지며, 세포질 분열이 시작된다. ·············· (○, ×)

❺ 식물 세포는 세포질이 오므라들며 세포가 둘로 나누어진다. ·············· (○, ×)

❻ 체세포 분열에 의해 생물이 생장하거나, 상처가 낫는다. ·············· (○, ×)

4 감수 분열

빈칸에 알맞은 말을 쓰시오.

❶ 감수 분열은 연속 (   )회 분열하여 (   )개의 딸세포를 만든다.

❷ 감수 1분열 과정에서 (   )가 분리된다.

❸ 감수 1분열 전기에는 상동 염색체 1쌍이 결합하여 만들어지는 (   )가 나타난다.

❹ 감수 2분열은 (   ) 분열과 같은 방식으로 분열이 일어난다.

다음 설명 중 옳은 것은 ○표, 옳지 않은 것은 ×표 하시오.

❺ 감수 1분열 과정이 끝나면 염색체 수가 반으로 줄어든다. ······ (○, ×)

❻ 감수 1분열과 감수 2분열 사이에 DNA가 복제되어 양이 2배가 된다. ······ (○, ×)

❼ 감수 2분열 과정 동안 염색 분체가 분리된다. ··· (○, ×)

❽ 감수 분열에 의해 세대를 거듭하면서 자손의 염색체 수가 줄어든다. ······ (○, ×)

5 사람의 발생

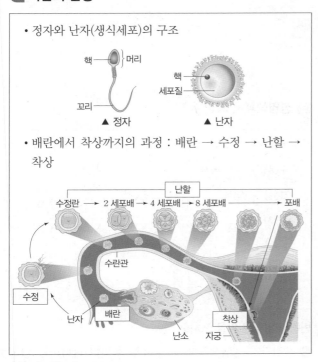

• 정자와 난자(생식세포)의 구조

핵 ─ 머리
꼬리

▲ 정자

핵
세포질

▲ 난자

• 배란에서 착상까지의 과정 : 배란 → 수정 → 난할 → 착상

난할

수정란 → 2 세포배 → 4 세포배 → 8 세포배 → 포배

수란관

수정

난자　배란

난소　자궁

착상

빈칸에 알맞은 말을 쓰시오.

❶ 정자는 머리에 (　　)이 들어 있고, (　　　)를 이용하여 스스로 이동할 수 있다.

❷ 난자는 유전 물질이 들어 있는 (　　)과 발생에 필요한 양분이 저장된 (　　)로 구성되어 있다.

❸ 수정란은 정자와 난자가 (　　)에서 만나 (　　)되어 만들어진다.

❹ 수정란의 염색체 수는 생식세포의 (　　)이다.

❺ 수정란의 초기 세포 분열 과정을 (　　)이라고 하며, 이 과정에서 배아 전체의 크기는 (　　).

❻ 수정 8주 후 사람의 모습을 갖추기 시작한 상태를 (　　)라고 한다.

❼ 태반을 통해 모체에서 태아로 (　　)와 (　　)가 이동하고, 태아에서 모체로 (　　)와 (　　)이 이동한다.

❽ 수정 후 약 38주 후에 태아가 모체 밖으로 나오는 것을 (　　)이라고 한다.

6 멘델의 유전 원리

• 우열의 원리 : 대립 형질이 다른 두 순종 개체를 교배하여 얻은 잡종 1대에서는 대립 형질 중 한 가지만 나타난다.

• 분리의 법칙 : 감수 분열 시 쌍을 이루고 있던 대립유전자가 분리되어 서로 다른 생식세포로 나누어져 들어간다.

• 독립의 법칙 : 두 쌍 이상의 대립유전자가 서로 영향을 받지 않고 각각 분리의 법칙에 따라 유전된다.

빈칸에 알맞은 말을 쓰시오.

❶ 부모의 형질이 자손에게 전달되는 현상을 (　　)이라고 한다.

❷ 대립유전자의 구성이 같은 개체를 (　　), 다른 개체를 (　　)이라고 한다.

❸ 완두는 한 세대가 (　　)고, 한 번의 교배로 얻을 수 있는 자손의 수가 많으며, (　　)이 뚜렷하여 멘델의 유전 실험 재료로 이용되었다.

❹ 대립 형질이 다른 두 순종 개체를 교배하여 얻은 잡종 1대에서 나타나는 형질은 (　　), 나타나지 않는 형질은 (　　)이다.

❺ 순종의 둥근 완두와 순종의 주름진 완두를 교배하여 얻은 잡종 1대를 자가 수분하면 잡종 2대의 표현형의 비(둥근 완두 : 주름진 완두)는 (　　)이다.

❻ 완두 씨의 모양과 색깔이 동시에 유전되어도 서로 영향을 주지 않는 현상은 (　　)에 의한 것이다.

❼ 순종의 둥글고 노란색인 완두와 순종의 주름지고 초록색인 완두를 교배했을 때 나타나는 잡종 1대의 표현형은 모두 (　　)인 완두이다.

다음 설명 중 옳은 것은 ○표, 옳지 않은 것은 ×표 하시오.

❽ 순종인 개체는 여러 세대 동안 반복하여 자가 수분하더라도 계속 같은 형질의 자손만 나타난다. ········ (○, ×)

❾ 대립 형질이 다른 두 순종 개체를 교배하여 얻은 잡종 1대의 결과를 통해 분리의 법칙을 알 수 있다. ··· (○, ×)

❿ 순종의 둥근 완두와 순종의 주름진 완두를 교배하여 얻은 잡종 1대의 완두는 모두 잡종이다. ·············· (○, ×)

⓫ 독립의 법칙은 두 쌍의 대립유전자가 서로 다른 염색체에 존재할 때 성립한다. ······················ (○, ×)

⓬ 잡종인 둥글고 노란색(RrYy) 완두를 자가 수분하여 총 3200개의 완두를 얻었다면 그중 주름지고 노란색인 완두의 개수는 이론상 200개이다. ······················· (○, ×)

7 사람의 유전 연구

> - 가계도 조사 : 특정 형질을 가지고 있는 집안의 가계도를 통해 형질이 어떻게 유전되는지 알아보는 방법
> - 쌍둥이 연구 : 1란성 쌍둥이와 2란성 쌍둥이를 통해 유전과 환경이 사람의 특정한 형질에 미치는 영향을 알아보는 방법
> - 통계 조사 : 가능한 많은 사람들로부터 얻은 특정 형질에 대한 자료를 통계적으로 처리하고 분석하여 연구하는 방법
> - 염색체 조사 및 DNA 분석 : 염색체를 조사하거나 직접 분석하여 염색체 이상에 의한 유전병을 진단할 수 있고, DNA를 분석하여 특정 형질에 관여하는 유전자를 조사하는 방법

빈칸에 알맞은 말을 쓰시오.

❶ 사람의 유전 연구가 어려운 까닭은 한 세대가 너무 (　　)고, 자손의 수가 (　　)으며, 자유로운 교배가 (　　)하기 때문이다.

❷ 특정 형질을 가진 집안에서 여러 세대에 걸쳐 이 형질이 어떻게 유전되는지 알아보는 방법을 (　　) 조사라고 한다.

❸ (　　) 연구를 통해 유전과 환경이 사람의 특정 형질에 미치는 영향을 알 수 있다.

❹ 사람의 (　　) 수와 모양, 크기를 분석하여 (　　) 이상에 의한 유전병을 진단한다.

❺ (　　)를 분석하여 특정 형질과 관련된 유전자의 정보를 얻거나, 부모와 자손의 (　　)를 비교하여 특정 형질의 유전 여부를 확인한다.

8 상염색체에 의한 유전

> - 상염색체 유전
>
> | 구분 | 우열 관계 | |
> |---|---|---|
> | | 우성 | 열성 |
> | 미맹 | 미맹 아님 | 미맹 |
> | 귓불 모양 | 분리형 | 부착형 |
> | 혀 말기 | 가능 | 불가능 |
>
> - ABO식 혈액형 유전 : A, B, O 3가지 대립유전자가 혈액형을 결정하는 데 관여 ⇨ A=B>O

다음 설명 중 옳은 것은 ○표, 옳지 않은 것은 ×표 하시오.

❶ 혀 말기와 귓불 모양은 상염색체에 있는 한 쌍의 대립유전자에 의해 결정되는 형질에 해당한다. ………… (○, ×)

❷ 귓불 모양이 분리형인 대립유전자는 부착형인 대립유전자에 대해 우성이다. ……………………………… (○, ×)

❸ 부모에서 없던 형질이 자녀에게 나타나면 부모의 형질이 열성, 자녀의 형질이 우성이다. ……………… (○, ×)

❹ ABO식 혈액형을 결정하는 대립유전자는 3가지이다. …………………………………………………… (○, ×)

❺ ABO식 혈액형의 유전자형은 6가지이다. ……… (○, ×)

❻ A형인 사람에게 나타날 수 있는 유전자형은 1가지이다. …………………………………………………… (○, ×)

❼ ABO식 혈액형 대립유전자 A와 B 사이에는 우열 관계가 없다. ………………………………………… (○, ×)

9 성염색체에 의한 유전

> - 적록 색맹 유전
>
> | 구분 | 남자 | | 여자 | | |
> |---|---|---|---|---|---|
> | 표현형 | 정상 | 적록 색맹 | 정상 | 정상 (보인자) | 적록 색맹 |
> | 유전자형 | XY | X′Y | XX | XX′ | X′X′ |
> | 대립 유전자 | X　Y | X′　Y | X　X | X　X′ | X′　X′ |

빈칸에 알맞은 말을 쓰시오.

❶ 유전자가 성염색체에 있어 유전 형질이 나타나는 빈도가 남녀에 따라 차이가 나는 유전 현상을 (　　)유전이라고 한다.

❷ 적록 색맹에 대한 대립유전자는 성염색체인 (　　) 염색체에 있다.

❸ 적록 색맹에 대한 대립유전자는 정상이 적록 색맹에 대해 (　　)이다.

다음 설명 중 옳은 것은 ○표, 옳지 않은 것은 ×표 하시오.

❹ 적록 색맹은 멘델의 법칙에 따라 유전된다. …… (○, ×)

❺ 적록 색맹 대립유전자를 X′라고 할 때, 적록 색맹인 여자의 유전자형은 XX′이다. ………………………… (○, ×)

❻ 적록 색맹은 여자보다 남자에게 더 많이 나타난다. ……………………………………………………………… (○, ×)

❼ 아버지가 적록 색맹일 때 딸은 항상 적록 색맹이다. ……………………………………………………………… (○, ×)

❽ 어머니가 적록 색맹일 때 아들은 항상 적록 색맹이다. … …………………………………………………………… (○, ×)

1 역학적 에너지 전환

- 역학적 에너지 : 위치 에너지와 운동 에너지의 합
- 역학적 에너지 전환 : 운동하는 물체의 높이가 변할 때 위치 에너지가 운동 에너지로, 또는 운동 에너지가 위치 에너지로 전환된다.

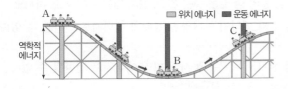

구분	A → B 구간	B → C 구간
에너지 전환	위치 에너지 → 운동 에너지	운동 에너지 → 위치 에너지
역학적 에너지	일정(공기 저항이나 마찰이 없을 때)	

빈칸에 알맞은 말을 쓰시오.

❶ 역학적 에너지는 (　　　) 에너지와 (　　　) 에너지의 합이다.

❷ A점에서 위치 에너지는 (　　　)이다.

❸ B점에서 위치 에너지는 (　　　)이다.

❹ A점에서 B점으로 갈수록 운동 에너지는 (　　　)한다.

❺ A점에서 B점으로 갈 때 (　　　) 에너지는 (　　　) 에너지로 전환된다.

❻ B점에서 C점으로 갈수록 위치 에너지는 (　　　)한다.

다음 설명 중 옳은 것은 ○표, 옳지 않은 것은 ×표 하시오.

❼ A점은 B점보다 위치 에너지가 크다. ············ (○, ×)

❽ A점에서 B점으로 갈수록 위치 에너지는 감소한다. ··· (○, ×)

❾ B점에서 C점으로 갈 때 위치 에너지는 운동 에너지로 전환된다. ··· (○, ×)

2 역학적 에너지 보존

- 역학적 에너지 보존 법칙 : 공기 저항이나 마찰이 없을 때, 운동하는 물체의 역학적 에너지는 항상 일정하게 보존된다.

다음 설명 중 옳은 것은 ○표, 옳지 않은 것은 ×표 하시오.

❶ 공기 저항이나 마찰이 없을 때, 운동하는 물체의 역학적 에너지는 항상 일정하게 보존된다. ······ (○, ×)

❷ 물체를 연직 위로 던져 올리면 증가한 운동 에너지만큼 위치 에너지가 감소한다. ···················· (○, ×)

3 자유 낙하 하는 물체의 역학적 에너지 보존

- 물체가 자유 낙하 하는 동안 위치 에너지는 감소하고, 운동 에너지는 증가한다.
- 자유 낙하 하는 모든 지점에서 물체의 역학적 에너지는 항상 일정하다.

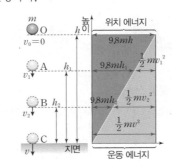

빈칸에 알맞은 말을 쓰시오.

❶ O점에서 물체의 역학적 에너지는 (　　　)이다.

❷ C점에서 물체의 역학적 에너지는 (　　　)이다.

다음 설명 중 옳은 것은 ○표, 옳지 않은 것은 ×표 하시오.

❸ O점에서는 위치 에너지가 최대이다. ············ (○, ×)

❹ A점은 B점보다 역학적 에너지가 크다. ············ (○, ×)

❺ B점에서 C점으로 갈수록 운동 에너지는 감소한다. ··· (○, ×)

4 진자의 왕복 운동에서의 역학적 에너지 보존

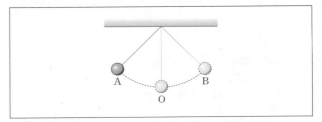

다음 설명 중 옳은 것은 ○표, 옳지 않은 것은 ×표 하시오.

❶ A점에서 O점으로 갈수록 운동 에너지는 증가한다. ······························· (○, ×)

❷ O점에서 B점으로 갈수록 위치 에너지는 증가한다. ······························· (○, ×)

❸ A점과 B점 사이를 운동하는 동안 물체의 운동 에너지가 가장 큰 지점은 B점이다. ············ (○, ×)

❹ A점과 B점 사이를 운동하는 동안 물체의 역학적 에너지가 가장 큰 지점은 O점이다. ············ (○, ×)

중간·기말고사 대비

5 전자기 유도

- 전자기 유도 : 코일 주위에서 자석을 움직이거나 자석 주위에서 코일을 움직일 때, 코일을 통과하는 자기장이 변하여 코일에 전류가 유도되어 흐르는 현상
- 유도 전류의 방향 : 코일에 자석을 가까이할 때와 멀리 할 때 유도 전류는 서로 반대 방향으로 흐른다.

빈칸에 알맞은 말을 쓰시오.

❶ 코일을 통과하는 (   )이 변하면 코일에 전류가 유도된다.

❷ 자석의 세기가 (   ) 더 센 전류가 유도된다.

❸ 코일의 감은 수가 (   ) 더 센 전류가 유도된다.

❹ 자석을 (   ) 움직일수록 더 센 전류가 유도된다.

❺ 코일에 자석을 가까이할 때와 멀리할 때 서로 (   ) 방향으로 유도 전류가 흐른다.

❻ 자석이나 코일이 움직이지 않으면 코일 내부의 자기장이 변하지 않으므로 (   )가 흐르지 않는다.

6 전자기 유도의 이용

- 발전기 : 전자기 유도를 이용하여 역학적 에너지를 전기 에너지로 전환하는 장치

- 발전소에서의 에너지 전환

화력 발전	수력 발전	풍력 발전
화석 연료의 화학 에너지 → 수증기의 역학적 에너지→ 발전기의 역학적 에너지 → 전기 에너지	물의 위치 에너지 → 물의 운동 에너지 → 발전기의 역학적 에너지 → 전기 에너지	바람의 역학적 에너지 → 발전기의 역학적 에너지 → 전기 에너지

다음 설명 중 옳은 것은 ○표, 옳지 않은 것은 ×표 하시오.

❶ 발전기와 전동기는 모두 전자기 유도를 이용한다. ………
………………………………………………………… (○, ×)

❷ 발전기에서는 코일을 회전시켜 전기 에너지를 만들어낸다. ………………………………………………… (○, ×)

❸ 풍력 발전에서는 바람의 운동 에너지가 전기 에너지로 전환된다. ………………………………………… (○, ×)

7 전기 에너지의 전환과 보존

- 에너지 전환 : 에너지는 한 형태에서 다른 형태로 전환된다.
- 에너지 보존 : 에너지는 다른 형태로 전환될 때 새로 생기거나 없어지지 않고, 에너지의 총량은 항상 일정하게 보존된다.

다음 설명 중 옳은 것은 ○표, 옳지 않은 것은 ×표 하시오.

❶ 전기 에너지는 다양한 형태의 에너지로 전환될 수 있다.
………………………………………………………… (○, ×)

❷ 전기 에너지는 동시에 여러 에너지로 전환될 수 없다. …
………………………………………………………… (○, ×)

❸ 에너지의 단위는 일의 단위와 같다. ……………… (○, ×)

❹ 휴대 전화 배터리를 충전할 때 위치 에너지가 전기 에너지로 전환된다. ………………………………… (○, ×)

❺ 세탁기를 사용할 때 열에너지가 전기 에너지로 전환된다. …………………………………………………… (○, ×)

8 소비 전력과 전력량

- 소비 전력 : 전기 기구가 1초 동안 사용하는 전기 에너지의 양

$$소비\ 전력(W) = \frac{전기\ 에너지(J)}{시간(s)}$$

- 전력량 : 전기 기구가 일정 시간 동안 사용한 전기 에너지의 총량

$$전력량(Wh) = 소비\ 전력(W) \times 사용\ 시간(h)$$

빈칸에 알맞은 말을 쓰시오.

❶ 전기 기구의 소비 전력이 클수록 같은 시간 동안 소비하는 (   )의 양이 많다.

❷ 소비 전력의 단위는 (   )이다.

❸ 220 V − 100 W인 선풍기는 (   )의 전원에 연결했을 때 1초에 100 J의 전기 에너지를 소비한다.

❹ 전기 기구의 소비 전력이 (   )수록 전기 에너지를 효율적으로 사용할 수 있다.

❺ 전력량의 단위는 (   )이다.

❻ 1 Wh는 소비 전력이 1 W인 전기 기구를 (   ) 동안 사용했을 때의 전력량이다.

중간·기말고사 대비

1 시차와 거리

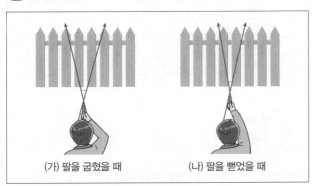

(가) 팔을 굽혔을 때   (나) 팔을 뻗었을 때

빈칸에 알맞은 말을 쓰시오.

❶ 두 눈을 번갈아 감으면서 연필을 바라볼 때 두 눈과 연필 사이의 각도를 (   )라고 한다.

❷ (가)와 같이 팔을 굽히면 시차가 (   )지고, (나)와 같이 팔을 뻗으면 시차가 (   )진다.

❸ 시차는 물체까지의 거리에 (   )한다.

❹ 이와 같은 원리로 별까지의 거리를 측정하려고 할 때, 연필은 (   )에, 관측자의 두 눈은 (   )에 비유할 수 있다.

2 연주 시차

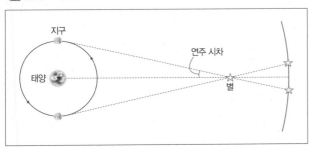

다음 설명 중 옳은 것은 ○표, 옳지 않은 것은 ×표 하시오.

❶ 연주 시차가 큰 별은 연주 시차가 작은 별보다 지구에서 별까지의 거리가 가깝다. ·········· (○, ×)

❷ 연주 시차는 6개월 간격으로 지구에서 측정한 별의 시차이다. ·········· (○, ×)

❸ 연주 시차는 지구 자전의 증거가 된다. ·········· (○, ×)

❹ 갈릴레이가 연주 시차를 최초로 측정하는 데 성공하였다. ·········· (○, ×)

빈칸에 알맞은 말을 쓰시오.

❺ 연주 시차가 1″인 별까지의 거리를 (   ) pc이라고 한다.

❻ 연주 시차는 100 pc 이내의 비교적 (   ) 거리에 있는 별까지의 거리를 구하는 데 이용된다.

❼ 연주 시차의 단위는 (   )를 사용한다.

❽ 대부분의 별들은 지구에서 멀리 떨어져 있어서 연주 시차가 매우 (   )다.

3 연주 시차를 이용한 별까지의 거리 측정

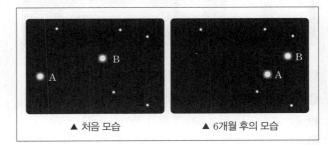

▲ 처음 모습   ▲ 6개월 후의 모습

다음 설명 중 옳은 것은 ○표, 옳지 않은 것은 ×표 하시오.

❶ 연주 시차는 별 A가 B보다 작다. ·········· (○, ×)

❷ 지구에서 별까지의 거리는 별 A가 B보다 멀다. ··· (○, ×)

❸ 1년 후에는 별 A와 B의 위치가 처음 모습과 같이 돌아올 것이다. ·········· (○, ×)

❹ 별 A와 B의 위치가 변한 것은 지구가 공전하기 때문이다. ·········· (○, ×)

4 별의 밝기와 거리

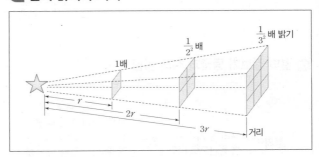

빈칸에 알맞은 말을 쓰시오.

❶ 지구에서 별까지의 거리가 같으면 방출하는 빛의 양이 (   ) 별일수록 밝게 보인다.

❷ 방출하는 빛의 양이 같으면 지구로부터의 거리가 (   ) 별일수록 밝게 보인다.

❸ 별의 밝기는 별까지의 거리의 제곱에 (   )한다.

다음 설명 중 옳은 것은 ○표, 옳지 않은 것은 ×표 하시오.

❹ 별까지의 거리가 2배 멀어지면 별의 밝기는 약 4배 어두워진다. ·········· (○, ×)

❺ 지구로부터 10 pc의 위치에 있던 별이 1 pc의 위치로 이동하면 별의 밝기는 10배 밝아진다. ·········· (○, ×)

❻ 별의 연주 시차가 1″에서 0.01″으로 바뀌면 별의 밝기는 약 100배 밝아진다. ·········· (○, ×)

5 별의 밝기와 등급

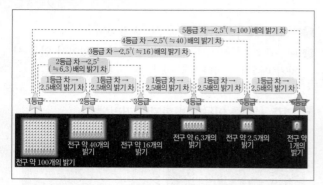

다음 설명 중 옳은 것은 ○표, 옳지 않은 것은 ×표 하시오.

❶ 등급이 클수록 밝은 별이다. ·· (○, ×)

❷ 1등급 차이는 약 2.5배의 밝기 차이가 난다. ······ (○, ×)

❸ 히파르코스는 별들의 밝기를 6개의 등급으로 나타내었다.
·· (○, ×)

❹ 밤하늘에서 가장 어두운 별은 6등급, 가장 밝은 별은 1등급이다. ·· (○, ×)

❺ 각 등급 사이의 밝기를 갖는 별은 가까운 정수의 값을 이용하여 등급을 나타낸다. ·································· (○, ×)

❻ 0.7등급인 별보다 약 6.3배 밝은 별의 등급은 −2.7등급이다. ·· (○, ×)

6 별의 겉보기 등급과 절대 등급

구분	겉보기 등급	절대 등급
정의	우리 눈에 보이는 밝기를 등급으로 나타낸 것	모든 별이 지구로부터 10 pc의 거리에 있다고 가정했을 때의 밝기를 등급으로 나타낸 것
특징	• 별까지의 실제 거리는 고려하지 않고 지구에서 보이는 대로 정함 • 겉보기 등급이 작은 별일수록 우리 눈에 밝게 관측됨	• 별이 실제 방출하는 에너지양을 비교할 수 있음 • 절대 등급이 작은 별일수록 실제로 방출하는 에너지양이 많음

빈칸에 알맞은 말을 쓰시오.

❶ 우리 눈에 보이는 밝기를 비교할 때는 (   ) 등급을 이용한다.

❷ 겉보기 등급이 (   )수록 우리 눈에 보이는 밝기가 밝다.

❸ 절대 등급은 지구로부터 별이 (   ) pc의 거리에 있다고 가정했을 때의 밝기이다.

❹ 절대 등급이 큰 별일수록 별이 방출하는 에너지양이 (   )다.

7 여러 가지 별의 겉보기 등급과 절대 등급

구분	겉보기 등급	절대 등급
태양	−26.8	4.8
시리우스	−1.5	1.4
북극성	2.1	−3.7
베가	0.0	0.5
리겔	0.1	−6.8
베텔게우스	0.4	−5.6
알데바란	0.9	−0.6
데네브	1.3	−8.4

다음 설명 중 옳은 것은 ○표, 옳지 <u>않은</u> 것은 ×표 하시오.

❶ 지구에서 가장 어둡게 보이는 별은 북극성이다. ··············
·· (○, ×)

❷ 실제로 가장 밝은 별은 태양이다. ·································· (○, ×)

❸ 별이 방출하는 에너지의 양이 가장 적은 별은 데네브이다. ·· (○, ×)

❹ 지구로부터 가장 가까운 곳에 위치한 별은 리겔이다. ······
·· (○, ×)

❺ 베가는 지구로부터 10 pc보다 가까운 곳에 위치하고 있다. ·· (○, ×)

8 별의 표면 온도

빈칸에 알맞은 말을 쓰시오.

❶ 밤하늘에 있는 별의 색깔이 다른 것은 별마다 (   )가 다르기 때문이다.

❷ 별은 표면 온도가 높을수록 (   )을 띠고, 표면 온도가 낮을수록 (   )을 띤다.

❸ 별의 색깔이 백색인 알타이르는 별의 색깔이 주황색인 알데바란보다 표면 온도가 (   )다.

9 우리은하

- 우리은하 : 태양계가 속해 있는 은하
- 은하수 : 지구에서 우리은하의 일부를 바라본 모습으로, 희뿌연 띠 모양으로 보임
- 성단 : 무리를 지어 모여 있는 별의 집단

산개 성단	구상 성단

- 성운 : 성간 물질이 많이 모여 있어 구름처럼 보이는 것

방출 성운	반사 성운	암흑 성운

빈칸에 알맞은 말을 쓰시오.

❶ 태양계는 우리은하의 중심에서 약 (　　　) pc 떨어진 나선팔에 위치한다.

❷ 은하수는 (　　　)자리 부근에서 폭이 가장 두껍고 밝게 보인다.

❸ 산개 성단은 구상 성단보다 표면 온도가 (　　　)은 별들로 구성된다.

❹ 산개 성단은 우리은하의 (　　　)에 주로 분포한다.

❺ 뒤에서 오는 별빛을 가려 어둡게 보이는 성운은 (　　　) 성운이다.

❻ (　　　) 성운은 주위에 있는 고온의 별로부터 에너지를 흡수하여 스스로 빛을 내는 성운이다.

10 팽창하는 우주

- 대폭발 우주론(빅뱅 우주론) : 약 138억 년 전 초고온·초고밀도인 하나의 점에서 대폭발(빅뱅) 이후 우주가 계속 팽창함에 따라 우주가 식어가면서 현재와 같은 우주가 형성되었다는 이론

▲ 대폭발 우주론

다음 설명 중 옳은 것은 ○표, 옳지 않은 것은 ×표 하시오.

❶ 우리은하에서 볼 때 대부분의 외부 은하는 점점 멀어지고 있다. ·························· (○, ×)

❷ 두 은하 사이의 거리와 관계없이 서로 다른 두 은하는 같은 빠르기로 멀어지고 있다. ·········· (○, ×)

❸ 팽창하는 우주에는 중심을 정할 수 없다. ········· (○, ×)

❹ 우주는 온도가 낮은 한 점으로부터 대폭발에 의해 형성되었다. ·························· (○, ×)

❺ 시간이 흐름에 따라 우주의 크기는 점점 커졌다. ·········· (○, ×)

11 우주 탐사

- 우주 탐사 방법

▲ 우주 망원경	▲ 전파 망원경	▲ 인공위성	▲ 우주 탐사선

- 우주 탐사의 역사

1950년대	• 1957년 스푸트니크1호 : 구소련에서 발사한 최초의 인공위성
1960년대	• 1969년 아폴로11호 : 최초로 인류가 달에 착륙
1970년대	• 1977년 보이저1호, 2호 : 태양계를 탐사하기 위해 발사
1990년대 이후	• 1990년 허블 우주 망원경 • 2006년 뉴호라이즌스호(명왕성 탐사) • 2011년 주노호(목성 탐사), 큐리오시티(화성 탐사) • 2018년 파커 탐사선(태양 탐사)

빈칸에 알맞은 말을 쓰시오.

❶ 천체 주위를 일정한 궤도를 따라 공전할 수 있도록 우주로 쏘아 올린 인공 장치는 (　　　)이다.

❷ (　　　)은 지구 주위 궤도를 따라 공전하는 무중력 상태의 우주 구조물이다.

❸ 지구 외에 다른 천체를 탐사하기 위해 쏘아 올린 물체를 (　　　)이라고 한다.

❹ 1957년에 발사된 (　　　)는 구소련에서 발사한 최초의 인공위성이다.

❺ (　　　)는 인공위성의 발사나 폐기 과정 등에서 발생한 파편 등으로 우주 공간을 매우 빠른 속도로 떠다니며, 운행 중인 인공위성이나 탐사선에 충돌하여 피해를 준다.

1 과학기술과 인류 문명의 발달

- 불의 이용 : 인류가 불을 피울 수 있게 되면서 점점 더 다양한 용도로 불을 이용하게 되었고, 이로 인해 인류 문명이 발달되었다.
- 인류 문명에 영향을 미친 과학 원리 : 태양 중심설(지동설), 세포의 발견, 만유인력과 운동 법칙의 발견, 전자기 유도 법칙 발견
- 과학기술과 인류 문명의 발달 : 인쇄 출판, 교통수단, 농업, 의학, 정보 통신, 유전자 분석 기술 등

인쇄 출판	교통수단	정보 통신
예 활판 인쇄술	예 증기 기관차	예 전화기 발명

빈칸에 알맞은 말을 쓰시오.

❶ 코페르니쿠스가 (   )으로 천체를 관측하여 태양 중심설의 증거를 발견하였다.

❷ 전자기 유도 법칙의 발견으로 초기의 발전기를 만들어 전기를 생산하고 활용할 수 있게 한 사람은 (   )이다.

❸ (   )을 공장 기계에 도입하여 제품의 대량 생산이 가능하게 되었다.

❹ (   )의 발달로 책의 대량 생산이 가능해져 지식의 유통이 증가되었다.

❺ (   )의 발명으로 세포, 미생물 등이 발견되어 생물학과 의학이 발전할 수 있게 되었다.

❻ (   )로 사람의 진화 과정을 연구할 수 있게 되었다.

❼ 질소 비료를 대량으로 생산하여 농업 생산력 증대에 기여한 과학기술은 (   )이다.

다음 설명 중 옳은 것은 ○표, 옳지 않은 것은 ×표 하시오.

❽ 토기는 구리에 주석을 넣고 가열하여 녹인 후 거푸집에 부어 원하는 모양을 만드는 방법으로 제작한다. ……… (○, ×)

❾ 오늘날에는 생명 공학 기술을 이용하여 특정 목적에 맞는 품종을 개량할 수 있다. ……… (○, ×)

❿ 현재는 전기를 동력으로 하는 고속 열차가 발달되어 사람과 물자의 이동이 더욱 감소하였다. ……… (○, ×)

⓫ 인쇄 기술의 발달은 종교 개혁, 과학 혁명 등에 영향을 주었다. ……… (○, ×)

2 과학기술의 활용

- 편리한 생활과 첨단 과학기술

나노 기술	생명 공학 기술	정보 통신 기술
예 나노 표면 소재(연잎 효과), 유기 발광 다이오드(OLED)	예 유전자 재조합, 세포 융합, 바이오 의약품, 바이오칩, 인공 장기	예 가상 현실, 증강 현실, 사물 인터넷, 인공 지능, 빅데이터 기술

- 공학적 설계 : 과학 원리나 기술을 활용하여 기존의 제품을 개선하거나 새로운 제품이나 시스템을 개발하는 창의적인 과정
- 4차 산업 혁명 : 정보 통신 기술(ICT) 기반의 새로운 산업 시대를 대표한다.

빈칸에 알맞은 말을 쓰시오.

❶ 제품의 소형화, 경량화가 가능해 전자, 의료, 기계 분야 등에서 다양하게 이용되고 있는 기술은 (   ) 기술이다.

❷ 물에 젖지 않는 나노 표면 소재는 잎이 물방울에 젖지 않는 현상인 (   ) 효과에 착안하여 개발된 것이다.

❸ 유기 화합물을 이용한 자체 발광형 디스플레이로, 종이처럼 얇고 휘어질 수 있어 휘어지는 스마트폰 화면 등에 활용되는 것은 (   )이다.

❹ 어떤 생물에서 유용한 유전자를 다른 생물의 DNA에 끼워 넣어 재조합 DNA를 만드는 기술을 (   ) 기술이라고 한다.

❺ 서로 다른 특징을 가진 두 종류의 세포를 융합하여 하나로 만드는 기술을 (   ) 기술이라고 한다.

❻ (   )은 컴퓨터로 인간이 하는 지적 행위를 실현하고자 하는 기술을 말한다.

다음 설명 중 옳은 것은 ○표, 옳지 않은 것은 ×표 하시오.

❼ 가상의 세계를 마치 현실처럼 체험하도록 하는 기술을 사물 인터넷(IoT)이라고 한다. ……… (○, ×)

❽ 나노 반도체 기술은 많은 데이터를 실시간으로 수집하고 분석하여 의미 있는 정보를 추출하는 기술이다. ……… (○, ×)

❾ 자율 주행 자동차는 나노 기술과 정보 통신 기술이 모두 활용되어 개발된 것이다. ……… (○, ×)

❿ 공학적 설계를 할 때는 주요 소비자층의 취향을 분석하여 설계해야 한다. ……… (○, ×)

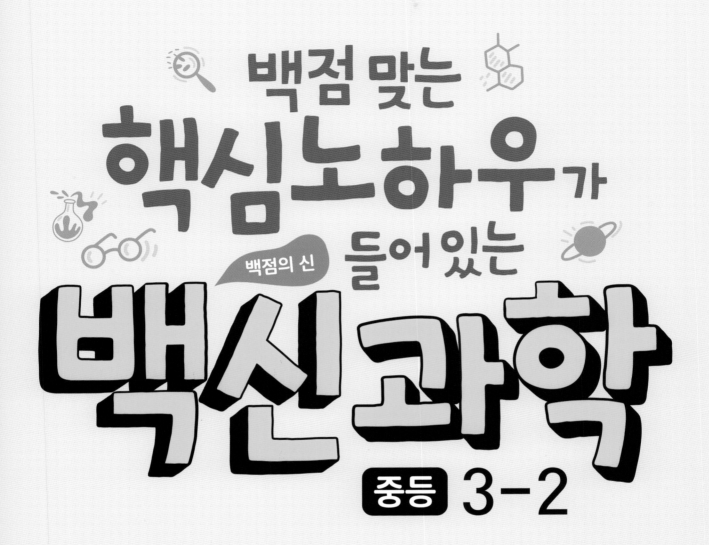

백점 맞는
핵심노하우가
백점의 신   들어 있는
백신 과학
중등 3-2

정답과 해설

메가스터디BOOKS

백점 맞는
핵심노하우가
백점의 신 들어 있는
백신 과학
중등 3-2

정답과 해설

V. 생식과 유전

O1 세포 분열

개념 알약 11, 13, 15쪽

01 (1) ○ (2) × (3) ×
02 해설 참조
03 (1) A, 염색 분체 (2) C, 유전자 (3) B, DNA
04 (1) ○ (2) × (3) × (4) × (5) × (6) ○ (7) ○
05 (1) 상염색체 : 22쌍, 성염색체 : 1쌍 (2) 아버지 (3) 남자, 사람의 성을 결정하는 성염색체가 XY인 것을 통해 남자임을 알 수 있다.
06 (가) 말기 (나) 중기 (다) 간기 (라) 전기 (마) 후기
07 (다) ― (라) ― (나) ― (마) ― (가)
08 (1) ㉣ (2) ㉠ (3) ㉡ (4) ㉤ (5) ㉢
09 ㉠ 식물 세포 ㉡ 세포판 ㉢ 동물 세포
10 (1) × (2) × (3) ○ (4) ○　　11 2가 염색체, 감수 1분열 전기
12 (라) ― (다) ― (마) ― (가) ― (나)
13 (1) 유전 물질(DNA) (2) 중기, 2가 염색체 (3) 감수 1분열 후기, 절반이 된다 (4) 감수 2분열 후기, 염색 분체, 변하지 않는다
14 (1) ○ (2) × (3) ○ (4) ○ (5) ×
15 ㉠ 1회 ㉡ 형성함 ㉢ 변화 없음 ㉣ 4개

01

바로 알기 | (2) (가)의 부피에 대한 표면적은 $\frac{54}{27}=2$이고, (나)의 부피에 대한 표면적은 $\frac{6}{1}=6$이다.

(3) 세포의 크기가 작을수록 부피에 대한 표면적의 비가 커지므로, 크기가 작을수록 물질 교환에 유리하다.

02

모범 답안 | 세포가 커지면 부피에 대한 표면적이 작아져 물질 교환에 불리하므로 부피에 대한 표면적을 크게 하여 물질 교환을 효율적으로 하기 위해서이다.

해설 | 세포가 어느 정도 커지면 세포 분열을 통해 표면적을 넓혀 물질 교환이 효율적으로 일어나도록 한다.

03

(1) A는 하나의 염색체를 이루는 염색 분체로 세포 분열 전 DNA가 복제되어 형성되므로 유전 정보가 서로 같다.
(2) C는 DNA에서 유전 정보가 들어 있는 특정 부위이므로 유전자이다.
(3) B는 유전 물질인 DNA로 생물의 특징을 결정하는 유전 정보를 저장하고 있다.

04

바로 알기 | (2) DNA는 생물의 특징을 결정하는 유전 정보를 담고 있는 유전 물질로, 하나의 DNA에 수많은 유전자가 존재한다.
(3) 염색 분체는 하나의 염색체를 이루는 각각의 가닥이다. 부모로부터 하나씩 물려받는 것은 상동 염색체이다.
(4) 상동 염색체는 부모로부터 각각 물려받기 때문에 서로 다른 유전 정보로 구성되어 있다.
(5) 사람의 염색체는 총 22쌍(44개)의 상염색체와 1쌍(2개)의 성염색체로 구성되어 있다.

05

사람의 염색체는 남녀 공통으로 가지는 염색체인 상염색체 22쌍과 남녀 다르게 들어 있는 성염색체 1쌍으로 구분된다. 성염색체는 성을 결정하는 염색체로 남자는 XY, 여자는 XX이다.

06

(가)는 두 개의 딸세포가 생기는 것으로 보아 말기이고, (나)는 염색체가 세포 중앙에 배열되는 중기이다. (다)는 염색체가 관찰되지 않고 핵막이 관찰되는 간기이고, (라)는 염색체가 처음 관찰되는 전기이며, (마)는 염색체가 양 끝으로 이동하는 후기이다.

07

체세포 분열의 순서는 간기(다) → 전기(라) → 중기(나) → 후기(마) → 말기(가)이다.

08

말기(가)에는 핵막이 나타나고 2개의 딸세포가 만들어진다. 중기(나)에는 염색체가 세포의 중앙에 배열되며, 염색체의 모양과 수를 가장 잘 관찰할 수 있다. 간기(다)에는 유전 물질이 복제되어 DNA양이 두 배로 증가하며, 염색체가 실처럼 풀어져 있다. 전기(라)에는 핵막이 사라지고 염색체가 나타나 최초로 염색체 관찰이 가능하다. 후기(마)에는 염색 분체가 분리되어 양끝으로 이동한다.

09

세포질 분열은 동물 세포와 식물 세포에서 차이를 보이는데, (가)는 세포판이 나타나는 것으로 보아 식물 세포임을 알 수 있고, (나)는 세포질이 바깥쪽으로부터 안쪽으로 오므라드는 것으로 보아 동물 세포임을 알 수 있다.

10

바로 알기 | (1) 간기에는 염색체가 실처럼 풀어져 있어 막대 모양의 염색체를 관찰할 수 없다. 염색체는 (라) 전기에 관찰할 수 있다.
(2) 핵막은 전기에 사라졌다가 말기에 다시 나타난다. 중기에는 핵막이 없으며 염색체의 모양과 수를 뚜렷하게 관찰할 수 있다.

11

A는 상동 염색체가 붙어있는 2가 염색체로, 감수 1분열 전기에 나타난다.

12

(가)는 염색 분체가 분리되어 세포 양 끝으로 이동하고 있는 시기이다. ⇨ 감수 2분열 후기
(나)는 감수 2분열이 끝나 4개의 딸세포로 나누어지고 있다. ⇨ 감수 2분열 말기

(다)는 2가 염색체가 세포 중앙에 배열하고 있는 시기이다. ⇨ 감수 1분열 중기

(라)는 2가 염색체가 형성되는 시기이다. ⇨ 감수 1분열 전기

(마)는 염색체가 세포 중앙에 배열하고 있는 시기이다. ⇨ 감수 2분열 중기

감수 분열의 순서는 간기 → 감수 1분열(전기 → 중기 → 후기 → 말기) → 감수 2분열(전기 → 중기 → 후기 → 말기)이므로, 감수 1분열 전기(라) → 감수 1분열 중기(다) → 감수 2분열 중기(마) → 감수 2분열 후기(가) → 감수 2분열 말기(나)이다.

13

(1) 간기에는 유전 물질(DNA)이 복제되어 그 양이 2배가 된다.

(2) 감수 1분열 전기에 2가 염색체가 형성되어 감수 1분열 중기에 2가 염색체가 세포 중앙에 배열된다.

(3) 감수 1분열 후기에 상동 염색체가 분리되어 세포의 양 끝으로 이동한다. 상동 염색체가 분리되면 딸세포의 염색체 수가 절반으로 줄어든다.

(4) 감수 2분열 후기에는 염색 분체가 분리되어 이동하므로 염색체 수가 변하지 않는다.

14

바로 알기 | (2) 감수 분열 결과 생식세포가 형성된다.

(3) 감수 분열에서는 감수 1분열에서 상동 염색체가 분리되고, 감수 2분열에서 염색 분체가 분리된다.

(5) 감수 2분열에서는 염색 분체가 분리되어 염색체 수의 변화가 없고, 감수 1분열에서 상동 염색체가 분리되어 염색체 수가 반으로 줄어든다.

15

체세포 분열은 1회의 분열이 일어나며, 2가 염색체를 형성하지 않고 염색체 수의 변화가 없다. 분열 결과 2개의 딸세포가 생성된다. 감수 분열은 총 2회의 분열이 일어나며, 감수 1분열과 2분열로 나뉜다. 감수 1분열에서 2가 염색체가 형성되며, 감수 분열 결과 염색체 수는 반으로 줄어들고, 4개의 딸세포가 생성된다.

탐구 알약 16~17쪽

01 (1) × (2) ○ (3) ○ (4) ○　02 해설 참조　03 해설 참조

04 (1) ㄱ (2) ㄹ (3) ㄴ　　05 (1) ○ (2) × (3) × (4) ×

01

바로 알기 | (1) 우무 조각의 크기가 커질수록 부피에 대한 표면적의 비가 감소하기 때문에 단위 부피당 붉은색으로 물든 면적은 작아진다.

02 서술형

모범 답안 | 큰 우무 조각의 부피는 작은 우무 조각 2개의 부피와 같지만, 큰 우무 조각의 표면적은 작은 우무 조각 2개의 전체 표면적보다 작다.

해설 | 큰 우무 조각과 작은 우무 조각의 부피와 표면적 관계는 다음과 같다.

구분	큰 우무 조각 1개	작은 우무 조각 2개
부피(cm^3)	$(4 \times 2 \times 2) = 16$	$(2 \times 2 \times 2) \times 2 = 16$
표면적(cm^2)	$(4 \times 2 \times 4) + (2 \times 2 \times 2)$ $= 40$	$(2 \times 2 \times 6) \times 2$ $= 48$
$\dfrac{표면적(cm^2)}{부피(cm^3)}$	$\dfrac{40}{16}$ ──증가→	$\dfrac{48}{16}$

채점 기준	배점
큰 우무 조각 1개와 작은 우무 조각 2개의 전체 부피와 표면적을 옳게 비교하여 서술한 경우	100 %

03 서술형

모범 답안 | 세포가 커지면 부피에 대한 표면적의 비가 작아지기 때문에 세포에 필요한 영양소를 흡수하는 데 불리하다. 따라서 세포는 어느 정도 커지면 분열하여 그 수를 늘린다.

채점 기준	배점
부피에 대한 표면적의 비가 클수록 물질 교환이 효율적으로 이루어지는 점을 포함하여 서술한 경우	100 %

04

(1) 세포를 생명 활동이 일어나는 상태 그대로 멈추어 세포의 모양과 상태를 유지시키는 단계는 고정 단계이다.

(2) 양파 뿌리를 60 ℃로 데운 묽은 염산에 담가 두는 것은 해리 단계로, 조직을 연하게 만들어 세포를 쉽게 분리할 수 있도록 한다.

(3) 세포들이 뭉치지 않게 떼어 내는 과정은 분리 단계이다.

05

바로 알기 | (2) 분열이 막 끝난 세포는 분열 전 세포에 비해 크기가 작다. 딸세포가 어느 정도 이상으로 크기가 커지면 체세포 분열을 반복한다.

(3) 아세트산 카민 용액을 떨어뜨리면 핵과 염색체가 염색된다.

(4) 에탄올과 아세트산을 3 : 1로 섞은 용액에 세포를 넣으면 세포는 생명 활동을 멈춘 상태로 고정된다.

실전 백신 20~23쪽

01 ③	02 ②	03 ①, ⑤	04 ④	05 ③
06 ②	07 ④	08 ③	09 ⑤	10 ②
11 ⑤	12 ④	13 ③	14 ③, ⑤	15 ②
16 ②, ④	17 ⑤	18 ④	19 ⑤	20 ④
21 ⑤	22 ⑤	23~25 해설 참조		

01

ㄱ, ㄴ. 세포 분열은 하나의 세포가 2개로 나누어지는 것을 말한다. 세포 분열을 통해 세포는 부피에 대한 표면적의 비를 늘려 외부와의 물질 교환이 효율적으로 일어나게 한다.

바로 알기 | ㄷ. 다세포 생물의 경우 체세포 분열 결과 생장이 일어난다.

02

①, ③ 세포가 커지면 세포 하나당 부피와 표면적은 모두 커진다. 하지만 부피가 표면적보다 더 큰 비율로 커지기 때문에 $\frac{표면적}{부피}$ 값은 작아진다.

④ 세포의 크기와 물질 교환 효율 간의 관계를 알아볼 수 있는 실험으로, 세포 분열이 일어나는 까닭을 알 수 있다.

⑤ 세포가 커질수록 표면에서 중심까지의 거리가 멀어지므로 식용 색소가 우무 조각의 중심까지 들어가기 힘들다.

바로 알기 | ② 세포가 커지면 세포 하나당 표면적은 점차 커진다. 하지만 $\frac{표면적}{부피}$ 값이 감소하기 때문에 세포 외부와의 물질 교환이 어려워진다.

03

① 염색체는 유전 물질인 DNA와 단백질로 이루어져 있다.

⑤ 간기에 유전 물질이 두 배로 복제되고 전기에 응축되므로 세포 분열 전기에 염색체 1개는 2개의 염색 분체로 구성되어 있다.

바로 알기 | ② 간기 때에는 핵이 관찰되며, 염색체는 가느다란 실처럼 풀어져 있다.

③ 종이 다르더라도 염색체 수가 같을 수 있다. 하지만 같은 종이라면 항상 동일한 수의 염색체를 가진다.

④ 분열을 시작할 때 염색체는 응축되어 짧고 굵은 막대 모양의 염색체가 된다.

04

상동 염색체는 부모로부터 각각 1개씩 물려받아 쌍을 이룬 것이며, 염색 분체는 염색체를 이루는 2개의 가닥으로 한 가닥이 복제되어 만들어져 유전자 구성이 동일하다. 성에 관계없이 남녀 공통으로 가지고 있는 염색체는 상염색체이다.

05

자료 해석 | 사람의 염색체

𝄪𝄪 1	𝄪𝄪 2	𝄪𝄪 3		𝄪𝄪 4	𝄪𝄪 5	

(가) 여자   (나) 남자

- **공통점** : 22쌍의 상염색체, 1쌍의 성염색체
- **차이점** : 여자의 성염색체는 XX, 남자의 성염색체는 XY

① 성염색체는 성을 결정하는 염색체로 XX 염색체를 가지고 있는 사람은 여자이며, XY 염색체를 가지고 있는 사람은 남자이다.

② 상염색체는 남녀 공통으로 갖는 염색체로, 총 22쌍이다.

④ (나)는 아버지에게서 22개의 상염색체와 1개의 성염색체를 물려받았다. 남자의 성염색체 중 Y 염색체는 남자에게만 있는 염색체이므로 아들은 아버지에게 반드시 Y 염색체를 받는다.

⑤ 사람의 체세포 하나에는 염색체가 46개씩 있으며, 총 23쌍의 상동 염색체로 구성되어 있다.

바로 알기 | ③ (가)는 XX 염색체를 가지고 있는 여자이다. 여자는 어머니로부터 X 염색체 하나와 아버지로부터 X 염색체 하나를 물려받아 성염색체 구성이 XX이다.

06

① 단세포 생물의 경우 체세포 분열을 통해 번식을 한다.

③ 부러진 뼈가 붙거나 상처가 아무는 것과 같은 재생은 체세포 분열 결과의 예이다.

④ 체세포 분열은 염색체 수의 변화가 없기 때문에 모세포와 같은 염색체 수를 가진 딸세포가 형성된다.

⑤ 체세포 분열은 염색체의 모양과 행동에 따라 전기, 중기, 후기, 말기로 구분된다.

바로 알기 | ② 체세포 분열이 시작되면 핵분열이 먼저 일어난 후 세포질 분열이 일어난다.

07

(가)는 말기, (나)는 간기, (다)는 전기, (라)는 후기, (마)는 중기이다.

체세포 분열의 순서는 간기(나) → 전기(다) → 중기(마) → 후기(라) → 말기(가)이다.

08

① 말기(가)에는 핵분열이 끝남과 동시에 세포질 분열도 같이 이루어져 두 개의 딸세포가 형성된다.

② 간기(나)에는 유전 물질이 복제되어 DNA의 양이 2배로 증가한다.

④ 후기(라)에는 염색 분체가 나누어져 세포 양 끝으로 이동하며, 전체 염색체 수에는 변함이 없다.

⑤ 중기(마)에는 염색체가 중앙에 배열되며, 염색체를 가장 뚜렷하게 관찰할 수 있다.

바로 알기 | ③ 세포 주기 중 가장 긴 시기는 간기(나)이다. (다)는 전기로 핵분열 과정 중에 가장 긴 시기이며, 핵막이 사라지고 막대 모양의 염색체가 처음으로 나타난다.

09

세포 분열 과정에서 염색체의 모양과 수를 관찰하기 가장 좋은 시기는 염색체가 세포의 중앙에 배열되는 중기(마)이다.

10

핵막이 나타나고 세포질 분열이 시작되었으므로 이 세포의 시기는 말기에 해당한다.

ㄴ. 말기에는 염색체가 실처럼 풀어진다.

바로 알기 | ㄱ. 염색체가 세포 중앙에 배열되는 시기는 중기이다.

ㄷ. 세포판의 형성으로 세포질이 나누어지는 것은 식물 세포의 특징이다.

11

동물은 온몸의 체세포에서 체세포 분열이 일어나지만, 식물은 식물의 뿌리와 줄기 끝의 생장점, 줄기의 형성층에서 체세포 분열이 일어난다.

12

자료 해석 | 체세포 분열 관찰 실험

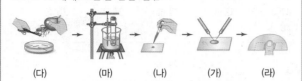

(다)   (마)   (나)   (가)   (라)

(다) 양파 뿌리를 채취한 후 끝 부분을 1 cm 정도 잘라 고정액(에탄올+아세트산)에 고정시킨다(고정). → (마) 뿌리 끝을 거즈로 싸서 묽은 염산에 넣고 60 ℃의 온도에서 물중탕하거나 데운 묽은 염산에 10분 정도 담가 둔다(해리). → (나) 아세트산 카민 용액을 한 방울 떨어뜨린다(염색). → (가) 해부 침으로 잘게 찢는다(분리). → (라) 세포가 잘 펴지게 하고, 공기가 들어가지 않도록 한다(압착). → 현미경으로 관찰한다.

고정(다) → 해리(마) → 염색(나) → 분리(가) → 압착(라) 순으로 실험한다.

13

① 양파 뿌리 끝에 있는 생장점에서는 체세포 분열이 활발하게 일어난다.
② 세포가 뭉쳐 있으면 현미경으로 관찰하였을 때 뭉친 덩어리로 관찰된다. 따라서 해부 침으로 하나하나 세포를 떨어뜨려 주어야 한다.
④ 세포를 관찰할 때 공기가 있으면 관찰이 잘 안될 수도 있기 때문에 세포를 얇게 펴주고 공기를 빼주어야 한다.
⑤ 뿌리 끝을 묽은 염산에 넣으면 조직이 연해져서 처리하기 쉬워진다.
바로 알기 | ③ (나)는 아세트산 카민 용액을 이용해 염색체를 붉게 염색하는 과정이다.

14

③ 감수 1분열에서는 상동 염색체가 분리되어 염색체 수가 절반으로 감소한다.
⑤ 감수 분열은 생식 기관에서 일어나는데, 동물의 생식 기관은 정소와 난소이고 식물의 생식 기관은 꽃밥과 밑씨이다.
바로 알기 | ① 감수 분열의 결과 생식세포가 생성된다. 키가 자라는 것은 체세포 분열의 결과이다.
② 감수 분열에서 간기는 감수 1분열 전에만 일어나며, 감수 2분열은 간기를 거치지 않고 바로 감수 2분열 전기가 진행된다.
④ 염색체 수는 감수 1분열에서 절반으로 줄어들고, 감수 2분열에서는 변화가 없다.

15

(가)는 감수 1분열 말기, (나)는 감수 2분열 후기, (다)는 감수 1분열 전기, (라)는 감수 1분열 중기, (마)는 감수 1분열 후기, (바)는 감수 2분열 중기, (사)는 감수 2분열 말기이다.

16

① (가)는 감수 1분열 말기로 염색체 수가 반으로 줄어든 상태이고, (사)는 감수 2분열 말기로 감수 2분열에서는 염색체 수가 변하지 않으므로 (가)와 (사)의 염색체 수는 동일하다.

③ (다)는 감수 1분열 전기로 상동 염색체가 접합하여 형성된 2가 염색체를 관찰할 수 있다.
⑤ (바)는 감수 2분열 중기의 세포로 감수 1분열에서 염색체 수가 모세포의 절반으로 줄었다.
바로 알기 | ② (나)는 감수 2분열 후기로, 염색 분체가 분리된다.
④ 염색체의 모양을 잘 관찰할 수 있는 시기는 중기로, 감수 1분열 후기인 (마)보다 감수 1분열 중기인 (라)에서 염색체를 더 잘 관찰할 수 있다.

17

감수 분열에서 염색체 수가 절반으로 줄어들지 않으면, 세대를 거듭할수록 염색체 수가 증가하여 염색체 수를 일정하게 유지하지 못하게 된다.

18

자료 해석 | 감수 분열

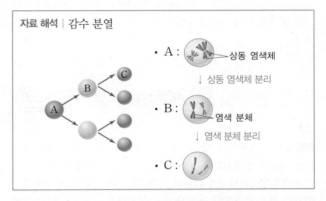

• A : 상동 염색체
↓ 상동 염색체 분리
• B : 염색 분체
↓ 염색 분체 분리
• C :

감수 1분열 전기에 형성된 2가 염색체는 상동 염색체가 분리되면서 나뉘어지고, 감수 2분열에서 염색 분체가 분리된다.

19

ㄱ. 한 가닥의 염색체가 두 가닥의 염색 분체가 된 것으로 보아 (가)에서 DNA 복제가 일어났다는 것을 알 수 있다.
ㄴ. (나)에서 상동 염색체가 분리되면서 염색체 수가 절반으로 줄어든다.
ㄷ. (다)에서는 염색 분체가 분리되어 염색체 수의 변화가 없다.

20

자료 해석 | 세포 분열 시기

상동 염색체

상동 염색체가 분리되는 과정을 나타낸 그림이다. 따라서 감수 1분열 후기를 나타내며, 이와 같은 현상 때문에 감수 분열에서 염색체 수가 절반이 된다.

④ 상동 염색체가 분리되는 것으로 보아 감수 1분열 후기에 해당한다.
바로 알기 | ① 체세포 분열 중기에는 염색체가 세포 중앙에 배열된다.

②, ⑤ 체세포 분열 후기와 감수 2분열 후기에는 염색 분체가 분리된다. 체세포 분열 후기는 상동 염색체가 모두 있고, 감수 2분열 후기는 상동 염색체 중 하나씩만 있다.

③ 감수 1분열 전기 때에는 2가 염색체가 관찰된다.

21

(가)는 감수 분열, (나)는 체세포 분열이다.

ㄱ. 감수 분열(가)은 생식 기관에서 일어나는데, 식물의 경우 꽃밥이나 밑씨에서 관찰할 수 있다.

ㄴ. 생물의 발생은 체세포 분열(나)의 결과이다.

ㄷ. 감수 분열(가)은 감수 1분열 전기 이전에, 체세포 분열은 전기 이전에 유전 물질 복제가 한 번씩 일어난다.

22

모세포의 염색체 수가 4개이므로, 감수 분열 결과 모세포의 절반인 2개의 염색체를 가진 딸세포가 형성된다. 또한, 생식세포에는 상동 염색체 쌍이 존재하지 않는다.

서술형 문제

23

모범 답안 | 표면에서 중심까지의 최소 거리는 (가) 6 cm, (나) 2 cm로 (가)가 (나)보다 표면에서 중심까지의 거리가 멀다. 실제 세포라고 할 때 세포가 클수록 표면에서 중심까지의 거리가 멀어지므로 세포에 필요한 물질이 세포 중심까지 이동하는 것이 어려워진다. 따라서 세포는 일정 크기가 되면 세포 분열을 한다.

채점 기준	배점
(가)와 (나)의 세포 표면에서 중심까지 최소 거리를 쓰고, 물질 교환과 관련하여 세포 분열의 까닭을 옳게 서술한 경우	100 %
(가)와 (나)의 세포 표면에서 중심까지 거리만 옳게 쓴 경우	30 %

24

모범 답안 | (가) 식물 세포, (나) 동물 세포 / 식물 세포는 세포 중앙부에서 세포판이 형성되어 세포 안쪽에서 바깥쪽으로 자라면서 세포질이 나누어지고, 동물 세포는 세포질이 안쪽으로 오므라들어 세포질이 나누어진다.

채점 기준	배점
(가)와 (나)를 구분하고, 세포질 분열의 형태 차이를 옳게 서술한 경우	100 %
(가)와 (나)만 옳게 구분한 경우	30 %

25

모범 답안 | (가) 감수 1분열 중기, (나) 체세포 분열 중기 / (가) 이후 상동 염색체가 분리되어 염색체 수가 반으로 줄어든다. (나) 이후 염색 분체가 분리되어 염색체 수는 변화가 없다.

채점 기준	배점
분열 시기, 분열 후 염색체 수 변화와 그 까닭을 모두 옳게 서술한 경우	100 %
분열 시기만 옳게 쓴 경우	30 %

---

26 ③	27 ④	28 ⑤	29 ①	30 ④
31 ①	32 ④	33 ③	34 ④	35 ③
36 ④				

26

(가)의 A는 간기이고, B는 중기이다.

ㄷ. ㉠과 ㉡은 염색 분체로, DNA 복제를 통해 만들어졌으므로 유전 정보가 동일하다.

바로 알기 | ㄱ. (나)와 같은 모양의 염색체는 세포 분열 시에 관찰할 수 있다. A는 간기로 염색체가 실처럼 풀어져 있어 (나)를 관찰할 수 없다.

ㄴ. 식물의 생장점에서 일어나는 분열은 체세포 분열로, 체세포 분열에서는 2가 염색체가 관찰되지 않는다.

27

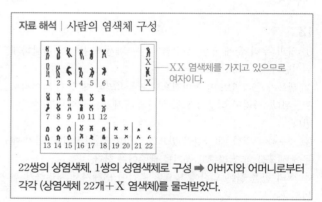

자료 해석 | 사람의 염색체 구성

XX 염색체를 가지고 있으므로 여자이다.

22쌍의 상염색체, 1쌍의 성염색체로 구성 ➡ 아버지와 어머니로부터 각각 (상염색체 22개+X 염색체)를 물려받았다.

④ 아버지로부터 22개의 상염색체와 1개의 성염색체, 총 23개의 염색체를 물려받았다.

바로 알기 | ① 성염색체가 XX이므로 여자의 염색체이다.

② 사람의 성염색체는 1쌍이다.

③ 사람의 상염색체는 22쌍이다.

⑤ 사람의 정상적인 체세포의 염색체 수는 46개이므로, 정상적인 생식세포의 염색체 수는 절반인 23개이다.

28

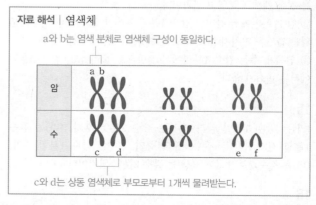

자료 해석 | 염색체

a와 b는 염색 분체로 염색체 구성이 동일하다.

암

수

c와 d는 상동 염색체로 부모로부터 1개씩 물려받는다.

ㄷ, ㄹ. 이 동물의 체세포에는 4개의 상염색체와 2개의 성염색체가 있다. e와 f는 암수가 서로 다른 모양을 하고 있으므로 성염색체이다.

바로 알기 | ㄱ. a와 b는 복제되어 만들어진 염색 분체이며, 1개의 염색체를 이룬다.

ㄴ. c와 d는 상동 염색체이다. 상동 염색체는 부모로부터 각각 1개씩 물려받아 짝을 이룬 것으로, 유전 정보가 다르다.

29

자료 해석 | 생식세포 형성

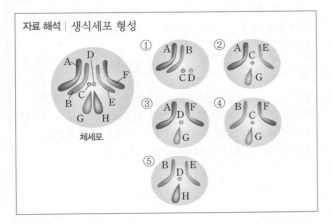

체세포

초파리의 체세포 염색체 수가 8개이므로 난자는 4개의 염색체를 가진다. 감수 1분열에서 상동 염색체가 각각의 딸세포로 나누어지기 때문에 하나의 난자에 상동 염색체 A와 B가 모두 포함될 수는 없다.

30

ㄴ. 감수 2분열 중기에 염색체 수가 2개이므로, 감수 분열이 일어나기 전 모세포의 염색체 수는 4개이다.

ㄷ. 현재 $n=2$이고, 염색 분체의 수는 4개이다. 감수 2분열 중기 다음 과정에서 염색 분체가 분리되어 각각의 딸세포로 들어가므로, 염색 분체의 수가 4개에서 2개로 줄어든다.

바로 알기 | ㄱ. 감수 1분열에서 상동 염색체가 분리되어 각각의 딸세포에 들어가기 때문에 감수 2분열 중기의 세포에는 상동 염색체 중 하나만 존재한다.

31

ㄱ. (가)는 세포가 분열되기 전이고, $2n=2$이다. A와 B는 모양과 크기가 같은 상동 염색체이다.

바로 알기 | ㄴ. (가)의 염색체 수는 2개이고, (다)는 감수 1분열이 끝난 상태이므로 염색체 수가 1개이다.

ㄷ. (나)는 2가 염색체가 있으므로 감수 분열 과정에서 관찰이 가능하다. 양파의 뿌리 세포에서는 체세포 분열이 활발하게 일어나므로 (나)를 관찰할 수 없다.

32

ㄴ. (가)는 상동 염색체가 한 개씩만 들어 있는 것으로 보아 감수 분열 결과 형성된 딸세포이고, (나)는 상동 염색체가 쌍으로 있는 것으로 보아 체세포 분열 결과 형성된 딸세포이다.

ㄷ. 이 생물의 체세포는 체세포 분열 결과 생성된 딸세포와 염색체 구성이 동일하므로, 2쌍의 상동 염색체가 들어 있다.

바로 알기 | ㄱ. (가)의 염색체는 모양과 크기가 다른 것으로 보아 상동 염색체가 아니다.

[33~34]

자료 해석 | 체세포 분열과 감수 분열 시 DNA 상대량의 변화

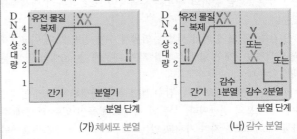

(가) 체세포 분열   (나) 감수 분열

(가) 체세포 분열은 분열이 1회 일어나므로 DNA양이 반으로 한 번 줄어든다. 간기에 2배로 증가했던 DNA양이 반으로 줄어들기 때문에 딸세포가 복제되기 전 모세포의 양과 같아진다.

(나) 감수 분열은 분열이 2회 일어나므로 DNA양이 반으로 두 번 줄어든다. 간기에 2배로 증가했던 DNA양이 반의 반으로 줄어들어 DNA양은 복제되기 전 모세포의 DNA양의 절반이 된다.

33

ㄱ. A와 C 시기에 DNA 상대량이 2배로 증가하는 것으로 보아 유전 물질의 복제가 일어나는 간기임을 알 수 있다.

ㄷ. E 시기는 감수 2분열 단계로 염색 분체가 분리된다.

바로 알기 | ㄴ. B에서는 염색 분체가 분리되므로 염색체 수의 변화가 없고, D에서는 상동 염색체가 분리되어 염색체 수가 절반이 된다.

34

상동 염색체가 분리되어 세포 양 끝으로 이동하고 있으므로, 감수 1분열 후기의 모습에 해당한다.

35

자료 해석 | 감수 분열

(가)는 모세포(세포 Ⅰ)와 DNA양이 같은 것으로 보아 감수 2분열 전기의 세포인 Ⅲ이다.

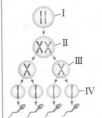

구분	Ⅰ	(가)	(나)	(다)
세포 1개당 염색체 수(상댓값)	2	㉠	2	1
핵 1개당 DNA양 (상댓값)	2	2	4	1

(나)의 염색체 수는 DNA가 복제되기 전인 모세포(세포 Ⅰ)와 같고, DNA양은 모세포의 2배인 것으로 보아 감수 1분열 전기의 세포인 Ⅱ이다.

(다)는 염색체 수와 DNA양이 모세포(세포 Ⅰ)의 절반인 것으로 보아 딸세포인 세포 Ⅳ이다.

(가)는 세포 Ⅲ, (나)는 세포 Ⅱ, (다)는 세포 Ⅳ이다.

ㄱ. 세포 Ⅱ는 세포 Ⅰ의 DNA 복제 결과 생성된 것으로, Ⅰ과 염색체 수는 같지만 DNA양이 2배인 (나)에 해당한다.

ㄴ. (가)는 감수 1분열을 마친 세포 Ⅲ으로, 상동 염색체가 분리되어 형성되었으므로 염색체 수가 모세포(세포 Ⅰ)의 절반이다. 따라서 ㉠은 1이다.

바로 알기 | ㄷ. (가)는 감수 1분열 후의 세포이고, (다)는 감수 2분열 후의 세포이므로 (가)가 분열하여 (다)가 형성되었다.

36

사람의 체세포는 46개의 염색체를 가진다.

(가) 감수 1분열 중기의 세포는 분열 전이므로 46개의 염색체를 갖는다.

(나) 감수 2분열 중기의 세포는 염색체 수가 절반(23개)이고 1개의 염색체는 2개의 염색 분체를 갖기 때문에 총 46개의 염색 분체를 갖는다.

(다) 난자는 생식세포이다. 감수 분열 결과 생성된 난자의 염색체 수는 모세포의 절반이다. 사람의 체세포에 들어 있는 염색체 수가 46개이므로 난자가 가지고 있는 염색체 수는 체세포의 절반인 23개이다.

O2 사람의 발생

용어 & 개념 체크 27쪽

01 정자 02 난자, 세포질 03 수정
04 난할 05 착상 06 태아

개념 알약 27쪽

01 (1) A : 핵 B : 꼬리 C : 핵 D : 세포질 (2) ㄴ, ㄷ
02 (라)―(다)―(가)―(나)
03 (1) ○ (2) × (3) × (4) ○ (5) ○
04 (1) A, 배란 (2) C, 난할 (3) D, 착상 (4) B, 수정
05 ㉠ 수란관 ㉡ 난할 ㉢ 포배 ㉣ 착상 ㉤ 태반

01

(2) ㄴ. 정자(가)는 머리와 꼬리(B)로 구분되며 머리에는 유전 물질이 들어 있는 핵(A)이 있다.

ㄷ. 난자(나)의 세포질(D)에는 발생에 필요한 많은 양의 양분이 저장되어 있다.

바로 알기 | ㄱ. 정자(가)와 난자(나)의 염색체 수는 23개로 체세포의 절반이다.

02

(가)는 난할, (나)는 착상, (다)는 수정, (라)는 배란에 대한 설명으로, 임신이 되기까지의 과정은 배란(라) → 수정(다) → 난할(가) → 착상(나)이다.

03

(1) 정자와 난자의 염색체 수는 체세포의 절반이므로, 이들의 수정으로 만들어진 수정란의 염색체 수는 체세포의 염색체 수와 같아진다.

(4) 착상은 수정된 지 약 7일 후, 수정란이 난할을 거쳐 포배가 되어 자궁 안쪽 벽에 파묻히는 현상을 말한다.

(5) 착상 후 태아와 모체를 연결하는 태반이 형성되고, 태아는 태반을 통해 모체와 물질 교환을 한다.

바로 알기 | (2) 난할을 하는 동안 세포 수는 증가한다.

(3) 난할을 하는 동안 세포 하나의 크기는 점점 작아진다.

04

A는 배란, B는 수정, C는 난할, D는 착상이다.

(1) 난자가 난소에서 수란관으로 배출되는 과정을 배란(A)이라고 한다.

(2) 수정란의 초기 세포 분열을 난할(C)이라고 한다.

(3) 수정된 지 약 일주일 후, 수정란이 난할을 거쳐 포배가 되어 자궁 안쪽 벽에 파묻히는 과정을 착상(D)이라고 한다.

(4) 정자와 난자가 수란관에서 만나 결합하는 과정을 수정(B)이라고 한다.

05

정자와 난자는 수란관에서 만나 결합하여 수정이 이루어진다. 수정란은 난할을 하며 수란관을 따라 자궁으로 이동하고, 수정된 지 약 일주일 후 포배 상태가 되어 자궁 안쪽 벽에 착상한다. 착상 후 태아와 모체를 연결하는 태반이 형성된다.

실전 백신 29~30쪽

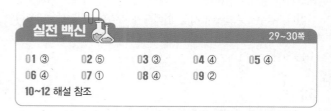

01 ③ 02 ⑤ 03 ③ 04 ④ 05 ④
06 ④ 07 ① 08 ④ 09 ②
10~12 해설 참조

01

(가)는 정자, (나)는 난자이다.

③ 정자는 꼬리가 있어 운동성을 가지고 있고, 난자는 스스로 움직이지 못한다.

바로 알기 | ①, ② 정자와 난자는 감수 분열을 통해 생성되므로, 염색체 수는 각각 체세포의 절반인 23개이다.

④ 난자의 세포질에는 발생에 필요한 많은 양분이 저장되어 있기 때문에 정자보다 크기가 크다.

⑤ 정자는 정소에서 감수 분열을 통해 생성되고, 난자는 난소에서 감수 분열을 통해 생성된다.

02

A는 정자의 머리, B는 정자의 꼬리, C는 난자의 세포질, D는 난자의 핵이다.

ㄱ. 정자의 머리(A)와 난자의 핵(D)에는 유전 물질이 들어 있다.

ㄴ. 정자는 꼬리(B)로 운동하여 난자가 있는 곳까지 이동한다.

ㄷ. 난자의 세포질(C)은 발생에 필요한 많은 양분을 저장하고 있다.

03

ㄴ. 수정은 정자와 난자가 결합하는 현상이다.

ㄷ. 정자와 난자의 염색체 수는 체세포의 절반인 23개이다. 수정란은 정자와 난자가 결합하여 형성되므로, 수정란의 염색체 수는 체세포와 같은 46개이다.

바로 알기 | ㄱ. 수정은 수란관에서 일어난다.

ㄹ. 수정란은 초기 세포 분열인 난할을 하며 자궁으로 이동한다. 난할은 체세포 분열의 일종이다.

04

①, ② 난할은 수정란의 초기 세포 분열로, 빠르게 세포 분열을 반복하여 딸세포의 크기는 커지지 않고 세포 수가 점점 증가한다. ③, ⑤ 난할이 진행될수록 세포 1개의 크기가 점점 줄어들어 수정란 전체 크기는 크게 변하지 않는다.

바로 알기 | ④ 난할은 체세포 분열이기 때문에 세포 1개의 염색체 수는 변하지 않는다.

05

자료 해석 | 배란에서 착상까지의 과정

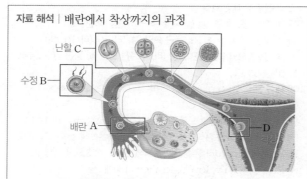

- A는 난자가 난소에서 배출되는 배란, B는 정자와 난자가 만나는 수정, C는 수정란의 초기 세포 분열인 난할, D는 포배 상태의 수정란이 자궁 안쪽 벽에 파고드는 착상이다.

A는 배란, B는 수정, C는 난할, D는 착상이다.

06

ㄴ. 난할(C)이 진행될수록 세포 수가 늘어나기 때문에, 수정(B) 때보다 착상(D)이 되는 시기에 세포 수가 더 많다.
ㄹ. 착상(D)이 되었을 때부터 임신이 되었다고 한다.

바로 알기 | ㄱ. A는 배란으로, 난자가 난소에서 수란관으로 배출되는 것을 말한다.
ㄷ. 난할(C)은 체세포 분열로, 세포의 크기는 커지지 않고 세포 분열이 빠르게 반복된다.

07

수정 후 6일~7일이 지나 포배 상태가 된 수정란이 자궁 안쪽 벽에 파묻히는 현상을 착상이라고 하며, 이때부터 임신이 되었다고 한다.

08

사람의 임신과 출산 과정은 여성과 남성의 생식세포(난자, 정자) 형성 → (라) 난소에서 성숙한 난자의 배란 → (마) 수란관에서 정자와 난자의 수정 → (다) 수정란이 난할을 하며 자궁 쪽으로 이동 → (바) 포배 상태의 수정란이 자궁에 착상 → (나) 태반의 형성 → 개체로 성장 → (가) 출산 순이다.

09

태아는 모체에게 이산화 탄소와 노폐물을 넘겨주고, 모체로부터 산소와 영양소를 받는다. 모체에 있는 해로운 물질도 태아에게 전달될 수 있으므로 임신부는 약물의 섭취나 흡연, 음주 등에 주의하여야 한다.

10

모범 답안 | (나)>(가), (가) 정자는 저장하고 있는 양분이 거의 없는 반면, (나) 난자는 사람의 발생에 필요한 양분을 세포질에 저장하고 있기 때문에 (가)보다 훨씬 크다.

채점 기준	배점
난자와 정자의 크기를 옳게 비교하고, 난자의 세포질에 양분을 저장하고 있다는 점을 이용하여 까닭을 옳게 서술한 경우	100%
난자와 정자의 크기만 옳게 비교한 경우	30%

11

모범 답안 | A : 23개, B : 23개, C : 46개 / A는 난자로, 난소에서 감수 분열을 통해 생성되었으므로 염색체 수는 체세포의 절반인 23개이다. B는 정자로, 정소에서 감수 분열을 통해 생성되었으므로 염색체 수는 난자와 같은 23개이다. C는 수정란으로, 정자의 핵과 난자의 핵이 결합하여 생성되므로 염색체 수는 46개이다.

채점 기준	배점
A와 B가 감수 분열을 통해 생성된 것이라는 것을 알고, A~C의 염색체 수와 그 까닭을 옳게 서술한 경우	100%
A~C의 염색체 수만 옳게 쓴 경우	30%

12

모범 답안 | 태반에서는 태아의 노폐물과 이산화 탄소를 모체에게 전달하고 모체의 영양소와 산소를 태아에게 전달해 주는 것 외에도 모체에서 태아로 바이러스나 약물 등의 이동이 가능하다. 따라서 모체의 음주, 흡연은 태아의 발생 과정에 영향을 미쳐 심각한 질환을 초래할 수 있다.

채점 기준	배점
태반에서 모체로부터 태아에게 바이러스나 약물도 이동할 수 있어서 음주, 흡연을 삼가야 한다는 내용으로 서술한 경우	100%

1등급 백신 · 31쪽

13 ① 14 ⑤ 15 ④ 16 ③ 17 ⑤

13

A는 정소, B는 난소, C는 수란관이다.
ㄱ. 정소(A)에서 생성되는 생식세포는 정자로, 꼬리가 있어 운동성이 있다.

바로 알기 | ㄴ. 정소(A)와 난소(B)에서는 감수 분열에 의해 생식세포가 만들어진다.
ㄷ. 수란관(C)에서는 수정이 일어나며, 착상은 자궁에서 일어난다.

14

(가)는 난할이 1회 진행된 2세포기, (나)는 포배 상태, (다)는 난할이 2회 진행된 4세포기, (라)는 수정, (다)는 8세포기를 나타낸다.

ㄷ. 난할이 진행될수록 세포 수가 증가하므로, (라) → (가) → (다) → (마) → (나)의 순서로 난할이 진행된다.

ㄹ. 일반적인 세포 분열은 세포가 성장하는 시간을 갖지만 난할은 세포의 성장기가 없이 바로 세포 분열을 하므로 일반적인 체세포 분열에 비해 분열 속도가 빠르다.

바로 알기 | ㄱ. (가)는 세포 수가 2개이므로, 1회 분열한 상태임을 알 수 있다.

ㄴ. (라)는 정자와 난자가 만나 수정란을 형성하는 수정으로, 수란관에서 일어난다.

15

A는 수정, B는 난할, C는 착상 과정이다.

ㄱ. 수정이 일어난 후 수정란이 포배 상태가 되기까지 약 일주일이 소요된다.

ㄷ. 수정란은 포배 상태로 자궁 안쪽 벽에 파고들어 착상한다.

바로 알기 | ㄴ. B 과정은 체세포 분열 과정이다. 따라서 감수 1분열 과정에서 2가 염색체가 형성된 후 일어나는 상동 염색체의 분리는 관찰할 수 없다.

16

ㄱ. 난할이 일어날수록 배아 전체 크기의 변화없이 세포 수가 늘어나므로 세포 1개 크기는 (가)와 같이 점점 줄어든다.

ㄴ. 난할이 일어나도 배아의 전체 크기는 변화하지 않으므로 (나)에 해당한다.

바로 알기 | ㄷ. 난할은 체세포 분열이다. 따라서 세포 1개당 염색체 수는 변화가 없으므로 (나)에 해당한다.

17

자료 해석 | 태아의 발생 과정

													■ 발달 ■ 특히 발달	
(주)1	2	3	4	5	6	7	8	9	16	20~36	38			

난할, 착상
수정란 → 중추 신경계
심장
팔
눈
다리
치아
구개
자궁
내벽
외부 생식기
귀

• 수정 후 2주 정도 지나면 중추 신경계가 형성되기 시작하며, 8주 이내에 대부분의 기관이 특히 발달되기 시작한다.
• 발달을 먼저 시작한 기관이 항상 먼저 완성되는 것은 아니다.
• 임신 초기 약 3개월까지는 기관이 많이 발달하는 구간이므로 특히 조심해야 한다.

ㄴ. 수정이 일어난 후 38주, 약 266일이 지나면 태아가 출산된다.

ㄷ. 중추 신경계는 기관들 중 가장 먼저 형성되기 시작하여 오랜 시간에 걸쳐 형성되며 태어날 때까지도 완성되지 않는다.

ㄹ. 임신 초기 3개월까지는 기관이 많이 발달하는 중요한 시기이기 때문에 음주나 약물에 의한 영향을 가장 많이 받는다.

바로 알기 | ㄱ. 중추 신경계가 가장 먼저 형성되기 시작하지만, 가장 먼저 완성되는 기관은 심장, 팔, 다리이다.

03 멘델의 유전 원리

용어 & 개념 체크 33, 35쪽

01 유전 02 대립 형질 03 유전자형 04 순종
05 순종, 우성 06 우성, 열성 07 생식세포, 분리
08 우열 09 독립 10 9, 3, 3, 1 11 3, 1
12 염색체

개념 알약 33, 35쪽

01 (1) ○ (2) ○ (3) × (4) ○ (5) ×
02 ㉠ 완두 ㉡ 대립 형질
03 (1) 잡 (2) 순 (3) 순 (4) 잡 (5) 순 (6) 잡 (7) 잡 (8) 순
04 (1) (가) R (나) r (2) Rr, 둥근 모양 (3) (라) Rr (마) Rr (바) rr
(4) (라) 둥근 모양 (마) 둥근 모양 (바) 주름진 모양 (5) 둥근 완두 : 주름진 완두＝3 : 1
05 해설 참조 06 (1) ○ (2) ○ (3) ○ (4) ×
07 (1) × (2) ○ (3) × (4) ○ (5) ○
08 (1) RrYy (2) 둥글고 노란색 (3) RY : Ry : rY : ry＝1 : 1 : 1 : 1
09 (1) (가) 둥글고 노란색, RRYY (나) 둥글고 초록색, RRyy (다) 둥글고 초록색, Rryy (라) 주름지고 초록색, rryy (2) 3 : 1 (3) 3 : 1
(4) RRYY, RRYy, RrYY, RrYy (5) 150개

01

바로 알기 | (3) 한 가지 형질을 나타내는 유전자의 구성이 같은 개체는 순종이며, 잡종은 한 가지 형질을 나타내는 유전자의 구성이 다른 개체이다.

(5) 우성과 열성은 형질의 우수성을 말하는 것이 아니며, 대립 형질을 가진 순종 개체끼리 교배할 때 잡종 1대에서 나타나는가에 따라 결정된다.

02

멘델은 주변에서 구하기 쉽고 재배하기 쉬운 완두를 유전 실험 재료로 사용하였다. 완두는 씨 모양이 둥근 것과 주름진 것, 씨 색깔이 노란색인 것과 초록색인 것, 콩깍지 모양이 매끈한 것과 잘록한 것 등 대립 형질이 뚜렷하게 구분되므로 연구 결과를 명확하게 해석할 수 있어 유전 연구 재료로 적절하다.

03

순종은 대립유전자의 구성이 같고, 잡종은 대립유전자의 구성이 다르다. 순종은 여러 세대를 자가 수분해도 계속 같은 형질의 자손이 나타나며, 잡종이 자가 수분했을 때 우성과 열성의 자손이 모두 나타난다.

04

(1) 감수 분열 시 한 쌍의 대립유전자가 분리되어 각 생식세포로 들어가기 때문에 (가)에서는 대립유전자 R를 지닌 생식세포가, (나)에서는 대립유전자 r를 지닌 생식세포가 형성된다.

(2) 순종의 둥근 완두와 주름진 완두의 생식세포가 수정되므로 잡종 1대의 유전자형은 Rr이다. 완두 씨 모양의 형질은 둥근 모양이 주름진 모양에 대해 우성이므로 잡종 1대의 표현형은 둥근 모양이다.

(3) 잡종 1대의 생식세포는 R와 r 두 종류이므로 잡종 2대를 자가 수분했을 때 나타나는 잡종 2대의 유전자형은 RR, Rr, rr 세 종류이다. 따라서 (라)와 (마)는 Rr, (바)는 rr이다.

(4) 완두 씨 모양의 형질은 둥근 모양이 주름진 모양에 대해 우성이므로 유전자형이 Rr인 (라)와 (마)는 둥근 모양, 유전자형이 rr인 (바)는 주름진 모양이다.

(5) 잡종 2대에서의 유전자형의 비는 RR : Rr : rr=1 : 2 : 1이고, 유전자형이 RR인 완두와 Rr인 완두는 둥근 모양, 유전자형이 rr인 완두는 주름진 모양이다. 따라서 둥근 완두와 주름진 완두의 분리비는 3 : 1이다.

05

답 │

(가) (나)

06

(1) 분꽃의 꽃잎 색깔 유전에서 우열의 원리는 성립하지 않지만, 분리의 법칙은 성립한다.

바로 알기 │ **(4)** 잡종 2대에서는 붉은색 분꽃 : 분홍색 분꽃 : 흰색 분꽃이 1 : 2 : 1의 비율로 나타난다.

07

바로 알기 │ **(1)** 독립의 법칙은 두 쌍의 대립유전자가 각각 다른 염색체에 존재할 때 성립한다.

(3) 순종의 둥글고 노란색인 완두(RRYY)와 주름지고 초록색인 완두(rryy)를 교배하여 얻은 잡종 1대의 유전자형은 모두 RrYy이므로 표현형은 둥글고 노란색이다.

08

(1) RY가 포함된 생식세포와 ry가 포함된 생식세포가 결합하여 잡종 1대를 생성하므로 잡종 1대의 유전자형은 RrYy이다.

(2) 순종의 대립 형질끼리 교배하면 잡종 1대에서는 우성인 둥글고 노란색인 완두가 나타난다.

(3) 잡종 1대에서는 4종류의 생식세포(RY, Ry, rY, ry)가 같은 비율로 만들어진다.

09

(2) (둥글고 노란색＋주름지고 노란색) : (둥글고 초록색＋주름지고 초록색)＝12 : 4＝3 : 1

(3) (둥글고 노란색＋둥글고 초록색) : (주름지고 노란색＋주름지고 초록색)＝12 : 4＝3 : 1

(4) 유전자 R가 있으면 둥근 모양, 유전자 Y가 있으면 노란색이 되므로 잡종 2대에서 나타나는 둥글고 노란색인 완두의 유전자형은 RRYY, RRYy, RrYY, RrYy의 4종류이다.

(5) 잡종 2대의 총 개수가 800개일 때 둥글고 초록색인 완두의 개수는 $800 \times \dfrac{3(둥글고\ 초록색)}{16(전체)} = 150(개)$이다.

강의 보충제
36쪽

01

①

---

②

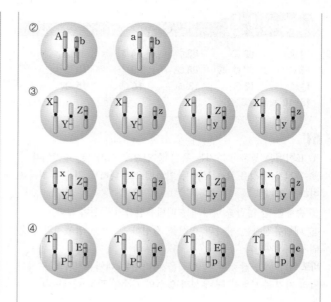

③

④

02

①

[표현형의 비] 둥근 완두 : 주름진 완두＝3 : 1
[유전자형의 비] RR : Rr : rr＝1 : 2 : 1

②

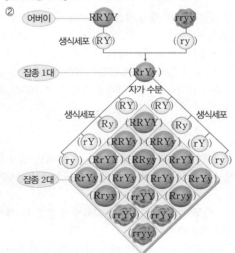

[표현형의 비]
• 둥글고 노란색 : 둥글고 초록색 : 주름지고 노란색 : 주름지고 초록색
＝9 : 3 : 3 : 1
• 색 ➡ 노란색 완두 : 초록색 완두＝3 : 1
• 모양 ➡ 둥근 완두 : 주름진 완두＝3 : 1

실전 백신 40~42쪽

01 ④	02 ②	03 ②	04 ④	05 ②
06 ②	07 ③, ⑤	08 ⑤	09 ①	10 ③
11 ③	12 ③	13 ⑤	14 ②	15 ③
16~18 해설 참조				

01

① 표현형은 생물이 가지는 특성 중 겉으로 드러나는 형질이다.
② 유전자 구성을 Rr, Yy 등 알파벳으로 나타낸 것을 유전자형이라고 한다.
③ 순종은 한 형질을 나타내는 대립유전자의 구성이 같다.
⑤ 대립유전자는 하나의 형질을 결정하며, 상동 염색체의 같은 위치에 존재한다.
바로 알기 | ④ 잡종은 한 형질을 나타내는 대립유전자의 구성이 달라 자가 수분했을 때 우성과 열성의 자손이 모두 나타난다.

02

순종은 한 가지 형질을 나타내는 대립유전자의 구성이 같은 개체이다. 생물의 유전자형이 순종일 때는 대립 형질을 결정하는 대립유전자가 모두 우성을 나타내는 대문자이거나 모두 열성을 나타내는 소문자여야 한다.

03

둥근 형질은 주름진 형질에 대해 우성이고, 노란색 형질은 초록색 형질에 대해 우성이다. 대립유전자가 열성으로만 이루어진 경우 표현형은 항상 열성으로 나타나며, 대립유전자가 우성으로만 이루어지거나 우성과 열성으로 이루어진 경우 우성 형질이 표현형으로 나타난다.
바로 알기 | ② Yy의 표현형은 노란색이며, yy의 표현형은 초록색이다.

04

④ 통계를 낼 수 있는 자료의 양이 많을수록 그 통계 결과의 신뢰도와 타당성이 높아진다.
바로 알기 | ② 타가 수분으로 순종을 얻기 어렵다.
③ 대립 형질의 종류는 자손의 수와 상관없이 일정하다.
⑤ 한 세대의 자손이 많더라도 여러 세대를 통해 유전 원리를 관찰해야 한다.

05

ㄱ. 콩깍지가 초록색인 완두가 잡종일 때 자가 수분하면 열성 유전자를 가진 생식세포끼리 결합하여 콩깍지가 노란색인 완두가 나타날 수 있다.
ㄷ. 순종인 키 큰 완두와 키 작은 완두를 교배하면 잡종 1대에서 우성 형질인 키 큰 완두만 나타난다.
바로 알기 | ㄴ. 흰색 꽃은 보라색 꽃에 대해 열성이므로 흰색 꽃은 항상 열성 순종이다. 따라서 흰색 꽃은 보라색 꽃 유전자를 가질 수 없다.
ㄹ. 콩깍지가 매끈한 완두가 잡종이라면 콩깍지가 잘록한 완두와 교배했을 때 열성 유전자를 가진 생식세포끼리 결합하여 콩깍지가 잘록한 완두가 나타날 수 있다.

06

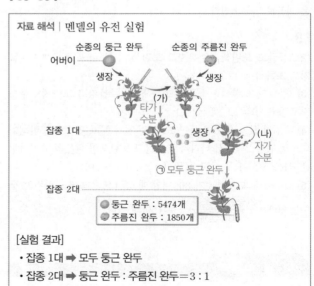

자료 해석 | 한 쌍의 대립 형질의 유전

어버이 ── RR ── rr
둥근 완두   주름진 완두
잡종 1대 ── ?

• 잡종 1대의 유전자형 : Rr
• 잡종 1대의 표현형 : 둥근 완두
• 잡종 1대의 표현형을 통해 둥근 형질이 우성임을 알 수 있다.
➡ 우열의 원리

ㄴ. 잡종 1대의 유전자형은 Rr이므로, 주름진 모양을 결정하는 유전자 r를 가진다.
바로 알기 | ㄱ. 잡종 1대에서는 우성 유전자만 표현되므로 둥근 모양이 표현형으로 나타난다.
ㄷ. 잡종 1대로부터 만들어지는 생식세포는 유전자 R를 가진 생식세포와 r를 가지는 생식세포 두 종류이다.

07

잡종 1대(Rr)를 자가 수분했을 때 얻을 수 있는 자손(잡종 2대)의 유전자형은 RR, Rr, rr이다. 대립유전자는 상동 염색체의 같은 위치에 존재한다.
바로 알기 | ③ 둥근 완두의 대립유전자 R를 가진 생식세포와 주름진 완두의 대립유전자 r를 가진 생식세포가 결합하여 잡종 1대가 형성되므로 잡종 1대로부터 만들어지는 생식세포에서 하나의 형질을 결정하는 대립유전자인 R와 r가 상동 염색체에 함께 존재할 수 없다.
⑤ 대립유전자가 상동 염색체가 아닌 다른 염색체에 위치하는 경우는 적절하지 않다.

[08~09]

자료 해석 | 멘델의 유전 실험

순종의 둥근 완두   순종의 주름진 완두
어버이
생장   생장
(가)
타가
수분
잡종 1대   생장   (나)
자가
수분
⊙ 모두 둥근 완두
잡종 2대
둥근 완두 : 5474개
주름진 완두 : 1850개

[실험 결과]
• 잡종 1대 ➡ 모두 둥근 완두
• 잡종 2대 ➡ 둥근 완두 : 주름진 완두＝3 : 1

08

(가)는 타가 수분, (나)는 자가 수분이다.
ㄴ. 완두는 자가 수분과 타가 수분이 모두 가능하여 의도한 대로 형질을 교배할 수 있기 때문에 유전 실험의 재료로 적합하다.

ㄷ. ㉠은 잡종 1대의 완두이므로 우성 유전자만 표현되어 한 가지 표현형만 나타난다.

바로 알기 | ㄱ. (가)는 수술의 꽃가루가 다른 그루의 꽃에 있는 암술에 붙는 타가 수분이다.

09

멘델은 완두 교배 실험 결과를 해석하기 위해 여러 가지 가설을 세웠다.

ㄱ. 유전 인자는 부모에서 자손으로 전달된다.

ㄴ. 한 쌍을 이루는 유전 인자가 서로 다를 때 하나의 유전 인자만 형질로 표현되며, 나머지 인자는 표현되지 않는다(우열의 원리).

바로 알기 | ㄷ. 한 쌍의 유전 인자는 생식세포를 형성할 때 분리되며 각각 다른 생식세포로 들어간다(분리의 법칙).

ㄹ. 두 쌍의 대립 형질이 동시에 유전될 때는 대립유전자가 서로 영향을 미치지 않는다(독립의 법칙).

10

ㄱ. 대립 형질이 다른 두 순종 개체를 교배하여 얻은 잡종 1대의 유전자형은 모두 잡종이다.

ㄴ. 순종의 보라색 꽃과 흰색 꽃을 교배했을 때 잡종 1대에서 보라색 꽃이 나타났으므로 완두의 꽃 색깔은 보라색이 흰색에 대해 우성이라는 것을 알 수 있다.

바로 알기 | ㄷ. 연보라색 꽃은 어버이인 보라색 꽃과 흰색 꽃의 중간 형질이다. 완두 꽃 색깔의 보라색 대립유전자와 흰색 대립유전자 사이의 우열 관계가 뚜렷하지 않다면 잡종 1대에서 두 대립 형질의 중간 형질인 연보라색 꽃이 나타나야 한다. 하지만 잡종 1대에서 보라색 꽃만 나타났으므로 완두 꽃 색깔을 나타내는 대립유전자는 우열 관계가 뚜렷하다는 것을 알 수 있다. 따라서 잡종 2대에서도 연보라색 꽃은 나타나지 않는다.

11

잡종 1대를 자가 수분하여 얻은 잡종 2대에서 우성과 열성이 3 : 1의 분리비로 나타난다. 완두의 꽃 색깔은 보라색이 흰색에 대해 우성이므로 잡종 2대에서 나타나는 표현형의 비는 보라색 꽃 : 흰색 꽃=3 : 1이다.

[12~15]

자료 해석 | 두 쌍의 대립 형질의 유전

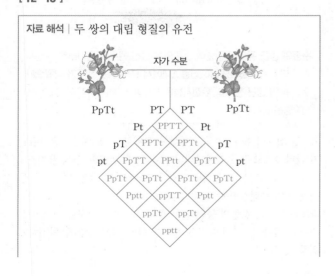

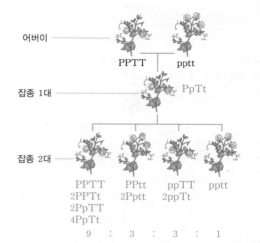

- [잡종 1대의 표현형] 보라색 꽃의 위치가 잎겨드랑이에 위치한 완두
- [잡종 2대의 표현형 비] 보라색 꽃이 잎겨드랑이에 위치한 완두 : 보라색 꽃이 줄기 끝에 위치한 완두 : 흰색 꽃이 잎겨드랑이에 위치한 완두 : 흰색 꽃이 줄기 끝에 위치한 완두=9 : 3 : 3 : 1

12

③ 잡종 2대에서 흰색 꽃이 줄기 끝에 핀 완두는 pptt로 모두 순종이다.

바로 알기 | ① 잡종 1대의 결과로 우열의 원리를 설명할 수 있다.

② 잡종 1대에서 만들어지는 생식세포의 종류는 PT, Pt, pT, pt 4가지이다.

④ 잡종 2대에서 보라색 꽃의 위치가 줄기 끝인 완두의 유전자형은 PPtt, Pptt이다. 이 중 PPtt는 잡종이 아니다.

⑤ 완두꽃의 색깔과 위치를 나타내는 대립유전자는 서로 다른 상동 염색체에 있으므로 대립유전자 P, p와 대립유전자 T, t는 서로 영향을 주지 않고 독립적으로 유전된다.

13

생식세포가 만들어질 때 대립유전자 P와 p, 대립유전자 T와 t는 각각 분리되어 서로 다른 생식세포로 들어간다. 따라서 잡종 1대에서는 PT, Pt, pT, pt인 생식세포가 1 : 1 : 1 : 1의 비율로 만들어진다.

14

(가)는 보라색 꽃이 잎겨드랑이에 위치한 완두이다. 따라서 유전자형은 PPTT, PPTt, PpTT, PpTt이다.

바로 알기 | ② PPtt는 (나)의 유전자형에 해당한다.

15

(다)는 흰색 꽃이 잎겨드랑이에 위치한 완두이다. 잡종 2대에서 나타나는 표현형의 비는 보라색 꽃이 잎겨드랑이에 위치한 완두 : 보라색 꽃이 줄기 끝에 위치한 완두 : 흰색 꽃이 잎겨드랑이에 위치한 완두 : 흰색 꽃이 줄기 끝에 위치한 완두=9 : 3 : 3 : 1이다. 따라서 잡종 2대의 총 개수가 160개일 때 흰색 꽃이 잎겨드랑이에 위치한 완두는

$$160 \times \frac{3(\text{흰색 꽃이 잎겨드랑이에 위치한 완두})}{16(\text{전체})} = 30(\text{개})이다.$$

서술형 문제

16

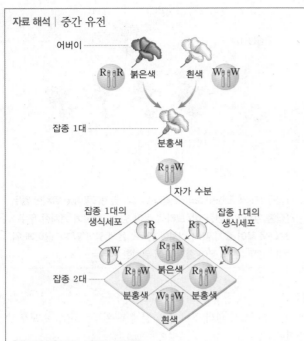

자료 해석 | 중간 유전

어버이
R R 붉은색   흰색 W W

잡종 1대
분홍색

R W

자가 수분

잡종 1대의   잡종 1대의
생식세포   R R   생식세포

W   R R   W

R W 붉은색   R W

잡종 2대   분홍색   W W   분홍색

흰색

[유전자형] RR : RW : WW=1 : 2 : 1
[표현형] 붉은색 : 분홍색 : 흰색=1 : 2 : 1

• 붉은색 분꽃을 나타내는 유전자(R)와 흰색 분꽃을 나타내는 유전자(W) 사이의 우열 관계가 뚜렷하지 않다.
➡ 우열의 원리가 성립하지 않으므로 잡종 1대에서 분홍색의 분꽃(RW)만 나타난다.
• 붉은색 분꽃 유전자(R)와 흰색 분꽃 유전자(W)가 감수 분열 과정에서 분리되어 서로 다른 생식세포로 들어간다.
➡ 분리의 법칙이 성립하므로 잡종 2대에서 붉은색 분꽃(RR) : 분홍색 분꽃(RW) : 흰색 분꽃(WW)=1 : 2 : 1로 나타난다.

모범 답안 | 우열의 원리, 붉은색 분꽃을 나타내는 유전자(R)와 흰색 분꽃을 나타내는 유전자(W) 사이의 우열 관계가 뚜렷하지 않아 중간 형질인 분홍색 분꽃이 나타나므로 우열의 원리가 성립하지 않는다.

채점 기준	배점
분꽃의 꽃잎 색깔 유전에서 성립하지 않는 멘델의 유전 원리를 쓰고, 그 까닭을 옳게 서술한 경우	100 %
성립하지 않는 멘델의 유전 원리만 쓴 경우	30 %

17

모범 답안 | 주변에서 구하기 쉽고, 재배하기 쉽다, 한 세대가 짧고, 한 번의 교배로 얻을 수 있는 자손의 수가 많다, 대립 형질이 뚜렷하게 구분된다, 자가 수분이 쉽고, 타가 수분이 가능하다 등

채점 기준	배점
완두가 유전 실험의 재료로 적합한 까닭을 세 가지 이상 옳게 서술한 경우	100 %
두 가지만 옳게 서술한 경우	50 %
한 가지만 옳게 서술한 경우	20 %

18

모범 답안 | (1) 키가 큰 것이 우성, 키가 작은 것이 열성이다. / 순종의 키가 큰 완두와 순종의 키가 작은 완두를 교배했을 때 잡종 1대에서 키가 큰 완두만 나왔기 때문이다.

채점 기준	배점
완두의 키가 큰 것이 우성, 키가 작은 것이 열성인 것과 그 까닭을 옳게 서술한 경우	100 %
완두의 키가 큰 것이 우성, 키가 작은 것이 열성이라고만 쓴 경우	50 %

(2) TT : Tt : tt=1 : 2 : 1, 잡종 1대의 유전자형은 Tt이고 분리의 법칙에 의해 생식세포가 형성될 때 한 쌍의 대립유전자 T와 t가 분리되어 서로 다른 생식세포로 나뉘어 들어간다. 따라서 잡종 2대의 유전자형의 비는 TT : Tt : tt=1 : 2 : 1 이다.

채점 기준	배점
유전자형의 비를 옳게 구하고, 분리의 법칙과 관련지어 서술한 경우	100 %
유전자형의 비만 구한 경우	30 %

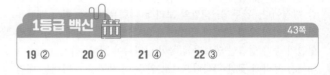

1등급 백신   43쪽

19 ②   20 ④   21 ④   22 ③

19

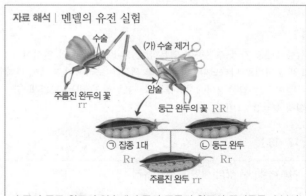

자료 해석 | 멘델의 유전 실험

수술   (가) 수술 제거

주름진 완두의 꽃   암술
rr   둥근 완두의 꽃 RR

㉠ 잡종 1대   ㉡ 둥근 완두
Rr   Rr

주름진 완두 rr

순종의 둥근 완두의 암술에 순종의 주름진 완두의 꽃가루를 수분시키는 타가 수분을 했을 때 잡종 1대에서 모두 둥근 완두가 나왔으므로 순종의 둥근 완두의 유전자형은 RR이고, 자손인 잡종 1대의 유전자형은 Rr이다.

ㄷ. ㉠ 잡종 1대와 ㉡ 둥근 완두를 교배했을 때 주름진 완두(rr)가 나타났으므로 ㉠ 잡종 1대와 ㉡ 둥근 완두 모두 열성 유전자 r를 가지고 있다는 것을 알 수 있다. 따라서 ㉠ 잡종 1대와 ㉡ 둥근 완두의 유전자형은 Rr로 같다.

바로 알기 | ㄱ. 순종의 둥근 완두 꽃의 수술을 제거하는 것은 같은 그루의 꽃에 있는 암술에 꽃가루가 붙는 자가 수분을 방지하기 위한 것이다.

ㄴ. 검정 교배는 우성 형질을 나타내는 개체가 순종인지 잡종인지 알아보기 위해 열성 순종 개체와 교배하여 유전자형을 알아보는 방법이다. 잡종 1대인 둥근 완두의 유전자형은 Rr이므로 열성 순종인 rr와 교배하면 자손에서 Rr와 rr가 1 : 1로 나타난다. 이때 rr는 열성 순종이므로 잡종 1대를 검정 교배했을 때 순종이 나타날 수 있다.

20

(가)에서 노란색 잉꼬와 파란색 잉꼬를 교배했을 때 자손에서 노란색과 파란색의 중간 형질인 초록색 잉꼬만 태어났으므로 잉꼬의 깃털 색 유전은 대립유전자 간의 우열 관계가 뚜렷하지 않은 중간 유전이라는 것을 알 수 있다.

ㄴ. 잉꼬의 깃털 색 유전은 중간 유전이다. 중간 유전은 멘델의 우열의 원리는 성립하지 않지만, 대립유전자가 생식세포를 형성할 때 분리되어 각각 다른 생식세포로 나뉘어 들어가는 분리의 법칙은 성립한다.

ㄷ. 잉꼬의 깃털 색 대립유전자를 노란색은 Y, 파란색은 B로 가정하면 노란색 잉꼬는 YY, 파란색 잉꼬는 BB, 초록색 잉꼬는 YB로 유전자형을 나타낼 수 있다. 초록색 잉꼬(YB)와 파란색 잉꼬(BB)를 교배하면 자손의 유전자형은 YB, YB, BB, BB로 나타나므로 표현형의 비는 노란색 : 초록색 : 파란색=0 : 1 : 1이다.

바로 알기 | ㄱ. 노란색 잉꼬와 파란색 잉꼬를 교배하였을 때 자손에서 모두 초록색 잉꼬만 나타났으므로 대립유전자 사이의 우열 관계가 뚜렷하지 않다는 것을 알 수 있다.

21

자료 해석 | 두 쌍의 대립 형질의 유전

어버이	잡종 1대	잡종 2대	
매끈하고 초록색 (RRGG) × 잘록하고 노란색 (rrgg)	매끈하고 초록색 RrGg	표현형	개수
		RRGG, 2RRGg, 2RrGG, 4RrGg 매끈하고 초록색	450 9
		RRgg, 2Rrgg 매끈하고 노란색	150 3
		rrGG, 2rrGg 잘록하고 초록색	150 3
		rrgg 잘록하고 노란색	50 1

[잡종 2대의 표현형의 비]
매끈하고 초록색 : 매끈하고 노란색 : 잘록하고 초록색 : 잘록하고 노란색=9 : 3 : 3 : 1

① 순종의 콩깍지가 매끈하고 초록색인 완두(RRGG)와 순종의 콩깍지가 잘록하고 노란색인 완두(rrgg)를 교배하여 얻은 잡종 1대에서 매끈하고 초록색인 완두(RrGg)가 나타났으므로 콩깍지의 모양은 매끈한 형질이 우성, 잘록한 형질이 열성이고, 콩깍지의 색깔은 초록색 형질이 우성, 노란색 형질이 열성이라는 것을 알 수 있다.

②, ③ 잡종 1대의 매끈하고 초록색인 완두(RrGg)를 자가 수분하여 얻은 잡종 2대의 표현형의 비는 매끈하고 초록색 : 매끈하고 노란색 : 잘록하고 초록색 : 잘록하고 노란색=450 : 150 : 150 : 50=9 : 3 : 3 : 1이다. 따라서 완두 콩깍지의 모양과 색깔

에 대한 대립유전자 쌍은 서로 영향을 미치지 않고 각각 분리의 법칙에 따라 유전된다는 것을 알 수 있다.
그러므로 완두 콩깍지의 모양과 색깔의 유전에서는 멘델의 독립의 법칙이 성립하며, 콩깍지의 모양을 나타내는 유전자 R와 색을 나타내는 유전자 G는 서로 다른 상동 염색체에 존재한다.

⑤ 잡종 1대의 유전자형은 RrGg이므로 잡종 2대 중 이론상 잡종 1대와 유전자형이 같은 것은 $800 \times \dfrac{4(RrGg)}{16(전체)} = 200$(개)이다.

바로 알기 | ④ 잡종 1대에서 만들어지는 생식세포의 유전자형은 RG, Rg, rG, rg이므로 유전자 r와 G가 같은 생식세포에 들어갈 수 있다.

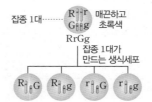

22

(가)의 유전자형은 rryy, (나)의 유전자형은 RRYy, (다)의 유전자형은 RrYy이다.

ㄱ. 주름지고 초록색인 완두의 유전자형은 rryy이다. (가)와 주름지고 초록색인 완두(rryy)를 교배했을 때 자손에서 주름지고 초록색인 완두만 나타났으므로 (가)는 rryy라는 것을 알 수 있다. 완두의 모양과 색을 나타내는 유전자의 구성이 각각 같으므로 (가)는 순종이다.

ㄴ. (나)와 주름지고 초록색인 완두(rryy)를 교배했을 때 자손에서 주름진 완두가 나타나지 않았으므로 (나)는 열성 유전자 r를 가지고 있지 않다는 것을 알 수 있다. 주름진 완두는 나타나지 않았지만 둥근 완두에서 노란색과 초록색이 1 : 1로 나타났으므로 (나)는 우성 유전자 Y와 열성 유전자 y를 함께 가지고 있다는 것을 알 수 있다. 따라서 (나)의 유전자형은 RRYy이다.

ㄷ. (다)와 주름지고 초록색인 완두(rryy)를 교배했을 때 자손에서 나타나는 표현형의 비가 둥글고 노란색 : 둥글고 초록색 : 주름지고 노란색 : 주름지고 초록색=1 : 1 : 1 : 1이므로 (다)의 유전자형은 RrYy라는 것을 알 수 있다. (다)에서 만들어지는 생식세포의 비율은 RY : Ry : rY : ry=1 : 1 : 1 : 1이다. 따라서 생식세포의 유전자형이 ry일 확률은 $\dfrac{1}{4}$이다.

바로 알기 | ㄹ. 유전자형은 (나)가 RRYy, (다)가 RrYy이므로 (나)와 (다)를 교배하면 다음 표와 같은 자손이 태어난다.

구분		(다)의 생식세포			
		RY	Ry	rY	ry
(나)의 생식세포	RY	RRYY	RRYy	RrYY	RrYy
	Ry	RRYy	RRyy	RrYy	Rryy

(나)와 (다)를 교배했을 때 나타나는 표현형의 비는 둥글고 노란색 : 둥글고 초록색 : 주름지고 노란색 : 주름지고 초록색=3 : 1 : 0 : 0이다. 따라서 (나)와 (다)를 교배하여 총 16개의 완두를 얻었을 때, 이 중 둥글고 초록색인 완두는 이론상
$$16 \times \dfrac{1(RRyy, Rryy)}{4(전체)} = 4(개)이다.$$

04 사람의 유전

01
사람의 유전 연구가 어려운 까닭은 자손의 수가 적고, 자유로운 교배가 불가능하며, 형질이 복잡하고 환경의 영향을 많이 받기 때문이다.

02
바로 알기 │ (1) 특정 형질의 유전에 관여하는 유전자의 구체적인 정보는 유전자 분석을 통해 알 수 있다.
(3), (4) 특정 형질의 우열 관계와 유전자의 전달 경로는 가계도 조사를 통해 판단할 수 있다.

03
모범 답안 │ 남녀에 따라 형질이 나타나는 빈도에 차이가 없으며, 멘델의 유전 원리에 따라 유전된다.
해설 │ 보조개, 혀 말기, 귓불 모양, 눈꺼풀, 이마선, 귀지 상태 등의 형질은 상염색체에 있는 한 쌍의 대립유전자에 의해 결정되는 것으로, 성별에 관계없이 유전되며, 멘델의 유전 원리에 따라 유전된다. 한 쌍의 대립유전자에 의해 결정된다는 것도 답이 될 수 있다.

04
(1) 혀 말기가 가능한 1, 2 사이에서 혀 말기가 불가능한 6이 태어났으므로 혀 말기가 가능한 형질은 우성이다.
(2) 4, 6은 혀 말기가 불가능한 열성 형질로 유전자형은 aa이다.
(3) 3과 5는 유전자형이 AA인지 Aa인지 확실하게 알 수 없다.
(4) 열성 순종(aa)인 6과 잡종(Aa)인 7 사이에서 열성인 혀 말기가 불가능한 자녀(aa)가 태어날 확률은 aa×Aa → Aa, aa이므로 50 %이다.

05
부착형 귓불을 가진 자녀가 있으므로 풍식이의 부모님은 모두 부착형 귓불 대립유전자 e를 가지고 있다. 아빠는 우성인 분리형 귓불을 가진 것으로 보아 대립유전자 e를 가진 잡종 유전자형 Ee 임을 알 수 있고, 엄마는 열성인 부착형 귓불을 가진 것으로 보아 유전자형이 ee임을 알 수 있다.

06
(3) 대립유전자 O는 대립유전자 A와 B에 대해 열성이므로 유전 자형이 OO일 때만 O형이 된다.
바로 알기 │ (1) 혈액형을 결정하는 대립유전자는 A, B, O로 3가지이다.
(4) AB형인 아버지와 O형인 어머니 사이에서 태어난 자녀는 A형이나 B형만 나타난다.

07
(1) A형인 아버지에게서 O형의 자녀가 태어났으므로 1의 유전 자형은 AO이다.
(2) 1과 2 사이에서 O형과 AB형의 자녀가 태어났으므로 2는 B형이며, 유전자형은 BO이다.
(3) 유전자형이 AO와 BO인 부모에게서 태어난 자녀는 A형, B형, AB형, O형이 모두 나타날 수 있다.

08
적록 색맹 유전자는 성염색체인 X 염색체에 있으므로 적록 색맹 유전은 성별에 따른 빈도 차가 나타나는 반성유전으로, 적록 색맹 대립유전자는 정상 대립유전자에 대해 열성이다.

09
바로 알기 │ (2) 집안 1의 부모(X′Y×XX′)에게서 태어난 자녀의 유전자형은 XY(정상), X′Y(적록 색맹), XX′(보인자), X′X′(적록 색맹)이므로 자녀가 적록 색맹일 확률은 50 %이다.

10
(1) 1과 2 사이에서 적록 색맹인 딸(4)이 태어났으므로 1과 2는 적록 색맹 대립유전자를 가지고 있다.
(2) 딸은 아버지가 적록 색맹일 경우 항상 적록 색맹 대립유전자를 가지고 있다.
(3) 아들은 어머니로부터 X 염색체, 아버지로부터 Y 염색체를 물려받으므로, 적록 색맹인 아들은 어머니로부터 적록 색맹 대립유전자를 물려받는다.

01 ④	02 ⑤	03 ④	04 ④	05 ⑤
06 ④	07 ④	08 ⑤	09 ⑤	10 ③
11 ⑤	12 ⑤	13 ⑤	14 ⑤	15 ①
16 ②	17~20 해설 참조			

실전 백신　52~54쪽

01

① 사람은 한 세대가 길기 때문에 여러 세대에 걸쳐 특정 형질이 유전되는 방식을 관찰하기 어렵다.

② 사람은 자손의 수가 적기 때문에 통계 자료를 얻기 어렵다.

③ 사람은 하나의 형질을 결정하는 데 여러 개의 유전자가 관여하는 등 대립 형질이 복잡하므로 유전 연구가 까다롭다.

⑤ 연구자 마음대로 사람을 실험 대상으로 선택하거나 배우자를 임의로 결정하여 자유롭게 교배할 수 없다.

바로 알기 │ ④ 사람은 환경의 영향을 많이 받으므로 유전 연구가 어렵다.

02

특정 형질에 대한 가계도를 분석하면 대립 형질의 우열 관계, 가족 구성원의 유전자형, 유전자의 전달 경로를 알 수 있으며 앞으로 태어날 자손의 형질을 예측할 수 있다.

바로 알기 │ ⑤ 특정 형질이 나타나는 것과 관련된 유전자의 구체적인 정보를 알기 위해서는 유전자 분석을 해야 한다.

03

① 생명 과학 기술의 발달로 염색체를 직접 분석하여 특정 형질에 관여하는 유전자를 알아낼 수 있다.

② 염색체 수와 모양, 크기 등을 분석하여 염색체 이상에 의한 유전병을 진단할 수 있다.

③ DNA를 직접 분석하여 특정 형질에 관여하는 유전자를 알아낸다.

⑤ 가계도 조사는 특정 형질이 어느 집안에서 여러 세대에 걸쳐 어떻게 유전되는지 알아보는 방법으로 특정 형질의 우열 관계, 유전자의 전달 경로, 가족 구성원의 유전자형 등을 알 수 있다.

바로 알기 │ ④ 쌍둥이 연구를 통해 유전과 환경이 사람의 특정 형질에 미치는 영향을 알 수 있다.

04

1란성 쌍둥이는 유전자 구성이 같고, 2란성 쌍둥이는 유전자 구성이 다르다.

ㄴ. 키는 자란 환경에 상관없이 2란성 쌍둥이보다 1란성 쌍둥이에서 일치 정도가 크다. 학교 성적은 2란성 쌍둥이보다 1란성 쌍둥이가 따로 자란 경우 일치 정도가 작다. 따라서 학교 성적보다 키가 유전의 영향을 크게 받는다.

ㄷ. ABO식 혈액형은 1란성 쌍둥이에서 자란 환경에 상관없이 일치 정도가 1이다. 1란성 쌍둥이는 유전자 구성이 동일하므로 성장 환경이 달라도 ABO식 혈액형의 표현형이 같다.

바로 알기 │ ㄱ. 1란성 쌍둥이와 2란성 쌍둥이가 함께 자란 경우보다 1란성 쌍둥이가 따로 자란 경우에서 일치 정도가 작게 나타나는 것이 환경의 영향을 크게 받는다. 따라서 환경의 영향을 가장 크게 받는 것은 학교 성적이다.

05

미맹, 혀말기, 귓불 모양은 상염색체에 있는 한 쌍의 대립유전자에 의해 형질이 결정되는 상염색체 의한 유전이다. 멘델의 유전 원리에 따라 유전되며, 대립 형질이 비교적 명확하게 구분된다.

바로 알기 │ ⑤ 상염색체 유전은 남녀와 관계없이 유전되어 남녀에 따라 형질이 나타나는 빈도에 차이가 없다.

06

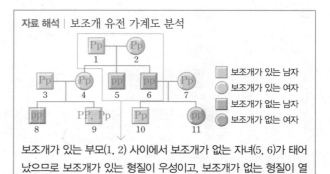

자료 해석 │ 보조개 유전 가계도 분석

■ 보조개가 있는 남자
● 보조개가 있는 여자
□ 보조개가 없는 남자
○ 보조개가 없는 여자

보조개가 있는 부모(1, 2) 사이에서 보조개가 없는 자녀(5, 6)가 태어났으므로 보조개가 있는 형질이 우성이고, 보조개가 없는 형질이 열성이다.

① 표현형이 같은 부모 1과 2 사이에서 표현형이 부모와 다른 자녀 5, 6이 태어났으므로 보조개가 있는 것이 우성, 보조개가 없는 것이 열성이다.

② 보조개가 없는 것이 열성이므로 보조개가 없는 사람의 유전자형은 pp이다.

③ 3과 4 사이에서 태어날 수 있는 자녀의 유전자형 비율은 PP : Pp : pp=1 : 2 : 1이므로 표현형의 비는 보조개가 있는 자녀 : 보조개가 없는 자녀=3 : 1의 비율이 된다. 3과 4 사이에서 태어난 자녀가 보조개가 있을 확률은 $\frac{3}{4} \times 100 = 75\%$이다.

⑤ 10은 우성 표현형인 보조개가 나타났으므로 우성 대립유전자를 가지며, 6으로부터 대립유전자 p를 물려받는다.

바로 알기 │ ④ 11이 6과 7로부터 각각 대립유전자 p를 물려받기 때문에 7은 열성 대립유전자를 가진다. 또한 7은 보조개가 있으므로 우성 대립유전자도 가지고 있다. 따라서 7의 유전자형은 Pp라는 것을 확실히 알 수 있다. 9의 유전자형은 PP 또는 Pp가 모두 가능하므로 확실히 알 수 없다.

07

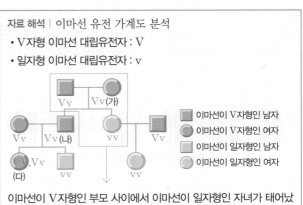

자료 해석 │ 이마선 유전 가계도 분석

• V자형 이마선 대립유전자 : V
• 일자형 이마선 대립유전자 : v

■ 이마선이 V자형인 남자
● 이마선이 V자형인 여자
□ 이마선이 일자형인 남자
○ 이마선이 일자형인 여자

이마선이 V자형인 부모 사이에서 이마선이 일자형인 자녀가 태어났으므로 V자형 이마선 형질이 우성, 일자형 이마선 형질이 열성이다.

ㄱ. 표현형이 같은 V자형 이마선 부모 사이에서 표현형이 부모와 다른 일자형 이마선 자녀가 태어났으므로 V자형 이마선이 우성, 일자형 이마선이 열성이다.

ㄴ. (가)와 (나)의 자녀 중 각각 이마선이 일자형인 사람이 있으므로 (가)와 (나)는 V자형 이마선 유전자와 일자형 이마선 유전자를 모두 가지고 있다.

바로 알기 | ㄷ. (다)의 부모는 모두 이마선이 V자형이므로, (다)의 유전자형은 VV 또는 Vv로 확실하게 알 수 없다.

08

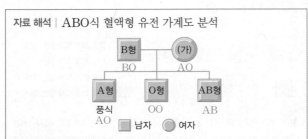

자료 해석 | ABO식 혈액형 유전 가계도 분석

- 혈액형 대립유전자의 우열 관계 : A=B>O
- B형과 A형 사이에서 O형이 태어난 경우 B형과 A형은 모두 대립유전자 O를 가지고 있다.

ㄱ, ㄷ. 풍식이 동생이 O형이므로 풍식이 아버지와 어머니는 모두 대립유전자 O를 가지고 있다. 따라서 풍식이의 유전자형은 AO이다.

ㄴ. 풍식이 아버지의 혈액형이 B형이므로 유전자형은 BO이다. 풍식이의 형제 중 AB형이 있으므로 풍식이의 어머니 (가)는 대립유전자 A를 가지고 있다. 따라서 (가)의 유전자형은 AO이며 혈액형은 A형이다.

[09~10]

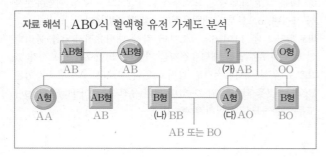

자료 해석 | ABO식 혈액형 유전 가계도 분석

09

(가)는 O형과의 사이에 A형과 B형의 자녀가 있으므로 AB형이다. 대립유전자 A와 B는 상동 염색체의 같은 위치에 하나씩 위치하고 있다.

▲ ABO식 혈액형의 대립유전자 위치

10

(나)의 유전자형은 BB, (다)의 유전자형은 AO이므로 (나)와 (다) 사이에서는 B형 또는 AB형인 자녀가 태어날 수 있다.

11

적록 색맹은 붉은색과 초록색을 잘 구별하지 못하는 눈의 이상으로 반성유전의 예이다.

① 적록 색맹 대립유전자(X′)는 정상 대립유전자(X)에 대해 열성이다. 따라서 적록 색맹은 열성으로 유전된다.

② 남자는 성염색체의 구성이 XY로 적록 색맹 대립유전자가 1개만 있어도 적록 색맹이 되지만, 여자는 성염색체의 구성이 XX이므로 2개의 X 염색체에 모두 적록 색맹 대립유전자가 있어야 적록 색맹이 되기 때문에 여자보다 남자에게 더 많이 나타난다.

③ 적록 색맹의 형질을 결정하는 유전자는 성염색체인 X 염색체에 있다.

④ 아들은 어머니로부터 X 염색체를 물려받으므로 어머니가 적록 색맹이면 아들은 항상 적록 색맹이다.

바로 알기 | ⑤ 아들은 어머니로부터 X 염색체를, 아버지로부터 Y 염색체를 물려받는다. 따라서 아버지의 적록 색맹 대립유전자는 딸에게만 전달되고 아들에게 전달되지 않는다.

12

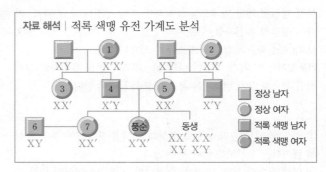

자료 해석 | 적록 색맹 유전 가계도 분석

정상 남자 / 정상 여자 / 적록 색맹 남자 / 적록 색맹 여자

① 2에게서 X 염색체를 물려받는 아들이 적록 색맹이므로 2는 적록 색맹 대립유전자를 가진 보인자이다.

② 3은 적록 색맹인 어머니로부터 적록 색맹 대립유전자를 물려받았으므로 유전자형은 XX′이다. 5의 딸인 풍순이가 적록 색맹(X′X′)이므로 5의 유전자형은 XX′이다.

③ 6은 정상 남자이므로 유전자형이 XY이고, 7은 적록 색맹인 아버지로부터 적록 색맹 대립유전자를 물려받았으므로 유전자형이 XX′이다. 6과 7 사이에서 태어나는 자녀의 유전자형은 XY, X′Y, XX, XX′이고, 이 중 적록 색맹(X′Y)이 태어날 확률은 25 %이다.

④ 7이 가지고 있는 적록 색맹 대립유전자는 7의 할머니인 1에서 7의 아버지인 4를 거쳐 전달된 것이다.

바로 알기 | ⑤ 풍순이 아버지가 적록 색맹(X′Y)이고 풍순이의 어머니(XX′)가 보인자이므로 풍순이의 동생에게서 나타날 수 있는 유전자형은 XX′, X′X′, XY, X′Y이다. 따라서 풍순이의 동생이 적록 색맹인 여자일 확률은 25 %이다.

13

(가)는 아들이 적록 색맹이므로 적록 색맹 대립유전자가 있는 보인자로 유전자형은 XX′이다.

풍자가 적록 색맹이므로 어머니인 (라)는 보인자이고, 외할아버지가 정상이므로 외할머니인 (나)는 적록 색맹 대립유전자가 있는 보인자이다. 따라서 (나)와 (라)의 유전자형은 XX′이다.

(다)는 아버지가 적록 색맹이므로 적록 색맹 대립유전자가 있는 보인자이다. 따라서 유전자형은 XX'이다.
(마)는 정상 남자이므로 유전자형은 XY이다.

14

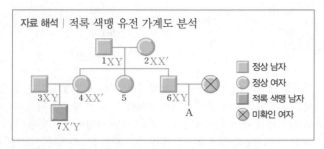

자료 해석 | 적록 색맹 유전 가계도 분석

정상 남자
정상 여자
적록 색맹 남자
⊗ 미확인 여자

ㄴ. 7이 적록 색맹이므로 4는 적록 색맹 대립유전자를 가지고 있고 4는 적록 색맹 대립유전자를 2로부터 물려받았다.
ㄷ. A가 여자일 때 6으로부터 정상 대립유전자가 있는 X 염색체를 물려받으므로 적록 색맹은 나타나지 않는다.
바로 알기 | ㄱ. 2는 적록 색맹 유전자형이 XX'이다. 하지만 5의 적록 색맹 유전자형은 XX, XX'가 모두 가능하므로 유전자형을 확실히 알 수 없다.

15

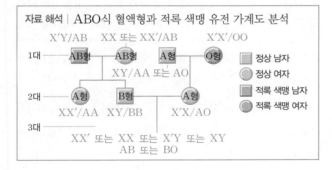

자료 해석 | ABO식 혈액형과 적록 색맹 유전 가계도 분석

정상 남자
정상 여자
적록 색맹 남자
적록 색맹 여자

3대에서 적록 색맹인 아들이 태어날 확률은 $\frac{1}{4}$이고, AB형인 자녀가 태어날 확률은 $\frac{1}{2}$이다. 따라서 3대에서 AB형이면서 적록 색맹인 아들이 태어날 확률은 $\frac{1}{4} \times \frac{1}{2} \times 100 = 12.5$ %이다.

16

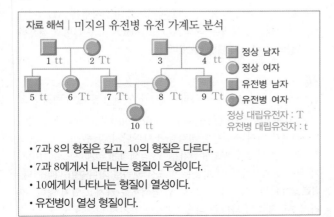

자료 해석 | 미지의 유전병 유전 가계도 분석

정상 남자
정상 여자
유전병 남자
유전병 여자

정상 대립유전자 : T
유전병 대립유전자 : t

• 7과 8의 형질은 같고, 10의 형질은 다르다.
• 7과 8에게서 나타나는 형질이 우성이다.
• 10에게서 나타나는 형질이 열성이다.
• 유전병이 열성 형질이다.

이 유전병은 열성으로 유전되며, 이 유전병의 대립유전자는 X 염색체에 존재하지 않는다는 것을 알 수 있다.
② 2에게서 유전병을 가진 자녀(5)가 태어났으므로 2는 유전병 대립유전자를 가진 보인자이다.
바로 알기 | ① 이 유전병의 대립유전자는 상염색체에 존재한다.
③ 이 유전병은 상염색체에 의한 유전이므로 3은 유전병 대립유전자를 가진 보인자이거나, 우성 대립유전자만 가진 우성 순종이다. 따라서 3이 열성 대립유전자를 가지고 있는지는 알 수 없다.
④ 9의 유전자형은 Tt이다. 따라서 유전병이 있는 여자(tt)와 결혼할 경우 자손에서 유전자형이 Tt : tt=1 : 1로 나타난다. 따라서 자손에게 유전병이 나타날 확률은 50 %이다.
⑤ 이 유전병은 상염색체에 의한 유전이므로 10이 정상인 남자와 결혼하는 경우 정상인 아들이 태어날 수 있다.

서술형 문제

17

모범 답안 | 사람은 한 세대가 길어 연구 결과를 단기간에 관찰하기 어렵고, 한 연구자가 여러 세대에 걸친 유전 현상을 연구하기 어렵다. 자손의 수가 적어 통계가 어려우며 자유로운 교배가 불가능하다. 형질이 복잡하고 순종을 얻기 힘들어 유전 방식을 분석하는 데 어려움이 있다 등

채점 기준	배점
사람의 유전 연구가 어려운 까닭을 2가지 이상 옳게 서술한 경우	100 %
사람의 유전 연구가 어려운 까닭을 1가지만 옳게 서술한 경우	50 %

18

모범 답안 | 대립유전자 A와 B는 우열 관계가 없다. / A와 B 중 어느 하나가 우성이라면 두 대립유전자가 함께 존재할 때 A형이나 B형이 나타나야 하는데, AB형이 나타난 것으로 보아 대립유전자 A와 B 사이에 우열 관계가 없음을 알 수 있다.

채점 기준	배점
A와 B의 우열 관계를 그 까닭과 함께 옳게 서술한 경우	100 %
A와 B의 우열 관계만 옳게 쓴 경우	50 %

19

모범 답안 | 풍돌이의 외할아버지(풍만)가 적록 색맹이므로 풍돌이 어머니는 보인자이다. 풍돌이는 어머니로부터 적록 색맹 대립유전자가 있는 X 염색체를 물려받아 적록 색맹이 나타났다.

채점 기준	배점
어머니가 보인자라는 것을 언급하여 서술한 경우	100 %
어머니로부터 적록 색맹 대립유전자를 물려받았다고만 서술한 경우	50 %

20

모범 답안 | 적록 색맹 대립유전자는 X 염색체에 존재하며 열성으로 유전된다. 여자는 2개의 X 염색체에 모두 적록 색맹 대립유전자가 있어야 적록 색맹이 나타나지만, 남자는 X 염색체가 1개이므로 X 염색체에 적록 색맹 대립유전자가 존재하는 경우 적록 색

맹이 나타난다. 아들은 어머니로부터 X 염색체를 물려받으므로 어머니가 적록 색맹이면 아들은 모두 적록 색맹이다. 따라서 풍식이가 정상이므로 풍식이의 딸에게는 적록 색맹이 나타나지 않은 것이다.

채점 기준	배점
적록 색맹 대립유전자가 X 염색체에 존재하며 열성으로 유전된다는 것을 언급하고, 풍식이가 정상이기 때문이라고 옳게 서술한 경우	100 %
풍식이가 정상이기 때문이라고만 서술한 경우	30 %

1등급 백신
55쪽

21 ⑤   **22** ④   **23** ②   **24** ④   **25** ③, ⑤

21

자료 해석 | 이마선 모양 유전 가계도 분석

- V자형 이마선 대립유전자: V
- 일자형 이마선 대립유전자: v

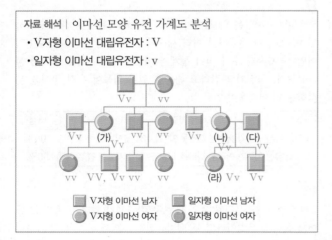

표현형이 같은 부모 (가)와 (가)의 남편 사이에서 표현형이 부모와 다른 일자형 이마선을 가진 자손이 태어났으므로 V자형 이마선은 우성, 일자형 이마선은 열성이다. 또한 이마선 모양 유전이 반성유전이라면 열성인 일자형 이마선 어머니로부터 일자형 이마선을 가진 아들만 태어나야 하는데 (가), (나)의 어머니로부터 V자형 이마선을 가진 아들이 태어났으므로 이마선 모양 유전은 상염색체에 의한 유전이라는 것을 알 수 있다.

ㄱ. 이마선 모양 유전은 상염색체에 의한 유전이므로 이마선 모양 대립유전자는 상염색체에 있다.

ㄴ. (가)의 아들은 이마선 모양 유전자형을 확실히 알 수 없다.

ㄷ. V자형 이마선 대립유전자를 V, 일자형 이마선 대립유전자를 v라고 할 때 (가), (나)의 어머니의 유전자형은 vv이므로 (가)와 (나)의 유전자형은 Vv이다. 또한 (다)의 유전자형이 vv이므로 (라)의 유전자형이 Vv라는 것을 알 수 있다. 따라서 (가), (나), (라)의 이마선 모양 유전자형은 같다.

ㄹ. (나)와 (다) 사이에서 태어난 셋째 자녀가 가질 수 있는 이마선 모양 유전자형은 Vv×vv → Vv, vv이므로 일자형 이마선을 가질 확률은 $\frac{1}{2}$이다. 여자일 확률은 $\frac{1}{2}$이므로 셋째 자녀가 일자형 이마선을 가진 여자일 확률은 $\frac{1}{2} \times \frac{1}{2} = \frac{1}{4}$, 즉 25 %이다.

22

자료 해석 | 쌍꺼풀과 보조개의 유전

집안	(가)		(나)		(다)		자녀	A	B	C
부모	부	모	부	모	부	모	성별	여	여	남
쌍꺼풀	− pp	− pp	− pp	− pp	+ Pp	+ Pp	쌍꺼풀	+ Pp	− pp	− pp
보조개	− qq	− qq	− qq	+	− qq	− qq	보조개	− qq	− qq	+ Qq

QQ, Qq   (+ : 있음, − : 없음)

쌍꺼풀 형질은 외까풀 형질에 대해 우성이고, 보조개가 있는 형질은 보조개가 없는 형질에 대해 우성이다. 열성 형질을 가진 부모 사이에서 태어나는 자녀의 형질은 모두 열성이다. (가)는 부모 모두 쌍꺼풀과 보조개가 없어서 이들 사이에서 태어나는 자녀도 쌍꺼풀과 보조개가 나타나지 않으므로, (가)의 자녀는 B이다. (나)는 부모 모두 쌍꺼풀이 없으므로 자녀도 쌍꺼풀이 나타나지 않는다. 따라서 (나)의 자녀는 C이다. (다)는 부모 모두 보조개가 없으므로 자녀에게 보조개가 나타나지 않는다. 따라서 (다)의 자녀는 A이다.

ㄱ. (가)의 자녀는 B이다.

ㄴ. A의 아버지는 쌍꺼풀이지만, 어머니는 외까풀이다. 따라서 A는 쌍꺼풀 대립유전자와 외까풀 대립유전자를 모두 가지고 있다.

바로 알기 | ㄷ. 눈꺼풀 모양 대립유전자 중 우성을 P, 열성을 p로 나타내고, 보조개 대립유전자 중 우성을 Q, 열성을 q로 나타낼 때 A의 눈꺼풀 유전자형은 Pp, 보조개 유전자형은 qq이고, C의 눈꺼풀 유전자형은 pp, 보조개 유전자형은 Qq이다. 따라서 A와 C의 자녀에서 나올 수 있는 눈꺼풀 유전자형은 Pp×pp → Pp, pp이므로 쌍꺼풀일 확률은 $\frac{1}{2}$이고, 보조개 유전자형은 Qq×qq → Qq, qq이므로 보조개가 있을 확률은 $\frac{1}{2}$이다. 따라서 A와 C 사이에서 태어나는 자녀가 쌍꺼풀과 보조개가 모두 있을 확률은 $\frac{1}{2} \times \frac{1}{2} = \frac{1}{4}$, 즉 25 %이다.

23

2가 O형이므로 1이 AB형이어야 자녀인 3과 4의 혈액형이 각각 A형 또는 B형으로 가족 구성원의 혈액형이 모두 다를 수 있다.

ㄴ. AB형인 1과 O형인 2 사이에서 나올 수 있는 자녀의 ABO식 혈액형 유전자형은 AO, BO로 두 가지이다. 따라서 3은 A형(AO)이거나 B형(BO형)이므로 3이 B형일 확률은 50 %이다.

바로 알기 | ㄱ. 1의 혈액형은 AB형이므로 유전자형은 AB이다.

ㄷ. 3과 4의 유전자형은 각각 AO 또는 BO이므로 O형과 결혼하면 O형의 자녀가 태어날 수 있다.

24

ㄴ. 6은 귓속털 과다증이 나타나지 않았으므로 Y 염색체에 귓속털 대립유전자가 존재하지 않는다. 따라서 6과 7 사이에서 태어난 자녀(가)에게는 귓속털 과다증이 나타나지 않는다.

ㄷ. 귓속털 과다증 대립유전자는 Y 염색체에 존재하므로 아버지가 귓속털 과다증일 때 아들은 반드시 귓속털 과다증이 나타난다.

바로 알기 | ㄱ. 7은 여자이므로 Y 염색체를 가지고 있지 않다. 따라서 7은 귓속털 과다증 대립유전자를 가지지 않는다.

25

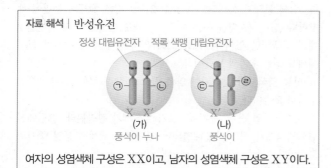

정상 대립유전자   적록 색맹 대립유전자

X X'   X' Y
(가)   (나)
풍식이 누나   풍식이

여자의 성염색체 구성은 XX이고, 남자의 성염색체 구성은 XY이다.

적록 색맹은 반성유전으로, 형질을 결정하는 대립유전자가 X 염색체에 있다. 풍식이의 적록 색맹 유전자형은 X'Y이고, 풍식이의 누나는 한 쌍의 성염색체에 서로 다른 적록 색맹 대립유전자가 있으므로 적록 색맹 유전자형은 XX'이다.

③ 풍식이가 적록 색맹이므로 풍식이의 어머니는 적록 색맹 대립유전자를 가지고 있다. 풍식이의 누나와 풍식이는 어머니에게서 적록 색맹 대립유전자를 가진 X 염색체를 물려받았으므로 염색체 ㉡과 ㉢에는 적록 색맹 대립유전자가 있다.

⑤ 풍식이는 적록 색맹 대립유전자를 가진 X 염색체(㉢)를 어머니로부터 물려받았다. 따라서 풍식이의 어머니는 적록 색맹 대립유전자를 가진 보인자이다.

바로 알기 | ① (가)는 염색체 ㉠과 ㉡의 모양이 같고, (나)는 염색체 ㉢과 ㉣의 모양이 다르므로 (가)는 여자, (나)는 남자의 성염색체이다. 따라서 (가)는 풍식이 누나, (나)는 풍식이의 염색체이다.

② ㉠과 ㉡은 상동 염색체이다. 상동 염색체는 어머니와 아버지에게서 각각 하나씩 물려받으므로 유전 정보가 다르다.

④ 풍식이의 아버지는 적록 색맹이 아니므로 적록 색맹 대립유전자를 가진 X 염색체(㉡)를 물려줄 수 없으며, Y 염색체(㉣)는 물려줄 수 있다.

단원 종합 문제 CT   56~59쪽

01 ③	02 ①	03 ②	04 ②	05 ④	06 ④
07 ②	08 ④	09 ①	10 ②	11 ⑤	12 ③
13 ①	14 ⑤	15 ④	16 ③	17 ④	18 ③
19 ⑤	20 ②	21 ②	22 ③	23 ②, ⑤	24 ②
25 ①	26 ②				

01

③ 그림을 보면 알 수 있듯이 세포가 커지면 세포 중심까지 물질 교환이 어렵다. 따라서 어느 정도 크기가 커지면 세포 분열을 해야 물질 교환이 효율적으로 일어날 수 있다.

바로 알기 | ① 이 실험으로 다른 세포와의 물질 교환 원리를 알 수는 없다.

② 생물의 생장은 세포 분열로 인해 늘어난 세포 수 때문이다.

④ 세포 분열을 하기 위해서는 어느 정도 세포의 크기가 커져야 하지만 이 실험을 통해 그것을 알 수는 없다.

⑤ 부피에 대한 표면적이 커질수록 물질 교환이 잘 일어난다.

02

코끼리와 개미의 세포의 크기는 거의 동일하지만, 코끼리가 개미에 비해 세포의 수가 더 많기 때문에 몸집이 크다. 크기가 큰 생물일수록 세포의 수가 많다.

03

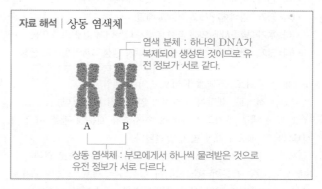

염색 분체 : 하나의 DNA가 복제되어 생성된 것이므로 유전 정보가 서로 같다.

A   B

상동 염색체 : 부모에게서 하나씩 물려받은 것으로 유전 정보가 서로 다르다.

① A와 B처럼 모양과 크기가 같은 한 쌍의 염색체를 상동 염색체라고 한다.

③ 세포 분열 간기 때 유전 물질이 복제되고, 전기 때 두 가닥의 염색 분체로 이루어진 염색체가 나타난다.

④ 생식세포에서는 염색체 수가 절반이 되므로 상동 염색체 중 하나만이 생식세포로 들어간다.

⑤ 상동 염색체 중 하나는 아버지, 하나는 어머니에게 물려받는다.

바로 알기 | ② A와 B는 부모에게서 각각 받은 상동 염색체로 유전 정보가 동일하지 않다. 반면 염색 분체는 DNA의 복제로 형성된 것으로 유전 정보가 완전히 동일하다.

04

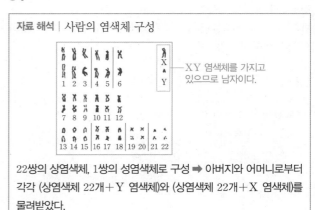

X   XY 염색체를 가지고
Y   있으므로 남자이다.

22쌍의 상염색체, 1쌍의 성염색체로 구성 ➡ 아버지와 어머니로부터 각각 (상염색체 22개＋Y 염색체)와 (상염색체 22개＋X 염색체)를 물려받았다.

① 성염색체가 XY이므로 남자의 염색체이다.

③ X 염색체와 Y 염색체를 가지므로 2개의 성염색체를 가지고 있다.

④ Y 염색체는 아버지에게서만 물려받을 수 있으므로 X 염색체는 어머니에게서 물려받았다.

⑤ 사람의 정상적인 체세포 염색체 수는 46개이므로 정상적인 생식세포의 염색체 수는 이의 절반인 23개이다.

바로 알기 | ② 사람의 상염색체는 22쌍이다.

05

자료 해석 | 체세포 분열

(가) 중기   (나) 전기   (다) 후기   (라) 간기   (마) 말기

- (라) 간기 : 유전 물질의 복제
- (나) 전기 : 핵막이 사라지고 염색체와 방추사 나타남
- (가) 중기 : 염색체가 세포 중앙에 배열
- (다) 후기 : 방추사에 의해 염색 분체가 나누어져 양 끝으로 이동
- (마) 말기 : 염색체가 실처럼 풀어짐, 핵막 생성, 2개의 딸세포 생성

① (가)는 중기로, 염색체가 세포 중앙에 배열된다.
② (나)는 전기로, 핵막이 사라지고 염색체가 나타난다.
③ 간기가 세포 주기의 대부분을 차지하기 때문에 관찰 시 간기 상태(라)의 세포가 가장 많이 발견된다.
⑤ 세포 분열은 (라) → (나) → (가) → (다) → (마) 순으로 진행된다.
바로 알기 | ④ 식물의 생장점에서 일어나는 세포 분열은 체세포 분열로, 체세포 분열이 일어나면 염색체 수 변화가 없으므로 모세포와 동일한 염색체 수를 가진 두 개의 딸세포가 생긴다.

06

① 양파의 뿌리 끝은 세포 분열이 활발히 진행되므로 에탄올과 아세트산 혼합 용액을 이용해 세포가 분열하던 상태 그대로 고정시켜 세포가 살아 있을 때의 모습을 유지하도록 한다.
② 묽은 염산에 양파 뿌리를 넣어 세포를 연하게 만들어 세포가 잘 분리되도록 한다.
③ 아세트산 카민 용액을 처리하면 핵과 염색체가 붉게 염색된다.
⑤ 아세트산 카민 용액에 의해 붉게 염색된 핵과 염색체가 관찰되며, 세포 주기의 대부분을 차지하는 간기의 세포가 가장 많이 관찰된다.
바로 알기 | ④ 세포를 명확하게 관찰하기 위해 해부 침을 이용하여 세포가 뭉치지 않도록 한 겹으로 펴준다.

07

자료 해석 | 염색체의 위치를 통한 세포 분열 단계 파악

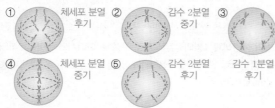

- 염색체가 중앙에 배열 : 중기
- 염색체가 양쪽 끝으로 이동 : 후기
- 상동 염색체 분리 : 감수 1분열
- 염색 분체 분리 : 체세포 분열, 감수 2분열

② 감수 1분열을 거쳐 염색체 수가 반감된 세포가 감수 2분열을 하는 모습이다. 염색체가 세포 중앙에 배열되어 있으므로 감수 2분열 중기라는 것을 알 수 있다.

바로 알기 | ① 염색체가 양쪽 끝으로 끌려가므로 후기의 모습이다. 염색 분체가 분리되므로 감수 2분열 혹은 체세포 분열에 해당한다. 감수 2분열을 하는 세포는 체세포 염색체 수의 절반인 2개의 염색체만 있어야 하므로 그림은 염색체 수의 변화가 없는 체세포 분열 후기의 모습이다.
③ 상동 염색체가 분리되어 양쪽 끝으로 끌려가므로 감수 1분열 후기의 모습이다.
④ 감수 1분열 전기, 중기에는 2가 염색체가 관찰된다. 그림에서 염색체 4개가 적도면에 배열되어 있으므로 체세포 분열 중기의 모습이다.
⑤ 2개의 염색체를 이루는 염색 분체가 분리되며 양쪽 끝으로 이동하므로 감수 2분열 후기의 모습이다. 체세포 분열 후기에도 염색 분체가 분리되며 양쪽 끝으로 이동하지만 상동 염색체가 함께 존재하여 염색체 수가 4개여야 한다.

08

ㄱ. 2가 염색체는 감수 1분열 전기와 중기에 발견되며, 상동 염색체가 접합해 있는 상태이다.
ㄴ. 세포질 분열은 핵분열 직후 시작되며 감수 1분열과 감수 2분열에서 모두 관찰된다.
ㄷ. 감수 2분열 후기에는 염색 분체가 갈라져 각각의 딸세포로 들어간다.
ㄹ. 상동 염색체는 감수 1분열 후기에 분리된다.

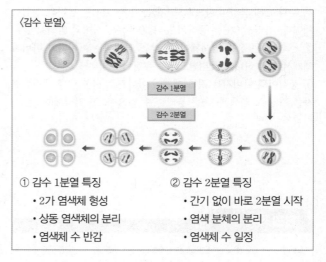

〈감수 분열〉

감수 1분열

감수 2분열

① 감수 1분열 특징
- 2가 염색체 형성
- 상동 염색체의 분리
- 염색체 수 반감

② 감수 2분열 특징
- 간기 없이 바로 2분열 시작
- 염색 분체의 분리
- 염색체 수 일정

09

염색체 수가 4개인 생물이 2가 염색체를 형성한 모습이다. 따라서 생식세포의 염색체 수는 체세포의 염색체 수의 절반인 2개여야 한다. 또한, 감수 1분열에서 상동 염색체가 분리되므로 상동 염색체 중 하나만 들어 있고, 감수 2분열에서 염색 분체가 분리되므로 염색 분체 한 가닥이 들어 있는 생식세포가 생성된다.

10

(가)는 감수 분열이고, (나)는 체세포 분열이다.
② 유전 물질의 복제는 감수 분열과 체세포 분열 모두 한 번만 일어난다.
바로 알기 | ① 염색 분체의 분리는 감수 분열과 체세포 분열 모두에서 일어난다. 상동 염색체의 분리는 감수 분열에서만 일어난다.

③ (가)는 생식 기관에서 일어나고, (나)는 동물의 경우 몸 전체, 식물의 경우 생장점이나 형성층과 같은 특정 부위에서 일어난다.
④ (가) 감수 분열의 결과 생식세포가 만들어지고, (나) 체세포 분열의 결과 생장이 일어난다.
⑤ (가)는 감수 1분열에 염색체의 수가 반으로 줄어들고, (나)는 염색체 수의 변화가 없다.

11
(가)는 체세포 분열 중기이고, (나)는 감수 1분열 중기이다.
⑤ 감수 분열의 결과 생식세포가 형성되는데 식물은 난세포 또는 꽃가루가 형성되고, 동물은 난자 혹은 정자가 형성된다.
바로 알기 | ①, ③ 2가 염색체는 상동 염색체가 접합하여 만들어진 것으로, 2가 염색체가 세포 중앙에 배열된 것은 (나)로 감수 1분열 중기의 모습이다.
② (가) 시기 다음 염색 분체가 분리되어 양쪽 끝으로 이동한다.
④ 양파 뿌리 끝의 세포 분열에서 관찰할 수 있는 것은 (가)이다.

12
(가)는 정자이고, (나)는 난자이다.
① A는 정자의 머리로, 유전 물질이 들어 있는 핵이 있다.
② B는 정자가 스스로 이동할 수 있게 하는 정자의 꼬리이다.
④ C는 난자의 세포질로, 수정란의 초기 발생에 필요한 많은 양의 양분이 저장되어 있다.
⑤ A는 정자의 핵, D는 난자의 핵으로 감수 분열을 통해 생성되었기 때문에 체세포의 염색체 수의 절반이다.
바로 알기 | ③ 정자는 정소에서, 난자는 난소에서 생성된다.

13
ㄱ. (가)는 난자가 난소에서 수란관으로 배출되는 배란이다.
바로 알기 | ㄴ. (나)에서 (다)로 난할이 진행되는 동안 세포 1개당 염색체 수는 변화없다.
ㄷ. 수정란이 자궁에 착상되었을 때부터 임신이라고 한다.

14
⑤ 대립 형질을 가진 순종의 개체끼리 교배했을 때 잡종 1대에서는 우성의 표현형만 나타난다.
바로 알기 | ① 표현형이 같아도 유전자형이 다를 수 있다.
② 대립 형질은 같은 종류의 특성에 대해 서로 대립 관계인 형질로, 완두의 색깔인 노란색과 초록색이 서로 대립 형질이다.
③ 유전자 구성이 Rr, Tt, RRYy인 개체는 잡종이다.
④ 대립유전자는 상동 염색체의 같은 위치에 있다.

15
완두는 둥근 모양이 주름진 모양에 대해 우성 형질이고, 노란색이 초록색에 대해 우성 형질이다.
④ RRYY와 RRYy의 표현형은 둥글고 노란색이다.
바로 알기 | ① Rr의 표현형은 둥근 모양, rr의 표현형은 주름진 모양이다.
② YY의 표현형은 노란색, yy의 표현형은 초록색이다.
③ rrYy의 표현형은 주름지고 노란색, rryy의 표현형은 주름지고 초록색이다.
⑤ Rryy의 표현형은 둥글고 초록색, RrYy의 표현형은 둥글고 노란색이다.

16

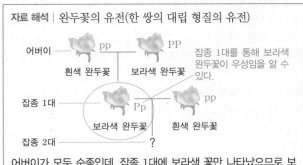

자료 해석 | 완두꽃의 유전(한 쌍의 대립 형질의 유전)

어버이 —— pp 흰색 완두꽃 PP 보라색 완두꽃 | 잡종 1대를 통해 보라색 완두꽃이 우성임을 알 수 있다.

잡종 1대 —— Pp 보라색 완두꽃 pp 흰색 완두꽃

잡종 2대 —— ?

어버이가 모두 순종인데, 잡종 1대에 보라색 꽃만 나타났으므로 보라색 꽃이 흰색 꽃에 대해 우성이다.

ㄱ. 대립 형질이 다른 두 순종 개체끼리 교배했을 때 잡종 1대에서 나타나는 형질이 우성이다. 따라서 보라색 형질이 흰색 형질에 대해 우성이다.
ㄷ. 보라색 유전자를 P, 흰색 유전자를 p라고 할 때 잡종 1대의 유전자형은 Pp이므로 잡종 1대를 흰색 완두꽃(pp)과 교배하면 잡종 2대에서 Pp : pp=1 : 1로 나타난다. 따라서 잡종 2대에서 총 20개의 완두를 얻었을 때 이 중 순종인 완두꽃은 $20 \times \frac{1}{2} = 10$ 개이다.
바로 알기 | ㄴ. 잡종 1대의 유전자형은 Pp이므로 흰색 완두꽃(pp)과 교배하면 잡종 2대에서 Pp : pp가 1 : 1로 나타난다. 따라서 잡종 2대의 표현형은 2종류이다.

17

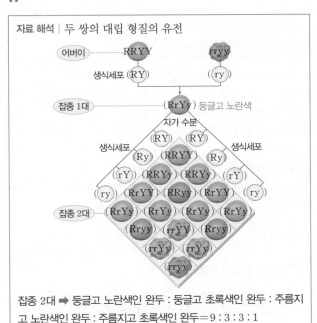

자료 해석 | 두 쌍의 대립 형질의 유전

어버이 —— RRYY rryy
생식세포 —— RY ry

잡종 1대 —— RrYy 둥글고 노란색
자가 수분

생식세포 RY RY / Ry RY / rY Ry / ry rY / ry

잡종 2대 ——

잡종 2대 ➡ 둥글고 노란색인 완두 : 둥글고 초록색인 완두 : 주름지고 노란색인 완두 : 주름지고 초록색인 완두=9 : 3 : 3 : 1

① 완두의 모양과 색을 결정하는 두 쌍의 대립 형질이 동시에 유전될 때 서로 영향을 미치지 않고 독립적으로 유전되므로 멘델의 독립의 법칙을 확인할 수 있다.
② 잡종 1대에서 나타나지 않는 주름진 형질과 초록색 형질이 잡종 2대에서 나타났으므로 완두의 모양은 주름진 형질이 둥근 형질에 대해 열성이고 완두의 색은 초록색이 노란색에 대해 열성이다.

③ 어버이인 둥글고 노란색인 완두의 유전자형은 RRYY이고, 잡종 1대의 둥글고 노란색인 완두의 유전자형은 RrYy이다.
⑤ 잡종 1대에서 RY, Ry, rY, ry의 총 4가지 생식세포가 형성되므로 잡종 2대에서 생성되는 완두의 분리비는 둥글고 노란색 : 주름지고 노란색 : 둥글고 초록색 : 주름지고 초록색=9 : 3 : 3 : 1이다.

바로 알기 | ④ 잡종 2대에 나타나는 주름지고 초록색인 완두의 유전자형은 rryy이므로 순종이다.

18

이론상 잡종 2대의 표현형의 분리비는 둥글고 노란색인 완두 : 둥글고 초록색인 완두 : 주름지고 노란색인 완두 : 주름지고 초록색인 완두=9 : 3 : 3 : 1이다. 따라서 이론상으로 4000개의 완두를 얻으면 $4000 \times \frac{3}{16} = 750$개의 주름지고 노란색인 완두는 750개 얻을 수 있다.

19

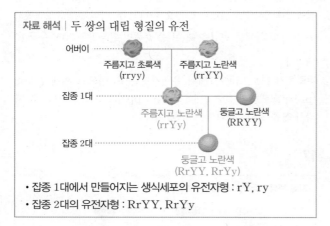

자료 해석 | 두 쌍의 대립 형질의 유전

어버이 ······· 주름지고 초록색 (rryy)   주름지고 노란색 (rrYY)

잡종 1대 ······· 주름지고 노란색 (rrYy)   둥글고 노란색 (RRYY)

잡종 2대 ······· 둥글고 노란색 (RrYY, RrYy)

• 잡종 1대에서 만들어지는 생식세포의 유전자형 : rY, ry
• 잡종 2대의 유전자형 : RrYY, RrYy

⑤ 잡종 2대에서는 둥글고 노란색인 완두만 나타난다.

바로 알기 | ① 잡종 1대의 유전자형은 rrYy이다. 잡종 1대에서 생성되는 생식세포는 rY, ry로 2가지이다.
② 잡종 1대에서 rrYy의 유전자형이 나타나므로 초록색인 완두는 나타나지 않는다.
③ 잡종 1대의 유전자형은 rrYy로 1가지이다.
④ 잡종 2대에서 나타나는 완두의 유전자형은 RrYY, RrYy로 2가지이다.

[20~21]

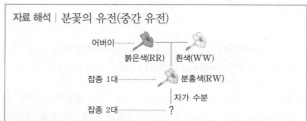

자료 해석 | 분꽃의 유전(중간 유전)

어버이 ······· 붉은색(RR)   흰색(WW)

잡종 1대 ······· 분홍색(RW)

자가 수분

잡종 2대 ······· ?

잡종 1대에서 분홍색 분꽃만 나타난다. ➡ 붉은색 분꽃을 나타내는 유전자(R)와 흰색 분꽃을 나타내는 유전자(W) 사이에 우열 관계가 불분명하여 잡종 1대에서 어버이의 중간 형질인 분홍색 분꽃이 나타난다. ➡ 멘델의 우열의 원리가 성립하지 않는다.

20

ㄴ. 잡종 2대에서 나올 수 있는 분꽃의 유전자형은 RR, 2RW, WW이므로 RR : RW : WW=1 : 2 : 1로 나타난다. 따라서 순종과 잡종의 비율은 1 : 1이다.

바로 알기 | ㄱ. 붉은색 분꽃 유전자와 흰색 분꽃 유전자 사이의 우열 관계가 뚜렷하지 않으므로 잡종 1대에서 중간 형질인 분홍색 분꽃이 나타난다.
ㄷ. 잡종 1대에서 붉은색과 흰색의 중간 형질인 분홍색이 나타났으므로 멘델의 우열의 원리가 성립하지 않는다는 것을 알 수 있다. 하지만 감수 분열 과정에서 붉은색 분꽃 유전자와 흰색 분꽃 유전자가 분리되어 서로 다른 생식세포로 들어가고, 생식세포가 수정되어 잡종 2대가 만들어지므로 분리의 법칙은 성립한다.

21

② 잡종 2대의 분꽃 색의 표현형 분리비는 붉은색 : 분홍색 : 흰색=1 : 2 : 1이므로 잡종 2대에서 붉은색 분꽃이 나타날 확률은 25 %이다.

22

① 유전자를 분석하여 유전병을 알아내거나 특정 형질에 관여하는 유전자를 조사할 수 있다.
② 염색체를 분석하여 염색체 수나 모양 이상에 따른 유전병을 알아낼 수 있다.
④ 특정 형질을 가지고 있는 집안의 가계도를 분석하는 방법이 가계도 조사이다.
⑤ 1란성 쌍둥이는 유전자 구성이 같지만 환경의 영향을 받아 나타나는 형질에 차이가 날 수 있다.

바로 알기 | ③ 통계 조사는 가능한 많은 사람들로부터 특정 형질에 대해 조사하여 얻은 자료를 통계적으로 처리하고 분석하여 유전 형질의 특징, 집단 전체의 유전 현상 등을 연구하는 방법이다.

23

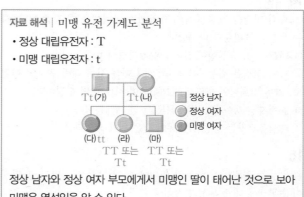

자료 해석 | 미맹 유전 가계도 분석

• 정상 대립유전자 : T
• 미맹 대립유전자 : t

Tt(가)   Tt(나)   ■ 정상 남자   ● 정상 여자   ● 미맹 여자

(다)tt   (라)   (마)
TT 또는   TT 또는
Tt   Tt

정상 남자와 정상 여자 부모에게서 미맹인 딸이 태어난 것으로 보아 미맹은 열성임을 알 수 있다.

① (가)와 (나) 사이에서 미맹인 딸(다)이 태어났으므로 (가)와 (나)는 미맹 대립유전자를 가지고 있다.
③ (다)는 (가)와 (나)에게서 미맹 대립유전자를 물려받았다.
④ (라)의 유전자형은 TT 또는 Tt로 확실히 알 수 없다.

바로 알기 | ② (나)는 정상 대립유전자와 미맹 대립유전자를 하나씩 가지고 있으므로 미맹 대립유전자를 가질 확률은 100 %이다.
⑤ (마)의 미맹 유전자형은 정확히 알 수 없다.

24

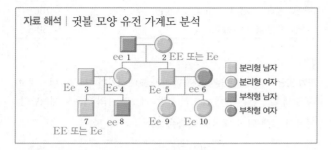

자료 해석 | 귓불 모양 유전 가계도 분석

- 분리형 남자
- 분리형 여자
- 부착형 남자
- 부착형 여자

② 3, 4, 5의 유전자형은 모두 Ee이다.

바로 알기 | ① 2의 유전자형은 EE 또는 Ee로 확실하지 않다.

③ 7의 유전자형은 EE 또는 Ee로 확실하지 않다.

④ 9는 부착형 귓불 모양 대립유전자를 6으로부터 물려받았다.

⑤ 10은 6에게서 e를 받았으므로 유전자형은 Ee이다.

25

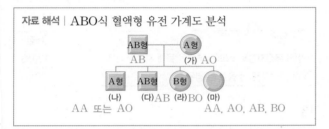

자료 해석 | ABO식 혈액형 유전 가계도 분석

ㄱ. AB형과 A형 사이에서 A형과 B형의 자녀가 태어났으므로 (가)의 유전자형은 대립유전자 O를 가지고 있는 AO이다.

ㄴ. (나)의 유전자형은 AA 또는 AO이므로, (나)의 유전자형이 AA일 확률은 50 %이다.

바로 알기 | ㄷ. (다)의 대립유전자 A는 어머니(가), 대립유전자 B는 아버지로부터 물려받았다.

ㄹ. (마)가 가질 수 있는 유전자형은 AA, AO, AB, BO로 총 4종류이다. 따라서 (라)와 (마)의 유전자형이 같을 확률은 25 %이다.

26

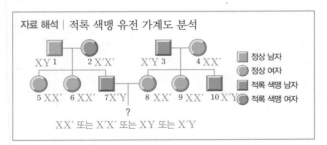

자료 해석 | 적록 색맹 유전 가계도 분석

- 정상 남자
- 정상 여자
- 적록 색맹 남자
- 적록 색맹 여자

① 1~10 중 적록 색맹 유전자를 갖지 않는 사람은 '1' 한 명뿐이다.

③ 5와 6의 적록 색맹 유전자형은 모두 XX′이다.

④ 7과 8 사이에서는 XX′, X′X′, XY, X′Y가 태어나므로 자녀가 적록 색맹일 확률은 50 %이다.

⑤ 9는 적록 색맹 대립유전자가 존재하는 X 염색체를 아버지로부터 물려받았기 때문에 어머니로부터 정상 X 염색체를 물려받았을 것이다.

바로 알기 | ② 4의 아들이 적록 색맹인 것으로 보아 4는 적록 색맹 대립유전자를 가지고 있는 XX′임을 알 수 있다.

01

모범 답안 | 한 변의 길이가 1 cm인 조각, 가장 크기가 작은 조각이 중심까지 붉은색으로 물든 것으로 보아 세포가 작을수록 물질 교환에 더 유리하다는 것을 알 수 있다.

채점 기준	배점
물질 교환에 가장 유리한 조각을 고르고, 그 까닭을 옳게 서술한 경우	100 %
물질 교환에 가장 유리한 조각만 옳게 고른 경우	30 %

02

모범 답안 | (가) 체세포 분열, (나) 감수 분열 / 체세포 분열은 1회 분열하고, 감수 분열은 2회 분열한다. 체세포 분열은 2가 염색체가 나타나지 않지만, 감수 분열은 감수 1분열 전기 때 2가 염색체가 나타난다. 체세포 분열은 염색체 수가 변하지 않지만, 감수 분열은 반으로 줄어든다. 체세포 분열의 딸세포 수는 2개이고, 감수 분열의 딸세포 수는 4개이다.

채점 기준	배점
(가)와 (나)의 이름과 둘의 차이점을 두 가지 옳게 서술한 경우	100 %
(가)와 (나)의 이름과 둘의 차이점을 한 가지만 서술한 경우	60 %
(가)와 (나)의 이름만 옳게 쓴 경우	30 %

03

모범 답안 | 꽃가루 수 : 80개, 염색체 수 : 8개 / 꽃밥에서 꽃가루를 만드는 분열은 감수 분열로, 1개의 세포에서 4개의 생식세포가 생성된다. 따라서 총 80개의 꽃가루가 생성된다. 생식세포의 염색체 수는 체세포의 절반이므로 꽃가루의 염색체 수는 8개이다.

채점 기준	배점
꽃가루의 수와 염색체 수, 까닭을 모두 옳게 서술한 경우	100 %
꽃가루의 수와 염색체의 수만 옳게 쓴 경우	50 %
꽃가루의 수와 염색체의 수 중 하나만 옳게 쓴 경우	20 %

04

모범 답안 | 공통점은 난할과 체세포 분열은 같은 방식으로 분열하여 딸세포의 염색체 수가 모세포와 같다. 하지만 차이점은 난할은 세포 분열이 빠르게 이루어져 세포가 자라지 않기 때문에 세포 분열을 할수록 세포 1개의 크기는 점점 작아지고, 체세포 분열은 세포 분열 후 세포가 자라기 때문에 세포 1개의 크기가 모세포와 같아진다.

채점 기준	배점
공통점과 차이점을 모두 옳게 서술한 경우	100 %
공통점 또는 차이점 중 하나만 옳게 서술한 경우	50 %

05

모범 답안 | (가) 정자, (나) 난자 / 정자는 남자의 정소에서, 난자는 여자의 난소에서 만들어진다. 정자는 꼬리를 이용하여 이동이 가능하지만 난자는 운동성이 없다. 정자에는 양분이 없지만 난자의 세포질에는 발생에 필요한 양분이 저장되어 있다 등

채점 기준	배점
(가)와 (나)의 이름과 차이점을 두 가지 이상 옳게 서술한 경우	100 %
(가)와 (나)의 이름과 차이점을 한 가지만 옳게 서술한 경우	60 %
(가)와 (나)의 이름만 옳게 쓴 경우	30 %

06

모범 답안 | A : 배란, B : 수정, C : 난할, D : 착상 / 난소에서 배란된 난자는 수란관에서 정자와 만나 결합하여 수정이 이루어진다. 생성된 수정란은 난할 과정을 거쳐 수란관을 따라 자궁으로 이동하고, 수정 후 약 일주일이 지나면 포배 상태가 되어 자궁 안쪽 벽에 착상한다.

채점 기준	배점
A~D의 이름과 과정을 세 가지 키워드를 포함하여 모두 옳게 서술한 경우	100 %
A~D는 옳게 썼지만 키워드를 포함하여 과정을 서술하지 않은 경우	40 %

07

모범 답안 | 독립의 법칙, 두 쌍 이상의 대립 형질이 유전될 때 각각의 대립 형질은 서로 간섭하지 않고 독립적으로 유전된다.

채점 기준	배점
독립의 법칙과 개념을 옳게 서술한 경우	100 %
독립의 법칙만 쓴 경우	40 %

08

모범 답안 | 완두에는 한 가지 형질을 결정하는 한 쌍의 유전 인자가 있으며, 이 한 쌍의 유전 인자는 부모로부터 각각 하나씩 물려받은 것이다. 특정 형질에 대한 한 쌍의 유전 인자가 서로 다르면 그 중 하나만 표현된다. 한 쌍의 유전 인자는 생식세포를 형성할 때 분리되어 각각 다른 생식세포로 나뉘어 들어간다.

채점 기준	배점
멘델이 제안한 가설 두 가지를 모두 옳게 서술한 경우	100 %
가설 한 가지만 옳게 서술한 경우	50 %

09

모범 답안 | 60개, 잡종 1대에서 모두 키 큰 줄기에서 노란색 완두가 나타난 것으로 보아 키 큰 줄기와 노란색은 우성 형질임을 알 수 있다. 따라서 잡종 1대를 자가 수분하여 얻은 잡종 2대의 표현형의 분리비는 키 큰 줄기의 노란색 완두 : 키 작은 줄기의 노란색 완두 : 키 큰 줄기의 초록색 완두 : 키 작은 줄기의 초록색 완두=9 : 3 : 3 : 1이다. 따라서 이론적으로 키 작은 줄기의 노란색 완두는 $320 \times \dfrac{3}{16} = 60$(개)이다.

채점 기준	배점
이론상의 키 작은 줄기의 노란색 완두의 개수를 옳게 쓰고, 그 풀이 과정을 옳게 서술한 경우	100 %
이론상의 키 작은 줄기의 노란색 완두의 개수만 옳게 쓴 경우	30 %

10

모범 답안 | BW, 두 대립유전자 사이의 우열 관계가 뚜렷하지 않기 때문에 잡종 1대에서 어버이의 중간 형질이 나타난다.

채점 기준	배점
유전자형과 그 까닭을 모두 옳게 서술한 경우	100 %
유전자형만 옳게 쓴 경우	30 %

11

모범 답안 | 25 %, 옅은 갈색 말끼리 교배시키면 분리의 법칙에 따라 갈색 말 : 옅은 갈색 말 : 흰색 말=1 : 2 : 1의 비율로 태어난다. 따라서 갈색 말이 태어날 확률은 25 %$\left(=\dfrac{1}{4}\right)$이다.

채점 기준	배점
갈색 말이 태어날 확률과 그 과정을 옳게 서술한 경우	100 %
확률만 옳게 쓴 경우	30 %

12

모범 답안 | Ee, (가)와 그의 배우자는 모두 쌍꺼풀이지만 자녀 중에 외까풀이 있다. 이는 쌍꺼풀이 외까풀에 대해 우성임을 의미하며 (가)와 배우자 모두 외까풀 대립유전자를 갖고 있음을 알 수 있다.

채점 기준	배점
(가)의 유전자형을 쓰고 그 까닭을 옳게 서술한 경우	100 %
(가)의 유전자형만 옳게 쓴 경우	30 %

13

모범 답안 | 적록 색맹은 유전자가 성염색체인 X 염색체에 존재하여 나타나는 반성유전 형질로, 정상에 대해 열성으로 유전된다.

채점 기준	배점
적록 색맹이 유전되는 원리를 옳게 서술한 경우	100 %

Ⅵ. 에너지 전환과 보존

01 역학적 에너지 전환과 보존

01

A점에서 위치 에너지는 최대, 운동 에너지는 최소이며, A → B 구간에서는 위치 에너지가 운동 에너지로 전환되고, B → C 구간에서는 운동 에너지가 위치 에너지로 전환된다.

02

바로 알기 | (2) 물체가 자유 낙하 운동을 하는 동안 위치 에너지는 감소하고 운동 에너지는 증가하며, 위치 에너지가 운동 에너지로 전환된다.

03

(1) A점에서 공의 위치 에너지는 (9.8×2) N×5 m=98 J이다.
(2) 자유 낙하 하는 동안 공의 위치 에너지는 운동 에너지로 전환된다. 따라서 B점에 도달하는 순간 공의 운동 에너지는 처음 높이에서 공의 위치 에너지인 98 J과 같다.
(3) 공기 저항을 무시하므로 공의 역학적 에너지는 보존된다. 따라서 B점에 도달하는 순간 공의 역학적 에너지는 A점에서의 공의 위치 에너지와 같은 98 J이다.

04

ㄱ. A → B 구간에서 위치 에너지는 증가하고, 운동 에너지가 위치 에너지로 전환된다.
바로 알기 | ㄴ. B → C 구간에서 위치 에너지는 감소하고, 운동 에너지는 증가한다.
ㄷ. 공기 저항을 무시하므로 물체의 역학적 에너지는 모든 지점에서 일정하다. 따라서 B점과 C점에서의 역학적 에너지는 같다.

05

A점, B점, C점에서 각각 진자의 위치 에너지, 운동 에너지, 역학적 에너지는 다음 표와 같다.

구분	A점	A→B	B점	B→C	C점
위치 에너지	최대	감소	최소	증가	최대
운동 에너지	0	증가	최대	감소	0
에너지 전환		위치 에너지 → 운동 에너지		운동 에너지 → 위치 에너지	
역학적 에너지			일정		

따라서 위치 에너지의 크기는 A=C>B, 운동 에너지의 크기는 B>A=C이고, 역학적 에너지는 보존되므로 A=B=C이다.

01

(2) 쇠구슬이 자유 낙하 하는 동안 감소한 위치 에너지만큼 운동 에너지가 증가한다.
바로 알기 | (1) 쇠구슬이 자유 낙하 할 때 위치 에너지가 운동 에너지로 전환된다.
(3) 쇠구슬의 높이에 관계없이 역학적 에너지는 항상 일정하게 보존된다.

02

실험에서 위치 에너지와 운동 에너지의 합인 역학적 에너지가 1.96 J이므로, 어느 높이를 지날 때의 위치 에너지가 1 J이었다면 이 높이에서 쇠구슬의 운동 에너지는 1.96 J−1 J=0.96 J이다.

03

위치 에너지와 운동 에너지가 같은 지점의 높이를 h라고 하면 역학적 에너지 보존에 의해 h에서의 운동 에너지는 감소한 위치 에너지와 같다. h에서의 위치 에너지 : 운동 에너지(감소한 위치 에너지)=9.8×2×h : 9.8×2×(2−h)=1 : 1이므로, $h=2−h$에서 $h=1$ m이다. 따라서 물체의 위치 에너지와 운동 에너지가 같은 지점은 지면으로부터 1 m 떨어진 지점이다.

04 서술형

모범 답안 | 공에 중력만 작용하여 공이 자유 낙하 하는 동안 공의 위치 에너지는 감소하고 운동 에너지는 증가하며, 위치 에너지가 운동 에너지로 전환되는 역학적 에너지 전환이 일어난다.

채점 기준	배점
공이 자유 낙하 하는 동안 위치 에너지와 운동 에너지의 변화, 전환 과정을 모두 옳게 서술한 경우	100 %
공이 자유 낙하 하는 동안 위치 에너지와 운동 에너지의 변화, 전환 과정 중 한 가지만 옳게 서술한 경우	50 %

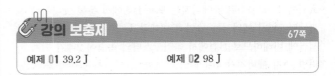
강의 보충제 67쪽

예제 01 39.2 J　　　　예제 02 98 J

01

6 m 높이를 지날 때 공의 운동 에너지는 감소한 위치 에너지와 같으므로 (9.8×1) N×(10−6) m=39.2 J이다.

02

공기 저항을 무시한다면 역학적 에너지는 항상 일정하게 보존되므로, 공이 지면으로부터 6 m 높이를 지날 때 역학적 에너지는 높이가 10 m인 곳에서의 위치 에너지와 같다. 따라서 역학적 에너지는 (9.8×1) N×10 m=98 J이다.

01 ①, ⑤	02 ①	03 ③	04 ②	05 ②
06 ③	07 ④	08 ⑤	09 ④	10 ⑤
11 ②	12 ②	13 ③	14 ①	15 ④
16 ⑤	17 ③	18~20 해설 참조		

[01~02]

자료 해석 | 역학적 에너지 전환

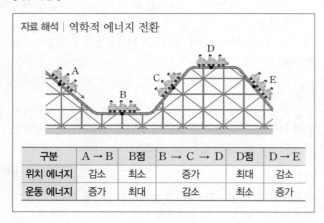

구분	A → B	B점	B → C → D	D점	D → E
위치 에너지	감소	최소	증가	최대	감소
운동 에너지	증가	최대	감소	최소	증가

01

위치 에너지가 운동 에너지로 전환되는 구간은 물체의 높이가 낮아지면서 속력이 빨라지는 구간이다. 즉, 롤러코스터가 내려가는 A → B 구간과 D → E 구간이다.

02

① B점은 높이가 가장 낮은 지점이므로 위치 에너지가 최소이고, 운동 에너지가 최대인 지점으로 롤러코스터의 속력이 가장 빠르다.
바로 알기 | ②, ⑤ 공기 저항이나 마찰을 무시하므로 모든 구간에서 역학적 에너지가 보존된다. 따라서 A~E 각 점에서의 역학적 에너지는 같다.
③ A점의 역학적 에너지와 D점의 역학적 에너지가 같다.
④ B → C 구간은 높이가 높아지는 구간이므로 위치 에너지는 증가하고 운동 에너지는 감소한다. 그러나 역학적 에너지는 일정하다.

03

A점에서 물체의 위치 에너지는 모두 B점에서 운동 에너지로 전환된다. 위치 에너지는 높이에 비례하고, 운동 에너지는 속력의 제곱에 비례하므로 B점에서 롤러코스터의 속력이 2배가 되게 하려면 위치 에너지가 4배가 되어야 한다. 따라서 높이를 원래 높이의 4배로 높여야 한다.

04

물체가 연직 위로 올라가는 동안 물체의 운동 에너지가 위치 에너지로 전환된다. 따라서 5 m 높이에서의 물체의 운동 에너지는 지면에서의 운동 에너지에서 5 m 높이에서의 위치 에너지를 뺀 값과 같으므로, 5 m인 지점을 지나는 순간 물체의 운동 에너지는 $\frac{1}{2} \times 4$ kg $\times (10$ m/s$)^2 - (9.8 \times 4)$ N $\times 5$ m $= 200$ J $- 196$ J $= 4$ J 이다.

05

물체가 선반 위에 놓여 있을 때의 위치 에너지는 낙하하여 지면에 닿을 때 모두 운동 에너지로 전환된다. 따라서 물체가 지면에 닿을 때의 운동 에너지는 낙하 전의 위치 에너지와 같다.
A의 속력의 제곱은 (9.8×8) N $\times 2$ m $= \frac{1}{2} \times 8$ kg $\times v_A^2$에서
$v_A^2 = 39.2$ (m/s)^{2}이고,
B의 속력의 제곱은 (9.8×4) N $\times 3$ m $= \frac{1}{2} \times 4$ kg $\times v_B^2$에서
$v_B^2 = 58.8$ (m/s)^{2}이다.
따라서 $v_B^2 - v_A^2 = 19.6$ (m/s)^{2}이다.

06

물체가 떨어지는 동안 물체의 위치 에너지가 운동 에너지로 전환된다.
① 5 m 높이에서 물체의 위치 에너지는 (9.8×2) N $\times 5$ m $= 98$ J 이다.
② 5 m 높이에서 물체의 운동 에너지는 위치 에너지의 감소량과 같다. 따라서 5 m 높이에서 물체의 운동 에너지 $= (9.8 \times 2)$ N $\times (10 - 5)$ m $= 98$ J 이다.
④ 10 m 높이에서는 물체의 속력이 0이므로 운동 에너지도 0이다. 따라서 물체의 역학적 에너지(=위치 에너지+운동 에너지)는 위치 에너지와 같으며, 10 m 높이에서 물체의 역학적 에너지는 (9.8×2) N $\times 10$ m $= 196$ J 이다.
⑤ 공기 저항을 무시할 때 역학적 에너지가 보존되므로 지면에 닿는 순간 물체의 운동 에너지는 물체가 10 m 높이에 있을 때의 위치 에너지와 같다. 따라서 지면에 닿는 순간 물체의 운동 에너지는 196 J이다.
바로 알기 | ③ 역학적 에너지는 물체의 위치 에너지와 운동 에너지를 합한 것이다. 따라서 5 m 높이에서 물체의 역학적 에너지=5 m 높이에서 물체의 위치 에너지+운동 에너지=98 J+98 J=196 J 이다.

07

공기 저항을 무시할 때 역학적 에너지가 보존되므로 물체가 지면에 닿는 순간 물체의 운동 에너지는 물체가 10 m 높이에 있을 때의 위치 에너지와 같다. 따라서 물체가 지면에 닿는 순간 물체의 속력을 v라고 할 때, (9.8×5) N $\times 10$ m $= \frac{1}{2} \times 5$ kg $\times v^2$에서 $v^2 = 196$이므로 $v = 14$ m/s이다.

08

⑤ A → B 구간과 D → E 구간에서는 동일하게 1 m를 떨어지므로 감소한 위치 에너지는 증가한 운동 에너지와 같다.
바로 알기 | ① A점은 지면으로부터 4 m 높이에 있으므로 위치 에너지는 (9.8×1) N $\times 4$ m $= 39.2$ J 이다.
② 공기 저항을 무시하므로 떨어지는 동안 물체의 역학적 에너지가 보존된다. 따라서 A~E 각 점에서 역학적 에너지는 일정하다.
③ D점에서 운동 에너지는 물체가 낙하하는 동안 감소한 위치 에너지와 같으므로, D점에서의 운동 에너지는 (9.8×1) N $\times (4 - 1)$ m $= 29.4$ J 이다.
④ B점에서 운동 에너지는 물체가 낙하하는 동안 감소한 위

치 에너지와 같으므로 B점에서의 운동 에너지는 (9.8×1) N $\times$ $(4-3)$ m$=9.8$ J이다. 또 D점에서의 위치 에너지는 (9.8×1) N $\times 1$ m$=9.8$ J이다. 따라서 B점에서의 운동 에너지 : D점에서의 위치 에너지$=1 : 1$이다.

09

공기 저항을 무시할 때 역학적 에너지가 보존되므로, 야구공의 처음 운동 에너지는 모두 최고점에서의 위치 에너지로 전환된다. 따라서 야구공이 올라갈 수 있는 최고 높이를 h라고 할 때, $\frac{1}{2} \times m \times (9.8 \text{ m/s})^2 = 9.8 \times m \times h$이므로 $h=4.9$ m이다.

10

ㄱ. A점에서 공의 속력이 0이므로 역학적 에너지는 위치 에너지와 같다. 따라서 A점에서 공의 역학적 에너지는 (9.8×2) N $\times 10$ m$=196$ J이다.
ㄴ. 공기 저항이나 마찰을 무시하므로 공이 빗면을 따라 내려오는 동안 역학적 에너지가 보존된다. 따라서 B점에서 공의 위치 에너지+운동 에너지=A점에서 공의 역학적 에너지=196 J이므로 B점의 높이를 h라고 할 때,
$\{(9.8 \times 2) \text{ N} \times h\} + \left\{\frac{1}{2} \times 2 \text{ kg} \times (7 \text{ m/s})^2\right\} = 196$ J에서 $h=7.5$ m이다.
ㄷ. C점은 높이가 0이므로 A점의 위치 에너지가 모두 운동 에너지로 전환된다. C점에서 공의 속력을 v라고 할 때, 196 J$=\frac{1}{2} \times 2 \text{ kg} \times v^2$에서 $v=14$ m/s이다.

11

① A점에서 높이가 0이므로 위치 에너지는 0이다.
③ A → B 구간에서 높이가 높아지므로 위치 에너지는 증가한다.
④ 공기 저항이 없다면 모든 구간에서 역학적 에너지는 일정하게 보존된다.
⑤ 역학적 에너지 보존 법칙에 의해 A점과 C점에서 운동 에너지는 같다.
바로 알기 | ② B점에서는 수평 방향으로 속력을 가지고 있으므로 운동 에너지를 가지고 있다.

12

지면에서 공을 던져 올릴 때는 운동 에너지만 있으므로 $\frac{1}{2}mv^2 = \frac{1}{2} \times 2 \text{ kg} \times (10 \text{ m/s})^2 = 100$ J이고, 최고점인 5 m 높이에서의 위치 에너지는 $9.8mh = (9.8 \times 2)$ N $\times 5$ m$=98$ J이다. 최고점인 5 m에서의 역학적 에너지$=98$ J+운동 에너지$=100$ J이므로 5 m 높이에서의 운동 에너지는 2 J이다.

13

공의 역학적 에너지는 $\frac{1}{2}mv^2 = \frac{1}{2} \times 2 \text{ kg} \times (10 \text{ m/s})^2 = 100$ J이다. 최고점에서 공의 운동 에너지가 41.2 J이므로 최고점에서의 위치 에너지는 100 J-41.2 J$=58.8$ J이다. 따라서 최고점의 높이를 h라고 할 때, $9.8mh = (9.8 \times 2)$ N $\times h = 58.8$ J에서 $h=3$ m이다.

14

공이 지면에 도달할 때의 운동 에너지는 5 m 높이에 있을 때의 역학적 에너지와 같다. 5 m 높이인 지점에서 공은 위치 에너지와 운동 에너지를 가지고 있으므로 역학적 에너지는 (9.8×0.1) N $\times 5$ m$+\frac{1}{2} \times 0.1 \text{ kg} \times (5 \text{ m/s})^2 = 6.15$ J이다.

15

④ B점에서의 높이가 O점에서의 높이보다 높으므로 B점에서 위치 에너지가 O점에서 위치 에너지보다 크다.
바로 알기 | ① A점은 최고점이므로 위치 에너지가 최대이다.
② A → O 구간에서는 높이가 낮아지고 있으므로 위치 에너지가 감소한다.
③ O → B 구간에서는 속력이 느려지고 있으므로 운동 에너지가 감소한다.
⑤ 공기 저항을 무시하면 역학적 에너지는 일정하게 보존되므로 O점에서 역학적 에너지는 B점에서 역학적 에너지와 같다.

16

B점에서 물체의 운동 에너지는 A → B 구간 동안 감소한 위치 에너지와 같다. 따라서 (9.8×5) N $\times 2$ m$=98$ J이다.

17

C점에서 물체의 운동 에너지는 B점에서의 운동 에너지와 위치 에너지의 합과 같다. 따라서 98 J$+(9.8 \times 5)$ N $\times 8$ m$=490$ J이므로, C점에서 물체의 속력은 490 J$=\frac{1}{2} \times 5 \text{ kg} \times v^2$에서 $v=14$ m/s이다.

서술형 문제

18

모범 답안 | 진공 중에서 낙하하는 물체는 역학적 에너지가 보존된다. 따라서 감소한 위치 에너지는 증가한 운동 에너지와 같으므로 감소한 위치 에너지는 $\frac{1}{2} \times 10 \text{ kg} \times \{(40 \text{ m/s})^2 - (20 \text{ m/s})^2\} = 6000$ J이다.

채점 기준	배점
감소한 위치 에너지와 풀이 과정을 모두 옳게 서술한 경우	100 %
풀이 과정은 옳으나 위치 에너지의 감소량을 구하지 못한 경우	30 %

19

모범 답안 | A→O 구간은 높이가 낮아지므로 위치 에너지는 감소하고, 속력이 빨라지므로 운동 에너지는 증가하여 위치 에너지가 운동 에너지로 전환된다. O→B 구간은 높이가 높아지므로 위치 에너지는 증가하고, 속력이 느려지므로 운동 에너지는 감소하여 운동 에너지가 위치 에너지로 전환된다.

채점 기준	배점
A → O 구간과 O → B 구간의 에너지 전환을 모두 옳게 서술한 경우	100 %
A → O 구간과 O → B 구간의 에너지 전환 중 한 가지만 옳게 서술한 경우	50 %

20

모범 답안 | 모두 같다. / 같은 높이에서 동일한 공을 같은 속력으로 던졌으므로 던지는 순간의 역학적 에너지는 A~D가 모두 같다. 공기 저항을 무시할 때 낙하하는 동안 역학적 에너지가 보존되므로 공이 지면에 도달하는 순간의 속력도 모두 같다.

채점 기준	배점
A~D의 속력이 모두 같다고 쓰고, 그 까닭을 옳게 서술한 경우	100 %
A~D의 속력이 모두 같다고만 쓴 경우	30 %

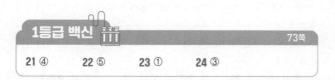

1등급 백신   73쪽

21 ④   22 ⑤   23 ①   24 ③

21

ㄱ. 질량이 같은 물체 A와 B를 같은 높이에서 가만히 놓았으므로 낙하시키는 순간 A와 B의 위치 에너지는 같으며 속력은 0이다. 공기 저항을 무시할 때 역학적 에너지는 보존되므로, B를 떨어뜨린 직후부터 A가 지면에 도달하기 전까지 A와 B의 역학적 에너지는 같다.

ㄷ. 물체가 떨어질 때 중력에 의해 1초에 9.8 m/s씩 속력이 일정하게 증가한다. 따라서 두 물체의 속력 차는 일정하지만 물체의 운동 에너지는 속력의 제곱에 비례하므로 운동 에너지 차는 시간이 지날수록 증가한다. A와 B가 떨어질 때, 물체의 역학적 에너지=위치 에너지+운동 에너지이므로 운동 에너지 차가 증가하면 위치 에너지 차도 증가한다.

바로 알기 | ㄴ. 물체가 떨어질 때 중력에 의해 1초에 9.8 m/s씩 속력이 일정하게 증가하므로 A와 B의 속력 차는 일정하다.

22

자료 해석 | 역학적 에너지 전환

구분	위치 에너지 (D점 기준)	운동 에너지
A	200 J	0
B	180 J	20 J
C	20 J	180 J
D	0	200 J

ㄱ, ㄴ. C점에서 속력은 B점에서 속력의 3배이므로 운동 에너지의 비는 B : C=1 : 9이다. 공기 저항을 무시하므로 물체가 낙하할 때 역학적 에너지는 보존된다. 따라서 중력에 의한 위치 에너지 변화량은 A → C 구간이 A → B 구간의 9배이다. 위치 에너지는 높이에 비례하므로 A → C 구간 거리는 A → B 구간 거리의 9배이다. 물체의 무게가 10 N이므로 A점과 C점 사이의 거리를 h라고 할 때, A점과 C점에서의 위치 에너지 차는 10 N×h=180 J이므로 h=18 m이다. 따라서 A → B 구간 거리는 2 m, B → C 구간 거리는 16 m이고 A점과 B점의 운동 에너지 차는 중력에 의한 위치 에너지 변화량과 같은 20 J이다.

ㄷ. B점과 D점 사이의 거리를 h'라고 할 때 B점과 D점에서의 위치 에너지 차는 10 N×h'=180 J이므로 h'=18 m이다. B → C 구간 거리가 16 m이므로 C → D 구간 거리는 2 m이며, A → D 구간 거리는 20 m이다. 따라서 D점을 지나는 순간 물체의 속력을 v라고 할 때, 10 N×20 m=$\frac{1}{2}$×1 kg×v^2에서 v=20 m/s 이다.

23

자료 해석 | 역학적 에너지 보존

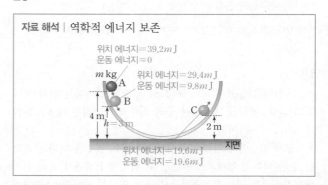

ㄱ. A점에서 속력이 0이므로 물체의 운동 에너지도 0이고 A점에서 역학적 에너지는 위치 에너지와 같다. 또 A점의 높이가 C점의 2배이므로 C점에서는 물체의 위치 에너지와 운동 에너지가 같다. 물체의 질량이 m이므로 A점에서 위치 에너지는 9.8×m×4 m=39.2m J이며, C점에서 위치 에너지와 운동 에너지는 각각 19.6m J이다. 물체의 운동 에너지는 C점이 B점의 2배이므로 B점의 운동 에너지는 9.8m J이고 위치 에너지는 (39.2−9.8)m J=29.4m J이다. 위치 에너지는 높이에 비례하므로 4 m(A점의 높이) : h(B점의 높이)=39.2 : 29.4=4 : 3으로 h(B점의 높이)는 3 m이다.

바로 알기 | ㄴ. 물체의 운동 에너지는 C점에서가 B점에서의 2배이고, 물체의 운동 에너지는 속력의 제곱에 비례하므로 속력은 C점에서가 B점에서의 $\sqrt{2}$배이다.

ㄷ. 물체가 A점에서 B점까지 운동하는 동안 중력이 물체에 한 일은 A점과 B점의 중력에 의한 위치 에너지 변화량과 같으므로 (39.2−29.4)m J=9.8m J이다.

24

자료 해석 | 역학적 에너지 보존

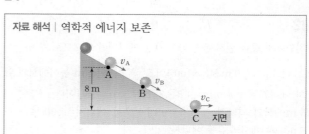

구분	A	B	C
운동 에너지	$\frac{1}{2}mv_A^2$	$\frac{4}{2}mv_A^2$	$\frac{9}{2}mv_A^2$
위치 에너지	$\frac{8}{2}mv_A^2$	$\frac{5}{2}mv_A^2$	0
역학적 에너지	$\frac{9}{2}mv_A^2$	$\frac{9}{2}mv_A^2$	$\frac{9}{2}mv_A^2$

ㄱ. $v_A : v_B : v_C = 1 : 2 : 3$이므로 B점에서의 물체의 속력 $v_B = 2v_A$이고 C점에서의 물체의 속력 $v_C = 3v_A$이다.

따라서 A점에서 물체의 운동 에너지는 $\frac{1}{2}mv_A^2$,

B점에서 물체의 운동 에너지는 $\frac{4}{2}mv_A^2$,

C점에서 물체의 운동 에너지는 $\frac{9}{2}mv_A^2$으로 나타낼 수 있다.

그러므로 각 점에서의 물체의 운동 에너지의 비는

A : B : C $= \frac{1}{2}mv_A^2 : \frac{4}{2}mv_A^2 : \frac{9}{2}mv_A^2 = 1 : 4 : 9$이다.

ㄴ. 지면을 기준면으로 할 때, C의 높이는 0이므로 위치 에너지는 0이고 운동 에너지만 존재한다. 공기 저항과 마찰을 무시하므로 A~C점에서의 역학적 에너지는 C점에서의 운동 에너지인 $\frac{9}{2}mv_A^2$으로 모두 같다. A점에서의 운동 에너지가 $\frac{1}{2}mv_A^2$이므로 A점에서의 위치 에너지는 $\frac{9}{2}mv_A^2 - \frac{1}{2}mv_A^2 = \frac{8}{2}mv_A^2$이다.

따라서 A점에서의 운동 에너지와 위치 에너지의 비는 $\frac{1}{2}mv_A^2 : \frac{8}{2}mv_A^2 = 1 : 8$이다.

ㄷ. 위치 에너지는 물체의 질량과 높이에 비례한다. A점에서의 위치 에너지가 $\frac{8}{2}mv_A^2$이고, 높이가 8 m이므로 위치 에너지가 $\frac{5}{2}mv_A^2$인 B점의 높이는 지면으로부터 5 m이다.

바로 알기 | ㄹ. 물체의 출발 지점과 A, B, C 각 점의 높이가 달라지지 않으므로 질량이 2배인 물체를 사용해도 속력은 달라지지 않는다.

O2 전기 에너지의 발생과 전환

O1

바로 알기 | (2) 코일 주변에 자석이 있더라도 자기장의 변화가 없으면 전자기 유도가 나타나지 않는다.

(3) 코일에 자석을 가까이할 때와 멀리할 때 코일에 흐르는 전류의 방향은 서로 반대이다.

O2

ㄱ, ㄴ, ㄹ. 코일을 통과하는 자기장이 변할 때 코일에 전류가 흐르는 전자기 유도가 나타나기 때문에 전구에 불이 들어온다.

바로 알기 | ㄷ. 아무리 강한 자석이라도 움직이지 않으면 자기장의 변화가 생기지 않아 전구에 불이 들어오지 않는다.

O3

코일과 자석이 가까워질 때와 멀어질 때 유도 전류가 흐르는 방향은 서로 반대이다.

O4

발전기는 전자기 유도를 이용하여 역학적 에너지를 전기 에너지로 전환하는 장치이다.

O5

바로 알기 | (1) 에너지는 한 형태에서 다른 여러 형태로 전환될 수 있다.

(3) 에너지는 다른 형태로 전환될 때 새로 생기거나 없어지지 않는다.

O6

전기 에너지가 전기난로는 열에너지로, 오디오는 소리 에너지로, 전구는 빛에너지로, 세탁기는 운동 에너지로 주로 전환된다.

O7

에너지가 전환되는 과정에서 에너지는 새로 생기거나 없어지지 않고 에너지의 총량은 항상 일정하게 보존된다. 따라서 전기 에너지＝역학적 에너지＋소리 에너지＋열에너지이므로 역학적 에너지＝전기 에너지－소리 에너지－열에너지＝2000 J－300 J－500 J＝1200 J이다.

O8

바로 알기 | (1) 소비 전력은 전기 기구가 1초 동안 사용하는 전기 에너지의 양이다.

(2) 소비 전력은 전기 기구에 따라 다르다.

O9

(1) 소비 전력(W)＝$\dfrac{\text{전기 에너지(J)}}{\text{시간(s)}}$＝$\dfrac{1200 \text{ J}}{5 \text{ s}}$＝240 W

(2) 전기 에너지(J)＝소비 전력(W)×시간(s)
　　　　　　　＝125 W×8 s＝1000 J

(3) 전력량(Wh)＝소비 전력(W)×사용 시간(h)
　　　　　　　＝$\dfrac{600 \text{ J}}{10 \text{ s}}$×3 h＝180 Wh

(4) 전력량(Wh)＝소비 전력(W)×사용 시간(h)
　　　　　　　＝110 W×2 h×15＝3300 Wh

10

(1) • 선풍기의 전력량＝(45 W×3 h)×2＝270 Wh
　• 배터리 충전기의 전력량＝(18 W×5 h)×1＝90 Wh
　• 텔레비전의 전력량＝(85 W×2 h)×1＝170 Wh
　• 전구의 전력량＝(10 W×6 h)×6＝360 Wh
　• 라디오의 전력량＝(3 W×2 h)×2＝12 Wh
(2) 270 Wh＋90 Wh＋170 Wh＋360 Wh＋12 Wh＝902 Wh

탐구 알약 78쪽

01 (1) ○ (2) × (3) × (4) ○ (5) ○   02 해설 참조

01

(1) 플라스틱 관을 흔드는 동안 자석이 코일 사이를 통과하는 자기장의 변화 때문에 전자기 유도가 일어나고 발광 다이오드의 불이 켜졌다 꺼졌다를 반복한다.

바로 알기 | (2) 플라스틱 관을 빠르게 흔들수록 발광 다이오드의 밝기는 더 밝아진다.

(3) 코일 속에 자석을 넣고 움직이지 않을 때는 검류계 바늘이 움직이지 않는다. 즉, 코일에 전류가 흐르지 않는다.

02 서술형

모범 답안 | 자석을 코일에 가까이할 때, 또는 자석을 코일에서 멀리할 때 코일에 연결된 전구에 불이 켜진다.

해설 | 코일을 통과하는 자기장이 변할 때 코일에 전류가 흐르는 전자기 유도가 나타나기 때문에 코일에 연결된 전구에 불이 켜진다.

채점 기준	배점
전구에 불이 켜지는 경우를 한 가지 이상 옳게 서술한 경우	100 %

실전 백신 80~82쪽

01 ①, ④	02 ④	03 ⑤	04 ④	05 ②
06 ①	07 ⑤	08 ①	09 ②	10 ③
11 ④	12 ⑤	13 ③	14 ②	15 ⑤
16 ③	17~19 해설 참조			

01

②, ③ 자석을 코일 속으로 넣으면 코일 내부의 자기장이 변화하여 유도 전류가 흐르고 전구에 불이 켜진다.

⑤ 코일 속에 있던 자석을 빼서 멀리할 때에도 코일 내부의 자기장이 변하므로 전자기 유도가 일어난다.

바로 알기 | ① 아무리 강한 자석이라도 움직이지 않으면 자기장의 변화가 생기지 않아 전자기 유도가 일어나지 않는다.

④ 자석의 극을 반대로 하여 코일 속으로 넣어도 코일 내부의 자기장이 변하므로 전구에 불이 켜진다.

02

자료 해석 | 전자기 유도

(가) : 자석 이동 × ➡ 코일 내부 자기장 변화 × ➡ 유도 전류 ×
(나) : 자석 이동 ○ ➡ 코일 내부 자기장 변화 ○ ➡ 유도 전류 ○

ㄴ, ㄷ. (나)에서 자석을 코일 속으로 넣으면 코일 내부의 자기장에 변화가 생겨 유도 전류가 흐른다. 또 자석을 위로 올리면 유도 전류의 방향이 반대가 되므로 검류계 바늘의 회전 방향이 반대가 된다.

바로 알기 | ㄱ. (가)는 코일 위에서 자석이 움직이지 않으므로 코일 내부의 자기장의 변화가 생기지 않아 코일에는 유도 전류가 흐르지 않는다.

03

마이크, 발전기, 금속 탐지기, 교통 카드 판독기 등은 전자기 유도를 이용한 예이다.

04

ㄴ. 풍력 발전은 바람의 역학적 에너지를 이용한 발전 방법이다.

ㄷ. 수력 발전과 풍력 발전은 역학적 에너지를 전기 에너지로 전환하는 발전기의 전자기 유도를 이용한 발전 방법이다.

바로 알기 | ㄱ. 수력 발전은 물의 위치 에너지와 운동 에너지를 이용한 발전 방법이다.

05

ㄷ. 플라스틱 관을 빠르게 흔들수록 네오디뮴 자석이 빠르게 움직여 더 센 전류가 흐르므로 발광 다이오드의 밝기가 밝아진다.

바로 알기 | ㄱ. 전자기 유도를 알아보기 위한 실험이다.

ㄴ. (다)에서 역학적 에너지가 전기 에너지로 전환된다.

06

바로 알기 | ① 광합성은 빛에너지가 화학 에너지로 전환되는 예이다.

07

전기 에너지는 주로 전기밥솥에서 열에너지, 전구에서 빛에너지, 믹서에서 역학적 에너지, 라디오에서 소리 에너지로 전환된다.

08

ㄱ. 헤어드라이어에서는 전기 에너지가 주로 열에너지와 바람에 의한 역학적 에너지로 전환된다. ㉠은 열에너지이다.

바로 알기 | ㄴ. 에너지는 보존되므로 소비되는 전기 에너지의 양은 전환되는 에너지 전체의 양과 같다.

ㄷ. 전기 에너지의 공급을 중단하면 역학적 에너지가 전기 에너지로 전환되지 않는다.

09

세탁기에서 전기 에너지는 소리 에너지, 역학적 에너지, 열에너지로 전환되었다.

10

① 소비 전력의 단위는 W(와트), kW(킬로와트)이다.

② 전력량은 일정 시간 동안 사용한 전기 에너지의 양이므로 소비 전력(W)×시간(h)으로 나타낼 수 있다.

④ 전기 기구마다 소비 전력이 다르기 때문에 같은 시간 동안 사용한 전력량은 전기 기구마다 다르다.

⑤ 소비 전력은 1초 동안 전기 기구가 사용하는 전기 에너지의 양으로 $\dfrac{\text{전기 에너지(J)}}{\text{시간(s)}}$로 나타낼 수 있다.

바로 알기 | ③ 1 Wh는 소비 전력이 1W인 전기 기구를 1시간 동안 사용했을 때의 전력량으로 전기 에너지의 양은 3600 J이고, 1000 Wh의 전기 에너지의 양이 3600 kJ이다.

11
1분(60초) 동안 15 kJ(15000 J)의 전기 에너지를 사용하는 라디오의 소비 전력은 $\dfrac{15000\ \text{J}}{60\ \text{s}}=250\ \text{W}$이고, 이 라디오를 3시간 동안 사용할 때 소비한 전력량은 250 W×3 h=750 Wh이다.

12
전력량은 소비 전력×시간으로 구할 수 있다. 따라서 선풍기가 소비한 전력량은 60 W×3 h×30=5400 Wh=5.4 kWh이다.

13
A : 소비 전력(W)=$\dfrac{\text{전기 에너지(J)}}{\text{시간(s)}}=\dfrac{1750\ \text{J}}{50\ \text{s}}=35\ \text{W}$이다.

B : 전기 에너지(J)=소비 전력(W)×시간(s)=150 W×5 s=750 J이다.

C : 전력량(Wh)=소비 전력(W)×사용 시간(h)
$=\dfrac{1000\ \text{J}}{1\ \text{s}}×1.5\ \text{h}=1500\text{Wh}=1.5\ \text{kWh}$이다.

따라서 B>A>C이다.

14
ㄴ. 전력량은 소비 전력(W)×사용 시간(h)으로 구할 수 있다. 형광등은 80 W×8 h=640 Wh, 다리미는 1000 W×0.5 h =500 Wh, 에어컨은 2000 W×1 h=2000 Wh이므로 사용한 전력량이 가장 많은 것은 에어컨이다.

바로 알기 | ㄱ. 소비 전력이 가장 큰 것은 에어컨으로, 에어컨의 소비 전력은 2 kW이다.

ㄷ. 전기 에너지는 소비 전력(W)×시간(s)으로 구할 수 있다. 가장 많은 전기 에너지를 소비한 것은 에어컨으로, 에어컨이 소비한 전기 에너지는 2 kW×3600 s=7200 kJ이다.

15

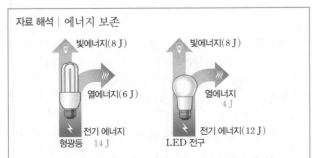

자료 해석 | 에너지 보존

• 형광등 : 전기 에너지(14 J)=빛에너지(8 J)+열에너지(6 J)
• LED 전구 : 전기 에너지(12 J)=빛에너지(8 J)+열에너지(4 J)

ㄱ. 형광등의 전기 에너지가 빛에너지 8 J과 열에너지 6 J로 전환되었으므로 형광등은 1초 동안 14 J의 전기 에너지를 소비하였다.

ㄴ, ㄷ. 같은 양의 빛에너지(8 J)를 방출할 때 형광등은 6 J, LED 전구는 4 J의 열에너지를 방출하므로 방출하는 열에너지의 양은 LED 전구가 형광등보다 적어 효율이 좋다. 효율이 좋을수록 같은 전기 에너지를 소비할 때 방출하는 빛에너지가 더 많다.

16
형광등의 소비 전력은 14 W, LED 전구의 소비 전력은 12 W이므로 3시간 동안 사용하였을 때 두 전구가 소비한 전력량의 차는 (14 W×3 h)−(12 W×3 h)=6 Wh이다.

17
모범 답안 | 손 발전기를 흔들면 코일 속에 있는 네오디뮴 자석이 코일을 통과하면서 코일 속의 자기장이 변하여 유도 전류가 흐르는 전자기 유도가 나타난다. 이로 인해 자석의 역학적 에너지가 전기 에너지로 전환되어 발광 다이오드에 불이 들어오게 된다.

채점 기준	배점
손 발전기의 발광 다이오드에 불이 들어오는 까닭과 에너지 전환 과정을 모두 옳게 서술한 경우	100 %
손 발전기의 발광 다이오드에 불이 들어오는 까닭과 에너지 전환 과정 중 한 가지만 옳게 서술한 경우	50 %

18
모범 답안 | 화학 에너지=전기 에너지(빛에너지+소리 에너지)+열에너지+역학적 에너지, 에너지가 한 형태에서 다른 형태로 전환되는 과정에서 에너지는 새로 생기거나 사라지지 않고 총량이 일정하게 보존되기 때문이다.

채점 기준	배점
소비되는 에너지와 전환되는 에너지 관계를 식으로 나타내고, 그 까닭을 옳게 서술한 경우	100 %
두 가지 중 한 가지만 옳게 서술한 경우	50 %

19
모범 답안 | 소비 전력은 1초 동안 사용하는 전기 에너지의 양으로 1460 W의 소비 전력은 1초 동안 1460 J의 전기 에너지를 사용하는 것을 의미한다. / 전력량은 소비 전력×사용 시간이므로 30분 동안 사용했을 때 소비되는 전기난로의 전력량은 1460 W ×0.5 h=730 Wh이다.

채점 기준	배점
소비 전력이 의미하는 것과 30분 동안 전기난로를 사용했을 때의 전력량을 모두 옳게 서술한 경우	100 %
두 가지 중 한 가지만 옳게 서술한 경우	50 %

20

ㄷ. 자석의 세기가 강할수록, 코일의 감은 수가 많을수록, 자석을 빠르게 움직일수록 유도 전류의 세기가 세진다. 만약 자석이 더 빨리 떨어지면 유도 전류의 세기가 세지므로 검류계의 바늘은 더 많이 움직인다.

바로 알기 | ㄱ. A에 자석이 정지해 있는 경우 코일 내부에 자기장의 변화는 없다.

ㄴ. 자석이 B를 지난 직후에도 자석은 계속 떨어지고 있으므로 코일에 유도 전류가 흐른다.

21

A에서 자석의 역학적 에너지는 5 J, B에서 자석의 역학적 에너지는 4.5 J이므로 A와 B 사이에서 0.5 J의 전기 에너지가 발생했다.

22

ㄱ. 자전거 발전기는 바퀴의 회전으로 자석을 돌리면 자기장이 변하여 코일에 전류가 흐르게 되는 전자기 유도를 이용한 것이다.

ㄴ. 바퀴의 회전 속도가 빠를수록 자석이 빠르게 움직여 유도 전류의 세기가 세지므로 전구의 밝기가 밝아진다.

바로 알기 | ㄷ. 바퀴를 처음과 반대 방향으로 돌리더라도 자기장의 변화로 인해 전구에 불이 들어온다.

23

ㄱ. 풍력 발전에서 손실되는 에너지는 전기 에너지를 제외한 에너지의 비율이므로 55 %이다.

ㄷ. 풍력 발전기로 불어오는 바람의 역학적 에너지의 45 %가 전기 에너지로 전환되므로, 바람의 역학적 에너지가 3 kJ일 때 발전 가능한 전기 에너지의 양은 $3 \text{ kJ} \times \dfrac{45}{100} = 1.35 \text{ kJ}$이다.

바로 알기 | ㄴ. 에너지의 전환 과정에서 새로 생기거나 없어지는 에너지는 없으며, 에너지의 총량은 보존된다.

24

ㄱ. 컴퓨터는 소비 전력이 100 W이므로 1초마다 100 J의 전기 에너지를 소비한다.

ㄷ. 냉장고를 2시간 사용할 때의 전력량은 1500 W × 2 h = 3000 Wh, 텔레비전을 하루 종일 사용할 때의 전력량은 80 W × 24 h = 1920 Wh이다.

바로 알기 | ㄴ. 전기밥솥을 30분(=0.5시간) 사용할 때의 전력량은 1100 W × 0.5 h = 550 Wh이다.

25

하루 동안 사용한 전력량은 (1500 W × 24 h) + (100 W × 5 h) + (80 W × 5 h) + (1100 W × 1 h) = 38000 Wh = 38 kWh이므로, 이 가정에서 한 달 동안 사용한 전기 요금은 38 kWh × 30일 × 100원 = 114,000원이다.

01

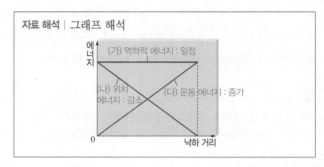

자료 해석 | 그래프 해석

자유 낙하 하는 동안 속력이 빨라지고 높이가 낮아지므로 운동 에너지는 증가하고 위치 에너지는 감소한다. 또 공기 저항을 무시하므로 역학적 에너지는 일정하게 보존된다.

02

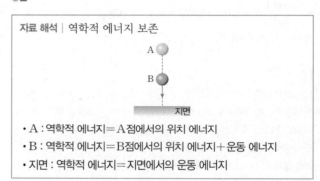

자료 해석 | 역학적 에너지 보존

- A : 역학적 에너지=A점에서의 위치 에너지
- B : 역학적 에너지=B점에서의 위치 에너지+운동 에너지
- 지면 : 역학적 에너지=지면에서의 운동 에너지

공기 저항을 무시하므로 역학적 에너지가 보존되고, 역학적 에너지가 보존될 때 A점에서의 위치 에너지(=역학적 에너지)는 B점에서의 역학적 에너지(=B점에서의 위치 에너지+운동 에너지)와 같으며, 지면에 도달하는 순간 물체의 운동 에너지(=역학적 에너지)와 같다.

03

ㄷ. 연직 위로 던져 올렸을 때 높이 있는 공일수록 속력이 느리기 때문에 운동 에너지가 작다. 따라서 운동 에너지의 크기는 A>B>C이다.

바로 알기 | ㄱ. 공기 저항을 무시하므로 모든 지점에서 역학적 에너지는 일정하다.

ㄴ. 위치 에너지는 공의 높이에 비례하므로, 위치 에너지의 크기는 A<B<C이다.

04

물체를 14 m 높이에서 가만히 놓아 떨어뜨릴 때, 14 m 지점에서는 물체의 속력이 0이므로 물체에는 위치 에너지만 존재한다.

물체가 낙하하면서 속력이 증가하므로 물체의 운동 에너지는 증가하고 위치 에너지는 감소한다. 공기 저항을 무시하므로 역학적 에너지가 보존되고 감소한 위치 에너지만큼 운동 에너지가 증가한다. 운동 에너지가 위치 에너지의 6배가 되는 지점의 위치 에너지를 E라고 할 때, 운동 에너지는 $6E$이며 역학적 에너지는 $7E$이다. 따라서 운동 에너지가 위치 에너지의 6배가 되는 지점의 높이는 $14 \text{ m} \times \frac{1}{7} = 2 \text{ m}$이다.

05

공기 저항을 무시하므로 역학적 에너지가 보존되고, 2.5 m 높이에 위치한 질량이 2 kg인 공의 위치 에너지는 공이 지면에 닿는 순간의 운동 에너지와 같다. 공이 지면에 닿는 순간의 속력을 v라고 할 때, 2.5 m 높이에서의 공의 위치 에너지=지면에 닿는 순간 공의 운동 에너지이므로 $(9.8 \times 2) \text{ N} \times 2.5 \text{ m} = \frac{1}{2} \times 2 \text{ kg} \times v^2$에서 $v = 7 \text{ m/s}$이다.

06

역학적 에너지가 보존되므로 감소한 위치 에너지는 증가한 운동 에너지와 같다. 위치 에너지 : 운동 에너지=3 : 2인 지점은 최고점에서의 위치 에너지의 $\frac{2}{5}$배가 운동 에너지로 전환된 지점이다. 위치 에너지 변화량은 물체가 이동한 높이에 비례하므로 감소한 높이는 $35 \text{ m} \times \frac{2}{5} = 14$이다. 따라서 위치 에너지와 운동 에너지의 비가 3 : 2인 지점은 지면으로부터 $(35-14) \text{ m} = 21 \text{ m}$ 높이에 있다.

07

A점에서의 역학적 에너지$(9.8 \times m \times 10)$=C점에서의 역학적 에너지(C점에서의 운동 에너지+위치 에너지)=C점에서의 운동 에너지$+9.8 \times m \times 6$이다. C점에서의 운동 에너지는 A점에서부터 감소한 위치 에너지와 같으므로 $9.8 \times m \times (10-6)$이다. 따라서 C점에서의 위치 에너지와 운동 에너지의 비는 3 : 2가 된다.

08

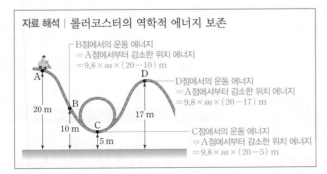

자료 해석 | 롤러코스터의 역학적 에너지 보존

B점에서의 운동 에너지
=A점에서부터 감소한 위치 에너지
=$9.8 \times m \times (20-10) \text{ m}$

D점에서의 운동 에너지
=A점에서부터 감소한 위치 에너지
=$9.8 \times m \times (20-17) \text{ m}$

C점에서의 운동 에너지
=A점에서부터 감소한 위치 에너지
=$9.8 \times m \times (20-5) \text{ m}$

⑤ C점과 D점에서의 운동 에너지의 비는 15 : 3=5 : 1이다.
바로 알기 | ① 역학적 에너지는 모든 지점에서 같다.
② B점에서의 위치 에너지와 운동 에너지는 같다.
③ B→C 구간에서 위치 에너지는 감소하고 운동 에너지는 증가한다.
④ B점과 C점에서의 위치 에너지의 비는 높이의 비와 같으므로 2 : 1이다.

[09~10]

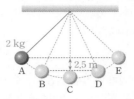

자료 해석 | 진자 운동에서의 역학적 에너지 보존

2 kg

2.5 m

A B C D E

A점에서의 위치 에너지
=B점에서의 위치 에너지+운동 에너지
=C점에서의 운동 에너지
=D점에서의 위치 에너지+운동 에너지
=E점에서의 위치 에너지
=A~E점에서의 역학적 에너지

09

바로 알기 | ② B점은 A점에서 C점으로 내려가는 중간 지점으로, B점에서 진자는 위치 에너지와 운동 에너지를 모두 갖는다.

10

C점을 기준면으로 할 때, A점에서 진자의 위치 에너지는 C점에서 진자의 운동 에너지와 같다. C점에서 진자의 속력을 v라고 할 때, $(9.8 \times 2) \text{ N} \times 2.5 \text{ m} = \frac{1}{2} \times 2 \text{ kg} \times v^2$이므로 C점에서 진자의 속력 $v = 7 \text{ m/s}$이다.

11

던져 올리는 순간 물체의 운동 에너지는 최고점에서의 위치 에너지+운동 에너지로 전환된다. 따라서 최고점에서 물체의 속력을 v라고 할 때, $\frac{1}{2} \times 2 \text{ kg} \times (21 \text{ m/s})^2 = (9.8 \times 2) \text{ N} \times 20 \text{ m} + \frac{1}{2} \times 2 \text{ kg} \times v^2$이므로 $v = 7 \text{ m/s}$이다.

12

역학적 에너지 보존에 의해 비행기에서 물체를 떨어뜨리는 순간 물체의 역학적 에너지(위치 에너지+운동 에너지)는 물체가 지면에 닿는 순간의 운동 에너지로 전환된다.
따라서 $(9.8 \times 5) \text{ N} \times 10000 \text{ m} + \frac{1}{2} \times 5 \text{ kg} \times (40 \text{ m/s})^2$
$= 494000 \text{ J} = 494 \text{ kJ}$이다.

13

자료 해석 | 진자 운동에서의 에너지 보존

1 kg

A 1 m

C 0.5 m

B

A점에서의 위치 에너지
=B점에서의 운동 에너지
=C점에서의 위치 에너지+감소한 역학적 에너지

역학적 에너지가 다른 에너지로 전환될 때 에너지의 총량은 보존되므로 진자의 A점에서의 위치 에너지는 (C점에서의 위치 에너지+감소한 역학적 에너지)와 같다. 따라서 다른 에너지로 전환된 역학적 에너지의 크기는 $(9.8 \times 1)\,N \times 1\,m - (9.8 \times 1)\,N \times 0.5\,m = 4.9\,J$이다.

14

ㄴ. 유도 전류의 세기가 세질수록 검류계의 바늘이 회전하는 정도가 커진다. 자석이 빠르게 움직일수록 유도 전류가 세지므로 검류계의 바늘이 회전하는 정도는 (다)가 (가)보다 크다.

ㄷ. 코일 속에 자석이 정지해 있으면 자기장의 변화가 없어 전류가 흐르지 않는다.

바로 알기 | ㄱ. 자석을 코일에 가까이할 때와 멀리할 때 발생하는 유도 전류의 방향은 서로 반대이다.

15

ㄱ. 플라스틱 관을 흔들 때 자석의 역학적 에너지가 발광 다이오드에 불을 켜는 전기 에너지로 전환된다.

ㄴ. (가)보다 (나)에서 코일의 감은 수가 2배 더 많아 유도 전류의 세기가 더 세므로 발광 다이오드의 밝기도 더 밝다.

바로 알기 | ㄷ. (가)와 (나)는 각각 자석의 다른 극이 코일에 접근하므로 전류의 방향은 서로 반대이다.

16

ㄱ, ㄴ, ㄷ. 유도 전류의 세기는 강한 자석을 움직일수록, 자석을 빠르게 움직일수록, 코일의 감은 수가 많을수록 세진다.

바로 알기 | ㄹ. 자석의 N극과 S극의 방향을 바꾸면 전류의 방향은 달라지지만 유도 전류의 세기는 변하지 않는다.

17

ㄱ. 발전기에서는 코일이 회전하면 자기장이 변하여 유도 전류가 발생한다.

바로 알기 | ㄴ. 발전기에서는 역학적 에너지에 의해 코일이 회전하면 자기장이 변하여 전자기 유도가 발생하고, 이로 인해 전기 에너지가 발생하므로 역학적 에너지가 전기 에너지로 전환된다.

ㄷ. 발전기는 전자기 유도를 이용하며, 자기장 속에서 전류가 흐르는 코일이 받는 힘을 이용하는 것은 전동기이다.

18

바로 알기 | ② 에너지는 전환 과정에서 새로 생기거나 소멸되지 않는다.

19

바로 알기 | ③ 선풍기는 전기 에너지가 역학적 에너지로 전환된 예이다.

20

ㄱ. 미끄럼틀에 올라가서 타고 내려오면 풍식이의 위치 에너지가 운동 에너지로 전환되고, 접촉에 의해 열에너지와 소리 에너지로 전환된다. A 에너지는 미끄럼틀 위에서의 에너지이므로 A는 위치이다.

ㄷ. 에너지는 다른 형태로 전환될 때 새로 생기거나 없어지지 않고 일정하게 보존되기 때문에, 미끄럼틀을 타기 전과 후 에너지

의 총량은 일정하다.

바로 알기 | ㄴ. 위치 에너지=소리 에너지+열에너지+운동 에너지이므로 운동 에너지는 위치 에너지보다 작다.

21

ㄴ. 전력량은 소비 전력에 시간을 곱한 값과 같다.

ㄷ. 전력량의 단위는 Wh(와트시)이다.

ㄹ. 전기 에너지는 전압과 전류의 세기를 곱한 값에 전기가 흐른 시간을 곱한 값과 같다.

바로 알기 | ㄱ. 소비 전력의 단위는 W(와트)이다.

22

ㄷ. 에너지 소비 효율 등급이 작은 전기 기구일수록 전기 에너지를 더 효율적으로 사용한다.

바로 알기 | ㄱ. (가)를 3시간 동안 사용했을 때 소비된 전력량은 $2200\,W \times 3\,h = 6600\,Wh$이다.

ㄴ. (나)의 소비 전력이 300 W이므로, (나)는 1초에 300 J의 전기 에너지를 소비한다.

23

ㄴ. 하루 동안 소비한 전력량은 형광등이 $50\,W \times 8\,h = 400\,Wh$, 텔레비전이 $200\,W \times 3\,h = 600\,Wh$, 헤어드라이어가 $900\,W \times \dfrac{1}{3}\,h = 300\,Wh$, 청소기가 $400\,W \times 1\,h = 400\,Wh$이다. 따라서 하루 동안 사용한 전력량이 가장 큰 것은 텔레비전이다.

바로 알기 | ㄱ. 가정에서 하루 동안 소비한 총 전력량은 $400\,Wh + 600\,Wh + 300\,Wh + 400\,Wh = 1700\,Wh$이다.

ㄷ. 단위 시간당 소비하는 전기 에너지가 가장 큰 것은 소비 전력이 가장 큰 헤어드라이어이다.

24

이 가정에서 하루 동안 소비하는 총 전력량이 1700 Wh이므로 같은 양의 전기 에너지를 30일 동안 사용한다면 소비 전력량은 $1700\,Wh \times 30 = 51000\,Wh = 51\,kWh$이다. 전기 요금이 1 kWh당 100원이므로 $51\,kWh \times 100$원$=5100$원의 전기 요금이 부과된다.

서술형·논술형 문제

88~89쪽

01

모범 답안 | B → C 구간, D → E 구간 / 롤러코스터의 높이가 높아지는 구간에서는 위치 에너지가 증가하고, 속력이 느려져 운동 에너지가 감소하기 때문이다.

채점 기준	배점
운동 에너지가 감소하는 구간을 모두 쓰고, 그 까닭을 옳게 서술한 경우	100 %
운동 에너지가 감소하는 구간만 모두 쓴 경우	30 %

02

모범 답안 | $\frac{1}{5}H$, 역학적 에너지=위치 에너지+운동 에너지이므로 높이 H에서 물체의 역학적 에너지는 $9.8mH$이고, 높이가 h인 지점에서의 위치 에너지는 $9.8mh$, 운동 에너지는 $4 \times 9.8mh$이다. 역학적 에너지가 보존되므로 높이가 H인 지점과 h인 지점에서의 역학적 에너지는 같다. 따라서 $9.8mH=5 \times 9.8mh$이고 $h=\frac{1}{5}H$이다.

채점 기준	배점
운동 에너지가 위치 에너지의 4배가 되는 높이를 구하고, 풀이 과정을 옳게 서술한 경우	100 %
운동 에너지가 위치 에너지의 4배가 되는 높이만 옳게 쓴 경우	30 %

03

모범 답안 | 4 J, 5 m 높이에서의 물체의 운동 에너지는 지면에서의 운동 에너지에서 5 m 높이에서의 위치 에너지를 뺀 값이므로 5 m 높이에서의 물체의 운동 에너지는 $\frac{1}{2} \times 4 \text{ kg} \times (10 \text{ m/s})^2 - (9.8 \times 4) \text{ N} \times 5 \text{ m} = 200 \text{ J} - 196 \text{ J} = 4 \text{ J}$이다.

채점 기준	배점
5 m 높이에서의 물체의 운동 에너지를 구하고, 풀이 과정을 옳게 서술한 경우	100 %
5 m 높이에서의 물체의 운동 에너지만 옳게 구한 경우	30 %

04

모범 답안 | A=B=C, A~C 모두 질량과 처음 높이가 같으므로 최고점에서의 역학적 에너지가 같고, 역학적 에너지는 보존되므로 지면에서의 역학적 에너지도 일정하다. 지면에 닿는 순간에는 운동 에너지만 존재하므로 A~C의 속력은 모두 같다.

채점 기준	배점
A~C의 속력을 비교하고, 그렇게 생각한 까닭을 옳게 서술한 경우	100 %
A~C의 속력만 옳게 비교한 경우	30 %

05

모범 답안 | (가) 감소, (나) 감소 / 공이 위로 올라가면서 속력이 감소하므로 운동 에너지가 감소하고, 올라간 높이만큼 위치 에너지가 증가한다. 공이 낙하할 때는 속력이 증가하므로 운동 에너지는 증가하고, 낮아진 높이만큼 위치 에너지가 감소한다.

채점 기준	배점
(가)와 (나)를 모두 쓰고, 역학적 에너지의 전환 과정을 옳게 서술한 경우	100 %
(가)와 (나)만 옳게 쓴 경우	30 %

06

(1) 답 | A>B

(2) 모범 답안 | 공기 저항이나 마찰에 의해 공의 역학적 에너지가 보존되지 않고 일부가 열에너지, 소리 에너지 등으로 전환되었기 때문이다.

채점 기준	배점
역학적 에너지가 보존되지 않고, 다른 에너지로 전환되었다는 것을 옳게 서술한 경우	100 %
역학적 에너지가 보존되지 않는다는 것만 서술한 경우	50 %

07

모범 답안 | (가), (라) / 자석을 움직일 때 코일을 통과하는 자기장이 변하면서 코일에 유도 전류가 흐르므로 자석이 정지해 있는 (나)와 (다)는 전류가 흐르지 않고, 자석이 움직이는 (가)와 (라)에 전류가 흘러 검류계의 바늘이 회전한다.

채점 기준	배점
검류계의 바늘이 회전하는 것을 모두 고르고, 그 까닭을 옳게 서술한 경우	100 %
검류계의 바늘이 회전하는 것만 옳게 고른 경우	30 %

08

모범 답안 | 전기 에너지가 빛에너지로 전환되어 내비게이션 화면이 켜진다, 전기 에너지가 소리 에너지로 전환되어 길 안내 음성이 나온다, 전기 에너지가 열에너지로 전환되어 휴대 전화가 따뜻해진다 등

채점 기준	배점
전환되는 에너지를 두 가지 이상 예를 들어 옳게 서술한 경우	100 %
전환되는 에너지를 한 가지만 예를 들어 옳게 서술한 경우	50 %

09

모범 답안 | 200 kJ, 에너지 보존 법칙에 의하면 에너지가 전환되는 과정에서 에너지의 총량은 일정하게 유지된다. 자동차에서 소모된 에너지의 총합이 200 kJ이므로 다른 에너지로의 손실이 없다고 가정할 때 공급된 연료의 화학 에너지는 200 kJ이다.

채점 기준	배점
연료의 화학 에너지를 구하고, 그 까닭을 옳게 서술한 경우	100 %
연료의 화학 에너지만 옳게 구한 경우	30 %

10

모범 답안 | 45 Wh, 전력량=소비 전력 × 시간=90 W × 0.5 h =45 Wh이다.

채점 기준	배점
소비된 전력량을 구하고, 풀이 과정을 옳게 서술한 경우	100 %
소비된 전력량만 옳게 구한 경우	30 %

11

모범 답안 | 54000 J(=54 kJ), 소비 전력은 1초 동안 전기 기구가 소비하는 전기 에너지의 양이다. 전구는 1초에 90 J의 에너지를 소비하므로, 10분 동안 사용한 전기 에너지는 90 W × 600 s =54000 J=54 kJ이다.

채점 기준	배점
소비한 전기 에너지를 구하고, 풀이 과정을 옳게 서술한 경우	100 %
소비한 전기 에너지만 옳게 구한 경우	30 %

Ⅶ. 별과 우주

01 별까지의 거리

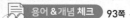

01 가까울　**02** 연주 시차　**03** 작다　**04** ″(초)

개념 알약 93쪽

01 ㉠ 시차 ㉡ 반비례　**02** (1) ○ (2) ○ (3) × (4) ×
03 (1) 0.1″ (2) 10 pc (3) 0.05″　**04** 지구가 공전하기 때문에
05 C

01
같은 물체를 볼 때 관측자와 물체의 거리가 멀수록 시차가 작아진다. 따라서 어떤 물체의 시차를 측정하면 물체까지의 거리를 알 수 있다.

02
바로 알기 | (3) 연주 시차가 1″인 별까지의 거리는 1 pc으로 나타낸다.
(4) 연주 시차는 비교적 가까운 거리에 있는 별까지의 거리를 구할 때 이용한다.

03
(1) 연주 시차는 6개월 간격으로 별을 관측했을 때 나타나는 각도(시차)의 $\frac{1}{2}$이므로, 0.1″이다.

(2) 연주 시차는 별의 거리에 반비례하므로, 지구에서 별 S까지의 거리(pc)는 $\frac{1}{0.1″}$=10 pc이다.

(3) 지구에서 별까지의 거리가 2배로 멀어지면 거리는 20 pc이 되므로 20 pc=$\frac{1}{\text{연주 시차}(″)}$이 된다. 따라서 2배 멀어진 별의 연주 시차는 0.05″이다.

04
지구가 1년을 주기로 공전하기 때문에 프록시마 센타우리는 1년 후 제자리로 돌아온다.

05
연주 시차가 작을수록 지구로부터의 거리가 멀다. C의 연주 시차가 가장 작으므로 지구로부터의 거리가 가장 멀다.

탐구 알약 94쪽

01 (1) ○ (2) ○ (3) × (4) ×　**02** ㄱ　**03** ㄴ
04 해설 참조

01
바로 알기 | (3) 연필이 보이는 번호의 차는 연필과 눈 사이 거리의 영향을 받고, 연필 길이의 영향을 받지 않는다.

(4) 실험과 같은 방법으로 실제 별의 거리를 측정할 때 학생의 두 눈이 지구에 해당한다. 연필은 연주 시차를 일으키는 별에 해당한다.

02
시차(θ)는 물체까지의 거리(r)에 반비례한다.

03
연주 시차는 지구의 공전 때문에 생긴다. 따라서 두 학생의 눈은 지구에 해당한다.

04 서술형
모범 답안 | 관측자와 흰색 별 모형 사이의 거리가 가까워졌으므로 시차가 커진다.
해설 | 시차는 물체까지의 거리에 반비례한다. 따라서 관측자와 흰색 별 모형 사이의 거리가 가까워졌으므로 시차가 커진다.

채점 기준	배점
시차와 물체까지의 거리가 반비례 관계임을 이용하여 서술한 경우	100 %
시차가 커진다고만 서술한 경우	30 %

실전 백신 97~98쪽

01 ②, ③　**02** ②　**03** ②　**04** ①　**05** ⑤
06 ①　**07** ⑤　**08** ①　**09** ③　**10** ②
11 ⑤　**12~13** 해설 참조

01
②, ③ 연주 시차의 단위는 ″(초)이며, 연주 시차와 별까지의 거리는 반비례하므로 연주 시차가 작을수록 멀리 있는 별이다.
바로 알기 | ① 연주 시차는 지구 공전의 증거이다.
④ 어떤 별의 연주 시차가 1″일 때 별까지의 거리는 1 pc이다.
⑤ 연주 시차는 지구 공전 궤도상에서 6개월 간격으로 동일한 별을 관측했을 때 나타나는 각도(시차)의 $\frac{1}{2}$이다.

02
연주 시차는 지구에서 6개월 간격으로 별을 관측했을 때 나타나는 각도(시차)의 $\frac{1}{2}$이므로, 0.4″의 $\frac{1}{2}$인 0.2″이다.

03
별까지의 거리(pc)=$\frac{1}{\text{연주 시차}(″)}$이므로 $\frac{1}{0.2″}$=5 pc이다.

04
별까지의 거리와 연주 시차는 반비례하므로 별 S보다 2배 먼 거리에 있는 별의 연주 시차는 0.2″×$\frac{1}{2}$=0.1″이다.

05
연주 시차가 작을수록 멀리 있는 별이므로, 지구로부터 가장 가까이 있는 별은 연주 시차가 가장 큰 D이고, 가장 멀리 있는 별은 연주 시차가 가장 작은 C이다.

06

별까지의 거리가 200 pc인 별의 연주 시차는 $\frac{1}{200\ pc}=0.005''$이므로, 별 A의 연주 시차인 $0.1''$의 $\frac{1}{20}$배이다.

07

연필은 별, 관측자의 양쪽 눈은 지구에 비유할 수 있으며, (나)에서는 눈과 연필 사이의 거리가 멀어져 시차가 작아지므로, 연필 끝의 위치는 3과 6보다 안쪽에서 보일 것이다.

08

별의 거리는 연주 시차의 역수이다. 별 S_1과 S_2의 연주 시차 비가 $2:1$이므로 별 S_1과 S_2의 거리 비는 $1:2$이다.

09

ㄱ. 별 S_1의 연주 시차는 시차의 $\frac{1}{2}$이므로, $0.1''$이다. 지구로부터의 거리(pc)는 $\frac{1}{연주\ 시차}$이므로, 지구로부터 별 S_1까지의 거리는 10 pc이다.

ㄴ. 별 S_2의 연주 시차는 시차의 $\frac{1}{2}$인 $0.05''$이다.

바로 알기 | ㄷ. 시차는 지구로부터 별까지의 거리에 따라 달라지며 지구의 공전 속도와는 관련이 없다.

10

ㄷ. 별 A까지의 거리는 $\frac{1}{0.1''}=10$ pc, 별 B까지의 거리는 $\frac{1}{0.01''}=100$ pc이므로, 지구로부터의 거리는 별 B가 별 A보다 10배 멀다.

바로 알기 | ㄱ. 별 A는 시차가 $0.2''$이므로 연주 시차는 $0.1''$이고 지구에서 별 A까지의 거리는 10 pc이다.

ㄴ. 별 B의 연주 시차는 $0.01''$이므로 지구에서 별 B까지의 거리는 100 pc이다.

11

ㄱ. 별의 연주 시차는 6개월 간격으로 별을 관측했을 때 나타나는 각도(시차)의 $\frac{1}{2}$이므로, 별 A의 연주 시차는 $\frac{0.08''+0.06''}{2}=0.07''$이다.

ㄴ. 별 B는 위치 변화가 없으므로 별 A의 연주 시차가 더 크다. 지구로부터 가까이 있는 별일수록 연주 시차가 크므로, 별 A는 별 B보다 지구로부터 가까운 거리에 있다.

ㄷ. 별 A의 위치가 다르게 보이는 것은 지구의 공전 때문이다.

서술형 문제

12

모범 답안 | (가) : 연주 시차는 별은 움직이지 않지만 지구가 태양 주위를 공전하기 때문에 별의 위치가 달라져 보이는 현상이다.

(나) : 연주 시차는 지구의 공전 궤도 양쪽 끝 부분에서 6개월 간격으로 측정하기 때문에 5월에 관측했다면 11월에 다시 관측해야 한다.

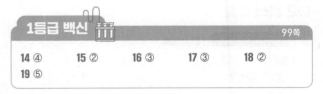

채점 기준	배점
(가)와 (나) 모두 옳게 서술한 경우	100 %
(가)와 (나) 중 한 가지만 옳게 서술한 경우	50 %

13

모범 답안 | 연주 시차는 별까지의 거리에 반비례하므로, 별과 지구 사이의 거리가 멀어진다면 연주 시차는 작아질 것이다.

채점 기준	배점
연주 시차는 별까지의 거리에 반비례한다는 내용을 포함하여 서술한 경우	100 %
연주 시차가 작아진다는 내용만 서술한 경우	30 %

1등급 백신
99쪽

14 ④	15 ②	16 ③	17 ③	18 ②
19 ⑤				

14

별 A까지의 거리는 $\frac{1}{2''}=0.5$ pc, 별 B까지의 거리는 $\frac{1}{0.01''}=100$ pc, 별 C까지의 거리는 10 pc, 별 D까지의 거리는 1 pc이므로, 지구로부터 거리가 먼 것부터 B−C−D−A 순이다.

15

ㄴ. 별의 거리가 지구에 가까워질수록 $\frac{p}{2}$의 크기는 커진다.

바로 알기 | ㄱ. 별의 연주 시차는 6개월 간격으로 별을 관측했을 때 나타나는 각도(시차)의 $\frac{1}{2}$이므로, 별의 연주 시차는 $\frac{p}{2}$이다.

ㄷ. 지구가 A에서 B로 오는 데 걸리는 시간은 약 6개월이다.

16

자료 해석 | 별의 시차와 거리
• 별의 시차 : C>A>B이므로 별의 거리는 B>A>C이다.

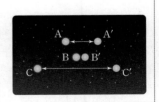

멀리 있는 별일수록 시차가 작아지므로, 별 A~C는 B−A−C 순으로 멀리 있다.

17

지구의 공전 궤도가 현재보다 10배 커지면 연주 시차도 현재보다 10배 커지므로 별 S의 연주 시차는 $0.01''$의 10배인 $0.1''$이다.

18

지구로부터의 거리는 위치 변화가 없는 별 B가 별 A보다 멀다. 따라서 지구로부터 거리가 가까운 별은 A이고, 별 A의 연주 시차는 $\frac{0.05''+0.03''}{2}=0.04''$이므로, 별 A까지의 거리는 $\frac{1}{0.04''}$ $=25$ pc이다.

19

ㄱ. 연주 시차는 지구에서 6개월 간격으로 별을 관측했을 때 나타나는 각도(시차)의 $\frac{1}{2}$이므로, 별 A의 연주 시차는 $0.8''$의 $\frac{1}{2}$인 $0.4''$이다.

ㄴ. 별 B의 연주 시차는 $0.5''$이므로, 별 B까지의 거리는 $\frac{1}{0.5''}=$ 2 pc이다.

ㄷ. 연주 시차는 별까지의 거리와 반비례하므로, 연주 시차가 작은 별 A가 별 B보다 먼 곳에 있다.

02 별의 성질

용어 & 개념 체크 101, 103쪽

01 많은 02 가까운 03 반비례 04 2.5
05 겉보기 등급, 밝은 06 10 07 10
08 청, 적

개념 알약 101, 103쪽

01 5등급 02 (1) × (2) ○ (3) ○ (4) ○
03 (1) C>B>A (2) 약 250배 04 약 16배 밝아진다.
05 (1) 250개 (2) 약 4000개 06 (1) × (2) × (3) ○ (4) ○
07 (1) (가) C (나) A (2) C − B − A 08 B, E
09 A 10 리겔 − 견우성 − 알데바란 − 안타레스

01

별의 밝기는 별까지의 거리의 제곱에 반비례하므로 거리가 2.5배 멀어지면 밝기는 $\frac{1}{2.5^2}$배가 된다. 따라서 B 위치에서는 A 위치에서보다 2등급이 커져 5등급으로 보인다.

02

바로 알기 | (1) 1등급 차이는 2.5배의 밝기 차이가 난다.

03

(1) 별의 등급은 별이 밝을수록 작고, 별이 어두울수록 크다.
(2) 가장 밝은 별은 C, 가장 어두운 별은 A이다. 가장 밝은 별 C는 가장 어두운 별 A와 6등급 차이가 나므로, 약 250배의 밝기 차이가 난다.

04

별의 밝기는 별까지의 거리의 제곱에 반비례하므로 별까지의 거리가 원래 거리의 $\frac{1}{4}$배로 되면 별의 밝기는 $4^2(=16)$배 밝아진다.

05

(1) 1등급이 작아질 때마다 밝기는 2.5배 밝아지므로 0등급의 밝기는 1등급보다 2.5배 밝다. 1등급의 밝기는 전구 100개의 밝기와 같으므로 0등급의 밝기는 전구 250개의 밝기에 해당한다.
(2) −3등급은 1등급과 4등급 차이가 나므로, 밝기는 1등급보다 $2.5^4(≒40)$배 더 밝다. 1등급의 밝기는 전구 100개의 밝기와 같으므로 −3등급의 밝기는 전구 $2.5^4×100$개≒4000개의 밝기에 해당한다.

06

바로 알기 | (1) 겉보기 등급이 클수록 어둡게 보이는 별이다.
(2) 겉보기 등급이 절대 등급보다 작은 별은 실제 밝기보다 밝게 보이는 것이므로 10 pc보다 가까이 있는 별이다.

07

(1) 겉보기 등급이 가장 작은 별 C가 지구에서 가장 밝게 보이는 별이고, 절대 등급이 가장 작은 별 A가 실제로 가장 밝은 별이다.
(2) A : 겉보기 등급 > 절대 등급 ➡ 10 pc보다 멀리 있는 별
B : 겉보기 등급 = 절대 등급 ➡ 10 pc의 거리에 있는 별
C : 겉보기 등급 < 절대 등급 ➡ 10 pc보다 가까이 있는 별

08

별은 표면 온도가 높을수록 청색을 띠고, 표면 온도가 낮을수록 적색을 띤다. 따라서 황백색인 C 집단보다 표면 온도가 낮은 별이 속하는 집단은 적색에 가까운 B와 E 집단이다.

09

표면 온도는 청색일수록 높고 적색일수록 낮으므로 A=D>C >B=E 집단 순으로 높고, 실제 밝기는 절대 등급이 작을수록 밝으므로 A=B>C>D=E 집단 순으로 밝다. 따라서 표면 온도가 가장 높고, 실제로 가장 밝은 별은 A 집단에 속한다.

10

표면 온도는 청색 − 청백색 − 백색 − 황백색 − 황색 − 주황색 − 적색 순으로 높다.

탐구 알약 104쪽

01 (1) ○ (2) × (3) ○ (4) × 02 별이 방출하는 빛의 양, 지구에서 별까지의 거리
03 ⑤ 04 $\frac{1}{3}$배

01

바로 알기 | (2) 별의 밝기는 별이 실제로 방출하는 빛의 양과 지구로부터의 거리에 따라 달라진다. 지구에서 같은 밝기로 보이는 별이라도 지구로부터 별까지의 거리가 다를 수 있기 때문에 별이 방출하는 빛의 양이 다를 수 있다.
(4) 밝기는 (거리)^{2}에 반비례하므로 종이와 손전등의 거리가 2배 멀어지면 밝기는 $\frac{1}{4}$배가 된다.

02

별의 밝기는 별이 실제로 방출하는 빛의 양과 지구에서 별까지의 거리에 따라 달라진다.

03

별의 거리가 100 pc에서 25 pc으로 $\frac{1}{4}$배가 되었으므로, 이 별의

밝기는 원래 밝기의 16(=4²)배가 된다.

04

밝기 $\propto \dfrac{1}{거리^2}$이므로 별의 밝기가 원래 밝기의 9배 밝아지면 별의 거리는 원래 거리의 $\dfrac{1}{3}$배가 된다.

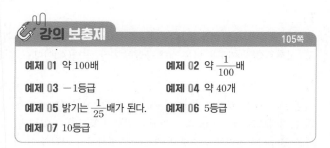

강의 보충제

105쪽

예제 01 약 100배	**예제 02** 약 $\dfrac{1}{100}$배
예제 03 −1등급	**예제 04** 약 40개
예제 05 밝기는 $\dfrac{1}{25}$배가 된다.	**예제 06** 5등급
예제 07 10등급	

01

−2등급인 별은 3등급인 별보다 5등급 작으므로 별의 밝기는 3 등급인 별의 밝기의 2.5⁵≒100배이다.

02

4등급인 별은 −1등급인 별보다 5등급 크므로 4등급인 별의 밝기 는 −1등급인 별의 밝기의 $\dfrac{1}{2.5^5}≒\dfrac{1}{100}$배이다.

03

밝기가 $\dfrac{1}{16}\left(≒\dfrac{1}{2.5^3}\right)$배이면 3등급 차이가 나고, 더 어두워진 것이 므로 3등급이 커진다. 따라서 −4+3=−1등급이다.

04

2등급은 −2등급보다 4등급 크므로 밝기 차는 $\dfrac{1}{2.5^4}\left(≒\dfrac{1}{40}\right)$배이다. 따라서 2등급의 별이 약 40개가 모여야 −2등급의 별 1개와 같 은 밝기가 된다.

05

별의 밝기는 별까지 거리의 제곱에 반비례하므로 거리가 원래 거리 의 5배가 되면 별의 밝기는 $\dfrac{1}{5^2}=\dfrac{1}{25}$배가 된다.

06

거리가 2.5²배로 멀어졌으므로 별의 밝기는 $\dfrac{1}{(2.5^2)^2}=\dfrac{1}{2.5^4}$배가 된다. 따라서 4등급 더 커지므로 1+4=5등급으로 보이게 된다.

07

100 pc은 절대 등급의 기준 거리인 10 pc의 10배이다. 따라서 이 별의 겉보기 등급의 밝기는 절대 등급의 밝기의 $\dfrac{1}{10^2}=\dfrac{1}{100}$배이 므로 겉보기 등급이 절대 등급보다 5등급 크다. 즉, 겉보기 등급 은 5+5=10등급이다.

실전 백신

108~110쪽

01 ④	02 ⑤	03 ④	04 ④	05 ①
06 ②	07 ⑤	08 ①	09 ①, ④	10 ①
11 ④	12 ⑤	13 ②	14 ⑤	15 ①
16 ③	17 ②	18 ~20 해설 참조		

01

ㄴ, ㄷ. 지구에서 별까지의 거리가 같을 때는 방출하는 빛의 양이 많을수록, 방출하는 빛의 양이 같을 때는 지구로부터 거리가 가 까울수록 별이 밝게 보인다.
바로 알기 | ㄱ. 별이 뜨고 지는 시간이 다른 것은 별의 밝기에 영 향을 주지 않는다.

02

별에서 나온 빛은 사방으로 퍼지기 때문에 거리가 멀어질수록 단 위 면적에 도달하는 빛의 양이 줄어든다. 별의 밝기는 별까지의 거리의 제곱에 반비례한다.

03

2등급인 별의 100배 밝기인 별은 5등급을 빼 주어야 하며, $\dfrac{1}{100}$배 밝기인 별은 5등급을 더해 주어야 한다. 따라서 밝기가 100배 인 별의 밝기는 −3등급이며, $\dfrac{1}{100}$배인 별의 밝기는 7등급이 된다.

04

방출하는 빛의 양에 따른 별의 밝기 변화를 알아보기 위해서는 방출하는 빛의 양이 다른 두 손전등을 같은 거리만큼 떨어뜨려 비교해야 한다. 따라서 높이가 10 cm로 같고, 방출하는 빛의 양 이 다른 B와 D를 비교하면 방출하는 빛의 양에 따른 별의 밝기 변화를 알아볼 수 있다.

05

ㄱ. 종이에 비친 빛의 밝기가 가장 어두운 손전등은 방출하는 빛 의 양이 가장 적으면서 종이로부터 가장 멀리 떨어진 A이다.
바로 알기 | ㄴ. C와 D는 방출하는 빛의 양은 같고 검은색 종이와 손전등의 거리가 다르다. 검은색 종이에 비친 빛의 밝기는 거리 의 제곱에 반비례하므로, C가 D보다 4배 밝게 나타난다.
ㄷ. 별이 밝을수록 등급이 작으므로, B에 해당하는 별보다 D에 해당하는 별의 등급이 더 작다.

06

3등급인 별 40개가 모여 성단을 이루었으므로 3등급의 별 하나일 때보다 40배 밝아진다. 밝기 차이가 40배이면 약 4등급 차이가 나므로 현재 등급인 3등급보다 4등급 작아진다. 따라서 3등급인 별 40개가 모여 만들어진 성단은 −1등급인 별의 밝기를 가진다.

07

1등급인 별을 4배만큼 먼 거리에 위치시키면 밝기는 원래 밝기의 $\dfrac{1}{4^2}=\dfrac{1}{16}$배로 된다. 등급으로는 2.5³≒16이므로 3등급 커진다. 따라서 이 별은 4등급이 된다.

08

① 별이 방출하는 에너지양이 커질수록 절대 등급은 작아진다.

바로 알기 | ② 겉보기 등급은 지구에서 보이는 별의 밝기를 측정하는 값으로, 이 값만으로는 별까지의 거리를 측정할 수 없다.

③ 겉보기 등급은 현재에도 이용하는 값이다. 다만 맨눈으로 별을 관찰하던 초기와 달리 현재에는 기계를 이용하여 정밀하게 측정한다.

④ 겉보기 등급은 별까지의 거리가 고려되지 않기 때문에 별이 방출하는 에너지양을 비교하기 어렵다.

⑤ 절대 등급은 별이 10 pc 거리에 있다고 가정했을 때의 밝기를 나타낸 것이다. 연주 시차가 $10''$인 별까지의 거리는 0.1 pc이다.

09

자료 해석 | 별의 거리 이동

원래 거리가 $2.5r$였던 별을 r의 거리로 이동시킬 때 일어나는 변화

• 거리가 2.5배 가까워졌으므로 별의 밝기는 $(2.5)^2 ≒ 6.3$배 밝아진다.

• 겉보기 밝기가 6.3배 밝아졌으므로 겉보기 등급은 2등급 감소한다.

• 절대 등급은 거리를 10 pc으로 고정해 놓고 측정하는 것이므로 거리가 달라져도 변하지 않는다.

• 별까지의 거리는 연주 시차와 반비례하므로 별까지의 거리가 2.5배 가까워지면 연주 시차는 2.5배 커진다.

---

② 거리가 2.5배 가까워지므로 연주 시차는 2.5배 커진다.

③ 별의 밝기는 거리의 제곱에 반비례하기 때문에 $(2.5)^2 ≒ 6.3$이므로 약 6.3배 밝아진다.

⑤ 약 6.3배 만큼의 밝기 차이는 2등급 차이가 나타나므로 별의 겉보기 등급은 2등급 감소한다.

바로 알기 | ① 별의 색깔은 별의 표면 온도로 결정되므로 거리가 가까워진다고 해서 변하지 않는다.

④ 절대 등급은 별의 에너지양을 나타낸 것이므로 변하지 않는다.

10

자료 해석 | 별의 절대 등급과 겉보기 등급

구분	A	B	C	D
절대 등급	3.7	−3.7	0	2.0
겉보기 등급	−1.0	−4.5	3.0	2.0

• 맨눈으로 보기에 가장 밝은 별(겉보기 등급이 가장 작은 별) : B

• 에너지양이 가장 큰 별(절대 등급이 가장 작은 별) : B

• 지구로부터의 거리
 ┌ 10 pc보다 멀리 있는 별(겉보기 등급 > 절대 등급) : C
 ├ 10 pc 거리에 있는 별(겉보기 등급 = 절대 등급) : D
 └ 10 pc보다 가까이 있는 별(겉보기 등급 < 절대 등급) : A, B

---

① 방출하는 에너지양이 가장 큰 별은 절대 등급이 가장 작은 별이므로 B이다.

바로 알기 | ② 별이 10 pc의 거리에 위치한다면 절대 등급과 겉보기 등급이 같을 수 있다.

③ 별 A를 10 pc의 거리에서 관측한 밝기는 별 A의 절대 등급이고, 지구에서 관측한 별 B의 밝기는 별 B의 겉보기 등급이다. 별 A의 절대 등급은 3.7이고 별 B의 겉보기 등급은 −4.5이므로 지구에서 별 B를 관측한 밝기가 더 밝다.

④ 별 C와 별 D는 겉보기 등급이 1등급 차이가 나므로, 별 D가 별 C보다 약 2.5배 밝게 보인다.

⑤ 지구로부터 10 pc보다 가까운 거리에 있는 별은 절대 등급이 겉보기 등급보다 큰 별이다. 따라서 별 A와 B, 2개이다.

11

눈으로 보기에 가장 어두운 별은 겉보기 등급이 가장 큰 별(C)이고, 실제로 가장 어두운 별은 절대 등급이 가장 큰 별(A)이다.

12

절대 등급은 지구로부터 10 pc의 거리에 있다고 가정했을 때의 별의 밝기이므로 현재 1 pc의 거리에서 겉보기 등급이 −3등급인 별을 10 pc의 거리로 옮겼다고 가정하면 별까지의 거리가 10배 멀어진다. 따라서 밝기는 $\frac{1}{10^2} = \frac{1}{100}$배가 되고, 100배의 밝기 차이는 5등급 차이이므로 이 별의 절대 등급은 −3+5=2등급이다.

13

절대 등급은 지구로부터 10 pc의 거리에 있다고 가정했을 때의 밝기를 등급으로 나타낸 것이고, 별의 밝기는 거리의 제곱에 반비례하므로 별까지의 거리가 $\frac{1}{2.5}$배가 되면 밝기는 2.5^2배 밝아진다. 겉보기 등급이 2.5^2배 밝아지면 겉보기 등급은 2등급이 작아지므로 2.1등급인 별은 0.1등급이 된다. 그러나 별의 실제 밝기를 나타내는 절대 등급은 변하지 않는다.

14

별의 색깔에 따른 별의 표면 온도는 청색>청백색>백색(다)>황백색>황색(나)>주황색>적색(가) 순이다.

15

별의 색깔에 따른 별의 표면 온도는 청색(가)>청백색>백색(라)>황백색(다)>황색(마)>주황색>적색(나) 순이다.

16

③ 베텔게우스의 색은 적색이므로 표면 온도가 3500 K 이하이다. 반면에 리겔의 색은 청백색이므로 표면 온도가 약 10000 K~25000 K이다. 따라서 표면 온도는 베텔게우스가 리겔보다 낮다.

바로 알기 | ①, ② 주어진 자료만 가지고는 별의 절대 등급과 밝기를 비교할 수 없다.

④, ⑤ 별의 색깔만으로는 별까지의 거리와 크기를 측정할 수 없고, 별의 표면 온도를 알 수 있다.

17

ㄱ. 별의 실제 밝기는 절대 등급이 작을수록 밝다. ➡ A>B

ㄷ. 별까지의 거리는 절대 등급이 겉보기 등급보다 작은 별 A는 10 pc보다 먼 곳에 위치하고, 절대 등급이 겉보기 등급보다 큰 별 B는 10 pc보다 가까운 곳에 위치한다. ➡ A>B

바로 알기 | ㄴ. 맨눈으로 관측할 때의 밝기는 겉보기 등급이 작을
수록 밝다. ➡ A<B
ㄹ. 별의 표면 온도는 청색>청백색(A)>백색>황백색>황색
>주황색(B)>적색 순이다. ➡ A>B

서술형 문제

18
모범 답안 | (가)에서는 같은 거리에 위치하고 있어도 방출하는 별
의 빛의 양이 많은 별이 더 밝게 관측되며, (나)에서는 같은 빛의
양을 가지고 있는 별이라고 해도 더 가까운 거리에 있는 별이 더
밝게 관측된다.

채점 기준	배점
(가)와 (나)에서 별의 밝기가 다르게 나타나는 까닭을 모두 옳게 서술한 경우	100 %
별의 밝기가 다르게 나타나는 까닭을 (가)와 (나) 중 한 가지만 옳게 서술한 경우	50 %

19
(1) 모범 답안 | 절대 등급은 10 pc 거리에서의 밝기로 정한 등급이
므로 별까지의 거리가 변해도 변하지 않지만, 별의 겉보기 밝기
는 거리의 제곱에 반비례하기 때문에 북극성에 가까이 갈수록 겉
보기 등급은 점차 작아질 것이다.

채점 기준	배점
우주선에서 관측한 북극성의 겉보기 등급과 절대 등급의 변화를 옳게 서술한 경우	100 %
두 가지 중 한 가지만 옳게 서술한 경우	50 %

(2) 모범 답안 | 만약 우주선이 북극성에서 10 pc 거리에 위치한다
면 절대 등급과 겉보기 등급이 같게 되어 −3.7등급의 겉보기 등
급을 가질 것이다.

채점 기준	배점
우주선이 북극성으로부터 10 pc 부근까지 다가갔을 때의 겉보기 등급에 대해 옳게 서술한 경우	100 %

20
모범 답안 | 별의 표면 온도가 다르기 때문이다. 베텔게우스는 표면
온도가 낮기 때문에 적색, 리겔은 표면 온도가 높기 때문에 청백
색을 띤다.

채점 기준	배점
별의 색깔이 다른 까닭이 표면 온도와 관련 있음을 옳게 서술한 경우	100 %

1등급 백신   111쪽

21 ③	22 ④	23 ③	24 ②	25 ①
26 ②				

21
종이에 비치는 빛의 밝기는 거리의 제곱에 반비례하므로, 방출
하는 빛의 양이 9배 많은 손전등을 3배 멀리 떨어뜨려 종이에 비
추면 같은 면적의 종이에 같은 양이 빛이 비치게 된다. 따라서
9 cm×3=27 cm를 떨어뜨려 비추어야 한다.

22
ㄴ. 행성 A에서는 행성 C에서보다 겉보기 등급이 3등급 작게 관
측되므로 밝기는 약 16배 밝게 관측된다. 별의 밝기는 거리의 제
곱에 비례하므로 행성으로부터 별까지의 거리는 행성 A가 행성 C
보다 약 4배 가깝다.
ㄷ. 눈으로 관측한 별의 밝기인 겉보기 등급은 행성 B보다 행성
C에서 4등급 작다. 별의 등급이 4등급 차이일 때 별의 밝기는 약
40배 차이나므로, 별은 행성 B보다 행성 C에서 약 40배 더 밝게
관측된다.
바로 알기 | ㄱ. 별의 절대 등급은 별과 행성의 거리에 관계없이 일
정하므로 행성 A, B, C에서 모두 같다.

23
ㄱ. 태양−토성 사이 거리는 태양−화성 사이 거리의 약 6.3배이
다. 별의 밝기는 거리의 제곱에 반비례하므로, 화성에서 관측한
태양의 밝기는 토성에서 관측한 태양의 밝기의 $6.3^2≒40$배이다.
따라서 화성에서 관측한 태양의 밝기는 토성에서 관측한 태양 약
40개의 밝기와 비슷하다.
ㄷ. 절대 등급은 별이 실제 방출하는 에너지양에 따라 달라지며
태양이 방출하는 에너지가 현재의 $\frac{1}{16}$로 감소한다면, 밝기도 $\frac{1}{16}$
로 감소한다. 따라서 목성에서 관측하는 태양의 절대 등급은 3등
급 커진다.
바로 알기 | ㄴ. 태양으로부터의 거리는 수성이 지구의 $\frac{1}{2.5}$배이기
때문에 태양은 지구보다 수성에서 2.5^2배 밝게 관측된다. 따라서
태양의 겉보기 등급은 지구보다 수성에서 2등급 더 작다.

24

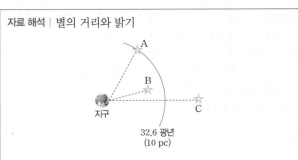

자료 해석 | 별의 거리와 밝기

별 A, B, C의 겉보기 등급이 모두 같으므로
• 별 A : 겉보기 등급=절대 등급
• 별 B : 겉보기 등급<절대 등급
• 별 C : 겉보기 등급>절대 등급

① 겉보기 등급이 같고 지구로부터의 거리가 다른 별 A, B, C의
절대 등급은 모두 다르며, 별 B>별 A>별 C 순으로 크다.
③ 연주 시차가 가장 작은 별은 가장 멀리 있는 별 C이다.

④ 별 A~C 중 별 C의 절대 등급이 가장 작으므로 에너지양은 가장 크다.

⑤ 별 A는 10 pc의 위치에 있으므로 절대 등급과 겉보기 등급이 같다. 따라서 별 A의 절대 등급과 별 B, C의 겉보기 등급은 같다.

바로 알기 | ② 절대 등급은 별이 10 pc에 있다고 가정할 때의 별의 밝기를 나타낸 것으로, 밝을수록 등급이 작다. 따라서 절대 등급은 별 B > 별 A > 별 C 순이다.

25

ㄴ. 두 별의 절대 등급이 −1등급으로 같으므로 별의 실제 밝기가 같다. 따라서 두 별의 거리를 비교했을 때 더 멀리 있는 별이 겉보기 등급은 크다. 별의 거리는 연주 시차가 작은 별 B가 더 멀다. 따라서 별 B의 겉보기 등급(㉠)은 4등급보다 크다.

바로 알기 | ㄱ. 연주 시차는 별까지의 거리에 반비례한다. 별 A가 별 B보다 연주 시차가 크므로 지구에서 더 가까운 곳에 위치한다.

ㄷ. 별은 표면 온도에 따라 색깔이 다르게 나타나는데, 청색 > 청백색 > 백색 > 황백색 > 황색 > 주황색 > 적색 순으로 높다. 따라서 표면 온도는 청색인 별 A가 주황색인 별 B보다 높다.

26

자료 해석 | 별의 등급과 표면 온도

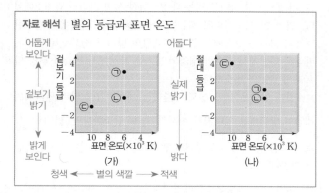

ㄱ. 겉보기 등급이 클수록 지구에서 어둡게 보이므로, 지구에서 가장 어둡게 보이는 별은 ㉠이다.

ㄹ. 절대 등급이 작을수록 별이 방출하는 에너지양이 많으므로, ㉡ > ㉠ > ㉢ 순이다.

바로 알기 | ㄴ. 별 ㉠은 겉보기 등급(3등급)보다 절대 등급(1등급)이 작으므로 10 pc보다 멀리 있고, 별 ㉡은 겉보기 등급(0등급)과 절대 등급(0등급)이 같으므로 10 pc에 있고, 별 ㉢은 겉보기 등급(−1등급)보다 절대 등급(4등급)이 크므로 10 pc보다 가까이 있다. 따라서 지구에서 가장 멀리 떨어진 별은 ㉠이다.

ㄷ. 별은 표면 온도가 낮을수록 붉은색을 띠므로, 별 ㉢보다 별 ㉡이 더 붉은색을 띤다.

03 은하와 우주

용어 & 개념 체크 113, 115, 117쪽

01 우리은하   **02** 나선팔   **03** 구상 성단   **04** 성간 물질
05 암흑 성운   **06** 외부 은하   **07** 빠르다
08 대폭발(빅뱅) 우주론   **09** 우주 탐사   **10** 인공위성
11 우주 망원경   **12** 아폴로11호   **13** 우주 쓰레기

개념 알약 113, 115, 117쪽

01 (1) 약 30000 pc (2) B   **02** (1) × (2) ○ (3) × (4) ○ (5) ×
03 (1) 산 (2) 구 (3) 구 (4) 구 (5) 산
04 (가) 암흑 성운 (나) 방출 성운 (다) 반사 성운
05 (1) × (2) × (3) ○   **06** 외부 은하
07 (1) ○ (2) × (3) × (4) ○
08 (1) 우주, 은하 (2) 크다 (3) 특별한 중심이 없이
09 A   **10** ㉠ 높고 ㉡ 큰 ㉢ 커졌다
11 (1) ○ (2) ○ (3) × (4) ×   **12** (1) ㉢ (2) ㉣ (3) ㉡ (4) ㉠
13 ㉠ 스푸트니크1호 ㉡ 달 ㉢ 보이저 ㉣ 뉴호라이즌스호 ㉤ 화성
14 (1) 방송 통신 위성, 항법 위성 (2) 기상 위성 (3) 방송 통신 위성

01

(1) 우리은하의 지름을 나타내는 A와 D 사이의 거리는 약 30000 pc이다.

(2) 태양계는 우리은하의 중심에서 약 8500 pc 떨어진 나선팔에 위치하므로, B에 위치한다.

02

(4) 여름철에는 지구의 밤하늘이 우리은하의 중심 방향을 향하기 때문에 은하수가 폭이 넓고 선명하게 보인다.

바로 알기 | (1) 우리은하를 위에서 보면 막대 모양인 은하의 중심부를 나선팔이 휘감고 있는 모양으로 보인다.

(3) 태양계는 우리은하의 중심에서 약 8500 pc 떨어진 나선팔에 위치한다.

(5) 은하수는 밤하늘 전체를 한 바퀴 휘감고 있어 북반구와 남반구에서 모두 띠 모양으로 볼 수 있다.

03

구분		산개 성단	구상 성단
특징		별들이 분산되어 불규칙한 형태로 모여 있다.	별이 구형으로 빽빽하게 모여 있다.
별	나이	적다.	많다.
	개수	수십 개~수만 개	수만 개~수십만 개
	표면 온도	높다.	낮다.
	색깔	파란색	붉은색
분포 위치		우리은하의 나선팔	우리은하 중심부와 구 모양의 공간

04

(가)는 뒤에서 오는 별빛을 가려 어둡게 보이는 암흑 성운, (나)는 주위에 있는 고온의 별로부터 에너지를 흡수하여 스스로 빛을 내는 방출 성운, (다)는 주위에 있는 별의 빛을 반사하여 밝게 보이는 반사 성운이다.

05

(3) 반사 성운(다)은 주위에 있는 별의 별빛을 반사하여 밝게 보이며, 주로 파란색을 띠고 메로페성운과 마귀할멈성운이 이에 해당한다.

바로 알기 | (1) 암흑 성운(가)은 별빛이 성간 물질에 의해 차단되기 때문에 어둡게 보이는 성운이다.

(2) 방출 성운(나)은 주위에 있는 고온의 별들로부터 에너지를 흡수하여 스스로 빛을 내는 성운이다.

06

우리은하 밖 우주에 존재하는 은하를 외부 은하라고 하며, 과학 기술의 발달로 정밀한 관측이 가능해지면서 이전까지 성운으로 알려져 있던 안드로메다은하가 외부 은하임을 알아냈다.

07

바로 알기 | (2) 두 은하 사이의 거리가 멀수록 두 은하가 멀어지는 속도는 빠르다.
(3) 팽창하는 우주에는 중심이 없다.

08

(1) 우주 팽창 실험에서 고무풍선의 표면은 우주, 붙임딱지는 은하에 비유할 수 있다.
(2) 은하를 의미하는 붙임딱지 사이의 거리가 멀수록 빠르게 멀어지므로 거리 변화량이 크다.
(3) 고무풍선이 팽창함에 따라 특별한 중심이 없이 모든 붙임딱지가 서로 멀어진다.

09

은하 사이의 거리가 멀수록 더 빨리 멀어지기 때문에 우리은하로부터 거리가 먼 외부 은하 A가 더 빠르게 멀어진다.

10

현재로부터 시간을 거슬러 가면 우주의 크기는 점점 작아져 초고온·초고밀도의 한 점이 되며, 이 점의 대폭발에 의해 우주가 팽창하여 현재와 같은 우주가 형성되었다는 이론이 대폭발 우주론이다.

11

바로 알기 | (3) 우주 탐사는 긍정적인 영향도 많지만 우주 쓰레기와 같은 부정적인 영향도 나타난다.
(4) 우주 탐사를 위한 과학기술을 일상생활에 적용하여 더욱 편리한 생활을 할 수 있다. 예로는 정수기, 에어쿠션 운동화, 운동용품, 의료용품, MRI, CT 등이 있다.

12

(1) 인공위성은 천체 주위를 일정한 궤도로 공전할 수 있도록 우주로 쏘아 올린 인공 장치이다.
(2) 우주 망원경은 지상 망원경과 달리 우주 공간에 쏘아 올려 대기의 영향을 받지 않는 망원경이다.
(3) 우주 탐사선은 지구 외에 다른 천체를 탐사하기 위해 쏘아 올린 물체로, 탐사하고자 하는 천체 주위를 돌거나 표면에 착륙하여 임무를 수행한다.
(4) 우주 정거장은 지구 주위 궤도를 따라 공전하는 무중력 상태의 우주 구조물로, 사람이 생활하며 지구에서 하기 힘든 실험이나 우주 환경을 연구한다.

13

㉠ : 1950년대에는 우주 탐사를 시작했으며, 구소련에서 최초의 인공위성인 스푸트니크1호를 발사했다.

㉡ : 1960년대에는 아폴로11호를 발사하여 인류가 최초로 달에 착륙했다.
㉢ : 1970년대에는 보이저1호, 2호를 통해 태양계의 다른 행성으로 탐사 범위를 넓혔다.
㉣, ㉤ : 명왕성을 탐사하기 위해 발사된 뉴호라이즌스호, 화성을 탐사하기 위한 탐사 로봇 큐리오시티 등 1990년대 이후에는 탐사 범위를 더욱 넓히며 다양한 탐사 활동을 했다.

14

(1) 방송 통신 위성과 항법 위성을 이용하여 자신이 있는 위치를 파악하고 모르는 길을 찾을 수 있다.
(2) 기상 위성을 이용하여 일기 예보에 필요한 기상 정보를 수집하고, 태풍의 이동 경로와 같은 악기상을 예측하여 피해를 줄일 수 있다.
(3) 방송 통신 위성을 이용하여 지구 반대편의 소식을 실시간으로 볼 수 있고, 먼 거리에 있는 사람과 통화를 할 수 있다.

실전 백신

120~123쪽

01 ⑤	02 ④	03 ③	04 ④	05 ③
06 ⑤	07 ①	08 ①	09 ②	10 ③
11 ④	12 ③	13 ②	14 ⑤	15 ③
16 ①	17 ②, ④	18 ⑤	19 ⑤	20 ③
21 ④	22 ②	23~26 해설 참조		

01

① 우리은하는 수많은 별, 성단, 성운 등이 모여 있는 집단이다.
② 우리은하의 지름은 약 30000 pc(약 10만 광년)이다.
③ 우리은하의 중심에는 막대 구조가 있으며, 막대 모양인 은하의 중심부를 나선팔이 휘감고 있다.
④ 우리은하를 옆에서 보면 중심부가 볼록한 원반 모양이다.
바로 알기 | ⑤ 태양계는 은하 중심으로부터 약 8500 pc(약 3만 광년) 떨어진 나선팔에 위치한다.

02

ㄱ. 우리은하를 위에서 보면 막대 모양인 은하의 중심부를 나선팔이 휘감고 있는 모양이다.
ㄴ. 태양계는 은하 중심으로부터 약 8500 pc(약 3만 광년) 떨어진 A에 위치한다. 따라서 A에서 B까지의 거리는 약 3만 광년이다.
바로 알기 | ㄷ. C는 은하의 나선팔에 해당하는 부분으로 산개 성단이 주로 분포한다. 구상 성단은 우리은하의 중심부인 B와 구 모양의 공간에 주로 분포한다.

03

③ 은하수의 어두운 부분은 성간 물질이 뒤에서 오는 별빛을 가리기 때문이다.
바로 알기 | ① 은하수는 우리은하의 일부분을 관찰한 것이다.
② 은하수는 하늘을 한 바퀴 가로지르고 있어 어디에서나 관측 가능하다.

④ 봄, 가을에는 은하수가 지평선을 따라 분포하기 때문에 관측하기 어렵다. 여름철에는 지구의 밤하늘이 우리은하의 중심 방향을 향하기 때문에 은하수가 폭이 넓고 선명하게 보인다.

⑤ 은하수는 은하 중심 방향인 궁수자리 부근에서 폭이 가장 넓고 밝게 보인다.

04

겨울철에는 지구의 밤하늘이 우리은하의 중심과 반대 방향을 향하기 때문에 은하수가 폭이 좁고 희미하게 관측된다.

05

그림은 별들이 구형으로 빽빽하게 모여 있는 구상 성단의 모습을 나타낸 것이다. 구상 성단은 늙고 저온의 붉은색 별들로 구성되며, 산개 성단은 젊고 고온의 파란색 별들로 구성된다.

06

① (가)는 별들이 구형으로 빽빽하게 모여 있는 구상 성단, (나)는 별들이 분산되어 불규칙한 형태로 모여 있는 산개 성단이다.

② 구상 성단(가)을 이루고 있는 별의 수는 수만 개~수십만 개이고, 산개 성단(나)을 이루고 있는 별의 수는 수십 개~수만 개로, 구상 성단(가)은 산개 성단(나)보다 성단을 이루고 있는 별의 수가 많다.

③ 구상 성단(가)은 산개 성단(나)보다 표면 온도가 낮은 붉은색 별들이 많다.

④ 산개 성단(나)은 구상 성단(가)보다 성단을 이루고 있는 별들의 나이가 젊다.

바로 알기 | ⑤ 구상 성단(가)은 주로 우리은하의 중심부와 구 모양의 공간에 분포하며, 산개 성단(나)은 주로 우리은하의 나선팔에 분포한다.

07

ㄱ, ㄴ. 성단은 태양계보다 훨씬 크고, 우리은하는 성단과 성운을 포함한다.

바로 알기 | ㄷ. 성운은 성간 물질로 이루어져 있는 천체로, 별의 밀집과는 관련이 없다.

ㄹ. 방출 성운은 주위에 있는 고온의 별로부터 에너지를 흡수하여 스스로 빛을 내는 성운으로, 성간 물질이 모여 있어 구름처럼 보이는 것이다.

08

성운은 성간 물질이 많이 모여 있어 구름처럼 보이는 천체로, 방출 성운은 성간 물질이 가까운 별로부터 에너지를 흡수하여 스스로 빛을 내는 성운이다.

09

A는 산개 성단, B는 방출 성운, C는 반사 성운, D는 구상 성단이다. 수많은 별들이 무리를 지어 모여 있는 집단은 성단으로, A와 D이다.

10

성간 물질이 주위에 있는 별의 별빛을 반사하여 밝게 보이는 천체는 반사 성운(C)이다.

11

말머리 모양으로 검게 보이는 천체는 암흑 성운이다. 암흑 성운은 성간 물질의 밀도가 높아 성운 뒤에서 오는 별빛을 차단하기 때문에 어둡게 보인다.

12

ㄱ. 허블은 안드로메다은하가 우리은하 밖에 있는 은하임을 최초로 밝혀내어 외부 은하의 존재를 알아냈다.

ㄷ. 외부 은하가 우리은하로부터 멀어지고 있다는 사실을 통해 우주가 팽창하고 있다는 것을 알아냈다.

바로 알기 | ㄴ. 대부분의 외부 은하는 우주 팽창에 의해 우리은하와 멀어지고 있다.

13

ㄴ. 은하 사이의 거리가 멀수록 멀어지는 속도가 빠르다. 우리은하로부터 멀어지는 속도는 은하 A보다 은하 B가 빠르므로, 우리은하로부터 더 멀리 떨어진 은하는 B이다.

바로 알기 | ㄱ, ㄷ. 우리은하를 비롯한 은하는 우주가 팽창함에 따라 특정한 중심 없이 대부분 서로 멀어지고 있다.

14

고무풍선이 팽창할 때는 특정한 중심이 없이 모든 붙임딱지가 서로 멀어진다. 이처럼 우주도 특정한 중심 없이 모든 은하가 서로 멀어진다.

15

ㄱ. 고무풍선의 표면은 우주, 붙임딱지는 은하에 비유할 수 있다.

ㄴ. 붙임딱지 사이의 거리가 멀수록 멀어지는 속도가 빠르기 때문에 B로부터 가장 멀리 떨어져 있는 C가 가장 빠른 속도로 멀어진다.

바로 알기 | ㄷ. 고무풍선이 팽창함에 따라 모든 붙임딱지 사이의 거리는 점점 멀어진다.

16

약 138억 년 전 우주는 초고온·초고밀도의 한 점으로 존재하였고, 이 점이 폭발하면서 팽창하여 온도가 낮아지며 현재와 같은 우주가 형성되었다는 이론을 대폭발 우주론이라고 한다.

바로 알기 | ① 현재 우주는 팽창에 의해 크기가 점점 커지고 있다.

17

우주 탐사는 우주에 대한 근본적인 호기심을 충족시키기 위해 시작되어 지구의 환경을 더 잘 이해하고 지구 외에 생명체가 살고 있는 행성을 탐사하거나 지구에서 고갈되어 가는 자원을 채취하기 위해 이루어지고 있다.

바로 알기 | ② 우주 탐사는 외계 생명체의 유무를 탐사하기 위해 이루어지고 있다.

④ 우주 탐사는 막대한 비용이 들어가지만, 우주에 대한 탐구를 위해 다양한 방법으로 이루어지고 있다.

18

우주 탐사선은 직접 천체까지 날아가 천체를 탐사하는데, 천체 주위를 공전하거나 천체 표면에 직접 착륙하여 해당 천체를 조사한다.

19

1957년 최초의 인공위성인 스푸트니크1호가 발사되었고(다), 1969년 인류는 최초로 아폴로11호를 타고 달 착륙에 성공했다(나). 1990년에는 허블 우주 망원경이 우주로 발사되어 현재까지 탐사 활동을 하고 있으며(라), 2011년에 발사한 주노호는 2016년에 목성에 도착하여 목성 궤도를 돌고 있다(가).

20

방송 통신 위성을 이용하여 먼 거리에 있는 소식을 실시간으로 들을 수 있으며, 기상 위성을 이용하여 날씨를 파악하고 대비할 수 있다.

21

바로 알기 | ④ 마이크는 소리 에너지가 전기 에너지로 전환될 때 나타나는 전자기 유도 현상을 이용하여 발명된 전자 기기이다.

22

ㄷ. 우주 쓰레기는 로켓의 하단부, 인공위성의 발사나 폐기 과정 등에서 나온 파편 등과 같이 다양한 크기의 조각들이 매우 빠른 속도로 날아다니는 것으로, 운행 중인 인공위성과 충돌하는 등 피해를 일으킨다.

바로 알기 | ㄱ. 우주 쓰레기는 이동하는 속도가 빠르기 때문에 크기가 작더라도 매우 위험하다.

ㄴ. 운행 중인 인공위성은 우주 쓰레기가 아니다.

서술형 문제

23

모범 답안 | 우리은하의 중심부에는 별들이 많이 분포하며 태양계가 나선팔에 있으므로 현재는 은하수가 밤하늘을 가로지르는 띠 모양으로 관측되고, 계절에 따라 우리은하를 바라보는 방향이 달라지기 때문에 폭이 다르게 관측된다. 만약 태양계가 은하의 중심에 있다면, 별은 하늘 전체에 고르게 분포할 것이고, 띠 모양의 은하수는 관측되지 않을 것이며, 계절에 상관없이 같은 모습으로 관측될 것이다.

채점 기준	배점
은하수의 모습을 현재 관측되는 모습과 비교하여 옳게 서술한 경우	100%
은하수의 모습은 옳게 서술했지만 현재 관측되는 모습과 비교하지 않은 경우	50%

24

모범 답안 | 방출 성운(가)은 주위의 가까운 별로부터 빛을 받아 성간 물질의 온도가 높아져서 스스로 빛을 내어 밝게 보이고, 반사 성운(나)은 주위에 있는 별의 별빛을 반사하여 밝게 보인다.

채점 기준	배점
방출 성운과 반사 성운이 밝게 보이는 원리를 각각 옳게 서술한 경우	100%
방출 성운과 반사 성운 중 하나의 원리만 옳게 서술한 경우	50%

25

모범 답안 | 우주는 특별한 중심 없이 팽창하고 있기 때문에 대부분의 은하가 서로 멀어지고 있고, 은하 사이의 거리가 멀수록 빠르게 멀어진다. 따라서 우리은하와의 거리가 먼 B가 더 빨리 멀어지므로 두 외부 은하의 거리 차이는 점점 커질 것이다.

채점 기준	배점
외부 은하의 거리 차이의 변화를 까닭과 함께 옳게 서술한 경우	100%
외부 은하의 거리 차이의 변화만 서술한 경우	40%

26

모범 답안 | 우주의 질량은 일정하지만 부피는 팽창하여 계속 커지고 있기 때문에 우주의 온도와 밀도는 점점 감소하고 있을 것이다.

채점 기준	배점
우주의 온도와 밀도가 어떻게 변하는지 모두 옳게 서술한 경우	100%
우주의 온도와 밀도 중 한 가지만 옳게 서술한 경우	50%

1등급 백신   124~125쪽

27 ④	28 ①	29 ②	30 ⑤	31 ③
32 ①	33 ①	34 ③	35 ③	36 ⑤
37 ①	38 ①			

27

모형에서 우리은하의 중심 방향인 C 방향을 바라볼 때 은하수의 폭이 넓고 뚜렷하게 관찰된다. 우리나라에서는 여름철에 밤하늘이 은하 중심 방향인 궁수자리 방향을 향한다.

28

A는 나이가 많고 붉은색인 별들의 집단인 구상 성단, B는 나이가 적고 파란색인 별들의 집단인 산개 성단이다.

② 구상 성단(A)은 주로 우리은하의 중심부와 구 모양의 공간에 분포한다.

③ 구상 성단(A)은 수만 개~수십만 개의 별들이 구형으로 빽빽하게 모여 있는 성단이다.

④ 산개 성단(B)은 주로 우리은하의 나선팔에 분포한다.

⑤ 산개 성단(B)은 수십 개~수만 개의 별들이 분산되어 불규칙한 형태로 모여 있는 성단이다.

바로 알기 | ① 구상 성단(A)을 이루는 별들은 표면 온도가 낮아 붉은색을 띤다.

29

오리온 대성운은 방출 성운으로, 주위에 있는 고온의 별로부터 에너지를 흡수하여 스스로 빛을 내는 성운이다.

30

반사 성운은 주위에 있는 별의 별빛을 반사하여 밝게 보이는 성운이다. 실험에서 비커 속 향 연기의 색이 셀로판지를 투과한 손전등의 빛을 반사하여 셀로판지와 같은 색을 띠는 것으로 보아 반사 성운의 생성 과정을 알 수 있다.

31

(가)는 뒤에서 오는 별빛을 가리고 있으므로 암흑 성운, (나)는 성간 물질이 별빛의 에너지를 흡수하여 빛을 내므로 방출 성운의 형성 원리이다.

32

ㄱ. 식빵은 우주, 건포도는 은하에 비유할 수 있다.

바로 알기 | ㄴ. 식빵을 부풀릴 때는 특정한 중심 없이 모든 방향으로 팽창하기 때문에 모든 건포도가 서로 멀어진다.

ㄷ. 식빵을 부풀리는 동안 건포도 사이의 거리가 멀수록 빠른 속도로 멀어지므로, C로부터의 거리가 먼 B의 거리 변화량이 더 크다.

33

ㄱ. 우리은하로부터 거리가 먼 은하일수록 멀어지는 속도가 빠르므로, 우리은하로부터의 거리는 A<B이다.

바로 알기 | ㄴ, ㄷ. 은하 사이의 거리가 멀수록 은하는 점점 더 빨리 멀어지므로 우리은하로부터 같은 방향으로 멀어지는 두 외부 은하의 속도 차이는 점점 커져 거리가 점점 멀어진다.

34

ㄱ. 대부분의 외부 은하는 우리은하로부터 멀어지고 있기 때문에 적색 편이가 나타난다.

ㄴ. 우리은하로부터 거리가 먼 외부 은하일수록 멀어지는 속도가 빠르므로 적색 편이가 크게 나타난다.

바로 알기 | ㄷ. 대부분의 외부 은하는 서로 멀어지고 있으며, 멀어지는 데 특정한 중심은 없다.

35

바로 알기 | ㄷ. 별의 연주 시차는 지구의 공전에 의해 나타나는 현상으로, 지구와의 거리가 멀수록 연주 시차가 작아진다.

36

바로 알기 | ㄱ. 우리나라도 우주 센터를 설립하여 인공위성을 연구하고, 로켓을 발사하는 등 우주 탐사에 참여하고 있다.

ㄴ. 직접 우주로 나가지 않아도 지상에서 망원경 등을 통해 우주를 탐사할 수 있다.

37

ㄱ, ㄷ. 우주 망원경(가)은 대기의 영향을 받지 않는다는 장점이 있으며, 인공위성의 한 종류이다.

바로 알기 | ㄴ. 스푸트니크1호는 1957년 구소련에서 발사한 최초의 인공위성으로, 천체 주위를 일정한 궤도로 공전하며 탐사하는 인공 장치이다.

38

① 1957년에 구소련에서 발사한 스푸트니크1호는 최초의 인공위성이다.

② 1969년에 아폴로11호에 의해 인류는 최초로 지구가 아닌 다른 천체인 달에 착륙했다.

④ 2012년에 큐리오시티 탐사 로봇이 화성에 직접 착륙하여 행성을 탐사했다.

⑤ 2013년에 우리나라에 위치한 나로 우주 센터에서 나로호 발사에 성공했다.

바로 알기 | ③ 1970년대에 태양계 탐사를 위해 발사된 보이저1호와 2호는 현재까지도 작동하며 태양계 탐사를 계속하고 있다.

단원 종합 문제 CT
126~129쪽

01 ⑤	02 ①	03 ⑤	04 ②	05 ③	06 ④
07 ②	08 ③	09 ③	10 ③	11 ②	12 ③
13 ①	14 ①	15 ③	16 ②	17 ⑤	18 ④
19 ①	20 ①	21 ④	22 ⑤	23 ⑤	24 ②
25 ③	26 ③	27 ③	28 ①	29 ④	

01

바로 알기 | ① 시차는 관측자와 물체 사이의 거리가 가까울수록 크다.

② 시차는 관측자의 위치가 변하고, 관측하는 물체까지의 거리가 주변 배경보다 가깝기 때문에 생긴다.

③ 연주 시차는 지구의 공전 속도와는 관련이 없다.

④ 연주 시차는 지구에서 별을 6개월 간격으로 관측하여 측정한다.

02

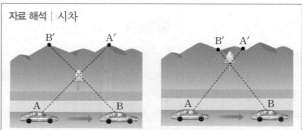

자료 해석 | 시차

• A–A′와 B–B′가 이루는 각의 크기는 자동차와 나무까지의 거리가 멀어지면 작아지고, 자동차와 나무까지의 거리가 가까워지면 커진다.

바로 알기 | ㄴ. A와 B 사이의 거리가 멀어지면 시차는 커진다.

ㄷ. 자동차가 A에서 B까지 이동하는 속도와 시차는 관계가 없다.

03

지구에서 별까지의 거리가 멀수록 연주 시차가 작아지므로 연주 시차와 별까지의 거리는 반비례한다.

04

ㄷ. 6개월 간격으로 별의 위치가 다르게 보이는 것은 지구의 공전 때문에 시차가 발생하기 때문이다.

바로 알기 | ㄱ, ㄴ. 별의 연주 시차는 시차의 절반이며, 별까지의 거리는 연주 시차에 반비례한다. 따라서 별 A의 연주 시차는 $\frac{0.07''+0.03''}{2}=0.05''$이고, 위치 변화가 없는 별 B까지의 거리가 별 A까지의 거리보다 훨씬 멀다.

05

③ 알타이르의 연주 시차는 $0.19''$이다. 거리는 연주 시차에 반비례하므로 지구에서 알타이르까지의 거리는 약 5 pc($=\dfrac{1}{0.19''}$ pc)이다.

바로 알기 | ① 리겔은 연주 시차가 $0.004''$로, 표에 있는 별들 중 연주 시차가 가장 작다. 따라서 지구에서 리겔까지의 거리가 가장 멀다.

② 연주 시차가 클수록 지구에 가까이 있고, 연주 시차가 작을수록 멀리 있는 별이다. 베가의 연주 시차는 시리우스의 연주 시차보다 작으므로 베가가 더 멀리 있다고 추측할 수 있다.

④ 이 표에는 별이 위치하는 방향이 나와 있지 않기 때문에 별과 별 사이의 거리는 알 수 없다.

⑤ 리겔의 연주 시차는 $0.004''$이고, 베텔게우스의 연주 시차는 $0.008''$이다. 따라서 리겔은 베텔게우스보다 지구로부터 2배 멀리 떨어져 있는 별이다.

[06~07]

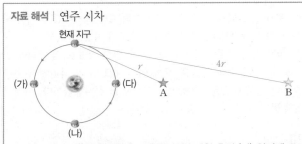

자료 해석 | 연주 시차

현재 지구

(가)   (다)

r $4r$

A   B

(나)

• 현재 지구의 위치에서 별을 관측했다면 6개월 후인 (나) 위치에 도달했을 때, 재관측해야 한다.

• 별 A가 별 B보다 지구와의 거리가 가깝기 때문에 연주 시차는 크게 관측될 것이다.

06

별 A와 별 B의 절대 등급이 같고, 지구에서 별 B의 거리가 별 A의 4배이므로 지구에서 관측할 때 별의 밝기 차이는 약 $16(=4^2)$배 차이가 난다. 이는 등급으로 환산하면 3등급 차이($=2.5^3$)가 난다. 또 연주 시차는 별까지의 거리(pc)에 반비례하므로 별 A는 별 B보다 연주 시차가 4배 클 것이다.

07

연주 시차는 6개월 간격으로 지구가 공전 궤도의 양쪽 끝에 위치하였을 때 각각 측정한다. 따라서 현재 지구의 위치에서 관측을 하였다면 6개월 후에 지구가 반대편 (나)에 위치할 때 재관측하여야 한다.

08

별의 거리는 연주 시차를 이용하거나 겉보기 등급과 절대 등급을 비교하여 알아낼 수 있다. 별은 표면 온도에 따라 별의 색깔이 달라지는데, 별의 표면 온도와 색깔은 별의 거리를 구하는 것과는 관련이 없다.

09

① 절대 등급은 모든 별이 10 pc의 거리에 있다고 가정했을 때의 밝기로, 별의 실제 밝기를 나타낸다.

② 별의 밝기를 나타내는 등급은 1등급 차이가 약 2.5배의 밝기 차이를 보인다.

④ 겉보기 등급은 지구에서 관측되는 별의 밝기만을 나타낸 것으로 별까지의 거리는 무시한 값이다.

⑤ 과학이 발달하면서 우리는 1등급보다 밝은 별을 관측하게 되었고, 이런 별의 등급은 0등급, −1등급, −2등급, …과 같이 (−) 기호를 넣어 표기한다.

바로 알기 | ③ 별의 밝기는 별까지의 거리의 제곱에 반비례한다.

10

별은 1등급 차이마다 약 2.5배의 밝기 차이가 나타난다. 따라서 1등급인 별보다 3등급 큰 4등급인 별의 밝기는 1등급인 별의 약 $\dfrac{1}{2.5^3} = \dfrac{1}{16}$배이므로, 전구 약 6.3개에 해당한다.

11

연주 시차가 $0.1''$인 별까지의 거리는 10 pc이며, 10 pc의 거리에 있는 별은 겉보기 등급과 절대 등급이 같다.

12

별의 밝기는 거리의 제곱에 반비례한다. 별까지의 거리가 현재의 $\dfrac{1}{10}$배가 되면 100($=2.5^5$)배 밝아지므로 약 5등급이 작아진다.

[13~15]

자료 해석 | 별의 겉보기 등급과 절대 등급

구분	태양	리겔	A	B
겉보기 등급	−26.8	0.1	−1.5	3.0
절대 등급	4.8	−6.8	1.5	3.0

• 맨눈으로 볼 때 가장 밝은 별(겉보기 등급이 가장 작은 별) : 태양

• 실제로 가장 밝은 별(절대 등급이 가장 작은 별) : 리겔

• 10 pc보다 멀리 있는 별(겉보기 등급＞절대 등급) : 리겔

• 10 pc 거리에 있는 별(겉보기 등급＝절대 등급) : 별 B

• 10 pc보다 가까이 있는 별(겉보기 등급＜절대 등급) : 태양, 별 A

13

눈으로 보기에 가장 밝은 별은 겉보기 등급이 가장 작은 별이고, 실제로 가장 밝은 별은 절대 등급이 가장 작은 별이다. 따라서 우리의 눈에 가장 밝게 보이는 별은 겉보기 등급이 가장 작은 태양이고, 실제로 가장 밝은 별은 절대 등급이 가장 작은 리겔이다.

14

ㄱ. 태양은 겉보기 등급이 절대 등급보다 작으므로 10 pc보다 가까운 거리에 위치하고, 리겔은 겉보기 등급이 절대 등급보다 크므로 10 pc보다 먼 거리에 위치한다.

바로 알기 | ㄴ. 실제 밝기는 절대 등급으로 알 수 있다. 별 A보다 태양의 절대 등급이 3.3만큼 더 크므로 실제 밝기는 별 A가 태양보다 약 $16(=2.5^3)$배 이상 더 밝다.

ㄷ. 별이 방출하는 에너지양이 많을수록 절대 등급이 작으므로 리겔이 방출하는 에너지양이 가장 많다.

15

별 A의 겉보기 등급은 −1.5등급이고 절대 등급은 1.5등급이
므로 3등급 차이가 난다. 3등급 차이는 16(늑2.5³)배의 밝기 차
이가 나므로 거리는 4(4²=16)배 차이가 난다. 따라서 별 B의
실제 거리는 10 pc의 $\frac{1}{4}$인 약 2.5 pc이다.

16

자료 해석 | 별의 등급과 거리 관계

구분	A	B	C
거리(pc)	4	10	25
절대 등급	0	3	3

· 별이 실제로 방출하는 에너지양 : 절대 등급이 작을수록 많다.
  A>B=C
· 별 B의 거리가 10 pc이므로 겉보기 등급과 절대 등급은 같다.
· 연주 시차 : 거리가 가까울수록 크다. A>B>C
· 별 A의 겉보기 등급 : −2등급
· 별 B의 겉보기 등급 : 3등급
· 별 C의 겉보기 등급 : 5등급

② 별이 실제로 방출하는 에너지양은 절대 등급을 비교하면 알
수 있다. 절대 등급이 작을수록 별이 실제로 방출하는 에너지양
이 많으므로 별 A가 방출하는 에너지양이 가장 많다.

바로 알기 | ① 연주 시차는 거리가 가까울수록 크므로, 거리가 가
장 가까운 별 A가 가장 크다.
③ 별 B는 10 pc 거리에 위치하는 별이므로 겉보기 등급과 절대
등급이 같다.
④ 별 C의 절대 등급은 3등급이고 실제 거리는 25 pc이다. 따라
서 절대 등급을 측정하는 10 pc보다 약 2.5배 멀리 위치하므로
밝기는 약 2.5²배 차이난다. 따라서 겉보기 등급은 절대 등급보다
2등급 큰 5등급이다.
⑤ 별 A는 절대 등급이 가장 작고, 거리도 가장 가까우므로 겉보
기 등급이 가장 작다. 별 C는 별 B와 절대 등급은 같지만 거리가
더 멀기 때문에 별 B보다 겉보기 등급이 크다. 따라서 지구에서
맨눈으로 본 밝기를 비교하면 A>B>C이다.

17

자료 해석 | 별의 겉보기 등급과 절대 등급

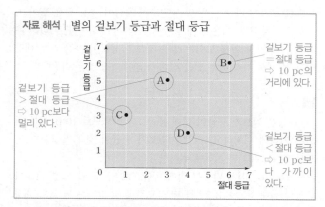

ㄱ. 10 pc의 거리에 위치한 별은 절대 등급과 겉보기 등급이 같
다. 따라서 겉보기 등급과 절대 등급이 6등급으로 같은 별 B는
10 pc의 거리에 위치한다.

ㄴ. 별 A는 겉보기 등급이 절대 등급보다 2등급 크므로 실제 밝
기가 약 2.5²배이다. 따라서 10 pc의 약 2.5배 거리에 있는 별이
다. 별 D는 겉보기 등급이 절대 등급보다 2등급 작으므로 실제
밝기가 약 $\frac{1}{2.5^2}$배이다. 따라서 10 pc의 약 $\frac{1}{2.5}$배 거리에 있는 별
이다. 그러므로 별 A는 별 D보다 지구로부터 약 2.5³배 멀리 있다.
ㄷ. 별 C가 별 D보다 절대 등급이 3등급 작으므로 별의 밝기가
약 2.5³배이다. 따라서 별이 방출하는 에너지양은 별 C가 별 D보
다 약 2.5³배 많다.

18

별의 표면 온도는 청색(나오스)>청백색>백색(베가)>황백색>
황색(태양)>주황색>적색(베텔게우스) 순이다.

19

ㄱ. 별 A까지의 거리는 $\frac{1}{0.4''}$ =2.5 pc이므로 별은 10 pc에 위
치할 때보다 약 16배 밝게 관측된다. 따라서 절대 등급은 겉보기
등급보다 3등급 큰 2등급이다.
바로 알기 | ㄴ. 별의 표면 온도는 청백색(A)>황백색(C)>주황색
(B) 순으로 높으므로, 별 A의 표면 온도가 가장 높다.
ㄷ. 실제 밝기는 절대 등급이 작을수록 밝다. 2.5 pc의 거리에 위
치한 별 A의 절대 등급은 2등급이고, 0.1 pc의 거리에 위치한
별 C의 절대 등급은 −6등급보다 10등급 큰 4등급이다. 따라서
실제 밝기는 별 A보다 별 C가 어둡다.

20

② 태양계는 우리은하의 중심에서 약 8500 pc 떨어진 나선팔에
위치하므로, A는 약 8500 pc이다.
③ 우리은하를 옆에서 보면 중심부가 볼록한 원반 모양이다.
④ 우리은하는 막대 모양인 은하의 중심부를 나선팔이 휘감고 있다.
⑤ 우리은하에는 태양과 같은 별이 약 2000억 개 포함되어 있다.
바로 알기 | ① 산개 성단은 주로 우리은하의 나선팔에 분포하며,
구상 성단은 주로 우리은하 중심부와 은하 원반을 둘러싼 구 모
양의 공간에 분포하므로, (가)는 구상 성단이다.

21

① 은하수는 지구에서 우리은하의 단면을 본 모습으로, 희뿌연
띠 모양으로 보인다.
② 우리가 은하의 어느 부분을 보고 있는가에 따라 은하수의 두
께나 폭, 밝기 등이 다를 수 있다.
③ 은하수는 하늘을 가로지르는 띠 모양으로 남반구와 북반구 어
디에서나 관측할 수 있다.
⑤ 은하수는 지구에서 본 우리은하의 일부분이므로 별, 성운, 성
간 물질, 성단 등으로 이루어진 거대한 천체이다.
바로 알기 | ④ 은하수는 우리나라의 여름철에 가장 폭이 넓고 선명
하며, 겨울철에는 비교적 얇아지고 희미하다.

22

①, ③, ④ 그림은 별들이 분산되어 불규칙한 형태로 모여 있는
산개 성단으로, 수십 개~수만 개의 별들이 모여 있다.
② 산개 성단은 주로 우리은하의 나선팔에 분포하며, 구상 성단

은 주로 우리은하 중심부와 은하 원반을 둘러싼 구 모양의 공간에 분포한다.

바로 알기 | ⑤ 산개 성단은 비교적 온도가 높고 나이가 적은 별들로 이루어져 있다.

23

① 성간 물질은 별과 별 사이에 분포하는 가스나 작은 티끌이며, 성운은 성간 물질이 많이 모여 있어 구름처럼 보이는 것이다.
② 성단은 한 곳에 무리를 지어 모여 있는 별의 집단이다.
③ 성간 물질이 주위에 있는 별의 별빛을 반사하여 밝게 보이는 성운은 반사 성운이다.
④ 주위에 있는 고온의 별로부터 에너지를 흡수하여 스스로 빛을 내는 성운은 방출 성운이다.

바로 알기 | ⑤ 수십 개~수만 개의 별들이 분산되어 불규칙한 형태로 모여 있는 성단은 산개 성단이다.

24

암흑 성운은 성간 물질이 뒤에서 오는 별빛을 가려 어둡게 보이는 성운, 방출 성운은 주위에 있는 고온의 별로부터 에너지를 흡수하여 스스로 빛을 내는 성운, 반사 성운은 성간 물질이 주위에 있는 별의 별빛을 반사하여 밝게 보이는 성운이다.

25

ㄴ, ㄷ. 그림은 반사 성운을 나타낸 것으로, 반사 성운은 가스나 티끌 등의 성간 물질로 이루어져 있으며, 주위의 별빛을 반사하여 밝게 보이는 성운이다.

바로 알기 | ㄱ. 뒤에서 오는 별빛을 가려서 생성되는 성운은 암흑 성운이다.
ㄹ. 반사 성운은 성간 물질로 이루어져 있으며, 주로 파란색을 띤다.

26

①, ②, ④, ⑤ 대폭발 우주론은 약 138억 년 전 우주에 존재하는 모든 물질과 빛에너지가 초고온, 초고밀도인 하나의 점에 모여 있던 상태에서 시작되었으며, 대폭발 이후 우주가 계속 팽창함에 따라 우주가 식어가면서 현재와 같은 우주가 형성되었다는 이론이다.

바로 알기 | ③ 우주는 특별한 중심이 없이 팽창하고 있다.

27

ㄱ, ㄴ, ㄷ. 고무풍선의 표면은 우주, 붙임딱지는 은하를 의미하며, 우주가 팽창하면 은하 사이의 거리가 멀어지고, 특별한 중심 없이 모든 방향으로 균일하게 서로 멀어진다.

바로 알기 | ㄹ. 멀리 떨어져 있는 은하일수록 더 빠르게 멀어지므로, A와 B 사이의 거리보다 A와 C 사이의 거리가 더 빠른 속력으로 멀어진다.

28

② 우주 탐사선은 지구 외에 다른 천체를 탐사하기 위해 쏘아 올린 물체로, 직접 천체까지 날아가 임무를 수행한다.
③ 인공위성은 천체 주위를 일정한 궤도를 따라 공전할 수 있도록 우주로 쏘아 올린 인공 장치이다.
④, ⑤ 우주 정거장은 사람들이 일정 기간 우주에 머무르면서 지

상에서 하기 어려운 실험이나 우주 환경을 연구하고 관측하는 기지로, 우주 탐사를 위한 경유지로 이용될 수 있다.

바로 알기 | ① 우주 망원경은 지구 대기의 영향을 받지 않아 지상에 있는 망원경보다 더 선명하게 관측할 수 있다.

29

스푸트니크1호(㉠)는 1957년 구소련에서 발사한 최초의 인공위성이며, 1969년에는 아폴로11호(㉡)로 인해 최초로 인류가 달에 착륙하였다. 1977년에는 보이저1, 2호(㉢)가 태양계 탐사를 위해 발사되었다.

서술형·논술형 문제

01

모범 답안 | 팔을 뻗으면 눈과 연필 사이의 거리가 멀어지므로 연필이 보이는 위치 사이의 각(θ)은 작아질 것이다.

해설 | 연필이 보이는 위치 사이의 각(θ)은 시차에 해당하며, 눈과 연필 사이의 거리에 반비례한다.

채점 기준	배점
연필이 보이는 위치 사이의 각(시차)과 눈과 연필 사이의 거리가 반비례한다는 것을 이용하여 서술한 경우	100 %

02

(1) **답** | 2 pc

(2) **모범 답안** | 0.25″, 별까지의 거리가 2배 멀어지면 시차는 $\frac{1}{2}$로 줄어든다. 따라서 별의 연주 시차는 0.25″가 된다.

해설 | 별의 연주 시차는 지구에서 6개월 간격으로 측정한 시차의 $\frac{1}{2}$이다. 따라서 시차가 1″인 별 S의 연주 시차는 0.5″이다. 별까지의 거리(pc)는 $\frac{1}{연주\ 시차(″)}$이므로 별 S까지의 거리는 $\frac{1}{0.5″}$＝2 pc이다.

채점 기준	배점
(1)과 (2)를 모두 옳게 쓴 경우	100 %
(1)과 (2) 중 한 가지만 옳게 쓴 경우	50 %

03

모범 답안 | 별 E는 별 A~D에 비해 지구에 가까이 있어서 시차가 나타난다.

해설 | 지구로부터 가까이 있는 별은 시차가 나타나지만, 지구로부터 멀리 있는 별은 시차가 매우 작아 거의 움직이지 않는 것처럼 보인다. 따라서 위치가 변하지 않은 별 A~D는 지구로부터 멀리 떨어진 별이고, 위치가 변한 별 E는 지구로부터 상대적으로 가까이 있는 별이다.

채점 기준	배점
지구로부터의 거리와 관련지어 옳게 서술한 경우	100 %

04

(1) 답 | 15 cm

(2) 모범 답안 | 빛의 양이 일정할 때 빛의 밝기와 거리의 제곱은 반비례하므로, 같은 양의 빛이 도달하는 면적이 작을 때보다 클 때 빛의 밝기가 더 어둡게 보인다. 따라서 한 칸을 비출 때보다 아홉 칸을 비출 때 모눈종이에 비친 빛의 밝기가 더 어둡다.

해설 | (1) 모눈종이와 손전등 사이의 거리가 2배, 3배, …멀어질수록 같은 양의 빛이 도달하는 면적은 4배, 9배, …넓어진다. 따라서 처음보다 9배 넓은 면적에 빛이 도달하기 위해서는 처음보다 3배 먼 거리에 위치해야 하므로 5 cm×3=15 cm이다.

채점 기준	배점
(1)과 (2) 모두 옳게 서술한 경우	100 %
(1)과 (2) 중 한 가지만 옳게 서술한 경우	50 %

05

(1) 답 | 1등급

(2) 모범 답안 | 밝기는 거리의 제곱에 반비례한다. 100 pc에서 10 pc으로 이동시키면 거리가 $\frac{1}{10}$로 가까워지므로 밝기는 약 100배 밝아질 것이다.

해설 | (1) 10 pc에 위치한 별의 겉보기 등급은 절대 등급과 같다.

채점 기준	배점
(1)과 (2) 모두 옳게 서술한 경우	100 %
(1)과 (2) 중 한 가지만 옳게 서술한 경우	50 %

06

모범 답안 | 가장 먼 별 : C, 가장 가까운 별 : A / 겉보기 등급이 절대 등급보다 크면 10 pc보다 먼 거리에 위치한 별, 겉보기 등급이 절대 등급보다 작으면 10 pc보다 가까운 거리에 위치한 별, 겉보기 등급이 절대 등급과 같으면 10 pc에 위치한 별이다. 따라서 별 A는 10 pc보다 가까운 거리, 별 B는 10 pc, 별 C는 10 pc보다 먼 거리에 위치한다.

채점 기준	배점
지구로부터 가장 먼 별과 가장 가까운 별을 쓰고, 까닭을 옳게 서술한 경우	100 %
지구로부터 가장 먼 별과 가장 가까운 별만 옳게 쓴 경우	40 %

07

모범 답안 | 0등급, 이 별의 연주 시차는 0.04″이므로 별까지의 거리는 25 pc이다. 절대 등급을 측정하는 기준 거리인 10 pc으로부터 2.5배 멀리 떨어져 있으므로 겉보기 밝기와 실제 밝기는 약 2.5^2배 차이나며, 겉보기 등급은 절대 등급보다 2등급 크다. 따라서 이 별의 겉보기 등급은 0등급이다.

채점 기준	배점
별의 겉보기 등급을 구하고, 그 과정을 옳게 서술한 경우	100 %

08

모범 답안 | (1) D, 별은 청색 → 청백색 → 백색 → 황백색 → 황색 → 주황색 → 적색 순으로 표면 온도가 낮아진다.

(2) B, C, D / 10 pc보다 멀리 있는 별은 겉보기 등급이 절대 등급보다 크다.

채점 기준	배점
(1)과 (2) 모두 옳게 서술한 경우	100 %
(1)과 (2) 중 한 가지만 옳게 서술한 경우	50 %

09

모범 답안 | 우리은하의 중심은 궁수자리 방향 부근에 있다. 우리나라 여름철에는 지구의 밤하늘이 우리은하의 중심 방향을 향하기 때문에 은하수가 폭이 넓고 선명하게 보인다.

채점 기준	배점
우리은하의 중심 방향과 관련지어 옳게 서술한 경우	100 %

10

모범 답안 | 반사 성운, 반사 성운은 성간 물질이 주위에 있는 별의 별빛을 반사하여 밝게 보이는 성운으로, 주로 파란색으로 관측된다.

채점 기준	배점
천체의 명칭과 특징을 모두 옳게 서술한 경우	100 %
천체의 명칭만 옳게 쓴 경우	30 %

11

모범 답안 | 건포도 사이의 거리는 서로 비슷한 비율로 멀어졌다. 이처럼 우주는 지속적으로 팽창하고 있으며, 우주 안에 포함된 은하 사이의 거리도 서로 비슷한 비율로 멀어지고 있다는 것을 알 수 있다. 또한, 어느 두 개의 건포도를 비교해도 서로 멀어지는 것을 통해 우주도 특별한 중심이 없이 모든 방향으로 팽창한다는 것을 알 수 있다.

채점 기준	배점
가열 전과 가열 후 건포도 사이의 거리 비교를 통해 우주의 팽창과 관련지어 옳게 서술한 경우	100 %
단순히 멀어지는 것만 서술한 경우	30 %

12

모범 답안 | 지구의 진화와 우주의 환경을 깊이 이해하기 위해, 지구 외에 다른 천체에도 생명체가 살고 있는지 알아보기 위해, 지구에서 얻기 어렵거나 고갈되어 가는 자원을 채취하기 위해 등

채점 기준	배점
우주를 탐사하는 목적에 대해 두 가지 이상 서술한 경우	100 %
우주를 탐사하는 목적에 대해 한 가지만 서술한 경우	50 %

Ⅷ. 과학기술과 인류 문명

01 과학기술과 인류 문명

용어 &개념 체크) 135, 137쪽

01 불　　　02 태양 중심설(지동설)　　03 증기 기관
04 DNA　　05 유기 발광 다이오드(OLED)　06 정보 통신
07 공학적 설계　08 4차 산업 혁명

개념 알약) 135, 137쪽

01 (다) - (라) - (나) - (가)　02 (1) ⓒ (2) ⓐ (3) ⓒ (4) ⓔ
03 ⓐ 증기 기관 ⓒ 산업 혁명　04 풍돌　05 ㄱ, ㄷ, ㅁ
06 ㄴ, ㄷ　　　　　　　　07 생명 공학 기술
08 (1) ○ (2) × (3) ○ (4) ○
09 (사) - (가) - (다) - (바) - (나) - (마) - (라)　10 ㄱ, ㄴ

01
불을 이용하게 되면서 인류의 생활에는 큰 변화가 일어났으며, 불을 다루는 지식과 기술이 발달하면서 점점 더 다양한 용도로 불을 이용하게 되었다.

02
(1) 전화기의 발명으로 거리의 제약 없이 소통이 가능해지고 생활이 편리해졌다.
(2) 뉴턴의 만유인력 법칙의 발견으로 자연 현상을 이해하고 그 변화를 예측할 수 있게 되었다.
(3) 활판 인쇄술의 발달로 책의 대량 생산과 보급이 가능해져 지식과 정보가 빠르게 확산되었다.
(4) 현미경의 발명으로 생물체를 작은 세포들이 모여 이루어진 존재로 인식하게 되었다.

03
와트가 발명한 증기 기관은 사람이나 동물의 힘 대신 석탄으로 움직이는 기계를 사용하여 제품의 생산량을 획기적으로 늘렸다.

04
풍돌 : 하버의 암모니아를 합성하는 기술을 이용하여 개발된 질소 비료는 농업 생산력을 증가시킴으로써 식량을 증대하는 데 큰 역할을 하였다.
바로 알기 | 풍식 : 푸른곰팡이로부터 페니실린이라는 항생제를 발견하여 결핵과 같은 질병의 치료에 사용하였다.
풍순 : 자기 공명 영상 장치(MRI) 등 첨단 의료 기기의 발달로 정밀한 진단이 가능해졌다.

05
과학기술의 발달로 인해 생활이 편리해지고 인간의 수명이 증가했지만, 교통난, 에너지 부족, 환경 오염, 개인의 사생활 침해 등의 문제도 발생했다.

06
나노 기술은 물질이 나노미터 크기로 작아지면 물질 고유의 성질이 바뀌어 새로운 특성을 갖게 되는 것을 이용하여 다양한 소재나 제품을 만드는 기술이다.

07
생명체의 특성을 연구하거나 조작하는 것과 관련된 기술을 생명 공학 기술이라고 한다.

08
바로 알기 | (2) 탄소 섬유를 비행기의 동체나 날개를 만드는 데 사용하는 것은 나노 기술에 대한 설명이다.

09
공학적 설계란, 과학 원리나 기술을 활용하여 기존의 제품을 개선하거나 새로운 제품이나 시스템을 개발하는 창의적인 과정이다.

10
바로 알기 | ㄷ. 제품의 교체 주기를 짧게 하는 것은 경제성을 고려한 것이 아니다.

실전 백신 139~140쪽

01 ④　02 ⑤　03 ①　04 ③　05 ③, ⑤
06 ①, ③　07 ⑤　08 ⑤　09 ⑤　10 ②
11~12 해설 참조

01
바로 알기 | ㄱ. (가) → (다) → (나)의 순서로 발전되었다.

02
다양한 과학 원리의 발견은 인류 문명에 큰 변화를 가져왔다.

03
구텐베르크의 활판 인쇄술로 책을 대량으로 만들 수 있게 되었고, 이로 인해 책의 대량 생산과 보급이 가능해져 지식과 정보가 빠르게 확산되었다.

04
바로 알기 | ③ 산업 혁명의 계기가 된 것은 증기 기관의 발명이다.

05
나노 기술에 대한 설명으로, 이를 이용한 과학기술의 사례로는 나노 반도체, 나노 로봇, 나노 표면 소재, 유기 발광 다이오드(OLED) 등이 있다.

06
드론은 나노 기술과 정보 통신 기술을 모두 활용한 것이다.

07
사물 인터넷(IoT)이란 모든 사물을 인터넷으로 연결하는 기술로, 사람과 사물뿐만 아니라 사물과 사물 사이에서도 정보를 주고받을 수 있다.

08

유전자 재조합 기술은 어떤 생물에서 특정 유전자를 분리하여 다른 생물의 유전자와 조합하는 기술이다. 이는 유전자 변형 생물(LMO)을 만드는 데 활용된다.

09

바로 알기 | ⑤ 최소의 비용으로 최고의 성능과 품질을 갖추도록 만든다.

10

㉠은 '문제점 인식 및 목표 설정' 단계에 해당한다. 따라서 '컴퓨터를 휴대가 가능하도록 만들 수는 없을까?'와 같은 문제점을 인식하는 단계이다.

서술형 문제

11

모범 답안 | 생물체를 작은 세포들이 모여 이루어진 존재로 인식하게 되었다.

채점 기준	배점
생물체를 인식하는 관점이 달라진 것을 언급하여 옳게 서술한 경우	100 %

12

모범 답안 | 긍정적인 측면은 시간적 제약과 공간적 제약에서 벗어나 정보를 교류할 수 있게 된 것이다. 부정적인 측면은 인터넷으로 많은 정보를 주고 받으면서 개인 정보가 무분별하게 유출되는 것이다.

채점 기준	배점
긍정적 측면과 부정적 측면을 한 가지씩 옳게 서술한 경우	100 %
긍정적 측면과 부정적 측면 중 한 가지만 옳게 서술한 경우	50 %

1등급 백신   141쪽

13 ④	14 ②	15 ④	16 ⑤	17 ①

13

(가)는 지구 중심의 천동설, (나)는 태양 중심의 지동설이다.
바로 알기 | ㄱ. 코페르니쿠스가 주장한 가설은 태양 중심설인 (나)이다.

14

바로 알기 | ㄱ. 특정한 생물의 유용한 유전자를 다른 생물의 DNA에 끼워 넣어 재조합 DNA를 만드는 기술은 유전자 재조합 기술이다.
ㄷ. 빠르고 정확하게 질병을 예측할 수 있는 과학기술은 바이오칩이다.

15

바로 알기 | ㄱ. 나노 기술을 통해 제품의 소형화와 경량화가 가능해졌다.

16

① 경제성을 고려하여 축전지(배터리) 교체 비용을 줄이기 위해 수명이 긴 축전지를 사용한다.
② 안전성을 고려하여 소음이 거의 없는 전기 자동차의 접근을 보행자가 알 수 있도록 전기 자동차에 경보음 장치를 설치한다.
③ 편리성을 고려하여 한 번 충전하면 먼 거리를 주행할 수 있도록 용량이 큰 축전지를 사용한다.
④ 환경적 요인을 고려하여 배기가스를 배출하지 않도록 전기 에너지를 이용하는 전동기를 사용한다.
바로 알기 | ⑤ 외형적 요인을 고려하여 주요 소비자층의 취향을 분석해서 설계한다.

17

바로 알기 | ① 4차 산업 혁명으로 인해 과학기술의 영향력이 더욱 커지는 사회가 될 것이다.

단원 종합 문제 CT   142~143쪽

01 ⑤	02 ②	03 ④	04 ①	05 ①	06 ⑤
07 ①, ②	08 ②	09 ③	10 ①	11 ②	12 ⑤
13 ④	14 ③				

01

① 불을 발견하고 청동이나 철과 같은 금속을 제련할 수 있게 되었다.
② 흙을 반죽해 원하는 모양을 만든 후 불로 가열하여 토기를 만들 수 있게 되었다.
③ 불을 피워 추위로부터 몸을 보호할 수 있게 되었다.
④ 음식을 저장, 운반, 조리하여 세균에 의한 감염이 줄어들었다.
바로 알기 | ⑤ 질소 비료는 20세기 초 하버가 암모니아 합성법을 발견한 이후 생산되기 시작하였다.

02

뉴턴은 만유인력과 운동 법칙을 발견하여 자연 현상을 이해하고 그 변화를 예측할 수 있게 되었고, 패러데이는 전자기 유도 법칙을 발견하여 전기를 생산하고 활용할 수 있게 되었다. 또한 패러데이는 전자기 유도 현상을 응용하여 초기의 발전기를 만들었다.

03

ㄱ, ㄷ. 코페르니쿠스가 망원경으로 천체를 관측하여 태양 중심설(지동설)의 증거를 발견하였다. 이로 인해 우주관이 변화하였고, 경험 중심의 과학적 사고를 중시하게 되었다.
바로 알기 | ㄴ. 훅이 현미경으로 세포를 발견함으로써 생물체를 보는 관점이 달라졌다.

04

② 구텐베르크의 활판 인쇄술로 책을 대량으로 만들 수 있게 되면서 지식과 정보가 빠르게 확산되었다.

③ 종두법 발견 이후 여러 가지 백신의 개발로 소아마비와 같은 질병을 예방할 수 있게 되었다.

④ 증기 기관의 발명으로 먼 거리까지 더 많은 물건을 운반할 수 있게 되었다.

⑤ 푸른곰팡이로부터 페니실린이라는 항생제를 발견하여 결핵과 같은 질병의 치료에 사용되었다.

바로 알기 | ① 증기 기관의 발명으로 사람 대신 기계가 일을 하게 되었고, 제품의 대량 생산이 가능해졌으며, 이로 인해 농업 중심 사회에서 공업 중심 사회로 바뀌었다.

05

② 인공위성과 인터넷의 발달로 전 세계적인 네트워크가 형성되고 많은 정보를 쉽게 찾을 수 있게 되었다.

③ 인공 지능을 이용한 스피커로 음악을 재생하거나 물건을 주문하는 등에 사용할 수 있다.

④ 전화기가 발명되어 거리 제약 없이 소통이 가능해지고, 생활이 편리해졌다.

⑤ 스마트 기기를 이용하여 어디서나 정보를 검색하거나 영상을 볼 수 있게 되었다.

바로 알기 | ① 자기 공명 영상 장치(MRI) 등 첨단 의료 기기로 정밀한 진단이 가능해졌는데, 이는 의학 분야의 과학기술이 인류 문명에 미친 영향이다.

06

증기 기관의 발명으로 먼 거리까지 더 많은 물건을 운반할 수 있게 되었으며, 이는 산업 혁명의 원동력이 되었다. 증기 기관은 이후 내연 기관으로 대체되었다.

07

바로 알기 | ①, ② 과학기술의 발달로 인해 인간의 수명이 증가하는 것과 새로운 에너지 자원으로 에너지 고갈 문제가 해결되는 것은 긍정적인 영향이다.

08

① 유기 발광 다이오드(OLED)는 형광성 물질에 전류를 흘려 주면 스스로 빛을 내는 현상을 이용한 것으로, 나노 기술에 해당한다.

③ 바이오칩은 단백질, DNA 등과 같은 생물 소재와 반도체를 조합하여 제작된 칩으로, 생명 공학 기술에 해당한다.

④ 세포 융합은 생명 공학 기술에 해당한다.

⑤ 가상 현실(VR)은 가상의 세계를 시각, 청각 등 오감을 통해 현실처럼 체험하도록 하는 기술로, 정보 통신 기술에 해당한다.

바로 알기 | ② 인공 지능(AI)은 정보 통신 기술에 해당한다.

09

① 인공 지능(AI)은 기계가 인간과 같이 지능을 가지는 것이다.

② 사물 인터넷(IoT)은 모든 사물을 인터넷으로 연결하는 기술로, 사람과 사물뿐만 아니라 사물과 사물 사이에서도 정보를 주고받을 수 있다.

④ 빅데이터 기술은 매우 빠른 속도로 생산되고 있는 많은 데이터를 실시간으로 수집하고 분석하여 의미 있는 정보를 추출하는

기술이다.

⑤ 유기 발광 다이오드(OLED)는 형광성 물질에 전류를 흘려주면 스스로 빛을 내는 현상을 이용한 것이다.

바로 알기 | ③ 유전자 재조합 기술은 특정 생물의 유용한 유전자를 다른 생물의 DNA에 끼워 넣어 재조합 DNA를 만드는 기술이다. 오렌지와 귤의 장점을 모두 가진 당도를 높인 귤은 세포 융합 기술을 이용하여 만들 수 있다.

10

나노 표면 소재는 잎이 물방울에 젖지 않는 연잎 효과에서 착안하여 물에 젖지 않는 소재를 만든 것으로, 나노 기술을 활용한 것이다.

11

가상의 세계를 시각, 청각, 촉각 등 오감을 통해 마치 현실인 것처럼 체험하도록 하는 기술을 가상 현실(VR), 현실 세계에 가상의 정보가 실제 존재하는 것처럼 보이게 하는 기술을 증강 현실(AR), 빠른 속도로 생산되고 있는 데이터를 실시간으로 수집하고 분석하여 의미 있는 정보를 추출하는 기술을 빅데이터 기술이라고 한다.

12

특정한 생물의 DNA를 인위적으로 잘라 다른 생물의 DNA와 연결하는 기술은 유전자 재조합 기술이다.

13

바로 알기 | ④ 생물 소재와 반도체를 조합하여 제작된 칩은 바이오칩이다.

14

공학적 설계 과정은 문제점 인식 및 목표 설정(나) → 정보 수집 → 해결책 탐색(다) → 해결책 분석 및 결정(가) → 설계도 작성 → 제품 제작 → 평가 및 개선(라) 순이다.

서술형·논술형 문제
144쪽

01

모범 답안 | 어디서든 정보를 검색할 수 있다, 어디서든 영상을 볼 수 있다 등

채점 기준	배점
편리한 점 두 가지를 모두 옳게 서술한 경우	100 %
한 가지만 옳게 서술한 경우	50 %

02

모범 답안 | 증기 기관의 발명으로 화석 연료의 사용량이 많이 증가하였고, 이로 인해 대기 오염이나 지구 온난화 등이 발생하였다.

채점 기준	배점
환경 오염 등과 관련지어 부정적 영향을 옳게 서술한 경우	100 %

03

모범 답안 | ㄴ, ㄷ / ㄴ. 나노 기술 – 1 nm~수십 nm 사이의 크기를 조작하고 분석하는 기술, ㄷ. 생명 공학 기술 – 생명체의 특성을 활용하는 기술

해설 | ㄴ. 나노 기술은 물질이 나노미터 크기로 작아지면 물질 고유의 성질이 바뀌어 새로운 특성을 갖게 되는데, 이를 이용해 다양한 소재나 제품을 만드는 기술이다.

ㄷ. 생명 공학 기술은 생명 과학 지식을 바탕으로 생명체가 가진 특성을 연구하여 인간에게 유용하게 활용하는 기술로, 유전자 재조합, 세포 융합, 바이오 의약품, 바이오칩, 인공 장기 등이 있다.

채점 기준	배점
ㄴ과 ㄷ을 고르고, 설명을 모두 옳게 바꾸어 서술한 경우	100 %
ㄴ과 ㄷ을 골랐으나, 설명을 옳게 바꾸어 서술하지 못한 경우	30 %

04

모범 답안 | 긍정적인 영향은 인슐린이나 생장 호르몬 등 사람에게 유용한 물질을 만들 수 있게 해주었다는 것이고, 부정적인 영향은 생명을 조작하거나 복제할 수 있게 되면서 생명의 존엄성에 대한 가치관의 혼란을 야기했다는 것이다.

채점 기준	배점
긍정적인 영향과 부정적인 영향을 모두 옳게 서술한 경우	100 %
긍정적인 영향과 부정적인 영향 중 한 가지만 옳게 서술한 경우	50 %

05

모범 답안 | 농업에서 드론 사용의 장점은 고도를 일정하게 조정하여 정확한 양의 액체를 살포할 수 있으므로 살포 효율이 높아져 환경 오염을 줄이는 데 도움을 줄 수 있다는 것이고, 또 다른 활용 사례에는 미세 먼지 배출 감시, 토지 측량, 배송, 촬영, 소방, 인명 구조 등이 있다.

채점 기준	배점
드론 사용의 장점과 활용 사례를 모두 옳게 서술한 경우	100 %
드론 사용의 장점과 활용 사례 중 한 가지만 옳게 서술한 경우	50 %

06

모범 답안 | 빅데이터 기술, 매우 빠른 속도로 생산되고 있는 많은 데이터를 실시간으로 수집하고 분석하여 의미 있는 정보를 추출하는 기술이다.

채점 기준	배점
과학기술의 명칭과 그에 대한 설명을 옳게 서술한 경우	100 %
과학기술의 명칭과 그에 대한 설명 중 한 가지만 옳게 서술한 경우	50 %

07

모범 답안 | 사용이 편리한가, 외형이 아름다운가, 경제적으로 이득이 있는가, 환경 오염을 유발하지 않는가, 안전에 대비하였는가 등

채점 기준	배점
고려해야 하는 사항 두 가지를 모두 옳게 서술한 경우	100 %
고려해야 하는 사항 중 한 가지만 옳게 서술한 경우	50 %

백점 맞는
핵심노하우가
백점의 신 들어 있는
백신 과학
중등 3-2

정답과 해설 | 부록

부록 정답과 해설

5분 테스트

Ⅴ. 생식과 유전

01. 세포 분열   2쪽

1 작아, 세포 분열   2 ❶ A ❷ B ❸ C   3 서로 다르다   4 ❶ 2배
❷ 염색체 ❸ 중앙 ❹ 염색 분체 ❺ 세포질 ❻ 2   5 ❶ B ❷ H ❸ D
❹ E   6 ❶ 반으로 줄어든다 ❷ 1회 ❸ 2개 ❹ 생식세포 형성

02. 사람의 발생   3쪽

1 ❶ 머리, 꼬리, 꼬리 ❷ 세포질 ❸ 난소, 정소 ❹ 없고, 크다 ❺ 23, 23
2 ❶ 수란관 ❷ 난할 ❸ 난할, 포배 ❹ 착상   3 ㄱ, ㄹ   4 (가) ㄱ, ㄴ
(나) ㄷ, ㄹ   5 ❶ ○ ❷ × ❸ ○

03. 멘델의 유전 원리   4쪽

1 ❶ 표현형 ❷ 대립 형질 ❸ 잡종   2 쉽고, 짧으며, 많기   3 ❶ ○
❷ × ❸ × ❹ ○   4 독립   5 둥글, 노란색, RrYy   6 ❶ ○ ❷ ×
❸ ○   7 9, 3, 3, 1

04. 사람의 유전   5쪽

1 길며, 적고, 불가능   2 가계도   3 1란성   4 ❶ ○ ❷ × ❸ ○
❹ ○ ❺ ×   5 4, 6   6 A형, B형   7 ❶ ○ ❷ ○ ❸ × ❹ ○

Ⅵ. 에너지 전환과 보존

01. 역학적 에너지 전환과 보존   6쪽

1 운동 에너지   2 ❶ ○ ❷ × ❸ ○   3 ㄴ - ㄱ - ㄷ   4 ❶ 위치 ❷ 크다
❸ 운동   5 ❶ B ❷ B

02. 전기 에너지의 발생과 전환   7쪽

1 전자기 유도   2 유도 전류   3 ❶ ○ ❷ ○ ❸ × ❹ ○   4 발전기
5 역학적, 전기   6 ❶ ㄱ ❷ ㄴ, ㄹ, ㅇ ❸ ㄷ, ㅁ ❹ ㅂ, ㅅ   7 1초,
W(와트), kW(킬로와트)   8 전력량, Wh(와트시), kWh(킬로와트시)
9 ❶ 전기 에너지 ❷ 소비 전력   10 많다

Ⅶ. 별과 우주

01. 별까지의 거리   8쪽

1 시차   2 멀, 가까울   3 6, $\frac{1}{2}$ 4 반비례, 100, 작아   5 ″(초)
6 ❶ 0.4″ ❷ 0.2″ ❸ 5 pc   7 ㄱ, ㄴ   8 ❶ C ❷ B ❸ 4

02. 별의 성질   9쪽

1 밝게   2 거리²   3 2.5, 100   4 작을   5 7   6 ❶ ○ ❷ ○ ❸ ○
7 3   8 ❶ B - A - E - C - D ❷ A - C - B - D - E ❸ B, E
❹ A, C   9 표면 온도   10 ❶ A ❷ B - D - C - A

03. 은하와 우주   10쪽

1 ❶ 8500 ❷ 30000   2 은하수, 여름, 중심   3 ❶ × ❷ × ❸ ○
❹ ○   4 ❶ 암 ❷ 암 ❸ 반 ❹ 방   5 팽창   6 ❶ ○ ❷ ○
7 (나) - (가) - (다)

Ⅷ. 과학기술과 인류 문명

01. 과학기술과 인류 문명   11쪽

1 불   2 현미경   3 전자기 유도 법칙   4 ❶ × ❷ ○ ❸ ○ ❹ ×
5 (가) : ㄷ, ㄹ, ㅁ (나) : ㄱ, ㄴ, ㅂ   6 나노 기술   7 생명 공학, 유전
자 재조합   8 ㉠ 정보 수집 ㉡ 설계도 작성 ㉢ 평가 및 개선

서술형·논술형 평가

Ⅴ. 생식과 유전

01 세포 분열 ~ 02 사람의 발생   12쪽

1
모범 답안 | (1)   (2)

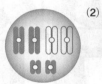

2
모범 답안 | (1) 반으로 줄어든다.
(2) 핵막이 뚜렷하고, 유전 물질이 복제되어 DNA의 양이 두 배
로 증가한다.
(3) 핵막이 사라지고, 상동 염색체가 결합하여 2가 염색체가 형성
된다.
(4) 방추사가 부착된 2가 염색체가 세포 중앙에 배열된다.
(5) 상동 염색체가 분리되어 각 염색체가 세포 양 끝으로 이동한다.
(6) 핵막이 나타나고, 세포질이 분열하여 2개의 딸세포를 형성한다.
(7) 변화 없다.
(8) 유전 물질의 복제 없이 감수 2분열 전기가 시작되어 핵막이 사라
진다.
(9) 염색체가 세포 중앙에 배열된다.
(10) 염색 분체가 분리되어 방추사에 의해 세포 양 끝으로 이동한다.
(11) 핵막이 나타나고, 세포질 분열이 시작된다.
(12) 생식세포
(13) 4개의 딸세포가 생성되어 정자 또는 난자가 된다.

3
모범 답안 | 수정 후 8주까지는 대부분의 기관이 형성되고 이후 기
관이 발달하게 되므로 기형 유발 물질에 민감하다. 따라서 이 시
기에는 음주, 흡연, 약물 복용 등에 특히 주의해야 한다.

03 멘델의 유전 원리

1

모범 답안 | (1) 특정 형질에 대한 한 쌍의 유전 인자가 서로 다르면 그중 하나는 표현되고, 다른 하나는 표현되지 않는다.

(2) 한 쌍의 유전 인자는 생식세포를 형성할 때 분리되어 각각 다른 생식세포로 나뉘어 들어가고, 생식세포를 통해 자손에게 전달된 유전 인자는 다시 쌍을 이룬다.

(3) 두 쌍 이상의 대립 형질이 동시에 유전될 때, 한 형질을 나타내는 유전자 쌍은 다른 형질을 나타내는 유전자 쌍에 영향을 받지 않고 독립적으로 유전된다.

2

모범 답안 | (1)

생식세포	RY	Ry	rY	ry
RY	RRYY	RRYy	RrYY	RrYy
Ry	RRYy	RRyy	RrYy	Rryy
rY	RrYY	RrYy	rrYY	rrYy
ry	RrYy	Rryy	rrYy	rryy

(2) 둥글고 노란색 : 둥글고 초록색 : 주름지고 노란색 : 주름지고 초록색=9 : 3 : 3 : 1

(3) 모양과 색깔을 나타내는 유전자가 서로 다른 상동 염색체에 있어야 한다.

(4) 300개, 주름지고 노란색인 완두 개수

$$=잡종 2대의 총 개수 \times \frac{3(주름지고 노란색)}{16(둥 \cdot 노 + 둥 \cdot 초 + 주 \cdot 노 + 주 \cdot 초)}$$

$$=1600 \times \frac{3}{16} = 300(개)이다.$$

(5) 1500개, 노란색 완두 : 초록색 완두=3 : 1이므로 노란색 완두의 개수=잡종 2대의 총 개수 $\times \dfrac{3(노란색)}{4(노란색 + 초록색)}$

$$=2000 \times \frac{3}{4} = 1500(개)이다.$$

해설 | (3) 독립의 법칙은 두 쌍 이상의 대립 형질이 동시에 유전될 때 각각의 형질을 나타내는 유전자가 다른 유전자에 영향을 주지 않고 독립적으로 유전된다는 것이다. 이 법칙이 성립되기 위해서는 모양과 색깔을 나타내는 유전자가 서로 다른 상동 염색체에 있어야 한다. 두 유전자가 같은 염색체에 있으면 생식세포를 형성할 때 함께 이동하기 때문에 각각 독립적으로 유전될 수 없다.

3

모범 답안 | (1) 붉은색 분꽃 대립유전자(R)와 흰색 분꽃 대립유전자(W) 사이의 우열 관계가 뚜렷하지 않기 때문이다.

(2) 25 %, RW×RW → RR, 2RW, WW이므로 흰색 분꽃(WW)이 나타날 확률은 $\dfrac{1}{4} \times 100 = 25$ %이다.

04 사람의 유전

1

모범 답안 | (1) 혀 말기가 가능한 형질, 혀 말기가 가능한 형질을 가진 1과 2 사이에서 혀 말기가 불가능한 형질을 가진 6이 태어났기 때문에 혀 말기가 가능한 형질이 우성이다.

(2) 상염색체

(3) 가족의 혀 말기 유전자형

가족	1	2	3	4	5	6	7	8
유전자형	Aa	Aa	AA/Aa	aa	AA/Aa	aa	Aa	Aa

(4) 7은 4로부터, 8은 6으로부터 혀 말기가 불가능한 대립유전자를 물려받았다.

(5) 50 %, 8의 유전자형은 Aa이고, 혀 말기가 불가능한 남자의 유전자형은 aa이므로, Aa×aa → Aa, aa이다. 따라서 태어난 자손이 혀 말기가 가능할 확률은 $\dfrac{1}{2} \times 100 = 50$ %이다.

2

모범 답안 | (1) A형, B형, AB형, O형 / B형(6)과 A형(7) 사이에서 O형인 8이 태어났으므로 6과 7의 유전자형은 각각 BO(6), AO(7)이다. 따라서 6과 7 사이에서 태어나는 자손이 가질 수 있는 유전자형은 BO(6)×AO(7) → AO, BO, AB, OO이므로 A형, B형, AB형, O형이 모두 태어날 수 있다.

(2) 25 %, 6과 7 사이에서는 A형, B형, AB형, O형이 모두 태어날 수 있으므로 3과 같은 AB형일 확률은 $\dfrac{1}{4} \times 100 = 25$ %이다.

3

모범 답안 | 귓속털 과다증 대립유전자는 Y 염색체에 있으므로 Y 염색체가 없는 여자에게는 나타나지 않고 Y 염색체를 가진 남자에게만 나타난다.

01 역학적 에너지 전환과 보존

1

모범 답안 | 역학적 에너지는 물체의 위치 에너지와 운동 에너지의 합으로, 운동하는 물체의 높이가 변할 때 위치 에너지가 운동 에너지로, 또는 운동 에너지가 위치 에너지로 서로 전환된다. 따라서 공기 저항이나 마찰을 무시할 때 운동하는 물체의 역학적 에너지는 항상 일정하게 보존되므로, A → B 구간과 B → C 구간을 지날 때 롤러코스터의 역학적 에너지는 항상 일정하다.

2

모범 답안 | 7 m/s, B점에서 공의 운동 에너지는 A점에서 B점까지 낙하하는 동안 감소한 위치 에너지와 같다. 공이 2.5 m를 낙하하였으므로, 감소한 위치 에너지는 (9.8×4) N×2.5 m=98 J 이다.

운동 에너지는 $\frac{1}{2} \times$ 질량 $\times$ 속력^{2}이고 B점에서 공의 운동 에너지는 98 J이므로, $\frac{1}{2} \times 4\,kg \times$ 속력$^2 = 98\,J$에서 공의 속력은 7 m/s이다.

3

모범 답안 | 117.6 J, B점과 C점에서의 운동 에너지 차이는 감소한 위치 에너지 차이와 같다. 따라서 B점과 C점에서의 운동 에너지 차이는 $(9.8 \times 2)\,N \times (9-3)\,m = 117.6\,J$이다.

4

모범 답안 | 100 J, 공기 저항을 무시할 때 역학적 에너지는 항상 일정하게 보존되므로 O점에서 공의 역학적 에너지는 처음 위치인 A점에서의 역학적 에너지, 즉 A점에서 공의 운동 에너지와 같다. 따라서 $\frac{1}{2} \times 0.5\,kg \times (20\,m/s)^2 = 100\,J$이다.

Ⅵ. 에너지 전환과 보존
02 전기 에너지의 발생과 전환　　16쪽

1

모범 답안 | 킥보드의 바퀴를 굴리면 고정된 영구 자석 주위에 감겨져 있는 코일과 발광 다이오드가 함께 돌아간다. 이때 코일에는 전자기 유도에 의해 유도 전류가 흐르게 되어, 발광 다이오드에 불이 켜지면서 바퀴 전체에 불이 들어오게 된다.

2

모범 답안 | 바람이 불 때 바람의 역학적 에너지에 의해 풍력 발전기의 날개가 회전하면 발전기 내부에 있는 기어 박스의 기어가 회전한다. 기어가 회전하면서 발전기의 코일을 빠르게 회전시키면 유도 전류가 발생하여 전기 에너지가 생산된다.

3

(1) 답 | 40개

(2) 모범 답안 | 6840 Wh, 하루 동안 사용한 전기 에너지의 총량은 전력량이며, 전력량은 소비 전력×사용 시간×개수로 구할 수 있다. 따라서 이 가정에서 하루 동안 사용한 전기 에너지의 총량은 $(120\,W \times 3\,h \times 2) + (200\,W \times 2\,h \times 1) + (500\,W \times 2\,h \times 2) + (170\,W \times 4\,h \times 1) + (40\,W \times 7\,h \times 8) + (1600\,W \times 0.5\,h \times 1) = 6840\,Wh$이다.

Ⅶ. 별과 우주
01 별까지의 거리 ~ 02 별의 성질　　17쪽

1

모범 답안 | 공전 궤도 반지름이 커지면 연주 시차도 커지므로 토성에서 이 별의 연주 시차를 관측하면 0.1″보다 크다.

2

모범 답안 | 두 눈을 통해 물체를 보면 시차가 생긴다. 이때 사람들은 시차의 크고 작은 정도로부터 거리감을 느낄 수 있는데, 한쪽 눈으로 물체를 보면 시차가 생기지 않기 때문에 원근감을 느끼지 못한다.

3

모범 답안 | 빛의 밝기는 거리의 제곱에 반비례하기 때문에 멀리 있는 가로등일수록 우리 눈에는 가로등 불빛의 밝기가 어둡게 보인다.

4

모범 답안 | 달궈진 쇠의 색깔을 관찰하여 온도를 알아냈을 것이다. 별은 표면 온도가 높을수록 청색을 띠며, 표면 온도가 낮을수록 적색을 띤다. 빛을 내는 천체인 별의 색깔이 표면 온도에 따라 다르게 나타나는 것처럼 빛을 내는 물체는 온도에 따라 색깔이 달라진다.

Ⅶ. 별과 우주
03 은하와 우주　　18쪽

1

모범 답안 | (가) 산개 성단, (나) 구상 성단 / 산개 성단(가)은 주로 우리은하의 나선팔에 위치하며, 구상 성단(나)은 주로 우리은하 중심부와 구 모양의 공간에 위치한다.

2

모범 답안 | 반사 성운은 성간 물질이 주위에 있는 별의 별빛을 반사하여 밝게 보인다.

3

모범 답안 | 우주는 팽창하며, 팽창하는 우주에는 중심을 정할 수 없고, 우주의 어느 지점에서 관측하더라도 모든 은하들이 관측자로부터 멀어진다는 것을 의미한다.

4

모범 답안 | (나), 우주 망원경(나)은 지구 밖의 우주에서 천체를 관측하므로 지구 대기의 영향을 받지 않아 지상에서 관측하는 전파 망원경(가)보다 더 선명한 천체의 상을 얻을 수 있다.

Ⅷ. 과학기술과 인류 문명
01 과학기술과 인류 문명　　19쪽

1

모범 답안 | 금속이나 철제 농기구를 사용함으로써 경작할 수 있는 토지가 넓어지고, 농산물의 생산량이 증가하여 인류의 생활 수준이 향상되었다. 또한, 이로 인해 계급이 등장하는 등 사회 체제에도 변화가 일어나게 되었다.

2

모범 답안 | 백열 전구가 도입되면서 밤에도 자유롭게 활동할 수 있게 되었고, 하루 동안의 활동 시간이 늘어나는 등 우리 생활에 많은 편의를 제공하였다. 또한, 근대화와 산업화를 일으켜 현대 문명의 바탕이 되었다.

3

모범 답안 | 항생제로 결핵과 같은 질병 치료가 가능해졌고, 이로 인해 질병으로 인한 사망률이 급격하게 줄어들어 인간의 수명이 길어지고, 인구가 증가하게 되었다.

4

모범 답안 | 과학기술의 발달로 에너지가 고갈되고, 환경이 오염되며, 사생활 침해와 같은 사회적 문제가 발생하기도 한다. 또한 유전자 조작에 따른 윤리적 문제가 제기될 수 있으며, 유전자 변형 생물이 생태계를 파괴할 수 있다.

창의적 문제 해결 능력

V. 생식과 유전

마인드맵 그리기	20~21쪽

❶ 체세포 ❷ 핵 ❸ 동물 ❹ 식물 ❺ 세포질 ❻ 생식세포 ❼ 반감 ❽ 일정 ❾ 정자 ❿ 난자 ⓫ 배란 ⓬ 수정 ⓭ 난할 ⓮ 착상 ⓯ 우열의 원리 ⓰ 분리의 법칙 ⓱ 독립의 법칙 ⓲ 가계도 ⓳ 상 ⓴ 분리 ㉑ 한 쌍 ㉒ 성 ㉓ 반성 ㉔ 남녀 ㉕ X

VI. 에너지 전환과 보존

01 역학적 에너지 전환과 보존~ **02 전기 에너지의 발생과 전환**	22쪽

1

모범 답안 | 롤러코스터는 A점에서 출발한 후 내려가면서 위치 에너지가 감소하고 감소한 위치 에너지는 운동 에너지로 전환된다. 공기 저항이나 마찰을 무시할 때 역학적 에너지가 보존되므로, A점의 위치 에너지가 B점에서 모두 운동 에너지로 전환된다. 롤러코스터가 B점에서 C점으로 다시 올라가는 동안에는 높이가 높아지므로 운동 에너지가 위치 에너지로 전환된다. 이때 역학적 에너지는 A점의 위치 에너지와 같으므로 B점의 운동 에너지가 모두 위치 에너지로 전환되어도 롤러코스터는 A점과 같은 높이까지만 올라갈 수 있다. 따라서 C점을 지나기 위해서는 롤러코스터가 처음 출발하는 A점을 C점보다 높게 설계해야 하며, C점을 통과해야 D점에 도달한다.

2

모범 답안 | (가) 스키점프 선수가 경사면의 높은 곳에서 내려올 때 위치 에너지가 운동 에너지로 전환되면서 속력이 점점 빨라진다. 그리고 경사면 아래의 도약대에 도달한 후, 운동 에너지가 다시 위치 에너지로 전환되면서 높은 곳까지 올라간다. 그 후 다시 낙하하면서 위치 에너지가 운동 에너지로 전환되며 먼 곳까지 날아가 땅에 착지한다. 즉, 스키점프 선수의 역학적 에너지는 위치 에너지 → 운동 에너지 → 위치 에너지 → 운동 에너지 순으로 전환된다.
(나) 장대높이뛰기 선수가 도약을 하기 위해 달려갈 때 운동 에너지가 장대를 휘게 하여 장대의 탄성력에 의해 높이 올라가면서 위치 에너지로 전환된다. 그리고 선수가 목표물을 넘은 후 위치 에너지가 운동 에너지로 전환되며 매트에 착지한다. 즉, 장대높이뛰기 선수의 역학적 에너지는 운동 에너지 → 위치 에너지 → 운동 에너지 순으로 전환된다.

3

모범 답안 | 장풍이네가 다음 날 같은 시각까지 24시간 동안 사용한 전력량은 $1615.0 \text{ kWh} - 1583.5 \text{ kWh} = 31.5 \text{ kWh}$이다. 냉장고의 전력량은 $1200 \text{ W} \times 24 \text{ h} = 28.8 \text{ kWh}$, 진공 청소기의 전력량은 $600 \text{ W} \times 1 \text{ h} = 0.6 \text{ kWh}$, 세탁기의 전력량은 $300 \text{ W} \times 3 \text{ h} = 0.9 \text{ kWh}$이므로, 텔레비전의 전력량은 $31.5 \text{ kWh} - (28.8 \text{ kWh} + 0.6 \text{ kWh} + 0.9 \text{ kWh}) = 1.2 \text{ kWh}$이다. 따라서 $1.2 \text{ kWh} = 200 \text{ W} \times$ 사용 시간에서 텔레비전의 사용 시간은 6시간이다.

VI. 에너지 전환과 보존

마인드맵 그리기	23쪽

❶ 최대 ❷ 최소 ❸ 최소 ❹ 최대 ❺ 위치 에너지 ❻ 운동 에너지 ❼ $9.8mh$ ❽ $9.8mh$ ❾ 0 ❿ 0 ⓫ 전자기 유도 ⓬ 유도 전류 ⓭ 흐름 ⓮ 흐르지 않음 ⓯ 흐름 ⓰ 보존 ⓱ 1초 ⓲ 전기 에너지 ⓳ 시간 ⓴ 소비 전력

VII. 별과 우주

01 별까지의 거리~03 은하와 우주	24쪽

1

모범 답안 | 달리는 버스 안의 관측자가 두 지점에서 바라본 집과 산의 겉보기 방향 변화가 다르기 때문이다. 가까운 거리의 집은 먼 거리에 있는 산에 비해 겉보기 방향 변화가 크게 나타나기 때문에 더 빨리 멀어지는 것처럼 보인다.

2

모범 답안 | C - B - D - A, 별의 표면 온도가 높으면 파장이 짧은 청색 빛을 더 많이 방출하므로 청색을 띠고, 표면 온도가 낮으면 파장이 긴 적색 빛을 더 많이 방출하므로 적색을 띤다.

3

모범 답안 | ㉣, 은하수에서 A 부분이 어두운 까닭은 암흑 성운과 성간 물질이 뒤쪽에서 오는 별빛을 차단하여 관측되지 않기 때문이다.

Ⅶ. 별과 우주
마인드맵 그리기 25쪽

❶ 연주 시차 ❷ $\frac{1}{2}$ ❸ 반비례 ❹ 겉보기 등급 ❺ 절대 등급 ❻ 높다
❼ 낮다 ❽ 산개 ❾ 구상 ❿ 빠르게 ⓫ 우주 탐사

탐구 보고서 작성

Ⅴ. 생식과 유전
01 세포 분열 26쪽

결과 | 1. (1) 24 (2) 48 2. B
정리 | 모범 답안
1. 한 변의 길이가 2 cm인 A 조각이 한 변의 길이가 1 cm인 B 조각보다 표면에서 중심까지의 거리가 더 멀기 때문이다. 색소의 확산 속도는 A와 B에서 동일하지만, 표면에서 중심까지 가장 짧은 거리는 A가 1 cm이고, B는 0.5 cm이다. 색소가 같은 시간 동안 0.5 cm를 확산하여 이동했다면, A의 중심까지는 이동하지 못하지만 B의 중심까지는 이동할 수 있다.
2. 우무 조각을 세포라고 가정한다면 붉은색 색소는 생명 활동에 필요한 영양소라고 할 수 있고, 붉은색 색소가 퍼지는 것은 세포막에서 일어나는 물질 교환을 의미한다.
3. 세포의 크기가 커질수록 표면적이 커지는 비율이 부피가 커지는 비율보다 작아 물질 교환에 불리해진다.

Ⅴ. 생식과 유전
03 멘델의 유전 원리 27쪽

결과 | (1) 우성 (2) 열성 (3) 우성 (4) 우성 (5) 우성 (6) 우성 (7) 우성 (8) 열성 (9) 우성 (10) 우성 (11) 열성 (12) 우성 (13) 우성 (14) 열성 (15) 우성 (16) 우성 (17) 우성 (18) 우성 (19) 우성 (20) 열성
정리 | 모범 답안
1. 생식세포가 만들어질 때 특정 형질을 결정하는 대립유전자가 각 생식세포로 나뉘어 들어가는 과정을 표현한 것이다. 즉, 멘델의 유전 원리 중 분리의 법칙을 의미한다.
2. 유전자형의 비는 AA : Aa : aa=1 : 2 : 1이고, 표현형의 비는 우성 형질 : 열성 형질=3 : 1로 나타난다.

Ⅵ. 에너지 전환과 보존
01 역학적 에너지 전환과 보존 28쪽

결과 | 4. 운동, 위치 5. 일정
정리 | 모범 답안
1. 공이 A점에서 B점으로 이동하는 동안 운동 에너지는 감소하고, 감소한 운동 에너지만큼 위치 에너지는 증가한다.

2. C점에서는 위치 에너지만 존재하므로, 위치 에너지와 운동 에너지의 합인 역학적 에너지는 $9.8mh$이다. 따라서 $(9.8×0.05) N×1 m=0.49 J$이다.
3. 공기 저항을 무시할 때, 공의 위치 에너지와 운동 에너지의 합인 역학적 에너지는 항상 일정하게 보존되므로 A점에서 C점까지 공의 역학적 에너지는 모두 변하지 않고 일정하다.

Ⅵ. 에너지 전환과 보존
02 전기 에너지의 발생과 전환 29쪽

결과 | 1. > 2. ① → ② → ③ → ④ → ⑤
정리 | 모범 답안
1. 코일을 감은 플라스틱 관 (나)의 내부로 자석을 떨어뜨리면 자석이 떨어지는 동안 코일에 전자기 유도가 나타난다. 이로 인해 떨어지는 자석의 역학적 에너지의 일부가 코일에 유도되는 전기 에너지의 형태로 전환되어 역학적 에너지가 감소하게 된다. 따라서 플라스틱 관 (나)의 자석이 떨어지는 속도가 더 느리다.
2. 코일을 감은 플라스틱 관 (나)의 내부로 자석이 떨어지는 동안 낙하 경로를 따라 코일에 차례로 전자기 유도가 나타나 유도 전류가 흐르게 된다. 따라서 자석이 플라스틱 관 내부로 떨어지는 동안 유도 전류에 의해 가장 위에 있는 ①번 발광 다이오드부터 순서대로 불이 켜지게 된다.

Ⅶ. 별과 우주
02 별의 성질 30쪽

결과 | (1) 24 (2) 36
정리 | 모범 답안
1. 모눈종이와 휴대 전화 사이의 거리가 2배, 3배로 멀어질수록 빛을 받는 넓이는 4배, 9배가 된다.
2. 휴대 전화에서 나온 빛은 사방으로 퍼지기 때문에 휴대 전화가 모눈종이에서 멀어질수록 단위 면적당 빛의 밝기는 점점 더 어두워진다.

Ⅶ. 별과 우주
03 은하와 우주 31쪽

결과 | 2. 멀어 3. C, B
정리 | 모범 답안
1. 풍선 표면의 팽창을 우주 팽창에 비유한다면 풍선 표면은 우주, 붙임딱지는 은하를 의미한다.
2. 늘어난 거리가 A와 C 사이에서 가장 크게 나타나는 것은 거리가 먼 은하일수록 더 빠른 속도로 멀어지는 것을 의미한다.
3. 풍선이 팽창하여 붙임딱지 사이의 거리가 멀어지는 것은 우주 공간이 팽창하여 은하 사이의 거리가 멀어지는 것을 의미하며, 붙임딱지 A, B, C가 서로 멀어지는 것은 팽창하는 우주의 중심을 정할 수 없다는 것을 의미한다.

Ⅴ. 생식과 유전

O1 세포 분열

학교 시험 문제   35~36쪽

O1 ⑤	O2 ③	O3 ②	O4 ④
O5 ②, ④	O6 ②	O7 ④	O8 ①, ④
O9 ②	10 ①	11 ⑤	12 ④

O1

자료 해석 | 세포 분열을 하는 까닭

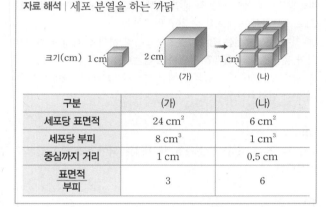

구분	(가)	(나)
세포당 표면적	24 cm²	6 cm²
세포당 부피	8 cm³	1 cm³
중심까지 거리	1 cm	0.5 cm
표면적/부피	3	6

① (가)의 1개 세포와 (나)의 8개 세포 전체는 부피가 같다.
② (가)를 자른 단면에는 색소가 중심까지 들어가지 못하여 흰색 부분이 존재한다.
③ 빨간색 부분은 실제 세포에서 외부와 물질 교환이 일어난 부분을 나타낸 것이다.
④ (가)의 세포당 표면적은 $4 \times 6 = 24$ cm², (나)의 세포당 표면적은 $1 \times 6 = 6$ cm²이다.
바로 알기 | ⑤ 실험 결과 부피에 대한 표면적의 비가 클수록 세포의 물질 교환이 잘 일어난다는 것을 알 수 있다.

O2

자료 해석 | 남자의 염색체

- 22쌍의 상염색체
- 1쌍의 성염색체 : A는 X 염색체, B는 Y 염색체이다.

• 남자의 성염색체 중 X 염색체는 어머니, Y 염색체는 아버지에게서 물려받는다.

① X, Y 염색체가 관찰되므로 남자의 염색체이다.
②, ⑤ 정상인 사람의 경우 체세포에는 각각 22쌍(44개)의 상염색체와 1쌍(2개)의 성염색체가 있으므로 총 염색체 수는 46개이다.

④ 어머니로부터 22개의 상염색체와 성염색체 X 1개를 물려받으므로 총 23개의 염색체를 물려받았다.
바로 알기 | ③ 사람의 성염색체 중 Y 염색체는 남자만 가지고 있는 염색체로 아버지의 Y 염색체가 아들인 자손에게 전달되며, X 염색체는 어머니에게서 물려받은 염색체이다.

O3

자료 해석 | 염색체와 상동 염색체

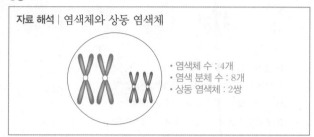

- 염색체 수 : 4개
- 염색 분체 수 : 8개
- 상동 염색체 : 2쌍

세포 분열 전기에는 2개의 염색 분체로 된 염색체가 발견되고, 2개의 모양과 크기가 같은 염색체는 서로 상동 염색체 관계이다.

[O4~O5]

자료 해석 | 체세포 분열 관찰 실험

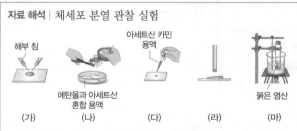

- 순서 : (나) → (마) → (다) → (가) → (라)
- (나) 고정 : 에탄올과 아세트산을 섞은 용액으로 양파 뿌리의 체세포를 살아 있던 상태 그대로 정지시킨다.
- (마) 해리 : 조직을 연하게 만들어 처리가 쉽게 한다.
- (다) 염색 : 아세트산 카민 용액은 핵을 붉게 염색시킨다.
- (가) 분리 : 세포들이 겹겹이 쌓이지 않도록 분리해 준다.
- (라) 압착 : 세포를 얇게 펴주고 덮개 유리 속으로 공기가 들어가지 않도록 압착해 준다.

O4

(나)에서 먼저 세포를 살아 있는 상태로 고정하고, (마)와 같이 세포를 처리하기 쉽게 묽은 염산에 넣어 물중탕한 후, (다)처럼 아세트산 카민과 같은 염색액으로 핵과 염색체를 염색해 준다. 그 후에 해부 침으로 세포를 분리시키는 (가) 과정을 거친 후 덮개 유리로 덮고, (라)와 같이 고무 달린 연필 같은 것으로 두드려 세포를 얇게 펴고, 덮개 유리 안의 공기를 빼준다.

O5

② 에탄올과 아세트산 용액을 이용하여 세포가 생명 활동(세포 분열)을 멈추고 살아 있을 때의 모습을 유지하도록 고정한다.
④ 세포를 명확하게 관찰하기 위해 세포를 한 층으로 얇게 편 후 납작하게 하는 과정이다.
바로 알기 | ① 해부 침은 세포벽을 제거하기 위한 용도가 아니라 세포가 겹겹이 쌓이면 현미경으로 관찰 시 잘 보이지 않기 때문에 세포를 따로 분리시켜 주는 것이다.
③ 아세트산 카민 용액은 세포의 핵과 염색체를 붉게 염색한다.

⑤ 묽은 염산에 담가 물중탕하는 것은 조직을 연하게 만들어 세포가 잘 분리되도록 하기 위한 것이다.

06

자료 해석 | 동물의 체세포 분열

상동 염색체

(가)　(나)　(다)　(라)　(마)

- (가) 간기 : 유전 물질 복제
- (나) 전기 : 핵막이 사라짐, 염색체 등장
- (다) 중기 : 염색체가 세포 중앙에 배열
- (라) 후기 : 염색체가 염색 분체로 나누어져 양쪽 끝으로 이동
- (마) 말기 : 염색체가 실처럼 풀어짐, 핵막 생성, 세포질 분열

① 간기는 유전 물질의 복제, 세포 생장이 일어나는 등 세포 분열을 준비하는 시기이다.
③ 말기 때에는 세포 분열 시 사라졌던 핵막이 다시 생성된다.
④ 체세포 분열은 한 번의 분열로 두 개의 딸세포가 만들어진다.
⑤ 식물 세포의 경우 생장점이나 형성층과 같은 특정 부위에서만 체세포 분열이 활발하게 일어난다.
바로 알기 | ② 체세포 분열에서 염색체의 수는 변화가 없다.

07

자료 해석 | 세포질 분열

(가)　(나)

- (가) : 세포막이 세포 안으로 밀려 들어와 세포질이 나뉜다. ➡ 동물 세포
- (나) : 세포판이 안쪽에서 바깥쪽으로 형성되어 세포질이 나뉜다. ➡ 식물 세포

④ 식물 세포(나)는 중앙에서 세포판이 형성되어 세포 안쪽에서 바깥쪽으로 자라면서 세포질 분열이 일어난다.
바로 알기 | ① 세포질 분열은 세포 분열 말기에 관찰된다.
② (가)는 동물 세포, (나)는 식물 세포의 세포질 분열이다.
③ 동물 세포(가)는 세포질이 밖에서 안쪽으로 밀려 들어와 나뉜다.
⑤ 세포질 분열은 핵분열이 일어난 후 일어난다.

[08~10]

자료 해석 | 감수 분열

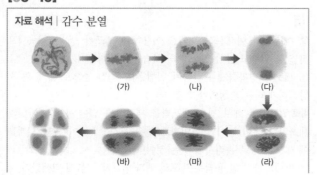

(가)　(나)　(다)

(바)　(마)　(라)

- 감수 1분열
(가) 중기 : 2가 염색체가 중앙에 배열
(나) 후기 : 상동 염색체가 분리되어 양쪽 끝으로 이동
(다) 말기 : 2개의 딸세포 생성, 세포질 분열
- 감수 2분열
(라) 전기 : 1분열 이후 간기를 거치지 않고 바로 전기 시작
(마) 중기 : 염색체가 중앙에 배열
(바) 후기 : 염색 분체가 분리되어 세포 양쪽 끝으로 이동

08

① 감수 1분열 전기에 2가 염색체가 형성되고, 감수 1분열 중기에 세포가 중앙에 배열되므로, 2가 염색체를 관찰할 수 있다.
④ 감수 2분열 중기에는 염색체가 세포의 중앙에 배열한다.
바로 알기 | ② 동물 세포의 분열 과정이므로, 세포질이 밖에서 안으로 오므라들어 세포질 분열이 일어난다.
③ 감수 분열에서는 감수 1분열과 2분열 사이에 간기를 거치지 않아 유전 물질의 복제가 일어나지 않는다.
⑤ 감수 2분열에서는 염색 분체의 분리가 일어나기 때문에 염색체 수가 반감되지 않는다.

09

감수 1분열 후기(나)에 상동 염색체가 분리되어 세포 양쪽 끝으로 이동한다.

10

① 사람의 생식 기관인 난소나 정소에서는 생식세포를 만드는 감수 분열이 일어난다.
바로 알기 | ②, ③, ⑤ 체세포 분열이 일어나는 장소이다.

[11~12]

자료 해석 | 체세포 분열과 감수 분열

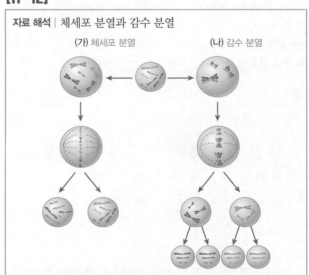

(가) 체세포 분열　(나) 감수 분열

11

① 2가 염색체는 감수 분열에서만 볼 수 있는 특징이다.
②, ④ 체세포 분열에서는 1번의 분열로 2개의 딸세포가 형성되고, 감수 분열에서는 2번의 연속적인 분열로 4개의 딸세포가 형성된다.

③ 감수 분열에서는 세포당 염색체 수가 모세포의 절반이 되는 반면 체세포 분열에서는 염색체 수가 변함없다.

바로 알기 | ⑤ 체세포 분열의 결과 다세포 생물의 경우에는 생장, 재생, 단세포 생물의 경우에는 생식이 일어나며, 감수 분열의 결과 생식세포가 형성된다.

12

체세포 분열이 두 번 일어나면 염색체 수가 같은 4개의 딸세포가 형성된다. 생성된 각각의 딸세포들이 한 번의 감수 분열을 거치면 각 세포마다 4개의 딸세포가 형성되므로, 총 16개의 딸세포가 형성된다. 감수 분열에 의해 염색체 수는 반감되므로 딸세포의 염색체 수는 12개이다.

02 사람의 발생

학교 시험 문제
38쪽

| 01 ①, ⑤ | 02 ③ | 03 ③ | 04 ③ |
| 05 ④ | 06 ② | | |

01

A는 정자의 머리, B는 정자의 꼬리, C는 난자의 세포질, D는 난자의 핵이다.

② 정자의 머리(A)에 들어 있는 핵과 난자의 핵(D)에는 유전 물질이 들어 있다.

③ 난자의 세포질(C)에는 발생에 필요한 많은 양의 양분이 저장되어 있다.

④ 정자는 운동을 할 수 있는 꼬리(B)를 이용하여 난자를 향해 이동한다.

바로 알기 | ① 난자의 세포질에는 많은 양의 양분이 저장되어 있어 난자는 정자에 비해 크기가 크다.

⑤ 정자와 난자의 염색체 수는 각각 23개로, 정자와 난자가 결합하여 형성된 수정란의 염색체 수는 46개이다.

02

③ 난할은 수정란 초기 세포 분열로, 세포의 크기는 거의 자라지 않으면서 세포 분열을 빠르게 반복한다.

바로 알기 | ① 난소에서 난자가 배출되는 현상은 배란이다.

② 배란된 난자와 정자가 수란관에서 만나 결합하는 과정은 수정이다.

④ 수정란이 난할을 거쳐 자궁 안쪽 벽에 파묻히는 현상은 착상이다.

⑤ 수정 후 38주(약 266일)가 지나 태아가 모체 밖으로 나오는 현상은 출산이다.

03

> **자료 해석 | 수정과 임신**
>
>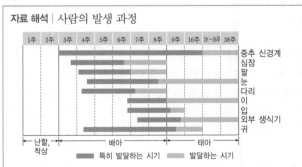
>
> • 배란(A) : 난소에서 난자를 수란관으로 배출한다.
> • 수정(B) : 수란관 상단부에서 정자와 난자가 만나 수정이 이루어진다.
> • 수정란은 자궁으로 이동하며, 난할을 거듭한다.
> • 착상(C) : 자궁에 도착한 수정란은 포배 상태로 자궁 내막에 파묻힌다.

ㄱ. 배란(A)은 난자가 난소에서 수란관으로 배출되는 현상이다.

ㄴ. 수정(B)부터 착상(C)까지는 약 5일~7일이 소요된다. 이 기간 동안 수정란은 난할을 반복하며, 자궁에 포배 상태로 착상된다.

바로 알기 | ㄷ. C가 착상이며, 착상 이후부터를 임신이라고 말한다.

04

바로 알기 | ① 난할은 수정란 초기의 세포 분열로, 체세포 분열이지만 세포의 크기는 자라지 않고 세포 분열을 반복한다.

② 난할이 거듭되어도 세포 전체의 크기는 수정란과 비슷하다.

④ 난할이 거듭되어도 세포 한 개당 염색체 수는 변화 없다.

⑤ 수정란은 난할을 거쳐 포배가 되면 자궁 안쪽 벽에 파묻힌다.

05

난자의 배란 이후 수란관에서 정자와 난자가 만나 수정(D)이 되어 수정란이 형성된다. 수정란은 난할(C)을 거쳐 포배가 되어 자궁에 착상(A)하고, 태반이 형성(E)되어 모체와 태아가 물질을 교환한다. 수정된 후 약 266일이 지나면 출산(B)을 한다.

06

> **자료 해석 | 사람의 발생 과정**
>
> | | 1주 | 2주 | 3주 | 4주 | 5주 | 6주 | 7주 | 8주 | 9주 | 16주 | 20~36주 | 38주 | |
> | --- | --- | --- | --- | --- | --- | --- | --- | --- | --- | --- | --- | --- | --- |
> | | | | | | | | | | | | | | 중추 신경계 |
> | | | | | | | | | | | | | | 심장 |
> | | | | | | | | | | | | | | 팔 |
> | | | | | | | | | | | | | | 눈 |
> | | | | | | | | | | | | | | 다리 |
> | | | | | | | | | | | | | | 이 |
> | | | | | | | | | | | | | | 입 |
> | | | | | | | | | | | | | | 외부 생식기 |
> | | | | | | | | | | | | | | 귀 |
> | | 난할, 착상 | | 배아 | | | | | | 태아 | | | | |
>
> ■ 특히 발달하는 시기 ▬ 발달하는 시기
>
> • 임신 초기(3개월까지)에 대부분의 기관이 형성되기 시작하므로, 이 기간에 태아는 해로운 약물의 영향을 가장 크게 받는다.
> • 기관이 형성되는 시기와 완성되는 시기는 각각 다르다. 가장 먼저 형성되어도 가장 먼저 완성되는 것은 아니다.

ㄱ, ㄴ. 그림을 보면 심장과 팔, 다리는 9주 정도면 완성되는 것을 알 수 있으며, 수정 후 2주는 수정과 난할, 착상에 소요된다.

바로 알기 | ㄷ. 임신 8주 이전에 대부분의 기관이 형성되기 시작하고, 특히 발달된다.

03 멘델의 유전 원리

학교 시험 문제   40~41쪽

01 ③	02 ③	03 ⑤	04 ④
05 ⑤	06 ③	07 ①	08 ⑤
09 ⑤	10 ②	11 ①	

01

① 같은 종류의 특성에 대해 서로 대립 관계인 형질을 대립 형질이라고 한다.
② 대립유전자의 구성이 다른 개체를 잡종이라고 한다.
④ 수술의 꽃가루가 같은 그루 내의 꽃에 있는 암술머리에 붙으면 자가 수분, 다른 그루의 꽃에 있는 암술머리에 붙으면 타가 수분이라고 한다.
⑤ 유전은 부모의 형질이 자손에게 전달되는 현상이다.
바로 알기│③ 상동 염색체의 같은 위치에 있는 것은 대립유전자이다. 완두의 모양과 색깔은 서로 대립 형질이 아니기 때문에 유전자가 상동 염색체의 같은 위치에 존재할 수 없다.

02

유전자형이 AaBbCC인 개체에서 나타나는 생식세포의 종류는 ABC, aBC, AbC, abC 4가지이다.

03

완두는 재배하기 쉽고 주변에서 구하기도 쉬우며, 대립 형질이 뚜렷하다. 또한, 완전한 개체로 자라는 데 걸리는 시간이 짧으며, 자손의 수가 많고 연구자 임의대로 자유롭게 교배시킬 수 있다.
바로 알기│⑤ 자손의 수와 상관없이 한 세대만을 관찰하여 유전을 연구하는 것은 어렵다. 여러 세대를 관찰하여 연구해야 연구 결과의 신뢰성을 높일 수 있다.

04

ㄱ. 생물이 가지는 하나의 형질은 한 쌍의 유전 인자에 의해 결정된다.
ㄷ. 한 형질을 결정하는 한 쌍의 유전 인자는 부모에게서 각각 하나씩 물려 받는다.
바로 알기│ㄴ. 멘델은 형질을 결정하는 한 쌍의 유전 인자가 서로 다르면 그중 하나의 유전 인자만 표현되고, 다른 하나의 유전 인자는 표현되지 않는다고 가정하였다. 따라서 중간 유전은 멘델의 가설에 부합하지 않는다.

05

자료 해석│생식세포의 유전자형

상동 염색체는 분리되어 생식세포에 각각 들어간다. 따라서 이 완두로부터 생성되는 생식세포의 유전자형은 RY, Ry, rY, ry 4가지이다.

바로 알기│⑤ 완두의 생식세포는 R, r 중 하나의 유전자와 Y, y 중 하나의 유전자를 반드시 포함하고 있어야 한다.

06

자료 해석│완두의 색 유전

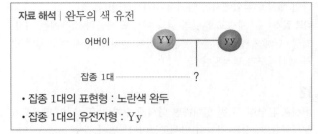

• 잡종 1대의 표현형 : 노란색 완두
• 잡종 1대의 유전자형 : Yy

ㄱ. 잡종 1대에서는 우성 형질인 노란색 완두만 나타난다.
ㄴ. 잡종 1대는 노란색 대립유전자와 초록색 대립유전자를 모두 가진 잡종이다.
바로 알기│ㄷ. 잡종 1대는 잡종이므로 생식세포는 2가지가 만들어진다.

07

자료 해석│완두의 꽃 색깔 유전

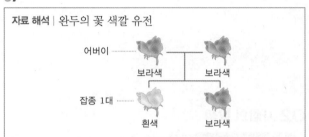

보라색 꽃인 어버이와는 다른 흰색 꽃이 자손에게 나타났다.
• 어버이 형질 : 우성
• 보라색 : 우성, 흰색 : 열성
• 어버이의 유전자형 : 잡종
• 흰색 꽃 : 열성 순종

바로 알기│ㄹ. 잡종 1대에서 완두의 꽃 색깔에 대한 표현형의 분리비는 보라색 : 흰색=3 : 1이다.

08

①, ② 대립 형질이 다른 순종의 초록색 콩깍지와 노란색 콩깍지를 교배하여 얻은 잡종 1대에서 초록색 콩깍지를 얻었으므로 잡종 1대에서 나타나는 콩깍지의 색인 초록색이 노란색에 대해 우성이라는 우열의 원리를 알 수 있다.
③ 잡종 1대는 우성 대립유전자와 열성 대립유전자를 모두 가지며, 표현형은 우성 형질이다.
④ 잡종 1대를 자가 수분하면 잡종 2대에서 초록색 콩깍지 : 노란색 콩깍지가 3 : 1의 비율로 나타난다.
바로 알기│⑤ 잡종 2대의 유전자형의 비는 GG : Gg : gg=1 : 2 : 1이다.

09

⑤ 대립유전자 R, r와 대립유전자 Y, y는 독립적으로 유전된다.
바로 알기│① 잡종 1대의 유전자형은 RrYy이다.
② 잡종 2대의 둥글고 초록색인 완두의 유전자형은 Rryy, RRyy 2가지이다.
③ 잡종 2대에서 둥근 완두와 주름진 완두의 비율은 3 : 1이다.
④ 잡종 2대에서 잡종 1대(RrYy)와 유전자형이 일치하는 완두가 나타날 확률은 25 %이다.

10

잡종 2대에서 둥글고 노란색, 둥글고 초록색, 주름지고 노란색, 주름지고 초록색인 완두가 9 : 3 : 3 : 1의 비율로 만들어지므로 잡종 2대에서 주름지고 노란색인 완두가 나타날 확률은 $\frac{3}{16}$이다.

따라서 주름지고 노란색인 완두는 이론상 $144 \times \frac{3}{16} = 27$(개)이다.

11

완두 (가)와 주름지고 초록색인 완두를 교배하여 얻은 자손의 표현형의 분리비는 둥글고 노란색인 완두 : 주름지고 노란색인 완두=1 : 1이다. 따라서 완두 (가)는 둥근 모양, 주름진 모양, 노란색을 나타내는 대립유전자를 가지고 있다는 것을 알 수 있다. (가)는 모양을 나타내는 유전자형은 잡종, 색을 나타내는 유전자형은 순종이므로 완두의 모양은 우성 형질인 둥근 모양이고, 완두의 색은 노란색이다.

O4 사람의 유전

학교 시험 문제

43~44쪽

01 ⑤	02 ④	03 ⑤	04 ③
05 ⑤	06 ④	07 ①, ③	08 ②
09 ①	10 ①	11 ⑤	12 ②

01

①, ② 사람은 한 세대가 길고, 자손의 수가 적다.

③, ④ 사람은 형질이 복잡하고 순종을 얻기 어려우며, 환경의 영향을 많이 받는다.

바로 알기 | ⑤ 사람은 연구자 마음대로 자유롭게 교배시킬 수 없다. 따라서 특정 형질의 유전에 대해 임의 교배로 확인하는 것이 불가능하다.

02

① 특정한 유전 형질을 가지고 있는 집안에서 여러 세대에 걸쳐 그 형질이 어떻게 유전되는지 가계도를 그려 알아볼 수 있다.

②, ③ 염색체를 조사하거나 DNA를 구성하는 유전자를 직접 분석하여 사람의 유전을 연구할 수 있다.

⑤ 가능한 많은 사람들로부터 특정 형질에 대해 조사하여 얻은 자료를 통계적으로 처리하고 분석하여 유전 원리, 유전 형질의 특징, 유전자 분포, 집단 전체의 유전 현상 등을 연구하는 통계 조사 방법이 있다.

바로 알기 | ④ 여러 가지 유전자가 관여하여 나타나는 형질의 경우 유전 방식이 매우 복잡하기 때문에 가계도 조사를 통해 연구하기 어렵다.

03

(가)는 1란성 쌍둥이의 발생 과정이고, (나)는 2란성 쌍둥이의 발생 과정이다.

ㄱ. 1란성 쌍둥이(가)와 2란성 쌍둥이(나)를 통해 유전과 환경이 사람의 특정한 형질에 끼치는 영향을 알아볼 수 있다.

ㄴ, ㄷ. (나)는 2란성 쌍둥이로 서로 다른 유전자 구성을 가지기 때문에 유전자에 의한 형질 차이와 환경에 의한 형질 차이가 있어 (가)보다 형질 차이가 더 크게 나타난다.

04

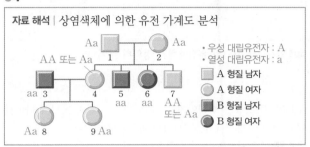

바로 알기 | ㄴ. 6은 B 형질이 표현형으로 나타난다. B 형질은 열성이므로 B 형질이 표현형으로 나타난 경우 유전자형은 순종이다.

05

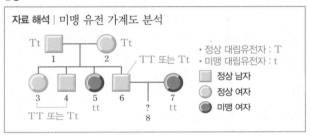

바로 알기 | ⑤ 미맹 대립유전자는 상염색체에 있으므로 미맹은 남녀에 따라 나타나는 빈도 차이가 없다.

06

① 부모가 AO×AO인 경우 → AA, AO, OO인 자녀가 태어난다.

② 부모가 AO×BO인 경우 → AB, AO, BO, OO인 자녀가 태어난다.

③ 부모가 AO×OO인 경우 → AO, OO인 자녀가 태어난다.

⑤ 부모가 BO×BO인 경우 → BB, BO, OO인 자녀가 태어난다.

바로 알기 | ④ 부모가 AB×OO인 경우 → AO, BO인 자녀만 태어난다.

07

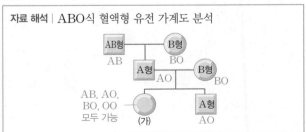

(가)의 아버지의 혈액형 유전자형은 AO, 어머니의 혈액형 유전자형은 BO이다. 따라서 (가)의 혈액형 유전자형이 될 수 있는 것은 AO, BO, AB, OO이다.

08

자료 해석 | 귓불 모양 유전 가계도 분석

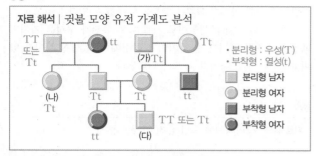

· 분리형 : 우성(T)
· 부착형 : 열성(t)

⬜ 분리형 남자
⚪ 분리형 여자
🟥 부착형 남자
🔴 부착형 여자

바로 알기 | ㄷ. (다)의 유전자형은 정확히 알 수 없다.

09

부모가 서로 같은 형질인데, 부모와 다른 형질의 자녀가 나타났다면 부모의 형질이 우성, 자녀의 형질이 열성이다.

바로 알기 | 일자형 이마선이 열성인 경우나 일자형 이마선이 우성이면서 부모의 유전자형이 순종이거나 잡종인 경우 모두 부모와 자녀 모두에게서 일자형 이마선이 나타날 수 있다.

주근깨가 있는 대립유전자를 t라고 하고, 열성으로 유전된다고 가정하면 주근깨 있음(tt)과 주근깨 없음(Tt)의 부모에게서 태어나는 자녀의 유전자형은 Tt와 tt 모두 가능하다. 따라서 이 자료만으로는 이마선 유전과 주근깨 유전의 우열 관계를 파악할 수 없다.

10

자료 해석 | 혀 말기 유전 가계도 분석

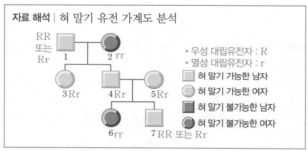

· 우성 대립유전자 : R
· 열성 대립유전자 : r

⬜ 혀 말기 가능한 남자
⚪ 혀 말기 가능한 여자
🟥 혀 말기 불가능한 남자
🔴 혀 말기 불가능한 여자

혀 말기가 가능한 4와 5 사이에서 혀 말기가 불가능한 6이 태어났으므로 혀 말기가 가능한 형질이 우성이다.

바로 알기 | ① 1과 7의 유전자형은 정확히 알 수 없다.

[11~12]

자료 해석 | 적록 색맹 유전 가계도 분석

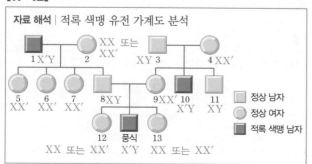

⬜ 정상 남자
⚪ 정상 여자
🟥 적록 색맹 남자

11

ㄴ. 적록 색맹은 X 염색체에 의한 성염색체 유전이다.
ㄷ. 적록 색맹 대립유전자가 성염색체인 X 염색체에 존재하므로

성염색체 구성이 XY인 남자는 X 염색체에 적록 색맹 대립유전자가 하나만 있어도 적록 색맹이 되지만, 성염색체 구성이 XX인 여자는 2개의 X 염색체에 모두 적록 색맹 대립유전자가 있어야 적록 색맹이 된다.

바로 알기 | ㄱ. 적록 색맹은 열성으로 유전된다.

12

풍식이는 보인자인 어머니(9)로부터 적록 색맹 대립유전자를 가진 X 염색체를 물려받았을 것이다.

바로 알기 | ② 4와 9는 보인자이므로 적록 색맹 대립유전자를 가진다.

서술형 문제  V. 생식과 유전 45~47쪽

01

모범 답안 | 세포가 커지면 세포의 $\frac{표면적}{부피}$ 값이 감소하고, 세포 표면에서 중심까지의 거리가 멀어지면 물질 교환이 일어날 때 효율성이 저하되기 때문이다.

채점 기준	배점
세포가 커질 때 일어나는 수치적인 변화($\frac{표면적}{부피}$ 혹은 세포 표면에서 중심까지의 거리)를 제시하고, 이로 인해 물질 교환의 효율성이 떨어진다고 옳게 서술한 경우	100 %
물질 교환의 효율성이 떨어진다고만 서술한 경우	50 %

02

모범 답안 | 감수 분열을 통해 염색체 수가 체세포의 절반인 생식세포가 만들어지고, 이들이 만나 다시 부모와 같은 염색체 수를 가진 자손이 생성된다. 이와 같은 방법을 통해 세대가 거듭되어도 염색체 수가 변하지 않는다.

채점 기준	배점
생식세포로 나온 딸세포의 염색체 수가 절반인 것과 이 딸세포가 결합하여 세대가 바뀌어도 동일한 염색체 수를 가지는 자손이 나온다는 것을 모두 옳게 서술한 경우	100 %
생식세포로 생긴 딸세포의 염색체 수가 모세포의 절반인 것만 서술한 경우	30 %

03

(1) **답 |** 2가 염색체
(2) **답 |** 감수 1분열 전기, 2개
(3) **모범 답안 |** 2가 염색체가 감수 1분열 때 형성되고 상동 염색체가 분리됨으로써 감수 분열 결과 염색체 수가 체세포의 절반인 생식세포가 형성된다.

채점 기준	배점
2가 염색체가 분리되면 염색체 수가 절반으로 줄어든다는 내용을 포함하여 서술한 경우	100 %

04

(1) 모범 답안 | (가) 체세포 분열, (나) 감수 분열 / (가)는 딸세포에 상동 염색체가 있으므로 체세포 분열, (나)는 딸세포에 상동 염색체 중 하나만 있으므로 감수 분열이다.

채점 기준	배점
(가)와 (나)가 어떤 세포 분열인지 쓰고, 각각의 딸세포의 차이점을 상동 염색체 여부를 포함하여 옳게 서술한 경우	100 %
(가)와 (나)가 어떤 세포 분열인지만 쓴 경우	20 %

(2) 모범 답안 | (가), 식물의 형성층에서 일어나는 세포 분열은 체세포 분열이므로 (가)이다.

채점 기준	배점
식물의 형성층에서 일어나는 세포 분열이 무엇인지 고르고, 그 까닭을 옳게 서술한 경우	100 %
세포 분열만 옳게 고른 경우	30 %

05

모범 답안 | 전체 크기 : A＝B, 세포 1개의 크기 : A＞B / 난할은 세포가 거의 자라지 않고 빠르게 세포 분열을 반복하기 때문에 수정란 전체의 크기는 변하지 않지만 세포 1개의 크기는 점점 작아진다.

채점 기준	배점
수정란의 전체 크기와 세포 1개의 크기를 비교하고, 그 까닭을 옳게 서술한 경우	100 %
수정란의 전체 크기와 세포 1개의 크기만 비교한 경우	30 %

06

모범 답안 | 사진 속의 기형아는 팔, 다리가 제대로 발육하지 않았다. 이를 통해 탈리도마이드는 팔, 다리가 발달하는 시기인 4주 이후부터 8주 이전의 태아에 영향을 미쳐 팔, 다리 형성에 문제를 발생하게 한다는 것을 알 수 있다.

채점 기준	배점
탈리도마이드의 영향을 팔, 다리 형성 시기와 관련지어 옳게 서술한 경우	100 %
탈리도마이드에 의한 현상에 대해서만 서술한 경우	50 %

07

모범 답안 | (가) TT, (나) Tt / 검정 교배는 열성 순종과 교배하는 것이므로 키 작은 줄기가 열성 순종(tt)임을 알 수 있다. 키 큰 줄기가 우성 순종(TT)인 경우 열성 순종(tt)과 교배하였을 때 자손의 표현형 분리비는 1 : 0이며, 키 큰 줄기가 우성 잡종(Tt)인 경우 열성 순종(tt)과 교배하였을 때 자손의 표현형 분리비는 1 : 1이다. 따라서 (가)에서 키 큰 줄기의 유전자형은 TT, (나)에서 키 큰 줄기의 유전자형은 Tt이다.

채점 기준	배점
(가)와 (나)에서의 키 큰 줄기의 유전자형을 그 까닭과 함께 모두 옳게 서술한 경우	100 %
(가)와 (나)에서의 키 큰 줄기의 유전자형만 쓴 경우	30 %

08

모범 답안 | 우열의 원리, 붉은색과 흰색 분꽃을 교배시켜 얻은 자손은 부모의 형질을 닮지 않고, 부모의 중간 형질로 나타난다. 이는 붉은색과 흰색 사이에 우열 관계가 분명하지 않기 때문에 나타나는 현상이다.

채점 기준	배점
중간 형질이 나타나는 까닭을 우열 관계와 연관지어 서술한 경우	100 %
중간 형질을 언급하여 서술한 경우	50 %

09

모범 답안 | (가)의 보라색 꽃 완두는 잡종이고, (나)의 보라색 꽃 완두는 우성 순종이기 때문이다.

채점 기준	배점
(가)와 (나)의 유전자형을 말하여 까닭을 옳게 서술한 경우	100 %
(가)와 (나)의 유전자형이 다르다고만 서술한 경우	30 %

10

(1) 답 | RrYy

(2) 모범 답안 | 270개, 잡종 1대를 자가 수분하면 잡종 2대에서 둥글고 노란색 : 주름지고 노란색 : 둥글고 초록색 : 주름지고 초록색＝9 : 3 : 3 : 1로 나타나므로 총 개수가 480개일 때 표현형이 잡종 1대와 동일한 완두는 이론상 480개×$\frac{9}{16}$(둥글고 노란색 완두가 나올 확률)＝270(개)이다.

채점 기준	배점
완두의 개수와 풀이 과정을 옳게 서술한 경우	100 %
잡종 1대와 동일한 완두의 개수만 구한 경우	30 %

11

모범 답안 | 50개, 잡종 1대의 유전자형은 TtRW이며 이때 키가 큰 형질이 우성이고 분꽃 색은 중간 유전을 따른다. 잡종 1대를 키가 큰 흰색 분꽃(TTWW)과 교배하였을 때 줄기 길이 표현형의 분리비는 키가 큰 줄기 : 키가 작은 줄기＝1 : 0으로 키가 큰 줄기만 나타난다. 또한 분꽃 색 표현형의 분리비는 분홍색 분꽃 : 흰색 분꽃＝1 : 1로 분홍색 분꽃이 나타날 확률은 $\frac{1}{2}$이다. 따라서 100개의 씨 중에서 키가 큰 분홍색 분꽃이 될 씨는 이론상 100×$\frac{1}{2}$＝50(개)이다.

채점 기준	배점
풀이 과정과 함께 키가 큰 분홍색 분꽃이 될 씨의 개수를 옳게 서술한 경우	100 %
키가 큰 분홍색 분꽃이 될 씨의 개수만 옳게 쓴 경우	30 %

12

모범 답안 | 형질을 결정하는 한 쌍의 대립유전자가 상염색체에 있다, 남녀에 따라 형질이 나타나는 빈도에 차이가 없다, 멘델의 분리의 법칙에 따라 유전된다 등

채점 기준	배점
공통점을 두 가지 이상 옳게 서술한 경우	100 %
공통점을 한 가지만 서술한 경우	30 %

13

모범 답안 | 우성, 부모님은 보조개가 있고, 풍순이는 보조개가 없다. 부모와는 형질이 다른 풍순이가 태어났으므로 부모에게 나타난 형질이 우성, 풍순이에게 나타난 형질이 열성이다.

채점 기준	배점
부모에게 나타난 형질이 우성, 풍순이에게 나타난 형질이 열성임을 옳게 서술한 경우	100 %
보조개의 우성 여부만 옳게 쓴 경우	30 %

14

모범 답안 | 보조개에 대한 부모의 유전자형은 둘다 잡종이다. 따라서 (가)에서 보조개가 나타날 확률은 $\frac{3}{4}$이다. A형과 B형의 부모에게서 O형인 풍순이가 태어났으므로 부모님의 혈액형 유전자형은 AO, BO이며, AB형의 자녀가 태어날 확률은 $\frac{1}{4}$이다. 따라서 (가)가 보조개가 있는 AB형일 확률은 $\frac{3}{4} \times \frac{1}{4} = \frac{3}{16}$이다.

채점 기준	배점
보조개가 있고 AB형인 자녀가 태어날 확률을 구하고, 풀이 과정을 옳게 서술한 경우	100 %
보조개가 있고 AB형인 자녀가 태어날 확률만 구한 경우	50 %

15

모범 답안 | (가)의 어머니는 (가)의 외할아버지로부터 적록 색맹 대립유전자를 물려받았다. 따라서 (가)에 나타날 수 있는 유전자형은 XY, X′Y, XX′, XX이므로 (가)가 정상이면서 적록 색맹 대립유전자를 가질 확률은 25 %이다.

채점 기준	배점
(가)가 정상이면서 적록 색맹 대립유전자를 가질 확률을 구하고, 풀이 과정을 옳게 서술한 경우	100 %
(가)가 정상이면서 적록 색맹 대립유전자를 가질 확률만 구한 경우	40 %

16

(1) **답** | 어머니(F), 외할머니(D)

(2) **모범 답안** | 적록 색맹 대립유전자가 성염색체인 X 염색체에 존재하므로 성염색체 구성이 XY인 남자는 적록 색맹 대립유전자가 1개만 있어도 적록 색맹이 되지만, 성염색체 구성이 XX인 여자는 2개의 X 염색체에 모두 적록 색맹 대립유전자가 있어야 적록 색맹이 되기 때문이다.

채점 기준	배점
적록 색맹 대립유전자가 성염색체에 존재한다는 것과, 남자와 여자의 성염색체 구성 차이를 예로 들어 옳게 서술한 경우	100 %
적록 색맹 대립유전자가 성염색체에 존재한다는 것만 서술한 경우	30 %

Ⅵ. 에너지 전환과 보존

01 역학적 에너지 전환과 보존

학교 시험 문제

49~50쪽

01 ②	02 ⑤	03 ①	04 ①
05 ③	06 ②	07 ⑤	08 ③
09 ④	10 ②	11 ③	12 ④
13 ④			

01

공기 저항을 무시하면 물체의 역학적 에너지가 보존되므로 감소한 위치 에너지는 증가한 운동 에너지와 같다. 따라서 처음 위치 에너지의 $\frac{3}{5}$배가 운동 에너지로 전환되므로 35 m $\times \frac{3}{5} = 21$ m가 감소한 높이이다. 그러므로 위치 에너지와 운동 에너지의 비가 2 : 3인 지점은 지면으로부터 14 m 떨어진 지점이다.

02

역학적 에너지는 보존되기 때문에 지면에 닿는 순간의 속력은 모두 같다.

03

자유 낙하 운동을 하는 동안 공의 위치 에너지는 9.8mh만큼 감소하므로 이 공의 위치 에너지는 (9.8$\times$1) N$\times$1 m= 9.8 J만큼 감소한다.

04

공의 증가한 운동 에너지는 낙하한 높이에 비례하므로 B점에서 공의 위치 에너지 : B점에서 공의 운동 에너지=B점에서 공의 높이 : 공이 B점까지 낙하한 높이=8 m : (20−8) m=2 : 3이다.

05

지면에서 공의 운동 에너지는 최대이며, 역학적 에너지가 보존되기 때문에 공이 20 m 지점에 있을 때의 위치 에너지와 같다. 따라서 (9.8$\times$3) N$\times$20 m=$\frac{1}{2}\times$3 kg$\times v^2$에서 $v=14\sqrt{2}$ m/s이다.

06

역학적 에너지 보존에 의해 물체의 지면에서의 운동 에너지는 최고점에서의 위치 에너지와 같다. 따라서 (9.8$\times$1) N$\times h=\frac{1}{2}\times$ 1 kg$\times$(10 m/s)^{2}에서 h≒5.1 m이다.

07

역학적 에너지는 모든 지점에서 일정하므로 $\frac{1}{2}\times$1 kg$\times$(10 m/s)^2 =50 J이다.

08

C점은 운동 에너지가 최대인 지점으로 속력이 가장 빠르다.

09

ㄴ. 모든 지점에서 역학적 에너지는 일정하다.

ㄷ. B → C 구간에서 위치 에너지는 감소하고, 운동 에너지가 증가한다.

바로 알기 | ㄱ. 공기 저항이나 마찰을 무시하면 역학적 에너지는 보존되므로 B점에서의 역학적 에너지는 일정하다.

10

자료 해석 | 반원형 그릇에서 쇠구슬의 역학적 에너지 전환

- A → O 구간 : 위치 에너지 → 운동 에너지
- O → B 구간 : 운동 에너지 → 위치 에너지

ㄴ. A → O 구간에서는 위치 에너지가 감소한다.

바로 알기 | ㄱ. A점에서는 위치 에너지가 최대이다.

ㄷ. 운동 에너지가 최대인 O점에서 속력이 가장 빠르다.

11

공기 저항과 마찰을 무시할 때 역학적 에너지는 보존되므로 1 m 높이에서의 위치 에너지는 지면에서의 운동 에너지와 같다. 따라서 $(9.8 \times 2) \, \text{N} \times 1 \, \text{m} = \frac{1}{2} \times 2 \, \text{kg} \times v^2$에서 $v = \sqrt{19.6} \, \text{m/s}$이다.

12

ㄱ. 역학적 에너지 보존에 의해 v_A와 v_B는 같다.

ㄴ. 역학적 에너지는 모든 구간에서 보존된다.

바로 알기 | ㄷ. A와 B는 같은 높이에서 출발했으므로 처음 위치에서 위치 에너지가 같고, 역학적 에너지 보존에 의해 지면에서의 운동 에너지가 같으므로 속력은 같다.

13

A→O 구간에서 감소한 위치 에너지는 O점에서의 운동 에너지와 같다. 따라서 A점의 높이를 h라고 하면, $(9.8 \times 2) \, \text{N} \times (h - 0.1) \, \text{m} = \frac{1}{2} \times 2 \, \text{kg} \times (9.8 \, \text{m/s})^2$에서 $h = 5 \, \text{m}$이다.

02 전기 에너지의 발생과 전환

학교 시험 문제

52~53쪽

01 ⑤	02 ⑤	03 ④	04 ②
05 ②	06 ③	07 ③	08 ①
09 ④	10 ①	11 ④	12 ③

01

바로 알기 | ⑤ 유도 전류는 자기장의 변화에 의해 생기므로 자석이 가만히 있으면 발생하지 않는다.

02

발전기는 영구 자석과 영구 자석 사이에 회전할 수 있는 코일로 이루어져 있는데, 코일이 회전하면 전자기 유도에 의해 유도 전류가 흐른다. 즉, 역학적 에너지가 전기 에너지로 전환된다.

03

ㄱ. 바람이 세게 불수록 발전기의 터빈이 빠르게 돌아가 더 많은 전기 에너지를 생산할 수 있다.

ㄷ. 발전기의 터빈에서는 전자기 유도에 의해 역학적 에너지가 전기 에너지로 전환된다.

바로 알기 | ㄴ. 바람의 역학적 에너지가 전기 에너지로 전환된다.

04

바로 알기 | ② 광합성에서는 열에너지가 아닌 빛에너지가 화학 에너지로 전환된다.

05

화력 발전은 화석 연료의 화학 에너지를 이용하여 전기 에너지를 생산하고, 수력 발전은 물의 위치 에너지와 운동 에너지를 이용하여 전기 에너지를 생산한다.

06

자료 해석 | 휴대 전화에서의 에너지 전환

- 화면 : 전기 에너지 → 빛에너지
- 벨소리 : 전기 에너지 → 소리 에너지
- 진동 : 전기 에너지 → 운동 에너지

ㄱ. 휴대 전화의 화면은 전기 에너지가 빛에너지로 전환된 것이다.

ㄷ. 전화벨이 울리는 것은 전기 에너지가 소리 에너지로 전환된 것이다.

ㅂ. 진동이 울리는 것은 전기 에너지가 운동 에너지로 전환된 것이다.

07

바로 알기 | ㄴ. 자전거의 발전기는 역학적 에너지를 전기 에너지로 전환시켜 주는 장치이다.

08

ㄱ. 선풍기를 사용하면 바람이 나오고 소리가 나며 모터에서 열이 난다. 따라서 공급된 전기 에너지가 바람의 역학적 에너지, 소리 에너지, 열에너지로 전환됨을 알 수 있다. D는 열에너지이다.

바로 알기 | ㄴ. 에너지 보존 법칙에 의해 A는 B, C, D의 합과 같다.

ㄷ. 전원이 꺼져도 B, C, D가 전기 에너지로 전환되지는 않는다.

09

바로 알기 | ④ 1 Wh는 1 W의 전력을 1시간 동안 사용했을 때의 전력량을 의미한다.

10

각 전기 기구의 전력량을 구한 후 더하면 이 가정에서 하루 동안 사용한 총 전력량을 구할 수 있다.

$(2000\,\text{W} \times 1\,\text{h}) + (1000\,\text{W} \times 0.5\,\text{h}) + (150\,\text{W} \times 2\,\text{h}) + (1600\,\text{W} \times 8\,\text{h}) = 15600\,\text{Wh} = 15.6\,\text{kWh}$

11
바로 알기 | ④ 하루 동안 가장 많은 전기 에너지를 소비한 것은 형광등이다.

12
ㄱ. 텔레비전의 소비 전력이 1200 W이므로 1초 동안 1200 J의 전기 에너지를 소모한다는 것을 알 수 있다.
ㄴ. 텔레비전은 전기 에너지를 빛에너지로 전환한다.
바로 알기 | ㄷ. 소비 전력이 1200 W인 텔레비전을 1시간 동안 사용했을 때의 전력량은 1200 Wh이다.

서술형 문제 · Ⅵ. 에너지 전환과 보존   54~55쪽

01
모범 답안 | 2 : 1, 역학적 에너지 보존 법칙에 의해 두 물체 A, B가 최고점에 있을 때의 위치 에너지와 지면에 닿는 순간의 운동 에너지는 같다. 최고점에서 A의 위치 에너지는 $9.8 \times m \times 2h$, B의 위치 에너지는 $9.8 \times m \times h$로 위치 에너지의 비는 A : B=2 : 1이다. 따라서 지면에 닿는 순간의 운동 에너지 비도 2 : 1이다.

채점 기준	배점
운동 에너지의 비를 구하고, 그 풀이 과정을 옳게 서술한 경우	100 %
운동 에너지의 비만 옳게 구한 경우	30 %

02
모범 답안 | 10 m/s, 5 m 높이에서의 위치 에너지와 운동 에너지의 합은 지면에서의 운동 에너지보다 70 J이 크다. A점에서 쇠구슬의 속력을 v라고 하면, $\left\{(9.8 \times 10)\,\text{N} \times 5\,\text{m} + \frac{1}{2} \times 10\,\text{kg} \times (4\,\text{m/s})^2\right\} - 70\,\text{J} = \frac{1}{2} \times 10\,\text{kg} \times v^2$이다. 따라서 $v = 10\,\text{m/s}$이다.

채점 기준	배점
쇠구슬의 속력을 구하고, 그 풀이 과정을 옳게 서술한 경우	100 %
쇠구슬의 속력만 옳게 구한 경우	30 %

03
모범 답안 | 19.6 m, 역학적 에너지 보존 법칙에 의해 최고 높이에서의 위치 에너지와 지면에서의 운동 에너지는 같다. 최고 높이를 h라고 하면 $(9.8 \times 0.5)\,\text{N} \times h = \frac{1}{2} \times 0.5\,\text{kg} \times (19.6\,\text{m/s})^2$이다. 따라서 $h = 19.6\,\text{m}$이다.

채점 기준	배점
최고 높이를 구하고, 그 풀이 과정을 옳게 서술한 경우	100 %
최고 높이만 옳게 구한 경우	30 %

04
모범 답안 | A → B 구간은 높이가 낮아지므로 위치 에너지는 감소하고 속력이 빨라지므로 운동 에너지는 증가한다. B → C 구간은 높이가 높아지므로 위치 에너지는 증가하고 속력이 느려지므로 운동 에너지는 감소한다. 따라서 A → B 구간을 지날 때는 위치 에너지가 운동 에너지로, B → C 구간을 지날 때는 운동 에너지가 위치 에너지로 전환된다.

채점 기준	배점
A → B 구간과 B → C 구간에서의 에너지 전환을 모두 옳게 서술한 경우	100 %
A → B 구간과 B → C 구간에서의 에너지 전환을 한 가지만 옳게 서술한 경우	50 %

05
모범 답안 | C점, 역학적 에너지 보존 법칙에 의해 위치 에너지가 최대인 지점에서 운동 에너지가 최소이다. 따라서 높이가 가장 높은 C점의 위치 에너지가 최대이고, 운동 에너지는 최소이다.

채점 기준	배점
운동 에너지가 최소인 지점을 찾고, 그 까닭을 옳게 서술한 경우	100 %
운동 에너지가 최소인 지점만 옳게 찾은 경우	30 %

06
모범 답안 | 공기 저항이나 마찰이 있는 경우 역학적 에너지가 다른 형태의 에너지로 일부 전환되기 때문에 역학적 에너지가 보존되지 않는다. 공이 지면과 충돌하면서 역학적 에너지의 일부분이 다른 에너지로 전환되어 역학적 에너지가 점점 줄어들기 때문에 공이 튀어 오르는 높이가 점점 낮아진다.

채점 기준	배점
역학적 에너지가 충돌 과정에서 다른 에너지로 전환된다는 것을 옳게 서술한 경우	100 %
역학적 에너지가 줄어드는 것만 옳게 서술한 경우	50 %

07
모범 답안 | 코일 속에 있던 자석이 움직이면 코일 속의 자기장이 변하여 유도 전류가 흐르는 전자기 유도 현상이 나타난다. 즉, 자석의 역학적 에너지가 전기 에너지로 바뀌어 전구에 불이 들어오게 된다.

채점 기준	배점
전자기 유도를 언급하며 전구에 불이 들어오는 까닭과 에너지 전환 과정을 옳게 서술한 경우	100 %
전구에 불이 들어오는 까닭과 에너지 전환 과정 중 한 가지만 옳게 설명한 경우	50 %

08
모범 답안 | 발광 다이오드는 전자기 유도로 발생하는 유도 전류에 의해 불이 켜지는데, 유도 전류의 세기가 강할수록 불이 밝아진다. 이때 유도 전류의 세기는 코일의 감은 수가 많을수록, 강한 자석을 움직일수록, 자석의 움직이는 속도가 빠를수록 강하다.

채점 기준	배점
발광 다이오드의 불이 더 밝아지게 하는 방법을 손 발전기의 원리와 함께 두 가지 이상 옳게 서술한 경우	100 %
발광 다이오드의 불이 더 밝아지게 하는 방법을 한 가지만 옳게 서술한 경우	30 %

09

모범 답안 | 화석 연료를 연소시켜 물을 끓이고 물이 끓을 때 발생한 증기로 터빈을 회전시킨다. 이때 화석 연료의 화학 에너지가 터빈과 발전기의 역학적 에너지로 전환된 후 전기 에너지로 전환된다.

채점 기준	배점
화력 발전의 원리와 에너지 전환 과정을 모두 옳게 서술한 경우	100 %
화력 발전의 원리와 에너지 전환 과정 중 한 가지만 옳게 서술한 경우	50 %

10

모범 답안 | $450\,J + 250\,J + 100\,J + 200\,J = 1000\,J$, 에너지는 다른 형태로 전환될 때 새로 생기거나 없어지지 않고, 에너지의 총량은 항상 일정하게 보존되기 때문이다.

채점 기준	배점
전기 에너지의 양을 식으로 구하고, 그렇게 생각한 까닭을 옳게 서술한 경우	100 %
전기 에너지를 구하는 식만 쓴 경우	30 %

11

모범 답안 | $6\,m/s$, 물체가 빗면을 미끄러져 내려가면서 역학적 에너지의 일부가 열에너지로 전환되었다. 이때 발생한 열에너지는 빗면 위에서의 위치 에너지에서 지면에서의 운동 에너지를 뺀 값과 같다. 지면에 닿는 순간 물체의 속력을 v라고 하면, $(9.8 \times 2)\,N \times 2\,m - \dfrac{1}{2} \times 2\,kg \times v^2 = 3.2\,J$이다. 따라서 $v = 6\,m/s$이다.

채점 기준	배점
지면에 닿는 순간 물체의 속력을 구하고, 그 풀이 과정을 옳게 서술한 경우	100 %
지면에 닿는 순간 물체의 속력만 옳게 구한 경우	30 %

12

모범 답안 | LED 전구, 같은 양의 빛에너지를 방출할 때 형광등은 6 J, LED 전구는 4 J의 열에너지를 방출하므로 낭비되는 열에너지의 양이 더 적은 LED 전구가 효율이 더 좋다.

채점 기준	배점
효율이 좋은 전구를 고르고, 그 까닭을 옳게 서술한 경우	100 %
효율이 좋은 전구만 옳게 고른 경우	30 %

Ⅶ. 별과 우주

01 별까지의 거리

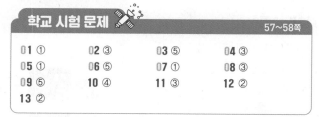

57~58쪽

01 ①	02 ③	03 ⑤	04 ③
05 ①	06 ⑤	07 ①	08 ③
09 ⑤	10 ④	11 ③	12 ②
13 ②			

[01~02]

자료 해석 | 시차와 거리

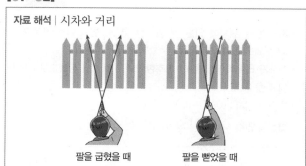

팔을 굽혔을 때 · 팔을 뻗었을 때

- 팔을 굽혔을 때 : 관측자와 연필과의 거리가 가깝다. ⇨ 시차가 크다.
- 팔을 뻗었을 때 : 관측자와 연필과의 거리가 멀다. ⇨ 시차가 작다.

01

이 실험은 시차를 측정하기 위한 것으로, 팔을 굽혔을 때가 팔을 뻗었을 때보다 시차가 더 크게 나타난다.

02

ㄷ. 두 눈을 번갈아 감으면서 연필을 바라볼 때 두 눈과 연필 사이의 각도가 시차이다. 팔을 굽혀 연필과의 거리가 가까워지면 시차가 커지고, 팔을 쭉 뻗어 연필과의 거리가 멀어지면 시차가 작아진다.

바로 알기 | ㄱ. 시차는 물체까지의 거리에 반비례한다.

ㄴ. 이와 같은 방법으로 별의 연주 시차를 관측한다면 연필은 별, 관측자의 두 눈은 지구에 비유할 수 있다.

03

연주 시차는 별이 실제로 천구상에서 움직여 간 것이 아니라 지구가 공전하기 때문에 나타나는 현상이므로, 지구가 공전하지 않는다면 연주 시차는 생기지 않을 것이다.

04

③ 연주 시차는 거리에 반비례하며, 연주 시차(″)의 역수 값이 별의 거리(pc)가 된다.

바로 알기 | ① 연주 시차는 가까운 별일수록 크다.

② 연주 시차는 공전 궤도면의 양쪽 끝에 지구가 위치할 때 관측하므로 6개월 간격을 두고 측정한다.

④ 연주 시차는 지구의 공전 속도와 관계없다. 만약 공전 궤도 반지름이 더 커진다면 연주 시차는 더 커질 것이다.

⑤ 연주 시차는 매우 작은 값이기 때문에 100 pc 이하의 거리에 있는 별까지의 거리만 측정할 수 있다는 단점이 있다. 매우 멀리 있는 별은 연주 시차가 나타나지 않는다.

[05~07]

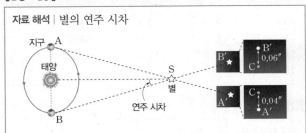

자료 해석 | 별의 연주 시차

• 지구가 A 위치에 있을 때 관측한 별 S : 별 C와 오른쪽으로 0.04″의 각을 이룸
• 지구가 B 위치에 있을 때 관측한 별 S : 별 C와 왼쪽으로 0.06″의 각을 이룸
• 별 S의 시차 : 0.04″+0.06″=0.1″
• 별 S의 연주 시차 : $\frac{0.1″}{2}$=0.05″

05

별 C를 기준으로 각각 0.06″, 0.04″ 떨어져 있으므로 시차는 0.1″이다. 따라서 연주 시차는 시차의 $\frac{1}{2}$인 0.05″이다.

06

별까지의 거리는 연주 시차의 역수이므로 연주 시차가 0.05″인 별의 거리는 $\frac{1}{0.05″}$=20 pc이다.

07

연주 시차는 거리에 반비례하므로 별 S까지의 거리가 지금보다 5배 멀어지면 연주 시차는 $\frac{1}{5}$배가 된다.

08

연주 시차가 작을수록 별까지의 거리는 멀어지고, 연주 시차가 클수록 별까지의 거리는 가까워진다. 따라서 가장 멀리 있는 별 C의 연주 시차가 가장 작고, 가장 가까이 있는 별 B의 연주 시차가 가장 크다.

09

연주 시차는 지구의 공전 궤도상에서 6개월 간격으로 동일한 별을 바라볼 때 생기는 각(시차)의 $\frac{1}{2}$이므로, 별 S의 연주 시차는 0.4″이다. 별 S까지의 거리는 $\frac{1}{0.4″}$=2.5 pc이다. 1 pc은 약 3.26 광년이므로, 2.5×3.26=8.15 LY(광년)이다.

10

별의 거리를 pc 단위로 환산하면 연주 시차가 0.5″인 별 B의 거리는 2 pc이고, 3.26광년인 별 C의 거리는 1 pc이다.

11

별 A까지의 거리는 $\frac{1}{0.2″}$=5 pc이고, 별 B까지의 거리는 $\frac{1}{0.04″}$=25 pc이다. 따라서 별 B까지의 거리는 별 A까지 거리의 5배이다.

12

지구에서 별까지의 거리와 연주 시차는 반비례 관계이다. 따라서 연주 시차가 가장 큰 프록시마가 지구에서 가장 가까운 별이고, 연주 시차가 가장 작은 리겔이 지구에서 가장 먼 별이다.

13

ㄴ. 별 A의 연주 시차는 0.05″이므로, 지구에서 별 A까지의 거리는 연주 시차의 역수인 $\frac{1}{0.05″}$=20 pc이다.

바로 알기 | ㄱ. 별의 연주 시차는 지구에서 6개월 간격으로 별을 관측했을 때 나타나는 시차(각도)의 $\frac{1}{2}$이므로, 별 A의 연주 시차는 $\frac{0.08″+0.02″}{2}$=0.05″이다.

ㄷ. 지구에서 멀리 있는 별일수록 연주 시차가 작게 측정된다. 별 B는 위치 변화가 없었으므로, 지구에서 아주 멀리 있는 별임을 알 수 있다. 따라서 지구로부터의 거리는 별 B가 별 A보다 멀다.

O2 별의 성질

학교 시험 문제

60~61쪽

01 ①	02 ③	03 ③	04 ②, ④
05 ①	06 ③	07 ④	08 ③, ④
09 ④	10 ④	11 ③	12 ④

01

① 별의 등급이 작을수록 별의 밝기는 밝다.
바로 알기 | ② 별의 밝기는 거리의 제곱에 반비례한다.
③ 겉보기 등급은 거리에 따라 달라지므로, 절대 등급이 큰 별이라도 지구로부터의 거리가 가까우면 겉보기 등급이 작다.
④ 1등급인 별은 6등급인 별보다 약 100배 밝다.
⑤ 별의 실제 밝기를 비교하려면 절대 등급을 비교해야 한다.

02

별의 밝기 차는 2.5$^{등급\,차}$이므로, 등급 차가 커질수록 별의 밝기는 점점 더 크게 증가한다. 따라서 등급 차와 밝기 차(배)의 관계 그래프는 기울기가 점점 증가하는 형태로 나타난다.

03

③ 별 B는 별 A보다 3등급 크므로, 약 2.5³≒16배 어둡게 보인다.
바로 알기 | ① 별 A는 별 B보다 3등급 작으므로, 약 2.5³≒16배 밝게 보인다.

② 별 A는 별 C보다 2등급 작으므로, 약 2.5^2≒6.3배 밝게 보인다.
④ 별 B는 별 C보다 1등급 크므로, 약 2.5배 어둡게 보인다.
⑤ 별 C는 별 A보다 2등급 크므로, 약 2.5^2≒6.3배 어둡게 보인다.

04
별의 거리가 $\frac{1}{4}$배로 감소하였으므로, 겉보기 밝기는 약 16배 밝아지고 등급은 3등급 작아진다.

05
별의 연주 시차가 0.01″이므로 별까지의 거리$=\frac{1}{0.01″}=100$ pc 이다. 절대 등급은 지구로부터 별까지의 거리가 10 pc일 때의 밝기이므로, 현재 별의 $\frac{1}{10}$배 거리에 위치할 때의 겉보기 등급과 같다. 별의 거리가 $\frac{1}{10}$배가 되면 밝기는 약 100배 밝아지므로, 별의 등급은 5등급 작아진다. 따라서 별의 절대 등급은 −2등급이다.

06
① 실제 밝기가 가장 어두운 별은 절대 등급이 가장 큰 별인 A이다.
② 지구에서 보는 밝기가 가장 어두운 별은 겉보기 등급이 가장 큰 별인 B이다.
④ 별 D의 겉보기 등급은 절대 등급보다 5등급 크므로, 지구로부터의 거리가 10 pc의 약 10배인 위치에 있다. 따라서 별 D와 지구 사이의 거리는 100 pc이다.
⑤ 별 D의 겉보기 등급은 별 B보다 1등급 작으므로, 지구에서 별 D는 별 B보다 약 2.5배 밝게 관측된다.
바로 알기 | ③ 별이 방출하는 에너지양이 많을수록 별의 절대 등급이 작다. 별 A보다 절대 등급이 4등급 작은 별 C가 방출하는 에너지양은 별 A의 약 40($≒2.5^4$)배이다.

07
맨눈으로 볼 때 가장 밝은 별은 겉보기 등급이 가장 작은 태양이고, 실제로 가장 밝은 별은 절대 등급이 가장 작은 데네브이다.

08
지구로부터의 거리가 10 pc보다 가까운 별은 겉보기 등급이 절대 등급보다 작은 별이므로, 시리우스와 태양이 이에 해당한다.

09
100 pc의 거리에 있는 별 A는 10 pc보다 약 10배 멀리 있으므로, 겉보기 등급이 절대 등급보다 5등급 큰 3등급이다. 별 B는 10 pc의 거리에 있으므로 겉보기 등급이 절대 등급과 같은 1등급이다. 1 pc의 거리에 있는 별 C는 10 pc의 $\frac{1}{10}$배 거리에 있으므로, 겉보기 등급이 절대 등급보다 5등급 작은 −3등급이다.

10
현재 표면 온도가 약 6000 ℃인 태양의 색깔은 황색이다. 별의 색깔은 표면 온도에 따라 결정되며, 청색 → 청백색 → 백색 → 황백색 → 황색 → 주황색 → 적색 순으로 표면 온도가 낮아진다.

따라서 태양의 표면 온도가 낮아지면 현재 황색인 태양의 색깔이 주황색 또는 적색으로 변할 것이다.

11
별의 표면 온도는 청색 → 청백색 → 백색 → 황백색 → 황색 → 주황색 → 적색 순으로 낮아지고, 별이 방출하는 에너지의 양이 많을수록 절대 등급이 작다. 따라서 별의 표면 온도가 가장 낮은 별은 적색인 별 C이고, 별이 방출하는 에너지의 양이 가장 많은 별은 절대 등급이 가장 작은 별 A이다.

12
ㄴ. 절대 등급이 같을 때 겉보기 등급이 작을수록 지구와의 거리가 가깝다. 따라서 절대 등급이 같은 별 C와 D 중 겉보기 등급이 작은 별 D가 지구와의 거리가 더 가깝다.
ㄷ. 별의 표면 온도는 청색 → 청백색 → 백색 → 황백색 → 황색 → 주황색 → 적색 순으로 낮아지므로, 청색 별인 E의 표면 온도가 가장 높다.
바로 알기 | ㄱ. 지구에서 가장 밝게 보이는 별은 겉보기 등급이 가장 작은 별 A이다.

03 은하와 우주

학교 시험 문제   63~64쪽

01 ①	02 ⑤	03 ④	04 ②
05 ②	06 ①	07 ④	08 ①
09 ③	10 ④	11 ①	12 ②

01
② 은하수는 은하 중심 방향을 바라보는 궁수자리 방향에서 폭이 넓게 보인다.
③ 은하수는 수많은 별, 성단, 성운, 성간 물질들의 집단이다.
④ 은하수에 있는 어두운 부분은 별빛을 가로막는 암흑 성운과 성간 물질이 있기 때문이다.
⑤ 궁수자리는 여름철(북반구)에 잘 관측되므로, 겨울철에 비해 여름철에 은하수가 더 선명하게 관측된다.
바로 알기 | ① 은하수는 밤하늘 전체를 한 바퀴 휘감고 있으므로, 북반구와 남반구 모두에서 띠 모양의 은하수를 관측할 수 있다.

02
① 태양계는 우리은하의 중심에서 약 8500 pc 떨어진 나선팔에 위치하므로, A에서 B 사이의 거리는 약 8500 pc이다.
② B는 우리은하 중심부이므로, B에는 주로 구상 성단이 분포한다.
③ 우리은하의 지름은 약 30000 pc이다.
④ 우리은하는 태양계가 속해 있는 은하로 태양계를 비롯한 별, 성단, 성운, 성간 물질 등으로 이루어진 거대한 천체 집단이다.
바로 알기 | ⑤ 우리은하를 위에서 보면 막대 모양인 은하의 중심부를 나선팔이 휘감고 있는 모양이다.

03

자료 해석 | 우리은하와 은하수

자른 단면   모래

- D : 은하 중심 방향, B : 나선팔 방향
- 점 P : 태양
- 지구에서 D 방향을 바라볼 때 : 우리나라의 여름철
  ⇨ 은하수의 폭이 가장 넓고 밝게 보인다.
- 지구에서 B 방향을 바라볼 때 : 우리나라의 겨울철
  ⇨ 여름철에 비해 은하수의 폭이 좁고 어둡게 보인다.
- 지구에서 A, C 방향을 바라볼 때 : 우리나라의 봄철과 가을철
  ⇨ 은하수가 지평선을 따라 분포하기 때문에 관측이 어렵다.

④ A와 C 방향을 바라볼 때는 각각 우리나라의 가을과 봄으로, 은하수가 지평선을 따라 분포하기 때문에 관측하기 어렵다.

바로 알기 | ① B는 은하 중심의 반대 방향이다.
② D 방향은 은하 중심 방향으로, 이쪽을 바라볼 때 은하수의 폭이 가장 넓고 밝아 보인다.
③ 점 P는 태양이다. 우리은하는 태양을 중심으로 회전하는 것이 아니다.
⑤ B 방향을 바라볼 때는 우리나라의 겨울철, D 방향을 바라볼 때는 우리나라의 여름철에 해당한다.

04

② 태양계가 우리은하의 중심에 있다면 어느 방향으로 바라보아도 폭이 같기 때문에 계절에 관계없이 같은 폭으로 은하수가 관측될 것이다.

05

① 구상 성단은 붉은색의 별들로 이루어져 있다.
③ 구상 성단은 주로 우리은하의 중심부에 분포한다.
④ 구상 성단은 별들이 구형으로 빽빽하게 모여 있다.
⑤ 구상 성단은 수만 개~수십만 개의 별들로 이루어져 있다.

바로 알기 | ② 구상 성단을 이루는 별들의 표면 온도는 비교적 낮다.

06

구상 성단은 생성된 지 비교적 오래되어 에너지를 많이 소모하였으므로 온도가 낮아 주로 붉은색의 별들로 구성되어 있고, 산개 성단은 비교적 최근에 생성되어 에너지를 많이 방출하므로 온도가 높아 주로 파란색의 별들로 구성되어 있다. 따라서 별의 생성 시기가 달라 표면 온도 차이가 생기며, 이로 인해 성단의 색깔이 다르게 나타난다.

07

④ 암흑 성운은 성간 물질이 뒤에서 오는 별빛을 차단하여 어둡게 보이는 성운이다.

바로 알기 | ①, ③ 암흑 성운은 성간 물질이 모여 있는 것으로, 별과 관계 없다.
②, ⑤ 주위의 별로부터 에너지를 흡수하고 가열되어 스스로 빛을 내는 성운은 방출 성운이다.

08

② 성운은 주로 우리은하의 나선팔에 분포하므로, 우리은하에서 관측 가능하다.
③ 성운은 가스나 티끌 등의 성간 물질로 이루어져 있다.
④, ⑤ 오리온 대성운은 방출 성운으로, 주위에 있는 고온의 별로부터 에너지를 흡수하여 스스로 빛을 내는 성운이다.

바로 알기 | ① 성운은 성간 물질이 많이 모여 있어 구름처럼 보이는 것이고, 별들이 모여 있는 것은 성단이다.

09

자료 해석 | 우주 팽창 모형 실험

- 풍선을 불면 불수록 붙임딱지들 사이의 거리가 점점 더 멀어진다.
  ⇨ 우주가 팽창하면 은하 사이의 거리가 멀어진다.
- 붙임딱지 사이의 거리 변화량은 거리가 먼 붙임딱지일수록 크다.
  ⇨ 멀리 있는 은하일수록 우리은하에서 더 빨리 멀어진다.
- 어느 은하에서 관측하더라도 외부 은하들은 서로 멀어지고 있다.
  ⇨ 우주는 특별한 중심 없이 팽창하고 있다.

ㄷ. 우주에서 어떤 은하를 관측해도 서로 멀어지므로 외부 은하에서 우리은하를 관측해도 멀어진다.

바로 알기 | ㄱ. 풍선에 있는 붙임딱지는 어느 두 개의 붙임딱지의 위치 변화를 보아도 서로 멀어지고 있다. 이와 같이 어느 은하에서 관측하더라도 외부 은하들은 서로 멀어지고 있으므로, 우주는 특별한 중심이 없이 팽창하고 있음을 알 수 있다.
ㄴ. 우주가 팽창하더라도 은하의 크기는 변하지 않는다.

10

ㄴ. 대폭발 우주론은 약 138억 년 전 우주에 존재하는 모든 물질과 빛에너지가 초고온·초고밀도인 아주 작은 하나의 점에 모여 있던 상태에서 시작되었으며, 대폭발(빅뱅) 이후 우주가 계속 팽창함에 따라 우주가 식어가면서 현재와 같은 우주가 형성되었다는 이론이다. 따라서 과거에는 은하 A와 B 사이의 거리가 현재보다 가까웠을 것이다.
ㄷ. 은하 사이의 거리가 멀수록 더 빨리 멀어지기 때문에 은하 C에서 봤을 때 거리가 더 먼 은하 A의 멀어지는 속도가 은하 B의 멀어지는 속도보다 빠르다.

바로 알기 | ㄱ. 팽창하는 우주에는 중심을 정할 수 없다.

11

인공위성은 천체 주위를 일정한 궤도를 따라 공전할 수 있도록 우주로 쏘아 올린 인공 장치로, 1957년에 최초의 인공위성 스푸트니크1호가 발사되었다.

12

(가) 인공위성 스푸트니크1호 발사는 1957년, (나) 탐사 로봇을 이용한 화성 표면 탐사는 2011년, (다) 허블 우주 망원경을 이

용한 우주 탐사는 1990년으로, 먼저 일어난 사건부터 순서대로 (가) – (다) – (나)이다.

01

(1) **답** | 별 S

(2) **모범 답안** | 시차는 2배 커진다. 시차는 관측자와 물체의 거리가 가까워질수록 커지기 때문이다.

채점 기준	배점
시차가 어떻게 변하는지 쓰고, 그 까닭을 옳게 서술한 경우	100 %
시차가 어떻게 변하는지만 옳게 서술한 경우	30 %

02

모범 답안 | 팔을 구부리면 연필과 눈 사이의 거리가 가까워지므로 시차가 커진다. 따라서 연필 끝의 위치 사이의 간격은 커질 것이다.

채점 기준	배점
거리와 시차의 관계를 포함하여 옳게 서술한 경우	100 %
거리와 시차의 관계를 포함하지 않고 간격이 커진다고만 서술한 경우	30 %

03

모범 답안 | 20배, 연주 시차가 클수록 별까지의 거리는 작아진다. 따라서 가장 멀리 있는 별은 B, 가장 가까이 있는 별은 A이다. 별 B의 연주 시차는 0.05″이므로 별 B까지의 거리는 $\frac{1}{0.05″}$=20 pc 이다. 별 A의 연주 시차는 1″이므로 별 A까지의 거리는 1 pc이다. 따라서 가장 멀리 있는 별(B)까지의 거리는 가장 가까이 있는 별(A)까지 거리의 20배이다.

채점 기준	배점
답과 풀이 과정을 모두 옳게 서술한 경우	100 %
답만 옳게 쓴 경우	30 %

04

(1) **모범 답안** | 지구가 1년을 주기로 공전하기 때문이다.

채점 기준	배점
지구가 1년을 주기로 공전하기 때문이라고 옳게 서술한 경우	100 %
지구의 공전 때문이라고만 서술한 경우	70 %

(2) **모범 답안** | 별 B가 별 A보다 지구로부터의 거리가 더 멀기 때문이다.

채점 기준	배점
지구로부터의 거리와 관련지어 옳게 서술한 경우	100 %

(3) **모범 답안** | 10 pc, 별 A의 위치가 6개월 동안 천구 상에서 0.2″ 이동했으므로 연주 시차는 이 값의 $\frac{1}{2}$인 0.1″이고, 지구로부터 별 A까지의 거리는 연주 시차의 역수이므로, 10 pc이다.

채점 기준	배점
답과 풀이 과정을 모두 옳게 서술한 경우	100 %
답만 옳게 쓴 경우	30 %

05

모범 답안 | 0.5 pc, 별 A의 연주 시차는 θ이고, 별 B의 연주 시차는 2배 더 큰 2θ이다. 연주 시차는 별까지의 거리에 반비례하므로 별 B까지의 거리는 별 A까지의 거리인 1 pc의 $\frac{1}{2}$일 것이다. 따라서 별 B까지의 거리는 0.5 pc이다.

채점 기준	배점
답과 풀이 과정을 모두 옳게 서술한 경우	100 %
답만 옳게 쓴 경우	30 %

06

(1) **모범 답안** | 별이 방출하는 빛의 양, 손전등이 방출하는 빛의 양에 따라 검은색 종이에 비치는 빛의 밝기가 달라지며 방출하는 빛의 양이 많을수록 검은색 종이에 비치는 빛의 밝기가 더 밝다. 따라서 별이 방출하는 빛의 양에 따라 별의 밝기가 달라짐을 알 수 있다.

채점 기준	배점
실험을 통해 알아보고자 하는 요인과 까닭을 옳게 서술한 경우	100 %
실험을 통해 알아보고자 하는 요인만 쓴 경우	30 %

(2) **모범 답안** | 손전등 B와 검은색 종이의 거리를 가깝게 한다. 검은색 종이에 비친 빛의 밝기는 손전등과 검은색 종이 사이의 거리의 제곱에 반비례하므로, 손전등 B의 높이를 낮게 하면 검은색 종이에 비치는 빛의 밝기가 밝아진다.

채점 기준	배점
검은색 종이에 비치는 빛의 밝기를 밝게 하기 위한 방법과 까닭을 옳게 서술한 경우	100 %
검은색 종이에 비치는 빛의 밝기를 밝게 하기 위한 방법만 옳게 서술한 경우	40 %

07

모범 답안 | 가장 밝은 별 : C, 가장 어두운 별 : B / 가장 밝은 별(C)과 가장 어두운 별(B)의 등급 차이는 3.4−(−1.6)=5등급이다. 따라서 두 별의 밝기는 2.5^5≒100배 차이가 난다.

채점 기준	배점
가장 밝은 별과 어두운 별을 차례로 쓰고, 두 별의 밝기 차를 계산 과정과 함께 옳게 서술한 경우	100 %
가장 밝은 별과 어두운 별만 옳게 쓴 경우	30 %

08

모범 답안 | A – C – B, 겉보기 등급과 절대 등급은 10 pc에서 같으며, 거리가 가까울수록 겉보기 등급이 절대 등급보다 작다.

채점 기준	배점
별 A~C를 지구에서 가까운 순서대로 나열하고, 그 까닭을 옳게 서술한 경우	100 %
별 A~C를 지구에서 가까운 순서대로 나열만 옳게 한 경우	30 %

09

모범 답안 | 10 pc, 겉보기 등급이 3등급 작아졌으므로, 별은 $2.5^3 ≒ 16$배 밝아졌다. 밝기 차가 약 16배일 때 거리는 4배 차이 나므로, 별은 40 pc의 $\frac{1}{4}$배인 10 pc으로 이동하였다.

채점 기준	배점
지구로부터 별까지의 거리와 풀이 과정을 옳게 서술한 경우	100 %
지구로부터 별까지의 거리만 옳게 쓴 경우	30 %

10

모범 답안 | (가) 북극성, (나) 태양 / 절대 등급은 10 pc의 위치에 있을 때의 등급이므로, 10 pc의 위치에서 가장 밝게 보이는 별은 절대 등급이 가장 작은 북극성이다. 또한 별이 방출하는 에너지양에 따라 절대 등급이 결정되므로, 별이 방출하는 에너지양이 가장 적은 별은 절대 등급이 가장 큰 태양이다.

채점 기준	배점
10 pc의 위치에서 가장 밝게 보이는 별과 별이 방출하는 에너지양이 가장 적은 별을 차례로 쓰고, 그 까닭을 옳게 서술한 경우	100 %
10 pc의 위치에서 가장 밝게 보이는 별과 별이 방출하는 에너지양이 가장 적은 별만 옳게 쓴 경우	30 %

11

모범 답안 | 지구로부터 멀어질 때는 별의 색깔 변화가 없고, 표면 온도가 낮아질 때는 현재 청백색인 별의 색깔이 점차 백색 → 황색 → 적색으로 변할 것이다.

채점 기준	배점
지구로부터 멀어질 때와 표면 온도가 낮아질 때 별의 색깔 변화를 옳게 서술한 경우	100 %
둘 중 한 가지의 경우만 옳게 서술한 경우	50 %

12

모범 답안 | 옆에서 본 우리은하는 중심부가 볼록한 원반 모양이며, 태양계는 우리은하의 중심에서 약 8500 pc 떨어진 나선팔에 위치하고 있다.

채점 기준	배점
옆에서 본 우리은하의 모습과 우리은하 중심에서 태양계의 위치를 모두 옳게 서술한 경우	100 %
둘 중 한 가지만 옳게 서술한 경우	50 %

13

모범 답안 | 태양계가 우리은하의 중심부에 있다면 계절에 관계없이 은하수의 폭과 밝기가 같게 관측될 것이다. 그러나 여름철과 겨울철 은하수의 폭과 밝기가 다르게 관측되었으므로 태양계는 우리은하의 중심부에서 벗어난 위치에 있다.

채점 기준	배점
태양계가 우리은하의 중심부에 있다면 계절에 관계없이 은하수의 폭과 밝기가 같게 관측될 것이라고 서술한 경우	100 %

14

모범 답안 | (가) : 구상 성단, (나) : 산개 성단 / 구상 성단(가)은 산개 성단(나)보다 나이가 많고, 표면 온도가 낮은 별들로 구성되어 있어서 구상 성단(가)은 붉은색, 산개 성단(나)은 파란색을 띤다. 구상 성단(가)은 우리은하의 중심부와 구 모양의 공간에, 산개 성단(나)은 우리은하의 나선팔에 주로 분포한다.

채점 기준	배점
각 성단의 이름과 차이점을 두 가지 이상 모두 옳게 서술한 경우	100 %
각 성단의 이름과 차이점 한 가지를 옳게 서술한 경우	70 %
각 성단의 이름만 옳게 서술한 경우	30 %

15

모범 답안 | 방출 성운은 주위에 있는 고온의 별로부터 에너지를 흡수하여 스스로 빛을 내는 성운이다.

채점 기준	배점
방출 성운이 밝게 보이는 원리에 대해 옳게 서술한 경우	100 %
스스로 빛을 낸다고만 서술한 경우	50 %

16

모범 답안 | 우주는 특정한 중심이 없이 팽창하고 있다. 외부 은하에서 다른 은하를 관측하더라도 같은 현상이 나타나기 때문이다.

채점 기준	배점
결과를 통해 알 수 있는 사실과 까닭을 모두 옳게 서술한 경우	100 %
결과를 통해 알 수 있는 사실만 옳게 서술한 경우	50 %

17

모범 답안 | 일기 예보를 하거나 태풍의 이동 경로를 예측하여 피해를 줄인다, 지구 반대편의 스포츠 경기 등을 실시간으로 보거나 다른 나라에 있는 친구와 쉽게 전화 통화를 할 수 있다, 자신이 있는 위치를 파악하고 모르는 길을 찾을 수 있다 등

채점 기준	배점
인공위성이 실생활에 이용되는 예를 두 가지 이상 옳게 서술한 경우	100 %
인공위성이 실생활에 이용되는 예를 한 가지만 옳게 서술한 경우	50 %

18

모범 답안 | 우주 쓰레기는 인공위성의 발사나 폐기 과정에서 발생한 파편 등이다. 우주 쓰레기는 궤도가 일정하지 않고 매우 빠른 속도로 돌면서 운행 중인 인공위성이나 탐사선에 충돌하여 피해를 준다.

채점 기준	배점
우주 쓰레기가 무엇인지와 미치는 영향에 대해 옳게 서술한 경우	100 %
둘 중 한 가지만 옳게 서술한 경우	50 %

VIII. 과학기술과 인류 문명

O1 과학기술과 인류 문명

학교 시험 문제
69~70쪽

01 ③	02 ⑤	03 ①	04 ④
05 ④	06 ⑤	07 ③	08 ④
09 ①	10 ③	11 ③	

01

ㄱ. 인류가 불을 이용하게 되면서 청동과 같은 금속의 제련이 가능해졌다. 청동은 인류가 처음으로 도구를 만드는 데 사용한 금속이다. 철광석으로부터 철을 얻는 것은 청동을 만드는 것보다 더 높은 수준의 기술이 필요했기 때문에 철이 청동보다 늦게 사용되었다.

ㄷ. 청동은 구리와 주석 등의 합금으로 구리와 주석 등의 혼합 비율에 따라 색깔, 굳기 등이 달라지므로 청동 도구를 만드는 용도에 따라 혼합 비율을 달리하였다.

바로 알기 | ㄴ. 액체 상태의 청동이 고체 상태로 변할 때 부피가 감소하므로 거푸집은 만들고자 하는 도구보다 약간 크게 만들어야 한다.

02

ㄴ. 전자기 유도 법칙은 패러데이가 발견한 과학 원리이다.

ㄷ. 전자기 유도 법칙을 발견하여 전기를 생산하고 활용할 수 있는 방법을 알게 되었다.

바로 알기 | ㄱ. 전자기 유도 법칙에 대한 설명이다.

03

① 세포를 발견한 학자는 훅이다. 훅은 현미경을 통해 세포를 발견하면서 작은 세포들이 모여서 생명체를 이룬다는 것을 인식하게 되었다.

바로 알기 | ② 태양 중심설 – 코페르니쿠스

③ 만유인력 법칙 – 뉴턴

④ 암모니아 합성 – 하버

⑤ 백신 개발 – 파스퇴르

04

ㄴ. 와트의 증기 기관(가) 발명 이후에 내연 기관(나)이 발달하여 산업을 한 단계 더 발전시켰다.

ㄷ. 증기 기관(가)의 발명으로 교통 기관이 발달하게 되었고, 증기 기관(가)이 기계의 동력원으로 사용되면서 산업 혁명이 일어났다. 이후에 내연 기관(나)이 발명되어 산업이 한 단계 더 발전하게 되었다.

바로 알기 | ㄱ. 증기 기관(가)은 물을 끓여 수증기를 만들고, 수증기가 피스톤을 움직이게 하는 장치이다. 내연 기관(나)은 증기 기관(가)과 달리 기관 내부에서 연료의 연소가 일어난다.

05

ㄱ. ⊙은 페니실린이다.

ㄷ. 페니실린(⊙)은 전염병을 일으키는 여러 병원균들에 효과가 컸으며, 제2차 세계대전 중에 상용화되어 많은 전염병 환자의 목숨을 구했다.

바로 알기 | ㄴ. 페니실린(⊙)이라는 항생제가 개발되면서 결핵과 같은 질병을 치료할 수 있게 되었다. 백신이 개발되면서 소아마비와 같은 질병을 예방할 수 있게 되었다.

06

과학기술이 발달하면서 개인 정보의 유출에 따른 사생활 침해 현상이 늘어나고 있는 것은 과학기술의 발달이 우리 생활에 미치는 부정적인 영향에 해당한다.

07

(가)는 유전자 재조합 기술, (나)는 바이오칩에 대한 설명이다.

ㄱ. 유전자 재조합 기술(가)로 만들어진 유전자 변형 생물(LMO)에는 제초제에 내성을 가진 콩, 비타민 A를 강화한 쌀, 잘 무르지 않는 토마토 등이 있다.

ㄷ. 유전자 재조합 기술(가)과 바이오칩(나)은 생명 공학 기술에 해당한다.

바로 알기 | ㄴ. 오렌지와 귤의 세포를 융합하여 만든 감귤은 세포 융합 기술의 예이다.

08

사물 인터넷(IoT)은 정보 통신 기술에 해당한다.

09

(가)는 편리성, (나)는 안전성, (다)는 외형적 요인에 대해 고려한 것이다.

10

바로 알기 | ③ 공학적 설계를 할 때는 경제성, 안전성, 편리성, 환경적 요인, 외형적 요인 등을 고려해야 한다.

11

ㄱ. 그래핀은 0.2 nm의 아주 얇은 막으로 나노 기술을 활용하여 만든 신소재이다.

ㄴ. 그래핀은 휘거나 구부려도 전기가 통하므로 이 특성을 이용하여 휘어지는 디스플레이를 만들 수 있다.

바로 알기 | ㄷ. 그래핀은 투명하므로 옷감에 활용하기에는 적합하지 않다. 빛이 비치는 방향이나 보는 위치에 따라 옷감의 색깔이 바뀌는 것은 모르포텍스 섬유로, 특정한 파장의 빛을 반사하여 보는 방향에 따라 조금씩 색이 다르게 나타나는 나비의 날개를 활용하여 개발한 것이다.

01

모범 답안 | 인류는 불을 이용해 음식을 조리하거나, 그릇을 굽거나, 금속을 제련할 수 있게 되었다.

채점 기준	배점
음식 조리, 그릇 제작, 금속 제련할 수 있게 되었다고 모두 서술한 경우	100 %
세 가지 중 두 가지만 서술한 경우	60 %

02

모범 답안 | 인쇄술이 발달하면서 책을 대량으로 빠르게 생산하고 보급하게 되었고, 지식과 정보가 빠르게 확산될 수 있었다.

채점 기준	배점
책의 대량 생산과 보급, 지식과 정보의 빠른 확산을 모두 옳게 서술한 경우	100 %
두 가지 중 한 가지만 서술한 경우	50 %

03

모범 답안 | 유전자 재조합 기술, 유전자를 조작해 해충에 강한 LMO 식품을 만들어 생산량을 증가시킬 수 있다.

채점 기준	배점
과학기술의 종류를 쓰고, LMO 식품의 장점을 옳게 서술한 경우	100 %
과학기술의 종류만 쓴 경우	30 %

04

모범 답안 | 연잎이 물에 젖지 않는 효과를 활용하여 물에 젖지 않는 섬유를 개발할 수 있다.

채점 기준	배점
연잎이 물에 젖지 않는 효과를 활용할 수 있는 것을 옳게 서술한 경우	100 %

05

모범 답안 | 하버가 발견한 암모니아 합성법을 이용하여 질소 비료를 대량으로 생산할 수 있게 되면서 농업 생산량이 증가하여 인구 증가에 따른 식량 부족 문제를 해결할 수 있게 되었다.

채점 기준	배점
질소 비료의 대량 생산, 농업 생산량 증가, 식량 부족 문제 해결을 모두 옳게 서술한 경우	100 %
세 가지 중 한 가지만 서술한 경우	50 %

06

모범 답안 | 정보 통신 기술, 정보 통신 기술에는 모든 사물을 인터넷으로 연결하는 사물 인터넷 기술, 컴퓨터로 인간이 하는 지적 행위를 실현하는 인공 지능 기술, 많은 데이터를 실시간으로 수집, 분석, 추출하는 빅데이터 기술 등이 있다.

채점 기준	배점
과학기술의 종류를 쓰고, 그 예를 두 가지 이상 서술한 경우	100 %
과학기술의 종류를 쓰고, 그 예를 한 가지만 서술한 경우	50 %

시험 직전 최종 점검

1 ❶ 세포 분열 ❷ 표면적 ❸ 넓어 ❹ 개수

2 ❶ × ❷ × ❸ × ❹ ○ ❺ ○ ❻ ○ ❼ ×

3 ❶ ○ ❷ × ❸ × ❹ ○ ❺ × ❻ ○

4 ❶ 2, 4 ❷ 상동 염색체 ❸ 2가 염색체 ❹ 체세포 ❺ ○ ❻ × ❼ ○ ❽ ×

5 ❶ 핵, 꼬리 ❷ 핵, 세포질 ❸ 수란관, 수정 ❹ 2배 ❺ 난할, 일정하다 ❻ 태아 ❼ 산소, 영양소, 이산화 탄소, 노폐물 ❽ 출산

6 ❶ 유전 ❷ 순종, 잡종 ❸ 짧, 대립 형질 ❹ 우성, 열성 ❺ 3 : 1 ❻ 독립의 법칙 ❼ 둥글고 노란색 ❽ ○ ❾ × ❿ ○ ⓫ ○ ⓬ ×

7 ❶ 길, 적, 불가능 ❷ 가계도 ❸ 쌍둥이 ❹ 염색체, 염색체 ❺ DNA, DNA

8 ❶ ○ ❷ ○ ❸ × ❹ ○ ❺ ○ ❻ × ❼ ○

9 ❶ 반성 ❷ X ❸ 우성 ❹ ○ ❺ × ❻ ○ ❼ × ❽ ○

1 ❶ 위치, 운동 ❷ 최대 ❸ 최소 ❹ 증가 ❺ 위치, 운동 ❻ 증가 ❼ ○ ❽ ○ ❾ ×

2 ❶ ○ ❷ ×

3 ❶ $9.8mh$ ❷ $\frac{1}{2}mv^2$ ❸ ○ ❹ × ❺ ×

4 ❶ ○ ❷ ○ ❸ × ❹ ×

5 ❶ 자기장 ❷ 강할수록 ❸ 많을수록 ❹ 빠르게 ❺ 반대 ❻ 유도 전류

6 ❶ × ❷ ○ ❸ ○

7 ❶ ○ ❷ × ❸ ○ ❹ × ❺ ×

8 ❶ 전기 에너지 ❷ W(와트), kW(킬로와트) ❸ 220 V ❹ 작을 ❺ Wh(와트시), kWh(킬로와트시) ❻ 1시간

1 ❶ 시차 ❷ 커, 작아 ❸ 반비례 ❹ 별, 지구

2 ❶ ○ ❷ × ❸ × ❹ × ❺ 1 ❻ 가까운 ❼ ″(초) ❽ 작

3 ❶ × ❷ × ❸ ○ ❹ ○

4 ❶ 많은 ❷ 가까운 ❸ 반비례 ❹ ○ ❺ × ❻ ×

5 ❶ × ❷ ○ ❸ ○ ❹ × ❺ × ❻ ×

6 ❶ 겉보기 ❷ 작을 ❸ 10 ❹ 적

7 ❶ ○ ❷ × ❸ × ❹ × ❺ ○

8 ❶ 표면 온도 ❷ 청색, 적색 ❸ 높

9 ❶ 8500 ❷ 궁수 ❸ 높 ❹ 나선팔 ❺ 암흑 ❻ 방출

10 ❶ ○ ❷ × ❸ ○ ❹ × ❺ ○

11 ❶ 인공위성 ❷ 우주 정거장 ❸ 우주 탐사선 ❹ 스푸트니크1호 ❺ 우주 쓰레기

1 ❶ 망원경 ❷ 패러데이 ❸ 증기 기관 ❹ 활판 인쇄술 ❺ 현미경 ❻ 유전자 분석 기술 ❼ 암모니아 합성법 ❽ × ❾ ○ ❿ × ⓫ ○

2 ❶ 나노 ❷ 연잎 ❸ 유기 발광 다이오드(OLED) ❹ 유전자 재조합 ❺ 세포 융합 ❻ 인공 지능 ❼ × ❽ × ❾ ○ ❿ ○

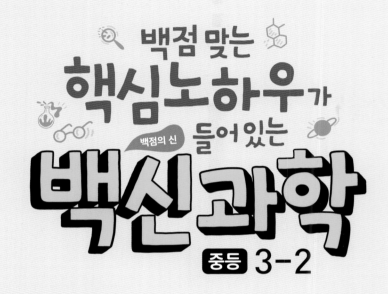

백점 맞는
핵심노하우가
백점의 신
들어 있는
백신과학
중등 3-2

메가스터디BOOKS

www.megastudybooks.com

내용 문의 | 02-6984-6915   구입 문의 | 02-6984-6868,9